ALTIUM DESIGNER®

PRAXIS-HANDBUCH

TEIL 1: GRUNDLAGEN

WIR SIND KUNDEN-
VERSTEHER UND
LÖSUNGSBRINGER
RUND UM DIE LEITER-
PLATTE VON MORGEN

Bibliografische Informationen der Deutschen Nationalbibliothek
Die Deutsche Nationalbibliothek verzeichnet diese Publikation in der Deutschen Nationalbibliografie; detaillierte bibliografische Daten sind im Internet über http://dnb.d-nb.de abrufbar.

IMPRESSUM

HERAUSGEBER
Würth Elektronik GmbH & Co. KG
Circuit Board Technology
Salzstraße 21 · 74676 Niedernhall · Germany
Tel. +49 7940 946-0 · Fax +49 7940 946-0
cbt@we-online.de · www.we-online.com

REALISATION
Andreas Schilpp

AUTOR
Michael Moser

UMSETZUNG
DIE NECKARPRINZEN · 74074 Heilbronn · Germany

VERLAG
Swiridoff Verlag · 74653 Künzelsau · Germany

AUFLAGEN
1. Auflage · Juli 2024
ISBN 978-3-89929-456-9

INHALT

INHALT

INHALT

INHALT

INHALT

VON DER INSTALLATION ZUM ERSTEN PROJEKT

Dieser Abschnitt vermittelt einen ersten Überblick, von der Installation des Altium Designers® bis zum ersten Projekt.
Die Kapitel zu den Schaltplan- und Leiterplattenvorlagen zeigen die grundsätzlichen Vorgehensweisen. Die jeweiligen Details finden Sie in späteren Kapiteln.

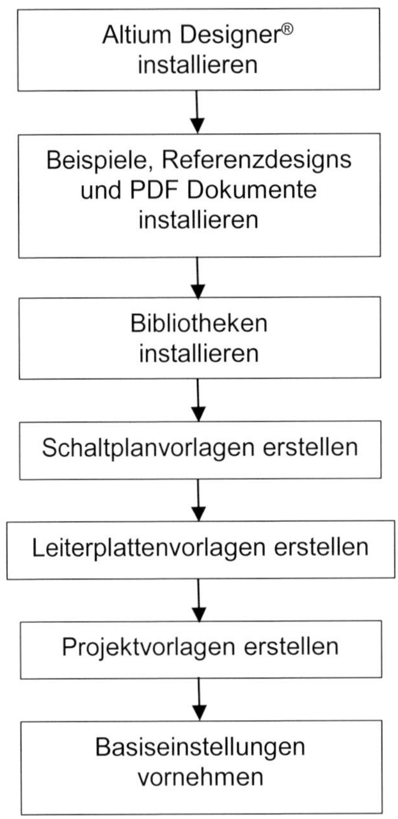

ALTIUM DESIGNER®

INSTALLIEREN

Als erstes müssen Sie das Installationsprogramm auf Ihren Rechner laden. Da der Altium® Internetauftritt von Zeit zu Zeit komplett überarbeitet wird, kann es passieren, dass der Download Bereich nicht mehr auf die beschriebene Art erreicht werden kann. Die folgende Beschreibung gibt den Stand vom November 2023 wieder.

- Auf der „live.Altium.com“ Seite klicken Sie auf den Menüpunkt „Resources & Support“.
- Es öffnet sich ein Untermenü.
- Auf der linken Seite klicken Sie auf **Downloads** und erreichen die Download Seite.

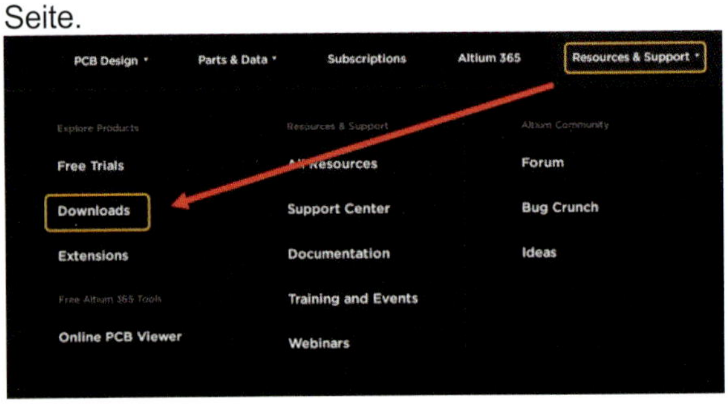

- Wählen Sie die gewünschte Version aus und klicken Sie dann auf die Schaltfläche **Download**.

- Das Installationsprogramm wird jetzt auf Ihren Rechner geladen.

Installation des Altium Designers®

- Starten Sie das Installationsprogramm und bestätigen Sie die Benutzerkontensteuerung.
- Als nächstes müssen Sie in die Lizenzvereinbarung einwilligen.

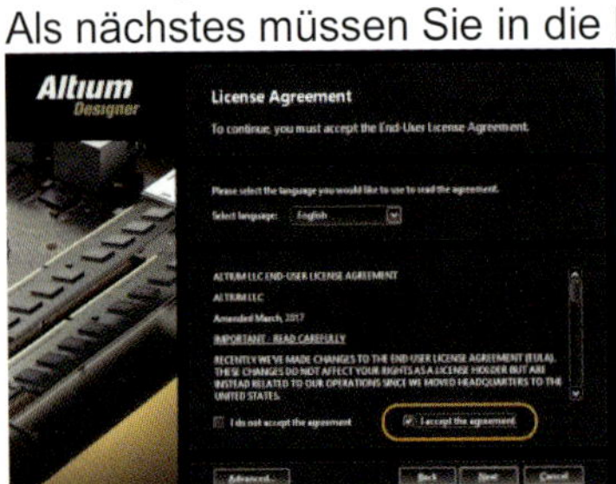

- Bevor die Installation starten kann, ist eine Anmeldung mit Ihren Altium® Zugangsdaten notwendig.

- Im folgenden Fenster legen Sie fest, ob Sie, falls möglich, eine Aktualisierung auf eine bestehende Installation durchführen wollen oder ob Sie den Altium Designer® komplett neu installieren wollen.

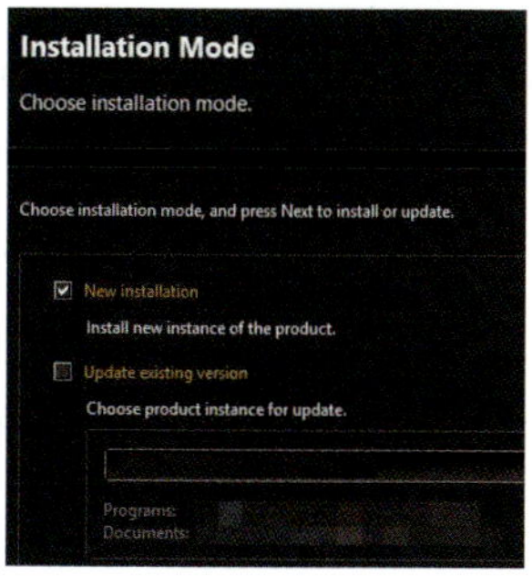

- Wählen Sie nun die gewünschten Funktionen aus. Ein Klick auf das kleine '+' klappt weitere Optionen auf.

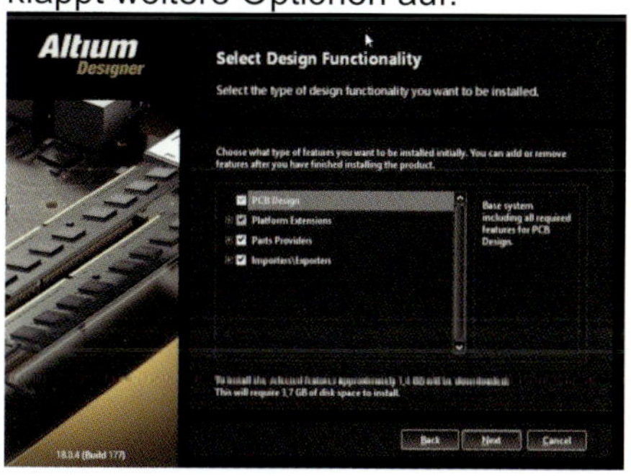

- Als letztes wählen Sie aus, wohin die Installation erfolgen soll.

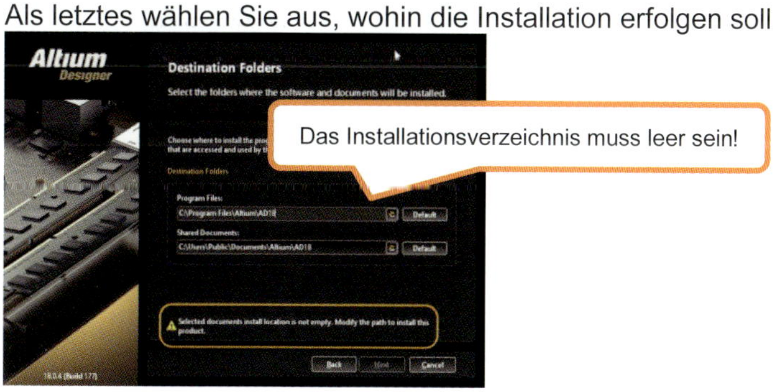

- Nach diesen Einstellungen starten der Download und die Installation der Dateien.

Beispiele und Referenzdesigns herunterladen

Nach der Installation des Altium Designer®s sollten die Beispiele und Referenzdesigns heruntergeladen werden. Diese werden nicht automatisch installiert.

- Öffnen Sie die Internetseite „https://www.altium.com/documentation/other_installers“
- Wählen Sie im Inhaltsverzeichnis
  „Altium Designer – Examples & Reference Designs“

- Im Bereich „Examples & Reference Designs“ können Sie die jeweiligen ZIP Dateien herunterladen.

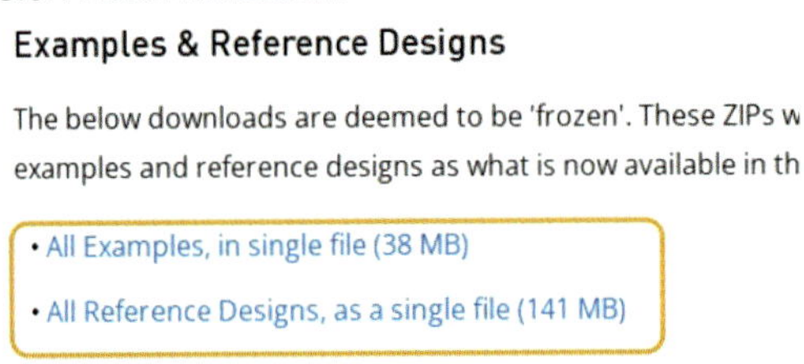

- Bei Bedarf können Sie auch ältere Bibliotheken herunterladen.
- Wählen Sie dazu im Inhaltsverzeichnis „Altium Designer – Libraries“
- Sie können dann die Bibliotheken der Version 23.2 und der Version 10 herunterladen.

ALTIUM DESIGNER®
PRÄFERENZEN EINSTELLEN

Die Einstellungen im Altium Designer®, werden als sogenannte Präferenzen in der Windows Registry des angemeldeten Benutzers gespeichert.

Sie können auf zwei Arten auf die Präferenzen zugreifen:

- Über das Präferenzensymbol oben rechts
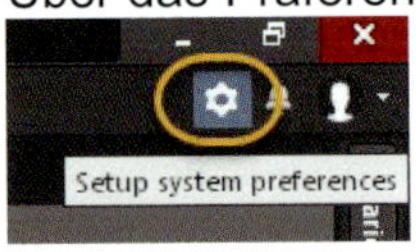

- Über das Tastenkürzel „T-P“ („**T**ools - xxxxx **P**references“)
  Dies hat den Vorteil, dass man sich direkt im gewünschten Bereich befindet je nachdem in welchem Editor man das Tastenkürzel verwendet.

Die Einstellung der Präferenzen erfolgt über den „Preferences“ Dialog.

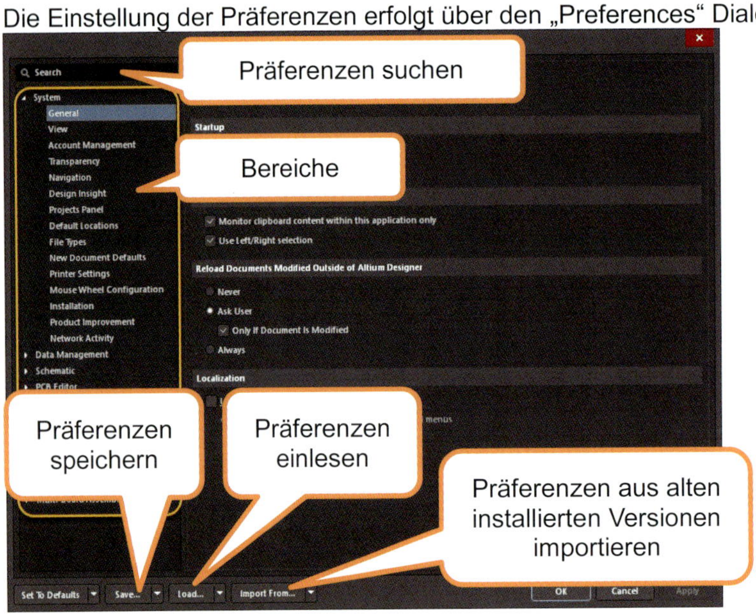

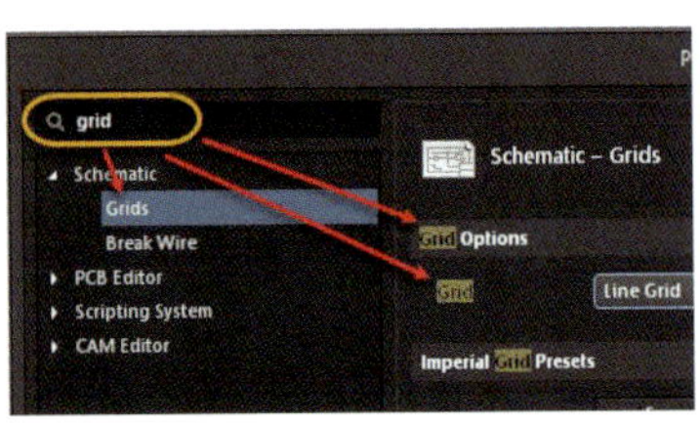

Oben links kann im Feld „Search“ nach Einstellungen gesucht werden. Auf der linken Seite finden Sie die verschiedenen Einstellungsbereiche wie z.B. „Schematic“ oder „PCB Editor“. Ein Klick auf das ‘+’ Zeichen öffnet den entsprechenden Bereich. Die einzelnen Bereiche sind in Einstellungsseiten wie z.B. „General“ aufgeteilt. Ein Klick auf einen der Unterbereiche öffnet rechts die entsprechende Einstellungsseite.
In der untersten Zeile können Sie die Präferenzen zurücksetzen, speichern, einlesen oder aus älteren installierten Versionen importieren.

Grundeinstellungen

Es gibt ein paar Grundeinstellungen, die nach der Installation vorgenommen werden sollten.

- **System - Default Locations**
  Diese Einstellung legt den Standarddokumentenpfad und den Pfad zu den Bibliotheken fest. Der Standarddokumentenpfad muss normalerweise angepasst werden. Hier trägt man den Pfad ein zu den eigenen Projekten liegen.

- **System – Network Activity**
  Hier können Sie die Netzwerkaktivitäten des Altium Designer®s zentral verwalten. Entfernt man den Haken bei „Allowed Network Activities“, dann greift der Altium Designer® nicht mehr auf das Netzwerk zu. Man kann aber auch bestimmte Aktivitäten getrennt aktivieren bzw. deaktivieren.

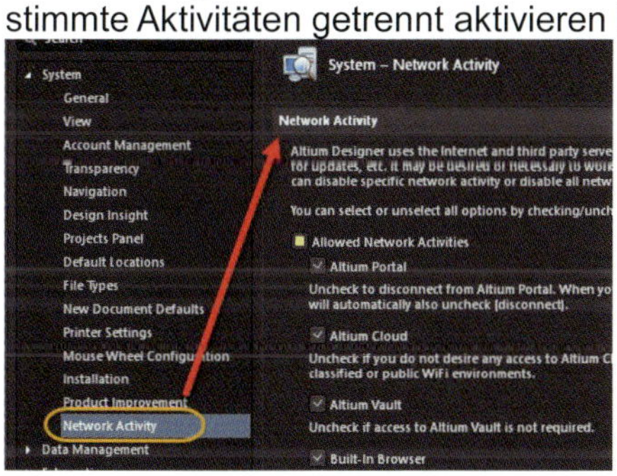

- **Data Management - Backup**
  Es ist sehr zu empfehlen das automatische Sichern von Dateien einzuschalten und eine angemessene Zeitspanne zu wählen. Der Altium Designer® legt dann z.B. alle 10 Minuten eine Sicherung der Dateien an. Unter „Number of versions to keep“ kann die Anzahl der Versionen festgelegt werden. Im Feld „Path“ legen Sie fest wo die Dateien gesichert werden sollen. Sollten Sie auf eine Sicherung zurückgreifen müssen, dann kopieren Sie diese aus dem definierten Pfad zurück in das Projektverzeichnis.

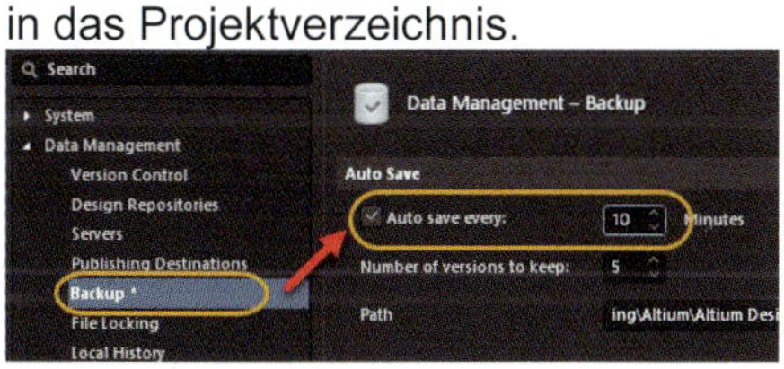

- **Data Management - File Locking**
  In der Grundeinstellung ist der Zugriff und die Bearbeitung durch mehrere Benutzer auf eine Datei nicht verriegelt. Wenn man ohne Versionsverwaltung mit mehreren Benutzern an den gleichen Dateien arbeitet sollte man das Verriegeln

der Dateien aktivieren. Der Erste der die Datei öffnet hat dann Lese- und Schreibzugriff, alle anderen nur noch Lesezugriff.

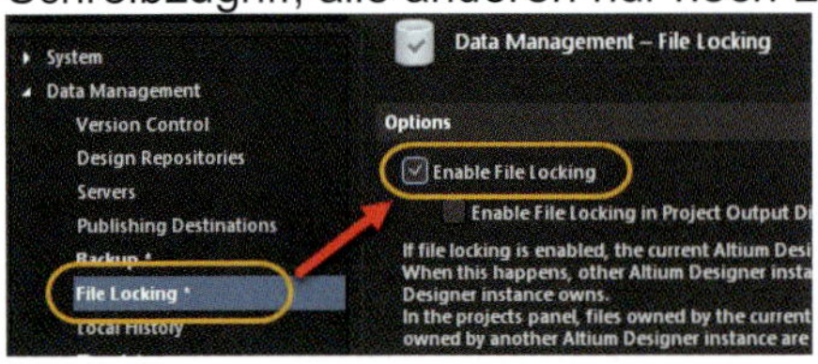

- **Schematic - Graphical Editing - Auto Pan Options**
  Erreicht man bei aktivem Befehl mit der Maus den Rand des Zeichenbereichs, dann wird der Zeichenbereich automatisch verschoben. Dies nennt man „Auto Panning". Die Standardeinstellung nach der Installation ist sehr sportlich. Deshalb sollte man hier die Einstellung „Speed" und „Step Size" an den eigenen Geschmack anpassen.

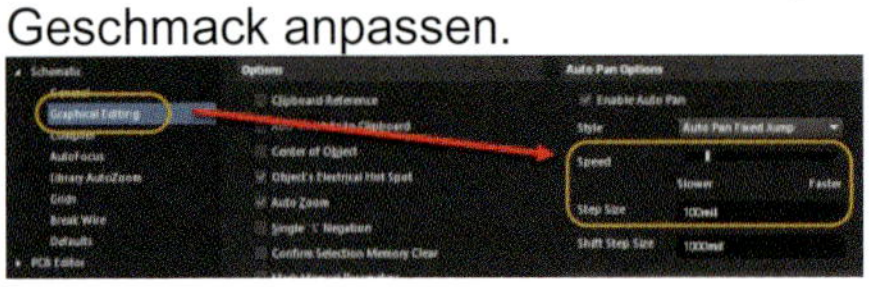

- **PCB Editor - General - Auto Pan Options**
  Die gleichen Einstellungen sollte man auch für die Leiterplatte anpassen. Ein Wert von 400 für „Speed" hat sich hier bewährt.

Erweiterte Einstellungen

Die erweiterten Einstellungen finden Sie unter System – General unter der Schaltfläche „Advanced..." unten rechts. Die meisten dieser Einstellungen sollten Sie nicht ändern. Es gibt hier allerdings auch ein paar nützliche Einstellungen.

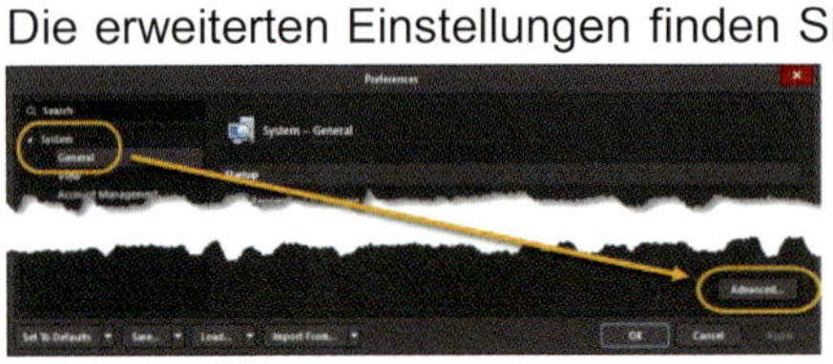

Im oberen Bereich können Sie links eine Filterung vornehmen. Aktivieren Sie „Modified" werden nur die von Ihnen geänderten Einträge angezeigt. Ein Klick auf „Open Beta" zeigt die Einträge an, die aktuell noch in der Open Beta Phase sind. Auf der rechten Seite befindet sich ein Suchfeld, in dem Sie nach bestimmten Einstellungen suchen können.

Fraktalmodus für Panels

Im Fraktalmodus können Panels in Gruppen beliebig angeordnet werden. Dies führt manchmal dazu, dass die einzelnen Panels „durcheinander gewürfelt" werden. Mit dieser Einstellung können Sie den Fraktalmodus deaktivieren.

- Öffnen Sie unter System – General mit der Schaltfläche „Advanced…" die erweiterten Einstellungen.
- Scrollen Sie nach unten bis zum Eintrag „Ui.DisableFractalMode".
- Setzen Sie in der Spalte „Value" ein Häkchen.

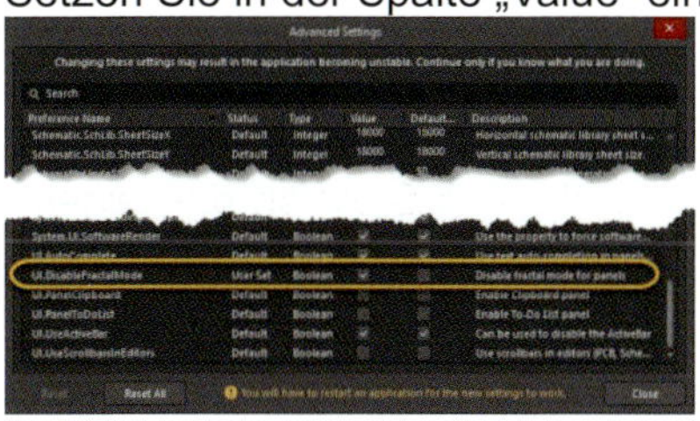

- Schließen Sie den Dialog mit „Close".
- Nach einem Neustart des Altium Designers® ist die Änderung wirksam.

Autovervollständigen abschalten

Mit dieser Option können Sie einstellen, ob Texte in Panels und Dialogen automatisch vervollständigt werden sollen. Nach der Installation ist diese Option eingeschaltet. Dies kann z.B. bei der Zuweisung von Netznamen zu Problemen führen, wenn der Altium Designers® automatisch ungewünschte Werte verwenden will.

- Öffnen Sie unter System – General mit der Schaltfläche „Advanced…" die erweiterten Einstellungen.
- Scrollen Sie nach unten bis zum Eintrag „Ui.AutoComplete".
- Zum Abschalten entfernen Sie in der Spalte „Value" das Häkchen.

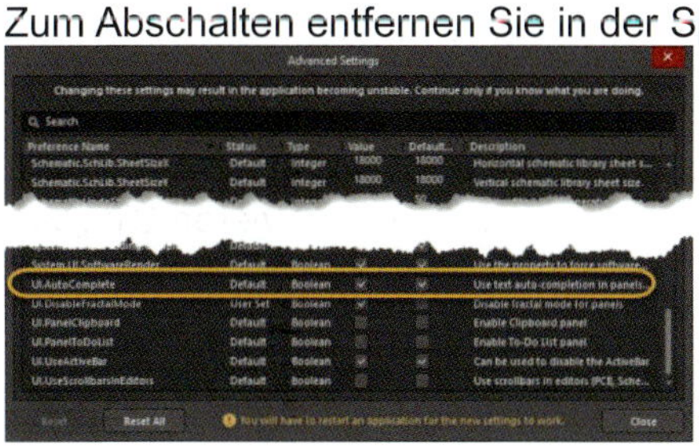

- Schließen Sie den Dialog mit „Close".
- Nach einem Neustart des Altium Designers® ist die Änderung wirksam.

Bildlaufleisten einschalten

Die Bildlaufleisten (Scroll Bars) sind nach der Installation in den Schaltplan- und Leiterplatteneditoren nicht sichtbar. Sie können in den erweiterten Einstellungen aktiviert werden.

- Öffnen Sie unter System – General mit der Schaltfläche „Advanced…" die erweiterten Einstellungen.

- Scrollen Sie nach unten bis zum Eintrag „Ui.UseScrollbarsInEditors“.
- Setzen Sie in der Spalte „Value“ das Häkchen.

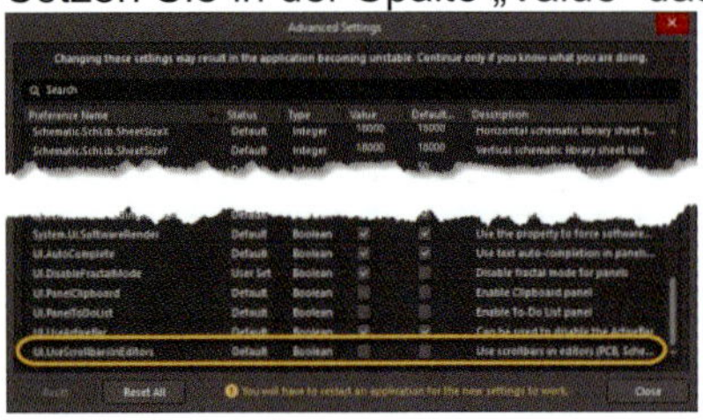

- Schließen Sie den Dialog mit „Close“.
- Nach einem Neustart des Altium Designers® ist die Änderung wirksam.

TO-DO List Panel aktivieren

Um in einem Projekt eine Aufgabenliste (TO-DO Liste) zu verwalten, können Sie in den erweiterten Einstellungen das TO-DO List Panel aktiviert werden.

- Öffnen Sie unter System – General mit der Schaltfläche „Advanced...“ die erweiterten Einstellungen.
- Scrollen Sie nach unten bis zum Eintrag „Ui.PanelToDoList“.
- Setzen Sie in der Spalte „Value“ das Häkchen.

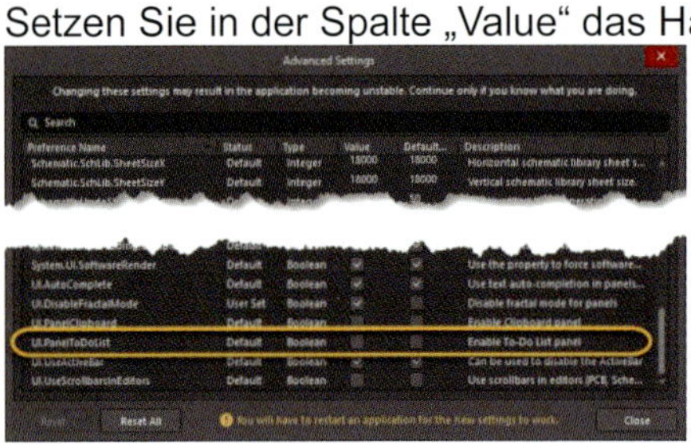

- Schließen Sie den Dialog mit „Close“.
- Nach einem Neustart des Altium Designers® ist die Änderung wirksam.

Clipboard Panel aktivieren

Mit dem Clipboard Panel können Sie auf die Historie der Zwischenablage zugreifen. Dieses Panel ist nach der Installation deaktiviert und kann in den erweiterten Einstellungen aktiviert werden.

- Öffnen Sie unter System – General mit der Schaltfläche „Advanced...“ die erweiterten Einstellungen.
- Scrollen Sie nach unten bis zum Eintrag „Ui.PanelClipboard“.
- Setzen Sie in der Spalte „Value“ das Häkchen.

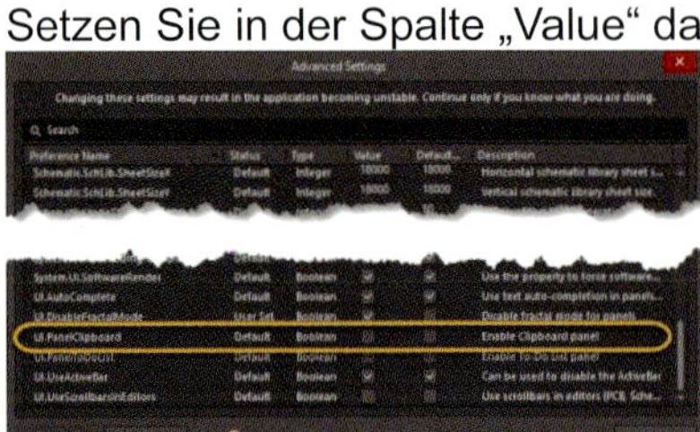

- Schließen Sie den Dialog mit „Close“.
- Nach einem Neustart des Altium Designers® ist die Änderung wirksam.

Aktualisierung des Navigator Panels aktivieren

Ab der Version 20 wird ein Projekt bei jeder Änderung automatisch kompiliert. Aus Performancegründen wird allerdings das Navigator Panel nicht immer aktualisiert. Falls man dies möchte kann man es in den erweiterten Einstellungen aktivieren.

- Öffnen Sie unter System – General mit der Schaltfläche „Advanced...“ die erweiterten Einstellungen.
- Scrollen Sie nach unten bis zum Eintrag „Schematic.DynamicCompiler.Navigator.Autorefresh“.
- Setzen Sie in der Spalte „Value“ das Häkchen.

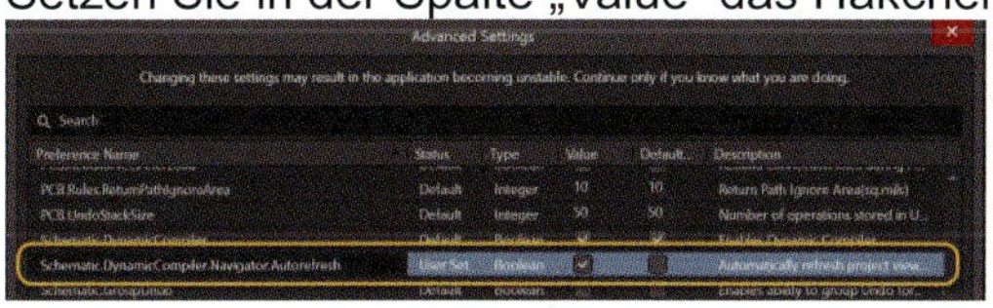

- Schließen Sie den Dialog mit „Close“.
- Nach einem Neustart des Altium Designers® ist die Änderung wirksam.

Erweiterte Querverweise für Ports aktivieren

Die Aktivierung dieser Einstellung erweitert die Möglichkeit in einem hierarchischen Design zu navigieren. Hierzu werden im Kontextmenu unter „Port Actions“ die Querverweise als Sprungziel eingeblendet.

- Öffnen Sie unter System – General mit der Schaltfläche „Advanced...“ die erweiterten Einstellungen.
- Geben Sie im Suchfeld „Cross“ ein.
- Setzen Sie bei „Schematic.UseAutomaticCrossReferences“ ein Häkchen und tragen Sie bei „Schematic.EnhancedCrossReferences“ eine 1 ein.

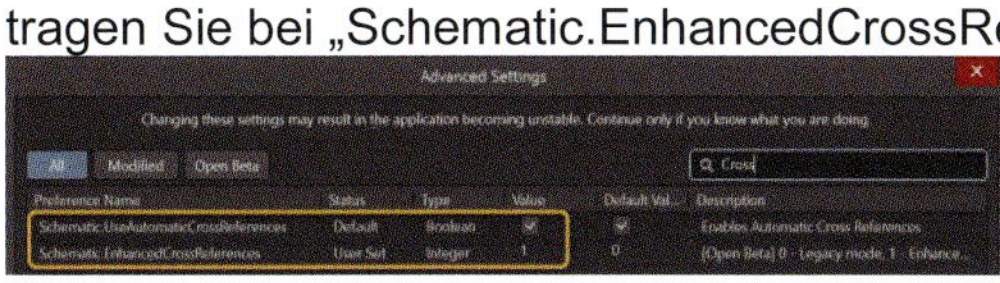

- Schließen Sie den Dialog mit „Close“.
- Nach einem Neustart des Altium Designers® ist die Änderung wirksam.

Vollständige Parameteranzeige im Components Panel aktivieren

In der Version 21 werden in der Grundeinstellung im Components Panel nur noch die als Favoriten gekennzeichneten Parameter angezeigt. Sollen alle Parameter gezeigt werden, dann muss auf „Show more“ geklickt werden. Alternativ kann das Verhalten in den erweiterten Einstellungen geändert werden.

- Öffnen Sie unter System – General mit der Schaltfläche „Advanced...“ die erweiterten Einstellungen.
- Geben Sie im Suchfeld „more“ ein.

- Entfernen Sie bei „Schematic.UI.ShowMoreOrLessParameters“ das Häkchen

- Schließen Sie den Dialog mit „Close“.
- Nach einem Neustart des Altium Designers® ist die Änderung wirksam.

Constraints Manager aktivieren

Ab der Version 24 und ab der Altium Designer® Professional Subscription steht der Constraints Manger zur Verfügung. Dieser kann über die erweiterten Einstellungen aktiviert bzw. deaktiviert werden.

- Öffnen Sie unter System – General mit der Schaltfläche „Advanced…“ die erweiterten Einstellungen.
- Geben Sie im Suchfeld „Cons“ ein.
- Setzen Sie bei System.ConstraintManger und, bei Bedarf, bei ConstraintManger.TopologyGraphAvailable ein Häkchen

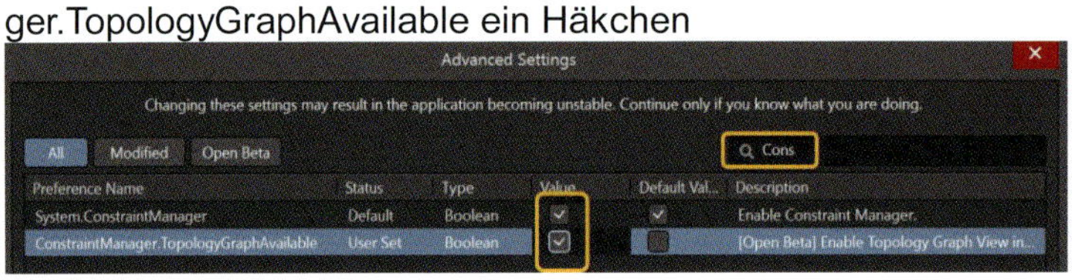

- Schließen Sie den Dialog mit „Close“.
- Nach einem Neustart des Altium Designers® ist die Änderung wirksam.

Unterstützung für lange Pfadnamen

Die Länge der Pfadnamen ist normalerweise auf 256 Zeichen begrenzt. Ab Windows 10 Version 1607 wurde diese Begrenzung beseitigt. Das neue Verhalten muss allerdings in der Windows Registry freigegeben werden. Dazu muss unter “Computer\HKEY_LOCAL_MACHINE\SYSTEM\CurrentControlSet\Control\FileSystem” der Wert für “LongPathsEnabled” auf 1 gesetzt werden.

Im den erweiterten Einstellungen des Altium Designers® kann dann die Längenbegrenzung aufgehoben werden.

- Öffnen Sie unter System – General mit der Schaltfläche „Advanced…“ die erweiterten Einstellungen.
- Geben Sie im Suchfeld „LongPaths“ ein.
- Setzen Sie bei System.LongPathsSupport bei „Value“ ein Häkchen.

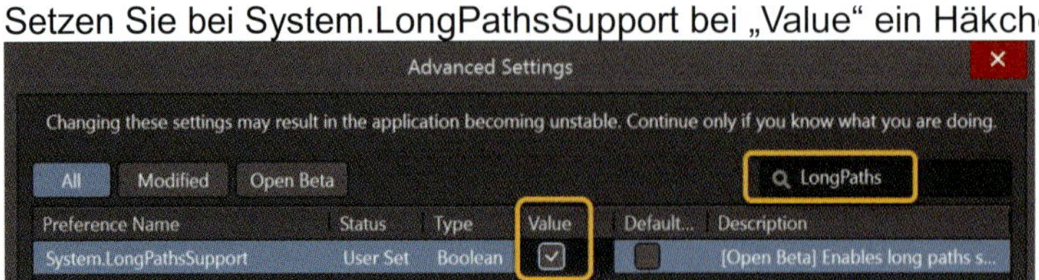

- Schließen Sie den Dialog mit „Close“.
- Nach einem Neustart des Altium Designers® ist die Änderung wirksam.

Präferenzen Übersicht

In diesem Abschnitt finden Sie einen Überblick über die wichtigsten Präferenzen des Altium Designer®s. In den entsprechenden Kapiteln zu Schaltplan und Leiterplatte wird auf dieses Kapitel verwiesen.

Data Management

Device Sheets

Hier können Sie die Pfade festlegen, in denen sich Device Sheets befinden. Klicken Sie auf „Add...“ und navigieren Sie zu dem Verzeichnis in dem sich Ihre Device Sheets befinden. Nach der Installation finden Sie im Ordner in dem sich die Bibliotheken befinden auch einen Ordner „Device Sheets“. Fügen Sie diesen zu den Device Sheet Pfaden hinzu und Sie können diese vordefinierten Device Sheets in eigenen Designs verwenden.

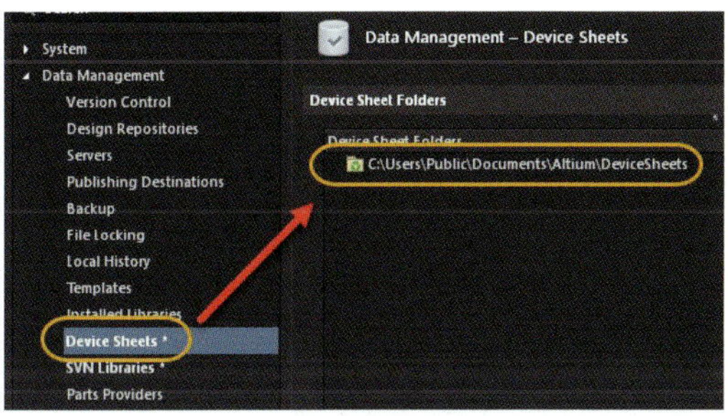

Templates

Hier können Sie den Pfad zu den lokalen Templates einstellen. Nach der Installation ist hier der Pfad auf die von Altium® installierten Templates eingetragen. Sie können diese Templates auf ein Netzwerklaufwerk kopieren und dann über diese Einstellung allen Anwendern zugänglich machen.

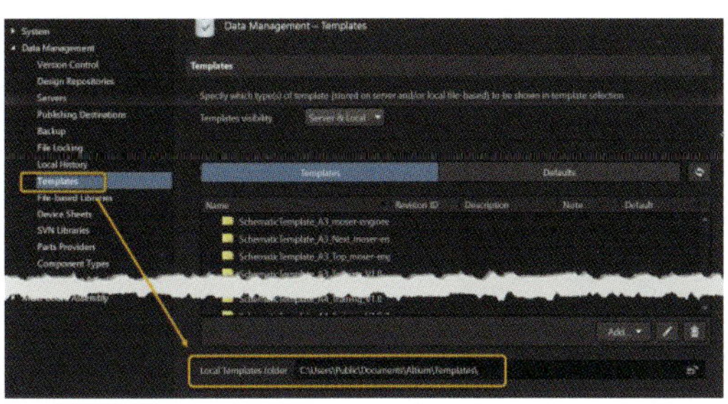

System

Default Locations

Hier können Sie die Pfade zu Ihren Bibliotheken (Library Path), Dokumenten (Document Path) und OutputJob Dateien einstellen. Den Bibliothekspfad müssen Sie nur anpassen, wenn Ihre Bibliotheken z.B. im Netzwerk liegen statt im Installationsverzeichnis. Den Dokumentenpfad werden Sie immer anpassen müssen. Tragen Sie hier den Pfad ein, in dem Sie normalerweise arbeiten bzw. Ihre Projekte liegen. Dieser Pfad wird vom Altium Designer® immer angezeigt, wenn Sie Dateien oder Projekte öffnen oder speichern wollen. Der OutputJob Pfad wird vom Project Releaser verwendet, wenn in einem Projekt keine OutputJob Dateien vorhanden sind. Er verwendet dann die Vorlagen in diesem Pfad.

New Document Defaults

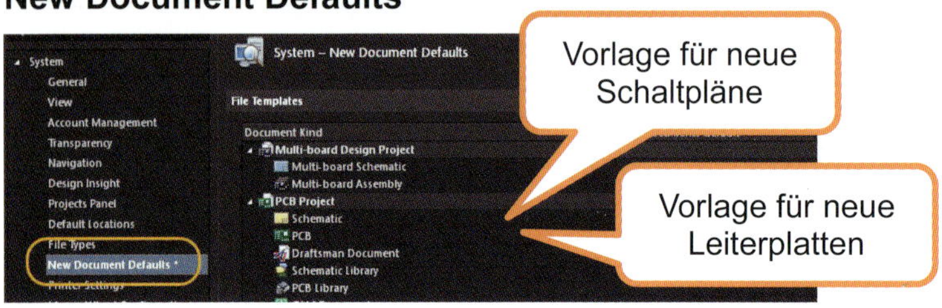

Hier können Sie vor der Version 21 für jede Dokumentenart einstellen, was der Altium Designer® beim Erstellen eines neuen Dokuments als Kopiervorlage benutzen soll.
Klicken Sie einfach hinter der Dokumentenart in die Spalte „New documents default".
Über die Schaltfläche '...' können Sie dann zur gewünschten Vorlage navigieren und diese auswählen.
Für Schaltpläne haben Sie alternativ die Möglichkeit in den Schaltplanpräferenzen eine Schaltplanvorlage anzugeben.

Ab der Version 21 werden die Einstellungen unter „Data Management – Templates" vorgenommen. Wenn Sie die Maus über die Spalte „Default" bewegen, erscheint „Set as Default". Ein Klick darauf setzt das Dokument als Vorlage.

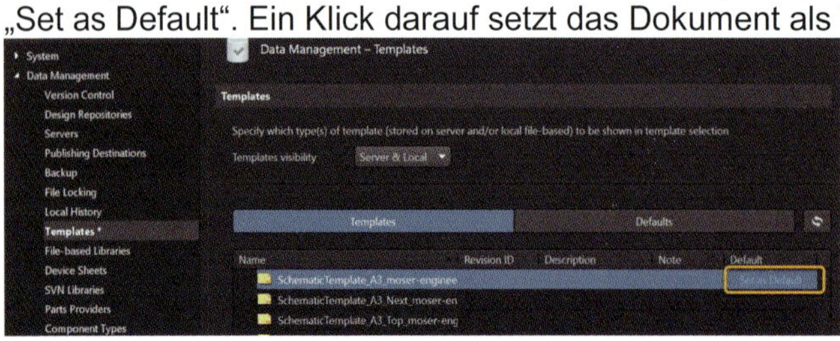

Schematic

General

- **Units**
  Hier kann die Maßeinheit im Schaltplan auf Mil oder Millimeter eingestellt werden. Da alle vordefinierten Bibliotheken mit Mil erzeugt wurden, sollte man hier Mil wählen.
- **Optimize Wires & Buses, Components Cut Wires**
  Sind diese Optionen aktiv, kann man einfach Bauteile, z.B. Serienwiderstände, auf eine Leitung platzieren und der Altium Designer® schneidet automatisch die Leitung und passt die Anschlüsse an.
- **Sheet Entry Direction**
  Sheet Entries haben in ihren Eigenschaften die Möglichkeit die grafische Darstellung unabhängig von den elektrischen Eigenschaften einzustellen. Wird dieser Parameter gesetzt, dann wird die grafische Darstellung von den elektrischen Eigenschaften bestimmt. Ein bidirektionales Sheet Entry wird unabhängig von den grafischen Einstellungen immer mit 2 Spitzen dargestellt.
- **Port Direction**
  Ports haben in ihren Eigenschaften die Möglichkeit die grafische Darstellung unabhängig von den elektrischen Eigenschaften einzustellen. Wird dieser Parameter gesetzt, dann wird die grafische Darstellung von den elektrischen Eigenschaften bestimmt. Ein bidirektionaler Port wird unabhängig von den grafischen Einstellungen immer mit 2 Spitzen dargestellt.
- **Unconnected Left To Right**
  Wenn diese Option aktiv ist, dann werden alle Ports, die nicht angeschlossen sind mit dem Pfeil von links nach rechts dargestellt. Erst wenn eine Leitung angeschlossen wird, repräsentiert die Pfeilrichtung Ein- und Ausgangsports.
- **Convert Cross-Junctions**
  Falls aktiviert werden Kreuzverbindungen umgewandelt in zwei Anschlüsse mit 45° Anschlussleitungen.

  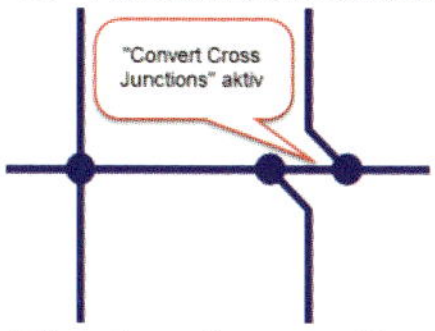

- **Display Cross-Overs**
  Falls aktiviert wird der Kreuzungspunkt zweier nicht verbundener Leitungen mit einem Halbkreis dargestellt.

- **Auto-Increment During Placement**
  Hat man ein Bauteil bei dem die Pin Nummer aufsteigend und die Pin Namen absteigend sind, z.B. ADDR2 - Pin 0, ADDR1 - Pin 1 und ADDR0 - Pin 2, trägt man unter Primary = 1 und unter Secondary = -1 ein.
- **Primary**
  Schrittweite zum Verändern des primären Index (z.B. letzte Ziffer in Net Label oder Pin Nummer von Bauteil)
  Positive Werte erhöhen den Index, negative erniedrigen ihn. Trägt man einen Buchstaben ein, dann wir der letzte Buchstabe erhöht
- **Secondary**
  Schrittweite zum Verändern des sekundären Index (z.B. Pin Name von Bauteil)
  Positive Werte erhöhen den Index, negative erniedrigen ihn. Trägt man einen Buchstaben ein, dann wird der letzte Buchstabe erhöht
- **Default Size for blank schematics**
  Standardgröße der Schaltplanseite, wenn kein Template verwendet wird.

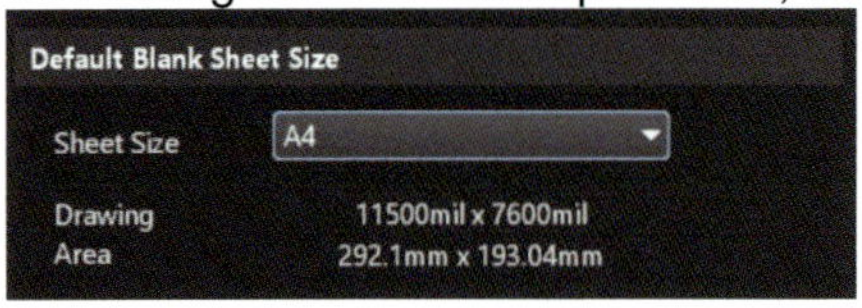

Graphical Editing

- **Display Name of Special String**
  Die Namen der Special Strings werden in der Form „=DrawnBy“ angezeigt. Die Anzeige ist unabhängig davon ob der Special String einen Inhalt hat oder leer ist.
- **Display Names of Special Strings that have no value defined**
  Wenn hier kein Häkchen ist, werden Special Strings, denen kein Wert zugewiesen ist, komplett unterdrückt. In der Standardeinstellung werden leere Special Strings in der Form „=DrawnBy“ und grau dargestellt. Die Farbe kann unter „Color Options“ eingestellt werden.
- **Auto Panning**
  Bei aktivem Befehl (z.B. Place Wire) verschiebt sich der Schaltplan automatisch, wenn man den Fensterrand erreicht. Die Geschwindigkeit mit der dies geschieht lässt sich hier einstellen. Die Standardeinstellung ist viel zu schnell, speziell wenn man tief in den Schaltplan gezoomt hat. Sinnvoll ist es hier den „Speed“ Regler weit nach links (langsamer) zu schieben und die „Step Size“ auf 5-10 zu stellen. Die „Shift Step Size“ kann auf 100 bleiben und definiert die Geschwindigkeit die verwendet wird, wenn man zusätzlich die Umschalttaste drückt. Alternativ kann auch der Style auf „Auto Pan ReCenter“ gestellt werden. Wenn man jetzt der Fensterrand erreicht, wird die Schaltplanseite nur soweit verschoben, dass der Mauszeiger in der Mitte steht.

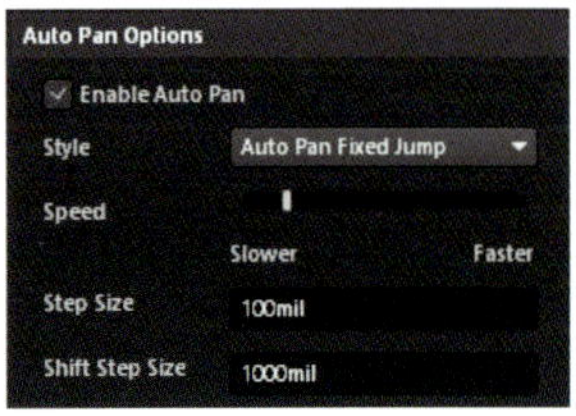

- **Cursor**
  Hier kann die Art des Mauszeigers bei aktivem Befehl eingestellt werden. Insgesamt sind vier Varianten möglich:
  - kleiner 90° Mauszeiger (Standard)
  - großer 90° Mauszeiger
  - kleiner 45° Mauszeiger
  - sehr kleiner 45° Mauszeiger.

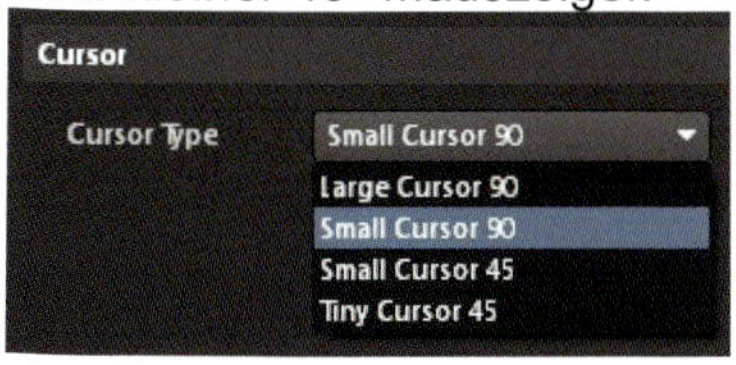

- **Display Strings as Rotated**
  Wenn hier ein Haken sitzt, werden Texte so angezeigt, wie es ihrer Rotation entspricht, d.h. es gibt auch Texte die auf dem Kopf stehen. Diese Präferenz gilt natürlich für alle Projekte und kann nicht auf einen bestimmten Schaltplan oder Text eingeschränkt werden. Diese Einstellung ist ab der Version 16.1 aktiv.
- **Reset Parts Designators On Paste**
  Wenn hier ein Haken sitzt, dann werden Bezeichner von Bauteilen mit Strg – V eingefügt werden auf Fragezeichen zurückgesetzt. Ist dies nicht erwünscht, dann entfernt man den Haken.
- **Double Click Runs Interactive Properties**
  Sitz hier ein Haken wird beim Doppelklick auf ein Objekt, nur das Properties Panel aktiviert. Ohne Haken öffnet sich zusätzlich der Eigenschaftendialog.

Grids

- **Grid Color**
  Es kann die Farbe des sichtbaren Rasters eingestellt werden. Klicken Sie einfach auf die Farbfläche und wählen Sie dann eine Farbe aus.
- **Grid Stil**
  Sie können zwischen „Line Grid“ und „Dot Grid“ auswählen. Wenn Sie eine sehr helle Rasterfarbe gewählt haben, kann es sein, dass Sie die Rasterpunkte dann nicht mehr erkennen können.

In den Präferenzen sind pro Raster drei Werte definiert: 10 mil, 50 mil und 100 mil. Mit dem Tastenkürzel G können Sie durch diese Werte hindurch rotieren. Die neue Bezeichnung „Snap Grid“ spiegelt das wider, was der Eintrag wirklich macht.

> ***Praxis-Tipp:***
> Wenn gerade das 100 mil Raster aktiv ist und Sie wollen einen Text oder ein anderes nicht elektrisches Objekt auf einem feineren Raster platzieren, dann drücken Sie einfach zusätzlich die Strg Taste. Dies bewirkt, dass das Raster temporär auf 10 mil umgestellt wird. Lassen Sie die Strg Taste wieder los, ist auch wieder das ursprüngliche Raster aktiv.

Eine Beschreibung der Raster im Schaltplan Editor finden Sie im Kapitel „Schaltplanoptionen“ (S.59).

Steht die Pinwandnadel senkrecht, dann ist das Panel fest angedockt, steht es waagrecht wird es nur bei Bedarf angezeigt.
Soll ein angedocktes Panel frei verschoben werden, dann klicken Sie mit der linken Maustaste **auf den Panel Namen** und ziehen es von der Andockposition weg. Umgekehrt können Sie ein frei schwebendes Panel an den Rand des Arbeitsbereichs ziehen und dort wieder andocken. Der Dockbereich wird in diesem Fall hellblau dargestellt. Manchmal will man verhindern, dass ein frei schwebendes Panel automatisch andockt. Halten Sie dann einfach die 'Strg' Taste gedrückt während Sie das Panel bewegen.

Workspace Panels aktivieren und schließen

Workspace Panels können auf unterschiedliche Weise aktiviert werden:

- „View – Panels“

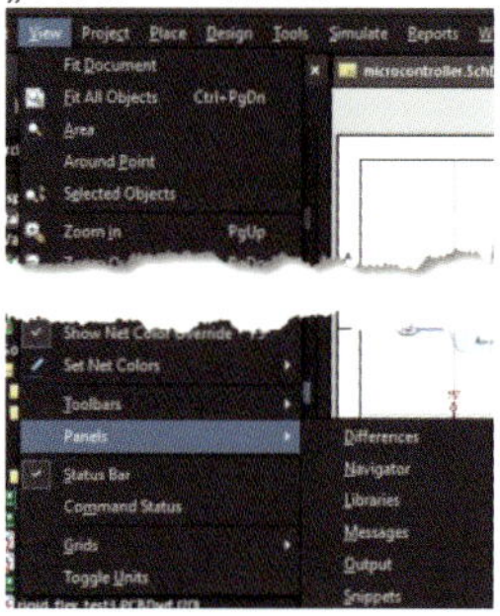

- Panel Steuerungselement rechts unten

Klicken Sie auf die gewünschte Panel Kategorie, z.B. System, und aktivieren Sie dann das entsprechende Panel.
Um Panelgruppen zu schließen klickt man auf das kleine Kreuz rechts oben in der Ecke.

Soll aus einer Gruppe ein einzelnes Panel geschlossen werden, dann klickt man mit der rechten Maustaste auf den Namen des Panels und wählt „Close ‚Panelname‘ “.

Anordnung der Workspace Panels wiederherstellen

Es kann passieren, dass man eine Gruppe von Panels aus Versehen über das kleine Kreuz oben rechts schließt. Manchmal kommt es auch vor, dass der Altium Designer® die fest angedockten Panels kreativ umsortiert. In diesen Fällen ist es gut zu wissen, wie man den vorherigen Zustand wieder herstellen kann.
In den Präferenzen können Sie unter „System – View – Reset“ auf den Installationszustand zurücksetzen.

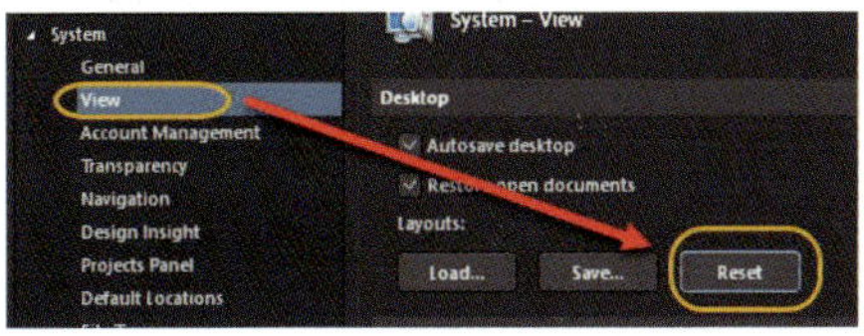

Über „Save...“ kann die aktuelle Panel Anordnung in einer Datei abspeichert und bei Bedarf über „Load...“ wieder geladen werden.
Das Umsortieren der Panels kann in den erweiterten Einstellungen unterbunden werden. Hierzu muss der Eintrag „Ui.DisableFractalMode“ aktiviert werden (siehe S.11)
Über „Startup“ kann man den Zustand beim letzten Start des Altium Designer®s wiederherstellen.
Hilft auch das nichts, dann lässt sich über „Default“ der Installationszustand wiederherstellen.

Das Properties Panel

Das Properties Panel bietet folgende Funktionen:

- Eigenschaften eines selektierten Objekts anzeigen und bearbeiten
- Schaltplanoptionen falls kein Objekt selektiert ist.
  (ersetzt die Document Options)
- Leiterplattenoptionen falls kein Objekt selektiert ist.
  (ersetzt die Board Options)
- Ersatz für das Inspector Panel.

Wählt man ein Objekt aus, dann erscheinen dessen Eigenschaften in diesem Panel. Ein Doppelklick auf ein Objekt öffnet einen zusätzlichen Eigenschaftendialog. Möchte man diesen zusätzlichen Eigenschaftendialog nicht, dann kann man in den Schaltplan- bzw Leiterplattenpräferenzen bei „Double Click Runs Interactive Properties“ ein Häkchen setzen.

Wenn ein Befehl aktiv ist, öffnet die Tabulatortaste das Properties Panel und der Altium Designer® geht in den Pausen Modus.
Im Properties Panel für Komponenten kann im Bereich „Parameters“ festgelegt werden, was angezeigt werden soll.

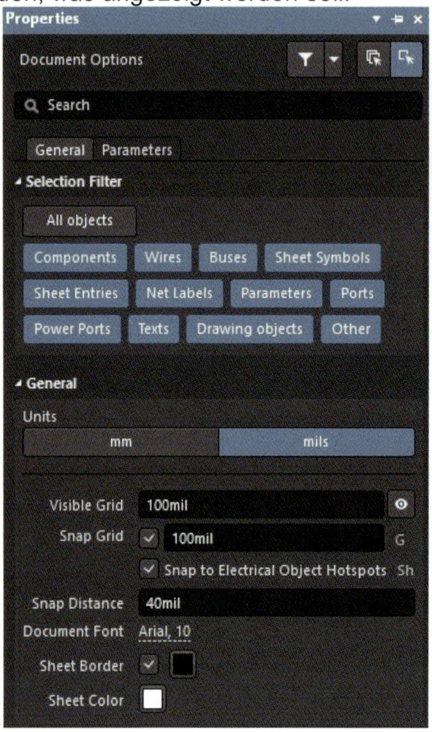

Das Projects Panel

Das Projects Panel wurde in der Version 18 überarbeitet und in der Funktionalität erweitert. Es ist weiterhin das zentrale Panel im Altium Designer® und zeigt alle geöffneten Projekte und zugehörigen Dateien an. Neu hinzugekommen sind die definierten Bestückungsvarianten und eine Liste mit allen Netzen und Bauteilen nachdem das Projekt kompiliert wurde. Ein Suchfeld ermöglicht die Suche nach Text in den Dateinamen und nach Netzen und Bauteilen.

ACHTUNG: Wenn Sie in das Suchfeld einen Wert eintragen, der nicht gefunden wird, dann ist das komplette Projects Panel leer!

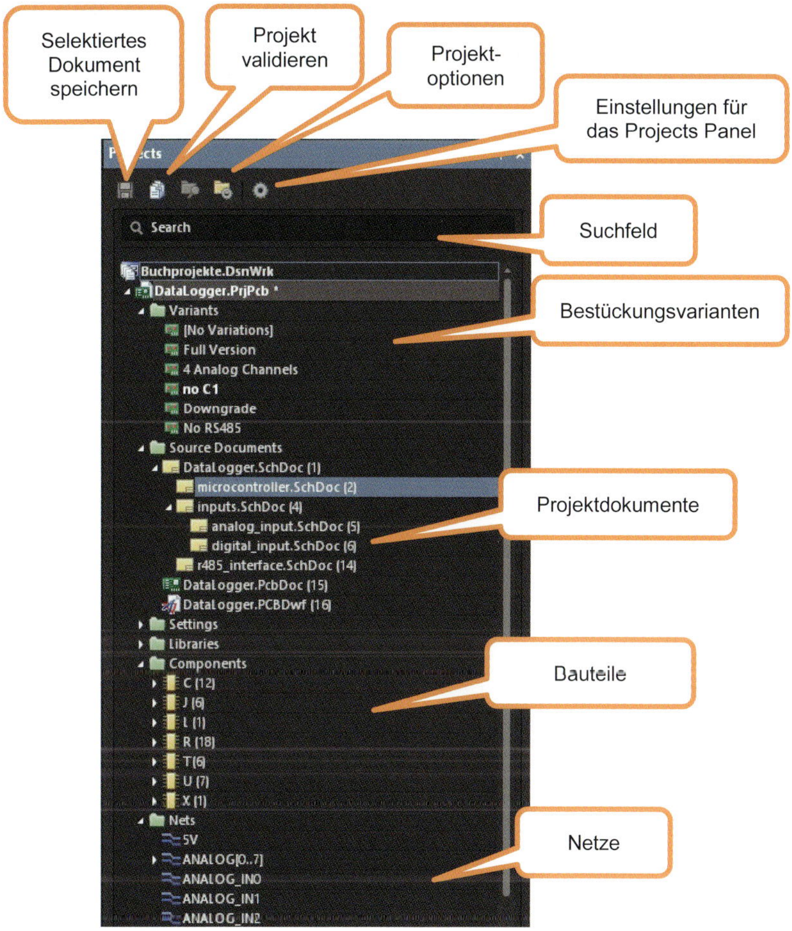

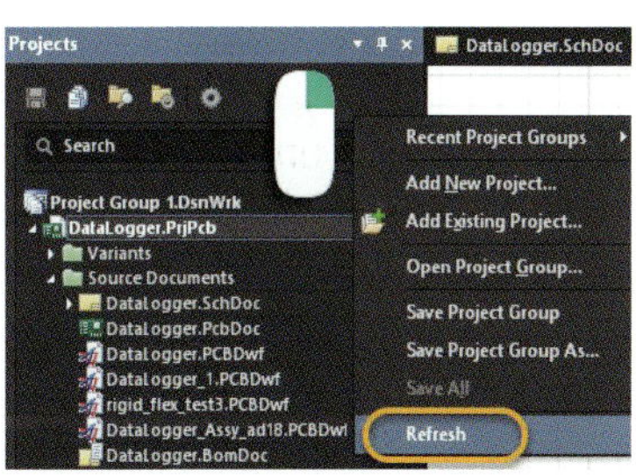

Klicken Sie mit der rechten Maustaste in den oberen Bereich des Panels um es zu aktualisieren. Wählen Sie dann im Kontextmenü den Eintrag „Refresh“.

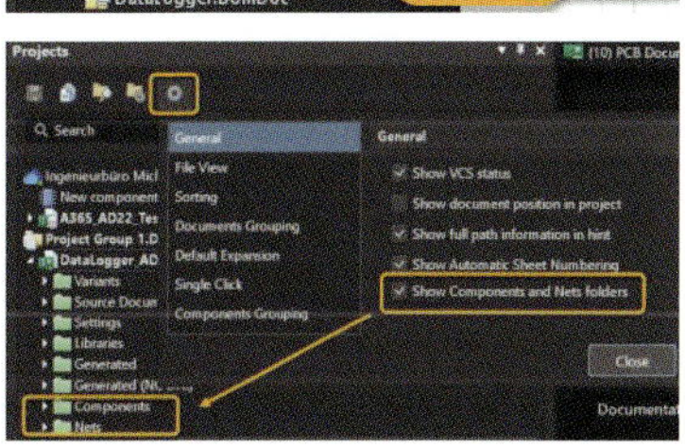

Mit einem Klick auf das Zahnradsymbol im Projects Panel öffnet sich ein Kontextmenü. Dort kann im Bereich „General“ die Anzeige der Liste mit allen Netzen und Bauteilen abgeschaltet werden.

ALTIUM DESIGNER®

VOM PROJEKT ZUM FERTIGEN SCHALTPLAN

In diesem Abschnitt finden Sie die Arbeitsschritte vom Anlegen eines neuen Projekts bis zum fertigen Schaltplan.

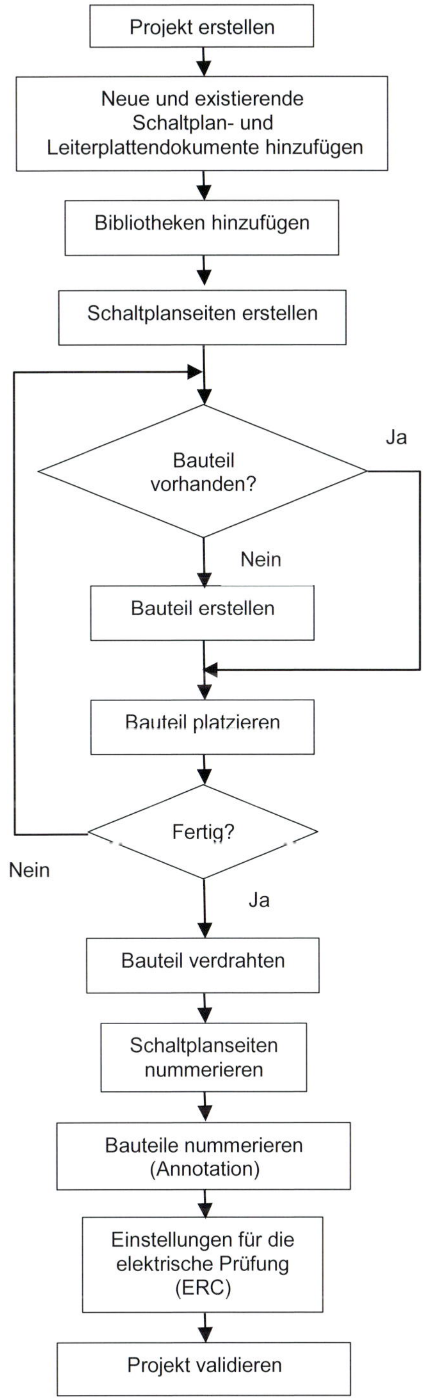

ALTIUM DESIGNER®

PROJEKTE

Ein Altium Designer® Projekt wird durch eine Projektdatei repräsentiert. In dieser Datei werden die Referenzen auf alle zum Projekt gehörenden Dateien, die Projektoptionen, die Projektparameter und Informationen zu Bestückungsvarianten gespeichert. Die Projektdatei ist eine einfache Textdatei, die sich mit jedem beliebigen Texteditor bearbeiten lässt. Geöffnete Dateien, die zu keinem gerade geöffneten Projekt gehören, werden im Projekt Panel als „Free documents“ angezeigt. Auf diese Dokumente können bestimmte Aktionen wie Seiten durchnummerieren oder Bauteile nummerieren nicht angewendet werden. Diese Aktionen funktionieren nur innerhalb eines Projekts.

Der Altium Designer® unterstützt folgende Projekttypen:

- **Leiterplatten (PCB) Projekte**
  Entwicklung einer Leiterplatte
- **Multiboard Design Projekte**
  Zusammenfassung mehrerer Leiterplatten zu einem System.
- **Integrated Library Projekte**
  Zusammenführung von Schaltplansymbol- und einer Leiterplattensymbol-Bibliotheken zu einer einzigen IntLib Bibliothek
- **Script Projekte**
  Automatisierung von Aktionen im Altium Designer® über Skripte.

Bei Leiterplatten-Projekten gilt folgender Grundsatz:

Ein Projekt hat genau eine Netzliste.

Es ist möglich, dass ein Projekt mehrere Leiterplatten enthält. Diese Leiterplatten müssen auf der gleichen Netzliste beruhen und können sich nur in ihren Abmessungen, dem Layout und dem Lagenaufbau unterscheiden. Ein Projekt im Altium Designer® kann sich also durchaus unterscheiden von dem was man in der Praxis unter einem Projekt versteht.

Beispiel:
Sie haben eine Basisplatine mit verschiedenen Huckepack Platinen für unterschiedliche Schnittstellen (RS232, RS485 etc.). Sie benötigen dann eine Leiterplatte für die Basisplatine und jeweils eine Leiterplatten für jede Huckepack Platine. Im Altium Designer® brauchen Sie für jede dieser Leiterplatten ein eigenes PCB Projekt!

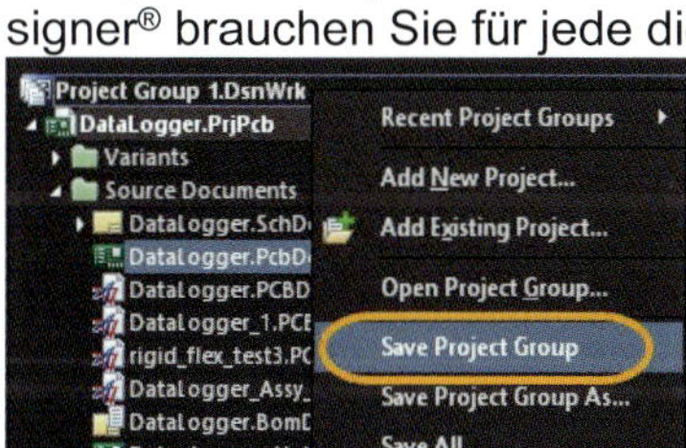

Diese Projekte können Sie gemeinsam unter einer sogenannten „Project Group“ abspeichern. Klicken Sie mit der rechten Maustaste im Projects Panel auf die Project Group Datei. Im Kontextmenü wählen Sie dann „Save Project Group“. Die Project Group ist eine einfache Textdatei, in der alle enthaltenen Projekte aufgelistet sind. Eine Prüfung ob die Huckepack Platinen mit der Basisplatine korrekt verbunden sind ist nicht möglich. Ob die Platinen physikalisch zusammen passen können Sie im 3D Modus prüfen. Dazu erzeugen Sie von den Huckepack Platinen STEP Modelle und fügen diese in das PCB Dokument der Basisplatine ein.

Ab der Version 18 können Sie diese Projekte in einem Multiboard Projekt zusammenfassen. Dort kann die Konnektivität zwischen den Leiterplatten geprüft werden. Ebenso ist es möglich die 3D Modelle dieser Leiterplatten zu einem Gesamtsystem zusammenzubauen.

Projekt öffnen

- File - Open Project ...
- Es öffnet sich der „Open Project" Dialog. Im linken Bereich ① kann eine Vorauswahl getroffen werden. Wenn „Recent" aktiviert ist, dann werden im mittleren Bereich ② die zuletzt geöffneten Projekte angezeigt. Die Auswahl „Local Projects" zeigt Projekte an, die im (in den Präferenzen unter „System – Default Locations" definierten) unterhalb des Standardprojektverzeichnises liegen. Im rechten Bereich ③ werden weitere Details zum Projekt angezeigt. Wählen Sie im linken Bereich ein Projekt aus und öffnen Sie dieses mit einem Klick auf „Open".

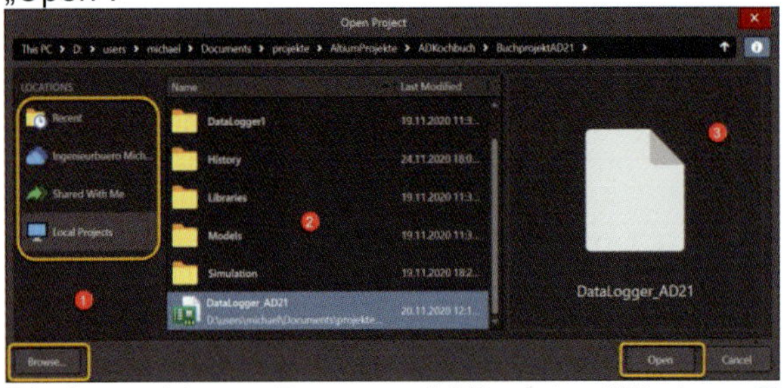

- Die Auswahl von „Browse..." öffnet den Windows Explorer.
- Navigieren Sie zum gewünschten Projekt und wählen Sie dieses aus.
- Um alle Schaltplandokumente zu öffnen, klicken Sie mit der rechten Maustaste im Projects Panel auf „Source Documents" und wählen dann im Kontextmenü „Open All Schematic Documents".

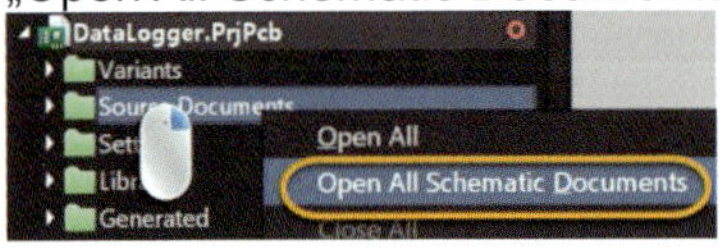

Projekt erstellen

Praxis-Tipp:
Wenn Sie beginnen mit dem Altium Designer® zu arbeiten, legen Sie als erstes ein leeres Projekt, eine OutputJob Datei mit Ihren Standardausgaben, eine leere Leiterplatte und ein Schaltplan Template an. Passen Sie diese Dokumente dann an Ihre Bedürfnisse an und speichern Sie es am gewünschten Ort. Tragen Sie diese Dokumente dann in den Präferenzen unter „System - New Document Defaults" ein. Siehe auch Abschnitt „Projektvorlagen" S.49

Neues Projekt erstellen

- „File – New – Project…“
  Es öffnet sich der „Create Project“ Dialog.

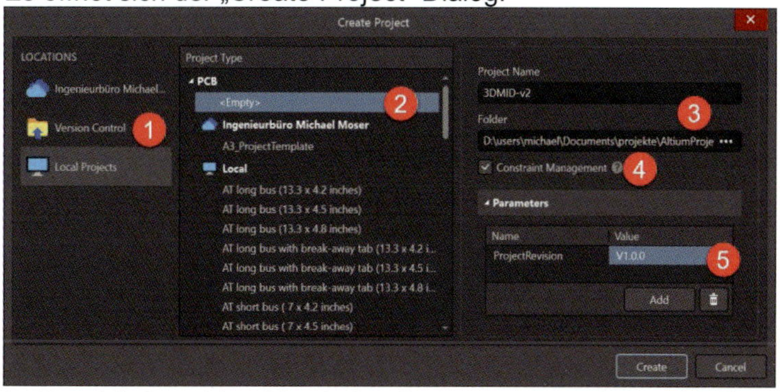

- Im Bereich ① wählen Sie ob das Projekt in einem Altium 365® Workspace (siehe Kapitel „Altium 365®“ S.659), der Versionsverwaltung oder lokal erzeugt werden soll.
- Den Projekttyp „PCB“ oder „Multiboard“ können Sie im Bereich ② festlegen. Unter den Projekttypen finden Sie die zugehörigen Vorlagen. Ein Klick auf das kleine Dreieck vor „PCB“ klappt die Liste mit Vorlagen zu. Wählt man „<Empty>“ bzw. in älteren Versionen „<Default>“ wird ein leeres Projekt angelegt bzw. der Eintrag in den Präferenzen unter „System - New document defaults“ verwendet. Der Pfad zu den Vorlagen kann in den Präferenzen unter „Data Management - Templates“ angepasst werden.
- Im Bereich ③ geben Sie den Projektnamen ein und wählen den Ordner, in dem das Projekt gespeichert werden soll. Als Ordner wird der Eintrag in Präferenzen unter „System – Default Locations – Document Path“ mit einem angehängten Unterordner „Projects“ verwendet. In diesem Ordner wird automatisch ein Unterordner mit dem Projektnamen angelegt. Sollten Sie den Unterordner „Projects“ nicht benötigen, dann ändern Sie die Vorgabe im Feld „Folder“. Der Altium Designer® merkt sich diese Einstellung und ergänzt den Projektpfad beim nächsten Aufruf nicht mehr.
- Ein Häkchen bei „Constraint Management“ ④ bestimmt, ob der Constraint Manager verwendet werden soll. (nicht in Altium Designer® Standard verfügbar)
- Unten rechts können Sie den Bereich ⑤ „Parameters“ aufklappen und mit „Add“ direkt Projektparameter hinzufügen.
- Ein Klick auf „Create“ erzeugt das Projekt.

Dokumente zum Projekt hinzufügen

Praxis-Tipp:
Bevor Sie Dokumente zu einem Projekt hinzufügen, sollten Sie sich Gedanken über die Verzeichnisstruktur machen. Im Projektverzeichnis werden auch temporäre Dateien abgelegt, die nicht zur Übersichtlichkeit beitragen. Deshalb ist es hilfreich, wenn Sie für Ihre PCB-Dokumente ein Unterverzeichnis „pcb" und für Ihre Schaltplandokumente ein Unterverzeichnis „sheets" anlegen.

Sie haben mehrere Möglichkeiten neue und bestehende Dokumente zu einem Projekt hinzuzufügen:

- **File - New**
  Hier können Sie ein beliebiges Dokument hinzufügen.

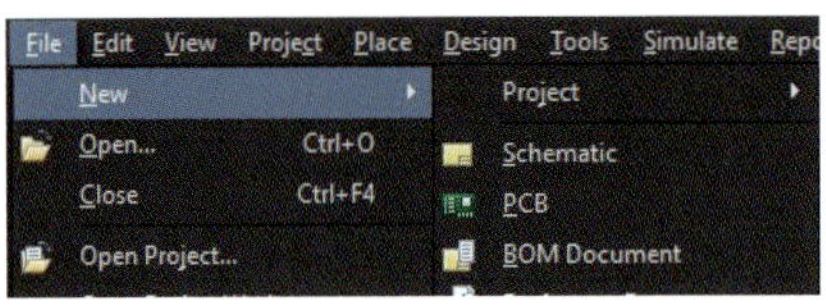

- **Rechtsklick auf den Projektnamen öffnet ein Kontextmenü Add New ... / Add Existing...**
  Hier werden Ihnen nur passende Dokumenttypen angeboten.
  Über „Other" können Sie auch beliebige Dokumente hinzufügen.

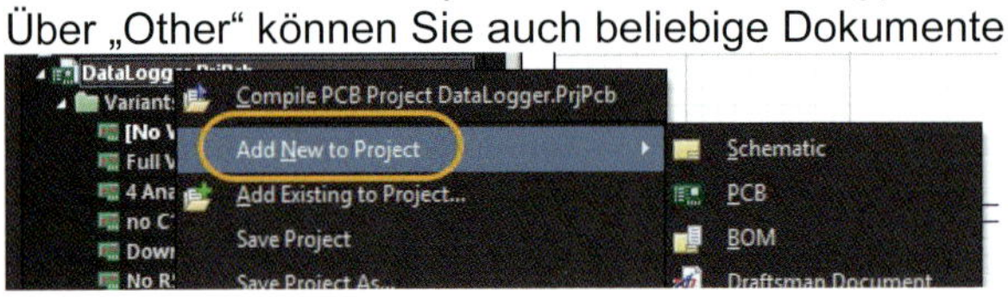

- **Dokument direkt aus dem Windows Explorer auf das Projekt ziehen**
- **Dokument aus einem anderen Projekt mit gedrückter 'Strg' Taste auf das Projekt ziehen**
  Ohne 'Strg' Taste würde das Dokument aus dem Ursprungsprojekt entfernt!

Dateien die Sie zu einem Projekt hinzufügen, werden als Verknüpfung in der Projektdatei gespeichert. Der Pfad ist dabei relativ zum Projektverzeichnis. Dateien die nicht im Projektverzeichnis liegen, werden mit einem kleinen Pfeil (ähnlich dem Verknüpfungszeichen bei Windows) gekennzeichnet.

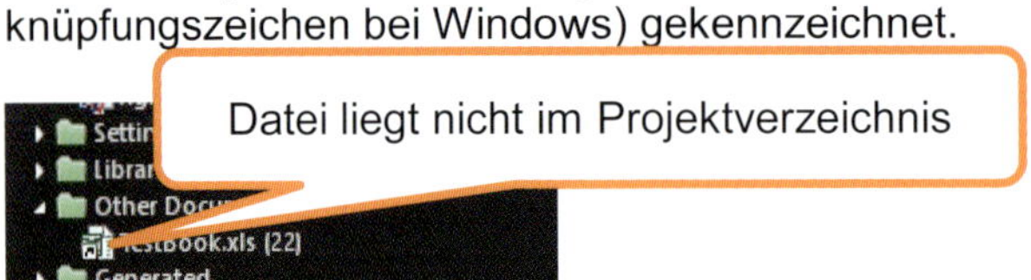

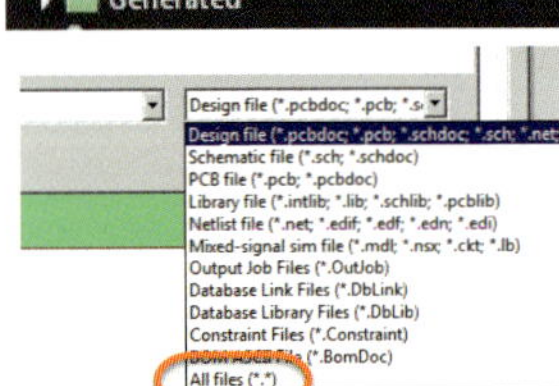

Sie können beliebige Dateitypen zu einem Projekt hinzufügen. Dazu müssen Sie unten rechts den Dateifilter auf „All files" stellen. Ein Doppelklick auf diese Dateien startet das Programm, welches unter Windows mit dem Dateityp verknüpft ist. Auf diese Weise können Sie auch Pflichten- und Lastenheft, Testpläne etc. als PDF, Excel oder Word Dokumente hinzufügen.

Dokumente aus dem Projekt entfernen

- Rechtsklick auf den Projektnamen öffnet ein Kontextmenü
- „Remove from Project" auswählen

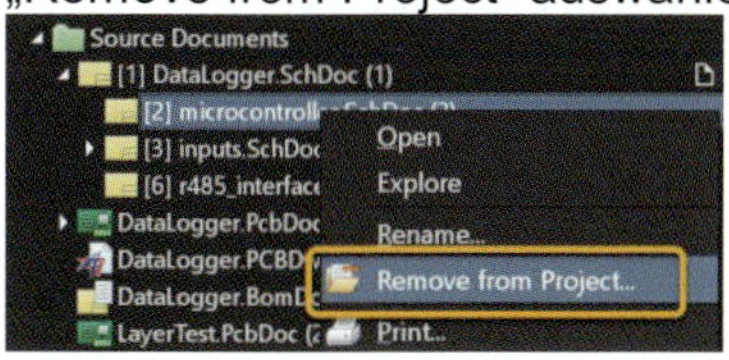

- Es öffnet sich ein Dialog in dem Sie wählen können, ob Sie die Datei löschen oder nur aus dem Projekt entfernen wollen.

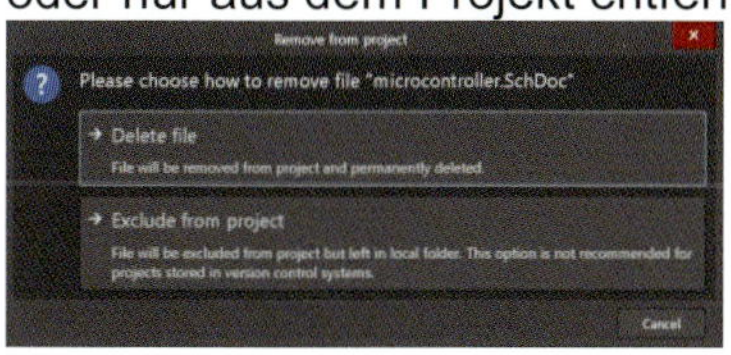

Dokumente umbenennen

Im Altium Designer® gibt es drei Möglichkeiten um Dateien umzubenennen.

- „Rename"
- „Save as"
- „Save Copy as"

Datei umbenennen mit „Rename":

- Rechtsklick auf den Dateinamen öffnet ein Kontextmenü.

- Klicken Sie auf „Rename"
- Es öffnet sich der „Rename" Dialog. Tragen Sie hier den neuen Dateinamen ein.

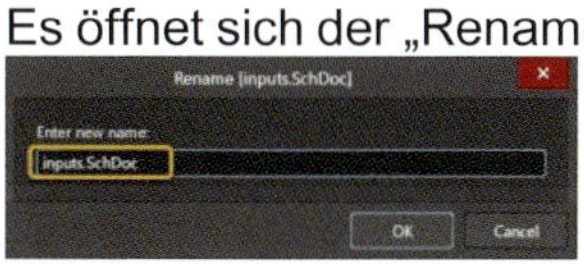

- Klicken Sie auf die Schaltfläche „OK".
- Wird die Datei von „Sheet Symbols" referenziert, muss dort der neue Name eingetragen werden.

Datei umbenennen mit „Save as":

- Die Datei, welche umbenannt werden soll muss geöffnet und aktiv sein.
- „File – Save As…" startet das Umbenennen.

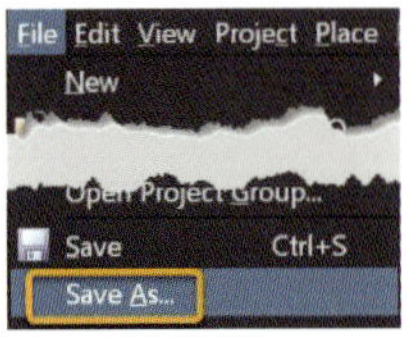

- Es öffnet sich ein Explorer Fenster in dem Pfad, der in den Präferenzen „System - Default Locations“ eingestellt ist.
- Geben Sie einen neuen Dateinamen ein
- Klicken Sie auf die Schaltfläche „Speichern“.
- Die ursprüngliche Datei bleibt erhalten, die Datei mit neuem Namen ist jetzt im Projekt.
- Wird die Datei von „Sheet Symbols“ referenziert, muss dort der Name aktualisiert werden.

Datei umbenennen mit „Save copy as“:

- Die Datei, die umbenannt werden soll muss geöffnet sein.
- Datei im Projects Panel markieren.
- Unter „File - Save copy as“ auswählen.

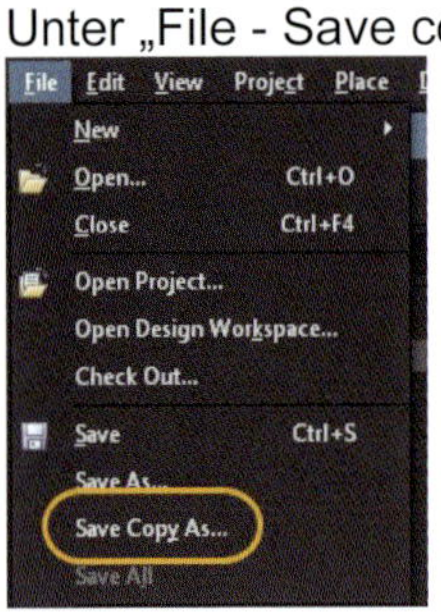

- Geben Sie einen neuen Dateinamen ein.
- Klicken Sie auf die Schaltfläche „Speichern“.
- Die ursprüngliche Datei bleibt im Projekt, die Datei mit neuem Namen ist nur gespeichert.
- Wird die Datei von „Sheet Symbols“ referenziert, muss dort der Name aktualisiert werden.

Projektoptionen einstellen

Für jeden Projekttyp können spezifische Optionen eingestellt werden.
Für PCB Projekte können diese in mehrere Gruppen eingeteilt werden:

- Allgemeine Projektoptionen

- Optionen für die Prüfung der elektrischen Regeln (ERC)

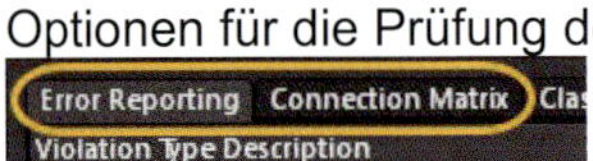

- Optionen für die Synchronisierung Schaltpläne mit der Leiterplatte

- Optionen für das Multichannel Design.

Die Projektoptionen erreichen Sie über

- das Tastenkürzel C - O
- Rechtsklick auf den Projektnamen öffnet ein Kontextmenü dort finden Sie ganz unten die Projektoptionen.

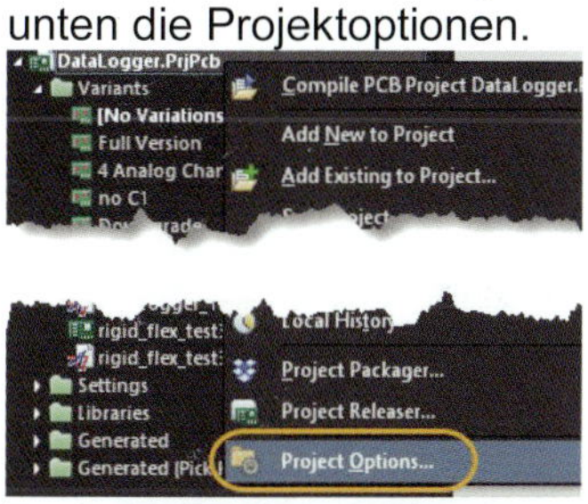

- Project - Project Options

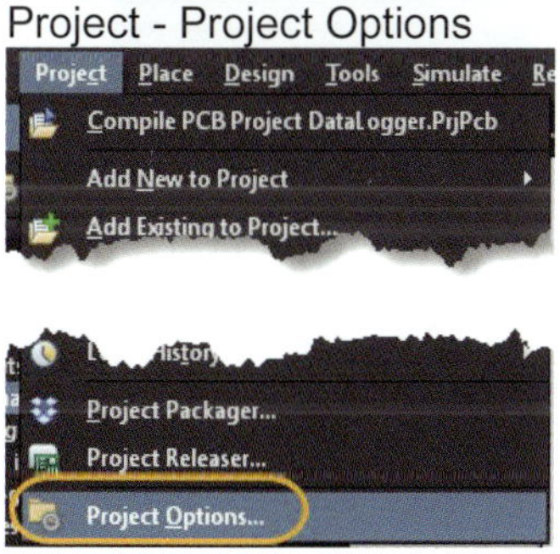

Die Einstellungen für die ERC Prüfung und den Design Transfer finden Sie in den entsprechenden Kapiteln.

Allgemeine Projektoptionen

- **Projekt Pfade**
  Ausgabepfad für die Produktionsdaten (falls nicht „Managed Release“ gewählt wird).
  Pfad für die ECO Log Dateien.
  Pfad für projektspezifische Schaltplanvorlagen.
- **Ausgabe Optionen**
  Wichtigste Einstellung ist hier die Festlegung, ob für jeden Ausgabetyp ein eigenes Unterverzeichnis erstellt wird („Use separate folder for each output type“).
- **Netzlisten Optionen**
- **Gültigkeitsbereich der Netzbezeichner**
- **Allgemeine Einstellungen**
- **Einstellungen für Differentielle Leitungen**

Netzlisten Optionen

- **Allow Ports to Name Nets**
  Schließt man an einen Port eine Leitung an, bekommt diese Leitung den Namen des Ports.
  Standard: ausgeschaltet.
- **Allow Sheet Entries to Name Nets**
  Schließt man an ein Sheet Entry eine Leitung an, bekommt diese Leitung den Namen des Sheet Entry.
  Standard: eingeschaltet.

Achtung: Führt im Zusammenhang mit Harnesses zu Warnungen beim compilieren!

- **Allow Single Pin Nets**
  Für alle die Antennen bauen wollen.
  Standard: ausgeschaltet.
- **Append Sheet Numbers to Local Net**
  Ermöglicht die Verwendung von lokalen Netzen pro Schaltplanseite. Gibt es auf zwei verschiedenen Schaltplänen das Netz „CLK“, dann führt dies zu einem „Duplicate Net Names“ Fehler. Ist diese Option aktiv, wird aus den Netz „CLK“ z.B. „CLK_1“ und „CLK_2“. Diese Einstellung ist unwirksam, wenn der Gültigkeitsbereich für Netzbezeichner auf „Global“ steht.
  Standard: ausgeschaltet.
- **Higher Level Names Take Priority**
  Bei der Erzeugung der Netzliste wird standardmäßig der Netz Name genommen, der auf der tiefsten Hierarchie Ebene gefunden wird. Ist diese Option aktiv, dann wird der Name aus der höchsten Hierarchie Ebene genommen.
  Standard: ausgeschaltet.
- **Power Port Names Take Priority**
  Relevant für die Netze die einen Netznamen haben und mit einem Power Port verbunden sind. Ein Beispiel ist ein Netz „nRESET“, das man fest mit GND verbindet. Ist die Option ausgeschaltet, dann behält das Netz „nRESET“ seinen Namen und GND wird umbenannt in „nRESET“. Ist die Option eingeschaltet wird das Netz umbenannt in „GND“. In jedem Fall erhält man eine Warnung bezüglich mehrfacher Netznamen.
  Im Standard können also die Namen von Power Netzen verloren gehen! Man sollte sich deshalb gut überlegen, ob man an Netze, die man mit Power Ports verbindet ein Netzlabel setzt.
  Standard: ausgeschaltet.

Gültigkeitsbereich der Netzbezeichner

Besteht ein Projekt aus mehr als einer Schaltplanseite, legt diese Option fest wie der Altium Designer® die Netze über die Schaltplanseiten hinweg verbindet. Für alle die es aus anderen Programmen gewohnt sind, dass alle Netze mit gleichem Namen global verbunden sind, sei hier gesagt, dass dies beim Altium Designer® nicht zwangsläufig der Fall ist.

- **Automatic (Based on project contents)**
  Mit dieser Standardeinstellungen gelingt es dem Altium Designer® immer eine Netzliste zu erzeugen.
  Findet er Sheet Entries und Ports erzeugt er ein hierarchisches Design.
  Findet er Ports erzeugt er ein flaches Design in dem alle Ports mit gleichem Namen verbunden sind.
  Findet er keine Ports erzeugt er ein globales Design und verbindet alle Netze mit gleichem Namen.
- **Flat (Only Ports global)**
  Alle Ports mit gleichem Namen sind miteinander verbunden
- **Hierarchical (Sheet entry <-> port connections, Power ports global)**
  Die Verbindung erfolgt immer über Sheet Entries und Ports. Die Power Ports sind global.

- **Strict Hierarchical (Sheet entry <-> port connections, Power ports local)**
  Die Verbindung erfolgt immer über Sheet Entries und Ports. Die Power Ports sind aber lokal zur Schaltplanseite. Verwendet man nun auf zwei verschiedenen Schaltplanseiten einen Power Port mit dem Netz „GND“, erhält man die Fehlermeldung „Duplicate Netnames“ genauso wie bei normalen Netzen auch.
  Eine Ausnahme bilden hier die „Hidden Pins“, diese sind immer global!
- **Global (Net labels and ports global)**
  Hier verbindet der Altium Designer® sowohl Ports als auch Netze die den gleichen Namen tragen.

Allgemeine Einstellungen

- **Automatic Sheet Numbering**
  Die Schaltplanseiten werden automatisch nummeriert
- **Automatic Cross References**
  Alle Ports erhalten automatisch einen Querverweis.
- **New Indexing of Sheet Symbols**
  Wenn diese Option aktiv ist, dann darf der Index in der REPEAT() Anweisung für Sheet Symbols bei 0 beginnen.

xNets Creation

Einstellungen für die automatische Erkennung von xNets[1] (nicht in Altium Designer® Standard verfügbar).

- **Sources/Destinations**
  Designatorpräfixes für Signalquellen und –senken.
- **Discretes**
  Designatorpräfixes für diskrete Bauteile, die Teil eines xNets sein können.

Cross References

Wenn „Automatic Cross References“ aktiv ist, wird in diesem Bereich eingestellt, wie und für welche Objekte die Querverweise erstellt werden sollen.

Einstellungen für Differentielle Leitungen

Im Bereich „Diff Pairs“ können Sie den Suffix für den positiven und negativen Netznamen festlegen. Der Suffix muss eindeutig sein und immer mit einem „_“ beginnen. Wenn Sie diesen nicht eingeben, dann wird er automatisch ergänzt. Die Standardsuffixe „_P“ und „_N“ können nicht geändert werden. Mit „Add“ können Sie ein neues Suffix-Paar hinzufügen und mit „Remove“ entfernen.

[1] Siehe (Moser, Altium Designer® Praxis-Handbuch Teil 2, 2024)

Projekt-Parameter verwenden

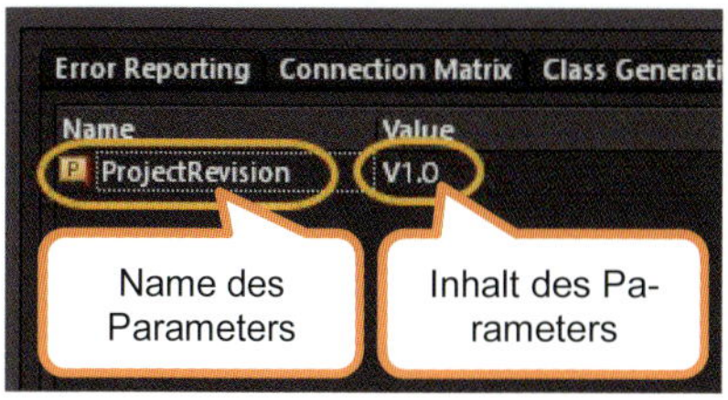

In jedem Projekt können Sie Projekt-Parameter definieren. Jeder Projekt-Parameter hat einen Namen und einen Text. Sie können sich einen Parameter einfach als Platzhalter vorstellen, den Sie in den Schaltplänen, in der Stückliste und auf der Leiterplatte verwenden können. Typische Projekt-Parameter sind die Projekt Version, die Projekt Nummer u.ä. Als Projekt-Parameter könnten sie dann ProjektVersion und ProjektNummer heißen, Leerzeichen sind im Parameternamen nicht zulässig.
Im Schaltplan können Sie die Parameter verwenden indem Sie einen Text platzieren mit folgendem Inhalt „=ProjektVersion“ und auf der Leiterplatte mit „.ProjektVersion“. Der Inhalt der Parameter wird automatisch angezeigt. Vor der Version 18 müssen Sie die entsprechenden „Convert Special Strings“ Präferenzen einstellen.

Beispiel:
Projekt-Parametername: ProjektVersion und Wert: V1.0.0. Im Zeichnungskopf des Schaltplans wurde im Template „=ProjektVersion“ platziert. Der Altium Designer® zeigt dort den Text „V1.0.0“ an.

Die Projekt-Parameter befinden sich in den Projektoptionen.
In den Projekt-Optionen wählen Sie den Reiter „Parameters“. Dort können sie mit „Add“ neue Parameter hinzufügen und mit „Remove“ vorhandene Parameter löschen. Über „Edit“ lassen sich die Parameter bearbeiten. Ab der Version 19 können die Projektparameter direkt beim Erstellen des Projekts definiert werden.

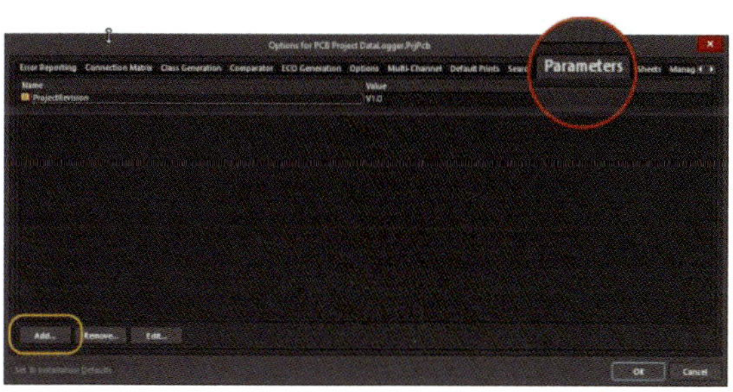

Projektvorlagen

Bei den Projektvorlagen handelt es sich nicht um einen eigenen Dateityp wie bei den Schaltplanvorlagen. Vielmehr handelt es sich hier um ein gewöhnliches Projektdokument, welches als Kopiervorlage verwendet wird. In einem neuen Projekt sind zunächst nur die Standardoptionen und –pfade gesetzt und es existieren keine Projektparameter. Damit Sie nicht bei jedem neuen Projekt all diese Einstellung neu eingeben müssen, sollten Sie sich eine Projektvorlage definieren. Ein Anleitung zum Erstellen eines Projekt und den notwendigen Einstellungen finden Sie in den Kapiteln „Altium Designer® Projekte“ (S.38), „Design Struktur“ (S.128), „ERC Einstellungen“ (S.149) und „Synchronisierung Schaltplan – Leiterplatte“ (S.285).

Einfache Projektvorlage erstellen

Eine einfache Projektvorlage besteht nur aus dem Projektdokument *.PrjPCB mit den entsprechenden Einstellungen.

- Legen Sie ein leeres Projekt an.
- Legen Sie alle gewünschten Optionen fest:
  - Projektpfade
  - Einstellungen für den Gültigkeitsbereich der Netze (hierarchisch oder flach)
  - Einstellungen für die ERC Prüfung
  - Einstellungen für das automatische Erzeugen von Klassen
  - Einstellungen für den Designtransfer
  - Gewünschte Parameter hinzufügen.

- Ordner für Vorlage an geeignetem Ort anlegen.
- Leeres Projekt dort speichern, z.B. mit dem Namen ProjectTemplate.PrjPcb
- In den Präferenzen „System - New Document Defaults“ das angelegte Template bei „PCB Project“ eintragen.

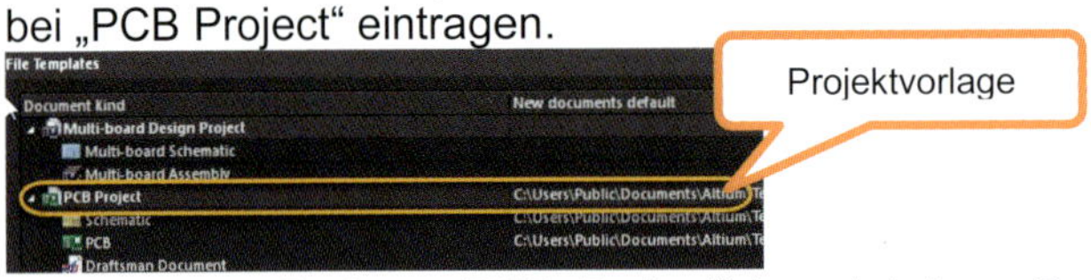

- „File - New - Project - PCB Project“ benutzt dann ProjectTemplate.PrjPcb als Vorlage.

Vollständige Projektvorlage erstellen

- Legen Sie ein leeres Projekt an.
- Legen Sie alle gewünschten Optionen und Projektparameter fest.
- Fügen Sie über „Add New to Project“ bzw. „Add Existing to Project“ alle gewünschten Dokumente zum Projekt hinzu.
- In jedem dieser Dokumente können Sie jetzt die spezifischen Einstellungen für den jeweiligen Dokumententyp vornehmen.
- Speichern Sie das Projekt mit allen Dokumenten ab. Wenn Sie in den Dokumentennamen [ProjectName] verwenden, dann wird dies durch den späteren Projektnamen ersetzt. Ist der Projektname z.B. Bluetooth_IF, dann wird [ProjectName].SchDoc beim Erzeugen des Projekts in Bluetooth_IF.SchDoc umgewandelt.
- Kopieren Sie das komplette Projekt in das Altium Designer® Vorlagenverzeichnis. Der Standardpfad lautet c:\Users\Public\Documents\Altium\ADxx\Templates.

ALTIUM DESIGNER®

EINFÜHRUNG IN DEN SCHALTPLANEDITOR

Auswählen von Objekten im Schaltplan

Damit man Objekte bearbeiten kann müssen diese zunächst selektiert werden. Ein Objekt wird selektiert in dem man es anklickt. Es wird dann mit einem grünen Rahmen gekennzeichnet.

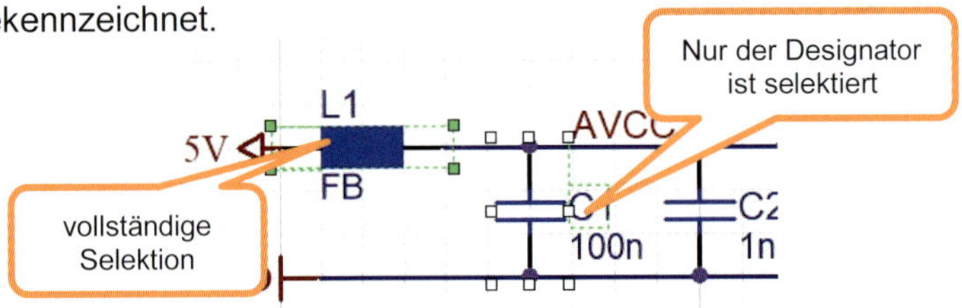

Falls der Rahmen weiß ist, hat man nicht das ganze Objekt sondern nur einen Teil selektiert. Dies tritt häufig bei Bauteilen auf, bei denen man z.B. nur den Designator selektiert. Wollen Sie weitere Objekte zur Selektion hinzufügen oder daraus entfernen, halten Sie beim Anklicken die Umschalt-Taste gedrückt. Bei der Selektion von mehreren Objekten kann es sein, dass manche statt eines grünen einen blauen Rahmen erhalten. Dies hat keine weitere Bedeutung und wirkt sich nicht auf die Selektion aus. Wenn Sie auf eine leere Stelle im Schaltplan klicken, wird die Selektion insgesamt aufgehoben.

Die Selektion von Objekten kann über das „Selection Filter“ im Properties Panel eingeschränkt werden. Die blauhinterlegten Schaltflächen bestimmen, was selektiert werden kann. Ein Klick auf „All - On“ schaltet alle Objekte aus. Auf der Schaltfläche wird dann „All – Off“ angezeigt. Sie können jetzt die gewünschten Objekte aktivieren. Auf der Schaltfläche erscheint jetzt „Custom“. Durch weitere Klicks auf die Schaltfläche können Sie jetzt durch die Zustände „All – On“, „All – Off“ und „Custom“ durchwechseln.

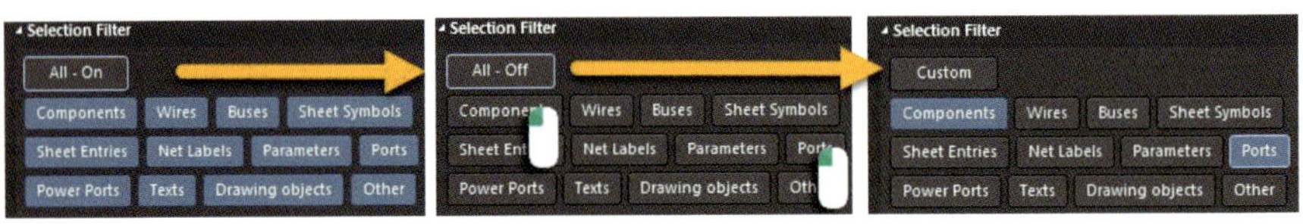

Nach der Selektion von unterschiedlichen Objekten kann eingeschränkt werden, was im Properties Panel angezeigt werden soll.

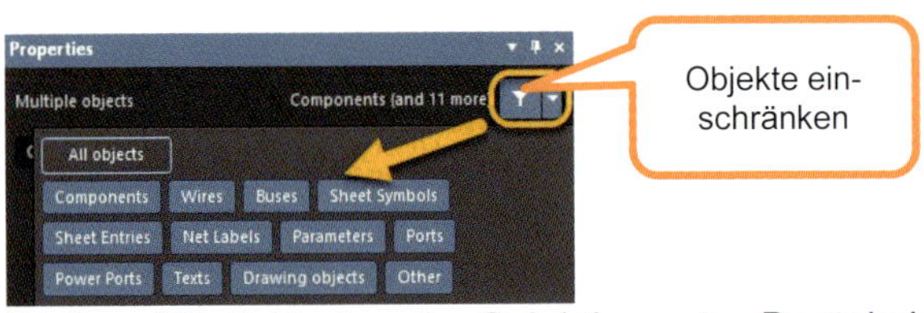

Weitere Möglichkeiten der Selektion unter Berücksichtigung des „Selection Filters“:

- Ein Rechteck von **links nach rechts** über den Bereich ziehen den man selektieren will. Das blaue Rechteck selektiert nur Bauteile, die vollständig im Rechteck liegen.

- Ein Rechteck von **rechts nach links** über den Bereich ziehen den man selektieren will. Das grüne Rechteck selektiert alles was im Rechteck liegt oder von diesem berührt wird.
- Mit dem Tastenkürzel ‘S’ öffnen Sie das Selektionsmenü.
  Dort finden Sie folgende Möglichkeiten:
  - **Lasso Select (S – E)**: Selektiert alles was vollständig innerhalb eines freidefinierten Bereichs liegt. Um den Bereich zu erzeugen definieren Sie zunächst mit der linken Maustaste den Startpunkt. Dann zeichnen Sie einen beliebigen Bereich und schließen die Aktion mit der linken Maustaste ab. Der Bereich wird automatisch bis zum Startpunkt vervollständigt. Mit gedrückter Umschalttaste können weitere Bereiche zur Selektion hinzugefügt werden
  - **Inside/Outside Area**: Entspricht dem oben genannten Zeichnen eines Rechtecks.
  - **Touching Rectangle (S - U)**: Selektiert alles was im Rechteck liegt oder von diesem berührt wird.
  - **Touching Line (S - L)**: Hier zeichnet man eine Linie über die Objekte die selektiert werden sollen.
    Besonders praktisch, wenn man nur die Leitungen eines Busses, nicht aber die Net Labels selektieren will.
  - **All (Strg - A)**: Selektiert alles.
  - **Connection**: Selektiert und maskiert das Netz, welches man anklickt.
- Selektion über das SCH Filter Panel
- Selektion über das Navigator Panel
- Find Similar Object

Bestehende Selektionen können über „Umschalten - C“ aufgehoben werden.

Wenn Objekte selektiert sind können Sie folgendes damit tun:
- In die Zwischenablage kopieren oder ausschneiden.
- Löschen
- Verschieben (**M**ove - **S**election)
- Spiegeln mit X bzw. Y
- Rotieren mit der Leertaste
- Ausrichten (Tastenkürzel ‘A’)
- Bearbeiten im Properties Panel.
- Bearbeiten mit dem Schaltplan List Panel (Tastenkürzel „Umschalten - F12“)

Selektion über das SCH Filter Panel

Das SCH Filter Panel befindet sich normalerweise in der Panel Gruppe am linken

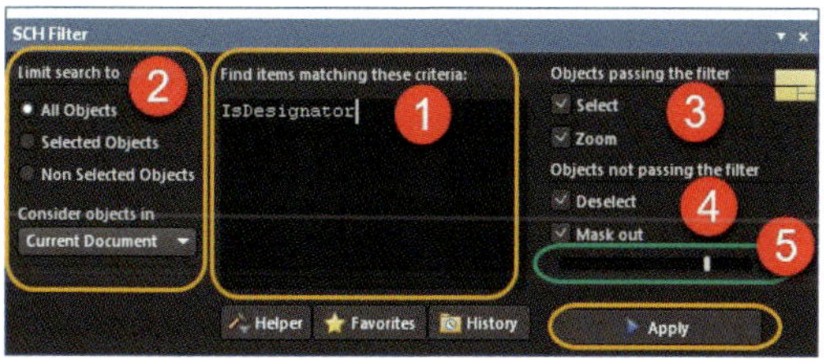

Bildschirmrand. Falls es nicht vorhanden ist, kann man es über „View – Panels“ (vor Version 18:„View - Workspace Panels - SCH - SCH Filter“) wieder einblenden.

Das Filter Panel besteht aus drei Bereichen. Im oberen bzw. linken Bereich ② (je nach Darstellung) können Sie die Suche einschränken. Im mittleren Bereich ① geben Sie einen Ausdruck in der Abfragesprache ein und im unteren bzw. rechten Bereich (je nach Darstellung) legen Sie fest, was mit den Objekten passieren soll auf die der Filter passt ③ bzw. nicht passt ④. Hier kann man festlegen ob die Objekte selektiert, maskiert oder gedimmt dargestellt werden sollten. Mit dem Schieberegler ⑤ können Sie den Grad der Maske einstellen. Über die Schaltfläche „Helper" können Sie den Query Helper starten, der Sie beim Erstellen der Suchanfrage unterstützt. Weitere Informationen zum Query Helper finden Sie im Kapitel „Gültigkeitsbereich einer Regel festlegen" (S.314).

Selektion über „Find Similar Objects"

- Zeigen Sie mit dem Mauszeiger auf die Objektart die Sie finden wollen, z.B. den Bezeichner eines Bauteils.
- Rechtsklick öffnet ein Kontextmenü.
- Wählen Sie ganz oben „Find Similar Objekts"

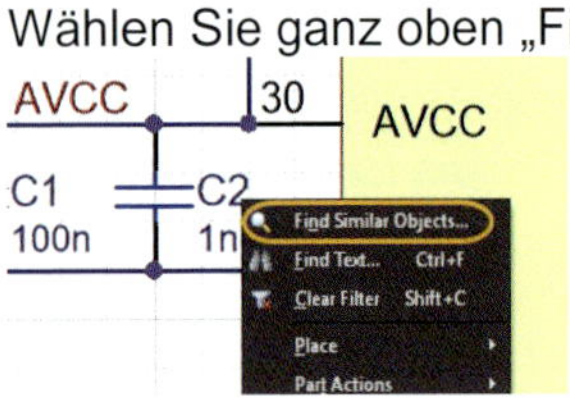

- Der „Find Similar Objects" Dialog öffnet sich.

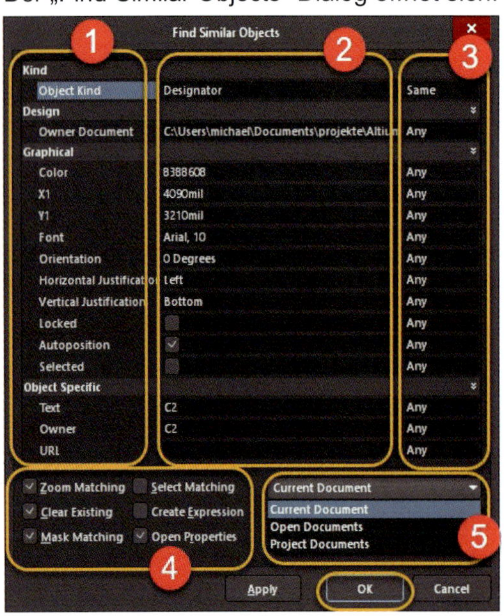

Die erste Spalte ① zeigt den Namen der Eigenschaft an, die zweite Spalte ② den aktuellen Wert und die dritte Spalte ③ ist die Filterspalte. Ganz oben steht die Eigenschaft „Object Kind", der Wert „Designator" und der Filter „Same". Wenn man jetzt mit OK den Befehl ausführt, werden alle Bauteilebezeichner gefunden. Durch Änderungen in der Filterspalte kann man die Suche verfeinern. In der Filterspalte kann man immer zwischen „Any", „Same" und „Different" wählen. „Any" bedeutet, dass der Wert dieser Eigenschaft keine Bedeutung hat. Bei „Same" werden nur Objekte gesucht, welche die gleichen Eigenschaften haben und bei „Different" nur solche die nicht diese Eigenschaften haben. Setzt man bei der Eigenschaft „Text" mit dem Wert „C9" die Filterspalte auf „Same" werden nur Bezeichner mit dem Wert „C9" gefunden. Würde man „Different" setzen, dann werden nur die Bezeichner gefunden deren Wert nicht „C9" sind. Ändert man den Wert „C9" in „C*" werden alle Bezeichner gefunden die mit 'C' beginnen.

- Im Bereich ④ legen Sie fest was mit dem Ergebnis passieren soll. Ein Haken bei „Select Matching“ sorgt dafür, dass der Befehl die passenden Objekte selektiert.
- Ein Haken bei „Mask Matching“ maskiert alle Objekte aus, auf die die Abfrage nicht zutrifft.
- Wollen Sie die Abfragesprache lernen, ist es nützlich einen Haken bei „Create Expression“ zu setzen. Es wird dann im SCH Filter Panel ein den Einstellungen entsprechender Ausdruck angezeigt.
- Im Bereich ⑤ legen Sie fest in welchen Dokumenten gesucht werden soll. Mit der Auswahl „Project Documents“ können Sie die gewünschten Objekte in allen Projektdateien gleichzeitig selektieren.
- Ein Klick auf „Apply“ wendet die Einstellungen an und man kann kontrollieren ob das Gewünschte selektiert wird.
- Ein Klick auf „OK“ wendet den Befehl an.

Schaltplan Präferenzen

Die Schaltplan Präferenzen erreicht man auf zwei Wegen:

- Über das Präferenzensymbol oben rechts

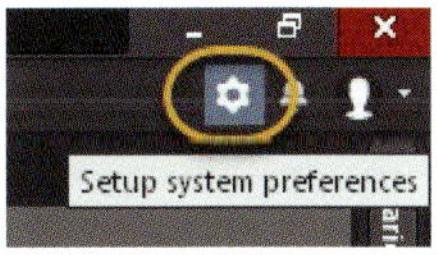

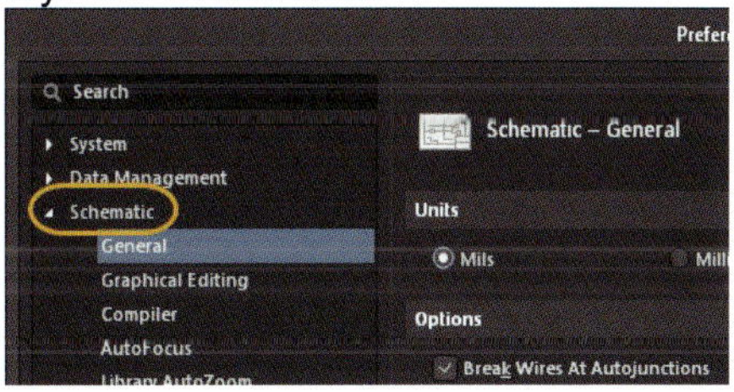

- **T - P (Tools - Preferences)**
  Sie landen automatisch in der Sektion „Schematic“.

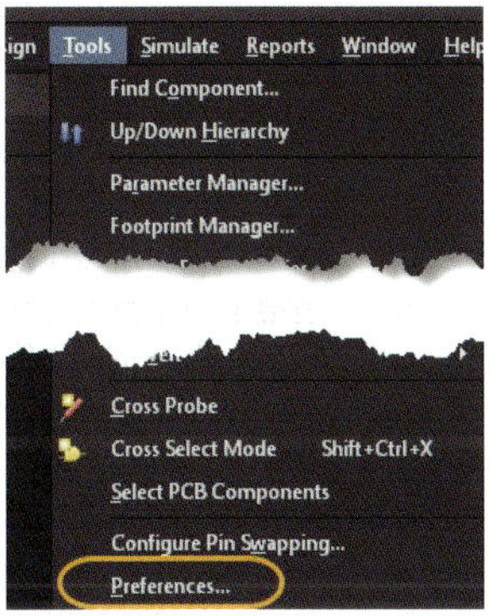

Eine Beschreibung der Schaltplan Präferenzen finden Sie im Kapitel „Präferenzen Übersicht“ (S.15)

ALTIUM DESIGNER®

SCHALTPLAN-OPTIONEN

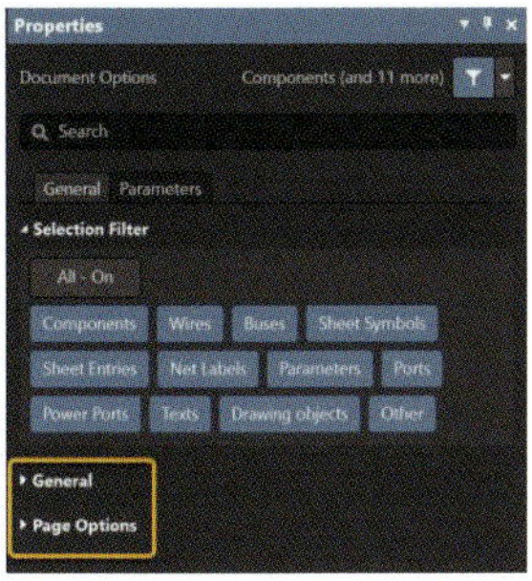

Jedes Schaltplandokument hat einen eigenen Satz an Optionen und Parametern. Wenn keine anderen Objekte selektiert sind, dann werden diese Optionen im Properties Panel auf den Reitern „General“ und „Parameters“ angezeigt.

General

- **Units**
  Hier legen Sie fest, ob Sie im Schaltplan mit Millimeter oder Mil arbeiten wollen. Wenn Sie Bibliotheken von Altium® verwenden wollen, dann müssen Sie mit Mil arbeiten. Die Bauteile haben dort ihre Anschlusspins auf einem 100mil Raster.
- **Visible Grid**
  Das sichtbare Grid im Schaltplan. In der Grundeinstellung, ändert sich dieses Grid nicht, wenn man mit der Taste G das Grid zwischen 10mil, 50mil und 100mil umschaltet. Dieses Verhalten kann in den Präferenzen unter „Schematic – Grids“ geändert werden.
- **Snap Grid**
  Objekte werden auf das Snap Grid gefangen. Mit der Taste G kann das Grid zwischen 10mil, 50mil und 100mil umgeschaltet werden. Diese Werte können in

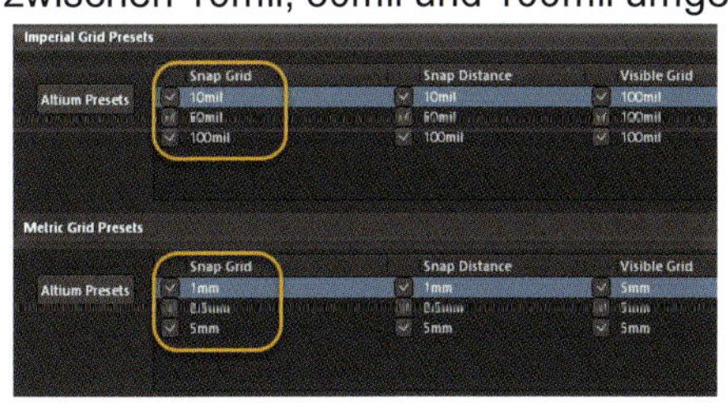

den Präferenzen unter „Schematic – Grids“ angepasst werden. Dort können auch weitere Werte hinzugefügt werden.
- **Snap Distance**
  Die Snap Distance ist ein Fangbereich um einen elektrischen Anschlusspunkt.

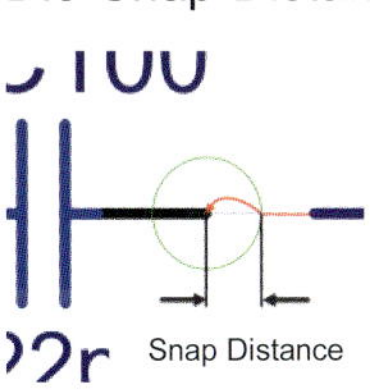

Kommt man mit der Maus beim Verdrahten in diesen Bereich, springt die Maus automatisch auf den elektrischen Anschlusspunkt. Der eingetragene Wert ist der Radius des Kreises um den Anschlusspunkt. Dieser Wert sollte etwas kleiner sein als der halbe Snap Grid Wert. In den Versionen 18-20 sind diese Werte nach der Installation identisch mit den Snap Grid Werten. Diese sollten Sie entsprechent anpassen.

Snap Grid	Snap Distance
10 mil	10 mil (kleiner geht nicht)
50 mil	20 mil
100 mil	40 mil

- **Document Font**
  Der Document Font ist der Zeichensatz, der für Pin Nummern, Pin Namen, Port Text, Power Port Text und Dokumentenrahmen Text verwendet wird.

Page Options

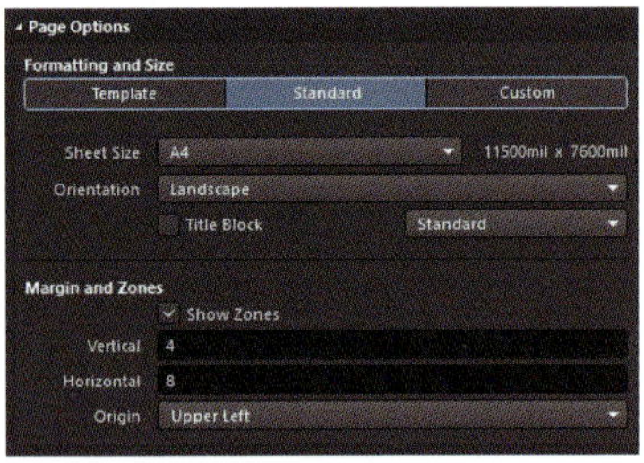

Die Page Options bestimmen die Seitengröße, die Formatierung, den Rand, das Zonensystem und eine eventuell verwendete Schaltplanvorlage.
Im oberen Bereich können Sie über die Schaltfläche „Standard“ eine standardisierte Größe, z.B. A4, und die Orientierung, Hoch- oder Querformat, auswählen. Mit einem Haken bei „Title Block“ lässt sich ein vordefinierter Zeichnungskopf einblenden. Mit der Schaltfläche „Custom“ können Sie die Blattgröße selbst festlegen. Die maximale Größe beträgt 65000mil auf 65000mil. (1,651m x 1,651m). Über die Schaltfläche „Template“ sehen Sie auf welcher Vorlage die Schaltplanseite beruht. Die Vorlage können Sie hier aktualisieren und auch eine neue zuweisen.
Im unteren Bereich legen Sie fest ob ein Zonensystem verwendet werden soll. Die Zoneneinteilung und den Ursprung können Sie über „Vertical“, „Horizontal“ und „Origin“ festlegen.

Parameters

Parameter und Regeln finden Sie auf dem Reiter „Parameters“. Für jedes Schaltplandokument können Sie Schaltplan-Parameter definieren. Jeder Schaltplan-Parameter hat einen Namen und einen Text. Sie können sich einen Parameter einfach als Platzhalter vorstellen, den Sie in den Schaltplänen verwenden können. Jedes neu erstellte Schaltplandokument enthält einen von Altium® vordefinierten Satz von Parametern. Diese Parameter werden teilweise automatisch mit Inhalt gefüllt und teilweise muss der Benutzer die Werte eintragen. Die vordefinierten Parameter werden grau dargestellt.

Folgende Parameter werden automatisch mit Inhalt gefüllt:

- CurrentDate
- CurrentTime
- ModifiedDate
- DocumentName
- DocumentFullPathAndName
- ProjectName
- VariantName
- VersionControl_RevNumber
- Alle die mit „Item...“ beginnen.

Zusätzlich zu den vordefinierten Parametern, können beliebig viele eigene Parameter definiert werden. Parameter, die einen Wert besitzen werden automatisch im Schaltplan angezeigt. Leere Parameter werden als „=ParameterName“ angezeigt.

ALTIUM DESIGNER®

SCHALTPLAN-VORLAGEN

Im Altium Designer® können Sie das Erscheinungsbild einer Schaltplanseite komplett an Ihre eigenen Bedürfnisse bzw. Firmenvorgaben anpassen. Sie können den Zeichnungskopf beliebig gestalten und Ihr Firmenlogo integrieren. Durch die Platzierung von Schaltplan- und Projektparametern (Special Strings) können zusätzliche Informationen wie z.B. Seitennummer, Gesamtanzahl Seiten usw. angezeigt werden. Wenn Sie Projektparameter verwenden, dann sind diese Parameter in der Regel beim Erstellen einer Vorlage gar nicht vorhanden. Trotzdem können Sie die Projektparameter einfügen.

Beispiel:
Sie wollen einen Projektparameter „ProjectRevision" im Zeichnungskopf anzeigen. Dieser Parameter ist in der entsprechenden Vorlage noch nicht bekannt. Wenn Sie „=ProjectRevision" platzieren, dann erzeugt der Altium Designer® keine Fehlermeldung, sondern er zeigt einfach „=ProjectRevision" an. Verwenden Sie diese Vorlage in einem Projekt in dem der Projektparameter „ProjectRevision" definiert ist, dann wird wie gewohnt der Inhalt des Projektparameters angezeigt.

Der Altium Designer® bringt bei der Installation eine Reihe von vordefinierten Vorlagen mit. Den Installationspfad finden Sie in den Präferenzen unter „Data Management - Templates". Neben diesen globalen Vorlagen erlaubt der Altium Designer® die Verwendung von projektspezifischen Vorlagen. Der Pfad zu diesen projektspezifischen Vorlagen wird in den Projektoptionen eingestellt.

Schaltplanvorlagen erstellen

- Öffnen Sie eine bestehende Vorlage über den Befehl „File - Open"
- Navigieren Sie zum Ordner in dem sich die Vorlagen befinden. Den Pfad finden Sie in den Präferenzen unter „Data Management - Templates".

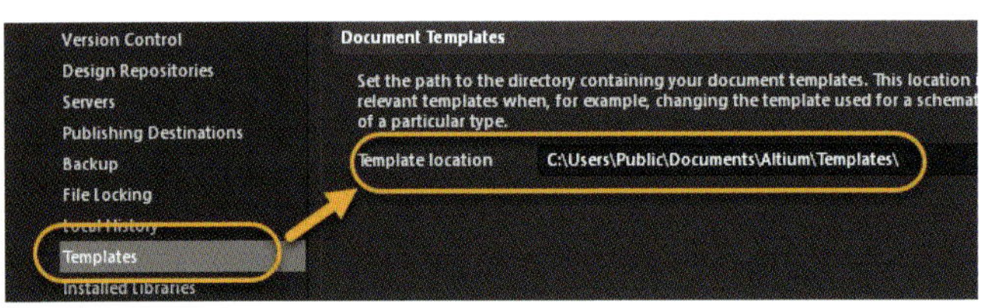

- Stellen Sie unten rechts das Dateitypfilter auf „Schematic template" um die Vorlagen zu sehen.

- Wählen Sie die gewünschte Vorlage aus.
- Passen Sie die Vorlage mit Linien, Grafiken, Texten und Parametern an Ihre Bedürfnisse an. Wie diese Objekte verwendet werden, finden Sie im Kapitel „Schaltplanobjekte" (S.65).
- Wählen Sie „File - Save As" und stellen Sie den Dateitypfilter auch hier wieder auf „Schematic template". Wenn Sie einfach nur „File - Save" machen, wird die Datei als normaler Schaltplan gespeichert!

Schaltplanvorlagen zuweisen

Die Zuweisung von Vorlagen erfolgt über den Menüpunkt „**D**esign – Sheet **T**emplates“. Dort können Sie die aktuelle Vorlage aktualisieren oder entfernen und Sie können eine neue Vorlage zuweisen.

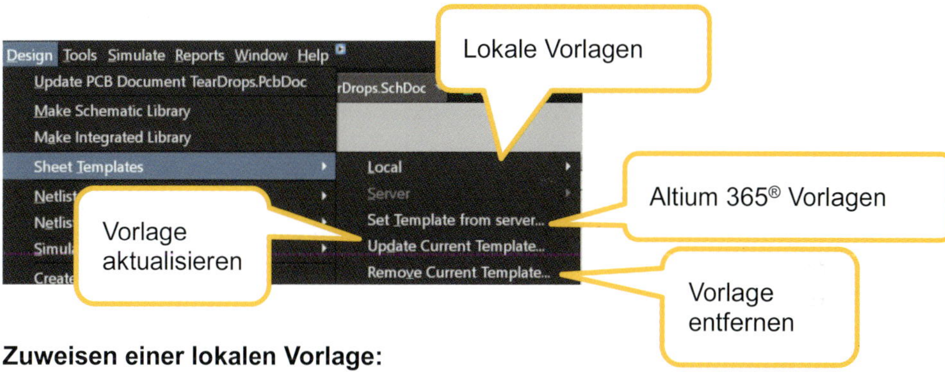

Zuweisen einer lokalen Vorlage:

- „**D**esign – **T**emplates - **L**ocalTemplates“ öffnet eine Liste mit allen verfügbaren lokalen Vorlagen.

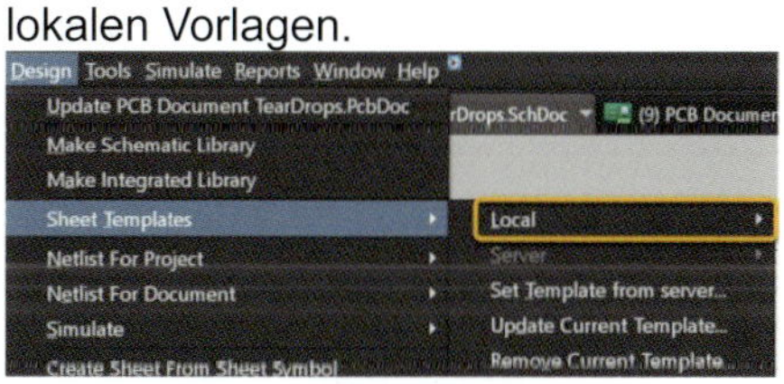

- Wählen Sie eine Vorlage aus.

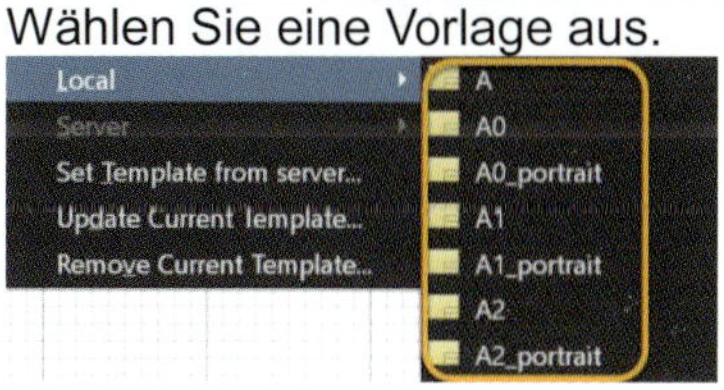

- Es erscheint ein Dialog, in dem Sie festlegen können wie die Aktualisierung erfolgen soll:
  - **Was soll aktualisiert werden?**
    Nur das aktuelle Dokument?
    alle geöffneten Dokumente?
    alle Projektdokumente?
  - **Was soll mit den Parametern geschehen?**

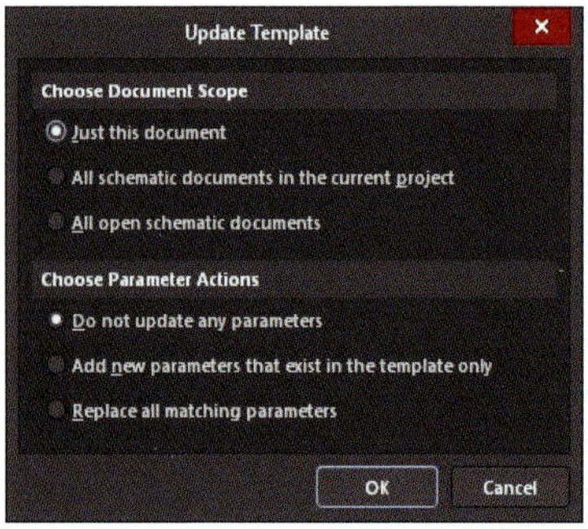

Parameter nicht aktualisieren
neue Parameter aus dem Template hinzufügen
alle existierenden Parameter aktualisieren
Die letzte Möglichkeit fügt auch neue Parameter aus dem Template hinzu.

Schaltplanvorlagen als Standard verwenden

Der Altium Designer® kann beim Erzeugen von neuen Schaltplanseiten direkt eine bestimmte Vorlage verwenden. Diese Vorlage kann in den Präferenzen im Bereich „Data Management – Templates" definiert werden. Hier kann man für jeden Dateityp eine entsprechende Vorlage eintragen.
Wenn Sie die Maus über die Spalte „Default" bewegen, erscheint „Set as Default". Ein Klick darauf setzt das Dokument als Vorlage.

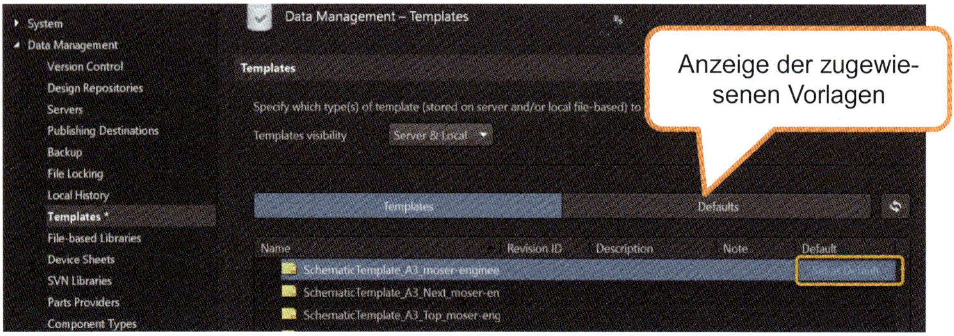

Wenn Sie eine Vorlage entfernen wollen, dann wechseln Sie auf „Defaults". Dort sehen Sie alle zugewiesenen Vorlagen und können diese löschen.

ALTIUM DESIGNER®

SCHALTPLAN-OBJEKTE

Schaltplanobjekte platzieren

- Objekte im Schaltplan können über die Werkzeugleisten (Werkzeugleisten müssen zunächst aktiviert werden. Siehe Seite 29),

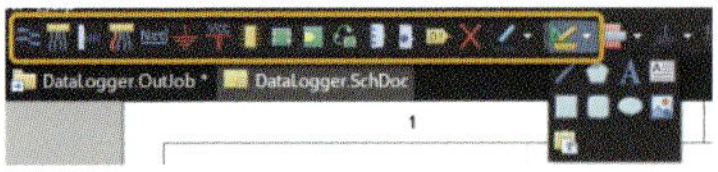

den „Place“ Befehl

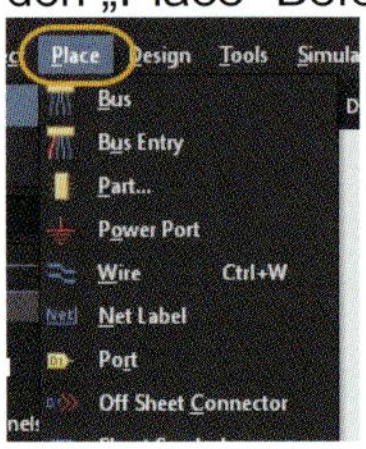

oder die „ActiveBar“ platziert werden.

- Drückt man die Tabulatortaste, während das Objekt an der Maus hängt, öffnet der Altium Designer® den Einstellungsdialog und das Properties Panel und geht in den Pausen Modus. Man kann dann mit der Maus in das Properties Panel gehen und dort die Eigenschaften anpassen. Evtl. muss die Breite des Properties Panels angepasst werden, damit alle Einstellungen sichtbar sind! Mit der Eingabetaste wird der Pausen Modus wieder aufgehoben. Mit der ESC Taste wird die letzte Änderung verworfen und der Pausen Modus wird aufgehoben. Alternativ kann man auch auf das Pausen Symbol klicken.

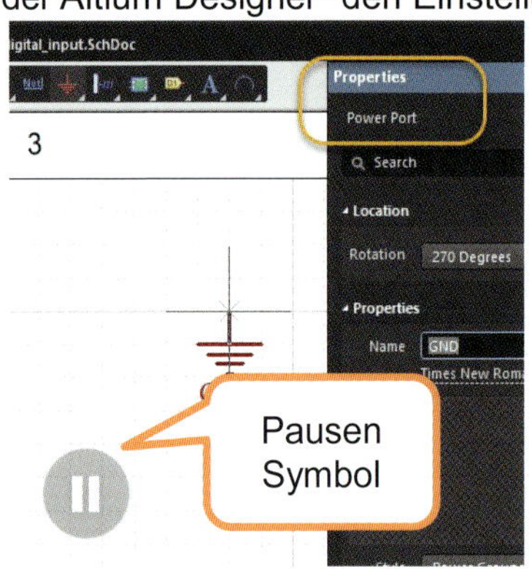

- Die Leertaste rotiert ein Objekt gegen den Uhrzeigersinn, Umschalten-Leertaste im Uhrzeigersinn.
- Die X-Taste spiegelt das Objekt an der vertikalen Achse (entlang der X Achse)
- Die Y-Taste spiegelt das Objekt an der horizontalen Achse (entlang der Y Achse)
- Linksklick platziert das Objekt
- Rechtsklick oder ESC bricht den Befehl ab.

In den Präferenzen **„T**ools – **P**references“ können unter „Schematic – Defaults“ die Eigenschaften der Schaltplanobjekte voreingestellt werden. Markiert man dort „Permanent“, dann bleiben diese Werte erhalten und können vom Anwender während dem Platzieren nicht dauerhaft geändert werden.

Objekttypen im Schaltplan

Im Schaltplan Editor wird zwischen graphischen und elektrischen Objekten unterschieden.

Graphische Objekte dienen zum Erstellen von Bibliothekssymbolen, zur Dokumentation und zum Gestalten von Schaltplan Templates.

Elektrische Objekte definieren die „Verdrahtung“ des Designs. Aus ihnen wird die Netzliste erzeugt.

Grafische Schaltplanobjekte

Grafische Objekte dienen zum Erstellen von Bibliothekssymbolen, zur Dokumentation und zum Gestalten von Schaltplanvorlagen.

In diesem Kapitel stelle ich Ihnen die einzelnen grafischen Objekte und ihre Anwendung vor. Zu jedem Objekt werden das Tastenkürzel, die Vorgehensweise und die Eigenschaften beschrieben.
Die Tabulatortaste öffnet das Properties Panel und geht in den Pausen Modus. Das Objekt wird weiterhin angezeigt. Im Properties Panel können Änderungen am Objekt vorgenommen werden. Es werden nur Einstellungen angezeigt, die aktuell sinnvoll sind. Die Eingabetaste, die ESC Taste oder ein Klick auf das Pausen Symbol setzt den Befehl fort.

Line

- **P**lace - **D**rawing Tools - **L**ine (P - D - L)
- Einmal Linksklick um den Startpunkt zu setzen.
- Mit der Leertaste können Sie den Eckenmodus festlegen.
  Freiwinkel, 90°, 45°
- Linksklick um einen Eckpunkt zu setzen.
- Während der Befehl aktiv ist können Sie das letzte Segment über die Rücktaste löschen.
- Rechtsklick beendet das Zeichnen der Linie.
  Der Befehl bleibt aktiv und Sie können eine weitere Linie platzieren. Um den Befehl komplett zu beenden klicken Sie ein zweites Mal mit der rechten Maustaste.

Während Sie die Linie zeichnen, können Sie die Eigenschaften ändern, indem Sie die Tabulatortaste drücken.

Eigenschaften

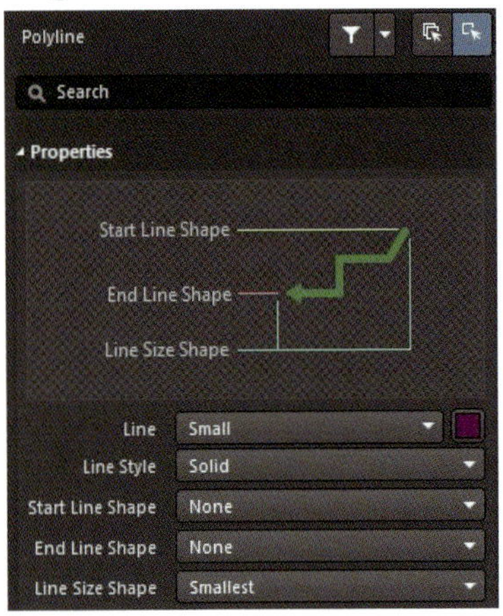

Die Tabulatortaste öffnet das Properties Panel und geht in den Pausen Modus.

Folgendes kann eingestellt werden:
Linienbreite
Linienfarbe
Linienstil (durchgezogen, gestrichelt, gepunktet, strich-punktiert)

Sie können den Anfang und das Ende mit einer Form versehen (Pfeilkopf, Pfeilschwanz etc.) und Sie können die Größe dieser Form festlegen. Beenden Sie den Pausen Modus mit der Eingabetaste oder einem Klick auf das Pausen Symbol.

Ein Klick auf eine vorhandene Linie öffnet das Properties Panel.

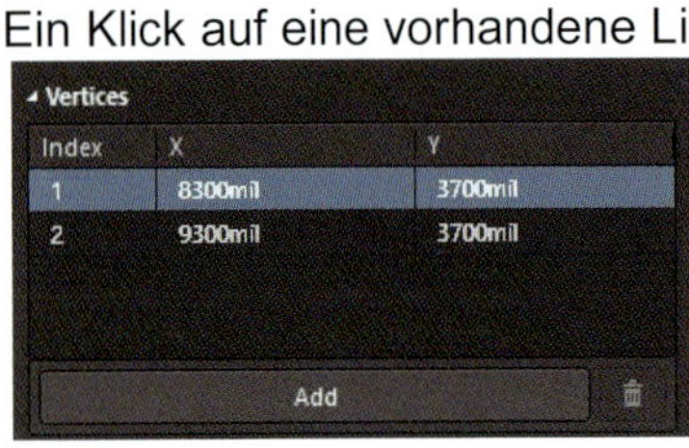

Jetzt werden zusätzlich die Koordinaten der Eckpunkte angezeigt. Diese können verändert und gelöscht werden. Ein Klick auf die Schaltfläche „Add“ fügt weitere Eckpunkte hinzu.

Polygon

- **P**lace - **D**rawing Tools - Pol**y**gon (P - D - Y)
- Einmal Linksklick um den Startpunkt festzulegen.
- Mit der Leertaste können Sie den Eckenmodus **nicht** festlegen, obwohl in der Status Leiste etwas anderes angezeigt wird.
- Linksklick um einen Eckpunkt zu setzen.
- Während der Befehl aktiv ist können Sie den letzten Eckpunkt über die Rücktaste löschen.
- Rechtsklick beendet das Zeichnen des Polygons und es wird automatisch geschlossen.
  Der Befehl bleibt aktiv und Sie können ein weiteres Polygon platzieren. Um den Befehl komplett zu beenden klicken Sie ein zweites Mal mit der rechten Maustaste.

Während Sie das Polygon zeichnen, können Sie die Eigenschaften ändern, indem Sie die Tabulatortaste drücken.

Eigenschaften

Die Tabulatortaste öffnet das Properties Panel und geht in den Pausen Modus.

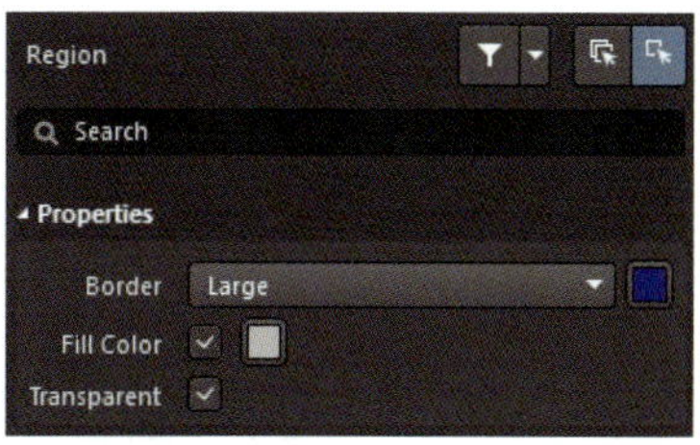

Folgendes kann eingestellt werden:
Füllfarbe
Randfarbe
Randbreite.

Entfernt man den Haken bei „Fill Color“ wird nur der Umriss dargestellt.
Ein Haken bei „Transparent“ stellt das Polygon transparent dar.

Hier ist Vorsicht geboten. Es gibt Druckertreiber, welche mit dieser Einstellung nichts anfangen können und dann das Polygon nicht transparent ausdrucken.
Beenden Sie den Pausen Modus mit der Eingabetaste oder einem Klick auf das Pausen Symbol.

Ein Klick auf ein vorhandenes Polygon öffnet das Properties Panel.

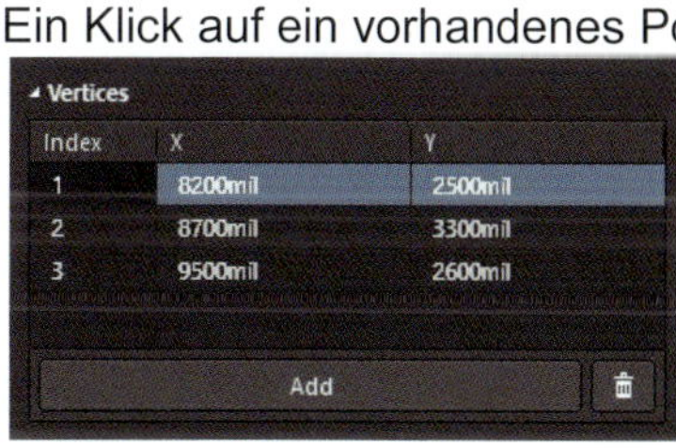

Jetzt werden zusätzlich die Koordinaten der Eckpunkte angezeigt. Diese können verändert und gelöscht werden. Ein Klick auf die Schaltfläche „Add“ fügt weitere Eckpunkte hinzu.

Arc

- **P**lace - **D**rawing Tools - **A**rc (P - D - A)
- Linksklick um den Mittelpunkt festzulegen.
- Klicken Sie als nächstes um den Radius festzulegen.
- Der nächste Klick bestimmt den Anfangswinkel.
- Der letzte Klick bestimmt den Endwinkel.
  ACHTUNG: Bei einem Überlappen von Anfangs- und Endwinkel verschwindet der Kreis und wird neu gezeichnet.
- Rechtsklick beendet das Zeichnen des Kreisbogens.
  Der Befehl bleibt aktiv und Sie können einen weiteren Kreisbogen platzieren. Um den Befehl komplett zu beenden klicken Sie ein zweites Mal mit der rechten Maustaste.

Während Sie den Kreisbogen zeichnen, können Sie die Eigenschaften ändern, indem Sie die Tabulatortaste drücken.

Eigenschaften

Die Tabulatortaste öffnet das Properties Panel und geht in den Pausen Modus.

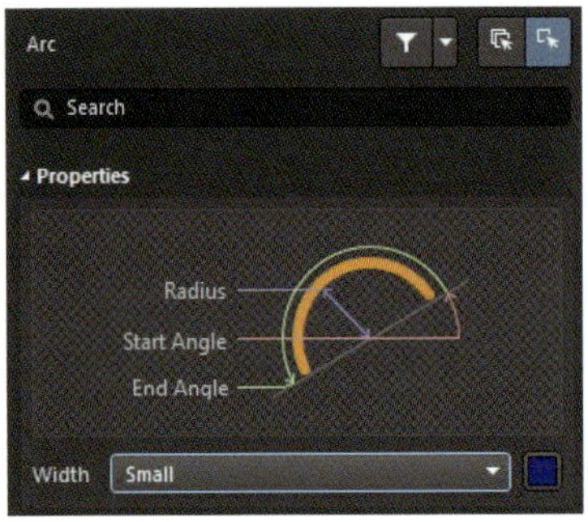

Folgendes kann eingestellt werden:
Linienbreite
Linienfarbe.

Beenden Sie den Pausen Modus mit der Eingabetaste oder einem Klick auf das Pausen Symbol.

Ein Klick auf den Kreisbogen öffnet das Properties Panel.
Jetzt können Radius, Anfangs- und Endwinkel und die Koordinaten x, y geändert werden.

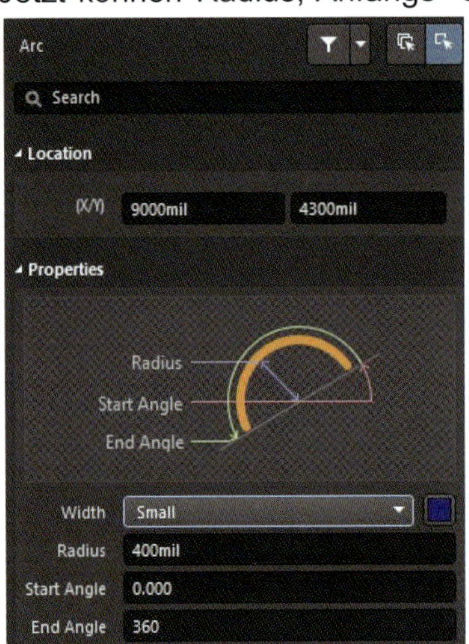

Full Circle

- **P**lace - **D**rawing Tools - F**u**ll Circle (P - D - U)
- Linksklick um den Mittelpunkt festzulegen.
- Klicken Sie als nächstes um den Radius festzulegen.
- Rechtsklick beendet das Zeichnen des Kreises.
- Der Befehl bleibt aktiv und Sie können einen weiteren Kreis platzieren. Um den Befehl komplett zu beenden klicken Sie ein zweites Mal mit der rechten Maustaste.

Während Sie den Vollkreis zeichnen, können Sie die Eigenschaften ändern, indem Sie die Tabulatortaste drücken.

Eigenschaften

Die Tabulatortaste öffnet das Properties Panel und geht in den Pausen Modus.

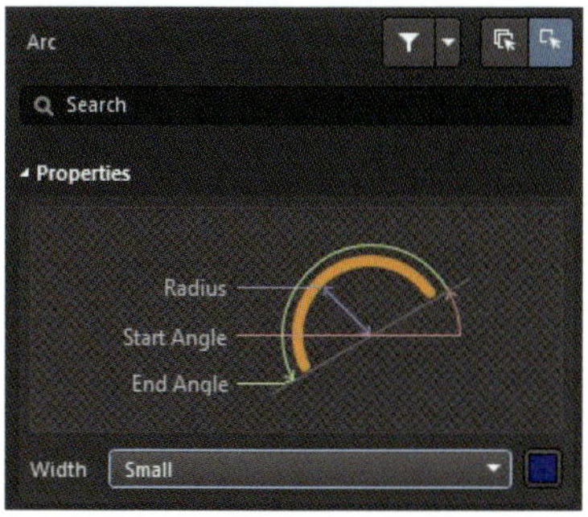

Folgendes kann eingestellt werden:
Linienbreite
Linienfarbe.

Beenden Sie den Pausen Modus mit der Eingabetaste oder einem Klick auf das Pausen Symbol.

Ein Klick auf den Kreisbogen öffnet das Properties Panel.

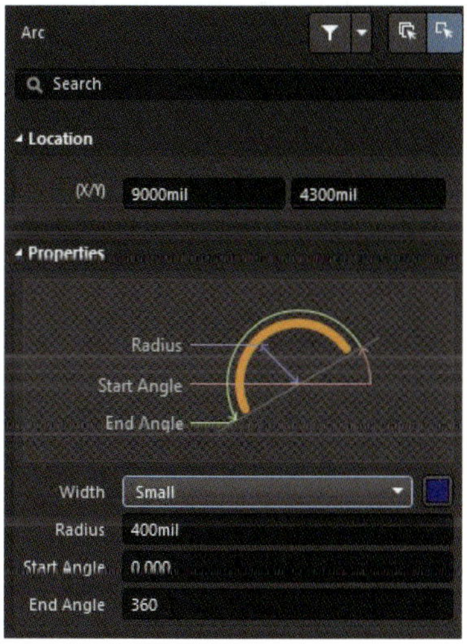

Jetzt können Radius, Anfangs- und Endwinkel und die Koordinaten x, y geändert werden.

Elliptical Arc

- **P**lace - **D**rawing Tools - Ell**i**ptical Arc (P - D - I)
- Linksklick um den Mittelpunkt festzulegen.
- Klicken Sie als nächstes um den x-Radius festzulegen.
- Klicken Sie dann um den y-Radius festzulegen.
- Der nächste Klick bestimmt den Anfangswinkel.
- Der letzte Klick bestimmt den Endwinkel.
  ACHTUNG: Bei einem Überlappen von Anfangs- und Endwinkel verschwindet die Ellipse und wird neu gezeichnet.
- Rechtsklick beendet das Zeichnen des Kreisbogens.
  Der Befehl bleibt aktiv und Sie können einen weiteren Kreisbogen platzieren. Um den Befehl komplett zu beenden klicken Sie ein zweites Mal mit der rechten Maustaste.

Eigenschaften

Selektieren Sie den elliptischen Kreisbogen in dem Sie mit der Maus ein Rechteck von rechts nach links über den Kreisbogen ziehen. Im Properties Panel können Sie folgende Einstellungen vornehmen:

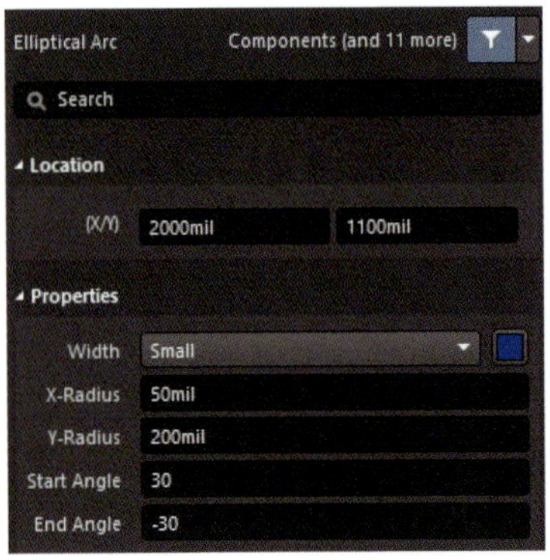

Linienfarbe,
Linienbreite,
x- und y-Radius,
Anfangs- und Endwinkel,
Koordinaten x, y.

Bezier

- **P**lace - **D**rawing Tools - **B**ezier (P - D – B)
  Eine Bezier Kurve besteht aus 4 Kontrollpunkten.
- Linksklick um den 1. Kontrollpunkt festzulegen.
- Jeweils Linksklick um die Kontrollpunkte 2-4 festzulegen.
- Sie können jetzt einfach weitere Kontrollpunkte hinzufügen.
- Rechtsklick beendet das Zeichnen der Bezier Kurve
  Der Befehl bleibt aktiv und Sie können eine weitere Bezier Kurve platzieren. Um den Befehl komplett zu beenden klicken Sie ein zweites Mal mit der rechten Maustaste.

Um eine platzierte Bezier Kurve zu bearbeiten, müssen Sie diese zunächst selektieren.

Eigenschaften

Die Tabulatortaste öffnet das Properties Panel und geht in den Pausen Modus.

Folgendes kann eingestellt werden:
Linienbreite
Linienfarbe.

Beenden Sie den Pausen Modus mit der Eingabetaste oder einem Klick auf das Pausen Symbol.

Rectangle

- **P**lace - **D**rawing Tools - **R**ectangle (P - D - R)
- Linksklick um den 1. Eckpunkt festzulegen.
- Linksklick um den 2. Eckpunkt zu setzen.
- Rechtsklick beendet das Zeichnen des Rechtecks.
- Der Befehl bleibt aktiv und Sie können bei Punkt 2 fortfahren um ein weiteres Rechteck zu platzieren. Um den Befehl komplett zu beenden klicken Sie ein zweites Mal mit der rechten Maustaste.

Bei Schaltplansymbolen wird das Rechteck oft als Symbol für ein IC verwendet. Üblicherweise zeichnet man das Rechteck nach dem man alle Anschlusspins gezeichnet hat. Dies führt dazu, dass man die Namen der Anschlusspins nicht mehr lesen kann. Anstatt das Rechteck auf „Transparent“ zu schalten kann man es einfach in den Hintergrund schieben:
„**M**ove - Send To **B**ack“ und auf das Rechteck klicken.

Während Sie das Rechteck zeichnen, können Sie die Eigenschaften ändern, indem Sie die Tabulatortaste drücken.

Eigenschaften

Die Tabulatortaste öffnet das Properties Panel und geht in den Pausen Modus.

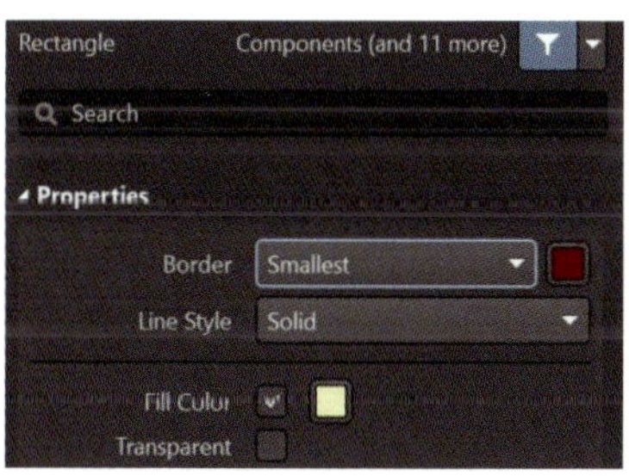

Folgendes kann eingestellt werden:
Füllfarbe
Randbreite
Randfarbe.
Linienstil für den Rand (durchgezogen, gestrichelt, gepunktet, strich-punktiert)

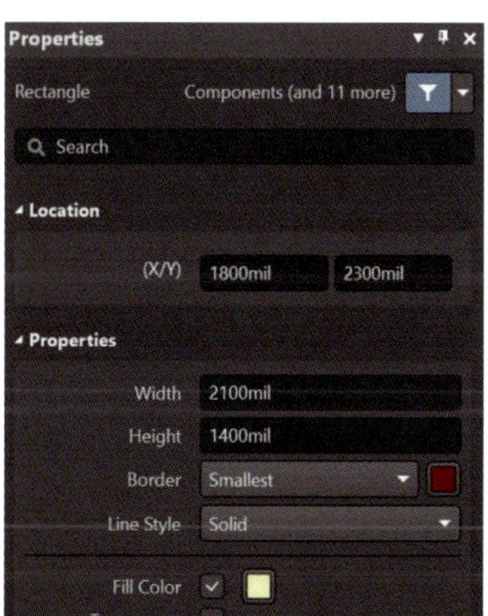

Entfernt man den Haken bei „Fill Color“ wird nur der Umriss dargestellt.
Ein Haken bei „Transparent“ stellt das Rechteck transparent dar. Hier ist Vorsicht geboten. Es gibt Druckertreiber, welche mit dieser Einstellung nichts anfangen können und dann das Rechteck nicht transparent ausdrucken.

Beenden Sie den Pausen Modus mit der Eingabetaste oder einem Klick auf das Pausen Symbol.

Ein Klick auf ein vorhandenes Rechteck öffnet das Properties Panel.
Jetzt können die Breite, die Höhe und die Koordinaten x, y geändert werden.

Rounded Rectangle

- **P**lace - **D**rawing Tools - R**o**unded Rectangle (P - D - O)
- Linksklick um den 1. Eckpunkt festzulegen.
- Linksklick um den 2. Eckpunkt zu setzen.
- Rechtsklick beendet das Zeichnen des Rechtecks mit runden Ecken.
- Der Befehl bleibt aktiv und Sie können ein weiteres Rechteck mit runden Ecken platzieren. Um den Befehl komplett zu beenden klicken Sie ein zweites Mal mit der rechten Maustaste.

Während Sie das abgerundete Rechteck zeichnen, können Sie die Eigenschaften ändern, indem Sie die Tabulatortaste drücken.

Eigenschaften

Die Tabulatortaste öffnet das Properties Panel und geht in den Pausen Modus.

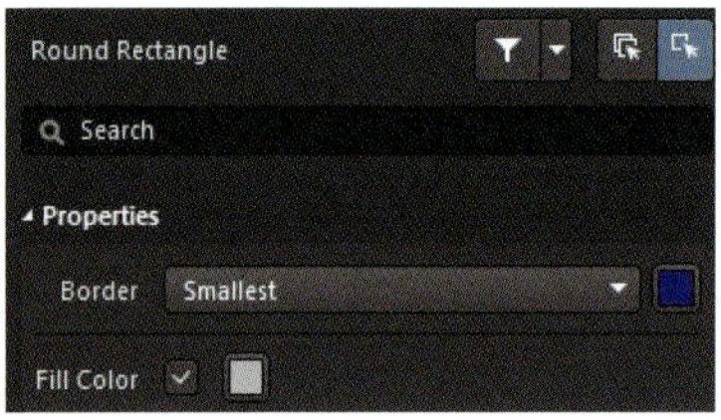

Folgendes kann eingestellt werden:
Füllfarbe
Randbreite
Randfarbe.

Entfernt man den Haken bei „Fill Color“ wird nur der Umriss dargestellt.

Beenden Sie den Pausen Modus mit der Eingabetaste oder einem Klick auf das Pausen Symbol.
Ein Klick auf das abgerundete Rechteck öffnet das Properties Panel.
Jetzt können Breite, Höhe, der x- und y-Radius der Ecken und die Koordinaten x, y geändert werden.

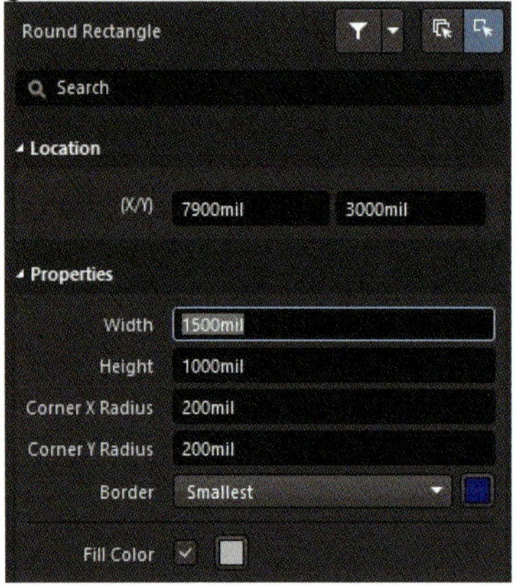

Ellipse

- **P**lace - **D**rawing Tools - **E**llipse (P - D - E)
- Linksklick um den Mittelpunkt festzulegen.
- Klicken Sie als nächstes um den x-Radius festzulegen.
- Klicken Sie dann um den y-Radius festzulegen.
- Rechtsklick beendet das Zeichnen der Ellipse.
- Der Befehl bleibt aktiv und Sie können eine weitere Ellipse platzieren. Um den Befehl komplett zu beenden klicken Sie ein zweites Mal mit der rechten Maustaste.

Während Sie die Ellipse zeichnen, können Sie die Eigenschaften ändern, indem Sie die Tabulatortaste drücken.

Eigenschaften

Die Tabulatortaste öffnet das Properties Panel und geht in den Pausen Modus.

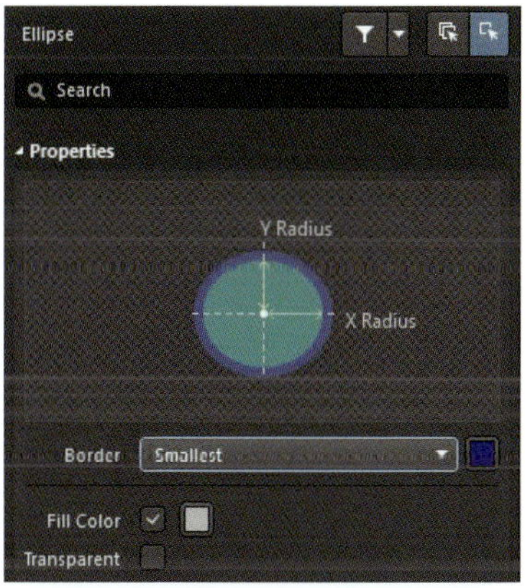

Folgendes kann eingestellt werden:
Füllfarbe
Randfarbe
Randbreite.

Wird der Haken bei „Fill Color“ entfernt, wird nur der Umriss der Ellipse dargestellt.
Ein Haken bei „Transparent“ stellt die Ellipse transparent dar.
Hier ist Vorsicht geboten. Es gibt Druckertreiber, welche mit dieser Einstellung nichts anfangen können und dann die Ellipse nicht transparent ausdrucken.

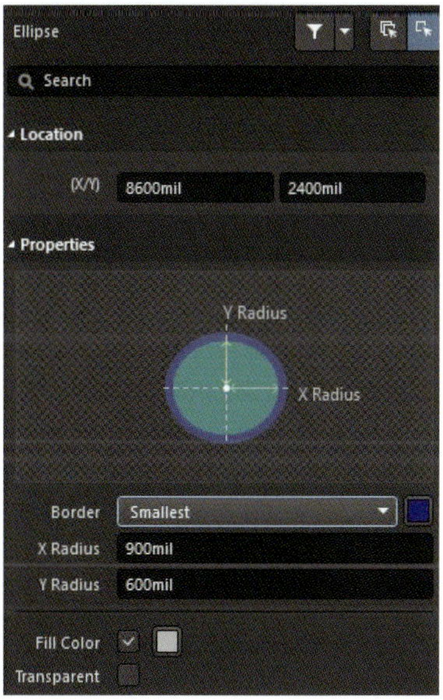

Beenden Sie den Pausen Modus mit der Eingabetaste oder einem Klick auf das Pausen Symbol.
Mit einem Klick auf die Ellipse öffnet sich das Properties Panel.

Jetzt können der x- und y-Eckenradius und die Koordinaten x, y geändert werden.

Graphic

- **P**lace - **D**rawing Tools - **G**raphic (P - D - G)
- Linksklick um den 1. Eckpunkt festzulegen.
- Es öffnet sich psder Auswahldialog für die Grafikdatei. Wählen Sie hier die gewünschte Grafikdatei aus.
- Ziehen Sie den Rahmen auf die gewünschte Größe und legen diese mit einem Linksklick fest.
- Der Befehl ist weiterhin aktiv und es kann eine weitere Grafik platziert werden. Um den Befehl komplett zu beenden klicken Sie ein zweites Mal mit der rechten Maustaste.

Während Sie die Grafik platzieren, können Sie die Eigenschaften ändern, indem Sie die Tabulatortaste drücken.

Eigenschaften

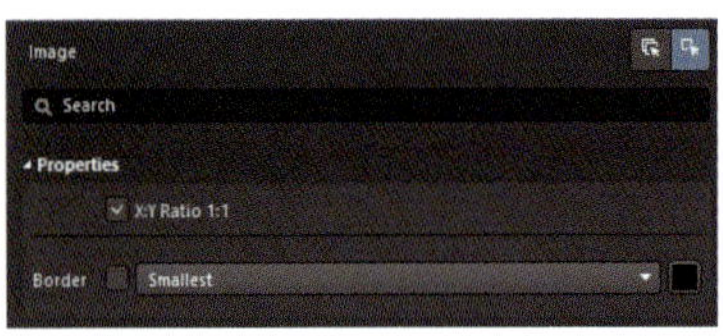

Die Tabulatortaste öffnet das Properties Panel und geht in den Pausen Modus.

Folgendes kann eingestellt werden:
Randfarbe
Randbreite.

Ein Haken bei „X:Y Ratio 1:1“ legt fest, dass die Grafik nicht verzerrt werden kann.
Ein Haken bei „Border“ legt fest, ob ein Rand angezeigt wird.
Beenden Sie den Pausen Modus mit der Eingabetaste oder einem Klick auf das Pausen Symbol.
Mit einem Klick auf eine vorhandene Grafik öffnet sich das Properties Panel.

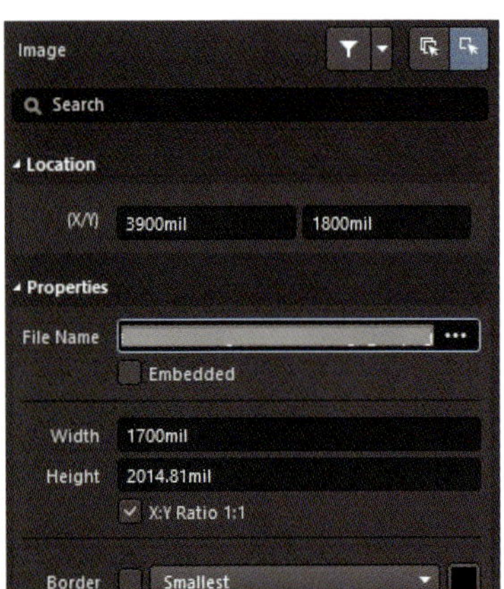

Jetzt können Breite, Höhe und die Koordinaten x, y geändert werden.
Ein Haken bei „Embedded“ speichert die Grafik im Schaltplan ab. Diese Option sollte man wählen, wenn man den Schaltplan jemandem gibt, der keinen Zugriff auf die Original-Grafik hat und dann nur eine Fehlermeldung sehen würde. Über die Schaltfläche „...“ kann eine andere Grafik ausgewählt werden.

Text String

Texte kann man benutzen, um Parameter (Special Strings) anzuzeigen. Sie sind auch geeignet um kurze einzeilige Anmerkungen in den Schaltplan zu schreiben.

- **P**lace - **T**ext String (P - T)
- Solange der Text an der Maus hängt, kann man ihn mit der Leertaste rotieren.
- Mit einem Linksklick platziert man den Text an der gewünschten Stelle.
- Nachdem der Text platziert wurde kann er durch Doppelklick selektiert und geändert werden. Durch zweimal Klicken (kein Doppelklick!) oder einmal Klicken und F2 drücken kann man den Text auch an Ort und Stelle editieren.

Hinweis: Ab der Version 18 ersetzt der Text String das Hyper Link Objekt. Tragen Sie einfach die gewünschte Adresse in das Feld „URL" ein.

Während Sie den Text platzieren, können Sie die Eigenschaften ändern, indem Sie die Tabulatortaste drücken.

Eigenschaften

Die Tabulatortaste öffnet das Properties Panel und geht in den Pausen Modus.

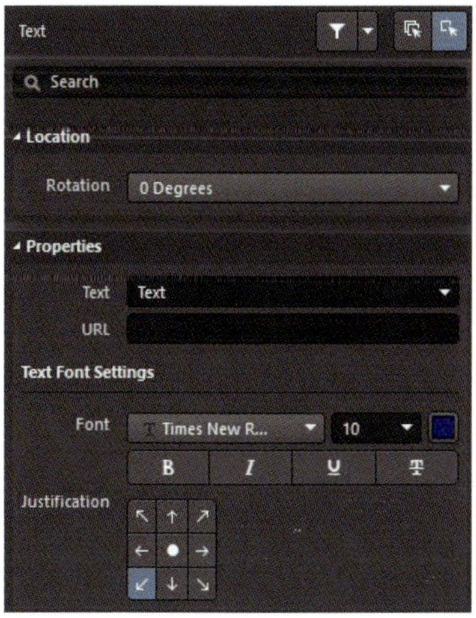

Folgendes kann eingestellt werden:
Rotation
Text.
Ein Klick auf den Eintrag im Feld „Font" erlaubt die Wahl einer Schriftart, Schriftfarbe und Schrifttyp.

Im Textfeld kann man direkt einen Text eingeben. Durch klicken auf den Pfeil rechts kann man sich eine Liste mit verfügbaren Parametern anzeigen lassen und einen auswählen.

Beenden Sie den Pausen Modus mit der Eingabetaste oder einem Klick auf das Pausen Symbol.

Text Frame

Text Frames können benutzt werden, wenn man mehr Text, z.B. eine Beschreibung welche Funktion ein Schaltungsteil hat, schreiben will. Ein Text Frame ist statisch. Einmal platziert bleibt er am Ort stehen und kann nicht ausgeblendet werden. Ein Text Frame wird immer ausgedruckt.

- **P**lace - Text **F**rame (P - F)
- Linksklick um den 1. Eckpunkt festzulegen.

- Rechteck aufziehen und 2. Eckpunkt festzulegen.
- Nachdem der Textrahmen platziert wurde kann er im Properties Panel geändert werden. Durch zweimal Klicken (kein Doppelklick!) oder einmal Klicken und F2 kann man den Text auch an Ort und Stelle editieren.

Während Sie den Text Frame platzieren, können Sie die Eigenschaften ändern, indem Sie die Tabulatortaste drücken.

Eigenschaften

Die Tabulatortaste öffnet das Properties Panel und geht in den Pausen Modus.

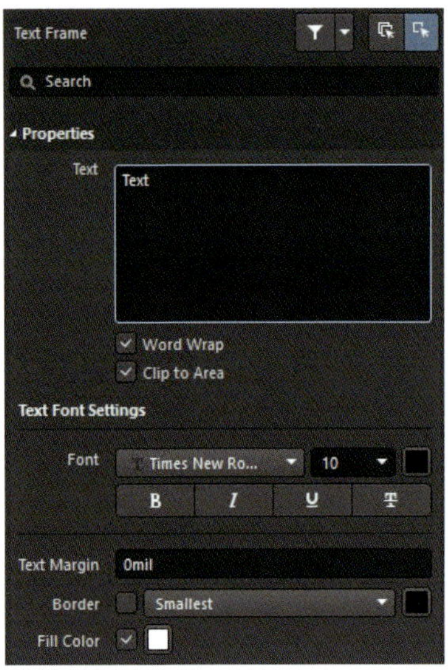

Folgendes kann eingestellt werden:
Rahmenfarbe
Liniendicke des Rahmens
Füllfarbe
Schriftart.

„Text Margin“ legt den Abstand zum Rand fest. Ein Haken bei „Border“ legt fest, ob ein Rand angezeigt wird.

Ein Klick auf den Eintrag im Feld „Font“ erlaubt die Wahl einer Schriftart, Schriftfarbe und Schrifttyp.

Man kann Text aus anderen Windows Anwendungen über die Zwischenablage in den Text Frame kopieren (Strg - V) oder Text aus dem Text Frame in die Zwischenablage kopieren oder ausschneiden (Strg - C bzw. Strg - X). Umschalten-Eingabetaste fügt einen Zeilenumbruch ein.
Beenden Sie den Pausen Modus mit der Eingabetaste oder einem Klick auf das Pausen Symbol.
Innerhalb eines Text Frames können Special Strings und Formeln verwendet werden. Diese beginnen mit „=“ und enden mit einem Leerzeichen. Hinter dem Leerzeichen kann wieder normaler Text kommen.

Mit dem Zeichen ‚@‘ können Bauteile referenziert werden. Nach Eingabe des Zeichens erscheint eine Liste der vorhandenen Bauteile.

Note

Notizen sind deutlich flexibler als einfache Text Frames. Mit der Angabe des Autors kann man dokumentieren, wer die Notiz geschrieben hat. Der größte Vorteil ist, dass sich Notizen ausblenden lassen. Beim Ausdruck kann festgelegt werden, ob eine Notiz gedruckt werden soll oder nicht.

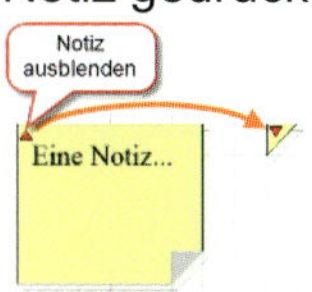

Über das kleine rote Dreieck in der linken oberen Ecke kann die Notiz eingeklappt werden. Geht man mit der Maus über die Notiz, werden der Autor und eine Kurzfassung der Notiz angezeigt.

- **P**lace - Note
- Linksklick um den 1. Eckpunkt festzulegen.
- Rechteck aufziehen und 2. Eckpunkt festzulegen.
- Nachdem die Notiz platziert wurde kann sie im Properties Panel geändert werden. Durch zweimal Klicken (kein Doppelklick!) oder einmal Klicken und F2 kann man den Text auch an Ort und Stelle editieren. Über das rote Dreieck oben links kann die Notiz zu- und aufgeklappt werden.

Während Sie die Notiz platzieren, können Sie die Eigenschaften ändern, indem Sie die Tabulatortaste drücken.

Eigenschaften

Die Tabulatortaste öffnet das Properties Panel und geht in den Pausen Modus.

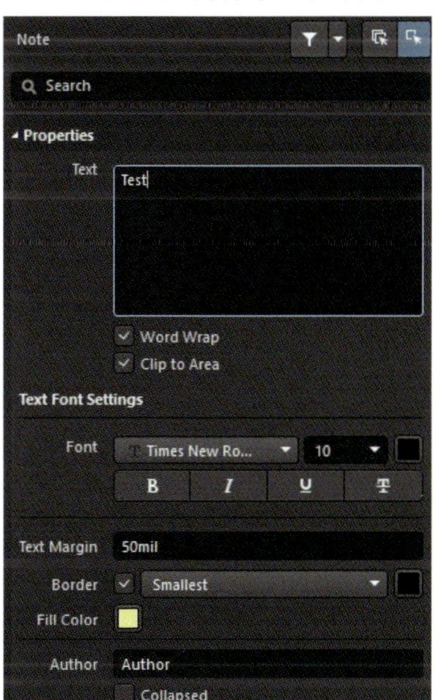

Folgendes kann eingestellt werden:
Rahmenfarbe
Liniendicke des Rahmens
Füllfarbe
Schriftart
Autor

„Text Margin“ legt den Abstand zum Rand fest. Ein Haken bei „Border“ legt fest, ob ein Rand angezeigt wird.

Ein Klick auf den Eintrag im Feld „Font“ erlaubt die Wahl einer Schriftart, Schriftfarbe und Schrifttyp.

Umschalten-Eingabetaste fügt einen Zeilenumbruch ein.
Man kann Text aus anderen Windows Anwendungen über die Zwischenablage in den Text Rahmen kopieren (Strg - V) oder Text aus dem Text Rahmen in die Zwischenablage kopieren oder ausschneiden (Strg - C bzw. Strg - X). Setzt man einen Haken bei „Collapsed“ wird die Notiz zugeklappt dargestellt.
Beenden Sie den Pausen Modus mit der Eingabetaste oder einem Klick auf das Pausen Symbol. Innerhalb einer Note können Special Strings, Formeln und Bauteilreferenzen verwendet werden (siehe Abschnitt „Text Frame“ S.78).

Elektrische Schaltplanobjekte

Elektrische Objekte definieren die elektrischen Verbindungen des Designs. Aus ihnen wird beim compilieren die Netzliste erzeugt. Jedes elektrische Objekt hat einen Anschlusspunkt, den sogenannten „Electrical Hotspot“ der durch ein kleines 45° Kreuz gekennzeichnet ist. Beim Verdrahten des Schaltplans ist darauf zu achten, dass man die Verbindung auch wirklich am Anschlusspunkt hergestellt.

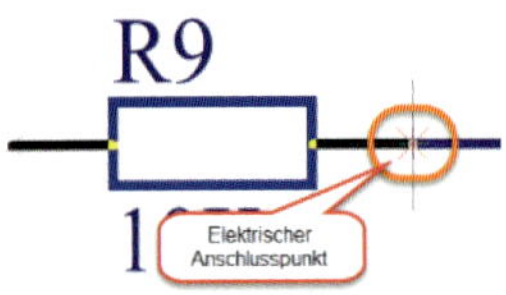

In diesem Kapitel werden die einzelnen elektrischen Objekte, ihr Tastenkürzel und die Vorgehensweise beschrieben. Die Objekte können über das „Place“ Menü platziert werden.
Die Tabulatortaste öffnet das Properties Panel und geht in den Pausen Modus. Das Objekt wird weiterhin angezeigt. Im Properties Panel können Änderungen am Objekt vorgenommen werden. Es werden nur Einstellungen angezeigt, die aktuell sinnvoll sind. Die Eingabetaste, die ESC Taste oder ein Klick auf das Pausen Symbol setzt den Befehl fort.

Wire

Eine „Wire“ ist eine Verbindungsleitung zwischen zwei Anschlusspunkten. Die Verbindung zwischen zwei Anschlusspunkten muss nicht durchgängig sein. Es reicht an jedem Anschlusspunkt eine kurze Verbindungsleitung mit identischem Net Label um die Verbindung zu definieren.

- **P**lace - **W**ire (P - W) oder Strg – W
- Einmal Linksklick um den Startpunkt festzulegen.
- Mit Umschalt - Leertaste können Sie den Eckenmodus festlegen.
  90°, 45°, Freiwinkel, Auto Wire.
  Der Modus „Auto Wire“ versucht automatisch zwischen zwei Anschlusspunkten eine Verbindung zu zeichnen.
- Mit der Leertaste können Sie den sogenannten „Ellbogen“ Modus umschalten.

  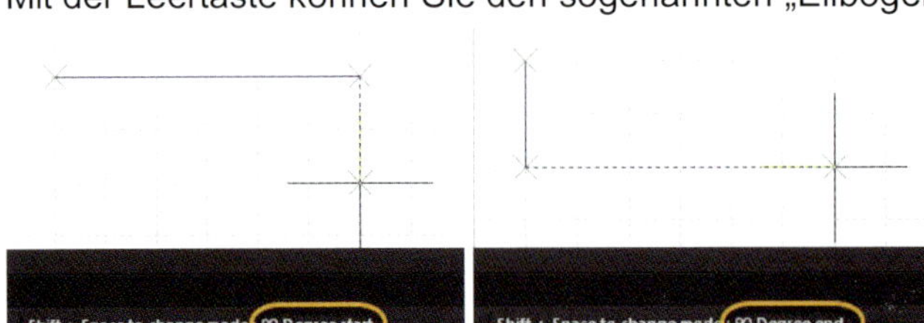

  Befindet sich der Mauszeiger z.B. rechts oberhalb vom Startpunkt legt der „Ellbogen“ Modus fest, ob die Leitung zunächst nach rechts und dann nach oben oder zuerst nach oben und dann nach rechts führt.
- Für jede Ecke die Sie einfügen wollen, klicken Sie mit der linken Maustaste.
- Mit der Rücktaste können Sie das zuletzt platzierte Segment löschen.
- Haben Sie den Zielanschlusspunkt mit einem Linksklick angeschlossen, drücken Sie die rechte Maustaste oder die ESC Taste.
- Der Befehl bleibt weiterhin aktiv und Sie können die nächste Verbindung zeichnen. Wollen Sie den Befehl komplett beenden, dann drücken Sie erneut die rechte Maustaste oder die ESC Taste.

Während Sie die Leitung zeichnen, können Sie die Eigenschaften ändern, indem Sie die Tabulatortaste drücken.

Eigenschaften

Die Tabulatortaste öffnet das Properties Panel und geht in den Pausen Modus

Folgendes kann eingestellt werden:
Leitungsbreite
Leitungsfarbe.
Beenden Sie den Pausen Modus mit der Eingabetaste oder einem Klick auf das Pausen Symbol.

Bus

Ein Bus ist eine Zusammenfassung von logisch zusammengehörigen Leitungen, deren Namen sich durch Anhängen eines Indizes darstellen lassen. Wenn Sie einen Bus zeichnen, haben Sie zunächst nur eine dicke blaue Linie. Diese dicke blaue Linie wird erst zum elektrischen Bus durch die Verknüpfung mit einem Net Label, welches der Bus Syntax entspricht.

Bus Syntax: BUS_NAME[n .. m]
n : Startindex
m : Endindex

Entscheidend ist hier, dass sich zwischen dem Start- und dem Endindex genau **zwei** Punkte befinden! Beliebt ist es hier drei Punkte zu setzen. Damit wird aus dem Bus Net Label wieder ein gewöhnliches Net Label und man erhält diverse kryptische Fehlermeldungen beim compilieren. Die Reihenfolge von Start- und Endindex ist beliebig. Es spielt keine Rolle ob Sie einen Bus DATA[0..7] oder DATA[7..0] nennen, allerdings müssen Sie sich innerhalb eines Designs für eine Art entscheiden. Nennen Sie den Bus auf einer Seite DATA[0..7] und auf einer anderen DATA[7..0] bekommen Sie eine Fehlermeldung.

Achtung:
Heterogene Busse werden vom Altium Designer® nicht unterstützt!
Sie können an einen Bus kein Net Label setzen und die unterschiedlichen Signale durch Komma trennen (z.B. DATA[0..7], ADDR[0..15], nRD, nWR) wie Sie es vielleicht von anderen Programmen gewohnt sind. Für solche Zwecke verwendet man im Altium Designer® die Signal Harnesses. In solch einem Kabelbaum können Sie beliebige Signale zusammenfassen.

- **P**lace - **B**us (P - B)
- Einmal Linksklick um den Startpunkt festzulegen.
- Mit Umschalt- - Leertaste können Sie den Eckenmodus festlegen.
  90°, 45°, Freiwinkel, Auto Wire.

Der Modus „Auto Wire“ versucht automatisch zwischen zwei Bussen eine Verbindung zu zeichnen.

- Mit der Leertaste können Sie den sogenannten „Ellbogen“ Modus einschalten. Befindet sich der Mauszeiger z.B. rechts oberhalb vom Startpunkt legt der „Ellbogen“ Modus fest, ob der Bus zunächst nach rechts und dann nach oben oder zuerst nach oben und dann nach rechts führt.
- Für jede Ecke die Sie einfügen wollen klicken Sie mit der linken Maustaste.
- Mit der Rücktaste können Sie das zuletzt platzierte Segment löschen.
- Haben Sie den Endpunkt erreicht drücken Sie die rechte Maustaste oder die ESC Taste.
  Busse enden häufig an einer beliebigen Stelle im Schaltplan und sind dort nicht angeschlossen. Um den Bus tatsächlich bis zum Mauszeiger zu zeichnen, machen Sie ein oder zwei Linksklicks mehr.
- Der Befehl bleibt weiterhin aktiv und Sie können den nächsten Bus zeichnen. Wollen Sie den Befehl komplett beenden, dann drücken Sie erneut die rechte Maustaste oder die ESC Taste.

Einen Bus können Sie am einfachsten über „Smart Paste“ in die Einzelleitungen auflösen. Eine Beschreibung finden Sie im Kapitel „Busverbindungen erstellen“

Während Sie den Bus zeichnen, können Sie die Eigenschaften ändern, indem Sie die Tabulatortaste drücken.

Eigenschaften

Die Tabulatortaste öffnet das Properties Panel und geht in den Pausen Modus

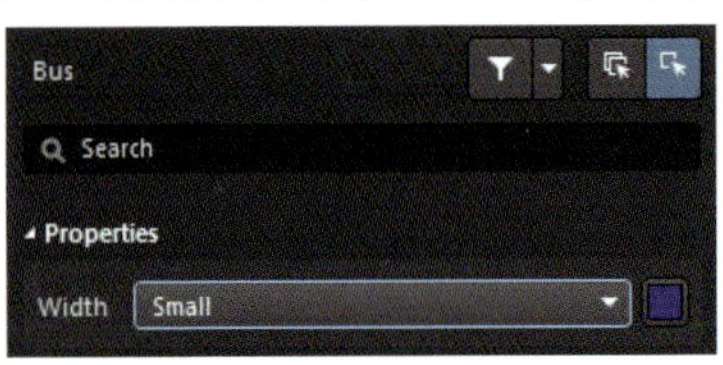

Folgendes kann eingestellt werden:
Busbreite
Busfarbe.

Beenden Sie den Pausen Modus mit der Eingabetaste oder einem Klick auf das Pausen Symbol.

Bus Entry

Ein Bus Entry ist eine 45° Anschlussleitung an einen Bus, die als Isolator wirkt. Im Allgemeinen ist ein Bus Entry nicht nötig um eine Leitung an einen Bus anzuschließen. Wollen Sie allerdings eine Leitung von rechts und eine andere Leitung von links auf gleicher Höhe anschließen, ergibt dies einen Kurzschluss und Sie brauchen zwingend einen Bus Entry.

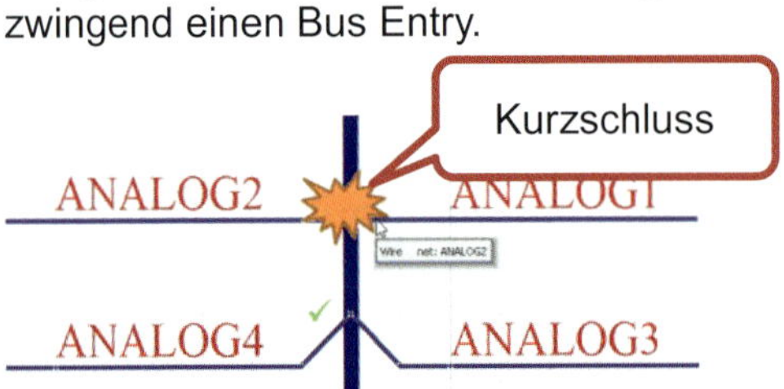

- **P**lace - B**u**s Entry (P - U)
- Mit der Leertaste können Sie den Bus Entry rotieren, mit X und Y spiegeln.
- Linksklick platziert den Bus Entry.
- Der Befehl bleibt weiterhin aktiv und Sie können den nächsten Bus Entry platzieren. Wollen Sie den Befehl komplett beenden, dann drücken Sie erneut die rechte Maustaste oder die ESC Taste.

Während Sie ein Bus Entry platzieren, können Sie die Eigenschaften ändern, indem Sie die Tabulatortaste drücken.

Hinweis: Eine Leitung mit Net Label, die nur mit einem Bus Entry verbunden ist, führt zur Warnung „Floating Net Label".

Eigenschaften

Die Tabulatortaste öffnet das Properties Panel und geht in den Pausen Modus.

Folgendes kann eingestellt werden:
Linienbreite
Linienfarbe.

Beenden Sie den Pausen Modus mit der Eingabetaste oder einem Klick auf das Pausen Symbol.

Signal Harness

Einen Signal Harness können Sie sich als Kabelbaum vorstellen, mit dem Sie beliebige Signale zusammenfassen können.
Der Signal Harness ist das komplexeste Objekt im Schaltplan und setzt sich aus drei Teilen zusammen:

1. Signale Harness
2. Harness Connector der die Harness Entries enthält
3. Harness Entries welche die Signale im Harness definieren.

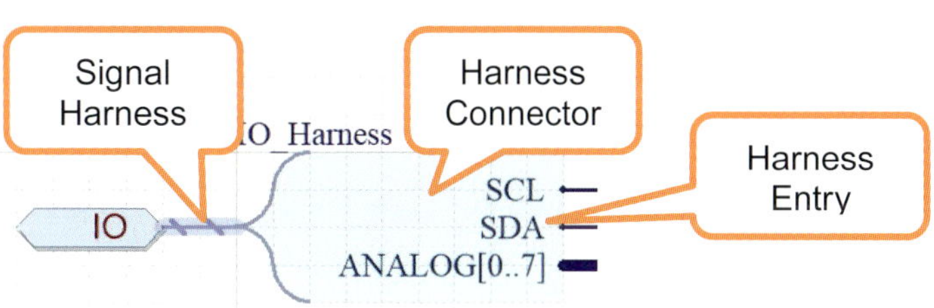

Erstellt man einen Signal Harness manuell, muss man einen Harness und einen Harness Connector platzieren und dann für jedes Signal einen Harness Entry hinzufügen. Gibt es einen Harness bereits im Design, dann kann man diesen auch platzieren über „Place - Harness - Predefined Harness Connectors“. Dort finden Sie alle Harnesse im aktuellen Design und alle Harnesse die in einem Device Sheet definiert sind.

Gibt es keine vordefinierten Harnesse, ist es am einfachsten den Harness über „Smart Paste“ zu erzeugen. Eine Beschreibung finden Sie im Kapitel „Signal Harness erstellen“
Die Informationen zum Harness werden in einer Harness Definitions Datei gespeichert. Dabei handelt es sich um eine Textdatei in welcher der Harness Name und die zugehörigen Signalnamen stehen. Diese Datei wird vom Altium Designer® automatisch erzeugt und aktualisiert.

Beispiel für Harness Definitions Datei:

```
IO_Harness=SCL,SDA,ANALOG[0..7]
```

Alternativ können Sie einen Signal Harness auch ohne Harness Connector definieren. Hierzu legen Sie eine Datei an mit dem Namen einer Schaltplanseite auf welcher der Harness verwendet soll und der Erweiterung „.Harness“.
In diese Datei tragen Sie die Definition des Harnesses ein und stellen das Schlüsselwort „LOCKED;“ voran.
Beispiel :

```
Memory=LOCKED;DATA[0..7],ADDR[0..15],nRD,nWR,nCS[0..3]
```

Sie können dann auf die Signale in folgender Weise zugreifen: Memory.nRD
Ein Signal Harness kann über ein Net Label mit einem Namen versehen werden. Platziert man auf dem IO_Harness (siehe Bild oben) ein Net Label „IO“, kann auf die einzelnen Signale in der Form IO.SDA zugegriffen werden und der Harness Connector mit den Harness Entries muss nur auf einer Schaltplanseite definiert werden. Auf allen anderen Schaltplanseiten genügt dann der Harness mit Net Label.

Das Net Label am Signal Harness ist unabhängig vom Namen des Harness. Dieser wird in den Eigenschaften des Harness Connectors im Feld „Harness Name“ bzw. „Harness Type“ definiert.
Ein Harness kann neben Leitungen und Bussen selbst auch wieder Harnesse enthalten. Haben diese ein Net Label kann auch auf deren Signale in der ‘.’ Notation zugegriffen werden.

So erzeugen Sie einen Signal Harness manuell:

- **P**lace - **H**arness - Signal **H**arness (P - H - H)
- Einmal Linksklick um den Startpunkt festzulegen.

Achten Sie auf das vergrößerte rote 45° Kreuz!
- Mit Umschalt- - Leertaste können Sie den Eckenmodus festlegen.
  90°, 45°, Freiwinkel, Auto Wire.
  Der Modus „Auto Wire“ versucht automatisch zwischen zwei Harnesses eine Verbindung zu zeichnen.
- Mit der Leertaste können Sie den sogenannten „Ellbogen“ Modus einschalten. Befindet sich der Mauszeiger z.B. rechts oberhalb vom Startpunkt legt der „Ellbogen“ Modus fest, ob der Harness zunächst nach rechts und dann nach oben oder zuerst nach oben und dann nach rechts führt.
- Für jede Ecke die Sie einfügen wollen klicken Sie mit der linken Maustaste.
- Mit der Rücktaste können Sie das zuletzt platzierte Segment löschen.
- Haben Sie den Endpunkt erreicht drücken Sie die rechte Maustaste oder die ESC Taste. Der Befehl bleibt weiterhin aktiv und Sie können den nächsten Signal Harness zeichnen. Wollen Sie den Befehl komplett beenden, dann drücken Sie erneut die rechte Maustaste oder die ESC Taste.

Während Sie einen Signal Harness platzieren, können Sie die Eigenschaften ändern, indem Sie die Tabulatortaste drücken.

Eigenschaften

Die Tabulatortaste öffnet das Properties Panel und geht in den Pausen Modus.

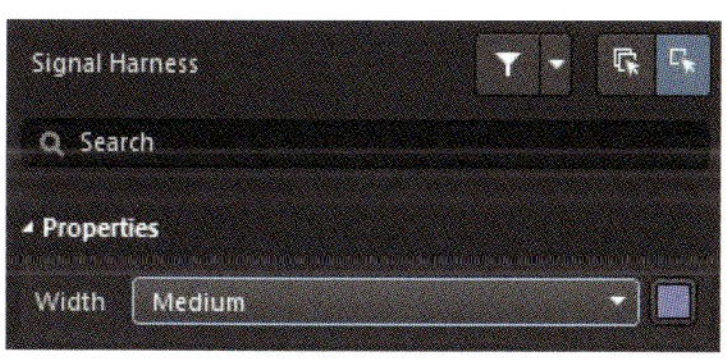

Folgendes kann eingestellt werden:
Breite
Farbe.

Beenden Sie den Pausen Modus mit der Eingabetaste oder einem Klick auf das Pausen Symbol.

Harness Connector

Der Harness Connector stellt die Verbindung zwischen den Signalen und dem Signal Harness her. In diesem Objekt wird auch der Name des Harnesses definiert.

- **P**lace - **H**arness - Harness **C**onnector (P - H - C)
- Solange der Harness Connector an der Maus hängt können Sie ihn mit der Leertaste rotieren und mit X und Y spiegeln.
- Mit dem ersten Linksklick platzieren Sie den elektrischen Anschlusspunkt.
- Ziehen Sie die Maus nach unten um die Harness Größe anzupassen. Hierbei verschiebt sich auch der elektrische Anschlusspunkt!
  Es ist deshalb einfacher zunächst die Größe des Harness Connector irgendwo im Schaltplan festzulegen und ihn dann erst zum Signal Harness hin zu verschieben und anzuschließen.
- Ein Rechtsklick schließt den Befehl ab.
- Der Befehl bleibt weiterhin aktiv und Sie können den nächsten Harness Connector zeichnen. Wollen Sie den Befehl komplett beenden, dann drücken Sie erneut die rechte Maustaste oder die ESC Taste.

Eigenschaften

Die Tabulatortaste öffnet das Properties Panel und geht in den Pausen Modus.

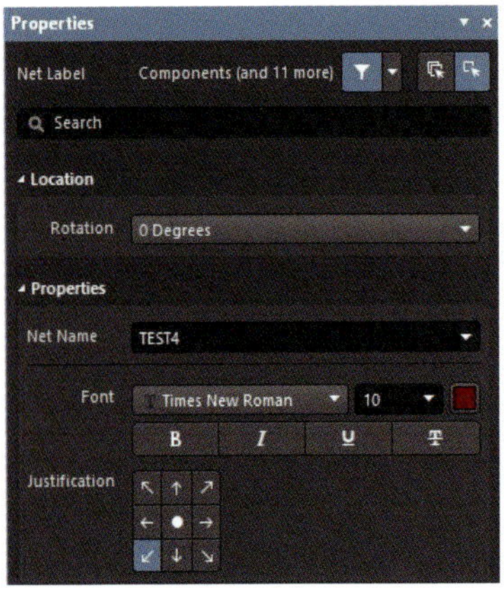

Folgendes können Sie einstellen:
Textfarbe
Schriftart
Rotation
Ausrichtung (Justification)

Die Ausrichtung legt fest wo sich der elektrische Anschlusspunkt des Netzlabels befindet.

Im Feld „Net Name“ können Sie einen Namen eingeben oder durch Klick auf den Pfeil nach unten können Sie einen Netznamen aus einer Liste auswählen.

Beenden Sie den Pausen Modus mit der Eingabetaste oder einem Klick auf das Pausen Symbol.

Power Port

Power Ports definieren die Anschlüsse an die Versorgungsspannungen. Diese Ports sind in der Standardeinstellung bei gleichem Namen global miteinander verbunden. Die Symbole für die Power Ports sind vordefiniert und können nicht verändert werden. Entscheidend beim Power Port ist der angeschlossene Netzname. Das Symbol selbst hat keine Bedeutung. Sie können auch an das „Erde“ Symbol ein 230V Netz anschließen.

- **P**lace - P**o**wer Port (P - O)
- Ein Linksklick platziert den Power Port.
- Der Befehl bleibt weiterhin aktiv und Sie können den nächsten Power Port platzieren. Wollen Sie den Befehl komplett beenden, dann drücken Sie die rechte Maustaste oder die ESC Taste.

Während Sie einen Power Port platzieren, können Sie die Eigenschaften ändern, indem Sie die Tabulatortaste drücken.

Eigenschaften

Die Tabulatortaste öffnet das Properties Panel und geht in den Pausen Modus.

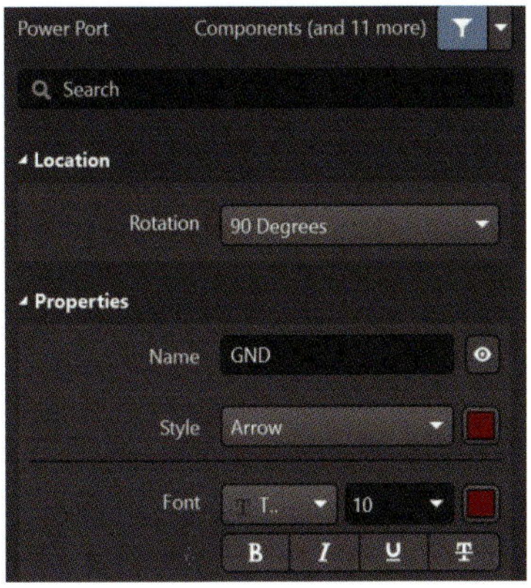

Folgendes können Sie einstellen:
Rotation
Farbe
Name
Textfarbe
Schriftart
grafische Darstellung

Mit „Style“ wählen Sie die grafische Darstellung des Power Ports.

Unter „Name“ tragen Sie den Netznamen ein. Dieser bestimmt die elektrischen Eigenschaften. Über das Augensymbol hinter „Name“ kann der Netzname ein- und ausgeblendet werden.
Beenden Sie den Pausen Modus mit der Eingabetaste oder einem Klick auf das Pausen Symbol.

Parts

Parts sind die Bauteile, die auf dem Schaltplan platziert werden. Die Platzierung kann über „**P**lace - **P**art“ oder über das Components Panel erfolgen. Ab der Version 18 führt der Befehl direkt in das Components Panel. In älteren Versionen öffnet sich der „Place Part“ Dialog. Das Suchen und Platzieren von Bauteilen wird in späteren Kapiteln näher beschrieben.

Sheet Symbols

Sheet Symbolssind ein Element des hierarchischen Designs. Jedem Sheet Symbol ist ein Schaltplan zugeordnet, der in der Hierarchie eine Ebene tiefer liegt. Man kann diese Sheet Symbols beim Top-Down Ansatz manuell platzieren oder beim Bottom-Up Ansatz aus einem bestehenden Schaltplan automatisch erzeugen lassen.

- **P**lace - **S**heet Symbol (P - S)
- Linksklick definiert die 1. Ecke.
- Mit der Maus das Rechteck aufziehen
- Linksklick definiert die 2. Ecke
- Der Befehl bleibt weiterhin aktiv und Sie können das nächste Sheet Symbol platzieren. Wollen Sie den Befehl komplett beenden, dann drücken Sie die rechte Maustaste oder die ESC Taste.

Während Sie ein Sheet Symbol platzieren, können Sie die Eigenschaften ändern, indem Sie die Tabulatortaste drücken.

Eigenschaften

Die Tabulatortaste öffnet das Properties Panel und geht in den Pausen Modus.

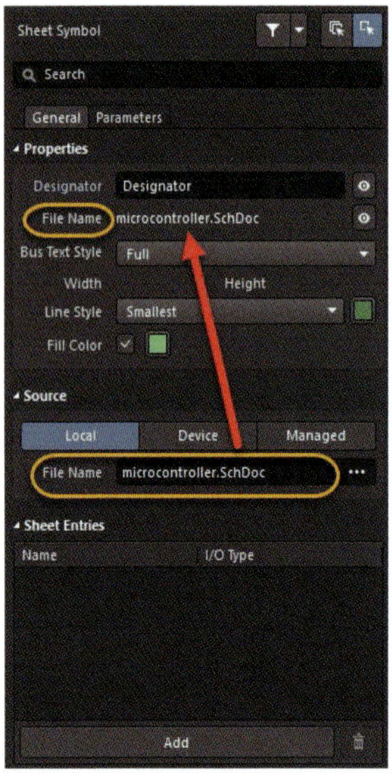

Folgendes können Sie einstellen:
Rahmenbreite
Rahmenfarbe
Füllfarbe
Dateiname
Designator

Entfernen Sie den Haken bei „Fill Color“ wird nur der Umriss angezeigt.
Über die Augensymbole hinter „Designator“ und „File Name“ können diese ein- bzw. ausgeblendet werden.

Mit „Bus Text Style“ kann festgelegt werden, wie Busnamen in den Sheet Entries angezeigt werden.
„Full“: ANALOG[0..7]
„Prefix“: ANALOG
„Designator“ enthält einen eindeutigen Bezeichner bzw. beim Multichannel Design das REPEAT Kommando. Als Designator wird meist „U_<schaltplanname>“ verwendet. Das Sheet Symbol für einen Schaltplan Sensor.SchDoc bekäme dann den Designator „U_SENSOR“.
Im Bereich „Source“ ist „Local“ farbig hinterlegt, als Kennzeichen, dass es sich um ein Sheet Symbol handelt. Hier wählen Sie unter „File Name“ die Datei aus, auf die das Sheet Symbol verweisen soll. Dieser Dateiname wird in den Bereich „Properties“ übernommen, in dem man dort auf „File Name“ klickt. Im unteren Bereich „Sheet Entries“ können Sheet Entries hinzugefügt und entfernt werden.
Beenden Sie den Pausen Modus mit der Eingabetaste oder einem Klick auf das Pausen Symbol.

Sheet Entry

Ein Sheet Entry ist die elektrische Verbindung vom Sheet Symbol zu einem gleichnamigen Port auf dem darunter liegenden Schaltplan. Wie schon beim Sheet Symbol beschrieben, können auch die Sheet Entries beim Top-Down Ansatz manuell platziert oder beim Bottom-Up Ansatz aus einem bestehenden Schaltplan automatisch erzeugt werden.

- **P**lace - **A**dd Sheet Entry (P - A)
- Das Sheet Entry kann jetzt entlang des Sheet Symbol Rands bewegt und mit einem Linksklick platziert werden.
- Der Befehl bleibt weiterhin aktiv und Sie können das nächste Sheet Symbol platzieren. Wollen Sie den Befehl komplett beenden, dann drücken Sie die rechte Maustaste oder die ESC Taste.

Während Sie ein Sheet Entry platzieren, können Sie die Eigenschaften ändern, indem Sie die Tabulatortaste drücken.

Eigenschaften

Die Tabulatortaste öffnet das Properties Panel und geht in den Pausen Modus.

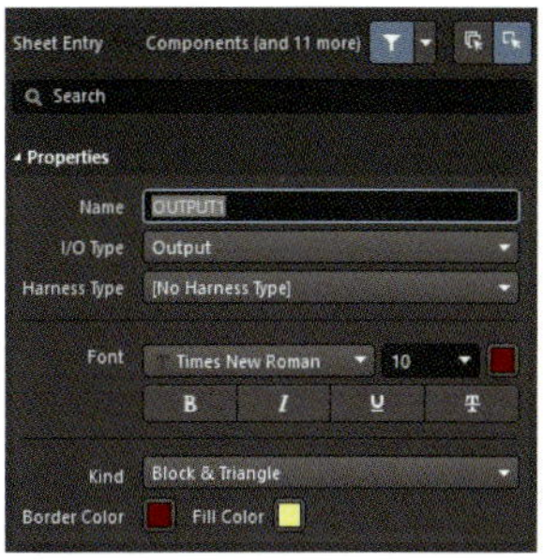

Folgendes können Sie einstellen:
Rahmenfarbe
Füllfarbe
Textfarbe
Schriftart
grafische Eigenschaften des Symbols.

„Name“ Name des darunterliegenden Ports.
„I/O Type“ legt die elektrischen Eigenschaften des Sheet Entries fest. Beenden Sie den Pausen Modus mit der Eingabetaste oder einem Klick auf das Pausen Symbol.

Device Sheet

Mit Device Sheets können wiederverwendbare Schaltplanseiten in ein Design eingefügt werden. Diese Schaltplanseiten sind schreibgeschützt und können deshalb in einem Projekt nicht ohne weiteres verändert werden. Device Sheets verhalten sich weitgehend wie Sheet Symbols.
Über die Präferenzen „Data Management - Device Sheets“ oder über „Project Options – Device Sheets“ teilen Sie dem Altium Designer® mit wo sich Ihre Device Sheets befinden.

- **P**lace - Dev**i**ce Sheet Symbol (P - I)
- Wählen Sie mit der Maus eine Position im Schaltplan und platzieren Sie das Device Sheet mit einem Linksklick.
- Der Befehl ist damit beendet.

Wenn das Projekt kompiliert ist, können Sie mit Strg - Doppelklick auf das Device Sheet Symbol den zugehörigen Schaltplan öffnen.

Während Sie ein Device Sheet platzieren, können Sie die Eigenschaften ändern, indem Sie die Tabulatortaste drücken.

Eigenschaften

Die Tabulatortaste öffnet das Properties Panel und geht in den Pausen Modus.

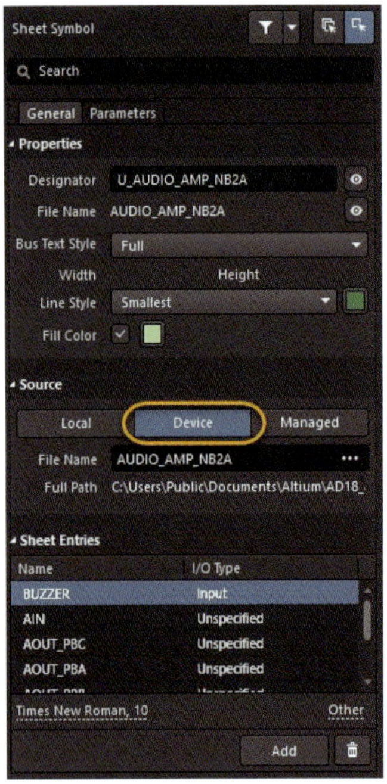

Folgendes können Sie einstellen:
Rahmenbreite
Rahmenfarbe
Füllfarbe
Dateiname
Designator

Entfernen Sie den Haken bei „Fill Color" wird nur der Umriss angezeigt.
Über die Augensymbole hinter „Designator" und „File Name" können diese ein- bzw. ausgeblendet werden.

Mit „Bus Text Style" kann festgelegt werden, wie Busnamen in den Sheet Entries angezeigt werden.
„Full": ANALOG[0..7]
„Prefix": ANALOG

„Designator" enthält einen eindeutigen Bezeichner bzw. beim Multichannel Design das REPEAT Kommando. Als Designator wird meist „U_<schaltplanname>" verwendet. Das Sheet Symbol für einen Schaltplan Sensor.SchDoc bekäme dann den Designator „U_SENSOR".
Im Bereich „Source" ist „Device" farbig hinterlegt, als Kennzeichen, dass es sich um ein Device Sheet handelt. Hier sehen Sie auch den Dateinamen und im Feld „Full Path" den Ort an dem das Device Sheet gespeichert ist.
Beenden Sie den Pausen Modus mit der Eingabetaste oder einem Klick auf das Pausen Symbol.

Off Sheet Connectors

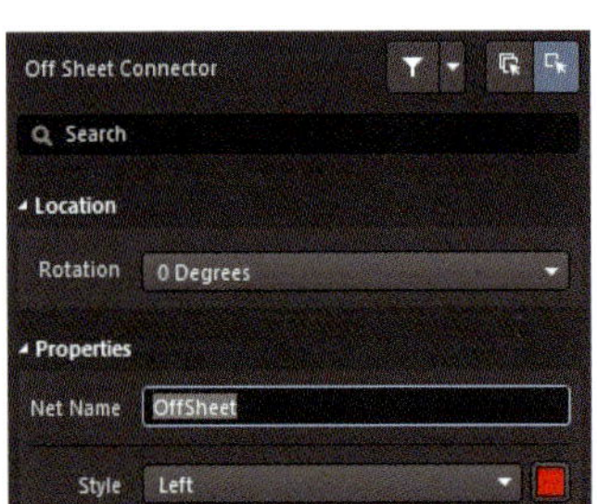

Mit Off Sheet Connectoren sind eine Spezialversion der Ports. Eingeführt wurden sie ursprünglich um den Import von OrCAD Designs zu vereinfachen. Man sollte Sie heute auch nur noch für diesen Zweck einsetzen.

Port

Ein Port ist die elektrische Verbindung zu einem gleichnamigen Sheet Entry auf einem darüber liegenden Schaltplan. Bei einem flachen Design kann über Ports auch die Verbindung zwischen Schaltplanseiten hergestellt werden.
Beim Top-Down Ansatz können die Ports automatisch aus dem zugehörigen Sheet Symbol erzeugt werden.

- **P**lace - Po**r**t (P - R)
- Der Port kann jetzt im Schaltplan bewegt und mit einem Linksklick platziert werden.
- Mit einem zweiten Linksklick wird die Länge des Ports definiert.
- Der Befehl bleibt weiterhin aktiv und Sie können den nächsten Port platzieren. Wollen Sie den Befehl komplett beenden, dann drücken Sie die rechte Maustaste oder die ESC Taste.

Während Sie einen Port platzieren, können Sie die Eigenschaften ändern, indem Sie die Tabulatortaste drücken.

Eigenschaften

Die Tabulatortaste öffnet das Properties Panel und geht in den Pausen Modus.

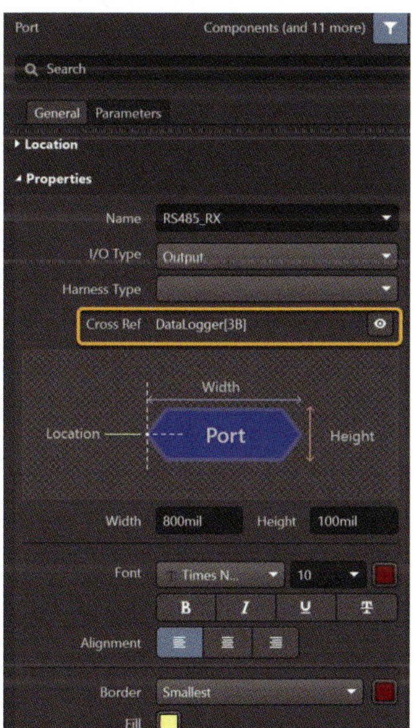

Folgendes können Sie einstellen:
Rahmenbreite
Rahmenfarbe
Textfarbe
Füllfarbe
Schriftart
Name des Ports
„I/O Type" legt die elektrischen Eigenschaften des Ports fest.
Die Breite des Ports wird automatisch an den Portnamen angepasst,

Nachdem der Port platziert wurde, können Sie mit einem Doppelklick das Properties Panel erneut öffnen und zusätzlich die Breite und Höhe des Ports definieren.

Falls der Port einen Querverweis hat, können Sie diesen mit dem Augensymbol in der Zeile „Cross Ref" ein- und ausblenden.

Beenden Sie den Pausen Modus mit der Eingabetaste oder einem Klick auf das Pausen Symbol.

General No-ERC

Wenn beim Compilieren Fehler auftreten, können diese durch eine sogenannte No-ERC Direktive ausgeblendet werden. Dies ist dann sinnvoll, wenn man weiß, dass es sich eigentlich nicht um einen Fehler handelt.
Ein Beispiel ist ein I/O Port an einem Mikrocontroller der mit einem Ausgang verbunden ist. Theoretisch könnte es sich hier um eine unzulässige Situation Ausgang gegen Ausgang handeln. Wenn ich jetzt weiß, dass der Mikrocontroller Port als Eingang konfiguriert wird, kann ich über eine No-ERC Direktive diesen Fehler ausblenden. Der generelle No-ERC hat den Nachteil, dass man sich damit zukünftige (vielleicht echte) Fehler ausblendet. Deshalb sollte man so weit wie möglich nur spezifische No-ERCs verwenden.

- **P**lace - Directi**v**e - Generic **N**o-ERC (P - V - N)
- Platzieren Sie den No-ERC mit einem Linksklick auf das gewünschte Netz.
- Der Befehl bleibt weiterhin aktiv und Sie können den nächsten No-ERC platzieren. Wollen Sie den Befehl komplett beenden, dann drücken Sie die rechte Maustaste oder die ESC Taste.

Während Sie einen Port platzieren, können Sie die Eigenschaften ändern, indem Sie die Tabulatortaste drücken.

Eigenschaften

Die Tabulatortaste öffnet das Properties Panel und geht in den Pausen Modus.

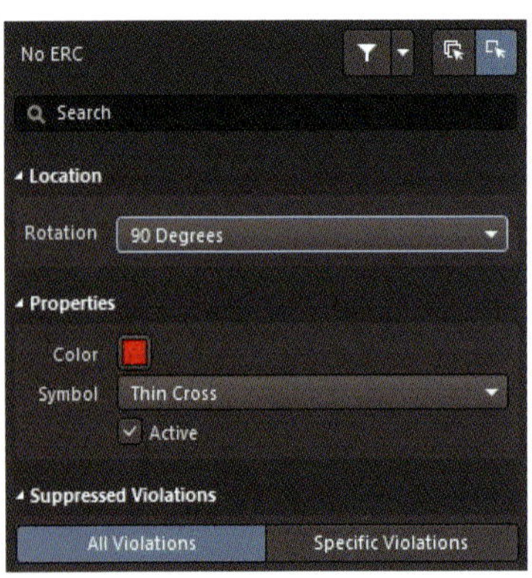

Folgendes können Sie einstellen:
Farbe
Orientierung
Symbol

Über „Active" kann man den No-ERC aktivieren oder deaktivieren.

Durch die Auswahl von „Suppress specific violations" kann man den generellen No-ERC in einen spezifischen No-ERC umwandeln.
Über das „Symbol" kann man steuern, ob der No-ERC später im ausgedruckten Schaltplan erscheinen soll oder nicht.

Beenden Sie den Pausen Modus mit der Eingabetaste oder einem Klick auf das Pausen Symbol.

Specific No-ERC

Im Gegensatz zum generellen No-ERC können hier gezielt Fehler bzw. Warnungen ausgeblendet werden. Nach dem Compilieren werden Fehler und Warnungen im Message Panel angezeigt. Mit einem Rechtsklick auf den Fehler oder die Warnung kann man einen spezifischen No-ERC platzieren.

Differential Pair Direktive

Hinweis:
Ab der Version 24 gibt es ab der Professional Subscription den Constraint Manager, der für die Definition der Leiterplattenregeln, der Netzklassen und Differential Pairs im Schaltplan zuständig ist. Die beschriebene Differential Pair Direktive im Schaltplan muss dann in den Constraint Manager importiert werden (siehe S.353).

Mit der Differential Pair Direktive können zwei Leitungen im Schaltplan als Differential Pair definiert werden.

- **P**lace - Directi**v**e -Di**f**ferential Pair (P - V - F)
- Platzieren Sie mit Linksklick je eine Direktive an die beiden Leitungen.
- Der Befehl bleibt weiterhin aktiv und Sie können die nächsten Differential Pair Direktive platzieren. Wollen Sie den Befehl komplett beenden, dann drücken Sie die rechte Maustaste oder die ESC Taste.
- Platzieren Sie jetzt noch jeweils ein Net Label auf die positive und negative Leitung.
- „**P**lace - **N**et Label" auf beide Leitungen
- Öffnen Sie mit der Tabulatortaste die Eigenschaften.
- Tragen Sie bei „Net" einen Namen mit folgender Syntax eintragen: <DiffPairName>_P und <DiffPairName>_N.

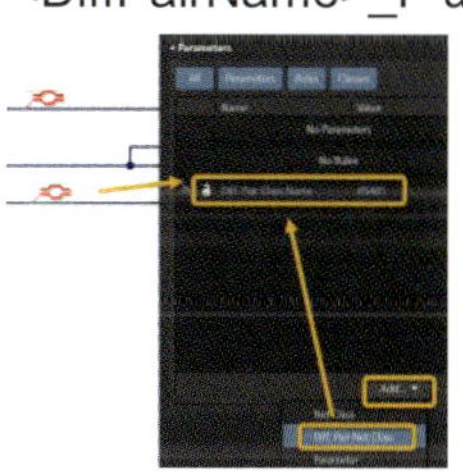

Im PCB erscheint dann ein Differential Pair mit dem Namen <DiffPairName>
Beispiel: TXD_P und TXD_N => daraus wird im PCB das Differential Pair TXD.

Hinweis: In den Eigenschaften der Differential Pair Direktive kann im Bereich „Parameters" eine Differential Pair Klasse definiert werden.

Eigenschaften

Die Tabulatortaste öffnet das Properties Panel und geht in den Pausen Modus.

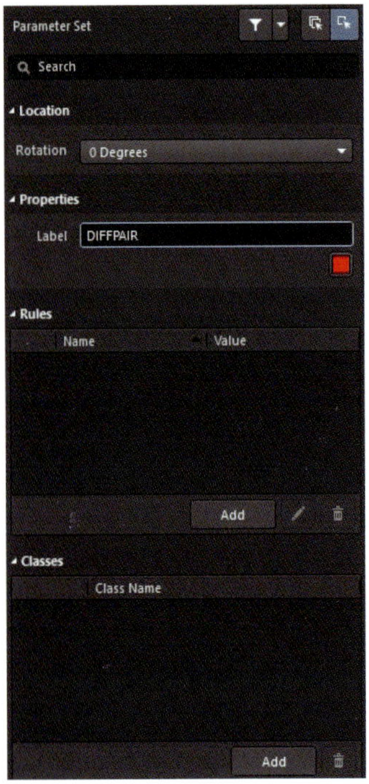

Folgendes können Sie einstellen:
Farbe
Orientierung
Name des Differential Pairs

Im Bereich „Rules“ können Sie über die Schaltfläche „Add“ Regeln für die Leiterplatte hinzufügen, die sich auf diese Leitung bezieht.

Im Bereich „Class“ können Sie über die Schaltfläche „Add“ eine Netzklasse und eine Differential Pair Klasse für diese Leitung definieren.

Beenden Sie den Pausen Modus mit der Eingabetaste oder einem Klick auf das Pausen Symbol.

Parameter Sets

Hinweis:
Ab der Version 24 gibt es ab der Professional Subscription den Constraint Manager, der für die Definition der Leiterplattenregeln, der Netzklassen und Differential Pairs im Schaltplan zuständig ist. Die beschriebenen Parameter Sets im Schaltplan müssen dann in den Constraint Manager importiert werden (siehe S.353).

Mit Parameter Sets können Sie bereits im Schaltplan Netze zu Netzklassen zusammenfassen und Regeln für das Layout auf der Leiterplatte definieren. Der Schaltplanentwickler weiß z.B. welche Ströme fließen werden und kann eine Regel für die Leiterbahnbreite festlegen.

- **P**lace - Directi**v**e – Para**m**eter Set (P - V - M)
- Drücken Sie die Tabulatortaste und nehmen Sie die Einstellungen vor.
- Verbinden Sie jetzt den Parameter Set mit der gewünschten Leitung.
- Der Befehl bleibt weiterhin aktiv und Sie können den nächsten Parameter Set platzieren. Wollen Sie den Befehl komplett beenden, dann drücken Sie die rechte Maustaste oder die ESC Taste.

Eigenschaften

Die Tabulatortaste öffnet das Properties Panel und geht in den Pausen Modus.

Folgendes können Sie einstellen:
Farbe
Orientierung
Name des Parameter Sets

Im Bereich „Parameters“ können Sie über die Schaltfläche „Add“ Netzklassen, Parameter und Regeln für die Leiterplatte hinzufügen, die sich auf diese Leitung bezieht.

Beenden Sie den Pausen Modus mit der Eingabetaste oder einem Klick auf das Pausen Symbol.

Blankets

Blankets vereinfachen die Zuweisung von Parameter Sets an viele Objekte gleichzeitig. Legen Sie einfach über einen Bereich im Schaltplan ein Blanket und hängen Sie dann an das Blanket ein Parameter Set. Dieses gilt dann für alles innerhalb des Blankets.

Beispiel:
Sie haben einen Flyback Schaltregler und wollen die Netze auf Primär- und Sekundärseite zu entsprechenden Netzklassen zusammenfassen. Legen Sie jetzt einfach je ein Blanket über die Primär- und Sekundärseite und hängen an jedes ein Parameter Set in dem Sie die jeweiligen Netzklassen definieren. Fertig!

- **P**lace - Direct**i**ve -**Bl**anket (P - V - L)
- Linksklick setzt den Startpunkt.
- Zeichnen Sie das Blanket als Polygon, in dem Sie für jeden Eckpunkt links klicken.
- Sie beenden den Befehl wie gewohnt mit Rechtsklick oder der ESC Taste.
- Der Befehl bleibt weiterhin aktiv und Sie können das nächste Blanket platzieren. Wollen Sie den Befehl komplett beenden, dann drücken Sie die rechte Maustaste oder die ESC Taste.

Eigenschaften

Die Tabulatortaste öffnet das Properties Panel und geht in den Pausen Modus.

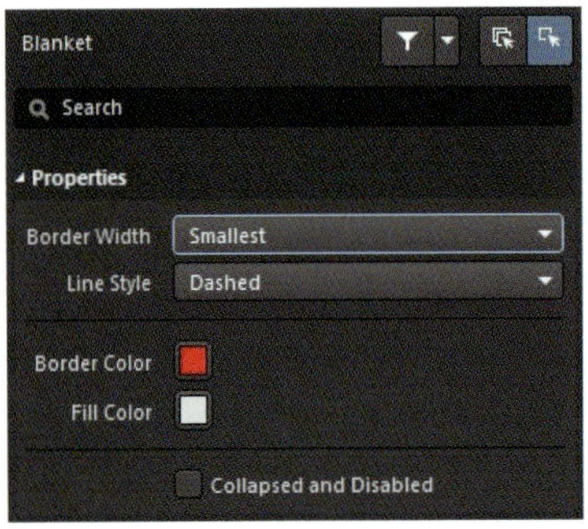

Folgendes können Sie einstellen:

Rahmendicke
Rahmenfarbe
Linienart
Füllfarbe

Über „Collapsed and Disabled“ kann das Blanket deaktiviert werden.
Beenden Sie den Pausen Modus mit der Eingabetaste oder einem Klick auf das Pausen Symbol.

Compile Mask

Mit einer Compile Mask können Sie Schaltplanbereiche aus dem Compile Prozess und der Synchronisierung mit der Leiterplatte ausschließen.
Man benötigt diese Funktion, wenn man z.B. zunächst nur mit einer Teilschaltung auf die Leiterplatte gehen will. Nützlich ist die Compile Mask auch, wenn Sie in Ihrem Schaltplan eine SPICE Simulation durchführen wollen. Üblicherweise braucht man dann entsprechende SPICE Quellen und eventuell noch weitere SPICE Funktionen, die natürlich nicht in den Compile Prozess eingehen sollen. Legen Sie einfach über alle diese SPICE Objekte eine Compile Mask. Klappen Sie durch Klick auf das kleine Dreieck die Compile Mask zu und Sie können Ihr Design simulieren. Klicken Sie wieder auf das Dreieck erscheint die Compile Mask wieder und blendet die SPICE Objekte aus.

- **P**lace - Directi**v**e - Compile Mas**k** (P - V - K)
- Linksklick setzt den 1. Eckpunkt.
- Ziehen Sie mit der Maus ein Rechteck über den gewünschten Bereich.
- Linksklick setzt den 2. Eckpunkt und beendet den Befehl.
- Der Befehl bleibt weiterhin aktiv und Sie können die nächste Compile Mask platzieren. Wollen Sie den Befehl komplett beenden, dann drücken Sie die rechte Maustaste oder die ESC Taste.
- Wenn Sie bei der platzierten Compile Mask auf das kleine Dreieck klicken, klappt die Compile Mask zusammen und wird inaktiv.

Eigenschaften

Die Tabulatortaste öffnet das Properties Panel und geht in den Pausen Modus.

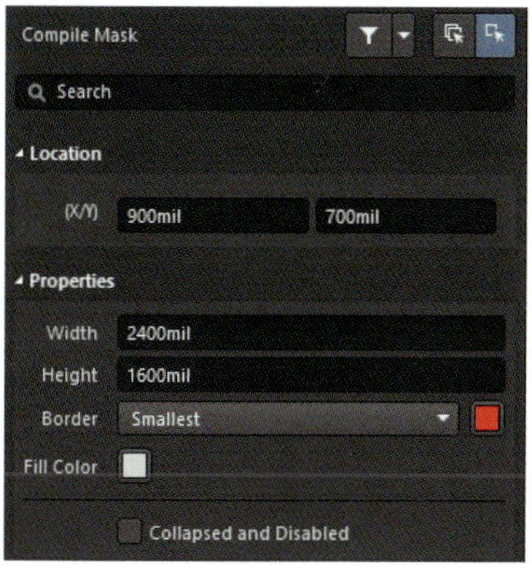

Folgendes können Sie einstellen:

Rahmendicke
Rahmenfarbe
Füllfarbe

Über „Collapsed and Disabled“ kann die Compile Mask deaktiviert werden.

Beenden Sie den Pausen Modus mit der Eingabetaste oder einem Klick auf das Pausen Symbol.

ALTIUM DESIGNER®

BAUTEILSUCHE

Zum Erstellen eines Schaltplans benötigt man die Symbole der passenden Bauteile. Die Schaltplansymbole bekommt man aus bestehenden Bibliotheken, online aus der Altium® Content Vault oder man muss sich das Bauteil selbst anlegen. Letzteres ist sehr einfach möglich und wird im Kapitel „Schaltplansymbole" (S.522) behandelt.

Neue Bibliothek installieren

Wenn Sie wissen in welcher Bibliothek sich das Bauteil befindet, aber die Bibliothek ist noch nicht installiert, gehen Sie wie folgt vor:

- Öffnen Sie über die Schaltfläche „Component" das Components Panel. Mit die Schaltfläche öffnet sich ein Kontextmenü. Wählen Sie dort „File-based Libraries Preferences..."

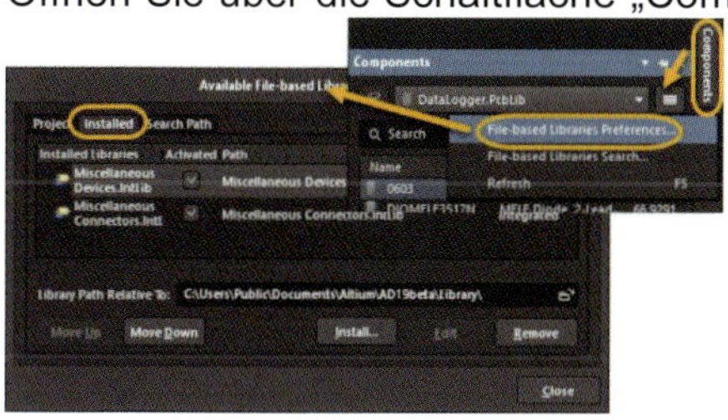

- Im Reiter „Installed" finden Sie alle bereits installierten Bibliotheken.
- Klicken Sie unten rechts auf die Schaltfläche „Install from file..."

- Den Speicherort für die Bibliotheken finden Sie in den Präferenzen unter „System - Default Locations".

- Unten rechts können Sie ein Dateifilter setzen. Achten Sie darauf, dass hier *.INTLIB ausgewählt ist, wenn Sie eine Integrated Library installieren wollen.
- Öffnen Sie jetzt den Ordner des Bauteileherstellers von dem Sie die Bibliothek installieren wollen.
- Sie können jetzt eine oder mehrere Bibliotheken, wie unter Windows gewohnt, auswählen.
- Klicken Sie unten rechts auf „Öffnen" um die Bibliothek zu installieren.
- Im Reiter „Installed" wurde die Bibliothek am Ende angefügt.
- Mit der Schaltfläche „Move Up" können Sie die Bibliothek nach oben verschieben.
- Ein Klick auf „Close" schließt den Dialog.

Bauteile im Components Panel suchen

Das Components Panel soll den Zugriff auf Bauteile aus normalen Bibliotheken und serverbasierten Bibliotheken (Altium 365®, Altium NEXUS™ und Concord Pro®) vereinheitlichen. Es befindet sich normalerweise als Ausklapp-Panel am rechten Rand des Arbeitsbereichs. Bewegen Sie die Maus über die Fläche „Components“ und das Panel wird ausklappen.

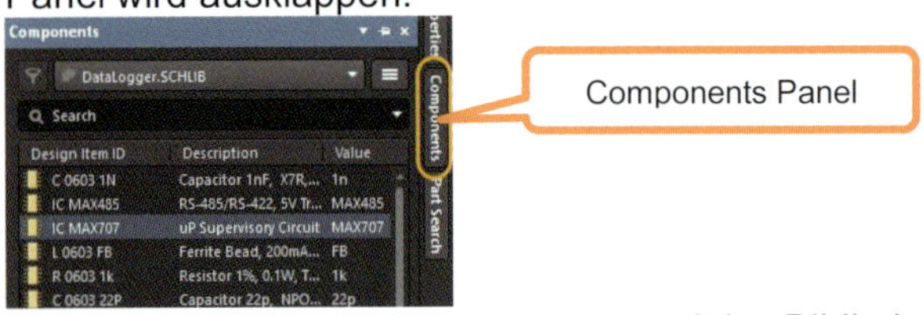

In der ersten Zeile wird die momentan aktive Bibliothek angezeigt. Sie können rechts über den kleinen Pfeil eine List aufklappen mit allen installierten Bibliotheken und eine davon auswählen. In der zweiten Zeile geben Sie einen Suchbegriff ein.

Wenn Sie in der Komponentenliste eine Komponente auswählen, dann wird der Name in der untersten Zeile des Panels angezeigt. Ein Klick auf den Doppelpfeil rechts öffnet die Details der Komponente. Ein weiterer Klick schließt die Details wieder.

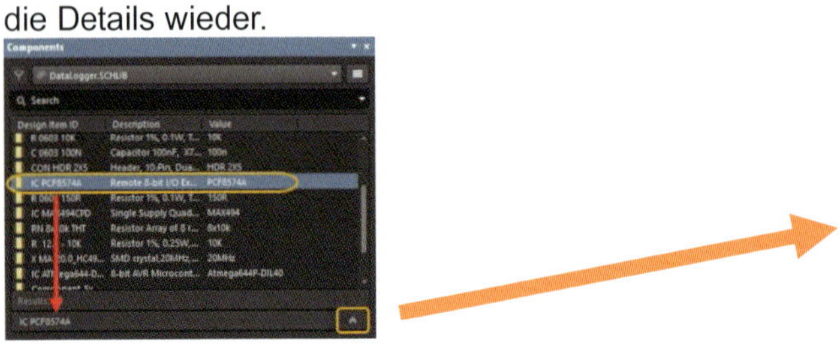

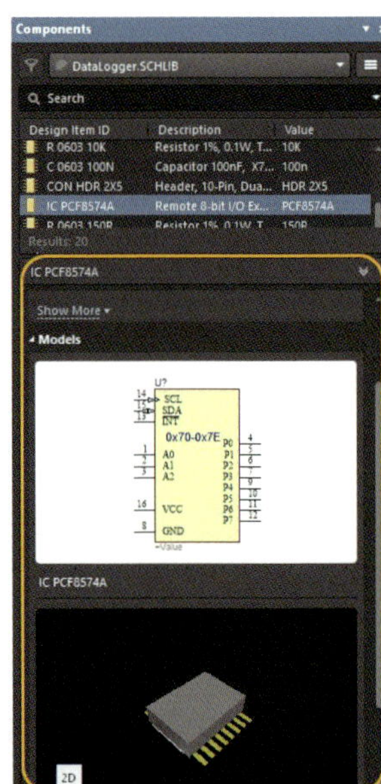

Zum Suchen innerhalb der Bibliothek klicken Sie in die Liste und fangen einfach an zu tippen. Mit jedem eingegebenen Zeichen wandert die Markierung weiter auf das nächste Bauteil, welches der bisher eingegebenen Zeichenkette entspricht

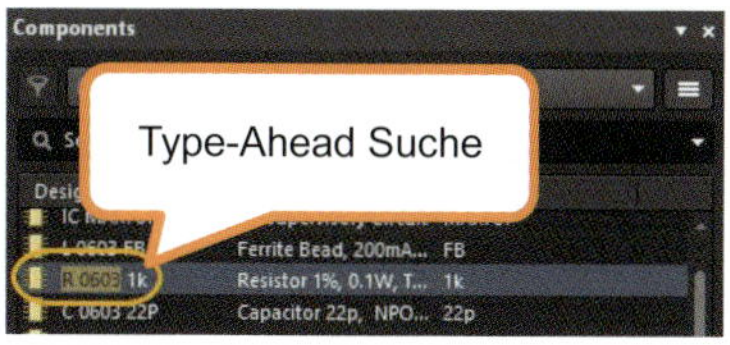

Das Suchfeld ermöglicht Ihnen in allen angezeigten Spalten zu suchen. Wenn Sie Ihre Komponenten mit den entsprechenden Parametern angelegt haben, dann können Sie hier z.B. nach allen 100nF Kondensatoren im 0805 Gehäuse mit einer Spannungsfestigkeit von 50V suchen. Die Suche nach „SIP" liefert folgendes Ergebnis:

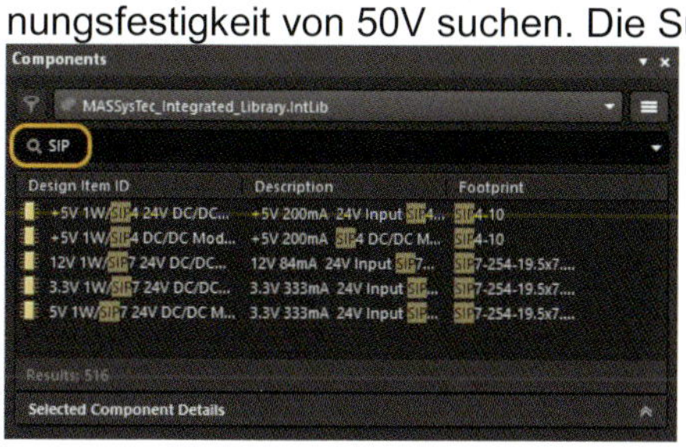

Nach der Installation sind lediglich die Spalten „Name" (Name in der Bibliothek), „Description" und „Footprint" vorhanden. Um weitere Spalten einzublenden, klicken Sie mit der rechten Maustaste auf die Kopfzeile der Komponentenliste. Im Kontextmenü wählen Sie dann „Select Columns…".

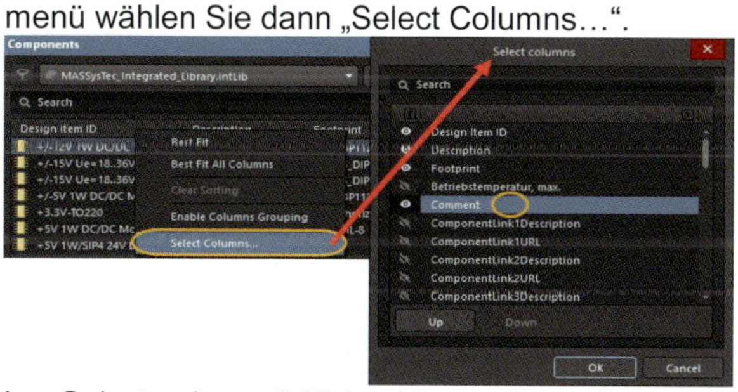

Im „Select columns" Dialog klicken Sie auf ein durchgestrichenes Augensymbol um eine Spalte einzublenden. Ein Klick auf Augensymbol blendet eine Spalte wieder aus. Die Spaltenreihenfolge kann über „Up" und „Down" festgelegt werden. Sie können die Reihenfolge aber auch im Components Panel ändern, in dem Sie die Felder in der Kopfzeile mit der Maus verschieben.

Das Components Panel konfigurieren

Das Components Panel kann konfiguriert werden. Neben der Darstellung der Schaltplan- und Leiterplattensymbole können Sie die Anzeige der Parameter verändern.

Darstellung der Schaltplan- und Leiterplattensymbole

Mit einem Rechtsklick in den „Models" Bereich erscheint ein Kontextmenü. Dort können Sie über die Augensymbole das Schaltplan- und/oder Leiterplattensymbol ein- oder ausblenden.

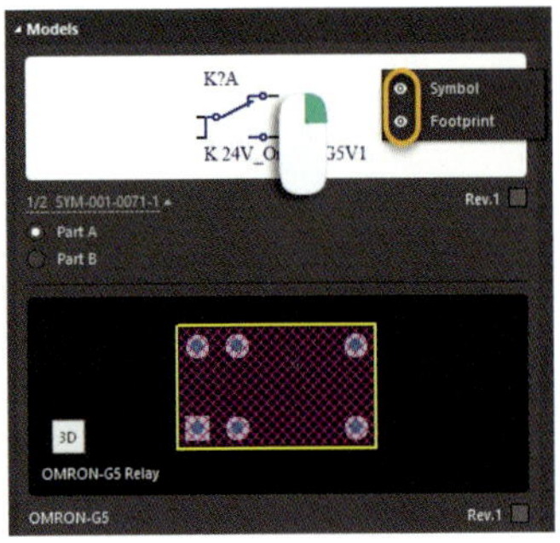

Die Größe des Schaltplan- und/oder Leiterplattensymbols kann verändert werden. Bewegen Sie dazu die Maus über den unteren Rand der Darstellung. Durch Verschieben des Rands mit der linken Maustaste, können Sie die Größe anpassen.

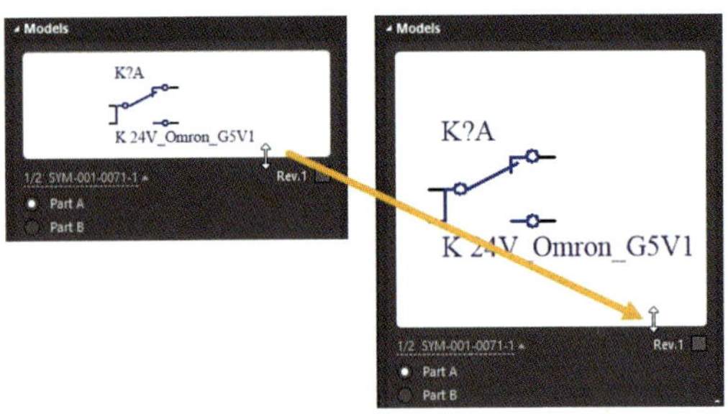

Anzeige der Parameter konfigurieren

In der Grundeinstellung werden im Components Panel nur noch die Parameter angezeigt, die als Favoriten markiert sind.

Um Favoriten hinzuzufügen klicken Sie im Parameterbereich auf „Show More“. Jetzt werden alle Parameter angezeigt. Ein Klick auf ein Sternsymbol definiert den entsprechenden Parameter als Favoriten. Ein Klick auf „Show Less“ versteckt wieder alle Parameter, die nicht als Favorit gekennzeichnet sind.

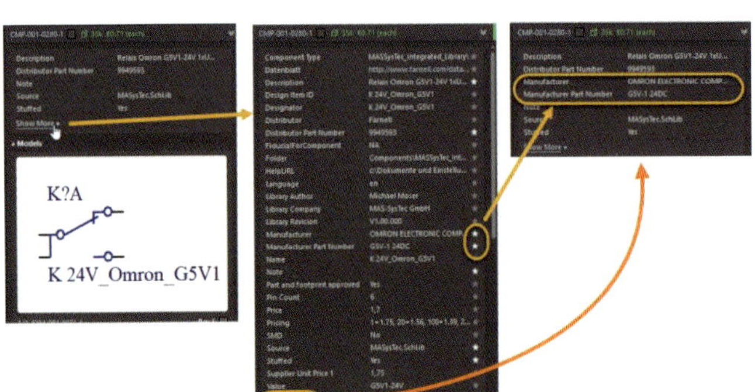

Ab der Version 21.8 kann dieses Verhalten in den erweiterten Einstellungen abgeschaltet werden (S.13). Dann werden wieder alle Parameter angezeigt.

Komponenten vergleichen

Um zwei Komponenten zu vergleichen, selektieren Sie beide im Components Panel. Die Parameter und Symbole werden dann nebeneinander angezeigt.

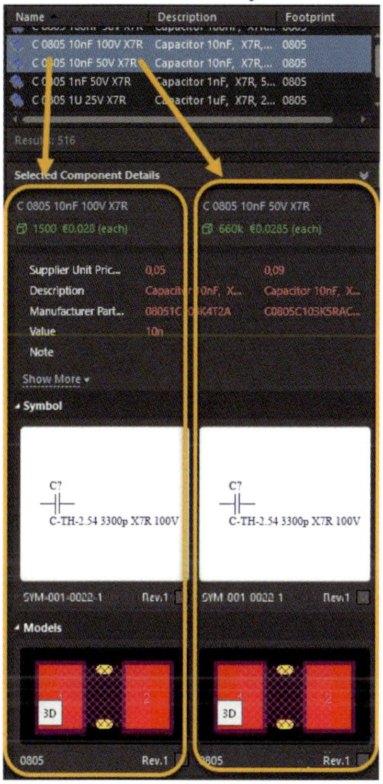

Eigene Filter definieren

Sie können im Components Panel eigene Filter definieren. Bewegen Sie die Maus über einen Spaltenkopf. Dort wird rechts ein kleines Trichtersymbol ① eingeblendet.

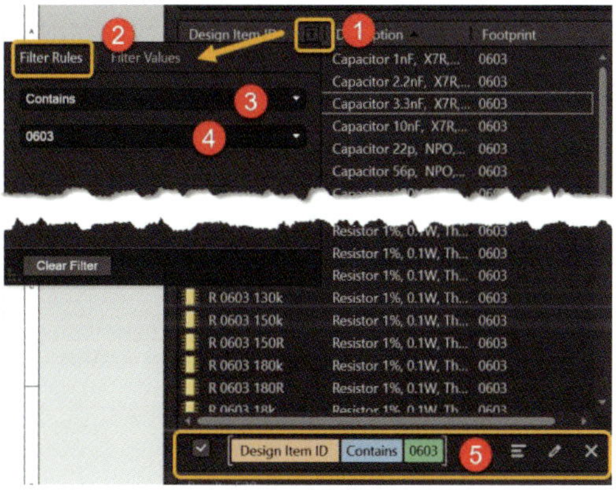

Ein Klick auf dieses Symbol öffnet ein Fenster (das kann etwas Geduld erfordern). Klicken Sie auf „Filter Rules" ②. In der Auswahlliste ③ können Sie eine Bedingung auswählen, z.B. „Contains". Im darunter liegenden Feld ④ geben Sie einen Wert ein, z.B. „0603". Jetzt werden nur noch Bauteile angezeigt, die in der „Design Item ID" den Wert „0603" enthalten. Unterhalb der Bauteilliste wird die Filterbedingung ⑤ angezeigt.

Ein Klick auf das Stiftsymbol in diesem Bereich öffnet den „Filter Editor". Hier sehen Sie das aktive Filter. Wenn Sie mit der Maus über das kleine Pluszeichen ① gehen, können Sie eine weitere Bedingung hinzufügen. Die erste Schaltfläche ② legt fest, wie die Bedingungen verknüpft werden.

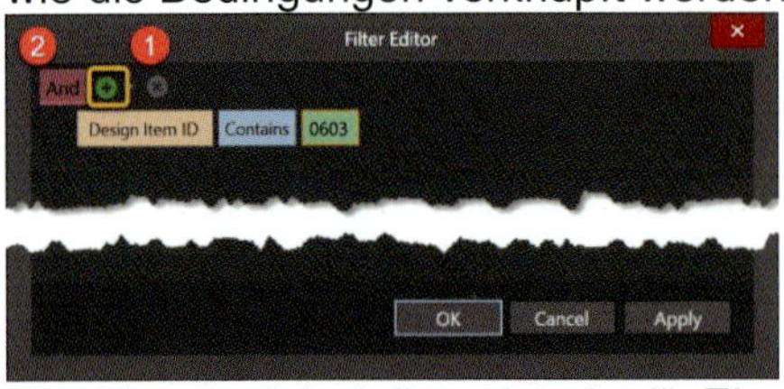

Die Standardeinstellung ist „And". Ein Klick darauf öffnet eine Auswahlliste und Sie können „And", „Or", „Not And" und „Not Or" auswählen. Die Bedeutung wird grafisch dargestellt. Ein Klick auf das kleine Dreieck ermöglicht das Hinzufügen einer neuen Bedingung, einer Gruppe oder eines Filterausdrucks im „Expression Editor".

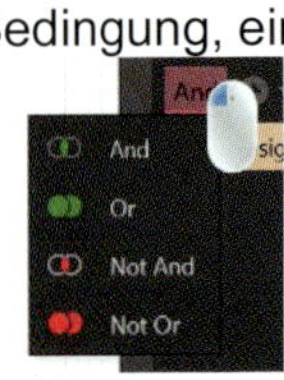

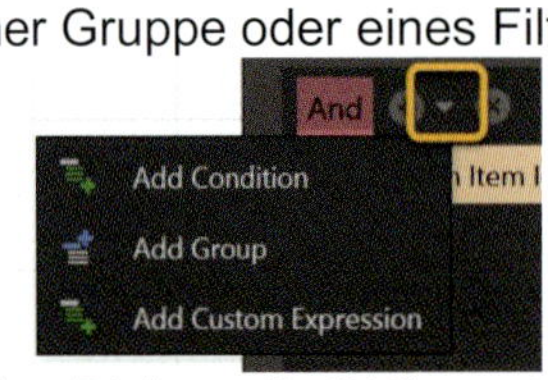

Schließt man den Dialog mit „OK" werden im Components Panel alle Komponenten angezeigt, in deren Namen „0603" vorkommt.

Um das Filter zu entfernen klicken Sie entweder auf das Trichtersymbol und wählen dann „Filter Values (All)" oder Sie klicken auf das Kreuz hinter dem Filterausdruck.

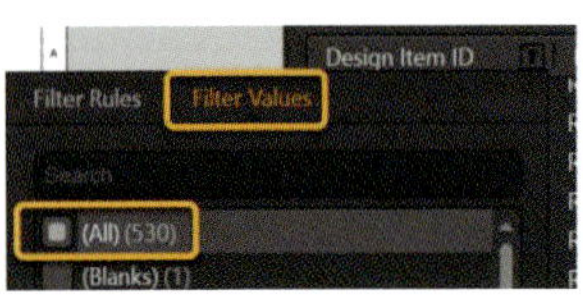

Bauteile mit Find Similar Components suchen

Ab der Version 19.1 können Sie im Components Panel Bauteile auch mit Find Similar Components suchen.

Klicken Sie mit der rechten Maustaste im Components Panel auf das gewünschte Bauteil. Wählen Sie dann im Kontext „Find Similar Components…".

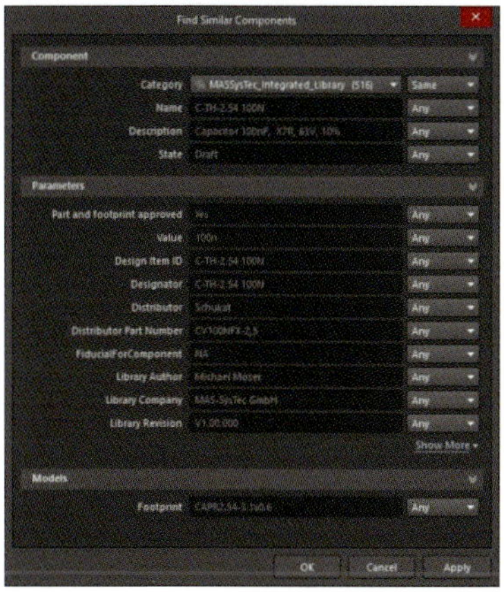

Es öffnet sich der „Find Similar Components" Dialog. Dieser ist ähnlich wie der „Find Similar Objects" Dialog aufgebaut. Es werden alle Parameter des Bauteils angezeigt. In der Auswahlbox rechts kann festgelegt werden, wie ein Parameter in die Suche einfließen soll. Bei „Same" muss der Parameter übereinstimmen, bei „Different" werden alle Bauteile gefunden, die nicht den Wert haber und bei „Any" spielt der Parameterwert keine Rolle.

Ein Klick auf „OK" schließt den Dialog und zeigt die gefundenen Bauteile im Components Panel an.

Bauteile in allen Bibliotheken suchen

Je mehr Bibliotheken man installiert hat, desto unpraktischer wird das direkte Suchen im Components bzw. Libraries Panel. Deshalb gibt es einen Dialog zum Suchen von Bauteilen in allen vorhandenen Bibliotheken. Sie erreichen diesen Dialog über die Schaltfläche im Components Panel oder vor Version 19 über „Search..." im Libraries Panel ganz oben in der Mitte.

Der Dialog besteht aus 3 Teilen:

1. Filters

Sie können Feldinhalte (Field) über einen Operator mit einem Wert (Value) verknüpfen. Die einzelnen Zeilen sind dabei logisch UND verknüpft, müssen also alle zutreffen. Zunächst sind 3 Zeilen sichtbar, falls mehr benötigt werden klickt man einfach auf „Add Row" oben rechts.

- **Field:** Hier können Sie den Namen eines beliebigen Bauteile Parameters angeben. Der Standard Bezeichner „Name" sorgt dafür, dass sowohl im „Component Name" als auch in der Beschreibung (Description) eines Bauteils gesucht wird.

- **Operator:** Legt den Grad der Übereinstimmung mit dem Wert fest. Sie haben die Wahl zwischen
  equals: Hier muss der unter „Value“ eingegebene Wert exakt mit dem Parameter Wert übereinstimme.
  contains: Hier muss der Wert nur im Parameter enthalten sein. Dies ist der universellste Operator.
  starts/ends with: Hier muss der Parameter mit dem Wert beginnen bzw. enden.
- **Value:** Hier tragen Sie den Wert ein, nach dem Sie suchen wollen.

Klicken Sie auf die Schaltfläche „>> Advanced“ und Sie können sehen, wie der Altium Designer® Ihre Abfrage umsetzt. Dort können Sie auch selbst beliebig komplexe Abfragen eintragen.

Beispiele:
Tragen Sie in Field „Name“ ein, unter Operator „contains“ und unter Value „LM317“. Der Altium Designer® findet dann alle Spielarten des LM317.

Angenommen Sie haben an Ihren Bauteilen die beiden Parameter „Library Company“ und „Distributor“.
Tragen Sie in die 1. Zeile in Field „Library Company“ ein, wählen „contains“ und unter Value „Company XZY“.
Tragen Sie in der 2. Zeile in Field „Distributor“ ein, wählen „contains“ und unter Value „Distri ABC“.
Die Suche liefert dann alle Bauteile von der „Library Company“ Company XZY und dem „Distributor“ Distri ABC.

2. Scope

Hier legen Sie fest was und wo gesucht werden soll. Sie können nach Bauteilen (Components), Footprints, PCB 3D Modellen und Bauteilen in Datenbank Bibliotheken suchen.

Für das „Wo“ der Suche haben Sie folgende Optionen:

- **Available Libraries:**
  Suche in den installierten Bibliotheken
- **Libraries on path:**
  Suche im unter „Path“ angegebenen Pfad.
- **Refine last search:**
  Suche in den Ergebnissen der letzten Suche um diese zu verfeinern.

3. Path

Hier steht als Standardwert der Installationspfad der Bibliotheken. Sie können ihn ändern, wenn Sie woanders suchen wollen. Nützlich ist dies, wenn Sie nach Footprints suchen, dann können Sie hier schon direkt auf das Unterverzeichnis „pcb“ gehen und damit den Suchbereich einschränken. Mit einem Haken in „Include Subdirectories“ legen Sie fest, ob Unterverzeichnisse auch durchsucht werden sollen.
Unter „File Mask“ können Sie Ihre Suche auf bestimmte Bibliothekstypen beschrän-

ken. Tragen Sie hier „*.PcbLib“ sucht er nur Footprint Libraries. Zwischen zwei Suchvorgängen merkt sich der Altium Designer® die Einstellungen. Achten Sie deshalb darauf eine vorhandene „File Mask“ wieder zu entfernen und den Pfad wieder auf den Standardwert zu setzen.

Die eigentliche Suche starten Sie einfach über die Schaltfläche „Search“ unten links. Das Ergebnis wird Ihnen im Libraries Panel angezeigt. Oben in der 1. Zeile steht dann statt einem Bibliotheksname einfach „Query Results“.

Das Manufacturer Part Search Panel

Mit dem Manufacturer Part Search Panel können Sie zentral nach Bauteilen suchen. Grundlage für die Suche ist der „Altium® Parts Provider“ Service, der in einer von Altium® gepflegten Datenbank nach Herstellern und Lieferanten sucht. Die Liste der Lieferanten kann in den Präferenzen im Bereich „Data Management – Parts Providers“ konfiguriert werden.

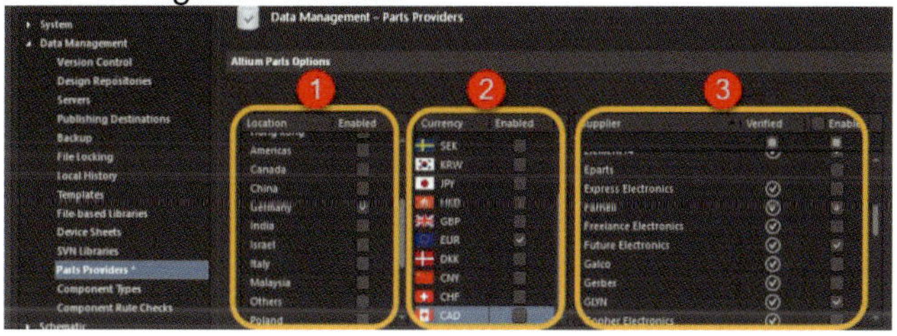

Im Bereich ① können Sie die geografische Region wählen, im Bereich ② die Währung und im Bereich ③ können Sie Lieferanten freigeben und sperren.

Stellen Sie sicher, dass Sie wie im Abschnitt „Bauteile im Altium Content Vault® suchen“ (S.111) beschrieben an Ihrem Altium Live® Konto angemeldet sind.

- Öffnen Sie über die Schaltfläche „Panels“ rechts unten das „Manufacturer Part Search“ Panel.

- Die Kategorie für das gesuchte Bauteil können Sie entweder oben aus einer Auswahlliste oder im unteren Bereich über Schaltflächen auswählen. Im Feld „Search“ geben Sie einen Suchbegriff ein.

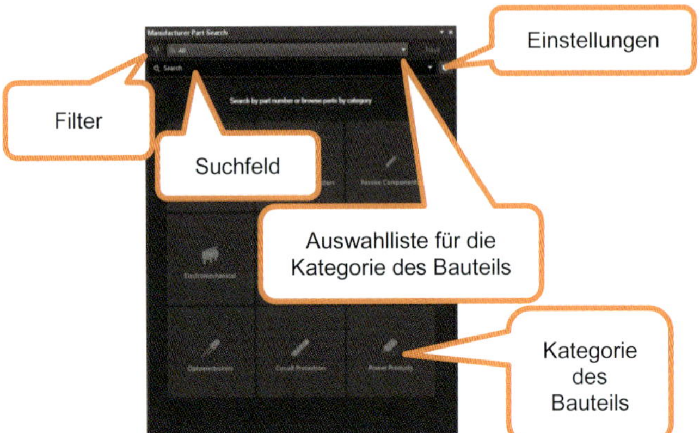

- Wenn Sie nach Steckverbindern suchen, dann klicken Sie im unteren Bereich zunächst auf „Connectors“.
- In einer Liste werden jetzt alle Steckverbinder angezeigt, die der „Altium® Parts Provider“ Service findet.
- Um die Suche einzugrenzen, klicken Sie links oben auf die Schaltfläche mit dem Trichter.
- Auf der linken Seite wird ein Filterbereich mit verschiedenen Kriterien eingeblendet.
- Sobald Sie ein Kriterium gewählt haben, wird die Liste automatisch angepasst und das Kriterium erscheint oberhalb der Liste. Um ein Kriterium zu entfernen klicken Sie auf das Kreuz neben dem Kriterium.

- Die Eigenschaften des ausgewählten Bauteils werden, wie beim Components Panel, im unteren Bereich des Panels angezeigt.
- Sie können natürlich auch direkt im Suchfeld einen Begriff, eine Hersteller- oder Lieferantennummer eingeben.

- Wenn das gefundene Bauteil in der Altium Content Vault® verfügbar ist (erkennbar am Symbol), dann können Sie es mit einem Rechtsklick und „Place“ im Schaltplan platzieren oder über „Download“ als Bibliothek herunterladen.

Bauteile im Altium Content Vault® suchen

(vor Version 20)

Bauteile können direkt im Altium Content Vault® über das Explorer Panel gesucht werden. Dazu müssen Sie an Ihrem Altium® Konto angemeldet sein und der Content Store muss verbunden sein.
Ab der Version 20 erfolgt die Suche im Manufacturer Search Panel.

- Öffnen Sie über das Symbol mit dem Kopf oben rechts mit einem Klick auf „Sign in“ den Anmeldedialog. Dort geben Sie Ihre Zugangsdaten ein und klicken auf „Sign In“.

- Vor der Version 19 öffnen Sie über das Symbol mit dem Kopf oben rechts die Lizenz Management Seite. Dort melden Sie sich über „Sign in“ an Ihrem Altium® Konto an.

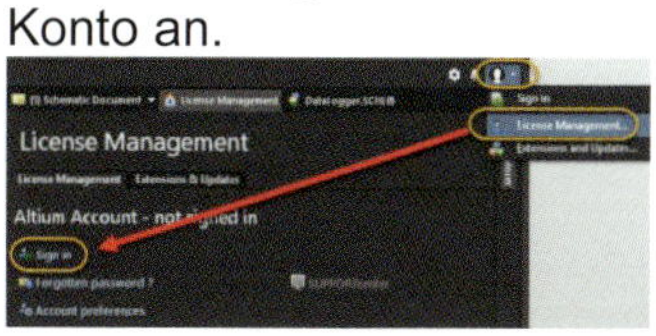

- In der Grundeinstellung ist der Altium Designer® automatisch mit dem Altium Content Vault® verbunden. Die Einstellungen finden Sie in den Präferenzen unter „Data Management – Servers – Known Servers“.

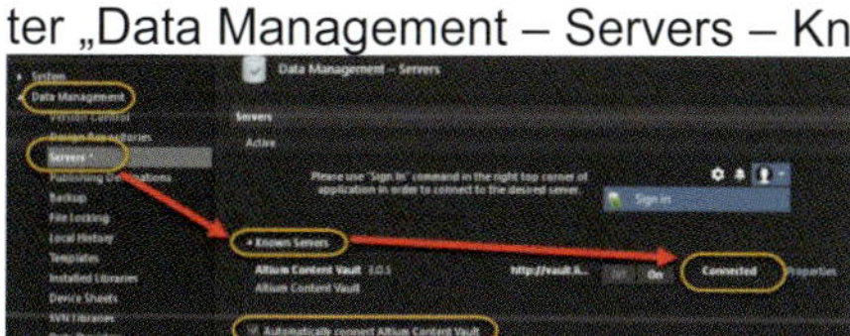

- Wechseln Sie in einen Ihrer Schaltpläne.

- Öffnen Sie das Explorer Panel über die Schaltfläche „Panels“ unten rechts.

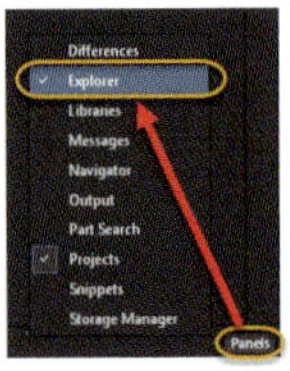

- Auf dem Reiter „Search“ können Sie nach Bauteilen im Altium Content Vault® suchen.

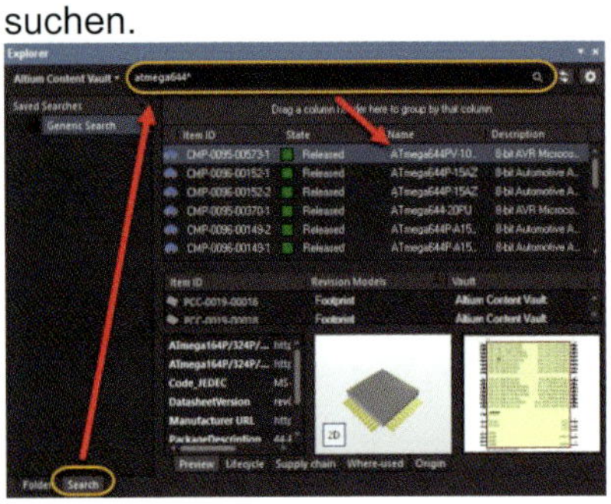

ALTIUM DESIGNER®

BAUTEILE IM SCHALTPLAN PLATZIEREN

Sie können Bauteile in Ihrem Schaltplan aus dem Components Panel oder dem Manufacturer Search Panel platzieren. Vor der Version 20 auch direkt aus der Altium® Content Vault.

Bauteile aus dem Components Panel platzieren

Bewegen Sie die Maus über die Schaltfläche „Components“ und das Components Panel wird ausklappen.

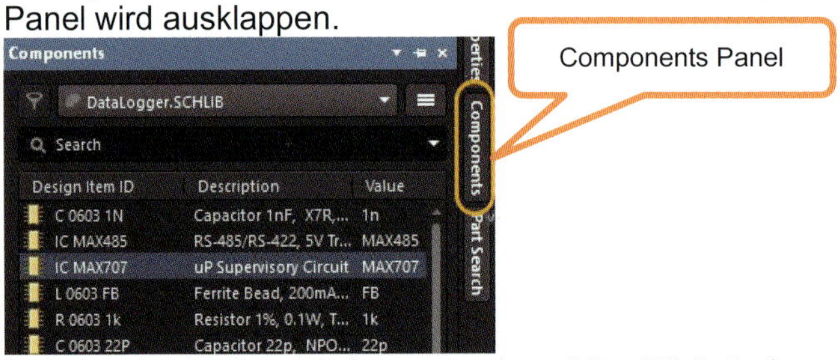

In der ersten Zeile wird die momentan aktive Bibliothek angezeigt. Sie können rechts über den kleinen Pfeil eine List aufklappen mit allen installierten Bibliotheken und eine davon auswählen. In der zweiten Zeile geben Sie einen Suchbegriff ein.

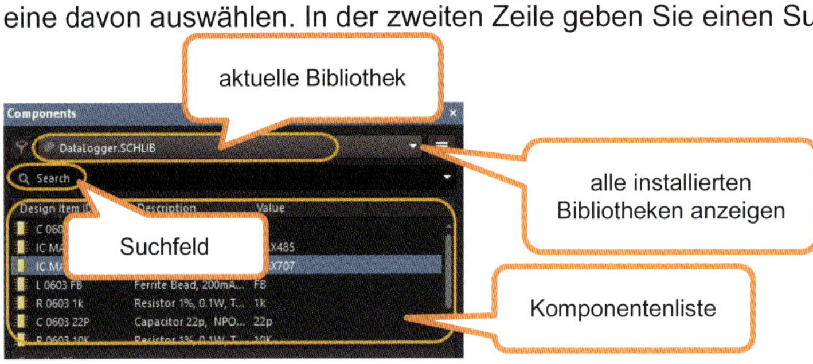

Wenn Sie noch nicht wissen wo sich das gewünschte Bauteil befindet, können Sie über die Schaltfläche  und „File Libraries Search...“ danach suchen. Näheres zum Suchen von Bauteilen finden Sie im Kapitel „Bauteilsuche“ (S.100).

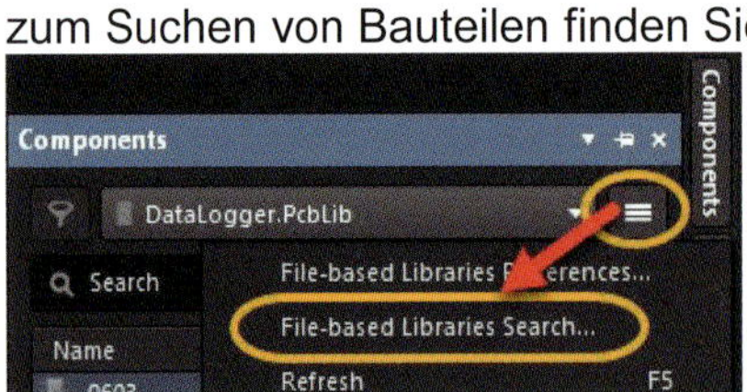

Bevor Sie mit dem Platzieren beginnen vergewissern Sie sich, dass das 100 mil Raster (Grid) eingestellt ist. Alle Bauteile in den von Altium® bereitgestellten Bibliotheken sind in diesem Raster angelegt. Das aktuelle Raster wird links unten in der Statuszeile angezeigt. Falls das Raster nicht auf 100 mil steht, drücken Sie solange die Taste ‘G’ bis die 100 mil erscheint. Vor der Version 18 muss das Raster auf 10 stehen, wenn in den Präferenzen „Dxp Defaults“ eingestellt ist.

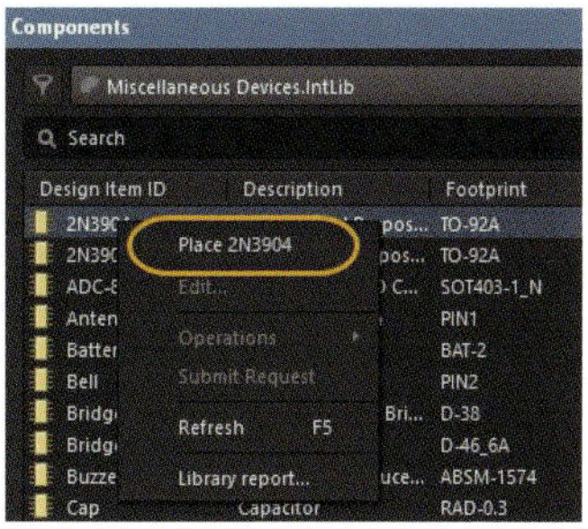

Zum Platzieren der Bauteile aus dem Components Panel haben Sie mehrere Möglichkeiten. Entweder Sie ziehen ein Bauteil mit der linken Maustaste auf Ihren Schaltplan oder Sie klicken mit der rechten Maustaste auf das Bauteil. Es öffnet sich ein Kontextmenü in dem Sie „Place <Name des Bauteils>“ auswählen.

Alternativ können Sie das Bauteil über einen Doppelklick auf das Bauteil platzieren. Mit der linken Maustaste platziert man Bauteile, die man nur einmal braucht, z.B. einen Mikrocontroller. „Place <Name des Bauteils>“ bzw. Doppelklick benutzt man, wenn man mehrere gleichartige Bauteile platzieren will, z.B. mehrere Widerstände.

Wenn das Bauteil an der Maus hängt haben Sie folgende Möglichkeiten:

- Die Leertaste rotiert das Bauteil
- Die X-Taste spiegelt das Objekt an der vertikalen Achse
- Die Y-Taste spiegelt das Objekt an der horizontalen Achse
- Die Tabulatortaste öffnet das Properties Panel und geht in den Pausen Modus bzw. zeigt vor Version 18 die Eigenschaften des Bauteils (siehe unten). (Funktioniert nicht, wenn man das Bauteil einfach auf den Schaltplan zieht!)
- Linksklick platziert das Objekt
- Rechtsklick oder ESC bricht den Befehl ab.

Eigenschaften

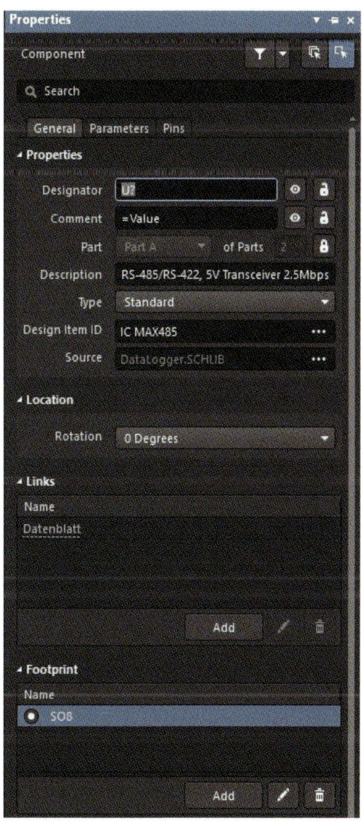

Falls man das Bauteil mit „Place <Name des Bauteils>“ oder Doppelklick platzieren will, dann öffnet die Tabulatortaste das Properties Panel und geht in den Pausen Modus

Arbeiten Sie mit generischen Bauteilen aus der Bibliothek „Miscellaneous Devices“ können Sie jetzt im Feld „Comment“ einen Bauteilewert eintragen. Im Feld „Designator“ könnten Sie direkt einen Bezeichner eintragen, z.B. C1, und der Altium Designer® zählt diesen automatisch hoch. Allerdings nur solange Sie das Platzieren nicht beenden. Wollen Sie spätere weitere Widerstände platzieren, haben diese wieder „R?“ als Designator. Es wird daher empfohlen die Bezeichner über den Annotation Befehl zu vergeben.

Im Bereich „Links“ sehen Sie die sogenannten Component Links, die z.B. auf das Datenblatt auf der Hersteller Webseite verweisen kann.

Beenden Sie den Pausen Modus mit der Esc Taste oder einem Klick auf das Pausen Symbol.

Bauteile aus dem Altium Content Vault® platzieren

(vor Version 20)

Bauteile aus dem Content Store können Sie über das Explorer Panel platzieren. Dazu müssen Sie an Ihrem Altium® Konto angemeldet sein und der Content Store muss verbunden sein.

- Öffnen Sie über das Symbol mit dem Kopf oben rechts mit einem Klick auf „Sign in" den Anmeldedialog. Dort geben Sie Ihre Zugangsdaten ein und klicken auf „Sign In".

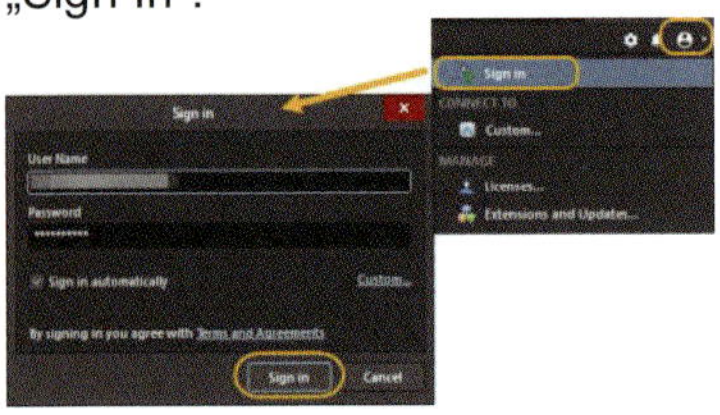

- Vor der Version 19 öffnen Sie über das Symbol mit dem Kopf oben rechts die Lizenz Management Seite. Dort melden Sie sich über „Sign in" an Ihrem Altium® Konto an.

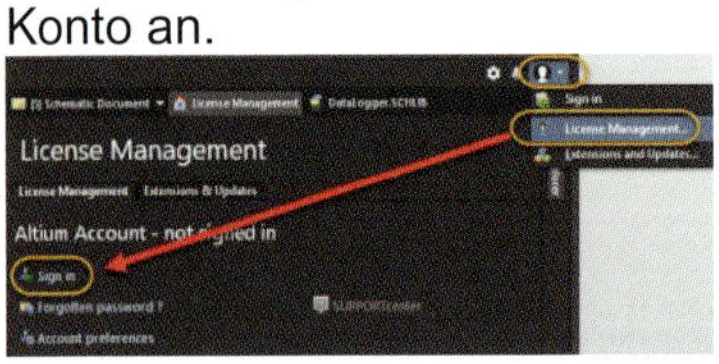

- In der Grundeinstellung ist der Altium Designer® automatisch mit dem Altium Content Vault® verbunden. Die Einstellungen finden Sie in den Präferenzen unter „Data Management – Servers – Known Servers".

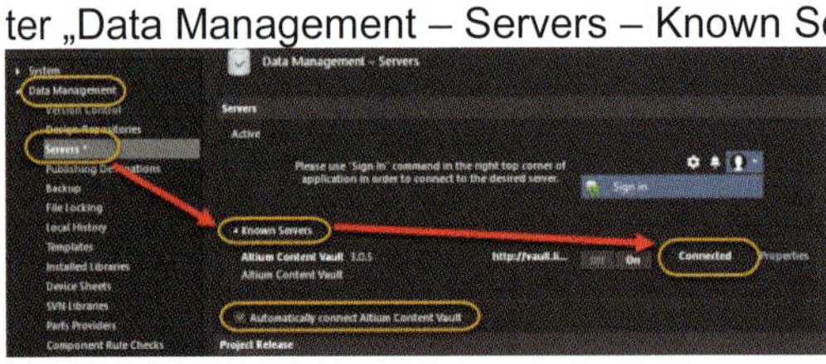

- Wechseln Sie in einen Ihrer Schaltpläne.
- Öffnen Sie das Explorer Panel über die Schaltfläche „Panels" unten rechts.

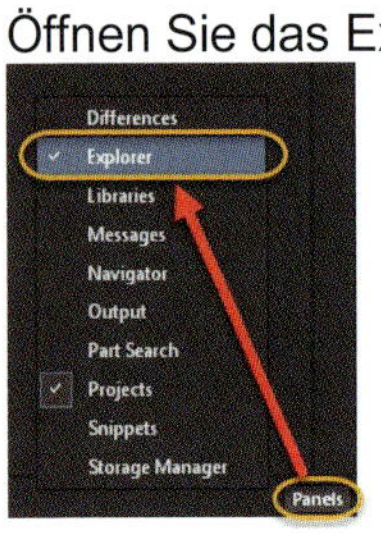

- Öffnen Sie im linken Bereich den Zweig „Unified Components" und dann „Components". Sie finden dort alle von Altium® bereitgestellten Bibliotheken der verschiedenen Hersteller.

- Wählen Sie zunächst einen Hersteller und dann ggf. eine Bauteilfamilie.
- Die verfügbaren Bauteile werden im rechten Bereich angezeigt. Wenn Sie den Reiter „Preview“ aktivieren, sehen Sie eine Vorschau auf das im oberen Bereich ausgewählte Bauteil.

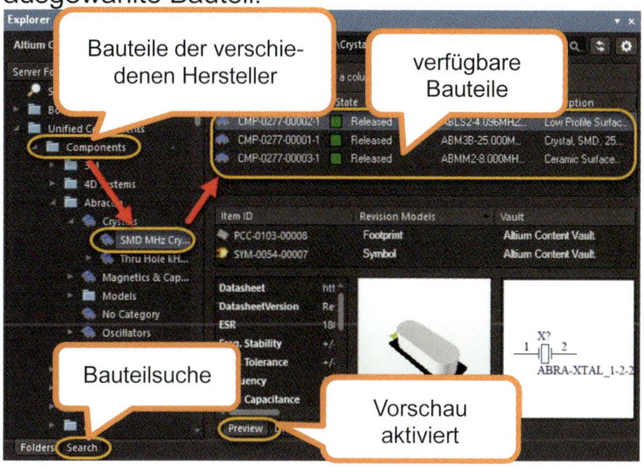

- Ein Rechtsklick auf das Bauteil öffnet ein Kontextmenü.

Mit „Place…“ können Sie das Bauteil direkt platzieren.
Mit „Operations – Download…“ können Sie das Bauteil zunächst auf Ihren Rechner laden. Es ist auch möglich das Bauteil direkt mit der linken Maustaste aus dem rechten oberen Bereich auf Ihren Schaltplan zu ziehen und zu platzieren.

- Auf dem Reiter „Search“ können Sie nach Bauteilen im Altium Content Vault® suchen.

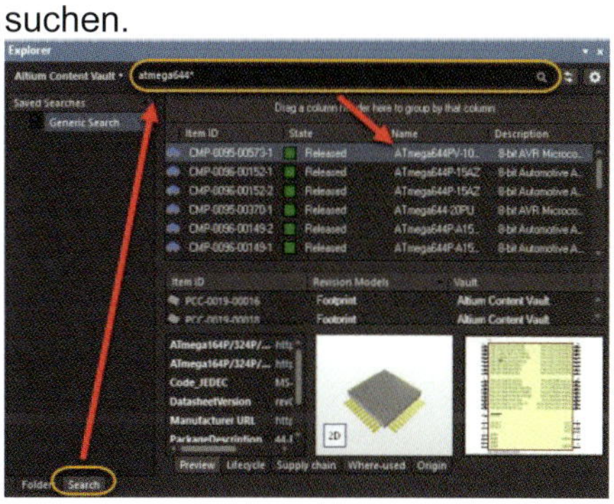

Bauteile aus dem Manufacturer Part Search Panel platzieren

Sie können Bauteile auch direkt aus dem Manufacturer Search Panel suchen und platzieren. Die Anleitung hierzu finden Sie im Abschnitt „Das Manufacturer Part Search Panel“ (S.109)

ALTIUM DESIGNER®

ELEKTRISCHE VERBINDUNGEN HERSTELLEN

Nachdem auf den Schaltplanseiten alle Bauteile platziert wurden, müssen diese elektrisch verbunden werden. Dazu können Sie alle elektrischen Schaltplanobjekte verwenden. Innerhalb eines Schaltplans werden die Verbindungen über Leitungen (Wires) und Busse hergestellt. Zwischen den Schaltplanseiten benötigen Sie Ports, eventuell Signal Harnesses und im hierarchischen Design Sheet Symbols und Sheet Entries. Wie der Altium Designer® die elektrischen Verbindungen zwischen Ihren Schaltplanseiten herstellt, hängt von der Einstellung „Net Identifier Scope" in den Projektoptionen (Tastenkürzel C - O) auf dem Reiter „Options" ab. Nähere Informationen finden Sie im Kapitel „Projektoptionen einstellen" im Abschnitt „Netzlisten Optionen" (S.44). Mit Alt – Linksklick können Sie komplette Netze, Busse und Harnesses innerhalb eines Projekts hervorheben. Die Einstellungen dazu finden Sie in Präferenzen unter „System – Navigation". Wenn Sie den Haken bei „Dimming" entfernen funktioniert es nicht mehr!

Elektrische Anschlusspunkte miteinander verbinden

Um zwei elektrische Anschlusspunkte miteinander zu verbinden haben Sie mehrere Möglichkeiten:

- Sie zeichnen eine Verbindungslinie mit „Place - Wire" vom einen Punkt zum anderen. Dies wird als physikalische Verbindung bezeichnet.

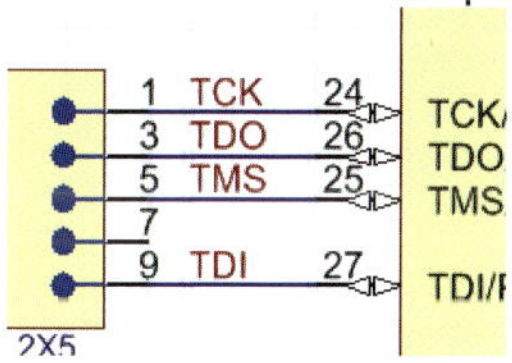

- Sie zeichnen an jeden Anschlusspunkt eine kurze Verbindungsleitung und versehen diese jeweils mit dem gleichen Net Label. Dadurch sind auch die Anschlusspunkte verbunden. Dies wird als logische Verbindung bezeichnet.

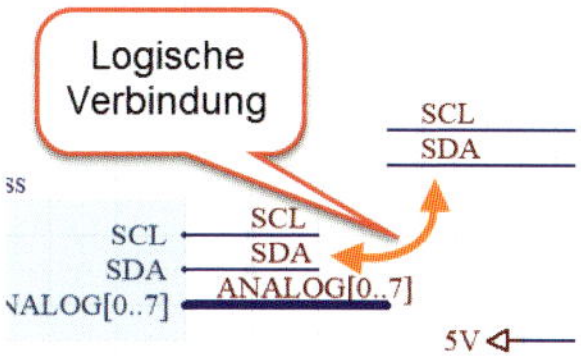

Sie müssen also nicht unbedingt eine Leitung über Ihren kompletten Schaltplan zeichnen.

- Sie schieben beide Bauteile zusammen bis sich ihre Anschlusspunkte berühren.

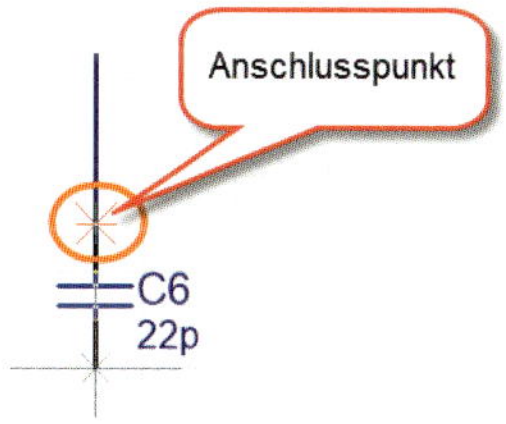

Sie lassen die linke Maustaste zunächst los, drücken die Strg-Taste und ziehen mit der linken Maustaste die beiden Bauteile auseinander. Der Altium Designer® fügt automatisch eine Leitung, einen Bus oder einen Signal Harness ein. Dies funktioniert auch mit mehreren Bauteilen parallel.

Busverbindungen erstellen

Ein Bus ist eine Zusammenfassung von logisch zusammengehörenden Leitungen, deren Namen sich durch Anhängen eines Index darstellen lassen. Typische Busse sind DATA[0..31] oder ADDR[0..63]. Ausführliche Informationen zu Bussen finden Sie im Kapitel „Schaltplanobjekte“ im Abschnitt „Bus“ (S.81)

Das Erstellen einer Busverbindung soll beispielhaft an einem Mikrocontroller Datenbus gezeigt werden.

- Zeichnen Sie einen Bus mit „**P**lace - **B**us“.
- Geben Sie dem Bus mit **„P**lace - **N**et Label“ den Namen DATA[0..7].
- Markieren Sie das Net Label DATA[0..7] und kopieren Sie es mit Strg-C in die Zwischenablage.

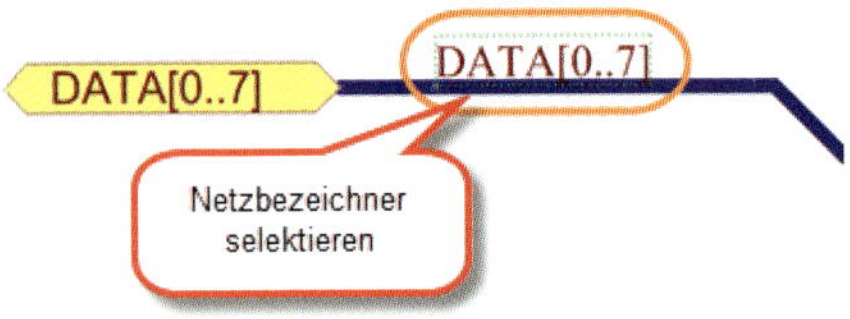

- Mit „Strg - Umschalten - V“ oder über „Edit - Smart Paste „ den Smart Paste Dialog starten.

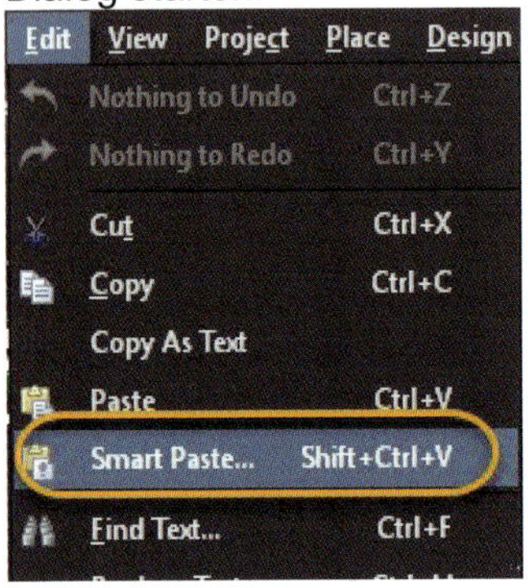

- Im rechten Drittel prüfen ob sich dort das Net Label befindet und ein Haken davor ist.
- Im mittleren Drittel unter „Paste as“ „Net Labels and Wires“ auswählen.
- Im Feld „Signal Names“ „Expand Buses“ auswählen.

- „Wire Length“ so wählen, dass die resultierende Leitung lang genug ist.

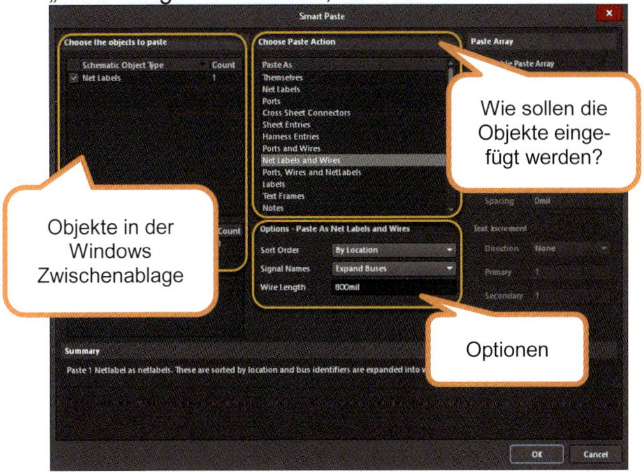

- Klicken Sie „OK“ und der Altium Designer® erzeugt Ihnen 8 Leitungen mit den zugehörigen Net Labels DATA0 bis DATA7, die an der Maus hängen.
- Platzieren Sie diese Leitungen an den entsprechenden Anschlusspins Ihres Mikrocontrollers.

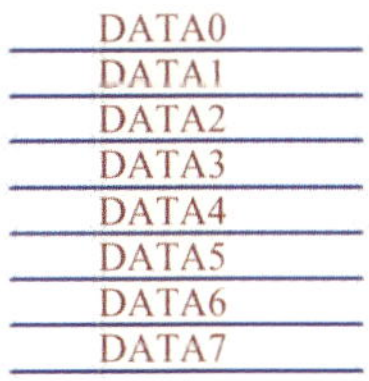

- Mit „**P**lace - B**u**s Entry“ können Sie jetzt Busanschlüsse platzieren. In unserem Fall ist das nicht unbedingt notwendig.
- Soll der Bus mit einer weiteren Schaltplanseite verbunden werden, brauchen Sie noch einen Port.
- Diesen platzieren Sie mit „**P**lace - Po**r**t“.
- Üblicherweise heißt der Port wie das zugehörige Netz. Dies ist allerdings nicht zwingend notwendig.
- Damit Sie den Namen nicht eintippen müssen, bewegen Sie den Port über das Net Label DATA[0..7] und drücken Sie dann die Einfg Taste. Der Port heißt jetzt wie der Bus!
- Drücken Sie die Tabulator Taste um die Eigenschaften des Ports zu bearbeiten.
- Der Name steht schon im entsprechenden Feld. Sie müssen nur noch den I/O Typ festlegen. Sie haben die Auswahl zwischen Eingang, Ausgang, Bidirektional und nicht spezifiziert.
- Schließen Sie die Eigenschaften mit „OK“.
- Platzieren Sie den Port an Ihren Bus.
- Mit dem Linksklick wird zuerst die linke Seite des Ports festgelegt.
- Ziehen Sie dann den Port so weit auseinander, dass Sie den Text gut lesen können bzw. der Port Kontakt hat zum Bus.
- Mit einem Linksklick schließen Sie das Platzieren des Ports ab.

Signal Harness erstellen

Wollen Sie eine ganze Signalgruppe, die aus Bussen, Steuerleitungen etc. besteht auf eine andere Schaltplanseite verbinden, dann müssen Sie jeden dieser Busse und Leitungen mit einem Port versehen und diese Ports über Sheet Entries durch die Hierarchie hindurch verbinden. Einfacher ist es jedoch, wenn Sie die Signale zu einem Signal Harness (Kabelbaum) zusammenfassen und diesen dann mit lediglich einem Port weiter verbinden.

Harness erzeugen

- Platzieren Sie an einer Stelle im Schaltplan für alle Signale die zum Harness gehören sollen ein Net Label.
- Alle Net Label markieren und in die Zwischenablage kopieren.

- Mit „Strg - Umschalten - V“ oder über „Edit - Smart Paste“ den Smart Paste Dialog starten.

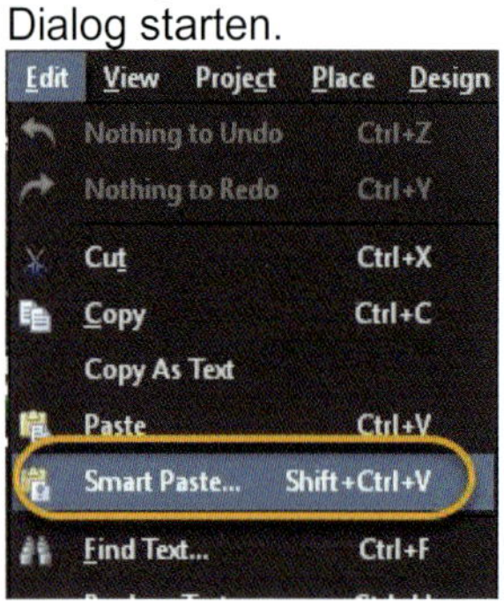

- Im rechten Drittel prüfen ob sich dort die gewünschte Anzahl Net Label befinden und ein Haken davor ist.
- Im mittleren Drittel unter „Paste as“ „Harness Connector“ oder „Harness Connector and Port“ auswählen.
- Im Feld „Signal Names“ „Keep“ auswählen (Busse sollen im Harness üblicherweise Busse bleiben).
- Im Feld „Harness Type“ können Sie dem Harness einen eindeutigen Namen geben.
- In „Harness Wire Length“ tragen Sie eine Länge für die hellblau schraffierte dicke Linie ein.
- Falls Sie gleichzeitig einen Port erzeugen, können Sie auch gleich den Namen für den Port eintragen.

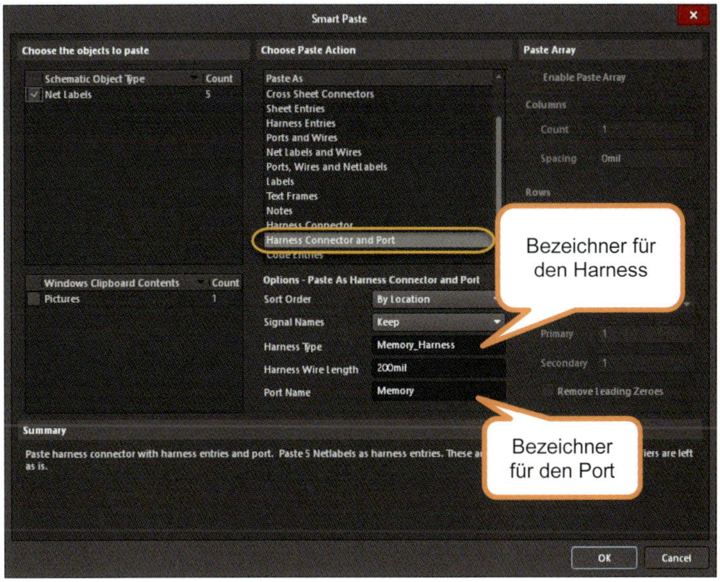

- „OK“ klicken und fertig!

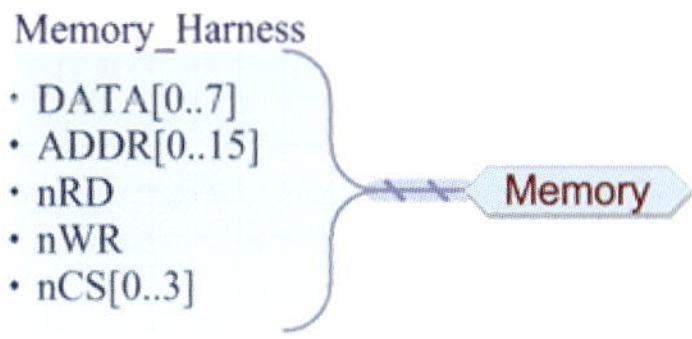

Alternativ können Sie einen Signal Harness auch ohne Harness Connector definieren. Hierzu legen Sie eine Datei an mit dem Namen einer Schaltplanseite auf welcher der Harness verwendet soll und der Erweiterung „.Harness“.
In diese Datei tragen Sie die Definition des Harnesses ein und stellen das Schlüsselwort „LOCKED;“ voran.

Beispiel :

```
Memory=LOCKED;DATA[0..7],ADDR[0..15],nRD,nWR,nCS[0..3]
```

Sie können dann auf die Signale in folgender Weise zugreifen:
Memory.nRD

Bearbeiten von Leitungen

Bereits bestehende Verbindungen können Sie nachträglich noch bearbeiten:

Kontrollpunkt einer Leitung verschieben

- Selektieren Sie die Leitung.
- Die Kontrollpunkte sind grün markiert.
- Bewegen Sie die Maus über den Kontrollpunkt.
- Mit der gedrückten linken Maustaste können Sie den Punkt verschieben.
- Wollen Sie die Richtung ändern, müssen Sie linke Maustaste kurz los lassen.

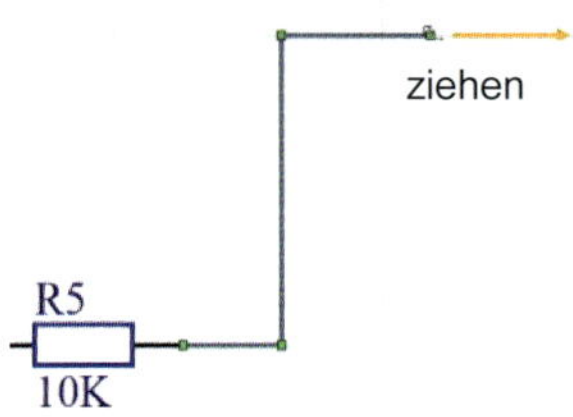

Segment einer Leitung verschieben

- Selektieren Sie die Leitung.
- Bewegen Sie die Maus über das Segment.
- Mit der gedrückten linken Maustaste können Sie das Segment verschieben.

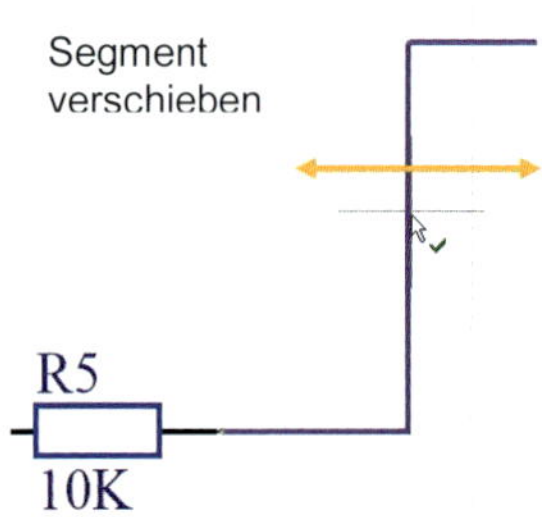

Hinweis: Sie können nur Segmente verschieben, wenn die Leitung an einem Bauteil angeschlossen ist. Andernfalls bewegt sich immer die ganze Leitung.

Ganze Leitung verschieben

Selektieren Sie die Leitung. Starten Sie den Befehl „**M**ove - **S**election" und klicken Sie dann auf die Leitung. Die Leitung kann jetzt verschoben werden. Alternativ können Sie auch einfach die Strg Taste drücken während Sie verschieben.

Leitung auftrennen

Starten Sie den Befehl mit „**E**dit – Break **W**ire" (E – W) und gehen dann mit der Maus über die Leitung, die aufgetrennt werden soll. Vor der Version 18 klicken Sie mit der rechten Maustaste auf die Leitung. Im Kontext Menu wählen Sie dann „Break Wire".

Mit der Leertaste können Sie den Schneidbefehl beeinflussen. Bei jedem Drücken der Leertaste verändert sich der Schneidbereich. Sie haben die Wahl zwischen: Ganzes Segment, Vielfaches des aktuellen Rasters und einer festen Breite.

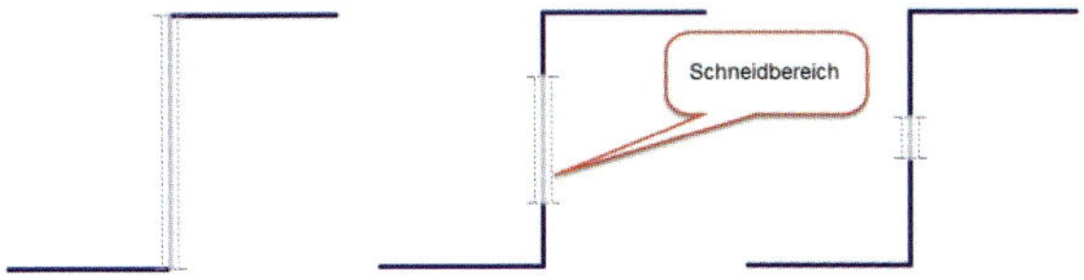

Ein Linksklick führt das Schneiden aus. Der Befehl bleibt aktiv.
Die rechte Maustaste beendet den Befehl.

Leitungssegment entfernen

Es lassen sich auch einzelne Segmente einer Leitung entfernen. Dabei werden auch die automatischen Verbindungspunkte (Auto Junctions) berücksichtigt.

- Zunächst selektiert man die betreffende Leitung mit einem Linksklick.

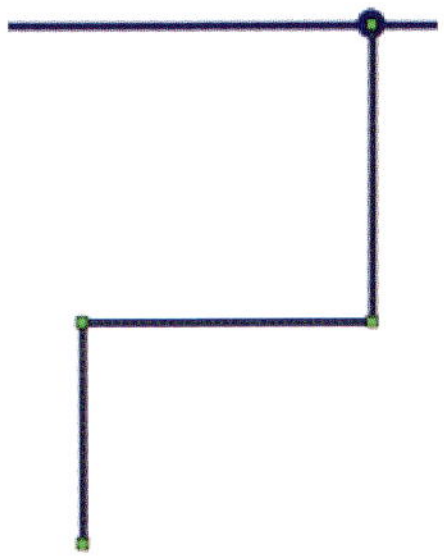

- Ein zweiter Klick (kein Doppelklick) selektiert dann das gewünschte Segment. Die Leitungsendpunkte sind jetzt rot markiert.

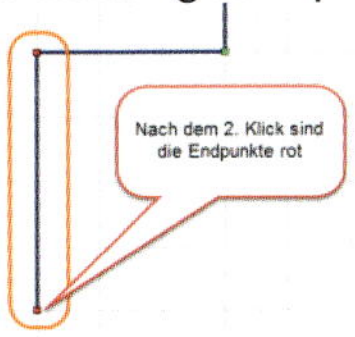

- Das Drücken der Entf Taste löscht das Segment weg.

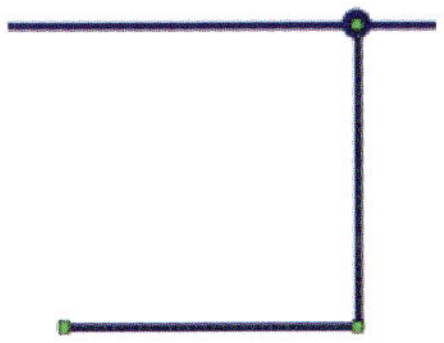

Bauteile in eine Leitung einfügen

Wenn Sie z.B. einen Serienwiderstand in eine Leitung einfügen wollen, platzieren Sie diesen einfach auf die Leitung. Der Altium Designer® schneidet die Leitung automatisch und passt die Anschlüsse an. Sollte dies nicht funktionieren, prüfen Sie die Einstellungen unter „Tools - Preferences - Schematic - General". Dort müssen Haken bei „Optimize Wires & Buses" und bei „Components Cut Wires" sitzen. Das Einfügen von Bauteilen funktioniert nur, wenn beide Haken sitzen!

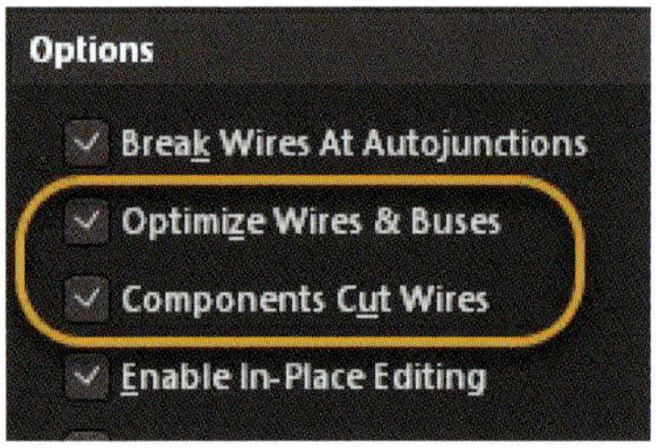

Leitungen einfärben

Im Schaltplan können einzelne Netze eingefärbt werden. Diese Farbe färbt das Netz auf allen Schaltplanseiten und kann auf die Leiterplatte synchronisiert werden. Auf der Leiterplatte wird diese Farbe als „Overlay Color" verwendet und färbt die entsprechenden Kupferobjekte.

Das Einfärben wird gestartet über das „View" Menü.

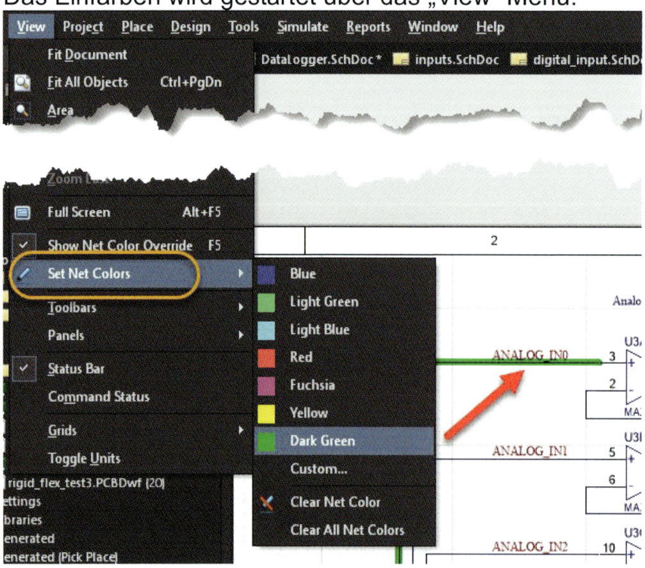

Wählen Sie eine der vordefinierten Farben oder klicken Sie auf „Custom…" um eine beliebige Farbe festzulegen. Klicken Sie dann auf das gewünschte Netz. Das Netz wird jetzt auf jeder Schaltplanseite in der gewählten Farbe dargestellt. Über „View – Net Color Override" bzw. mit dem Tastenkürzel F5 kann die Anzeige der Farbe ein-

und ausgeschaltet werden.
In älteren Versionen ist die Synchronisierung mit der Leiterplatte in der Standardeinstellung eventuell deaktiviert. Um diese zu aktivieren, öffnen Sie die Projektoptionen (z.B. Tastenkürzel „C – O") und gehen dort auf den Reiter „Comparator". Im Bereich „Differences Associated with Nets" gehen Sie zum Eintrag „Changed Net Colors" und ändern diese Einstellung auf „Find Differences".

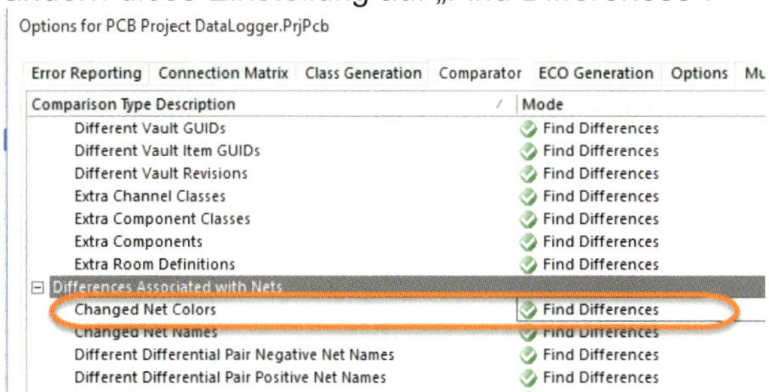

Führen Sie jetzt eine Synchronisierung mit der Leiterplatte durch wie im Kapitel „Synchronisierung Schaltplan – Leiterplatte" (S.285) beschrieben. In der „Engineering Change Order" werden die geänderten Netzfarben aufgeführt.

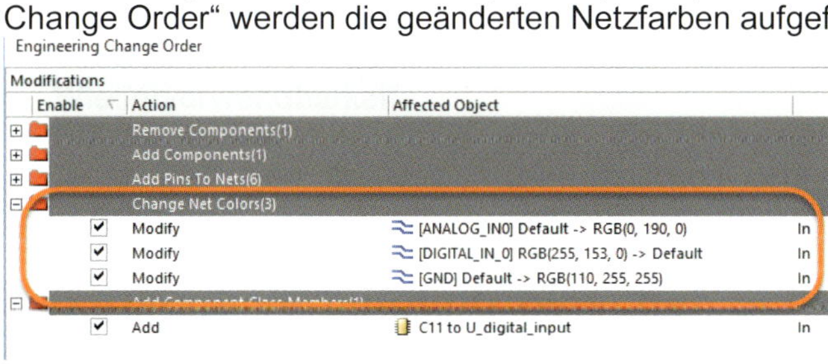

Nach einem Klick auf „Execute Changes" werden die Farben auf der Leiterplatte angezeigt.

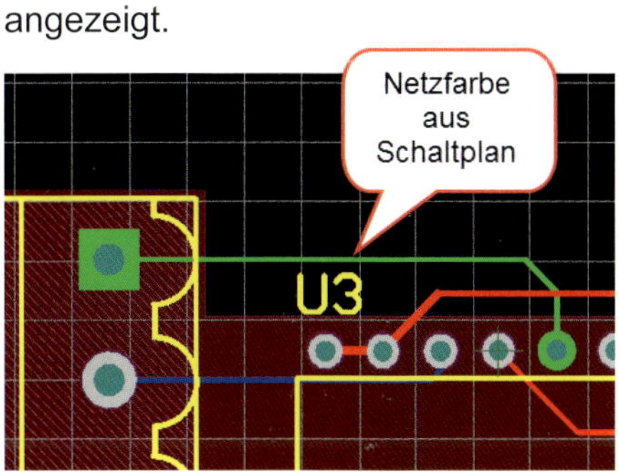

Netzfarben, die auf der Leiterplatte definiert waren, werden überschrieben!

Hinweis: Da die Farbe Grün als DRC Farbe verwendet wird, sollte man diese beim Einfärben von Netzen vermeiden, um Missverständnissen vorzubeugen.

Möglichkeiten eine Hierarchie aufzubauen

Es gibt zwei Möglichkeiten eine Hierarchie aufzubauen:

- **Top-Down**
  Hier werden zunächst auf dem übergeordneten Schaltplan die Sheet Symbols mit entsprechenden Sheet Entries platziert. Man definiert also die Funktionsblöcke und Verbindungen. Über „Design - Create Sheet from Sheet Symbol“ wird dann der darunter liegende Schaltplan mit allen Ports erzeugt. Alternativ können Sie mit der rechten Maustaste auf ein Sheet Symbol klicken. Im Kontextmenü wählen Sie „Sheet Symbol Actions“ und dann „Create Sheet From Sheet Symbol“

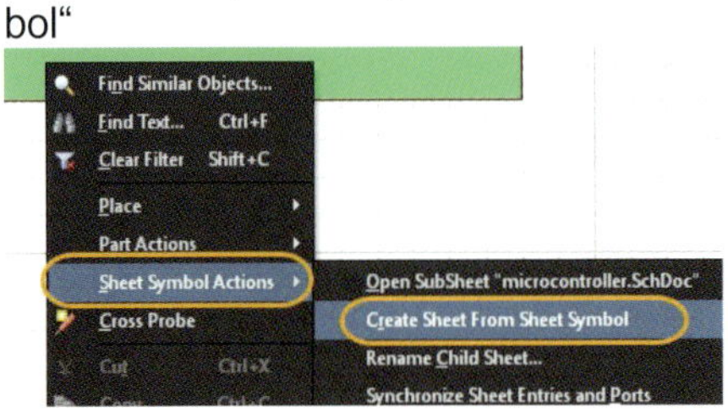

- **Bottom-Up**
  Diese Methode wird hauptsächlich verwendet, wenn man bereits existierende Schaltpläne hat und diese zu einem neuen Design verbinden will. Über „Design - Create Sheet Symbol from Sheet or HDL“ erzeugt man sich auf dem übergeordneten Schaltplan die entsprechenden Sheet Symbols. Alternativ können Sie mit der rechten Maustaste in den Schaltplan klicken. Im Kontextmenü wählen Sie „Sheet Actions“ und „Create Sheet Symbol From Sheet“.

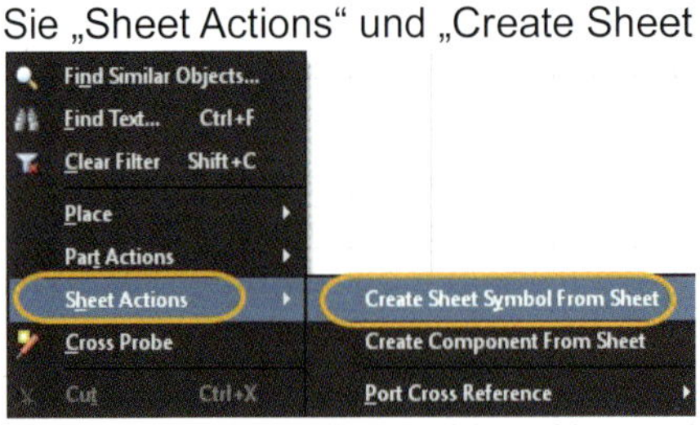

  Im folgenden Dialog wählen Sie nacheinander die gewünschten Schaltpläne aus.

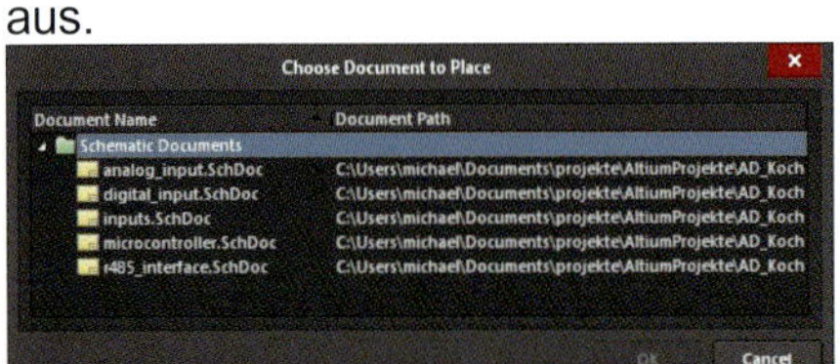

Synchronisation Sheet Entries und Schaltplan

Die Synchronisation der Sheet Entries und der entsprechenden Ports auf der Schaltplanseite lassen sich synchronisieren. Klicken Sie dazu mit der rechten Maustaste auf das gewünschte Sheet Symbol. Im Kontextmenü wählen Sie „Sheet Symbol Actions“ und dann „Synchronize Sheet Entries and Ports“.

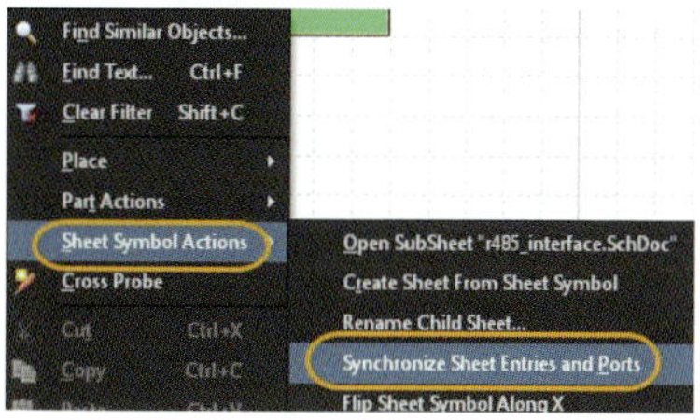

Es öffnet sich der Synchronisierungsdialog, der aus drei Bereichen besteht. Ganz rechts befinden sich die Zuordnungen zwischen Sheet Entry und Port die korrekt sind. Ganz links werden die Sheet Entries auf dem übergeordneten Sheet Symbol und in der Mitte die Ports im Schaltplan dargestellt.

Im Bild ist eine Situation dargestellt bei der es auf dem Schaltplan einen Port gibt aber kein zugehöriges Sheet Entry auf dem übergeordneten Sheet Symbol. Als Aktionen kann der Port gelöscht oder ein Sheet Entry hinzugefügt werden.

Das folgende Bild zeigt einen Namensunterschied zwischen dem Sheet Entry und dem Port. Zunächst markiert man beide Einträge und kann dann entscheiden, welcher Name der richtige ist.

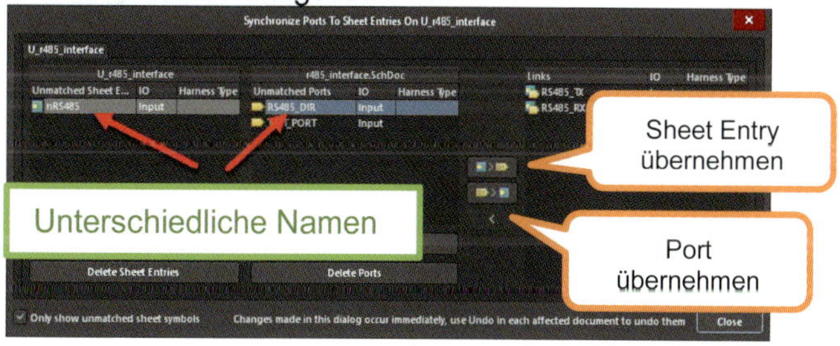

Elektrische Verbindungen zwischen den Schaltplänen

Die elektrische Verbindung erfolgt immer über die Netzbezeichner:

- **Net Label**

  Verbindung zum gleichen Namen auf dem gleichen Schaltplan.

- **Ports**

  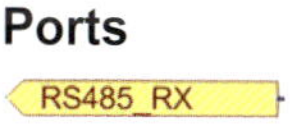

  flach: Verbindung zu anderen Ports mit gleichem Namen
  hierarchisch: Verbindung zum übergeordneten Sheet Entry

- **Sheet Entries**

  Schafft die Verbindung zum darunter liegenden Schaltplan

- **Power Ports**

  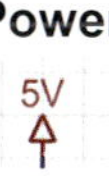

  Spannungsversorgungsanschlüsse, die standardmäßig über das ganze Design verbunden sind.

Navigation in der Hierarchie

Mit Strg – Doppelklick kann innerhalb der Hierarchie navigiert werden. Die folgende Tabelle zeigt die Navigationsmöglichkeiten.

Strg – Doppelklick auf	Navigiert nach
Sheet Symbol	Darunterliegende Schaltplanseite
Sheet Entry	Zugehöriger Port auf darunterliegender Schaltplanseite
Port	Zugehöriges Sheet Entry auf zugehörigem Sheet Symbol auf darüberliegender Schaltplanseite

Ab der Version 21.6 ist eine erweiterte Navigation möglich. Dazu müssen Sie in den Projektoptionen auf dem Reiter „Options“ die Einstellung „Automatic Cross References“ im Bereich „General“ aktivieren.

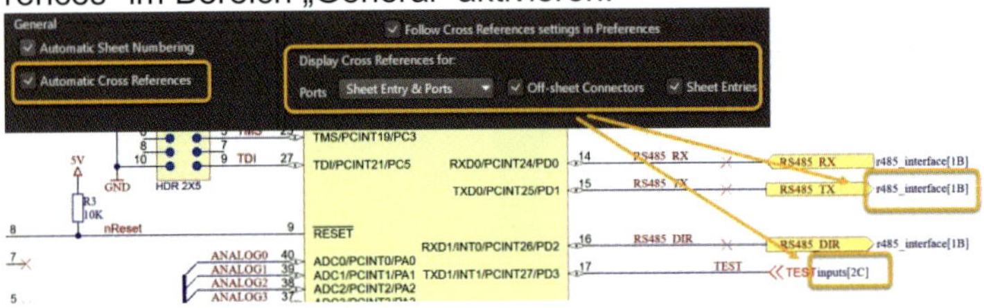

Ein Rechtsklick auf einen Port öffnet ein Kontextmenü. Klicken Sie dort auf „Port Actions“. Im Untermenü finden Sie dann alle möglichen Sprungziele.

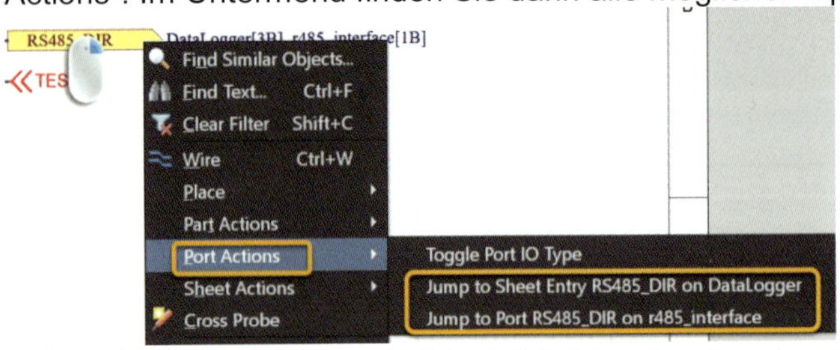

Falls kein Sprungziel angezeigt wird, fehlt entweder eine der genannten Einstellungen oder es gibt tatsächlich kein Sprungziel.

Wenn der „Net Identifier Scope“ in den Projektoptionen auf „Flat (only ports global)“ eingestellt ist und bei den „Display Cross References for“ auch „Off-sheet Connectors aktiviert ist, dann erscheint bei einem Rechtsklick auf einen Offsheet-Connector ein Kontextmenü. Ein Klick auf „Off Sheet Actions“ öffnet dann eine Liste mit Sprungzielen für den Offsheet-Connector.

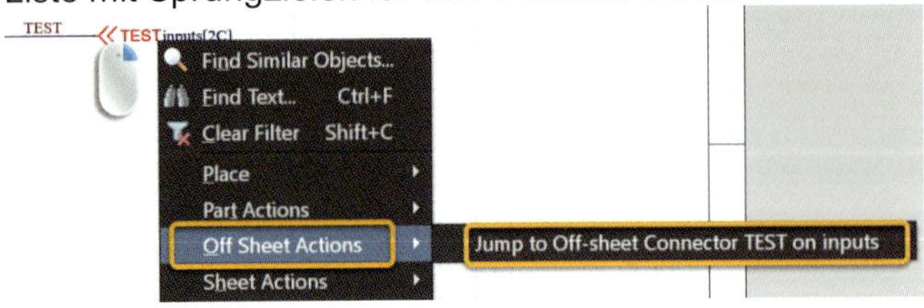

ALTIUM DESIGNER®

SCHALTPLAN-SEITEN NUMMERIEREN

Der Altium Designer® nummeriert ab der Version 21 die Schaltplanseiten automatisch. Sie können aber weiterhin Ihre Schaltplanseiten manuell nummerieren. Schaltplanseitennummern sind notwendig, wenn Sie diese in einer bestimmten Reihenfolge ausdrucken wollen. Die Schaltplannummer wird im Schaltplan-Parameter *SheetNumber* und die Gesamtseitenzahl in *SheetTotal* gespeichert.
Damit diese in den Schaltplänen sichtbar wird, müssen Sie entweder eine Vorlage benutzen, welches diese Parameter enthält oder Sie müssen sie selbst mit „=SheetNumber" und „=SheetTotal" platzieren. Schaltplannummer und Gesamtseitenzahl ist in den mitinstallierten Vorlagen im Zeichnungskopf enthalten.

Schaltplanseiten automatisch nummerieren

In den Projektoptionen können Sie automatische Nummerierung der Schaltplanseiten aktivieren.

- Öffnen Sie die Projektoptionen mit dem Tastenkürzel C – O
- Gehen Sie zum Reiter „Options"
- Im Bereich „General" setzen Sie bei „Automatic Sheet Numbering" ein Häkchen.

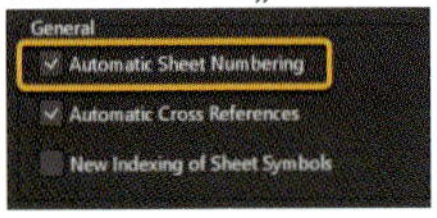

- Im Projects Panel steht jetzt vor jeder Schaltplanseite die Seitenummer in eckigen Klammern.

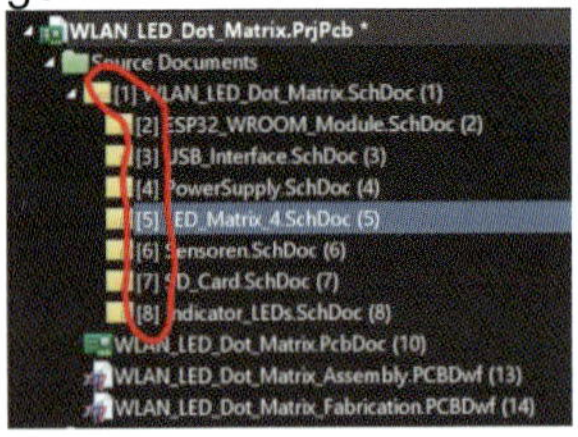

- Mit einem Klick auf das Zahnradsymbol im Projects Panel öffnet sich ein Kontextmenü. Dort kann im Bereich „General" die Anzeige der automatischen Seitennummern abgeschaltet werden.

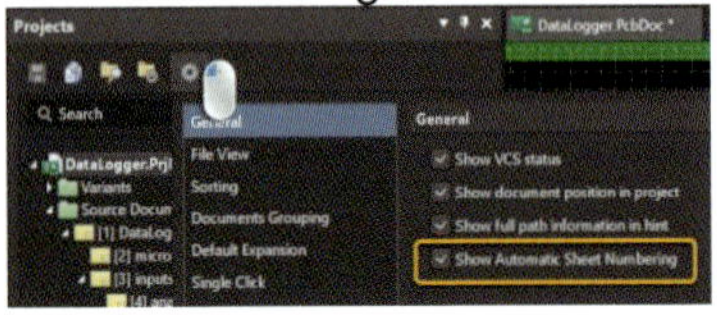

Schaltplanseitennummer und Gesamtseitenzahl anzeigen

- „**P**lace - **T**ext"
- Tabulatortaste für Eigenschaften
- Im Feld Text „=SheetNumber" eintragen.
- OK anklicken
- Text platzieren.
- „**P**lace - **T**ext"

- Tabulator für Eigenschaften
- Im Feld Text „=SheetTotal“ eintragen.
- OK anklicken
- Text platzieren.

Schaltplanseiten nummerieren

- „**T**ools – **A**nnotation - Number Schematic Shee**t**s“

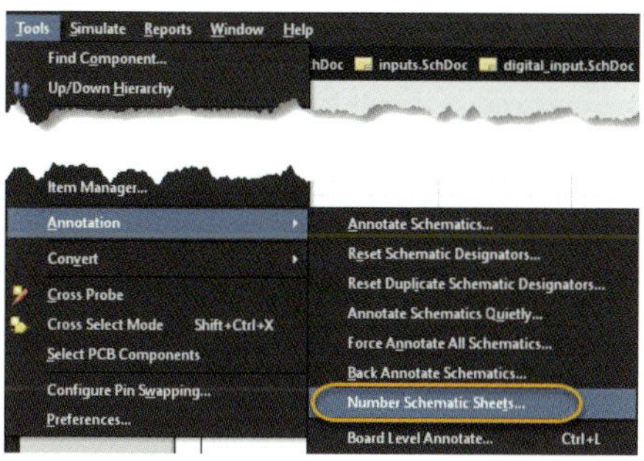

- Es öffnet sich der „Sheet Numbering“ Dialog.

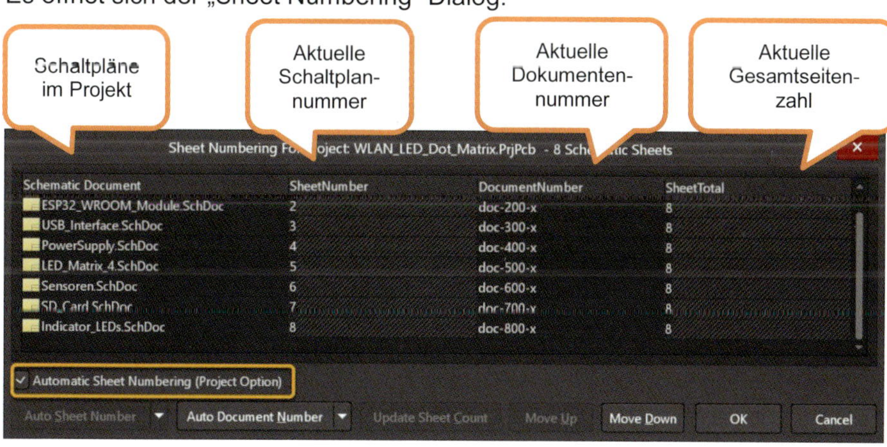

- Die Nummerierung ist manuell nur möglich, wenn das Häkchen bei „Automatic Sheet Numbering (Project Option)“ entfernt wird.
- Klick auf den Pfeil neben „Auto Sheet Number“ öffnet die Einstellungen

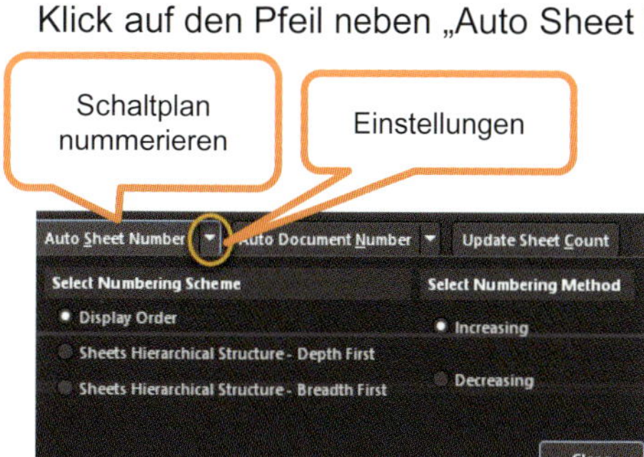

Hier legen Sie fest wie die Nummerierung durchgeführt wird.
Sie können wählen:

- aufsteigend oder absteigend nummerieren.
- nummerieren wie die Dateien im Projects Panel angezeigt werden
- nummerieren entsprechend der Hierarchie (zuerst in die Breite oder erst in die Tiefe)

„Close“ schließt den Dialog

- Ein Linksklick auf die Schaltfläche „Auto Sheet Number“ führt die Nummerierung durch.
- Ein Linksklick auf die Schaltfläche „Update Sheet Count“ passt automatisch die Gesamtseitenzahl an.
- Sie können auch automatisch eine Dokumentennummer erzeugen. Diese steht als Parameter *DocumentNumber* zur Verfügung.
- Klick auf den Pfeil neben „Auto Document Number“ öffnet die Einstellungen

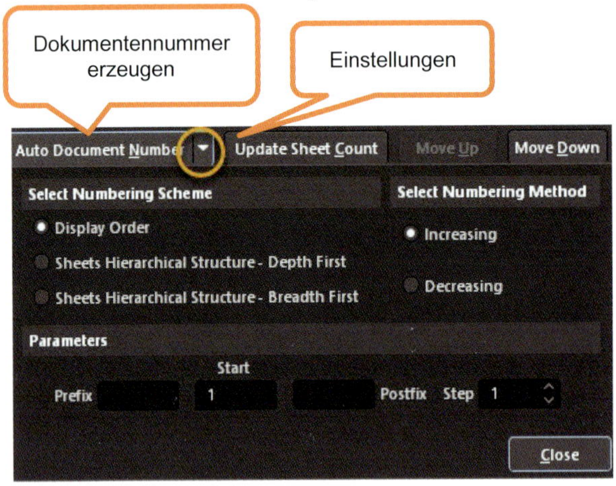

Hier legen Sie fest wie die Nummerierung durchgeführt wird.
Sie können wählen:

- aufsteigend oder absteigend nummerieren
- nummerieren wie die Dateien im Projects Panel angezeigt werden
- nummerieren entsprechend der Hierarchie (zuerst in die Breite oder erst in die Tiefe)

- Eine Dokumentennummer setzt sich zusammen aus: <Prefix><Index><Suffix>. Diese Werte können im Bereich „Parameters“ einstellt werden. Den Startwert und die Schrittweite für den Index kann in den Feldern „Start“ und „Step“ vorgegeben werden.
  „Close“ schließt den Dialog
- Ein Linksklick auf die Schaltfläche „Auto Document Number“ erzeugt die Dokumentennummern.
- OK beendet den Dialog

ALTIUM DESIGNER®

BAUTEILE NUMMERIEREN (ANNOTATION)

Alle Bauteile in einem Design müssen einen eindeutigen Bezeichner, den Designator, haben. Diesen Bezeichner kann man schon während dem Platzieren vergeben. Besser ist es, man belässt zunächst die Standardbezeichner (z.B. R? bei Widerständen) und nummeriert alle Bauteile mit einem der „Annotate“ Befehlen. Damit hat man die volle Kontrolle wie nummeriert wird. Es ist z.B. möglich jede Schaltplanseite mit einem neuen Index beginnen zu lassen. Stellt man ein, dass z.B. der Schaltplan 5 mit dem Index 500 starten soll, dann weiß man später sofort, dass der Widerstand R521 auf dem Schaltplan 5 liegt.

Alle Befehle für die Nummerierung von Bauteilen finden Sie unter dem Menüpunkt „Tools - Annotation“:

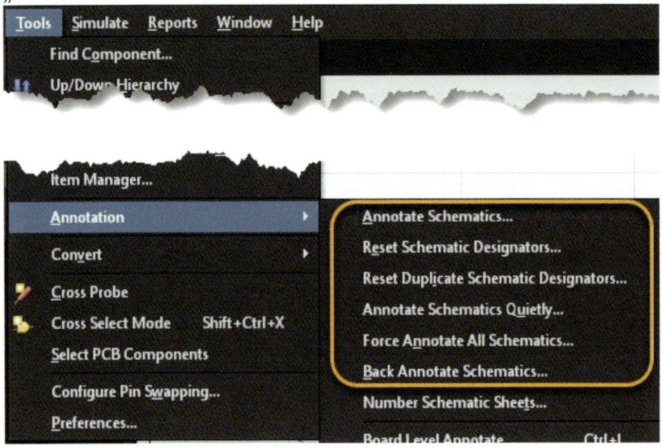

- **Annotate Schematics**
  Öffnet einen Dialog, in dem Sie umfangreiche Einstellungen vornehmen können und exakt festlegen, was und wie nummeriert wird.
- **Reset Schematic Designators**
  Setzt alle Bezeichner zurück auf den Standardwert '?'.
- **Reset Duplicate Designators**
  Setzt alle doppelten Bezeichner zurück auf den Standardwert '?'.
- **Annotate Schematics quietly**
  Benutzt die Einstellungen aus „Annotate Schematics...“ und führt die Nummerierung durch.
- **Force Annotate all Schematics**
  Dies ist eine Kombination von 3. und 4. Als erstes werden alle Bezeichner zurückgesetzt, dann wird neu nummeriert.
- **Back Annotate Schematics**
  Damit kann man Änderungen von Bezeichnern auf der Leiterplatte (z.B. nach einer Re-Annotation auf der Leiterplatte) mit dem Schaltplan synchronisieren. Dieser Befehl ist eigentlich nicht mehr notwendig, da man das gleiche Ergebnis mit der normalen Synchronisierung Leiterplatte ⇨ Schaltplan erreichen kann.

Um die Nummerierung durchzuführen wählen Sie unter „**T**ools - **A**nnotation - **A**nnotate Schematics ...“ und es öffnet sich der „Annotate“ Dialog.

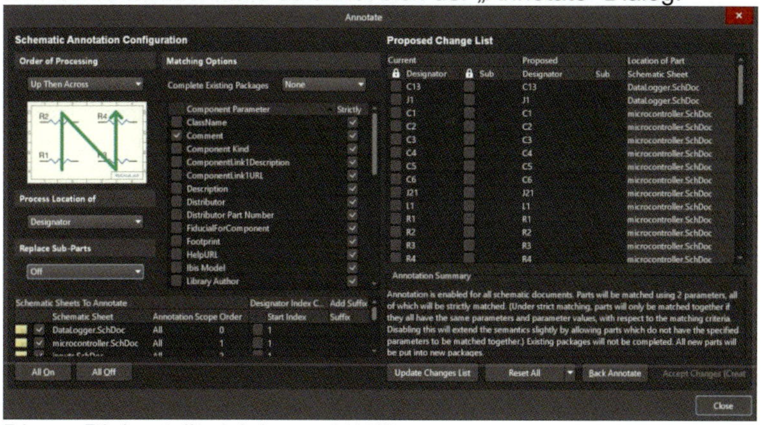

Dieser Dialog teilt sich in zwei Hälften:

- In der linken Hälfte können Sie die Nummerierung konfigurieren
- In der rechten Hälfte sehen Sie die aktuellen Bezeichner und die Bezeichner nach der Nummerierung. Durch setzen eines Hakens können Sie einzelne Bezeichner und Teile von heterogenen Bauteilen sperren. Diese werden dann ihren momentanen Wert behalten.

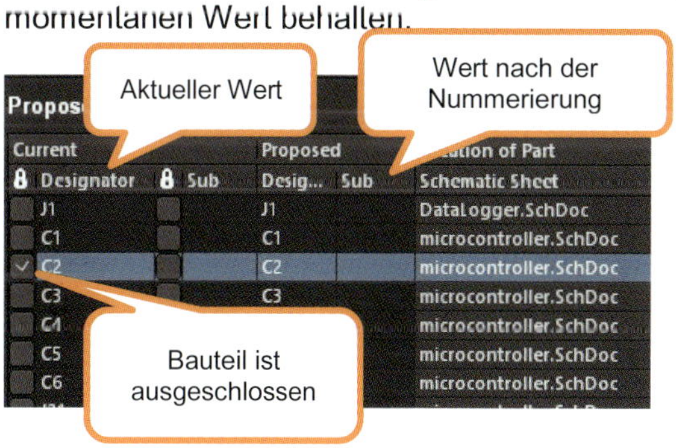

Nummerierung konfigurieren

- **Order of Processing**
  Hier legen Sie fest in welcher Reihenfolge die Bezeichner vergeben werden. Standard ist von links nach rechts und dann von oben nach unten.

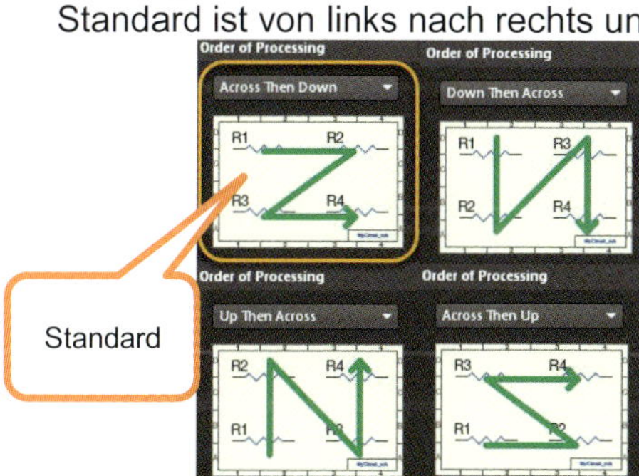

- **Process Location of**
  Hier stellen Sie ein, ob sich das „Order Of Processing" auf den Bezeichner oder das Teil als Ganzes beziehen soll.
- **Replace Sub-Parts**
  Diese Einstellung sollte auf „Off" stehen. Sonst werden evtl. Multipart Bauteile untereinander vertauscht.
- **Matching Options**
  Bei heterogenen Bauteilen, wie z.B. einem 4-fach Operationsverstärker, wird erst bei der Nummerierung der Bauteile festgelegt welche Teile zusammen in ein Gehäuse kommen. Über „Complete Existing Packages" legt man fest, ob bereits bestehende Bauteile komplettiert werden dürfen. Die Standardeinstellung ist „None". Diese Einstellung ist irrelevant, wenn man jeweils ein komplettes Bauteil, also z.B. alle vier Operationsverstärker und die Spannungsversorgung platziert. Dazu ist auch dringend zu raten. Nur so können Sie an nicht verwendeten Bauteilen die Anschlusspins auf ein definiertes Potential legen. Wenn Sie bestimmte Teile eines Bauteils zwingend in ein gemeinsames Gehäuse packen wollen, dann fügen Sie zu jedem Teil einen Parameter hinzu, z.B. *usePackage* und geben diesem den gleichen Wert.

  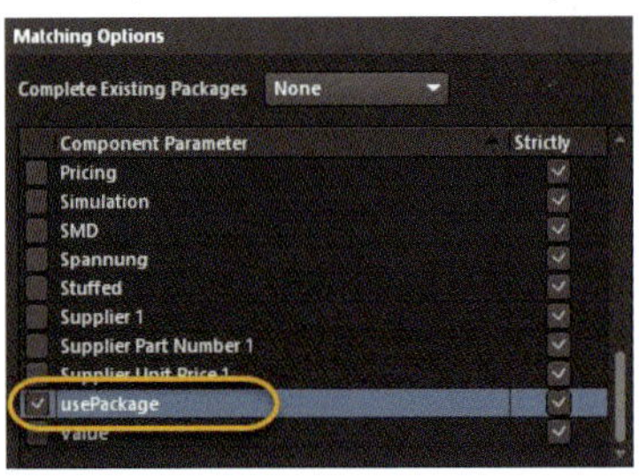

  Setzen Sie dann unter „Component Parameters" vor diesem Parameter einen Haken. Der Altium Designer® wird dann alle Teile, bei denen usePackage den gleichen Wert hat in ein Gehäuse packen. Normalerweise müssen Sie zusätzlich noch den Haken bei „Strictly" entfernen, sonst fasst der Altium Designer® heterogene Bauteile, die nicht den Parameter usePackage haben nicht zusammen!
- **Schematic Sheets To Annotate**
  In dieser Liste finden Sie alle Ihre Schaltpläne. Entfernen Sie vor einem Schaltplan den Haken, dann wird dieser Schaltplan von der Nummerierung ausgeschlossen.
  - **Annotation Scope**

    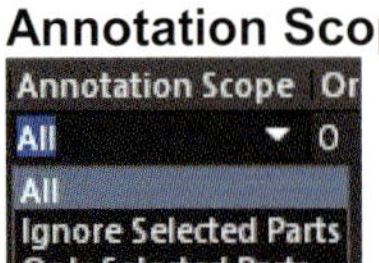

    Legt fest was nummeriert werden soll:
    Alle nummerieren
    nur selektierte Bauteile nummerieren
    oder selektierte Bauteile nicht nummerieren.
  - **Order**

    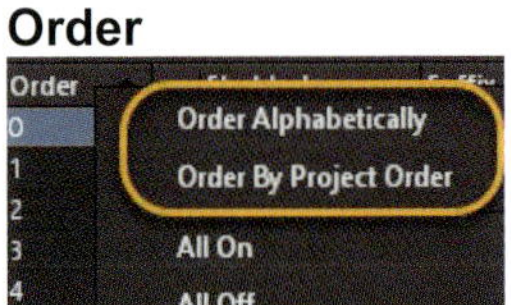

    Reihenfolge wie die Schaltpläne verarbeitet werden.
    Klicken Sie mit der rechten Maustaste auf die Spalte.

Sie können dann auswählen: Alphabetisch oder Projektreihenfolge.
Alphabetisch können Sie verwenden, wenn Sie Ihre Schaltpläne entsprechend benannt haben, z.B. 01_usb_interface.SchDoc, 02_mcu.SchDoc.
Die Projektreihenfolge gibt an, wann ein Dokument zum Projekt hinzugefügt wurde und muss nicht zwingend mit der Anzeigenreihenfolge im Projects Panel übereinstimmen! Sie können die Projektposition jeder Datei im Projects Panel anzeigen lassen. Dazu müssen Sie in den Präferenzen bei „System - Projects Panel - Show document position in project" einen Haken setzen. Sie können jetzt mit gedrückter linker Maustaste die einzelnen Dateien verschieben und damit umsortieren. Diese Prozedur erfordert ein wenig Übung.
Eine weitere Möglichkeit ist die, direkt in die Spalte „Order" einen Wert einzutragen und damit die Reihenfolge festzulegen.

- **Designator Index Control**
  Wenn Sie hier einen Haken setzen, können Sie für jede Schaltplanseite einen Startindex angeben.
- **Add Suffix**
  Hier können Sie pro Schaltplanseite eine Zeichenfolge angeben, die an den Designator gehängt wird.

Nummerierung durchführen

- Konfigurieren Sie die Nummerierung wie oben beschrieben.
- Kontrollieren Sie in der „Proposed Change List" ob Sie bestehende Bezeichner für Veränderungen sperren wollen und setzen dann dort einen Haken.
- Wollen Sie Ihre Bauteile komplett neu nummerieren klicken Sie auf die Schaltfläche „Reset All".
- Ein Klick auf „Update Changes List" zeigt Ihnen die Anzahl der Änderungen an.

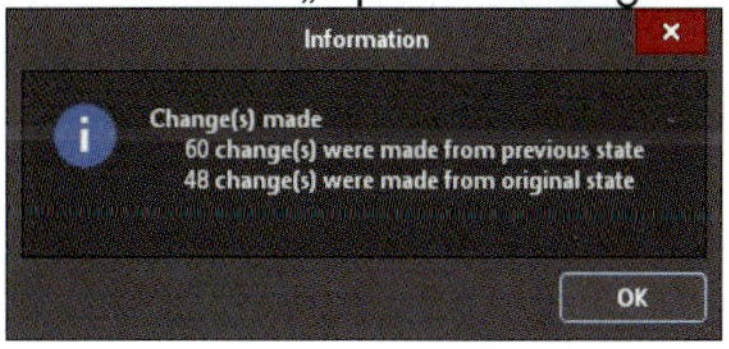

- In der „Proposed Change List" sehen Sie jetzt wie die Bezeichner später aussehen werden.
- Bis zu diesem Zeitpunkt wurde in Ihren Schaltplänen nichts verändert. Wenn Sie jetzt auf „Close" klicken, finden Sie Ihre Schaltpläne im alten Zustand vor.
- Die Änderungen werden erst übernommen, wenn Sie auf „Accept Changes (Create ECO)" klicken.
- Der „Engineering Change Order" Dialog wird angezeigt. Alle wichtigen Änderungen im Altium Designer® gehen über solche eine ECO und werden in einer Log Datei protokolliert. Den Pfad für diese Log Dateien können Sie in den Projektoptionen einstellen. Wollen Sie einen formatierten Bericht klicken Sie auf die Schaltfläche „Report Changes..." und drucken das Protokoll direkt auf einen Drucker oder exportieren es über die Schaltfläche „Export..." in verschiedene Formate, u.a. PDF.
- Der „Engineering Change Order" Dialog zeigt Ihnen, welche Aktionen durchgeführt werden und welche Objekte in welchen Dateien betroffen sind. Wenn Sie

den Haken aus dem „Enable“ Kästchen entfernen, wird die Aktion nicht durchgeführt.

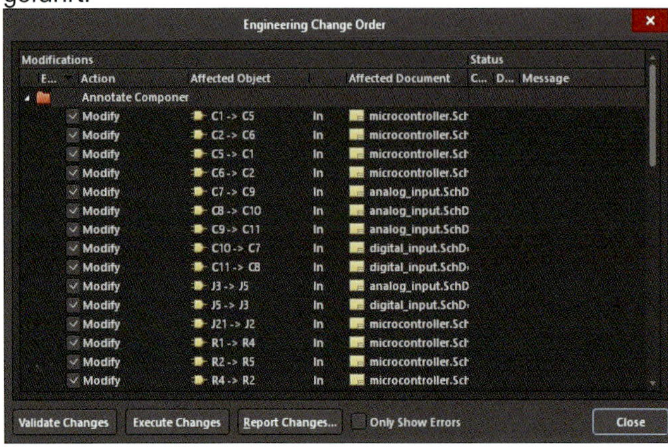

- Gewöhnen Sie sich an immer sorgfältig zu kontrollieren was der Altium Designer® vorhat. Speziell sollten Sie sich immer fragen ob Sie da mit ihm einer Meinung sind.
- Ein Klick auf „Execute Changes“ führt die Nummerierung schließlich durch.

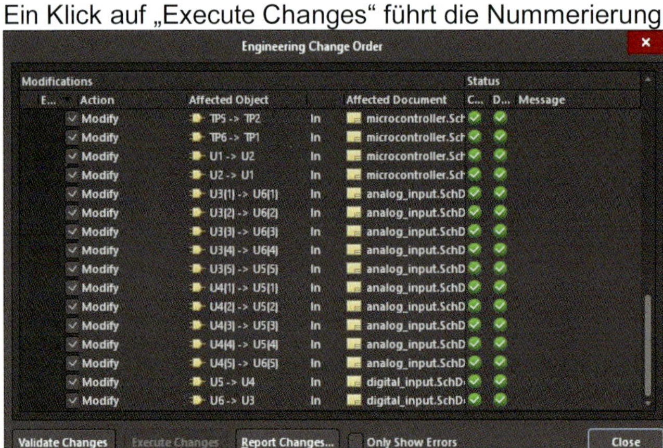

- Schließen Sie jeweils über „Close“ den ECO Dialog und dann den „Annotate“ Dialog.

ALTIUM DESIGNER®
BOARD LEVEL ANNOTATION

Neben dem Standardverfahren „Tools – Annotation – Annotate Schematics" zur Durchnummerierung von Komponenten, bietet der Altium Designer® mit „Tools – Annotation – Board Level Annotate" ein weiteres Verfahren. Die Board Level Annotation erzeugt eine Zuordnung zwischen den logischen Referenzbezeichnern (Designators) im Schaltplan und den physikalischen auf der Leiterplatte. Diese Zuordnung wird in einer *.Annotation Textdatei gespeichert, die Referenzbezeichner (Designator) im Schaltplan bleiben davon ungerührt. Die Board Level Annotation wird verwendet, um den Komponenten auf schreibgeschützten Device Sheets eindeutige Referenzbezeichner zu geben. Die zweite wichtige Anwendung ist die Durchnummerierung von Komponenten in den einzelnen Kanälen eines Multi-Channel Designs.

Logische und physikalische Referenzbezeichner

Die folgenden Bilder zeigen die logischen und physikalischen Referenzbezeichner am Beispiel eines Multi-Channel Designs.

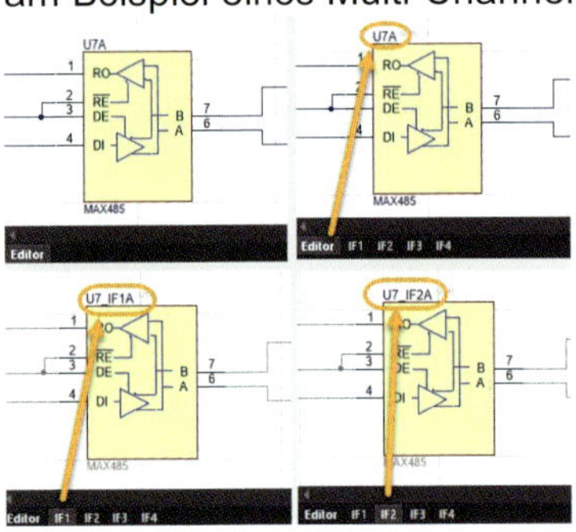

Die logischen Referenzbezeichner werden im Schaltplan auf dem Reiter „Editor" angezeigt. In der oberen Reihe ist das der Referenzbezeichner U7A. Nach dem Kompilieren erscheint neben dem Reiter „Editor" ein weiterer Reiter für jeden Kanal.
Diese Reiter repräsentieren die physikalischen Schaltplanseiten. Wählt man einen dieser Reiter aus, dann sieht man dort die physikalischen Referenzbezeichner. In der unteren Reihe sind das die Referenzbezeichner U7_IF1A für den Kanal IF1 und U7_IF2A für den Kanal IF2. Die vergebenen physikalischen Referenzbezeichner entsprechen der Grundeinstellung in den Projektoptionen für das Multi-Channel Design. Nachteil dieser Einstellung ist die Länge der resultierenden physikalischen Referenzbezeichner. Speziell wenn es sich um ein geschachteltes Multi-Channel Design handelt, können die Referenzbezeichner so lang werden, dass ein Bestückungsdruck kaum noch möglich ist. Dieses Problem lässt sich mit der Board Level Annotation lösen. Die Vorgehensweise finden Sie im Beispiel unten.

Physikalische Referenzbezeichner manuell ändern

Die physikalischen Referenzbezeichner können auf den physikalischen Schaltplanseiten manuell geändert werden. Der entsprechende Einstellungsdialog öffnet sich nach einem Doppelklick auf die Komponente oder den Referenzbezeichner.

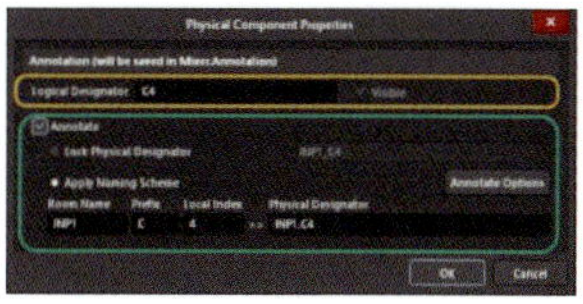

Im oberen gelben Bereich wird der logische Referenzbezeichner angezeigt. Im unteren grünen Bereich sieht man den aktuellen physikalischen Referenzbezeichner INP1.C4.
Ein Häkchen bei „Annotate" erlaubt die Änderung des Bezeichners.
Wählt man „Lock Physical Designator", kann im Eingabefeld ein beliebiger Referenzbezeichner manuell vergeben werden. Mit der Auswahl von „Apply Naming Scheme" kann das aktuelle Namensschema angewendet werden. Das Namensschema kann über die Schaltfläche „Annotate Options" angepasst werden. Das Ergebnis dieser Einstellung ist im Feld „Physical Designator" sichtbar. Den beschriebenen Weg wird man nur gehen, wenn nur einzelne Komponenten geändert werden sollen. Will man viele Referenzbezeichner gleichzeitig ändern, geht man über den Befehl „Board Level Annotate".

Der Board Level Annotate Dialog

Der Befehl „**T**ools – **A**nnotation – Board Level Annotate" bzw. Strg – L öffnet den Board Level Annotate Dialog und kompiliert automatisch das Projekt. Bevor Sie diesen Befehl verwenden, müssen Sie Ihr Projekt mit „**T**ools – **A**nnotation – **A**nnotate Schematics" logisch durchnummerieren.

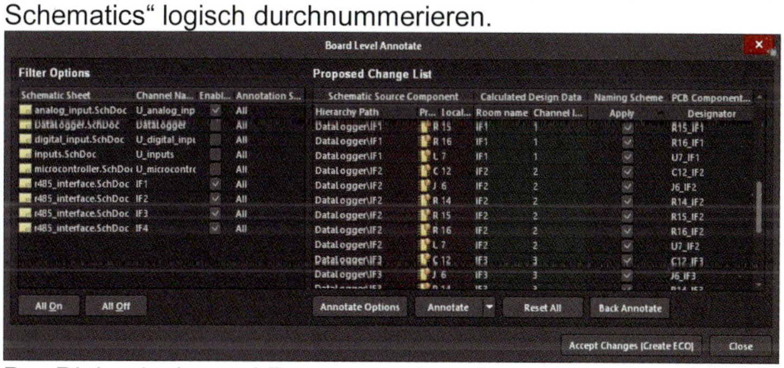

Der Dialog ist in zwei Bereiche aufgeteilt. Im linken Bereich (Filter Options) können Sie festlegen was nummeriert werden soll. Im rechten Bereich (Proposed Change List) sehen Sie das Ergebnis Ihrer Einstellungen.

Filter Options

In diesem Bereich legen Sie fest welche physikalischen Schaltplanseiten und Komponenten durchnummeriert werden sollen.
In der Spalte **„Schematic Sheet"** sehen Sie die Namen der Schaltplanseiten. In einem Multi-Channel Design werden Schaltplanseiten pro Kanal mehrfach angezeigt. Im Bild oben ist das die Seite „r485_interface.SchDoc". Unter **„Channel Name"** wird der Kanalname (im Bild IF1 bis IF4) angezeigt. Existiert kein Kanal, wird der Referenzbezeichner des zugehörigen Sheet Symbols (im Bild z.B. U_inputs) oder für die oberste Schaltplanseite einer Hierarchie der Schaltplanname (im Bild DataLogger) angezeigt. Ein Häkchen in der Spalte **„Enabled"** legt fest welche Schaltplanseiten nummeriert werden sollen. Über die Schaltflächen „All On" und „All Off" können alle Häkchen gesetzt oder entfernt werden. Unter **„Annotation Scope"** wird definiert was auf der Schaltplanseite nummeriert werden soll. Zur Auswahl stehen „All", „Ignore Selected Parts" und „Only Selected Parts". Damit ist es

möglich auch innerhalb einer Schaltplanseite unterschiedliche Namensschemata anzuwenden.

Proposed Change List

Der erste rosahinterlegte Bereich **„Schematic Source Component"** zeigt, entsprechend den Filter Options, die Komponenten mit ihren logischen Referenzbezeichnern an. Der grünhinterlegte Bereich **„Calculated Design Data"** zeigt die Designator Bestandteile abhängig vom gewählten Namensschema an. Dieser Bereich wird bei einer Änderung des Namensschemas automatisch angepasst. Ein Häkchen in der Spalte **„Naming Scheme"** legt fest auf welche Komponenten das Namensschema angewendet werden soll. Die letzte Spalte **„PCB Component Instance"** zeigt das Ergebnis der Nummerierung an.

Namensschemata

Ein Klick auf die Schaltfläche **„Annotate Options"** öffnet den „Board Level Annotation Dialog". Hier können sie ein Namensschema auswählen und die zugehörigen Einstellungen vornehmen.

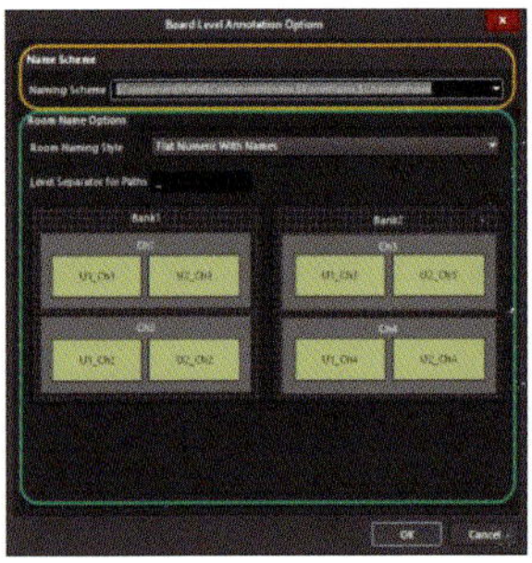

Zunächst wählen Sie im oberen Bereich aus der Liste „Naming Scheme" ein Namensschema aus. Wenn es für dieses Namensschema Einstellungen gibt werden diese im unteren Bereich angezeigt. Sie können das eingestellte Namensschema nach Ihren eigenen Anforderungen ändern. Dazu überschreiben oder ergänzen Sie einfach den Inhalt des Felds „Naming Scheme". Sie können hierfür eigenen Text und alle vordefinierten Schlüsselwörter verwenden. Ein eigenes Namensschema könnte folgendermaßen aussehen: `Projekt_123_$ComponentPrefix$GlobalIndex`.

Übersicht über die vordefinierten Schlüsselwörter

Schlüsselwort	Bedeutung
$RoomName	Name des zugehörigen Rooms, wie in den Projektoptionen festgelegt. (z.B. U1_Ch1)
$ComponentPrefix	Designator Präfix (z.B. U bei U1)
$ComponentIndex	Designator Präfix (z.B. 1 bei U1)
$ChannelPrefix	Designator des Sheet Symbols bzw. Kanalbezeichner aus dem REPEAT Befehl.
$ChannelIndex	Nummerische fortlaufende Kanalnummer
$ChannelAlpha	Fortlaufende Buchstaben, mit denen die Kanäle gekennzeichnet werden.
$SheetDesignator	Designator des Sheet Symbols
$SheetNumber	Schaltplanseitennummer
$DocumentNumber	Dokumentennummer der Schaltplanseite
$GlobalIndex	Fortlaufender Index über alle Schaltplanseiten und Kanäle. Die Einstellmöglichkeiten entsprechen denen der normalen Annotation.

Namensschema anwenden

Das ausgewählte Namensschema wird über die Schaltfläche „Annotate" angewendet. Zur Auswahl stehen „Annotate Undesignated", „Annotate All" und „Annotate Selected". Es können nur Komponenten nummeriert werden, die zuvor noch nicht nummeriert wurden. Diese Komponenten sind im Bereich „Schematic Source Components" mit einem Fragezeichen gekennzeichnet. Mit der Schaltfläche „Reset All" können alle Komponenten in diesen Zustand versetzt und anschließend neu nummeriert werden.

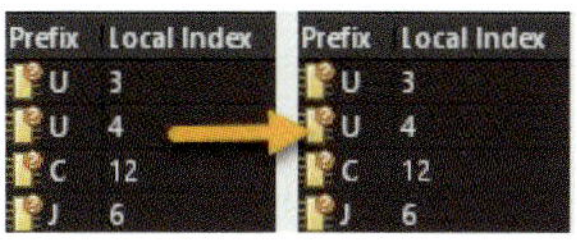

Um die Nummerierung auf das Projekt anzuwenden müssen Sie über die Schaltfläche „Accept Changes (Create ECO)" eine Engineering Change Order ausführen.

Beispiel: Globale Nummerierung der Komponenten

- Starten Sie **T**ools – Board Level Annotate… (Strg-L)

- Es öffnet sich der „Board Level Annotate" Dialog

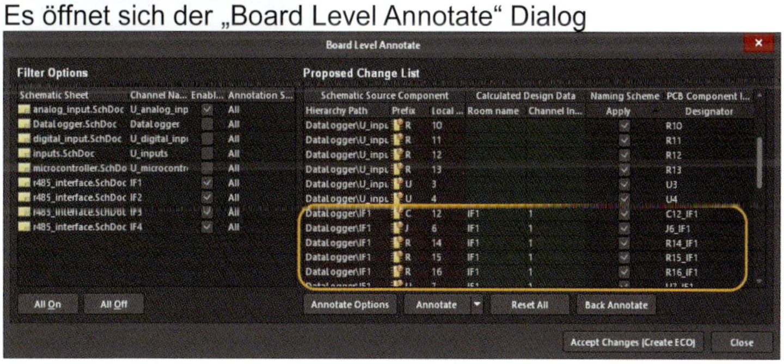

- Klicken Sie auf „Annotate Options" und wählen Sie unter „Naming Scheme" $ComponentPrefix$GlobalIndex

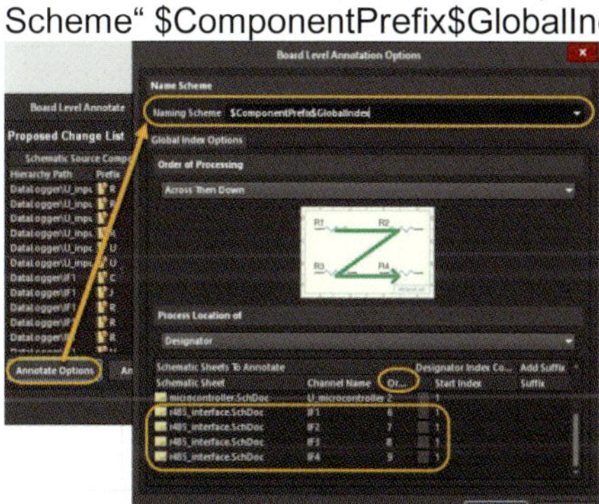

- Klicken Sie mit der rechten Maustaste auf „Order“ um die Reihenfolge festzulegen.
- Mit „Ok“ schließen Sie den Optionen Dialog und das Ergebnis wird unmittelbar in der grünen Spalte „Calculated Design Data“ angezeigt.

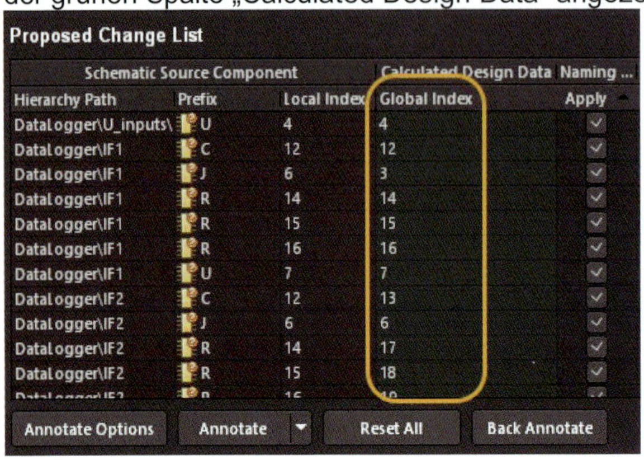

- Klicken Sie dann auf die Schaltfläche „Annotate“ und wählen Sie „Annotate Undesignated“. Es erscheint eine Meldungsbox die Sie über „Ok“ schließen.

- Um die Nummerierung durchzuführen klicken Sie auf „Accept Changes (Create ECO)“ und anschließend auf „Execute Changes“.
- Das Ergebnis sehen Sie auf den physikalischen Schaltplanseiten.

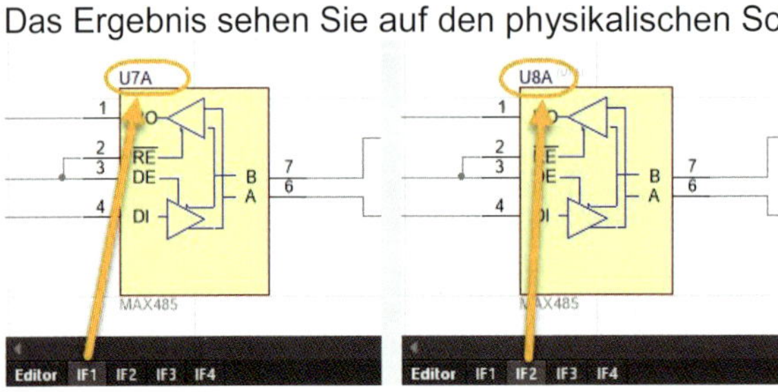

ALTIUM DESIGNER®

ELEKTRISCHE REGEL PRÜFUNG (ERC)

Die Elektrische Regel Prüfung (ERC) prüft Ihr Projekt auf Zeichnungs- und elektrische Verbindungsfehler. Diese Prüfung wird bei der Validierung (vor Version 20 Compilieren) Ihres Projekts durchgeführt. Die Einstellungen müssen deshalb vor der Validierung gemacht werden. Diese Einstellungen werden in den Projektoptionen gespeichert.

Die Projektoptionen erreichen Sie über:

- das Tastenkürzel C - O
- Rechtsklick auf den Projektnamen öffnet ein Kontextmenü dort finden Sie ganz unten die Projektoptionen.

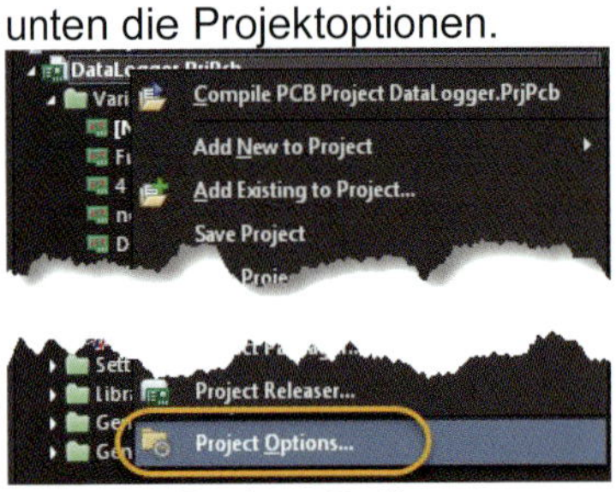

- Project - Project Options

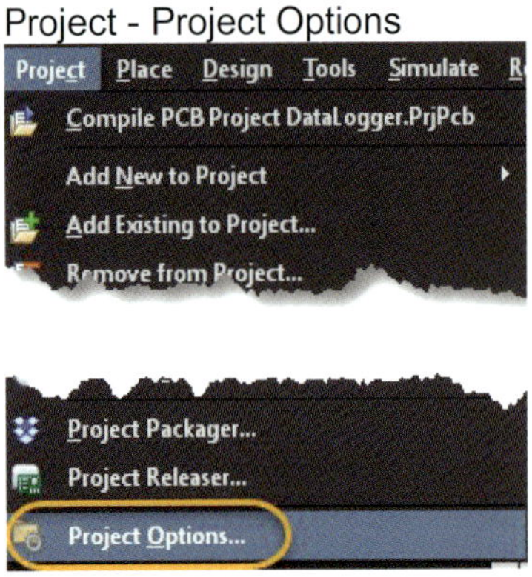

Praxis-Tipp:
Die Projektoptionen können nicht exportiert werden. Deshalb empfiehlt es sich eine Projektvorlage zu erstellen. Die Vorgehensweise finden Sie im Kapitel „Projekt Vorlage erstellen" (S.49).

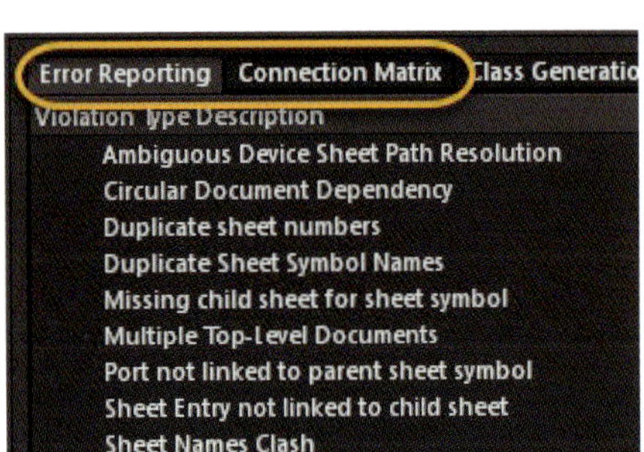

Die Einstellungen auf dem Reiter „Error Reporting" legen fest, wie der Schaltplan auf Zeichnungsfehler geprüft wird.
Die Einstellungen auf dem Reiter „Connection Matrix" legen fest, wie auf elektrische Verbindungsfehler geprüft wird.

Einstellungen zur Prüfung auf Zeichnungsfehler

Die Zeichnungsfehler werden in verschiedene Kategorien eingeteilt. Im Bild unten sind die verschiedenen Kategorien dargestellt.

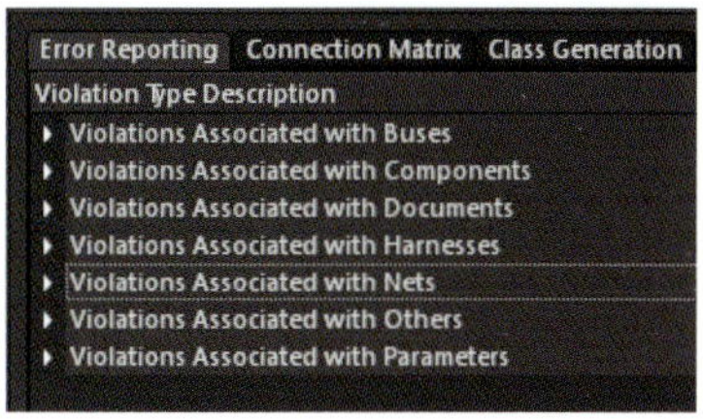

Jede Kategorie enthält spezifische Zeichnungsfehler. Für jeden Zeichnungsfehler kann festgelegt werden wie er bei der Prüfung gemeldet werden soll.

Es gibt insgesamt vier Meldungsarten:

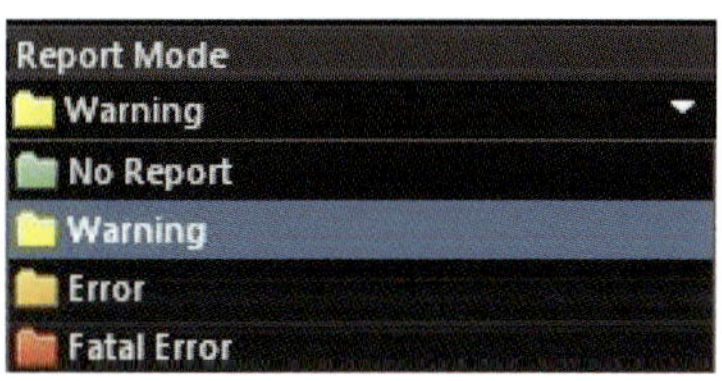

1. **No Report**
   Der Fehler wird nicht gemeldet.
   Diese Meldungsart sollte man mit Bedacht anwenden. An der falschen Stelle könnte dies zu einer unbrauchbaren Leiterplatte führen!
2. **Warning**
   Der Zeichnungsfehler wird im Message Panel als Warnung angezeigt.
   Das Message Panel öffnet sich bei Warnungen **nicht** automatisch. Daraus ergibt sich, dass man nach dem Compilieren **auf jeden Fall** das Message Panel öffnen muss, um zu überprüfen welche Warnungen es gibt.
3. **Error**
   Der Zeichnungsfehler wird im Message Panel als Fehler angezeigt.
   Das Message Panel öffnet sich bei Fehlern automatisch.
4. **Fatal Error**
   Der Zeichnungsfehler wird im Message Panel als schwerer Fehler angezeigt. Das Message Panel öffnet sich bei schweren Fehlern automatisch. Mit „Fatal Error" kann man schwerwiegende Zeichnungsfehler besonders kennzeichnen. Für den Altium Designer® hat der „Fatal Error" keine besondere Bedeutung. Er öffnet bei beiden Fehlerarten das Message Panel.

Um die Meldungsarten einzustellen, klickt man beim gewünschten Zeichnungsfehler in die Spalte „Report Mode". Es klappt eine Liste auf mit den Meldungsarten. Im folgenden Bild ist ein Teil der Kategorie „Violations Associated with Nets" dargestellt.

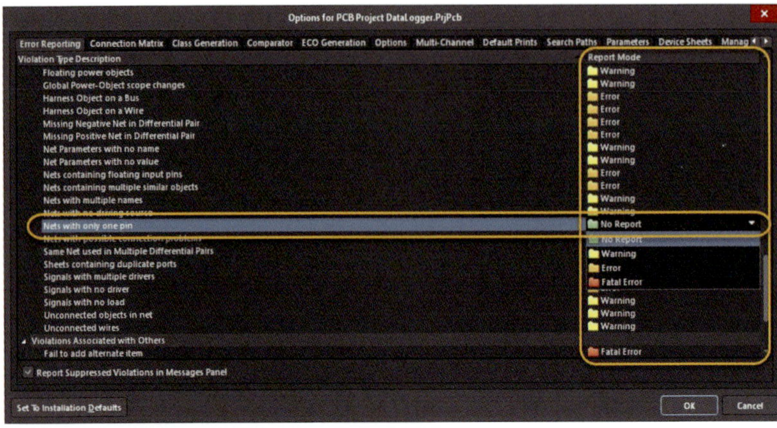

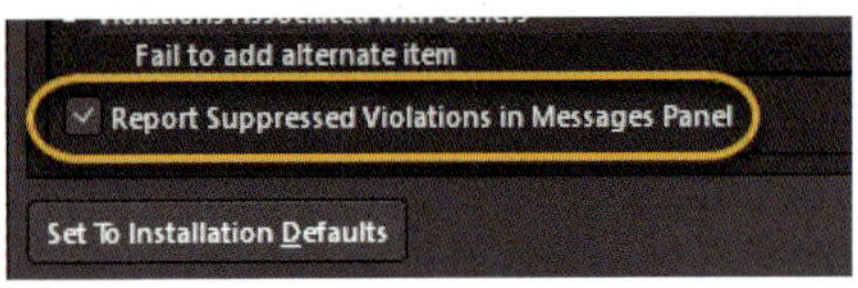

Einstellung zur Prüfung auf elektrische Verbindungsfehler

Über eine Matrix können Sie festlegen wie die elektrischen Verbindungen geprüft werden sollen. Jede Zeile und jede Spalte repräsentieren einen Pin, einen Port oder ein Sheet Entry. Im Kreuzungspunkt wird festgelegt wie die Verbindung zwischen diesen beiden Objekten gemeldet werden soll.

Wie bei den Zeichnungsfehlern, gibt es auch hier vier Möglichkeiten:

1. No Report
2. Warning
3. Error
4. Fatal Error.

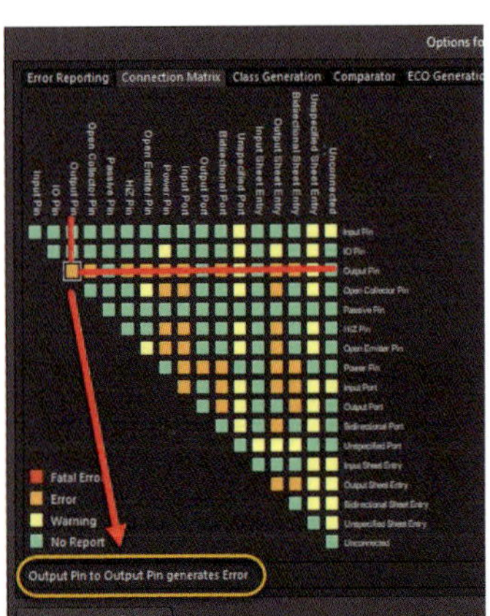

Beim wiederholten Klicken auf den Kreuzungspunkt, rotiert man durch die vier Möglichkeiten. Fährt man mit der Maus über einen Kreuzungspunkt, wird unterhalb der Matrix die aktuelle Einstellung angezeigt.
Im Bild unten ist die Einstellung für „Output Pin" verbunden mit „Output Pin" dargestellt. Diese Verbindung wird als Fehler gemeldet.

Wenn Sie mit der rechten Maustaste in diesen Reiter klicken, öffnet sich ein Kontextmenü. In diesem Kontextmenü können Sie alle Kreuzungspunkte auf einen definierten Wert setzen.

Praxis-Tipp:
Betrachten Sie die Standardeinstellungen als einen Vorschlag, den Ihnen der Altium Designer® anbietet. Speziell in der rechten Spalte „Unconnected“ könnte es Einstellungen geben (z.B. Power Pin - Unconnected => No Report), die Sie vielleicht konservativer einstellen wollen. Speziell sollten Sie Power Pin – Unconnected auf Error stellen.

Wenn Sie die gesamte Matrix durchgehen wollen empfiehlt sich folgendes Vorgehen:
- Setzen Sie zunächst mit Rechtsklick alles auf „Fatal Error“.
- Prüfen Sie jede Zeilen/Spaltenverbindung.
- Setzen Sie den Kreuzungspunkt auf die gewünschte Meldungsart.

Das Setzen auf „Fatal Error“ hat folgenden Vorteil:
Werden Sie bei der Prüfung von einem Telefonanruf oder ähnlichem unterbrochen, wissen Sie danach noch wo Sie zuletzt waren. Über die Schaltfläche unten links „Set To Installation Defaults“ können Sie die Standardeinstellungen wieder herstellen.

ERC durchführen

Nachdem Sie alle Schaltplanseiten erstellt haben, muss Ihr Projekt in das „Unified Data Model“ übersetzt werden, um es auf die Leiterplatte übertragen zu können. Diese Übersetzung wird im Altium Designer® als „Compile“ bezeichnet.

Bei der Übersetzung werden folgende Aktionen durchgeführt:

1. Prüfung der Schaltplanseiten (Electrical Rule Check ERC).
2. Strukturanalyse Ihres Designs.
3. Erzeugung der internen Netzliste.

Das „Unified Data Model“ wird im Speicher erzeugt und Sie können es sich im Navigator Panel ansehen. Eine ausführliche Beschreibung des Navigator Panels finden Sie im Kapitel „Das Navigator Panel“ (S.157).

Die Strukturanalyse und die Erzeugung der internen Netzliste wird automatisch im Hintergrund durchgeführt. Die Prüfung der Schaltplanseiten wird mit dem Befehl „Validate“ durchgeführt.

So validieren bzw. übersetzen Sie Ihr Projekt:

- Stellen Sie alle Projektoptionen ein.
- Konfigurieren Sie die Einstellungen für die Schaltplanprüfung.
- Klicken Sie mit der rechten Maustaste im Projects Panel auf den Projektnamen.
- Klicken Sie auf „Validate PCB Project *<Ihr Projektname>*.PrjPcb“

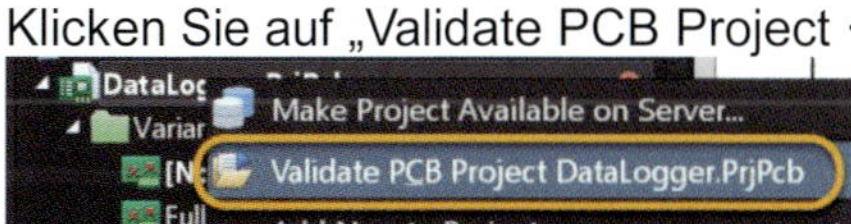

- Falls Sie im Projects Panel nur ein Projekt geöffnet haben oder Sie zuvor das gewünschte Projekt ausgewählt haben, können Sie die Übersetzung auch mit dem Tastenkürzel „C - C“ starten.
- Falls sich das Message Panel nicht automatisch öffnet, sind keine Fehler aufgetreten.
  In diesem Fall müssen Sie das Message Panel manuell öffnen und eventuell vorhandene Warnungen prüfen.
- Über den Menüpunkt „**V**iew - Panels - Messages“ können Sie das Message Panel öffnen.

Interpretation der Fehlermeldungen und Abhilfe

Falls Fehler aufgetreten, öffnet sich das Message Panel automatisch.

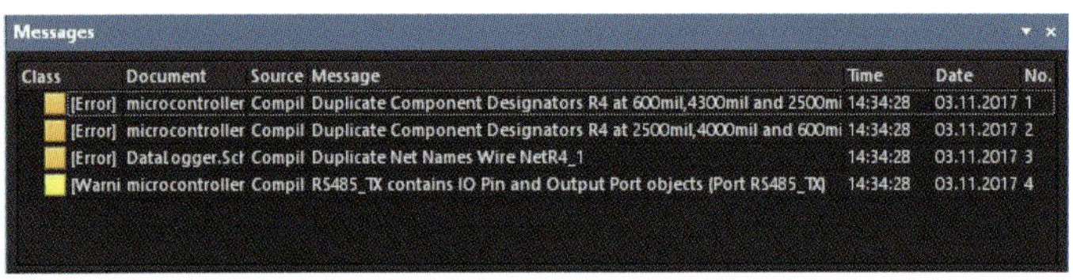

Sind sehr viele Fehler und Warnungen aufgetreten, empfiehlt es sich die Meldungen zu Gruppieren.
Dazu klicken Sie mit der rechten Maustaste auf die Kopfzeile. Es öffnet sich ein Kontextmenü in dem Sie auf „Group By“ klicken können.

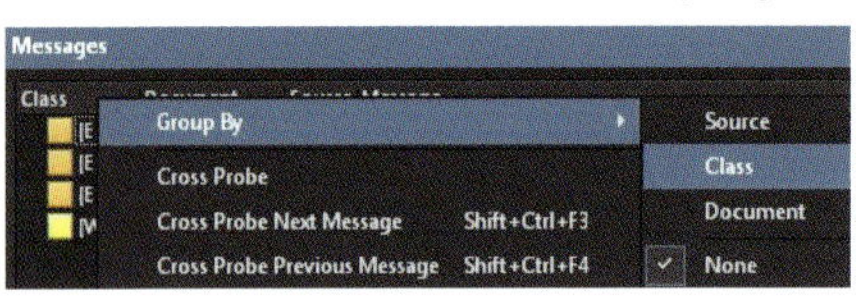

Wählen Sie hier **„Class“** aus, werden die Meldungen nach Info, Warning, Error und Fatal Error gruppiert. Bei der Auswahl von **„Document“** werden die Meldungen je Dokument zusammengefasst und mit der Auswahl von **„None“** können Sie die Gruppierung wieder aufheben.

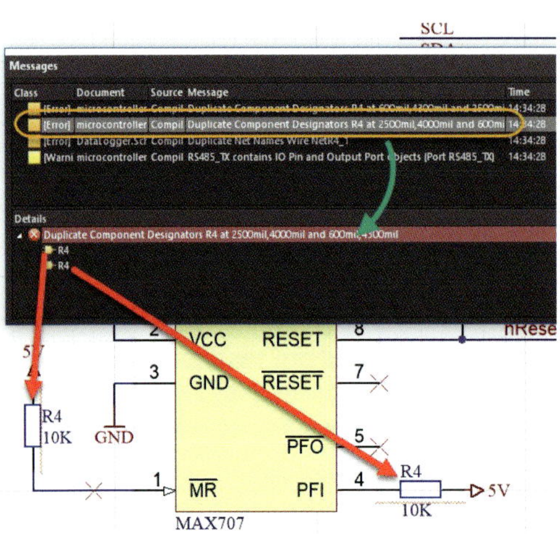

Wenn Sie im oberen Bereich des Message Panels einen Fehler auswählen, erscheinen im unteren Bereich die am Problem beteiligten Objekte. Mit einem Doppelklick auf einen Fehler zoomt der Altium Designer® zu diesem Fehler.

In diesem Beispiel gibt es den Bauteilebezeichner R4 doppelt.
Dieser Fehler lässt sich einfach beheben, in dem Sie einem der beiden Widerstände einen anderen Bezeichner geben und neu übersetzen.

Es gibt Situationen, in denen ein Fehler oder eine Warnung erzeugt wird, die man ignorieren möchte. Ein typisches Beispiel ist hierfür ein IO Pin an einem Mikrocontroller, der mit einem Ausgangspin eines anderen Bauteils verbunden ist. In der Standardeinstellung zur Fehlerprüfung erzeugt dies eine Warnung. Wenn ich weiß, dass die Firmware des Mikrocontrollers den IO Pin als Eingang konfiguriert, kann ich guten Gewissens diese Warnung ausblenden.

Dazu klicken Sie mit der rechten Maustaste im Message Panel auf die Warnung. Es öffnet sich ein Kontextmenü, in dem Sie dann auf „Place Specific No ERC for this violation...“ klicken können.

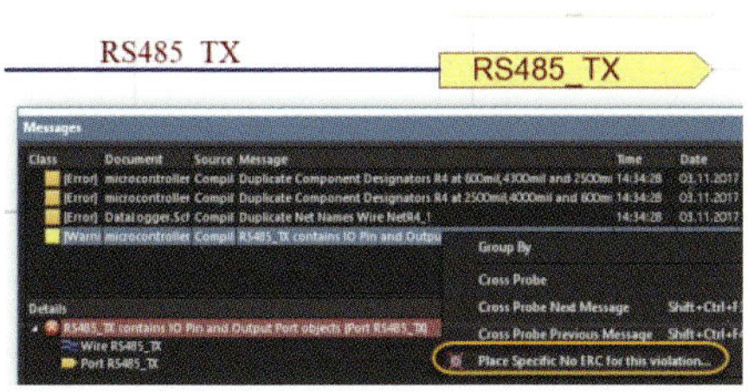

Am Mauszeiger hängt jetzt ein „No-ERC“ Symbol, z.B. ein kleines rotes Kreuz. Die Tabulatortaste öffnet das Properties Panel und geht in den Pausen Modus.

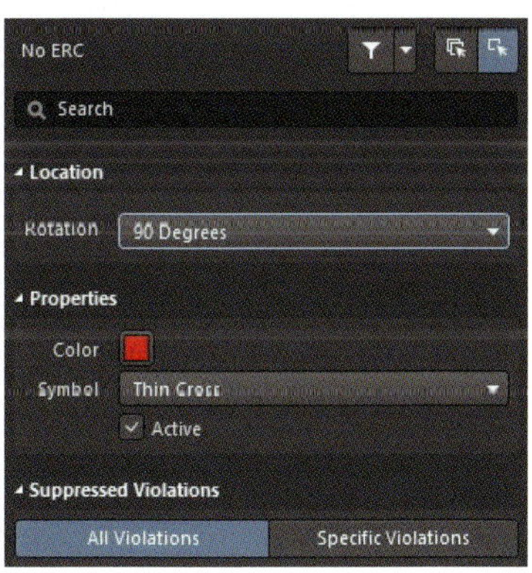

Unter der Einstellung „Symbol“ passen Sie die Darstellung an. Bei der Ausgabe des Schaltplans können Sie festlegen, welche No ERC Symbole ausgegeben werden sollen. Wenn Sie den Eigenschaftendialog geschlossen haben, klicken Sie auf das Netz, auf dem der No ERC sitzen soll. Bei der nächsten Übersetzung wird diese Warnung nicht mehr angezeigt.

Beenden Sie den Pausen Modus mit der Esc Taste oder einem Klick auf das Pausen Symbol.

Wenn Sie bei „Report Suppressed Violations in Message Panel“ in den Projektoptionen unter „Error Reporting“ einen Haken gesetzt haben, erscheint die Warnung im Message Panel weiterhin als „Suppressed Warning“.

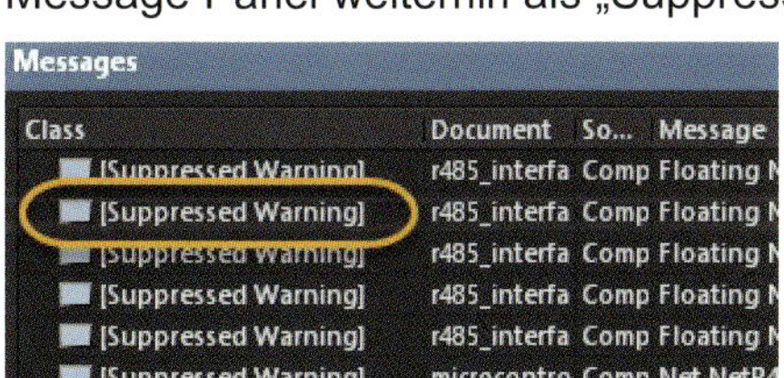

Eine ausführliche Beschreibung der Fehlermeldungen und Warnungen finden Sie in der Online Dokumentation. Suchen Sie dort nach den Stichworten „Compiler Violations“. In der Ergebnisliste finden Sie dann den Eintrag „Project Compiler Violations Reference“.

Praxis-Tipp:
Speziell Fehlermeldungen, die sich auf Busse beziehen lassen sich oft mit der oben beschriebenen Methode nicht eindeutig interpretieren.
Haben Sie z.B. vergessen den Bus mit einem Net Label zu versehen bekommen Sie Meldungen wie „Duplicate Net Names Element[0]:
DATA“ (wenn Ihr Bus DATA heißt). Manchmal erscheint hinter dem Busnamen auch noch der Zusatz „(Inferred)“.
Solche Fehlermeldungen deuten auf folgende Probleme hin:

- fehlendes Bus Net Label
- Syntax Fehler im Bus Net Label (beliebt: 3 Punkte statt 2 Punkte zwischen dem Start-/Endindex)

Wenn Sie solche Fehlermeldungen haben, prüfen Sie ganz akribisch alle Ihre Busse und Sheet Entries, Ports und Signal Harnesses die mit Bussen in Beziehung stehen.

ALTIUM DESIGNER®

DAS NAVIGATOR PANEL

Nachdem das Projekt validiert bzw. übersetzt ist, steht es als „Unified Data Model“ im Speicher zur Verfügung. Mit Hilfe des Navigator Panels können Sie durch Ihr Design navigieren. Soll das Navigator Panel nach dem automatischen Übersetzen immer aktualisiert werden, dann müssen Sie dies in den „Advanced Settings“ in den Präferenzen im Bereich „System – General“ aktivieren (siehe auch S.13). Setzen Sie hierzu ein Häkchen bei „Schematic.DynamicCompiler.Navigator.Autorefresh“. Die Einstellung wird nach einem Neustart des Altium Designer® aktiv. Ist diese Option aktiv, kann es evtl. zu Performance Problemen kommen.

Es befindet sich normalerweise auf der linken Seite des Arbeitsbereichs.

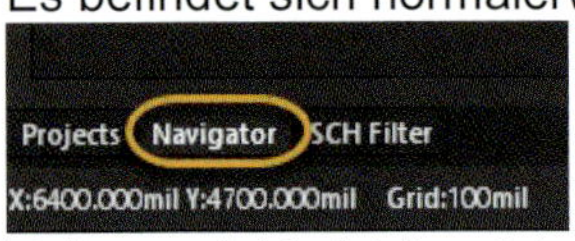

Falls es nicht sichtbar ist, kann es unten rechts über die Schaltfläche „Panel“ eingeblendet werden.

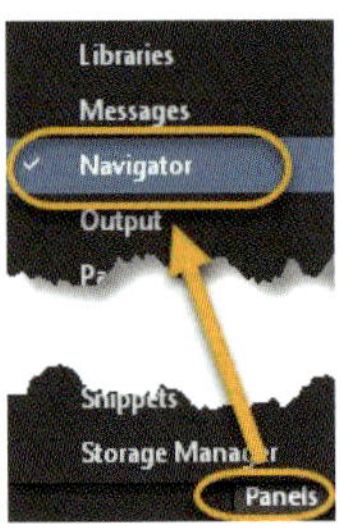

Wählt man ein Objekt mit Linksklick aus, wird es im Schaltplan hervorgehoben, in dem alle anderen Objekte gedimmt (ausgegraut) werden.

Den Filtereffekt kann man in den Präferenzen unter „System – Navigation“ oder vor der Version 18 rechts unten über die Schaltfläche „Mask Level“ und den Schieberegler „Dim“ einstellen.

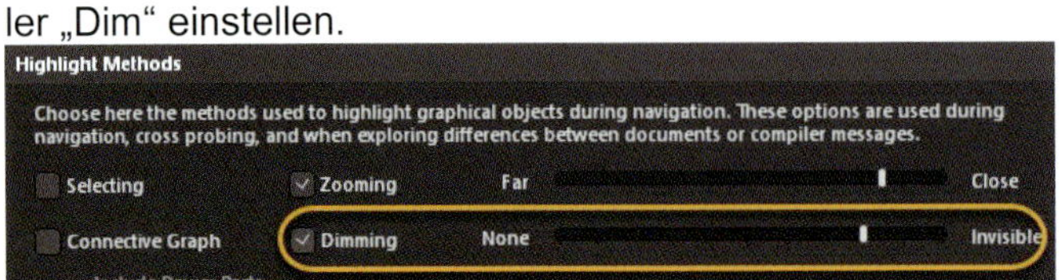

In den Präferenzen kann man festlegen, ob das Objekt zusätzlich noch selektiert wird. Drückt man beim Auswählen zusätzlich die Alt Taste, dann wird das Objekt auch im PCB, je nach Einstellung, selektiert und/oder maskiert.

Das Navigator Panel (siehe Bild unten) ist in mehrere Bereich aufgeteilt.

Ganz oben befinden sich die Schaltflächen für die Interaktive Navigation und für den Zugriff auf die entsprechenden Einstellungen.

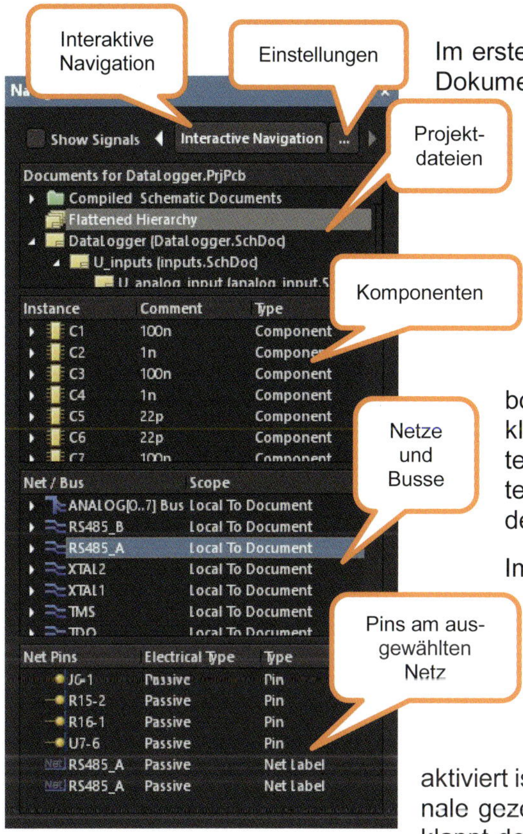

Im ersten Bereich finden Sie alle Schaltplan Dokumente in der Hierarchie und ein Eintrag „Flattened Hierarchy“. Wählen Sie hier ein Dokument aus, werden die zugehörigen Objekte in den weiteren Bereichen dargestellt. Wählt man „Flattened Hierarchy“ werden alle Objekte des gesamten Projekts dargestellt.

Im zweiten Bereich finden Sie die zugehörigen Bauteile, Sheet Symbols etc. Ein Klick auf das '+' Zeichen klappt den Eintrag auf und es sind weitere Informationen zu sehen. Bei Bauteilen werden z.B. auch die bestehenden Parameter angezeigt.

Im dritten Bereich finden Sie die zugehörigen Netze und Busse. Auch hier klappt ein Klick auf das '+' Zeichen den Eintrag auf und es sind die zugehörigen Net Labels, Ports, Pins und Sheet Entries zu sehen. Wenn „Show Signals“ ganz oben aktiviert ist, werden in diesem Bereich die Signale gezeigt. Klickt man auf das '+' Zeichen, klappt der Eintrag auf und man erhält die Information ob das Signal Quelle (... driving Node ...) oder Senke (... driven by Node ...) ist. Wählen Sie im dritten Bereich ein Netz oder einen Bus aus, werden die zugehörigen Bauteileanschlüsse und Net Labels im vierten Bereich ganz unten angezeigt.

Sie können das Navigator Panel manuell aktualisieren. Klicken Sie hierzu mit der rechten Maustaste in das Panel. Wählen Sie dann im Kontextmenü den Eintrag „Refresh“.

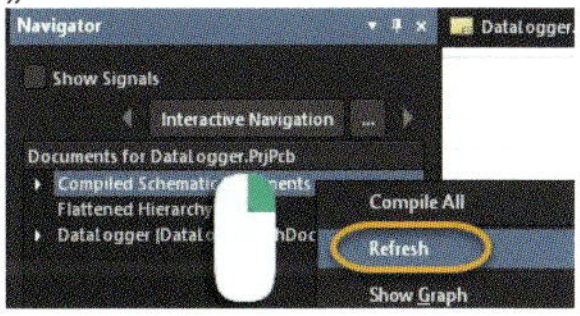

Einstellungen für das Navigator Panel

Die Einstellungen für das Navigator Panel erreichen Sie, in dem Sie auf die Schaltfläche mit den 3 Punkten direkt neben „Interactive Navigation“ klicken. Es öffnen sich die Präferenzen im Zweig „System - Navigation“.

Highlight Methods

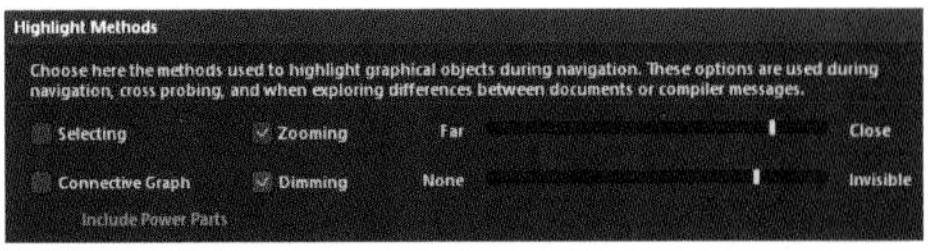

- **Zooming**
  Beim Auswählen eines Objekts im Navigator Panel wird auf dieses Objekt gezoomt. Mit dem Schieberegler können sie einstellen, wie stark auf das ausgewählte Objekt gezoomt wird.
- **Selecting**
  Beim Auswählen eines Objekts im Navigator Panel wird dieses Objekt selektiert.
- **Dimming**
  Beim Auswählen eines Objekts im Navigator Panel werden alle anderen Objekte gedimmt. Mit dem Schieberegler können sie einstellen, wie stark gedimmt wird.
- **Connective Graph**
  Beim Auswählen eines Bauteils wird eine grüne Linie zu allen damit verbundenen Bauteilen gezeichnet. Wählt man ein Netz aus wird dieses Netz auf allen Schaltplanseiten mit einer roten Linie gekennzeichnet.

Objects To Display

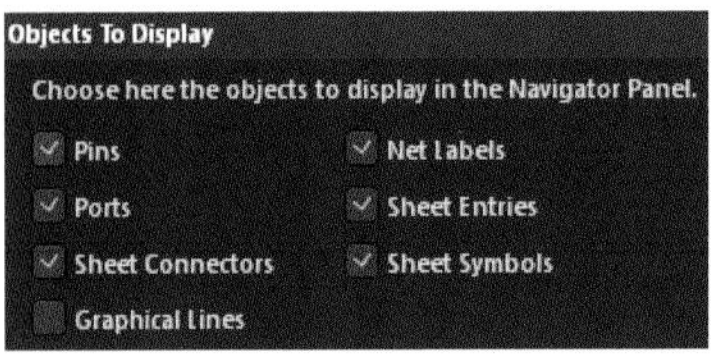

Hier können Sie festlegen welche Objekte im Navigator Panel angezeigt werden sollen.

Cross Select Zoom Options

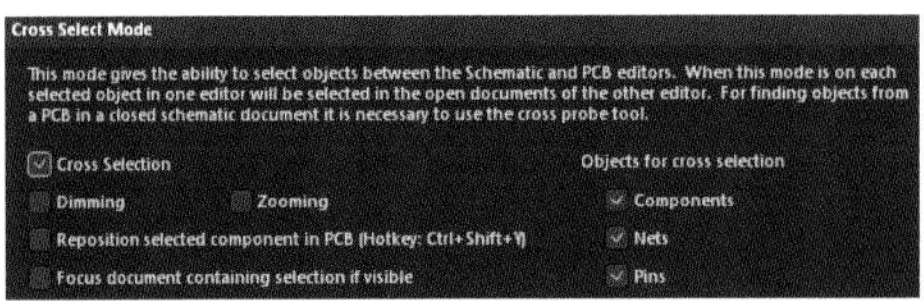

Hier können Sie das Cross Select zwischen Leiterplatte und Schaltplan zentral ein- bzw. ausschalten sowie weitere Einstellungen vornehmen. Das Cross Select wirkt nur auf geöffnete Dokumente.

- **Zooming**
  Beim Auswählen eines Objekts im einen Dokument wird auf dieses Objekt im anderen Dokument gezoomt.
- **Masking**
  Beim Auswählen eines Objekts im einen Dokument werden alle anderen Objekte im anderen Dokument maskiert.

- **Reposition selected components in PCB**
  Nach dem Wechsel auf die Leiterplatte, kommen die selektierten Bauteile in der Reihenfolge an die Maus, in der sie zuvor selektiert wurden.
  Vorsicht: damit können Bauteile aus Versehen verschoben werden!
- **Focus document containing selection if visible**
  Falls das andere Dokument sichtbar ist (geteilte Fensterdarstellung oder 2. Monitor) wechselt der Fokus in dieses Dokument.
- **Objects for cross selection**
  Objekte die bei beim Cross Select berücksichtigt werden sollen.

Anwendungen des Navigator Panels

Bauteile im Schaltplan lokalisieren

- Übersetzen bzw. validieren Sie ihr Projekt durch Rechtsklick auf den Projektnamen im Projects Panel. Klicken Sie dann auf „Validate PCB Project *<Ihr Projektname>*.PrjPcb“ bzw. „Compile PCB Project *<Ihr Projektname>*.PrjPcb“.
- Falls das Navigator Panel nicht sichtbar ist, kann es unten rechts über die Schaltfläche „Panel“ eingeblendet werden.
- Wählen Sie im ersten Bereich „Flattened Hierarchy“ aus. Im zweiten Bereich befinden sich jetzt alle Bauteile und im dritten Bereich alle Netze und Busse.

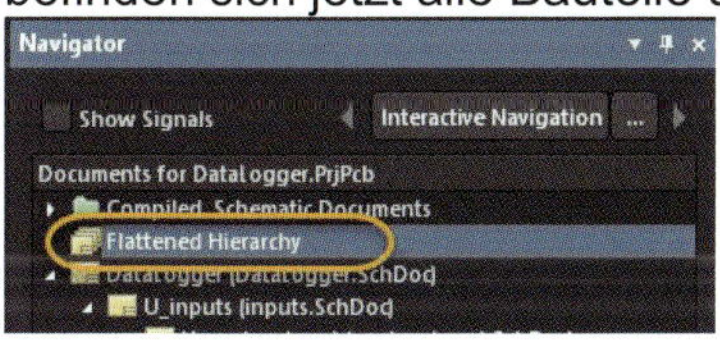

- Um ein Bauteil zu lokalisieren klicken Sie im zweiten Bereich auf den Tabellenkopf „Instance“. Dadurch wird die Spalte sortiert.

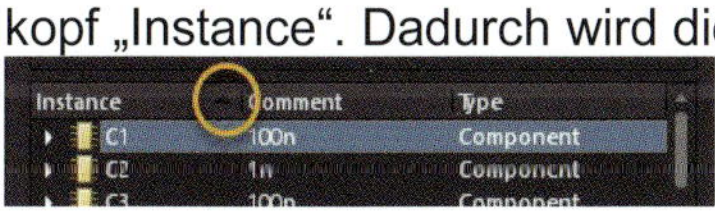

- Klicken Sie in den zweiten Bereich. Wenn Sie jetzt z.B. R3 suchen, dann tippen Sie einfach „R3“ ein.
- Die Zeile mit R3 ist jetzt markiert. Ein Linksklick zeigt Ihnen an, wo sich das Bauteil im Schaltplan befindet.

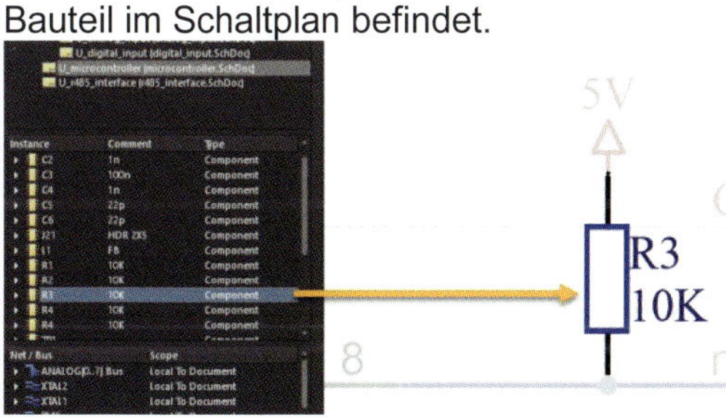

Netze im Schaltplan lokalisieren

- Übersetzen bzw. validieren Sie ihr Projekt durch Rechtsklick auf den Projektnamen im Projects Panel. Klicken Sie dann auf „Validate PCB Project *<Ihr Projektname>*.PrjPcb“ bzw. „Compile PCB Project *<Ihr Projektname>*.PrjPcb“.

- Falls das Navigator Panel nicht sichtbar ist, kann es unten rechts über die Schaltfläche „Panel“ eingeblendet werden.
- Wählen Sie im ersten Bereich „Flattened Hierarchy“ aus. Im zweiten Bereich befinden sich jetzt alle Bauteile und im dritten Bereich alle Netze und Busse.

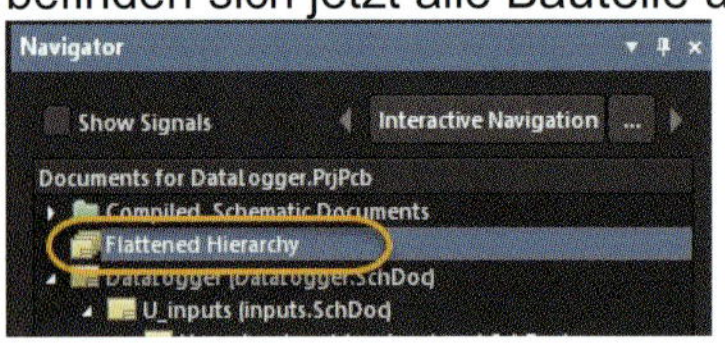

- Um ein Netz zu lokalisieren klicken Sie im dritten Bereich auf den Tabellenkopf „Net/Bus“. Dadurch wird die Spalte sortiert.

- Klicken Sie in den dritten Bereich. Wenn Sie jetzt z.B. GND suchen, dann tippen Sie einfach „GND“ ein.
- Die Zeile mit GND ist jetzt markiert. Ein Linksklick zeigt Ihnen an, wo sich das Netz im Schaltplan befindet. Haben Sie in den Präferenzen „Selecting“ aktiviert, dann ist das Netz jetzt in allen Schaltplänen selektiert.

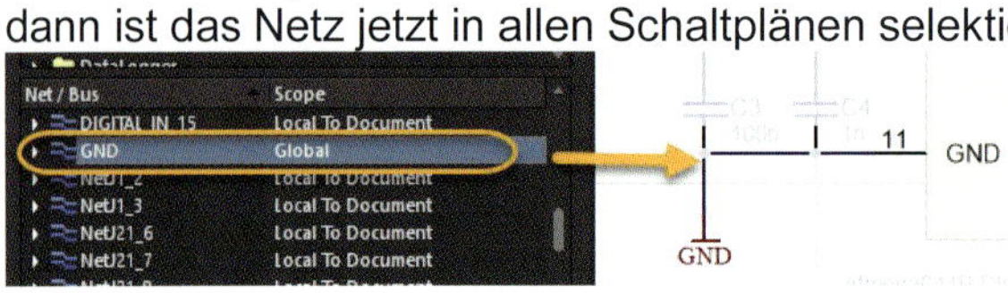

Bauteile im Schaltplan und PCB selektieren

- Übersetzen bzw. validieren Sie ihr Projekt durch Rechtsklick auf den Projektnamen im Projects Panel. Klicken Sie dann auf „Validate PCB Project *<Ihr Projektname>*.PrjPcb“ bzw. „Compile PCB Project *<Ihr Projektname>*.PrjPcb“.
- Falls das Navigator Panel nicht sichtbar ist, kann es unten rechts über die Schaltfläche „Panel“ eingeblendet werden.
- Wählen Sie im ersten Bereich „Flattened Hierarchy“ aus. Im zweiten Bereich befinden sich jetzt alle Bauteile und im dritten Bereich alle Netze und Busse.

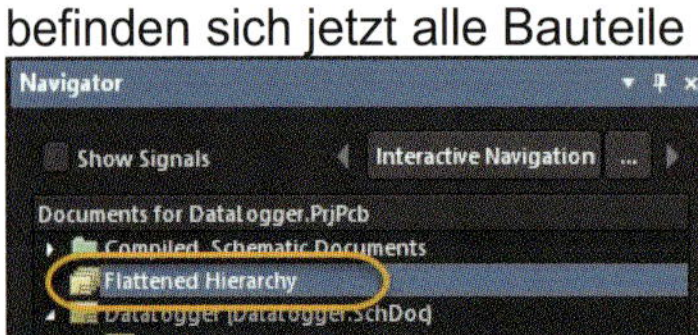

- Setzen Sie in den Präferenzen bei „Selecting“ einen Haken.

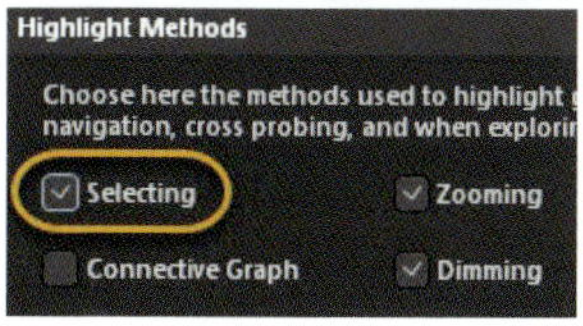

- Um ein Bauteil zu selektieren klicken Sie im zweiten Bereich auf den Tabellenkopf „Instance“. Dadurch wird die Spalte sortiert.

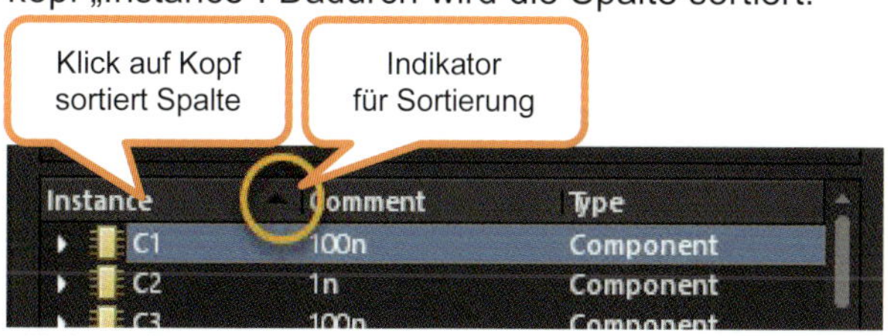

- Klicken Sie in den zweiten Bereich. Wenn Sie jetzt z.B. R3 suchen, dann tippen Sie einfach „R3“ ein.
- Die Zeile mit R3 ist jetzt markiert. Ein Linksklick selektiert das Bauteil im Schaltplan. Mit Alt-Linksklick selektieren Sie das Bauteil im Schaltplan und im PCB.

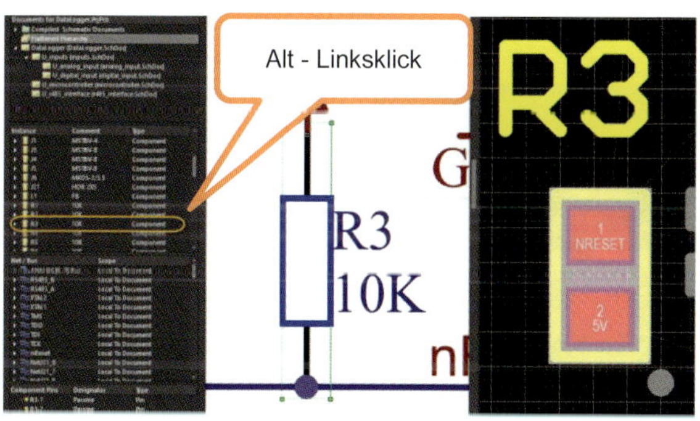

Stellen Sie sicher, dass im Properties Panel im Bereich „Selection Filter“ die Schaltfläche „Components“ aktiv ist. Sonst können Sie keine Bauteile selektieren!

Netze im Schaltplan und PCB selektieren

- Übersetzen bzw. validieren Sie ihr Projekt durch Rechtsklick auf den Projektnamen im Projects Panel. Klicken Sie dann auf „Validate PCB Project *<Ihr Projektname>*.PrjPcb“ bzw. „Compile PCB Project *<Ihr Projektname>*.PrjPcb“.
- Falls das Navigator Panel nicht sichtbar ist, kann es unten rechts über die Schaltfläche „Panel“ eingeblendet werden.
- Wählen Sie im ersten Bereich „Flattened Hierarchy“ aus. Im zweiten Bereich befinden sich jetzt alle Bauteile und im dritten Bereich alle Netze und Busse.

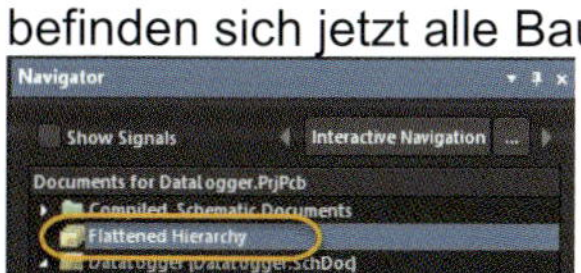

- Setzen Sie in den Präferenzen bei „Selecting“ einen Haken.

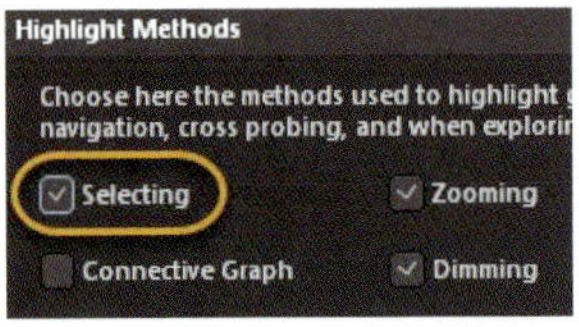

- Um ein Netz zu lokalisieren klicken Sie im dritten Bereich auf den Tabellenkopf „Net/Bus“. Dadurch wird die Spalte sortiert.

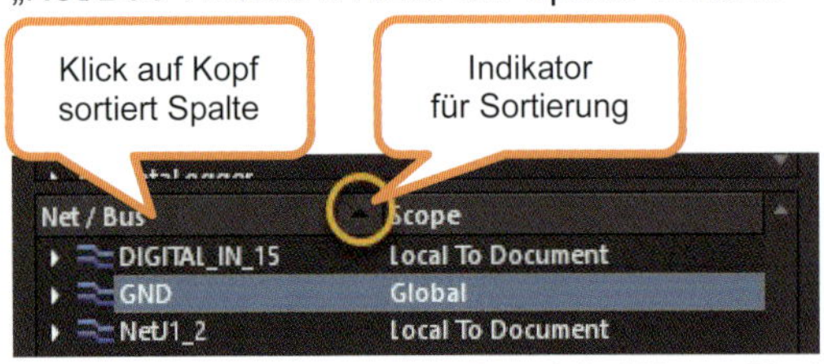

- Klicken Sie in den dritten Bereich. Wenn Sie jetzt z.B. GND suchen, dann tippen Sie einfach „GND“ ein.
- Die Zeile mit GND ist jetzt markiert. Ein Linksklick selektiert das Netz jetzt in allen Schaltplänen selektiert. Mit Alt-Linksklick selektieren Sie das Netz im Schaltplan und im PCB. Stellen Sie sicher, dass im Properties Panel im Bereich „Selection Filter“ die Schaltfläche „Wires“ bzw. „Tracks“ aktiv ist. Sonst können Sie keine Netze selektieren!

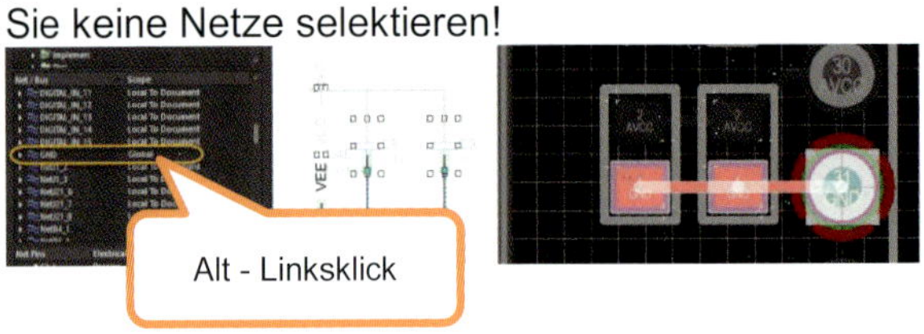

Netze im Navigator Panel und der Leiterplatte interaktiv selektieren

- Übersetzen bzw. validieren Sie ihr Projekt durch Rechtsklick auf den Projektnamen im Projects Panel. Klicken Sie dann auf „Validate PCB Project <*Ihr Projektname*>.PrjPcb“ bzw. „Compile PCB Project <*Ihr Projektname*>.PrjPcb“.
- Falls das Navigator Panel nicht sichtbar ist, kann es unten rechts über die Schaltfläche „Panel“ eingeblendet werden.
- Klicken Sie im Navigator Panel auf die Schaltfläche „Interactive Navigation“.

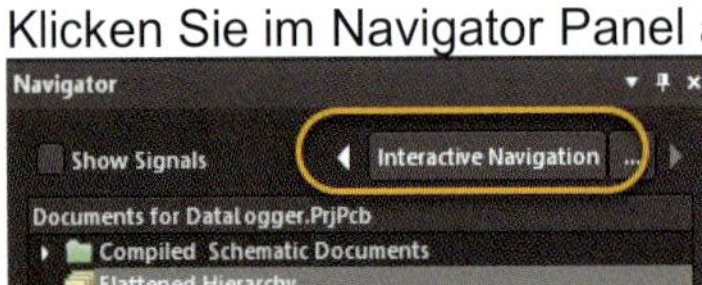

An Ihrem Mauszeiger befindet sich jetzt ein Fadenkreuz.

- Klicken Sie im Schaltplan auf das gewünschte Netz.
- Das Netz ist jetzt im Navigator Panel ausgewählt. Wenn Sie beim Klicken die Alt Taste drücken, wird das Netz zusätzlich im PCB selektiert.

Verbundene Bauteile im Schaltplan und der Leiterplatte selektieren

- Übersetzen bzw. validieren Sie ihr Projekt durch Rechtsklick auf den Projektnamen im Projects Panel. Klicken Sie dann auf „Validate PCB Project <*Ihr Projektname*>.PrjPcb" bzw. „Compile PCB Project <*Ihr Projektname*>.PrjPcb".
- Falls das Navigator Panel nicht sichtbar ist, kann es unten rechts über die Schaltfläche „Panel" eingeblendet werden.
- Setzen Sie in den Präferenzen folgendes:
  „Selecting" einschalten,
  „Connective Graph" einschalten.

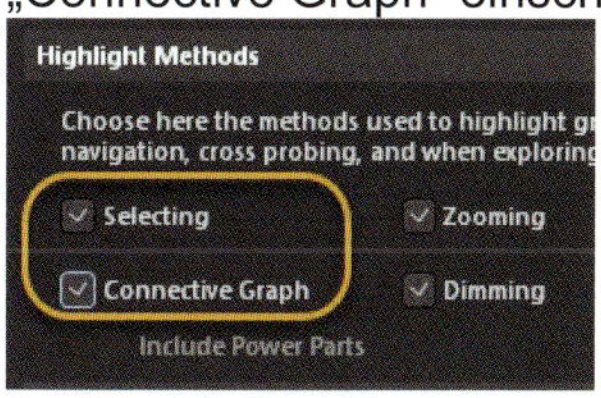

- Prüfen Sie im Menüpunkt „Tools" ob „Cross Select Mode" mit einem blauen Rahmen selektiert ist. (Nur drauf klicken falls kein blauer Rahmen da ist!)

- Klicken Sie im Navigator Panel auf die Schaltfläche „Interactive Navigation".

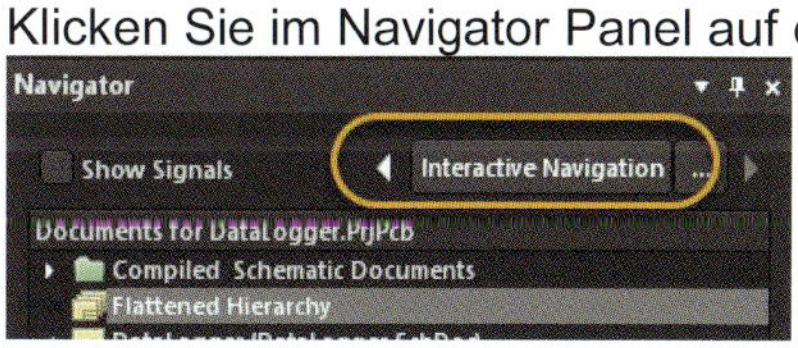

  An Ihrem Mauszeiger befindet sich jetzt ein Fadenkreuz.
- Klicken Sie im Schaltplan auf das gewünschte Bauteil.
- Das Bauteil und damit verbundene Bauteile werden selektiert und mit grünen Linien versehen.
  Gleichzeitig ist diese Gruppe von Bauteilen auf der Leiterplatte selektiert.

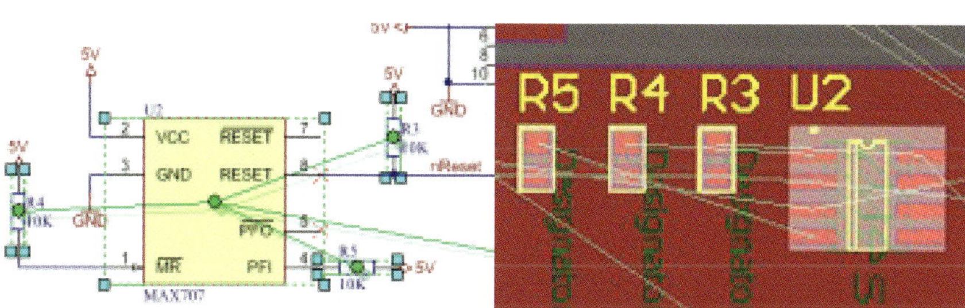

ALTIUM DESIGNER®

EINFÜHRUNG IN DEN LEITER-PLATTENEDITOR

Eine neue Leiterplatte können Sie auf folgende Arten zum Projekt hinzufügen:

- **File - New - PCB**
  Falls Sie in den Präferenzen unter „System - New Document Defaults“ keine PCB Vorlage eingetragen haben, bekommen Sie mit dieser Methode eine leere Leiterplatte, in der nur sehr wenig vorkonfiguriert ist.
- **Rechtsklick auf Projektnamen: „Add New to Project - PCB“**

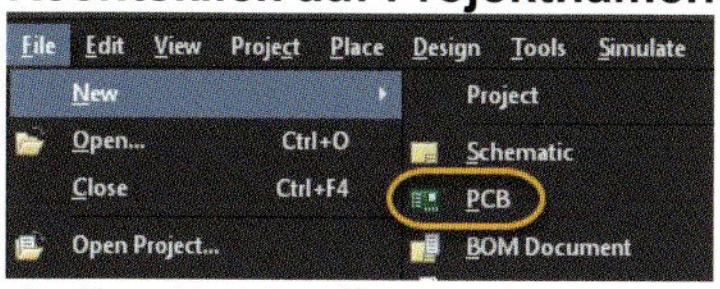

Der Leiterplatteneditor unterstützt bis zu 32 Signallagen, 16 Versorgungsspannungslagen (Planes) und 1024 mechanischen Lagen (vor Version 19 auf 32 begrenzt). Die maximale Größe des Arbeitsbereichs beträgt 2,54 m x 2,54 m.

Wenn Sie ein Leiterplattendokument öffnen, wird dieses im Leiterplatteneditor dargestellt. Die **gesamte** Altium Designer® Benutzeroberfläche passt sich an diesen Editor an.

Zoom

Über Tastenkürzel, die Maus oder die Tastatur können Sie einfach verschiedene Ausschnitte der Leiterplatte vergrößert oder verkleinert darstellen.

Die drei wichtigsten Tastenkürzel zum Zoomen:

- **V - D**
  Ganzes Dokument inklusive aller Objekte auf mechanischen Lagen anzeigen.
- **V - F**
  Wählt einen Leiterplattenausschnitt, so dass die Leiterplatte gerade auf den Bildschirm passt.
- **V - A**
  Linksklick in die Leiterplatte und dann ein Rechteck über den Bereich ziehen, der als Ausschnitt dargestellt werden soll.

Alternativ können Sie mit dem Mausrad zoomen:

- **Strg - Mausrad**
  Das Verhalten des Mausrads kann unter „System – Mouse Wheel Configuration“ angepasst werden.
- **Mausrad gedrückt halten und dann zum Zoomen mit der Maus fahren**.

Natürlich auch mit der Tastatur:

- **Bild/Seite nach oben**
  Aus der Leiterplatte heraus zoomen
- **Bild/Seite nach unten**
  In die Leiterplatte hinein zoomen
- **Strg - Bild/Seite nach unten**
  So zoomen, dass die Leiterplatte gerade auf den Bildschirm passt
  Entspricht V – F

Auswählen von Objekten auf der Leiterplatte

Ein Objekt auf der Leiterplatte wird selektiert in dem man es anklickt. Wollen Sie weitere Objekte zur Selektion hinzufügen oder daraus entfernen, halten Sie beim Anklicken die Umschalt-Taste gedrückt. Wenn Sie auf eine leere Stelle auf der Leiterplatte klicken, wird die Selektion insgesamt aufgehoben.

Die Selektion von Objekten kann über das „Selection Filter" im Properties Panel eingeschränkt werden.

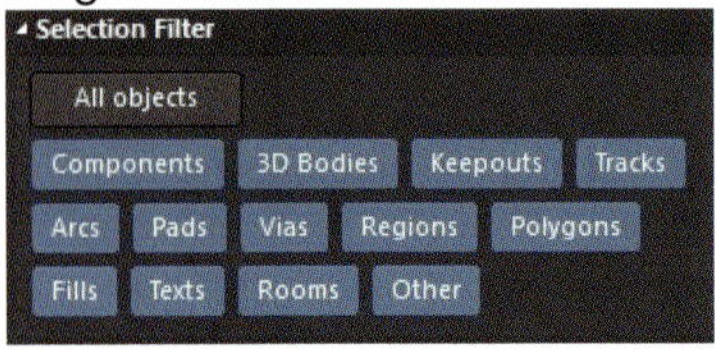

Die blauhinterlegten Schaltflächen bestimmen, was selektiert werden kann. Ein Klick auf „All objects" schaltet alle Objekte ein bzw. aus.

Nach der Selektion von unterschiedlichen Objekten kann eingeschränkt werden, was im Properties Panel angezeigt werden soll.

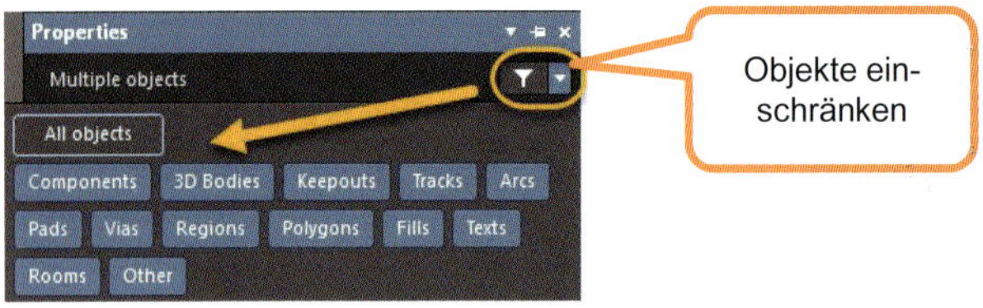

Weitere Möglichkeiten der Selektion:

- Ein Rechteck von **links nach rechts** über den Bereich ziehen den man selektieren will. Das blaue Rechteck selektiert nur Objekte, die vollständig im Rechteck liegen.
- Ein Rechteck von **rechts nach links** über den Bereich ziehen den man selektieren will. Das grüne Rechteck selektiert alles was im Rechteck liegt oder von diesem berührt wird.
- Mit dem Tastenkürzel 'S' öffnen Sie das Selektionsmenü.
  Dort finden Sie folgende Möglichkeiten:
  - **Lasso Select (S – E)**: Selektiert alles was vollständig innerhalb eines freidefinierten Bereichs liegt. Der Bereich kann als Freihandlinie oder über ein Polygon definiert werden.
    Um den Bereich zu erzeugen definieren Sie zunächst mit der linken Maustaste den Startpunkt. In der Statusleiste sehen Sie jetzt welcher Modus, „Free form" oder „Polyline", aktiv ist. Mit der Leertaste können Sie zwischen den beiden Modi wechseln. Im „Free form" Modus zeichnen Sie einen beliebigen Bereich und schließen die Aktion mit der linken Maustaste ab. Im „Polyline" Modus definieren Sie das Polygon mit Linksklicks. Die Selektion wird über einen Rechtsklick abgeschlossen. Der Bereich wird automatisch bis zum Startpunkt vervollständigt. Mit gedrückter Umschalttaste können weitere Bereiche zur Selektion hinzugefügt werden.

- **Select overlapped**
  Mit Umschalten - Tabulatortaste können Sie nacheinander die sich überlappenden Objekte selektieren. Mit der Tabulatortaste werden die Objekte in der Hierarchie selektiert.
  Beispiel: Selektion Anschlussfläche – Tabulatortaste – zusätzliche Selektion der angeschlossenen Leiterbahn – Tabulatortaste – zusätzliche Selektion der angeschlossenen Anschlussflächen.
  In den Präferenzen muss der Haken bei „Display popup selection dialog“ entfernt werden.
- **Select next**
  Nächstes Objekt in der Hierarchie selektieren.
  Beispiel: Selektion Anschlussfläche - S,X - zusätzliche Selektion der angeschlossenen Leiterbahn - S,X -zusätzliche Selektion der angeschlossenen Anschlussflächen.
- **Inside Area**
  Ziehen Sie mit der Maus ein Rechteck über den Bereich, den Sie selektieren wollen. Alles was vollständig im Rechteck liegt wird selektiert. Wenn Sie gleichzeitig die Strg Taste drücken beschränkt sich die Selektion auf Kupfer.
- **Touching Rectangle**
  Ziehen Sie mit der Maus ein Rechteck über den Bereich, den Sie selektieren wollen. Selektiert wird alles was im Rechteck liegt oder vom Rand berührt wird. Wenn Sie gleichzeitig die Strg Taste drücken beschränkt sich die Selektion auf Kupfer.
- **Touching Line**
  Ziehen Sie mit der Maus eine Linie über die Objekte, die Sie selektieren wollen. Selektiert wird alles, was von der Linie berührt wird. Wenn Sie gleichzeitig die Strg Taste drücken beschränkt sich die Selektion auf Kupfer.
- **Net**
  Alle Leiterbahnen eines Netzes samt Anschlussflächen werden selektiert, auch wenn das Netz noch Luftleitungen hat.
- **Connected Copper**
  Alle Leiterbahnen eines Netzes samt Anschlussflächen werden bis zu eventuell vorhandenen Luftleitungen selektiert. Diesen Befehl können Sie direkt mit dem Tastenkürzel Strg-H aktivieren.
- **Physical Connection**
  Alle Leiterbahnen eines Netzes werden auf allen Lagen bis zu eventuell vorhandenen Luftleitungen selektiert.
- **Physical Connection Single Layer**
  Alle Leiterbahnen eines Netzes werden auf einer Lage bis zu eventuell vorhandenen Luftleitungen selektiert.
- **All on Layer**
  Alle Objekte auf einer Lage werden selektiert.
  Dieser Befehl ist beim Anlegen von Leiterplattensymbolen nützlich, wenn Sie z.B. alles vom Bestückungsdruck auf eine weitere Lage kopieren wollen.

Selektion von Verbindungslinien

Folgende Möglichkeiten zur Selektion von Verbindungslinien („Gummibänder“ oder „Luftleitungen“) stehen zur Verfügung:

- Linksklick auf die Verbindungslinie mit gedrückter „Alt“ Taste.
- Mehrere Verbindungslinien mit gedrückter Umschalttaste selektieren.
- Mit gedrückter „Alt“ Taste ein Rechteck von rechts nach links über die Verbindungslinien ziehen.

Die Selektion von Verbindungslinien ist notwendig, wenn das Werkzeug ActiveRoute® eingesetzt werden soll.

Selektion über das PCB Panel

Sie können ein oder mehrere Netze bzw. Netzklassen über das PCB Panel selektieren. Hier können Sie z.B. alle Leiterbahnen selektieren die sich auf bestimmten Lagen befinden und deren Eigenschaften über das Properties Panel ändern.

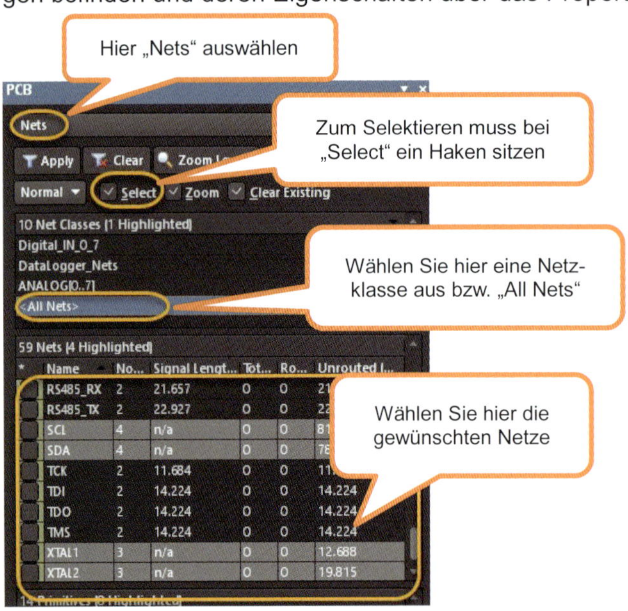

Wenn Sie im oberen Bereich bei „Select“ einen Haken gesetzt haben und auf ein Netz klicken, wird dieses selektiert. Einen zusammenhängenden Bereich können Sie, wie bei Windows gewohnt, mit gedrückter Umschalttaste selektieren. Wollen Sie mehrere Netze unabhängig selektieren halten Sie die Strg Taste gedrückt.
Sollen alle Leiterbahnen selektiert werden, die auf einer bestimmten Lage liegen gehen Sie wie folgt vor.

- Wählen Sie im 1. Unterpanel <All Nets>
- Selektieren Sie alles im 2. Unterpanel
- Klicken Sie im 3. Unterpanel auf „Layer“ um die Netze nach Lagen zu sortieren.

- Öffnen Sie im 3. Unterpanel mit Rechtsklick ein Kontextmenü und entfernen Sie dort alle Haken außer bei „Show Tracks“ und „Show Arcs“.
- Selektieren Sie im 3. Unterpanel mit gedrückter Umschalttaste die gewünschte Lage.

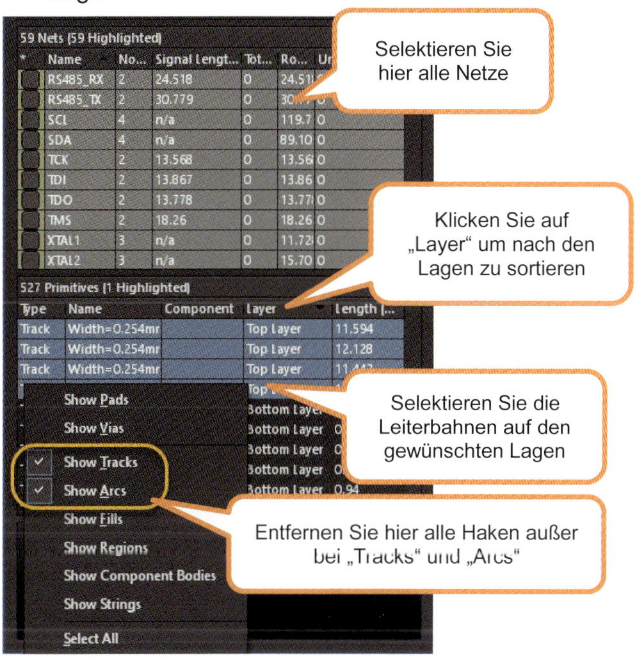

Selektion über das PCB Filter Panel

Das Filter Panel besteht aus vier Bereichen. Im obersten Bereich können Sie direkt Leiterplattenobjekte wie Text, Durchkontaktierungen usw. auswählen. Im nächsten Bereich können Sie einschränken auf welcher Lage oder welchen Lagen sich das Objekt befinden soll. Im Bereich „Filter“ sehen Sie den resultierenden Abfragesprachausdruck und im unteren Bereich legen Sie fest, was mit den Objekten passieren soll auf die der Filter passt bzw. nicht passt. Hier kann man festlegen ob die Objekte selektiert, maskiert oder gedimmt dargestellt werden sollten.

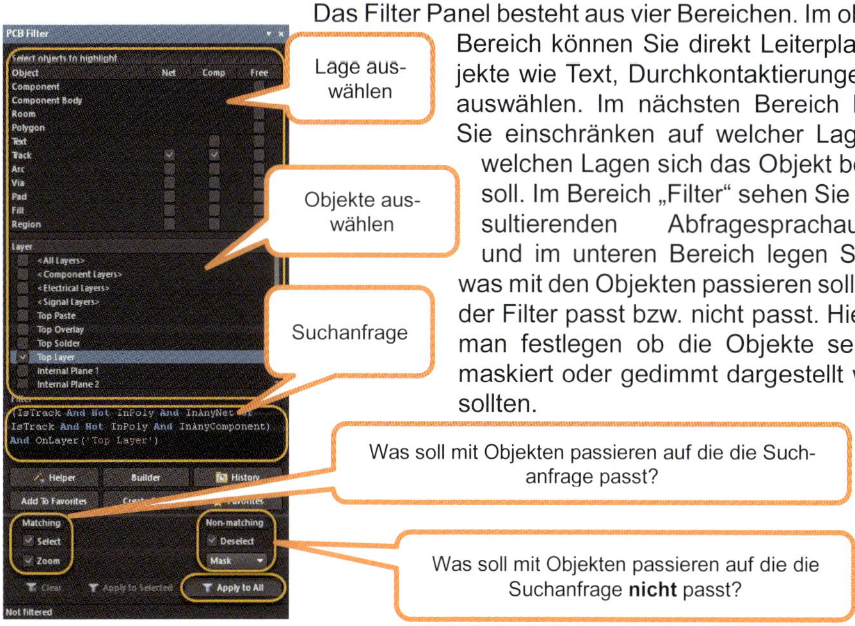

Selektion über „Find Similar Objects "

- Zeigen Sie mit dem Mauszeiger auf einen Objekttyp den Sie finden wollen. Zeigen Sie z.B. auf eine Durchkontaktierung, die einen bestimmten Bohrdurchmesser und einen bestimmten Kupferring hat, können Sie mit „Find Similar Objekts" alle Durchkontaktierungen mit den gleichen Eigenschaften selektieren und schließlich im PCB Inspector gemeinsam bearbeiten.
- Rechtsklick öffnet ein Kontextmenü.

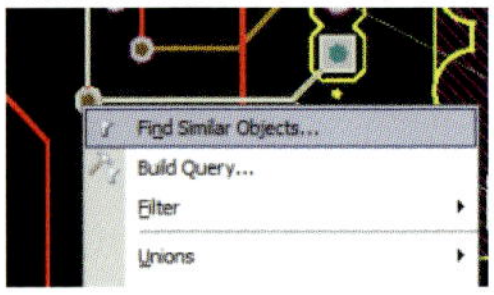

- Wählen Sie ganz oben „Find Similar Objekts"
- Der „Find Similar Objects" Dialog öffnet sich

- Die erste Spalte zeigt den Namen der Eigenschaft an, die zweite Spalte den aktuellen Wert und die dritte Spalte ist die Filterspalte.
  Im Bild ganz oben steht die Eigenschaft „Object Kind", der Wert „Via" und der

Filter „Same“. Wenn man mit OK den Befehl ausführt, werden alle Durchkontaktierungen selektiert. Durch Änderungen in der Filterspalte kann man die Suche verfeinern. In der Filterspalte kann man zwischen „Any“, „Same“ und „Different“ wählen. „Any“ bedeutet, dass der Wert dieser Eigenschaft keine Bedeutung hat. Bei „Same“ werden nur Objekte gesucht, die den gleichen Eigenschaften haben. Setzt man bei der Eigenschaft „Hole Size“ mit dem Wert „28 mil“ die Filterspalte auf „Same“ werden nur Durchkontaktierungen mit einem Bohrdurchmesser von 28 mil gefunden. Würde man „Different“ setzen, dann werden nur die Durchkontaktierungen gefunden deren Bohrdurchmesser nicht 28 mil sind.

- Ein Haken bei „Select Matching“ sorgt dafür, dass der Befehl die passenden Objekte selektiert.
- In der darunterliegenden Auswahlbox kann „Normal“, „Mask“ und „Dim“ ausgewählt werden.
  „Mask“ maskiert alle Objekte aus, auf die die Abfrage nicht zutrifft.
  „Dim“ stellt alle Objekte dunkler dar, auf die die Abfrage nicht zutrifft.
  „Normal“ ändert die Anzeige nicht.
- Wenn man die Abfragesprache lernen will, ist es nützlich einen Haken bei „Create Expression“ zu setzen. Es wird dann im Filter Panel ein den Einstellungen entsprechender Ausdruck angezeigt.
- Ein Klick auf „Apply“ wendet die Einstellungen an und man kann kontrollieren ob das gewünschte selektiert wird.
- Ein Klick auf „OK“ beendet den Befehl.
- Die Objekte können jetzt im Properties Panel bearbeitet werden. Vor der Version 18 setzen Sie bei „Run Inspector“ einen Haken, dann öffnet sich der PCB Inspector automatisch.

Single Layer Mode

Im Single Layer Mode wird nur noch die aktuelle Lage dargestellt. Alle anderen Lagen werden ausgeblendet, in einheitlichem Grau oder in den Lagenfarben entsprechenden Graustufen dargestellt. Mit dem Tastenkürzel Umschalten - S können Sie den Single Layer Mode aktivieren, deaktivieren bzw. zwischen den einzelnen Modi wechseln. In den Präferenzen können Sie unter „PCB Editor - Board Insight Display“ auswählen, welche Modi Sie gerne benutzen möchten. Haben Sie keine Option aktiviert, dann steht der Single Layer Mode nicht zur Verfügung. Wenn Sie nur eine Option ausgewählt haben, können Sie mit „Umschalten - S“ den Single Layer Mode aktivieren und deaktivieren. Bei mehr als einer Option rotieren Sie mit „Umschalten - S“ durch die ausgewählten Modi.

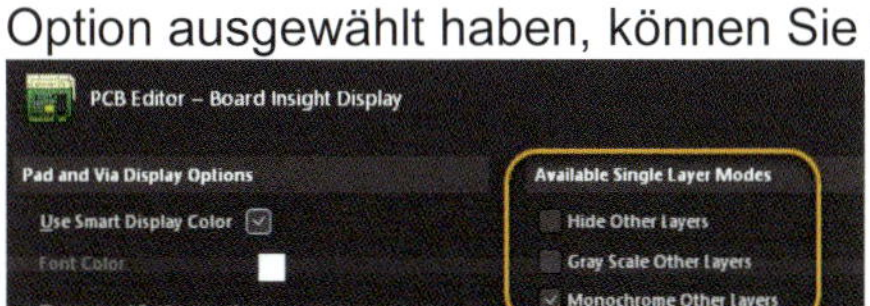

Im „View Configurations“ Panel können Sie mechanische Lagen auswählen, die im Single Layer Mode angezeigt werden sollen. Dazu klicken Sie mit gedrückter STRG Taste auf das Augensymbol der gewünschten mechanischen Lage. Um das Augensymbol wird nun ein Quadrat angezeigt.

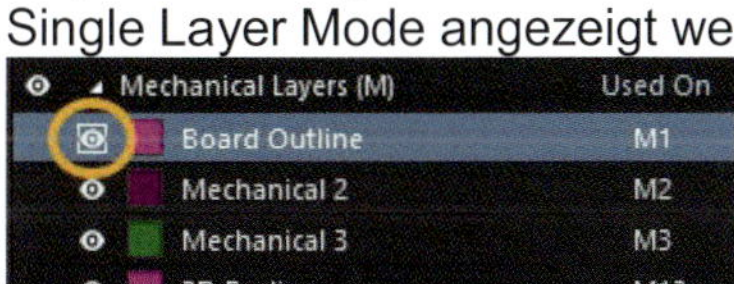

Arbeiten mit dem Heads-Up Display

Das sogenannte *Heads-Up Display* befindet sich in der linken oberen Ecke des Arbeitsbereichs.

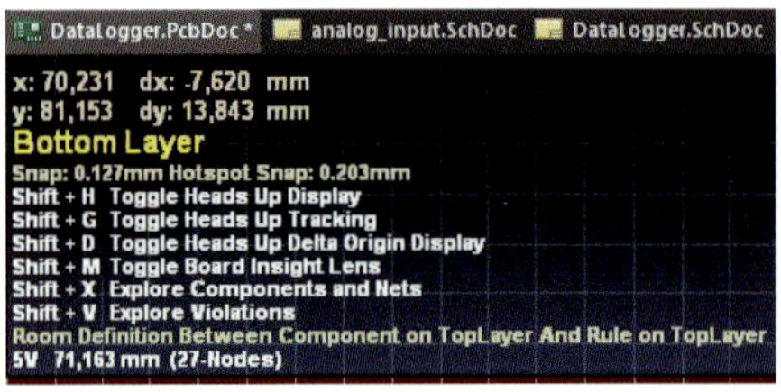

Hier sehen Sie die aktuellen Koordinaten des Mauszeigers, das ausgewählte Einheitensystem (mm oder mil), die aktuelle Lage, das aktuelle Raster und weitere Informationen abhängig vom Befehl, der gerade aktiv ist.

Folgende Tastenkürzel stehen zur Verfügung:

- **F2**
  Hilfe für das Heads Up Display einblenden.
- **Umschalten - H**
  Heads Up Display ein- und ausblenden.

- **Umschalten - G**
  Heads Up Display zusammen mit der Maus bewegen.
  Bevor Sie dieses Tastenkürzel benutzen, bringen Sie den Mauszeiger in die gewünschte Position relativ zum Heads-Up Display.
- **Einfg Taste**
  Mit dem Drücken der Einfg Taste werden die Werte für dx und dy auf Null gesetzt. Wenn Sie jetzt die Maus bewegen, zeigen dx und dy den Abstand zum Punkt an, an dem die Einfügen Taste gedrückt wurde.

In den Präferenzen können Sie unter „PCB Editor - Board Insight Modes“ das Erscheinungsbild des Heads Up Displays einstellen.

Navigation im 3D Modus

Mit dem Tastenkürzel '3' gelangen Sie in den 3D Modus und mit '2' wieder zurück in den 2D Modus. Im 3D Modus stehen die gleichen Navigationsmöglichkeiten zur Verfügung wie im 2D Modus beschrieben. Zusätzlich können Sie die Leiterplatte noch mit einer 3D Maus oder auch der normalen Maus um alle Achsen drehen und kippen. Die Ansichten im 2D und 3D Modus sind unabhängig voneinander. Es besteht die Möglichkeit zwischen der gekoppelten und ungekoppelten Ansicht in 2D und 3D zu wählen.

	2D → 3D	3D → 2D
ungekoppelte Ansicht	‚3‘	‚2‘
gekoppelteAnsicht	Alt + Strg + ‚3‘	Alt + Strg + ‚2‘

Arbeiten mit der Tastatur:
Um die 3D Ansicht zu ändern können Sie die folgenden Tastenkürzel verwenden. Zahlen denen „Num-" vorangestellt sind werden auf dem Zehnertastenblock eingegeben. Alle anderen auf der normalen Tastatur in der oberen Reihe. Die Einstellungen für die Rotation und das Verschieben der Ansicht finden Sie im Kapitel „Präferenzen einstellen – PCB Editor" (S.20).

Tastenkürzel	Bedeutung
Num-0	Isometrische Darstellung
Strg - Num-0	Isometrische Darstellung um 180° gedreht
Num – 1	Ansicht von oben
Strg – Num – 1	Ansicht von unten
Num – 7	Ansicht von vorne
Strg – Num – 7	Ansicht von hinten
Num – 3	Ansicht von links
Strg – Num – 7	Ansicht von rechts
Num – 4	Nach links rotieren
Num – 6	Nach rechts rotieren
Num – 8	Nach oben rotieren
Num – 2	Nach unten rotieren
Strg – Num – 4	Nach links verschieben
Strg – Num – 6	Nach rechts verschieben
Strg – Num – 8	Nach oben verschieben
Strg – Num – 2	Nach unten verschieben
Num – 9	Um 90° rotieren
0	0° Position einnehmen
5	Starr-Flex Design falten
8	Isometrische Darstellung
9	Um 90° rotieren

Arbeiten mit der normalen Maus:

- Wechseln Sie mit dem Tastenkürzel '3' in den 3D Modus.
- Bewegen Sie den Mauszeiger an eine Position, an welcher der Ursprung für die folgenden Dreh- und Kippbewegungen sein soll.
- Halten Sie die linke Umschalttaste gedrückt.

Es erscheint eine Kugel.

- Gehen Sie mit dem Mauszeiger über die Kugel.
- Drücken Sie die rechte Maustaste und es erscheint eine Hand.
- Mit dieser Hand können Sie jetzt die Kugel und damit die Ansicht Ihrer Leiterplatte bewegen.
  Je weiter die „Hand" von der Kugel entfernt ist, desto größer wird die Hebelwirkung und desto schwieriger ist es eine Ansicht auszuwählen.

Schnittansicht der Leiterplatte im 3D Modus

Im 3D Modus kann eine Schnittansicht der Leiterplatte angezeigt werden.

- Wechseln Sie mit dem Tastenkürzel '3' in den 3D Modus.
- Öffnen Sie das View Configuration Panel mit dem Tastenkürzel '**L**'
- Wechseln Sie auf den Reiter „Section View“
- Unter „General Settings“ können Sie bei „Section View“ ① mit „On“ bzw. „Off“ die Schnittansicht ein- und ausschalten. Mit „Edit“ können die Schnittebenen interaktiv verschoben werden. Mit „Invert Cutout“ ② können alle Schnittebenen gemeinsam invertiert werden. Im Bereich ③ können Achsen, die nicht verschoben werden sollen deaktiviert werden. Entfernen Sie dazu einfach das entsprechende Häkchen. Im Bereich ④ können Sie einzelne Achsen invertieren.

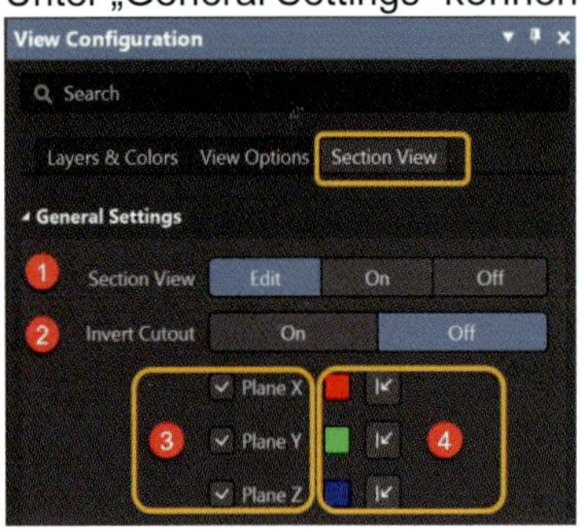

- Zum Ändern der Schnittansicht aktivieren Sie zunächst im Bereich ① die Schaltfläche „Edit“.
- In der Schnittansicht können Sie jetzt mit der Maus die Pfeile der einzelnen Ebenen verschieben. Falls nicht alle Lagen angezeigt werden, dann erweiteren Sie die Schnittansicht mit dem blauen Pfeil in Z Richtung.

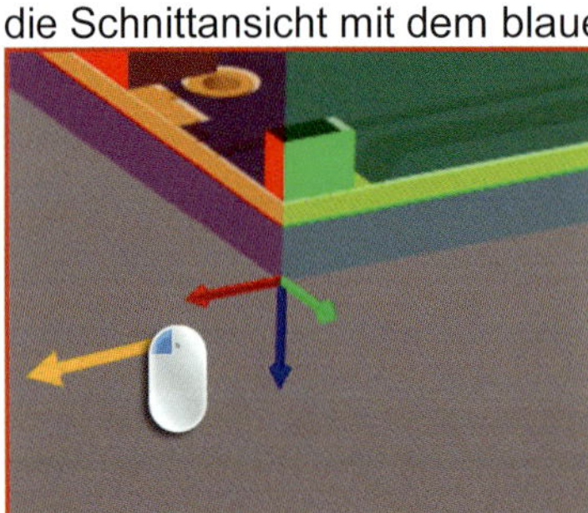

Grundlegende Leiterplatten Präferenzen

Am einfachsten gelangen Sie zu den Leiterplatten Präferenzen mit dem Tastenkürzel „**T**ools - **P**references".

Die grundlegenden Einstellungen finden Sie im Bereich „General":

- **Editing Options - Smart Component Snap**
  Wird diese Option aktiviert, springt der Mauszeiger statt auf den Referenzpunkt sondern zum nächst möglichen Kontrollpunkt. Diese Einstellung ist nützlich, wenn man ein Bauteil an einer mechanischen Bohrung anfassen will um diese dann auf eine bestimmte Position zu platzieren.
- **Editing Options – Protect Locked Primitives in Component**
  Wenn diese Option aktiv ist, dann werden z.B. Teile eines Footprints einer Komponente vor unbeabsichtigter Veränderung geschützt.
- **Autopan Options**
  Bei aktivem Befehl (z.B. Place Interactive Routing) verschiebt sich die Leiterplatte automatisch, wenn man den Rand erreicht. Über „Style" können Sie die Art der Verschiebung festlegen und unter „Speed" wie schnell es erfolgen soll. Bewährt haben sich Einstellungen von 300-400 Pixel/s. Wenn Sie „Style" auf „Shift Accelerate" stellen, können Sie zwei Schrittweiten einstellen (mit und ohne gedrückter Umschalttaste) Damit können Sie unter „Step Size" einen relativ kleinen Wert zum langsamen Bewegen eintragen und unter „Shift Step" einen großen Wert.
- **Polygon Rebuild**
  In der Voreinstellung werden Polygone, wenn man sie bewegt oder editiert, nicht automatisch neu gezeichnet. Setzt man einen Haken in „Repour Polygons After Modification" werden Polygone nach einer Änderung (meist) automatisch neu erzeugt. Gibt es abhängige Polygone, dann werden diese auch neu erzeugt, wenn man bei „Repour all dependent polygons after editing" einen Haken setzt.
- **Other - Rotation Step**
  Beim Drücken der Leertaste wird ein Bauteil am Mauszeiger rotiert. Hier können Sie festlegen um welchen Winkel rotiert werden soll.
- **Other - Cursor Type**
  - großer 90° Mauszeiger
  - kleiner 90° Mauszeiger (Standard)
  - kleiner 45° Mauszeiger
- **Other – Cursor Color**
  Hier können Sie die Farbe des Mauszeigers einstellen.
- **Other – Comp Drag**
  Wählt man hier die Option „Connected Tracks", kann man mit dem Befehl „**M**ove - **D**rag" das Kupfer mit verschieben. Sie sollten besser „Interactive Routing - Component re-route" verwenden.
- **Other – 3D Scene Rotation**
  Winkelschritt um den im 3D Modus rotiert wird.
- **Other – 3D Scene Panning**
  Strecke um welche die 3D Ansicht verschoben wird.

Weitere Einstellungen finden Sie im Kapitel „Präferenzen einstellen – PCB Editor" (S.20).

ALTIUM DESIGNER®

LEITERPLATTEN-VORLAGEN

Bei den Leiterplattenvorlagen handelt es sich nicht um einen eigenen Dateityp wie bei den Schaltplanvorlagen. Vielmehr handelt es sich hier um ein gewöhnliches Leiterplattendokument, welches als Kopiervorlage verwendet wird.

Leiterplattenvorlage erstellen

- Erzeugen Sie mit „**F**ile - **N**ew - **P**CB" eine neue Leiterplatte. Alternativ können Sie die Leiterplatte auch aus dem Vorlagenverzeichnis öffnen. Den Pfad finden Sie in den Präferenzen unter „Data Management - Templates"
- Definieren Sie den Lagenaufbau.
- Legen Sie die Leiterplattenkontur fest.
- Öffnen Sie mit dem Tastenkürzel 'L' die „View Configurations".
- Definieren Sie dort die mechanischen Lagen und Lagenpaare (z.B. TopGlue und BottomGlue).
- Klicken Sie mit der rechten Maustaste in einen leeren Bereich des View Configuration Panels und wählen Sie im Kontextmenü „Add Mechanical Layer".
- Tragen Sie bei „Layer Number" den Wert 16 und wählen Sie unter „Layer Type" den Eintrag „Sheet".
- Diese Lage wird jetzt als weißer Hintergrund (Zeichenblatt) dargestellt.
  Auf dieser Lage können Sie jetzt einen Zeichnungsrahmen im DXF Format importieren. In der Voreinstellung ist das „Sheet" ausgeblendet.
- Gehen Sie in den „System Colors" Bereich und klicken Sie dort auf das Auge bei „Sheet Line/Area Color".

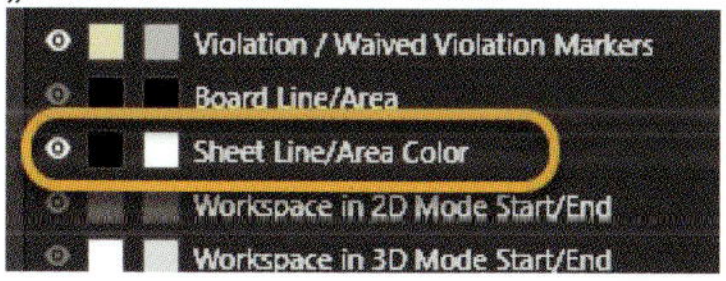

- Im Properties für die Leiterplatte können Sie ganz unten weitere Einstellungen für das „Sheet" vornehmen. Ein Häkchen bei „Get Size From Sheet Layer" passt die Größe des „Sheets" an den Inhalt der mechanischen Lage an.

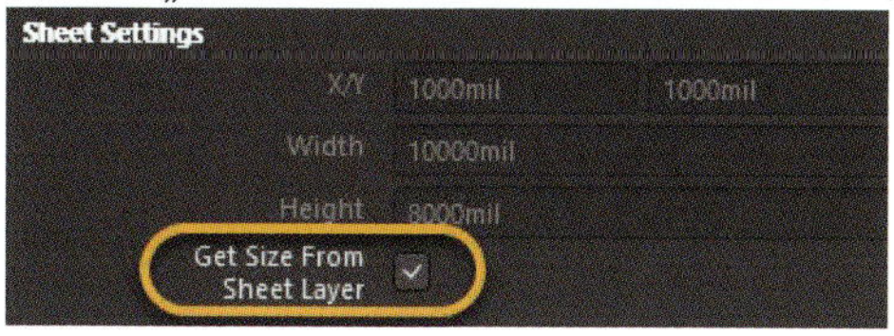

- Platzieren Sie eine Legende für den Lagenaufbau.
- Platzieren Sie die Bohrtabelle.
- Platzieren Sie beliebige weitere Leiterplattenobjekte.
- Definieren Sie die Design Regeln.
- Speichern Sie die Leiterplattenvorlage im Vorlagenverzeichnis ab. Den Pfad finden Sie in den Präferenzen unter „Data Management - Templates".

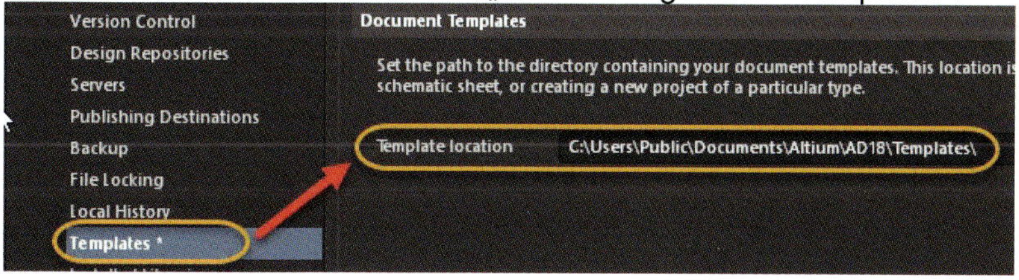

Leiterplattenvorlage für neue Leiterplatten verwenden

In den Präferenzen kann man unter „System - New Document Defaults" für jeden Dateityp eine entsprechende Vorlage eintragen.

Erzeugt man jetzt über „File - New - PCB" oder „Add New to Project - PCB", dann wird die eingestellte Datei als Kopiervorlage verwendet.

ALTIUM DESIGNER®

DAS ARBEITEN MIT DEM PCB PANEL

Das PCB Panel ist ein wichtiges Werkzeug um mit Objekten auf der Leiterplatte zu arbeiten. Beim Öffnen einer Leiterplatte erscheint das PCB Panel automatisch im linken Panel Bereich. Falls es nicht vorhanden ist, kann man es über „View – Panels“ wieder einblenden.

Das Arbeiten mit dem PCB Panel verläuft immer nach dem gleichen Schema:

- Ganz oben wählen Sie aus einer Liste aus, was im PCB Panel angezeigt werden soll.

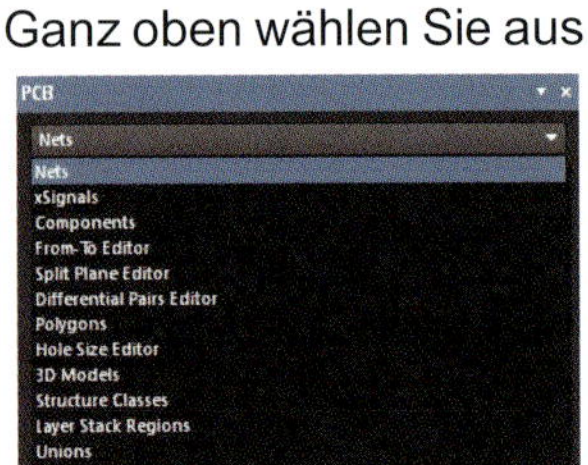

Das können Netze, Komponenten, Spannungsversorgungslagen etc. sein.

- Im nächsten Bereich stellen Sie ein wie die Objekte angezeigt werden sollen, wenn Sie in den Unterbereichen etwas auswählen.
- **Normal**
  Die Anzeige im Arbeitsbereich bleibt unverändert.
- **Dim**

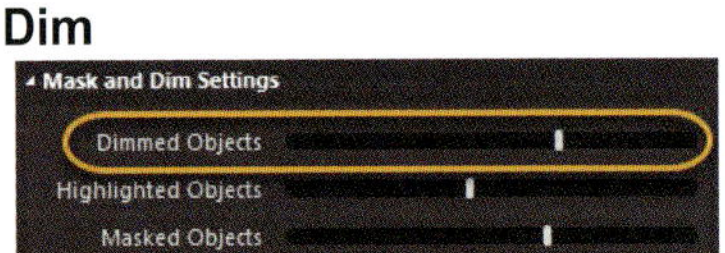

Alle Objekte, außer dem ausgewählten, werden dunkler dargestellt. Den Grad kann man im View Configuration Panel mit dem Regler „Dimmed Objects“ einstellen.

- **Mask**
  Setzt eine Maske und blendet alle Objekte, außer dem ausgewählten, aus. Den Grad kann man im View Configuration Panel mit dem Regler „Masked Objects“ einstellen.
- **Select**
  Ein Haken bei „Select“ selektiert das angewählte Objekt.
- **Zoom**
  Ein Haken bei „Zoom“ vergrößert, falls möglich, die angewählten Objekte.
- **Clear Existing**
  Löscht die vorherige Auswahl. Wird dieser Haken entfernt, kann man sukzessive weitere Objekte zur Auswahl hinzufügen.
- Im ersten Unterbereich werden die definierten Klassen angezeigt. Wählt man oben „Nets“ aus, erscheinen hier die definierten Netzklassen. Es gibt meist vordefinierte Pseudoklassen, deren Namen der Altium Designer® in spitzen Klammern darstellt. Bei Netzen ist das die Pseudoklasse <All Nets>. Bei Komponenten <Inside Board Components>, <Outside Board Components> etc.
- Wählt man hier eine Klasse aus, dann werden die Mitglieder der Klasse im nächsten Unterbereich angezeigt. Bei Netzklassen die zugehörigen Netze.
- Wählt man dann ein Klassenmitglied aus, werden dessen Bestandteile im letzten Unterbereich angezeigt. Bei Netzen sieht man hier die Anschlussflächen der Bauteile, an welche das Netz angeschlossen ist und die einzelnen verlegten Kupfersegmente.
- Ganz unten im Panel sehen Sie die Leiterplatte im Überblick. Der Doppelrahmen zeigt Ihnen den aktuell dargestellten Ausschnitt an. Sie können diesen Ausschnitt mit der Maus verschieben und seine Größe ändern.
- Das PCB Panel unterstützt die sogenannte „Type-Ahead“ Suche. Dazu klickt man zunächst in eine Spalte in der man suchen möchte. Dann beginnt man den Suchbegriff, z.B. einen Netznamen, einzutippen. Solange die eingetippten Buchstaben passen, wird die Suche fortgesetzt. Eine neue Suche beginnt man, in dem man die ESC Taste drückt.

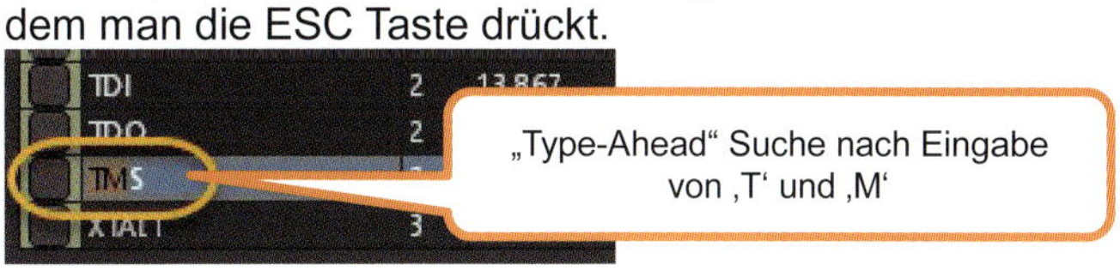

- Jede Spalte kann sortiert werden, in dem man auf den Spaltenkopf klickt.

Netze

Im Kapitel „Selektion über das PCB Panel“ (S.172) finden Sie ein Beispiel, wie Sie das PCB Panel zur Selektion von Leitungen verwenden können.

- Selektieren Sie in der Auswahlliste ganz oben den Eintrag „Nets“ und Netzklassen
- Im ersten Unterbereich erscheinen alle definierten Netzklassen.
- Ein Doppelklick auf eine Netzklasse öffnet den Netzklassen Dialog. Hier können Sie weitere Netze zur Netzklasse hinzufügen oder Netze aus der Netzklasse entfernen.

- Klicken Sie mit der rechten Maustaste auf eine Netzklasse, öffnet sich ein Kontextmenü.

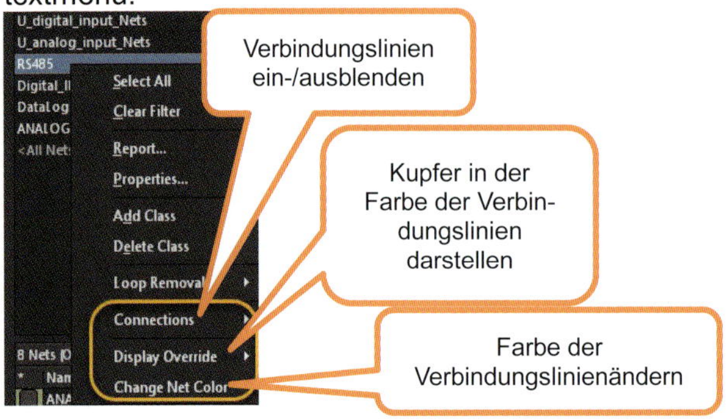

- Über „Change Net Color“ können Sie für die ganze Klasse die Farbe der Verbindungslinien (Air Wires, Gummibänder) einstellen. Über „Display Override“ kann zusätzlich alles Kupfer eingefärbt werden. Über „Connections“ können Sie die Verbindungslinien der Netzklasse ein- bzw. ausblenden.
- Sobald Sie eine Netzklasse oder <All Nets> ausgewählt haben erscheinen im nächsten Unterbereich die Leitungen, die zur Klasse gehören.
- Ein Doppelklick auf den Netznamen im PCB Panel öffnet den Eigenschaftendialog. Hier können Sie für ein einzelnes Netz z.B. die Farbe der Verbindungslinien einstellen.

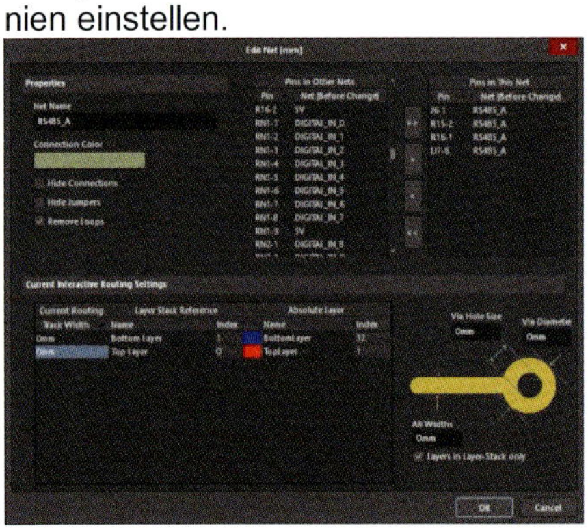

- Um auch das Kupfer in der Farbe darzustellen, müssen Sie die „Override Color“ aktivieren.

Zusätzlich müssen Sie die Option „Net Color Override“ im View Configuration Panel aktivieren.

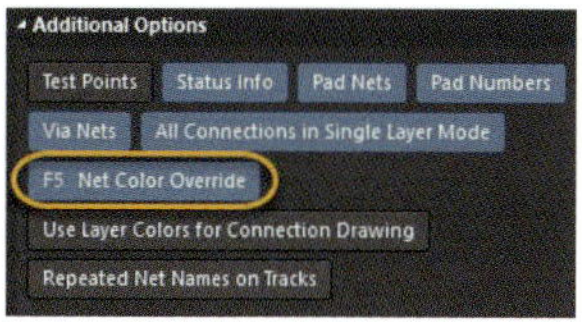

- Nach der Auswahl eines Netzes finden Sie im nächsten Unterbereich alle Kupfersegmente und Anschlussflächen, die zu diesem Netz gehören. Ein Doppelklick öffnet auch hier den Eigenschaftendialog.

xSignals

Die xSignals erleichtern das High-Speed Design mit dem Altium Designer®. Sie definieren die Verbindung zwischen zwei Anschlusspins. Das kann z.B. eine Datenleitung D0 sein, die von einem Prozessor zu einem Speicherbaustein geht. Handelt es sich um eine direkte Verbindung, kann mit normalen Netzen gearbeitet werden. Benötigt diese Leitung aber einen Serienwiderstand zur Terminierung, dann hat man es mit zwei unterschiedlichen Netzen zu tun. Eines vom Prozessor zum Serienwiderstand und eines weiter zum Speicherbaustein. Mit diesen zwei Netzen ist es nicht ganz einfach eine Längenanpassung durchzuführen. Hier kann jetzt ein xSignal definiert werden als logische Verbindung zwischen dem Anschlusspin am Prozessor und dem am Speicherbaustein. Die Längenanpassung zwischen xSignalen ist dann kein Problem.

- Selektieren Sie in der Auswahlliste ganz oben den Eintrag „xSignals“

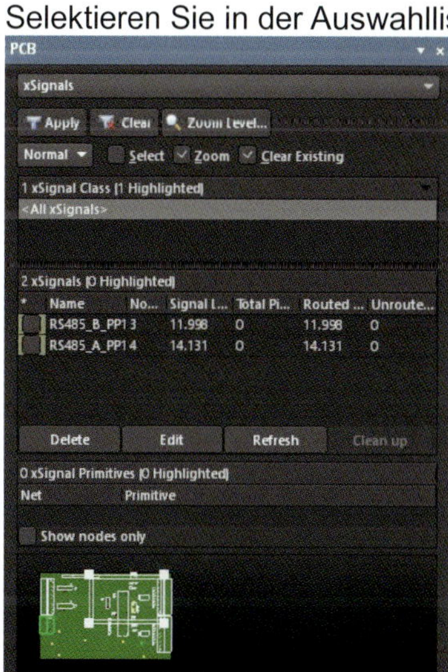

- Im ersten Unterbereich erscheinen alle definierten xSignal Klassen.
- Ein Doppelklick auf eine xSignal Klasse öffnet den xSignal Klassen Dialog. Hier können Sie weitere xSignale zur xSignal Klasse hinzufügen oder xSignale aus der xSignal Klasse entfernen.
- Sobald Sie eine xSignal Klasse oder <All xSignals> ausgewählt haben erscheinen im nächsten Unterbereich die xSignale, die zur Klasse gehören.

- Nach der Auswahl eines xSignals finden Sie im nächsten Unterbereich alle Anschlussflächen, die zu diesem xSignal gehören. Ein Doppelklick öffnet den Eigenschaftendialog.

Komponenten

- Selektieren Sie in der Auswahlbox ganz oben den Eintrag „Components" und Komponentenklassen
- Im ersten Unterbereich erscheinen alle definierten Komponentenklassen und die Pseudoklassen <All Components>, <Bottom Side Components>, <Top Side Components>, <Inside Board Components> und <Outside Board Components>.
- Ein Doppelklick auf eine Komponentenklasse öffnet den Komponentenklassen Dialog. Hier können Sie weitere Komponenten zur Komponentenklasse hinzufügen oder Komponenten aus der Komponentenklasse entfernen.
- Wenn Sie eine Klasse auswählen erscheinen die zugehörigen Komponenten im nächsten Unterbereich.
- Ein Doppelklick auf eine Komponente öffnet das Properties Panel.
- Ein Klick in die letzte Spalte sperrt oder entsperrt eine Komponente.

- Wählt man eine Komponente aus werden im nächsten Unterbereich die Bestandteile des zugehörigen Leiterplattensymbols angezeigt.

Spannungsversorgungslagen

- Selektieren Sie in der Auswahlbox ganz oben den Eintrag „Split Plane Editor"
- Im ersten Unterbereich sehen Sie alle verfügbaren Spannungsversorgungslagen. Diese werden im Layer Stack Manager definiert und mit einem Namen versehen. In der Spalte „Split Count" sehen Sie aus wie vielen Teilen die Versorgungslage besteht. Um eine Versorgungslage aufzuspalten zeichnen Sie einfach Linien entsprechender Stärke in die Versorgungslage.

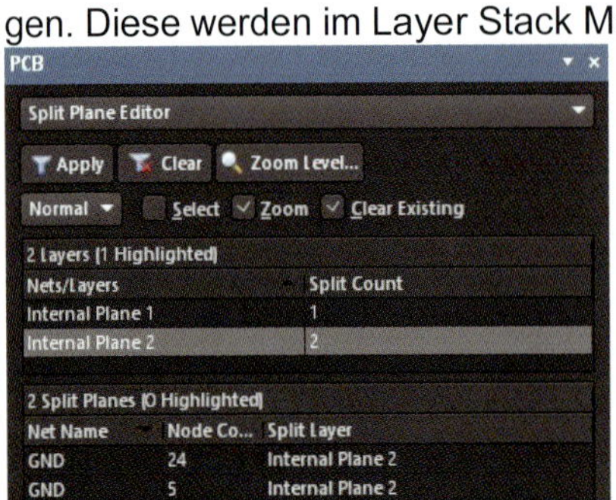

  In diesem Beispiel besteht die Versorgungslage „Internal Plane 2" aus zwei Teilbereichen. Wenn Sie eine Versorgungslage auswählen erscheinen im nächsten Unterbereich die einzelnen Teilbereiche.
- Mit einem Doppelklick auf einen Teilbereich öffnet sich ein Editor mit dem Sie

dem Bereich ein Netz zuweisen können.

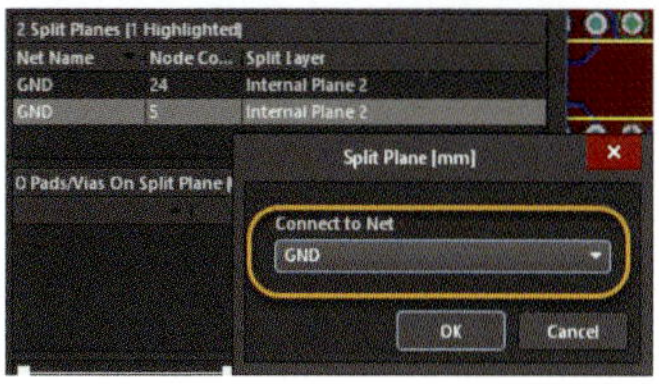

Alternativ kann auch im Arbeitsbereich die entsprechende Lage über die Reiter unten ausgewählt werden.

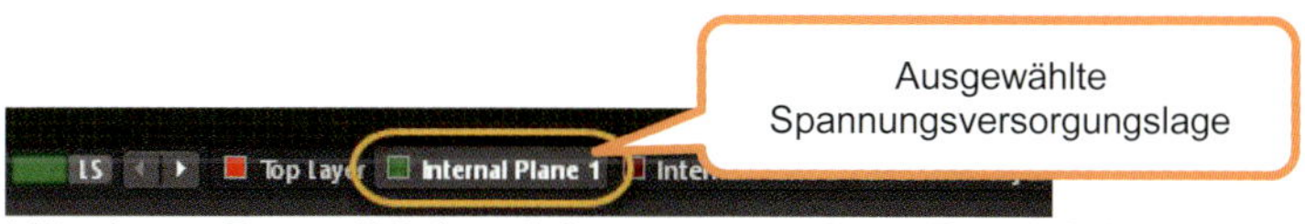

Mit einem Doppelklick auf den gewünschten Bereich kann dann ebenfalls ein Netz zugewiesen werden.

Differentielle Leitungspaare

- Selektieren Sie in der Auswahlbox ganz oben den Eintrag „Differential Pairs Editor“

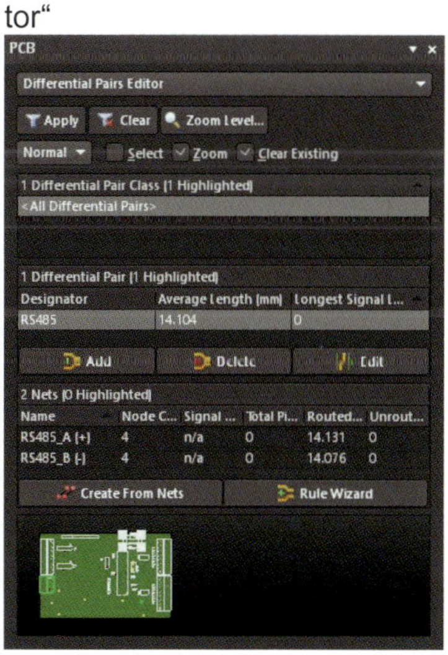

- Im ersten Unterbereich erscheinen alle definierten Klassen der differentiellen Leitungspaare.
- Ein Doppelklick auf eine Klasse öffnet den Klassen Dialog für differentiellen Leitungspaare. Sie können hier differentielle Leitungspaare hinzufügen und entfernen.
- Im nächsten Unterbereich sehen Sie alle differentiellen Leitungspaare die zur Klasse gehören. Ein Doppelklick auf einen Eintrag öffnet den Eigenschaftendialog:

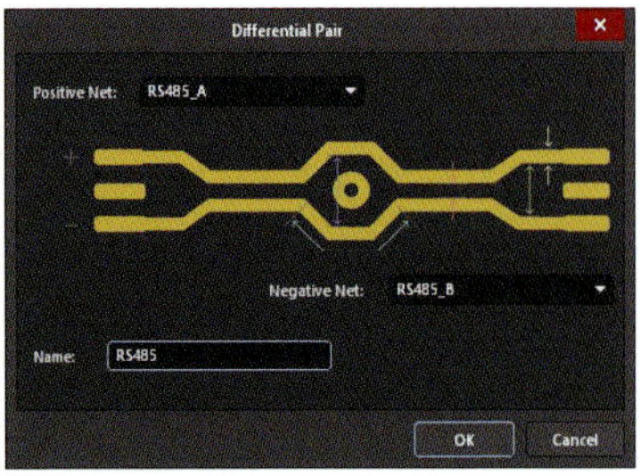

- Über die Schaltfläche „Add“ kann ein differentielles Leitungspaar manuell erzeugt werden.

Bohrungen

- Selektieren Sie in der Auswahlbox ganz oben den Eintrag „Hole Size Editor“

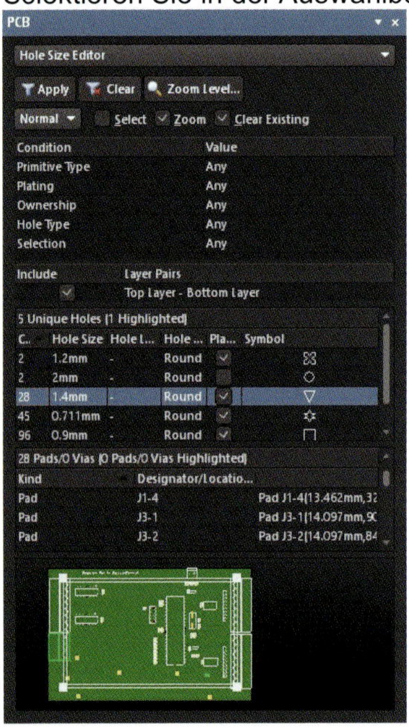

- Im ersten Unterbereich können Sie die angezeigten Bohrungen filtern. Mit „Primitive Type“ können Sie z.B. festlegen, ob Sie nur Bohrungen von Durchkontaktierungen, Bauteilanschlussbohrungen oder beides sehen wollen.
- Im nächsten Unterbereich können Sie die Lagenpaare auswählen, für die Bohrungen angezeigt werden sollen.
- Die eigentlichen Bohrungen erscheinen dann im nächsten Unterbereich. Ein Klick auf den Spaltenkopf sortiert nach dem Spaltenkopf. Mit Umschalten-Klick auf einen Spaltenkopf kann zusätzlich nach weiteren Spalten sortiert werden. Mit einem Klick auf einen Wert in der Spalte lässt sich dieser bearbeiten. Die Einträge „Type“ und „Plated“ können nur bei Bauteilanschlussbohrungen geändert werden. Die Größe der Bohrung kann direkt verändert werden.
- Wählt man eine Bohrungsgröße aus, erscheinen im nächsten Unterbereich die

einzelnen Elemente.
Hat man oben bei den Anzeigeoptionen „Select" angewählt, dann werden die entsprechenden Bohrungen auch direkt auf der Leiterplatte selektiert.

3D Modelle

- Selektieren Sie in der Auswahlbox ganz oben den Eintrag „3D Models"

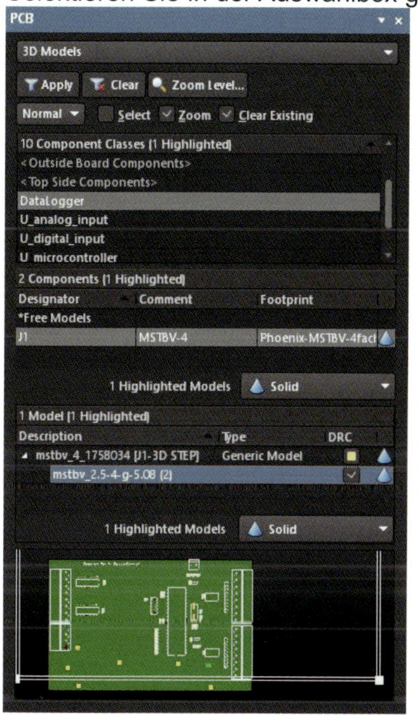

- Im ersten Unterbereich erscheinen alle definierten Komponentenklassen und die Pseudoklassen <All Components>, <Bottom Side Components>, <Top Side Components>, <Inside Board Components> und <Outside Board Components>.
- Wenn Sie eine Klasse auswählen erscheinen die zugehörigen Komponenten im nächsten Unterbereich. Über den kleinen blauen Kegel können Sie die Durchsichtigkeit des 3D Modells einstellen. Klicken Sie dazu auf den Kegel bis die gewünschte Durchsichtigkeit erreicht ist.
- Haben Sie eine Komponente ausgewählt, dann erscheinen die zugehörigen 3D Modelle im nächsten Unterbereich. Ein Doppelklick auf ein Modell öffnet das Properties Panel bzw. vor Version 18 den 3D Eigenschaftendialog.
- Wählt man im zweiten Unterbereich keine Komponente sondern den Eintrag „*Free Models" aus, werden alle 3D Modelle angezeigt, die nicht mit einer Komponente verbunden sind. Dies können z.B. Gehäusemodelle sein, die man der Leiterplatte hinzugefügt hat.

Bereiche des Lagenaufbaus

- Wechseln Sie mit der Taste '1' in den sogenannten „Board Planning Mode".
- Selektieren Sie in der Auswahlbox ganz oben den Eintrag „Layer Stack Regions"

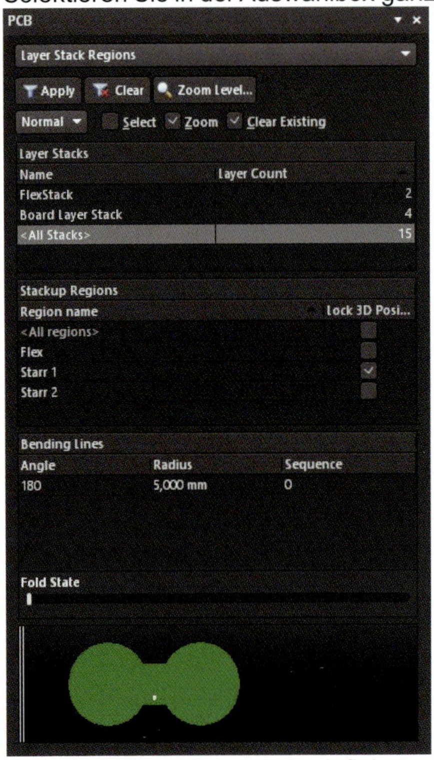

Der obere Bereich zeigt die definierten Lagenaufbauten auf der Leiterplatte an. Der mittlere Bereich zeigt die Bereiche Ihrer Leiterplatte an, denen ein Lagenaufbau zugewiesen werden kann. Der untere Bereich zeigt die im ausgewählten Bereich definierten Biegelinien an.

- Wählen Sie im oberen Bereich <All Stacks> aus. Dann werden im mittleren Bereich alle Leiterplattenbereiche angezeigt.
- Ein Doppelklick auf eine Zeile im mittleren Bereich öffnet den Eigenschaftendialog.

Im Feld „Name" können Sie dem Bereich einen Namen geben. Bei „Layer Stack" weisen Sie dem Bereich einen definierten Lagenaufbau zu. Sitzt bei „3D Locked" ein Haken, dann ist dieser Leiterplattenbereich beim Zusammenklappen im 3D Modus der Referenzbereich, der nicht bewegt wird. Wenn Sie für diesen Lagenaufbau Abdecklagen (Coverlays) definiert haben, können Sie diese durch einen Haken bei „Custom Coverlays" aktivieren. Auf den Lagenreitern erscheinen dann die entsprechenden Abdecklagen.

- Ein Doppelklick auf die Biegelinie öffnet den Einstellungsdialog.

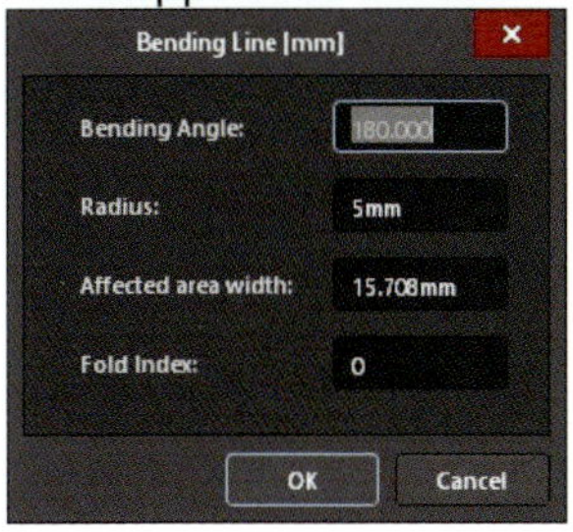

- „Bending Angle“ legt den Biegewinkel fest.
  Mit „Radius“ definieren Sie den Biegeradius. Daraus ergibt sich der betroffene Bereich (Affected area width). Sie können auch umgekehrt die „Affected area width“ festlegen und der Altium Designer® errechnet daraus den Biegeradius. „Fold Index“ legt die Biegereihenfolge in der 3D Ansicht fest.
- Wenn Sie mit der Taste ‘3’ in die 3D Ansicht wechseln können Sie mit dem Schieber „Fold State“ die Starr-Flex Konstruktion stufenlos zusammenklappen.

Unions

- Selektieren Sie in der Auswahlbox ganz oben den Eintrag „Unions“

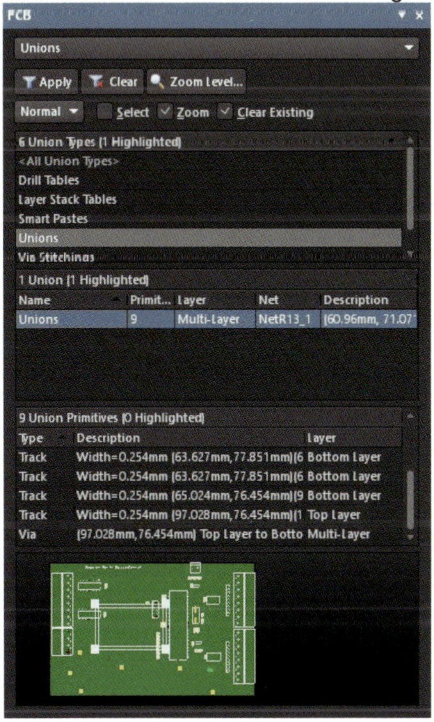

- Im oberen Bereich werden alle Union Typen angezeigt.
- Wählt man hier einen Typ aus, dann werden im nächsten Bereich alle Unions, die diesen Typ haben angezeigt.

- Durch einen Rechtsklick auf den Unionnamen kann dieser umbenannt werden. Ein Doppelklick öffnet bei den vordefinierten Unions (Bohrtabelle, Lagenaufbautabelle etc.) das Properties Panel bzw. vor Version 18 den Eigenschaftendialog.
- Wählt man hier eine Union aus, dann werden im unteren Bereich die Objekte angezeigt, die zur Union gehören.

Pad & Via Templates

- Selektieren Sie in der Auswahlbox ganz oben den Eintrag „Pad & Via Templates" Im oberen Bereich werden alle lokalen und bibliotheksdefinierten Vorlagen angezeigt. Die Auswahl eines Eintrags zeigt die entsprechenden Vorlagen im mittleren Bereich an. Dort sehen Sie in der Spalte „Changed", ob die Vorlage in der Bibliothek geändert wurde.

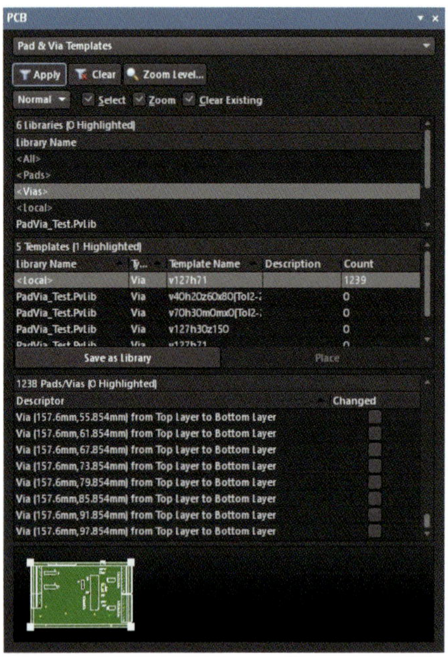

- Wählen Sie im mittleren Bereich eine Vorlage aus. Die Instanzen dieser Vorlage werden im unteren Bereich angezeigt.
- Ein Klick auf eine Instanz wendet die eingestellten Optionen (Selektion, Maskieren, Dimmen, Normal, Zoom) auf diese Instanz an.
- Ein Doppelklick auf eine Instanz öffnet das Properties Panel bzw. vor Version 18 den Einstellungsdialog dieser Instanz.
- Wenn Sie im mittleren Bereich Vorlagen auswählen, dann können Sie diese über die Schaltfläche „Save as Library" als neu Bibliothek abspeichern.

ALTIUM DESIGNER®

DAS ARBEITEN MIT DEM PCB PAD VIA TEMPLATES PANEL

Das PCB Pad Via Templates Panel dient zur Verwaltung der Vorlagen für Anschlussflächen und Durchkontaktierungen. Sie können es über „**V**iew - Panels - PCB Pad Via Templates“ einblenden. Vor der Version 18 über „**V**iew - **W**orkspace Panels - **P**CB – PCB Pad Via Templates“.

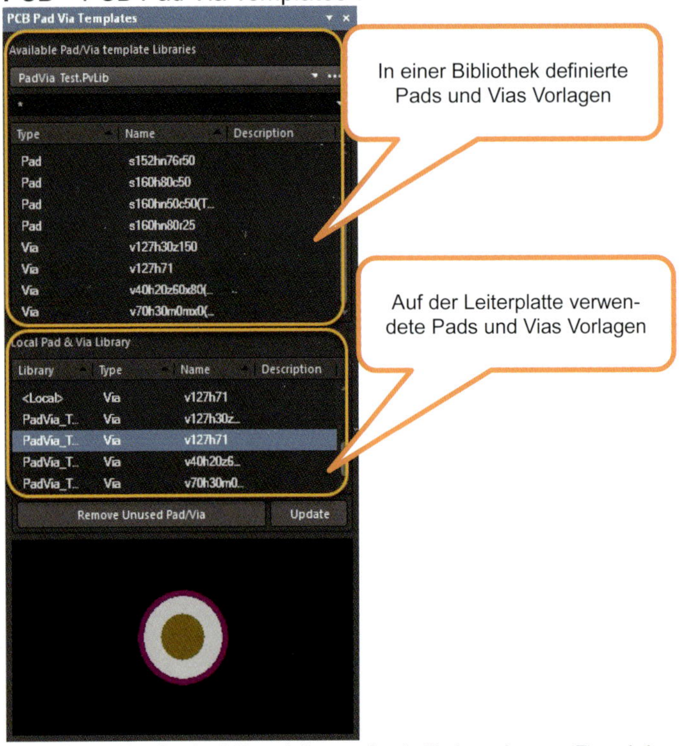

Das Panel ist in drei Bereiche aufgeteilt. Im oberen Bereich werden die Vorlagen für Anschlussflächen und Durchkontaktierungen angezeigt, die aus einer Bibliothek kommen. Im mittleren Bereich werden alle lokal auf der Leiterplatte definierten bzw. verwendeten Vorlagen angezeigt und im unteren Bereich sehen Sie eine Vorschau auf die aktuell ausgewählte Anschlussfläche oder Durchkontaktierung.

Im oberen Bereich kann eine installierte Bibliothek ausgewählt werden. Über die Schaltfläche „...“ können weitere Bibliotheken installiert werden.

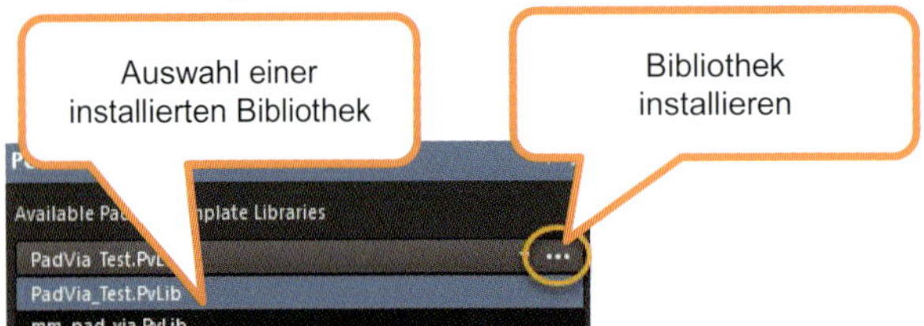

Die Vorlagen können direkt aus diesem Panel instanziiert werden. Dazu zieht man einfach mit der Maus die entsprechende Vorlage auf die Leiterplatte. Zieht man eine Vorlage aus dem oberen Bereich auf die Leiterplatte, erscheint diese dann auch im unteren Bereich des Panels.

Wichtig:
Nur Vorlagen im unteren Bereich stehen in den verschiedenen Auswahldialogen (z.B. bei Pads, Vias, Via Stitching etc.) zur Verfügung!
Wenn Sie Vorlagen aus einer Bibliothek verwenden wollen, müssen Sie diese zunächst aus dem oberen Bereich in den mittleren Bereich ziehen.

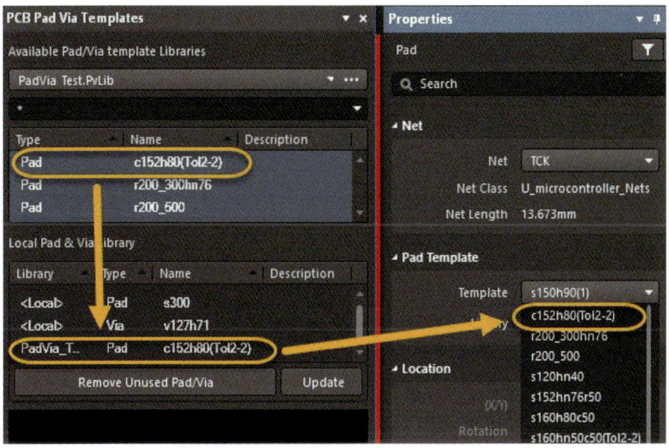

Alternativ können Sie im oberen Bereich die Pads und Vias selektieren und dann mit der rechten Maustaste darauf klicken. Im Kontextmenü wählen Sie dann „Add To Internal Library".

Lokale Vorlagen ersetzen

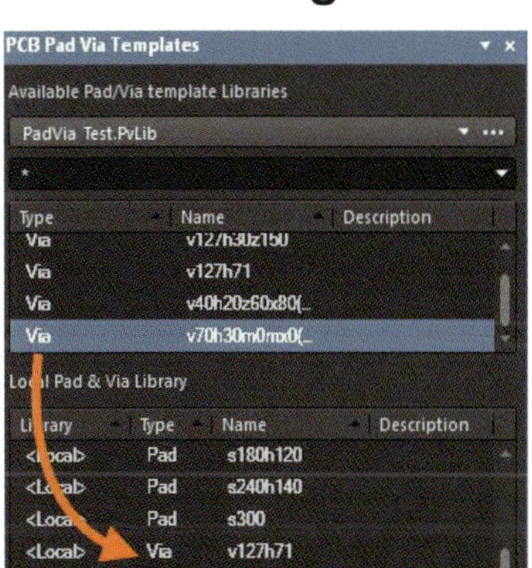

Lokale Vorlagen können sehr einfach ersetzt werden. Ziehen Sie eine Vorlage aus dem oberen Bereich auf eine Vorlage im mittleren Bereich. Allen Anschlussflächen bzw. Durchkontaktierungen, welche die bisherige Vorlage verwendet haben, wird die neue Vorlage zugewiesen.

Vorlagen aktualisieren

Werden Änderungen an den Vorlagen Bibliotheken vorgenommen, dann können diese auf der Leiterplatte aktualisiert werden.

- Geänderte Pads/Vias werden im PCB Panel im Bereich „Pad & Via Templates“ gekennzeichnet.

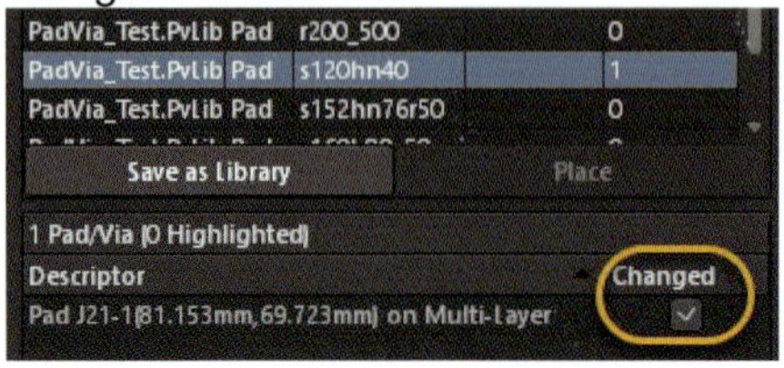

- Zur Aktualisierung öffnen Sie das „PCB Pad Via Templates Panel“.
- Klicken Sie auf die Schaltfläche „Update“.

- Wenn es Unterschiede gibt, dann erscheint der „Update Pad/Vias on Board“ Dialog.

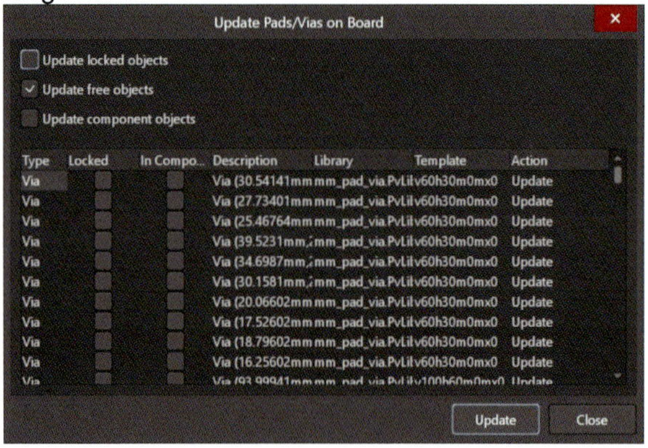

- In diesem Dialog kann festgelegt werden, was aktualisiert werden soll:
  - **Update locked objects:** Die Aktualisierung wird auch für gesperrte Pads/Vias erzwungen.
  - **Update free objects:** Alle Pads/Vias die nicht zu Komponenten gehören werden aktualisiert.
  - **Update component objects:** Pads/Vias die zu Komponenten gehören werden aktualisiert.
- Geänderte Pads/Vias werden im PCB Panel gekennzeichnet.
- Ein Klick auf die Schaltfläche „Update“ führt die Aktualisierung durch.

ALTIUM DESIGNER®
RASTER UND HILFSLINIEN

Der Altium Designer® unterstützt Sie beim Verlegen von Leiterbahnen und dem Platzieren von Bauteilen und anderen Objekten mit Rastern und Hilfslinien. Der Mauszeiger springt automatisch auf das aktive Raster bzw. auf die Hilfslinien. Neben dem vordefinierten Raster können beliebig viele eigene kartesische und polare Raster definiert werden. Damit ist es möglich in Teilen der Leiterplatte ein metrisches Raster und in anderen Teilen ein mil Raster zu verwenden. Jedes Raster hat eine Priorität und erlaubt das Überlappen von Rastern.

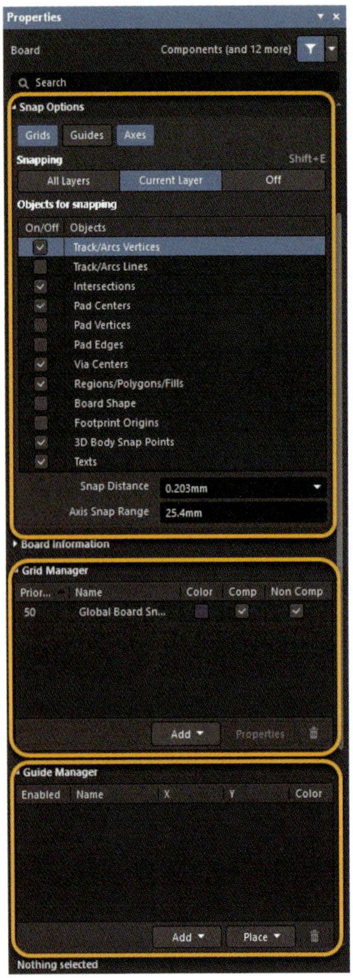

Die Raster werden im „Grid Manager“ und die Hilfslinien im „Guide Manager“ erzeugt und verwaltet. Diese beiden Manager und die Fangoptionen sind Teil des Properties Panels, wenn keine Objekte auf der Leiterplatte selektiert sind. Falls kein Raster sichtbar ist, prüfen Sie im Gridmanager (Strg – G), ob der Anzeigetyp auf „Lines“ steht.

Hilfslinien können auch direkt auf der Leiterplatte mit „**P**lace – **W**ork Guides“ platziert werden. Es öffnet sich ein Kontextmenü in dem der gewünschte Hilfslinientyp ausgewählt werden kann.
den „Snap Options“ legen Sie zunächst fest wie gefangen werden soll. Aktive Optionen werden blau dargestellt.

Grids:
Die Maus bewegt sich immer auf dem aktiven Raster. Wird die Option deaktiviert, kann man die Maus unabhängig vom Raster bewegen.

Guides:
Die Maus bewegt sich entlang einer Hilfslinie und fängt auf Fangpunkte (Snap Points). Wird diese Option deaktiviert, dann wird auf die Schnittpunkte der Hilfslinien mit dem Raster gefangen.

Axes:
Die X- und Y-Achse eines Objekts wird an den aktiven „Objects for snapping“ ausgerichtet. Dabei werden temporär weiße Hilfslinien eingeblendet.

Im Unterbereich „Objects for snapping“ wählen Sie aus auf was gefangen werden soll.

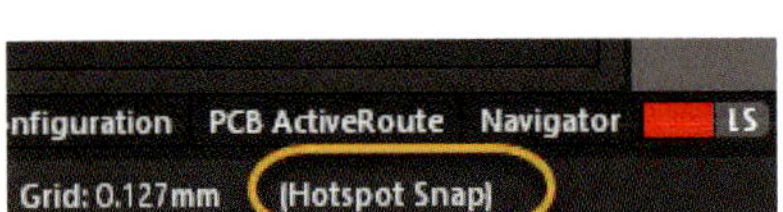

Gefangen wird auf die sogenannten Hotspots und, je nach Einstellung, auf die Kanten eines Objekts. Ein Hotspot ist z.B. der elektrische Anschlusspunkt einer Anschlussfläche. Zu erkennen ist ein Hotspot an dem Achteck, das angezeigt wird, sobald man mit dem

Mauszeiger über dem Hotspot ist. Im Feld „Snap Distance“ kann der Fangbereich eingestellt werden. Im Beispiel sind oben 0,203mm (8 mil) eingetragen. Kommt der Mauszeiger in einen Kreis um einen Hotspot mit dem Radius 8 mil, dann wird die Maus auf diesen Hotspot gefangen. Der aktuell wirksame Hotspot-Fangmodus wird im Unterbereich „Snapping“ und in der Statuszeile unten links angezeigt. Sie können wählen, ob Sie nur auf der aktuellen Lage („Current Layer“ ist Voreinstellung), auf allen Lagen („All Layers“) oder gar nicht auf eines der aktiven „Objects for snapping“ fangen wollen. Mit dem Tastenkürzel Umschalten-E können Sie durch die verschiedenen Modi rotieren. Wird nichts angezeigt, ist das Fangen deaktiviert. Dies ist manchmal nützlich, wenn es auf der Leiterplatte sehr eng zugeht. Drückt man während dem Verlegen einer Leiterbahn die Strg Taste, kann man das Fangen temporär ausschalten. Diese Tastenkürzel beziehen sich nur auf das Fangen auf Hotspots und Kanten, das Fangen auf ein Raster und Hilfslinien bleibt hiervon unberührt!

Die Option „Axes“ ist nützlich, wenn man Objekte an anderen Objekten ausrichten will. Bei aktivierter Option blendet der Altium Designer® automatisch Hilfslinien ein, wenn eine Ausrichtung möglich ist. Den Bereich, innerhalb dem Objekte berücksichtig werden sollen, können Sie mit „Axis Snap Range“ festlegen.

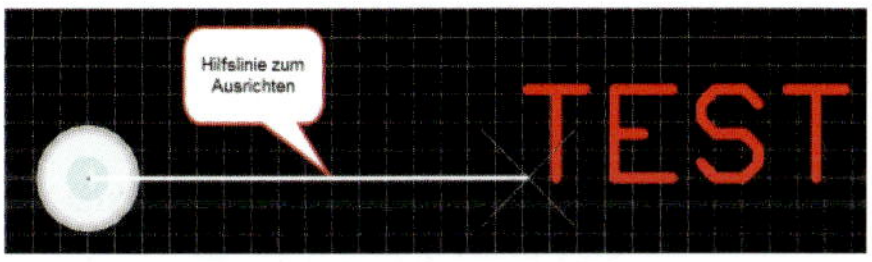

Mit dem Tastenkürzel 'G' öffnet sich ein Menü mit vordefinierten Werten für das Standardraster.
Mit dem Tastenkürzel Strg-G öffnet sich der Grid Editor für das aktuell aktive Raster.

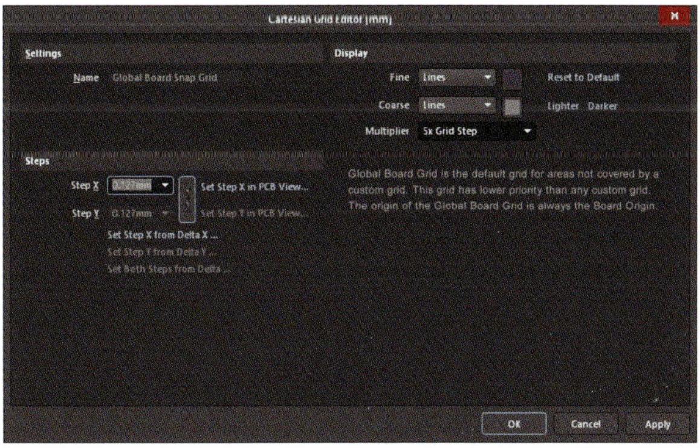

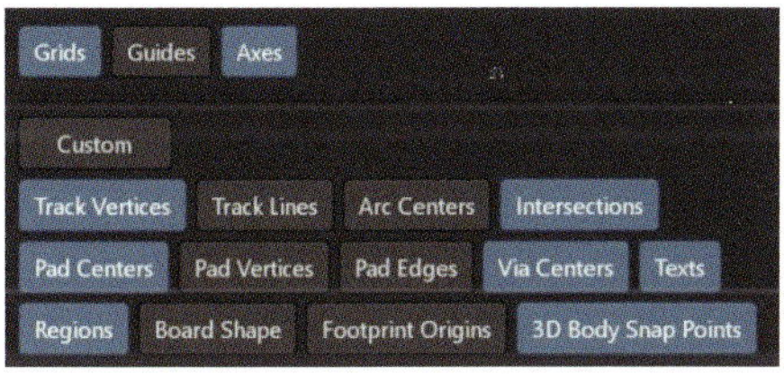

Mit dem Tastenkürzel „Strg – E“ können jederzeit die Fangoptionen angepasst werden.

Den Dialog schließen Sie mit der Esc Taste.

Der Grid Manager

Der Grid Manager befindet sich im Properties Panel, wenn keine Objekte auf der Leiterplatte selektiert sind.

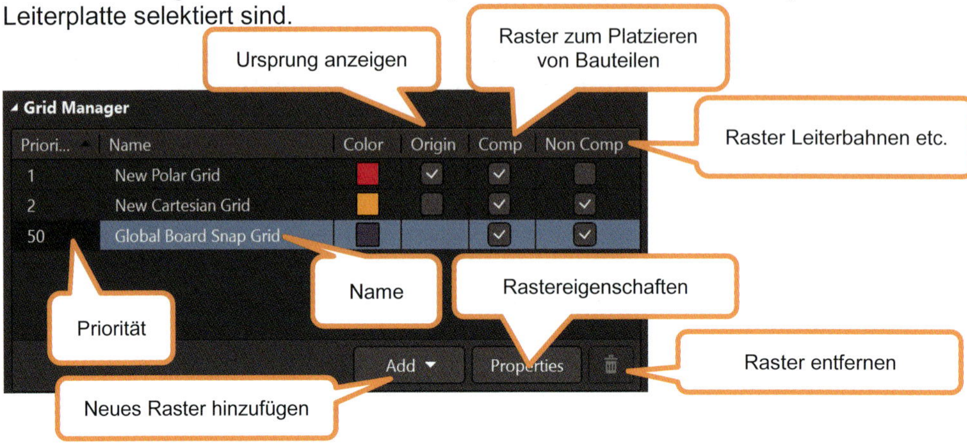

Im Grid Manager werden alle definierten Raster angezeigt. Es ist immer ein Standardraster vorhanden mit der Priorität „50“. Diese Priorität ist die niedrigste. Wenn eigene Raster definiert sind, haben diese immer eine höhere Priorität als das Standardraster. Die Priorität kann geändert werden, in dem man mit der rechten Maustaste auf das Raster klickt und dann mit „Decrement Priority“ oder „Increment Priority“ die Priorität verringert oder erhöht.

Neues kartesisches Raster hinzufügen:

- Gehen Sie im Properties Panel zum Grid Manager
- Klicken Sie unten auf die Schaltfläche „Add“.
- Wählen Sie dort „Add Cartesian Grid“ aus.
- Im Grid Manager wird das Raster in einer neuen Zeile mit höchster Priorität hinzugefügt.

Eigenschaften eines kartesischen Rasters:

- Ein Doppelklick auf eine Zeile im Grid Manager öffnet den „Cartesian Grid Editor“

- Im Bereich „Settings“ geben Sie dem Raster einen Namen. Unter „Unit“ wählen Sie aus, ob Sie ein metrisches oder ein mil Raster möchten und mit dem Eintrag im Feld „Rotation“ können Sie das Raster beliebig drehen.
- Im Bereich „Steps“ geben Sie das Rastermaß ein. Die beiden Felder „Step X“ und „Step Y“ sind rechts mit einer Kette verbunden. Der Wert in „Step X“ wird dann automatisch in „Step Y“ übernommen. Ein Klick auf die Kette löst sie auf und für „Step X“ und „Step Y“ können unterschiedliche Werte eingeben werden.
- Im Bereich „Origin“ legen Sie den Ursprung des Rasters fest. Ein Klick auf „Set Origin in PCB View“ erlaubt Ihnen den Ursprung direkt auf der Leiterplatte zu definieren.
- Im Bereich „Quadrants“ werden die Quadranten ausgewählt, in denen das Raster angezeigt werden soll.
- Im Bereich „Extents“ legen Sie die Ausdehnung des Rasters fest. Die beiden Felder „Width“ und „Height“ sind rechts mit einer Kette verbunden. Die Breite (Width) wird dann automatisch auch als Höhe (Height) verwendet. Ein Klick auf die Kette löst sie auf und Breite und Höhe können unterschiedlich definieren werden.
- Im Bereich „Display“ legen Sie das Erscheinungsbild des Rasters fest. Je nachdem wie stark Sie zoomen, werden zunächst ein grobes Raster und dann ein feines Raster angezeigt. Die Rasterteilung entspricht dem feinen Raster. Das grobe Raster wird als Vielfaches des feinen Rasters dargestellt. Im Feld „Multiplier“ können Sie einen Faktor von 2, 5 oder 10 auswählen. Es ist möglich diese Faktoren mit einem eigenen Wert zu überschreiben. Brauchen Sie einen Faktor von 4, dann ändern Sie den Eintrag „5x Grid Step“ in „4x Grid Step“. Das Raster kann als Linien (Lines) oder als Punkte (Dots) dargestellt werden. Je nach eingestellter Farbe kann es schwierig sein ein Punkteraster zu sehen. Falls das Raster verschwunden zu sein scheint, prüfen Sie zunächst ob die Einstellung auf „Lines“ steht. Zuletzt können Sie noch die Farben für das feine und grobe Raster auswählen. Am einfachsten wählen Sie zunächst die Farbe für das feine Raster. Dann können Sie eine Zeile tiefer auf „Lighter“ oder „Darker“ klicken um ein passendes helleres oder dunkleres grobes Raster zu erhalten.

Neues polares Raster hinzufügen:

- Gehen Sie im Properties Panel zum Grid Manager
- Klicken Sie unten auf die Schaltfläche „Add“.
- Wählen Sie dort „Add Polar Grid“ aus.
- Im Grid Manager wird das Raster in einer neuen Zeile mit höchster Priorität hinzugefügt.

ALTIUM DESIGNER®

KONFIGURATION DER DARSTELLUNG EINER LEITERPLATTE

Über Panel „View Configurations“ können Sie das Erscheinungsbild Ihrer Leiterplatte sowohl in der 2D als auch in der 3D Ansicht konfigurieren.

Sie können das Panel auf unterschiedliche Arten öffnen:

- Tastenkürzel ‘**L**’
- Doppelklick auf das Layer Set Feld unten links.

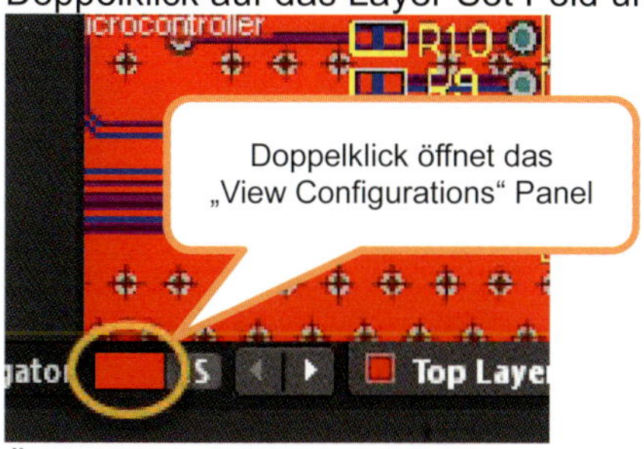

- Über das Kontextmenü der Schaltfläche „Panels“ unten rechts.

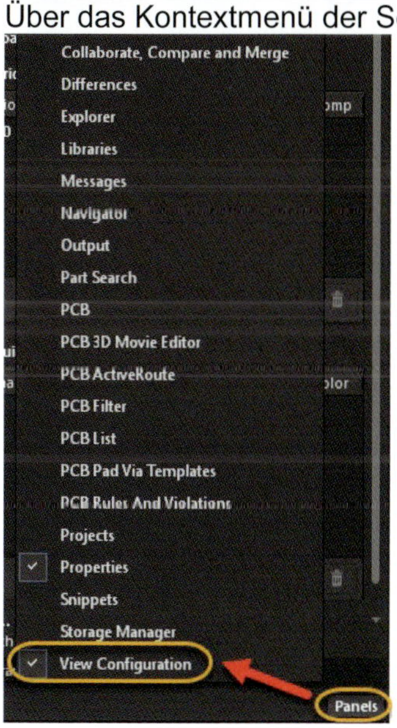

Das Panel besteht aus den Reitern „Layers & Colors“ und „View Options“. Diese Reiter sind in verschiedene Bereiche unterteilt.

Layers & Colors

Layers

Im Bereich „Layers“ können Sie die Lagenfarbe und –sichtbarkeit festlegen.

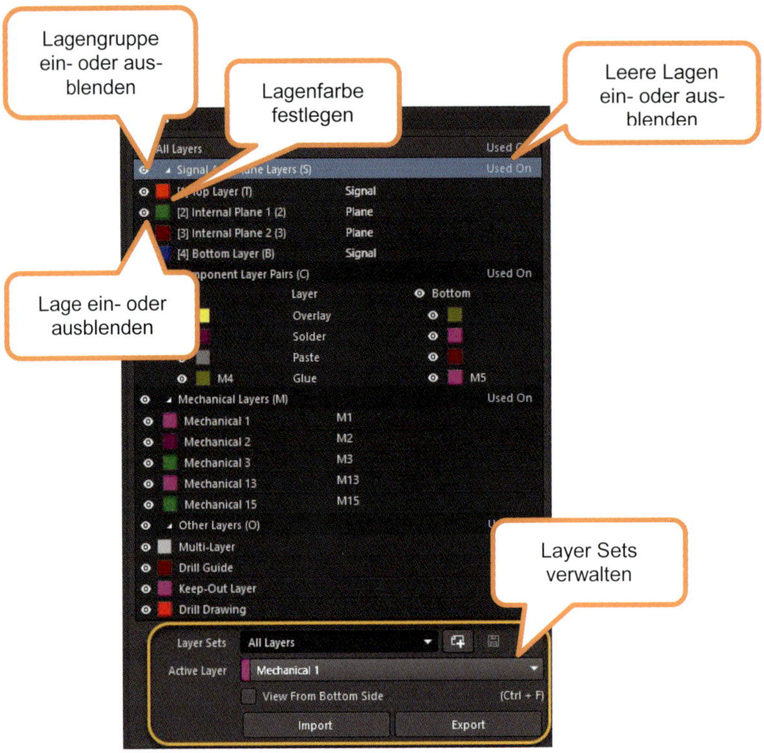

Bei den Signal- und Stromversorgungslagen können Sie festlegen was angezeigt werden soll. Es werden nur die Lagen anzeigen, die tatsächlich im aktuellen Lagenaufbau verwendet werden. Mit einem Klick auf das Augensymbol können Sie Lagen bzw. Lagengruppen ein- und ausblenden. Ein Klick mit gedrückter Strg Taste zeigt die entsprechende Lage auch im Single Layer Modus an.

Lagenpaare definieren

Die Lagenpaare für Komponenten (Component Layer Pairs) definieren welche Lagen in einem Leiterplattensymbol miteinander verbunden sind. Beim Erstellen eines Leiterplattensymbols werden die Objekte in die jeweilige Toplage gezeichnet. Wird die Komponente statt auf der Toplage auf der Bottomlage platziert, dann werden alle Inhalte der jeweiligen Toplagen auf die zugehörigen Bottomlagen gespiegelt. Der Altium Designer® definiert solche Lagenpaare für den Bestückungsdruck (Overlay), die Lötstoppmaske (Solder) und die Pastenmaske (Paste). Wenn Sie spezielle Lagenpaare brauchen, wie z.B. Klebepunkte oder abziehbaren Lötstopplack, dann müssen Sie hierfür mechanische Lagen verwenden. Um diese zu einem Lagenpaar zu machen, klicken Sie mit der rechten Maustaste in den „Layers“ Bereich des Panels. Es öffnet sich ein Kontextmenü in dem Sie „Add Component Layer Pair“ wählen. Im „Edit Component Layers Pair“ Dialog wählen Sie die gewünschten mechanischen Lagen aus. Im Bereich „Layer Type“ können Sie einen vordefinierten Typ für das Lagenpaar wählen. (Eine Beschreibung der vordefinierten Lagenpaare finden Sie auf Seite 266)

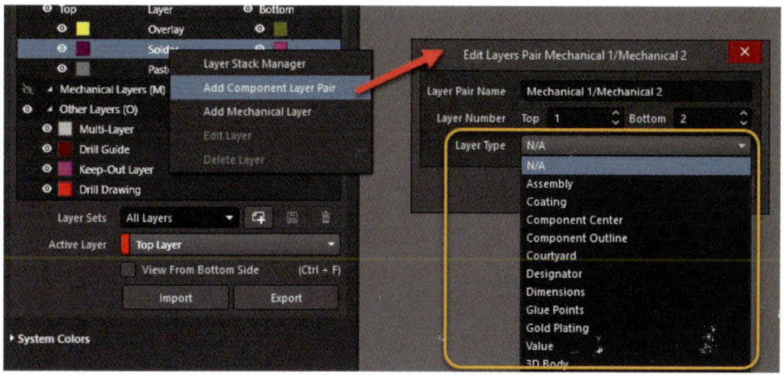

Der zugehörige Namen wird automatisch im Feld „Layer Pair Name“ eingetragen. In dieses Feld können Sie einen eigenen Namen eintragen.

Hinweis:
Ein Klick auf „Used On“ im Bereich „Component Layer Pairs“ blendet die Lötstopp- und Pastenmaske aus, wenn dort nicht explizit Objekte platziert wurden!

Mechanische Lagen

Die mechanischen Lagen finden Sie im „Mechanical Layers“ Bereich des Panels. Ab der Version 21 sind die mechanischen Lagen nach ihrem Namen sortiert. Sollen sie nach ihrer Nummer sortiert werden, dann müssen Sie dies in den Präferenzen umstellen.

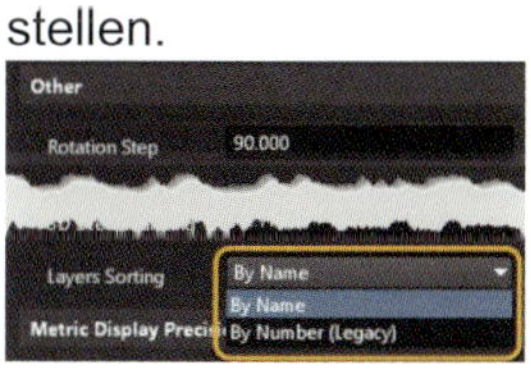

Die Einstellung finden Sie im Bereich „PCB Editor – General – Other“. Bei „Layers Sorting“ können Sie aus der Lister „By Name“ oder „By Number“ auswählen.

Mechanische Lagen sind Dokumentationslagen, die Sie frei verwenden können. Der Altium Designer® schreibt Ihnen da nichts vor. Sie müssen sich Gedanken machen welche mechanische Lagen Sie brauchen und diese dann dokumentieren. Vor der Version 19 existieren nur 32 mechanische Lagen die mit „Mechanical 1“ bis „Mechanical 32“ benannt sind. Ab der Version 19 entfällt diese Beschränkung und Sie können bis zu 1024 mechanische Lagen verwenden. Sie sollten die von Ihnen verwendeten Lagen entsprechend dem Verwendungszweck umbenennen. Oft wird „Mechanical 1“ als Leiterplatten Kontur benutzt. Zum Umbenennen klicken Sie mit der rechten Maustaste auf die gewünschte Lage und wählen im Kontextmenü „Edit Layer“. Jetzt können Sie den bestehenden Namen überschreiben. Mit einem Doppelklick auf den entsprechenden Lagenreiter im PCB Editor können Sie den Namen direkt ändern.

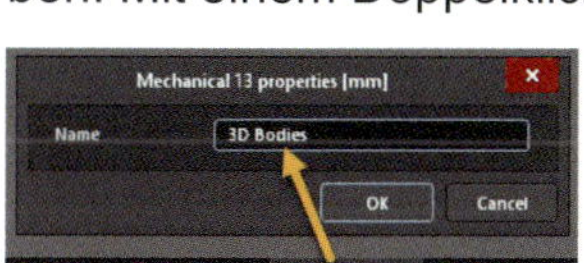

In den von Altium® bereitgestellten Bibliotheken sind auf der Lage „Mechanical 13“ die Informationen zur 3D Ansicht und auf der Lage „Mechanical 15“ zusätzliche Informationen für den Bestückungsplan.

Zwischen dem „Layers“ und dem „System Colors“ Bereich können Sie „Layer Sets“ definieren. Damit können Sie festlegen welche Lagen Sie gemeinsam anzeigen wollen. Speziell bei sehr vielen Lagen, können „Layer Sets“ die Übersichtlichkeit verbessern.

Um ein „Layer Set“ zu definieren gehen Sie folgendermaßen vor:

- Blenden Sie im „Layers“ Bereich über das Augensymbol bei „All Layers“ alle Lagen aus.
- Blenden Sie über das Augensymbol Lagen, die zum „Layer Set“ gehören sollen ein.
- Erzeugen Sie ein neues „Layer Set“ mit einem Klick auf das Symbol mit dem Pluszeichen. Den Standardnamen „My Layers“ können Sie direkt überschreiben.

Um ein „Layer Set“ zu aktivieren, wählen Sie dieses im Panel über die Auswahlliste aus oder klicken Sie unten links auf „LS“.

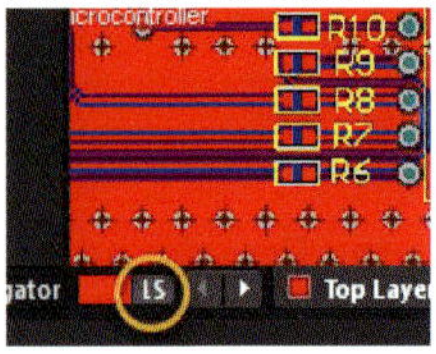

System Colors

Im Bereich „System Colors“ können Sie verschiedene Systemfarben einstellen.

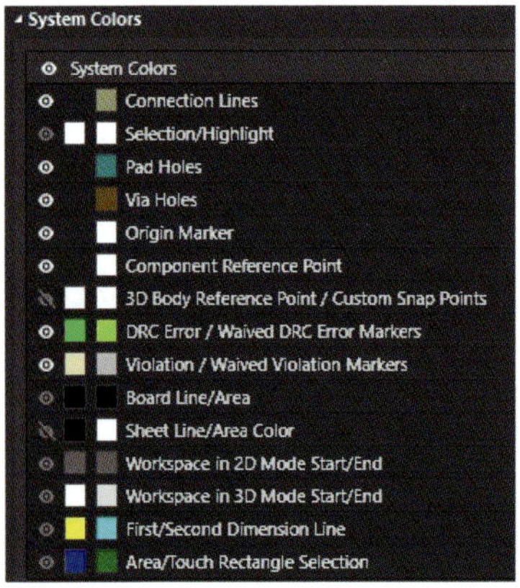

Sie können hier unter „Connections Lines“ die Standardfarbe der Verbindungslinien (Gummibänder) einstellen und über einen Klick auf das Augensymbol ein- und ausblenden. Die Farbe für Regelverletzungen wird unter „DRC Error / Waived DRC Error Markers“ festgelegt. Wenn Sie den Referenzpunkt von Footprints anzeigen wollen, dann klicken Sie auf das Augensymbol bei „Component Reference Point“. Mit dem Augensymbol bei „Sheet Line/Area Color“ können Sie den weißen Hintergrund im PCB ein- und ausblenden.
Mit den Farben für den Leiterplattenarbeitsbereich („Board Line/Area“) und einem Farbverlauf für den Arbeitsbereich („Workspace Start/End“), lässt sich das Erscheinungsbild des Leiterplatteneditors ganz an Ihren Geschmack anpassen.

View Options

General Settings

Über die Auswahlliste können Sie vordefinierte und Ihre eigenen Konfigurationen laden. Über die Schaltflächen „Off“ und „On“ können Sie zwischen dem 2D und dem 3D Mode umschalten und den Single Layer Modus ein- oder ausschalten. Wenn Sie das Häkchen bei „Show Grid“ entfernen, wird das aktuelle Raster ausgeblendet. Über das zugeordnete Farbfeld können Sie die Rasterfarbe einstellen.

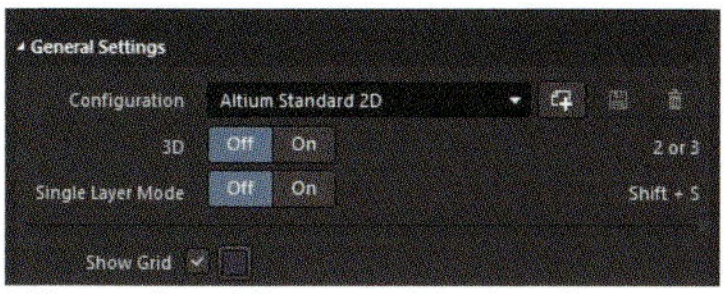

Hinweis: Eigene Farbschemata definieren Sie in den Präferenzen „PCB Editor – Layer Colors“. Definieren Sie hierzu im rechten Bereich die Lagenfarben. Im Bereich „Actions“ können Sie dann mit „Save color profile…“ das neue Farbschema abspeichern.

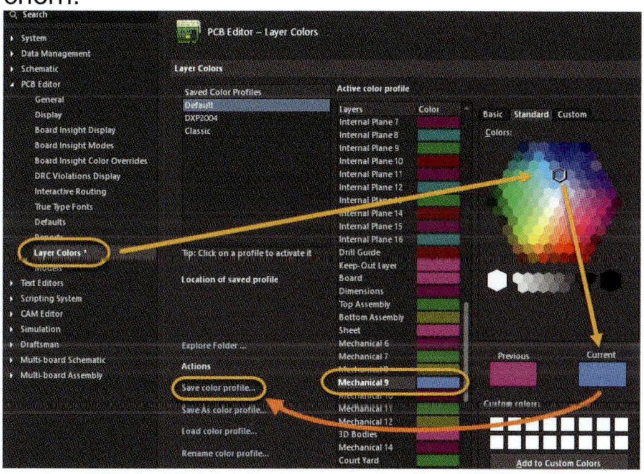

In der 3D Ansicht können auch die mechanischen Lagen angezeigt werden. Dazu muss unter „Configuration“ der Eintrag „Altium 3D Color By Layer“ und unter „3D Settings“ bei „Colors“ die Schaltfläche „By Layer“ aktiviert sein.

Object Visibility

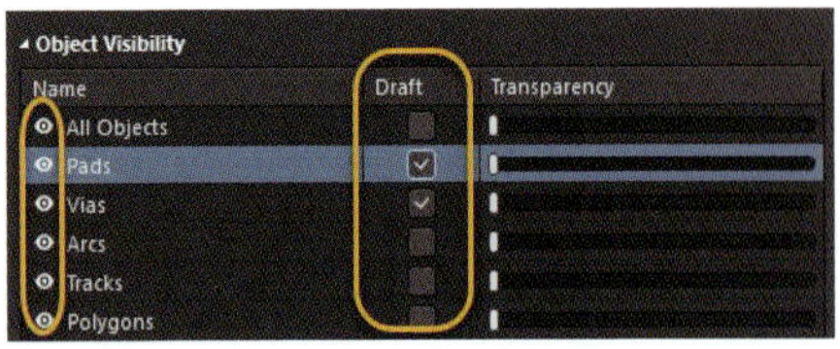

In diesem Bereich können Sie Objekte über das Augensymbol ein- und ausblenden. Ein Häkchen bei „Draft" zeigt nur noch den Umriss eines Objekts an und im Bereich „Transparency" können Sie die Transparenz der Objekte einstellen.
Mit der Taste Strg-D gelangen Sie direkt in diesen Bereich.

Mask and Dim Settings

Diese Einstellungen legen fest, wie maskierte oder gedimmte Objekte dargestellt werden. Die Einstellung „Highlighted Objects" ist wirksam, wenn in den Präferenzen unter „PCB Editor – Display – Highlighting Options – Apply Highlight During Interactive Editing" aktiviert ist und legt fest wie hell die entsprechenden Objekte dargestellt werden.

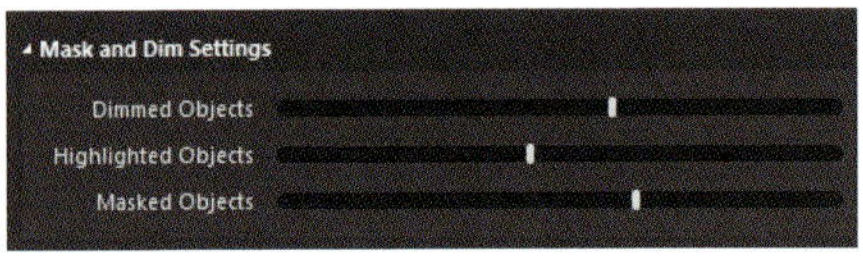

Additional Options

Über die Schaltflächen in diesem Bereich können bestimmte Informationen wie z.B. die Netznamen an Pads oder Vias ein- und ausgeblendet werden. Mit der Taste F5 können Sie die Einfärbung von Kupferobjekten mit der Override Color ein- oder ausschalten.

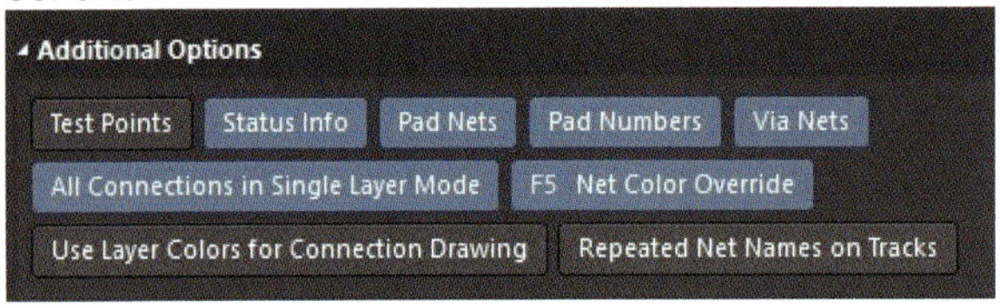

ALTIUM DESIGNER®

LEITERPLATTEN-OBJEKTE

Linien bearbeiten

Wenn Sie ein Liniensegment zunächst selektieren erscheinen drei unterschiedliche Mauszeiger, je nach dem wo Sie das Segment anfassen.

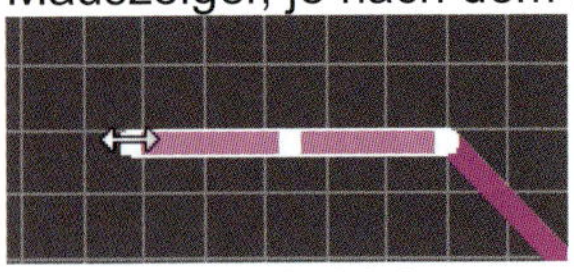

Fasst man ein Liniensegment am Anfang an, dann kann man das Segment einfach erweitern. Wechselt man die Richtung werden neue Ecken eingefügt.

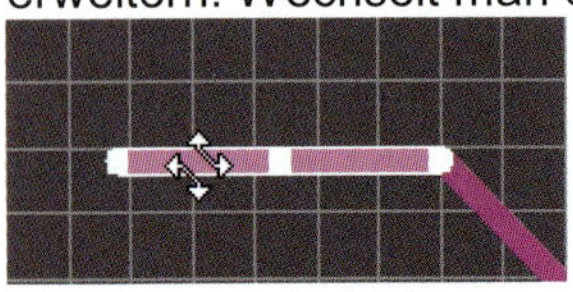

Fasst man ein Liniensegment zwischen Anfang und Mitte an, dann kann man das Segment verschieben.

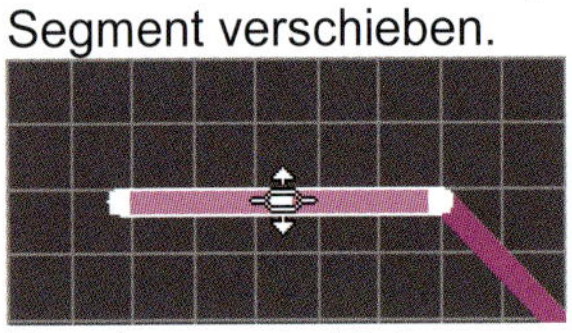

Fasst man ein Liniensegment genau in der Mitte an, kann man neue Eckpunkte einfügen.

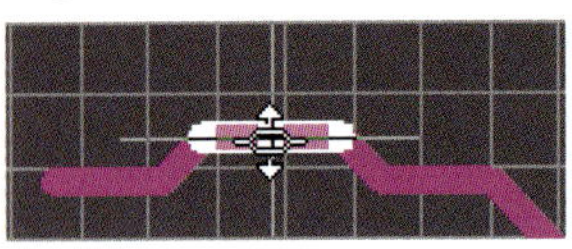

Man kann ein Liniensegment direkt wegziehen, ohne dass die Verbindung verloren geht. In den Präferenzen „PCB Editor - Interactive Routing“ kann jetzt im Bereich „Dragging“ eingestellt werden ob ein Liniensegment vor dem Verschieben selektiert sein muss oder nicht.

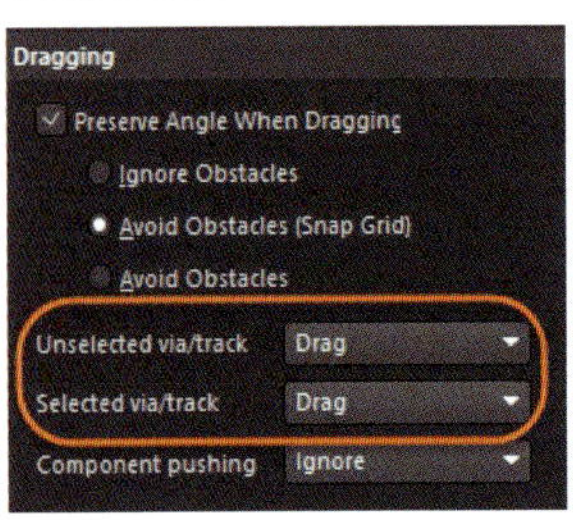

Die Voreinstellung ist, dass keine Selektion notwendig ist. Um das gleiche Verhalten wie in älteren Versionen zu erhalten, muss die Einstellung Drag/Move jeweils umgedreht werden.

Beide Einstellungen stehen auf „Drag“. Damit kann ein Segment nicht mehr weggezogen werden. Will man ein Segment wegziehen, dann muss man die Einstellung entsprechend ändern.

Die Verwendung von Tracks wird im Kapitel „Interaktives Verlegen von Leiterbahnen“ (S.366) behandelt.

Im Properties Panel sehen Sie im Bereich „Net Information“ den maximal zulässigen Strom und den Widerstand eines selektierten Tracks.

Pads

Pads dienen zum Anschluss von bedrahteten und SMD Bauelementen. Da der Altium Designer® keinen eigenen Objekttyp für mechanische Bohrungen hat, werden auch dafür Pads verwendet.

- **P**lace - **P**ad (P - P)
- Mit einem Linksklick wird das Pad platziert.
- Der Befehl bleibt aktiv, der Pad Bezeichner wird erhöht und es kann das nächste Pad platziert werden.
- Wie gewohnt beenden Sie diesen Befehl mit einem Rechtsklick oder der ESC Taste.

Während sich das Pad noch an der Maus befindet, können Sie die Eigenschaften ändern, indem Sie die Tabulatortaste drücken.

Eigenschaften eines Pads in der PCB Bibliothek

Die Tabulatortaste öffnet das Properties Panel und geht in den Pausen Modus

In den „Properties“ wird der Pad Bezeichner (Designator) festgelegt. Darüber wird die Verbindung zum Pin im Schaltplansymbol hergestellt. „Layer“ legt fest ob es sich um ein SMD Pad (Top Layer) oder um ein Pad für bedrahtete Bauteile (Multi-Layer) handelt. Im Feld „Pin Package Length“ kann die interne Länge der Verbindung zwischen dem Pad und dem Chip angegeben werden. Dieser Wert werden benötigt um bei Hochgeschwindigkeitsanwendungen die Leitungslängenanpassung korrekt durchzuführen. Die im PCB Panel angezeigte Leitungslänge für ein Netz ist immer inklusive dieser eingetragenen Länge.
Im Feld „Pad Template“ kann über die Auswahlliste „Template“ eine Vorlage ausgewählt werden. Die zugehörige Bibliothek finden Sie hinter „Library“. Falls dort „<Local>“ steht, dann existiert das Pad nur auf der Leiterplatte.

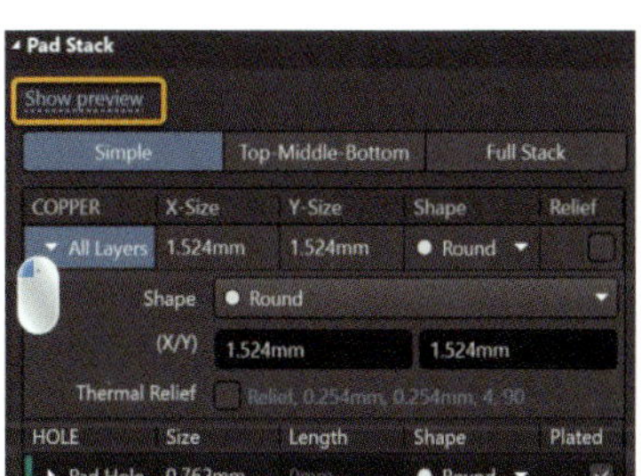

Im Bereich „Pad Stack“ legen Sie im Bereich „COPPER“ die Größe und Form des Pads fest. Im Bereich „HOLE“ können Sie die Bohrung definieren. Ein Klick auf das kleine Dreieck vor „Pad Hole“ öffnet einen erweiterten Einstellungsbereich für die Bohrung. Ein Klick auf „Show preview“ zeigt den Aufbau des Pads in 3D an. Über „Simple“, „Top-Middle-Bottom“ und „Full-Stack“ bestimmen Sie, wie detailliert Sie das Pad definieren wollen. „Simple“ bedeutet, das Pad ist auf allen Kupferlagen gleich. Mit „Top-Middle-Bottom“ können Sie unterschiedliche Größen und Formen für der Bestückungsseite, Lötseite und den Innenlagen festlegen. Mit „Full-Stack“ schließlich können Sie Form und Größe für jede Lage einzeln festlegen.

Wenn Sie „Top-Middle-Bottom“ oder „Full-Stack“ aktivieren, dann ändert sich der „Pad Stack“ Bereich und zeigt die einzelnen Lagen an.

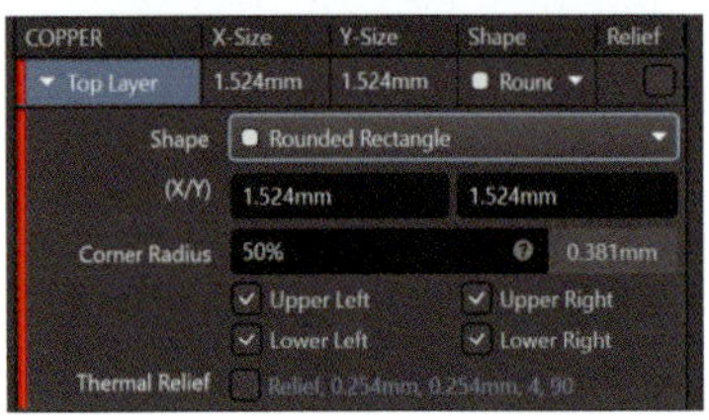

Ein Klick auf das kleine Dreieck vor dem Lagennamen öffnet die Einstellungen für die erweiterten Einstellungen. Je nach gewählter Form (Shape) erscheinen weitere Einstellungsfelder. Beim „Rounded Rectangle“ bzw. „Chamfered Rectangle“ kann dann z.B. der Eckenradius angegeben werden. Dieser Wert kann in Prozent oder in Millimeter bzw. Mil eingegeben werden.

Wenn Sie als „Shape“ den Eintrag „Custom Shape“ wählen können Sie ein beliebig geformtes Pad erstellen. Dazu platzieren Sie z.B. eine Solid Region und klicken dann mit der rechten Maustaste auf die Region. Unter „Pad Actions“ wählen Sie „Add Selected Region to Custom Pad“.
Für eine rein mechanische Bohrung setzen Sie die X-, Y-Größe auf 0 mm. Sonst gibt es eine Regelverletzung.
Im unteren Bereich ② legen Sie Größe und Art der Bohrung (Round) bzw. Fräsung (Rect und Slot) und die Toleranzwerte fest. Setzt man einen Haken bei „Plated“ wird die Bohrung durchkontaktiert. Bei rein mechanischen Bohrungen entfernt man diesen Haken.

Im Bereich „Pad Features“ kann eine Senkung definiert werden. „Countersink“ ist eine kegelförmige und „Counterbore“ eine zylinderförmige Senkung. Der Wert für „Size“ gibt den Durchmesser an. „Angle“ gibt bei „Countersinks“ den Kegelwinkel an und „Depth“ die Tiefe bei „Counterbores“. Es kann pro Pad nur eine Senkung (Top oder Bottom) definiert werden.

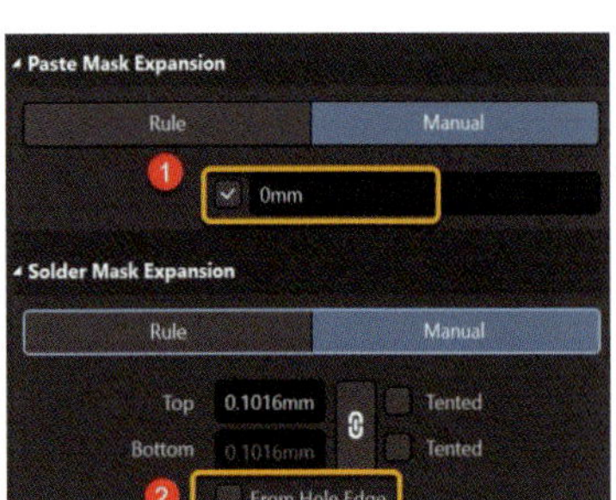

Im Maskenbereich können Sie Pastenmaske und Lötstoppmaske definieren. In der Voreinstellung werden die Werte aus den Leiterplattenregeln („Rule“) verwendet. Wenn Sie hier „Manual“ wählen können Sie die Einstellungen unabhängig von den Regeln festlegen. Die Pastenmaske können Sie entfernen, wenn Sie das Häkchen bei ① wegnehmen.
Mit einem Häkchen bei „From Hole Edge“ ② bezieht sich die Lötstoppmaske nicht mehr auf den Kupferring sondern auf die Bohrung.
Im Bereich „Testpoint“ können Sie festlegen, ob das Pad als Testpunkt verwendet wird und im Testpoint Report erscheint. Wenn Sie ein Pad als Testpunkt verwenden wollen, müssen Sie für eine geeignete Lötstoppfreistellung sorgen. Beenden Sie den

Pausen Modus mit der Eingabetaste oder einem Klick auf das Pausen Symbol.

Eigenschaften eines platzierten Pads auf der Leiterplatte

Wenn Sie auf der Leiterplatte auf ein platziertes und angeschlossenes Pad klicken, dann sehen die Eigenschaften etwas anders aus.

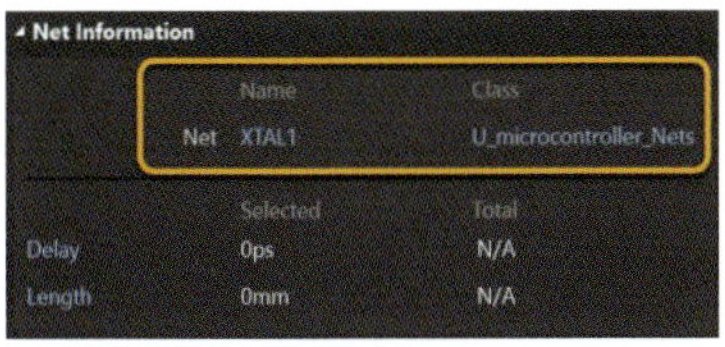

Im Bereich „Net Information“ sehen Sie den aktuellen Netznamen, die Netzklassen zu denen das Netz gehört, die Pin Package Length und die Verzögerungszeit. Ein Klick auf „Net Name“ zeigt das Netz im PCB Panel an.

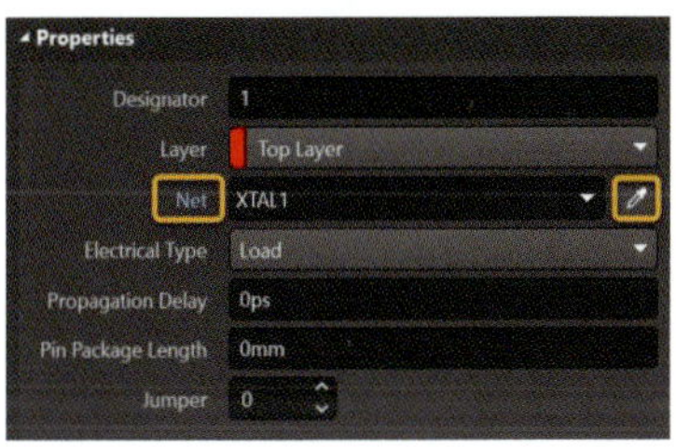

Im Feld „Net“ wird das zugeordnete Netz angezeigt. Mit dem Pipettensymbol kann interaktiv ein neues Netz zugewiesen werden. Ein Klick auf „Net“ öffnet die Eigenschaften des Netzes. Im Feld „Propagation Delay“ kann die Signalverzögerung für das Pad eingetragen werden. Im Feld „Pin Package Length“ kann die interne Länge der Verbindung zwischen dem Pad und dem Chip angegeben werden. Im Feld „Pad Template“ kann über die Auswahlliste „Template“ eine Vorlage ausgewählt werden. Die zugehörige Bibliothek finden Sie hinter „Library“. Falls dort „<Local>“ steht, dann existiert das Pad nur auf der Leiterplatte.

Wärmefallen bearbeiten

Mit einem Häkchen im Feld „Thermal Relief“ können Sie direkt den gewünschten Anschluss an Polygone und Spannungsversorgungslagen festlegen. Ein Klick auf den hellblauen Link öffnet den Einstellungsdialog.

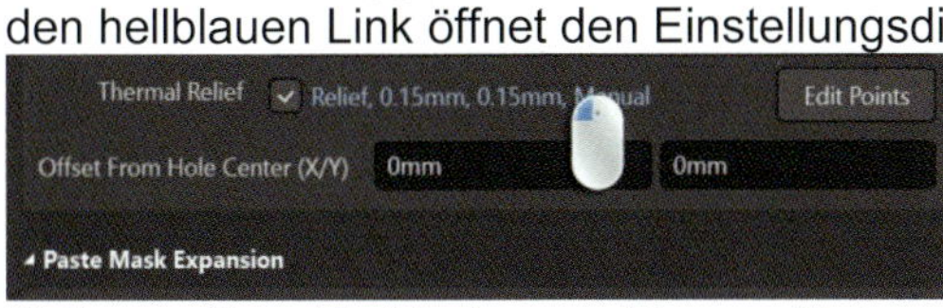

Sollen weitere Verbindungen hinzugefügt werden gibt es zwei Möglichkeiten.
Mit einem Rechtsklick öffnet sich ein Kontextmenü. Dort wählen Sie „Pad Actions“. Es öffnet sich ein weiteres Menü in dem Sie „Add ...“, „Edit ...“ oder „Delete ...“ auswählen können.

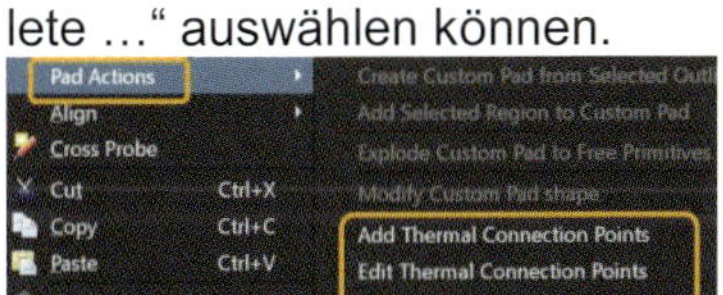

Alternativ können Sie im Properties Panel die Schaltfläche „Edit Points“ aktivieren. In diesem Modus können Sie mit STRG – Linksklick weitere Verbindungen hinzufügen. Sie können gestehende Verbindungen mit der Maus verschieben. Um eine Verbindung zu löschen klicken Sie solange auf die Verbindung bis ein Fadenkreuz

erscheint. Wenn Sie jetzt „Entf“ drücken wird die Verbindung gelöscht.
Wenn Sie in das Leiterplattendokument klicken, wird die Bearbeitung beendet. Damit die Änderungen sichtbar werden, müssen die beteiligten Polygone neu erzeugt werden. Am einfachsten geht dies mit „T – G – H“ und „T – G – E“.

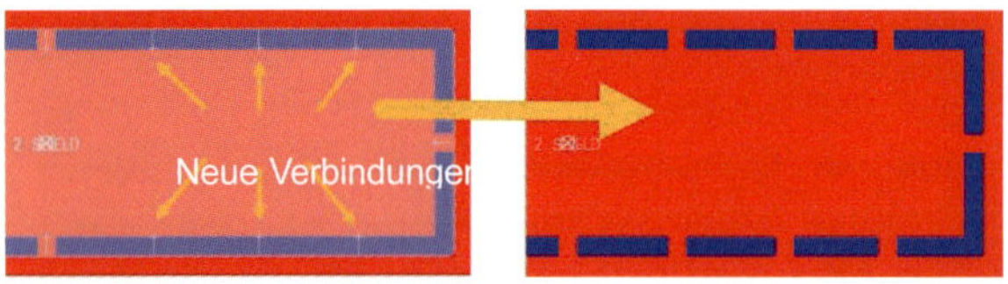

Kundenspezifische Pasten- und Lötstoppmaske

Damit Sie kundenspezifische Pasten- und Lötstoppmasken definieren können, muss in den erweiterten Einstellungen (siehe S.10) die Option „PCB.Pad.CustomMasks“ aktiviert sein. Kundenspezifische Pasten- und Lötstoppmasken können sowohl direkt auf der Leiterplatte als auch in der PCB Library definiert werden. Die Masken werden im Draftsman-Dokument, Gerber, Gerber X2, ODB++ und IPC-2581 ausgegeben.

Kundenspezifische Pastenmaske über das Properties Panel

- Selektieren Sie zunächst das gewünschte Pad.
- Im Bereich „Pad Stack“ des Properties Panels erweitern Sie mit einem Klick auf das kleine Dreieck die Einstellungen für die gewünschte Pastenmaske.

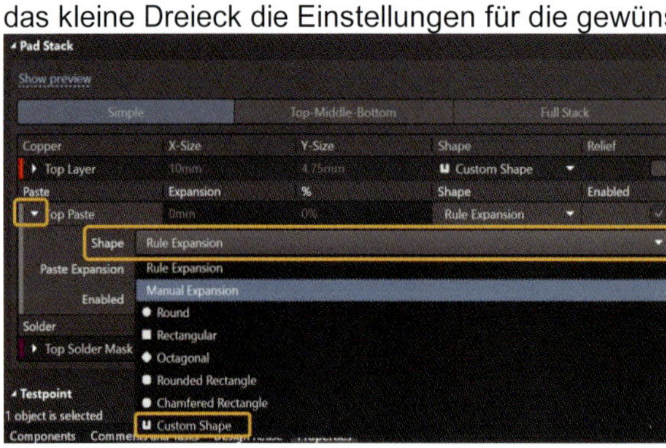

- Im Feld „Shape“ wählen Sie dann „Custom Shape“.
- Starten Sie die Definition mit einem Klick auf „Edit“

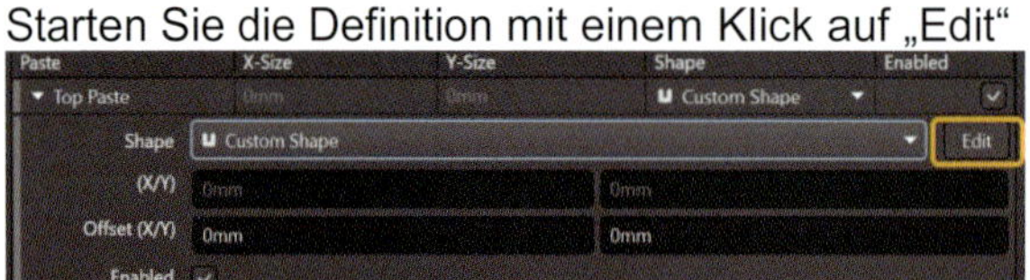

- Die bestehende Pastenmaske ist jetzt selektiert und kann angepasst werden. Falls eine neue Pastenmaske definiert werden soll, dann löschen Sie die bestehende Maske.
- Sie können jetzt mit Lines, Arc, Fills und Solid Regions eine Pastenmaske definieren.

Kundenspezifische Pastenmaske auf der Maskenlage definieren

- Selektieren Sie zunächst das gewünschte Pad.
- Im Bereich „Pad Stack“ des Properties Panels erweitern Sie mit einem Klick auf das kleine Dreieck die Einstellungen für die gewünschte Pastenmaske.

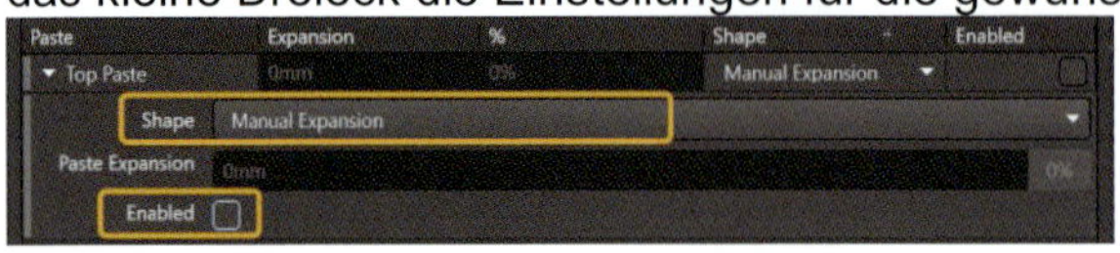

- Im Feld „Shape“ wählen Sie dann „Manual Expansion“ und entfernen das Häkchen bei „Enabled“.
- Wechseln Sie im Arbeitsbereich auf die gewünschte Maskenlage.
- Definieren Sie dort mit Lines, Arc, Fills und Solid Regions eine Pastenmaske.
- Selektieren Sie nun die platzierten Objekte.
- Mit einem Rechtsklick auf das Pad öffnet sich ein Kontextmenü. Dort wählen Sie „Pad Actions“ und „Add Selected Custom Masks to Pad“.

- Die Definition der Pastenmaske ist damit abgeschlossen.

„Pin-In-Paste“ und „Through-Hole-Reflow“ Pads

Ab der Version 23.8 ist es möglich THT Pads als „Pin-In-Paste“ und „Through-Hole-Reflow“ Pads zu definieren. Dazu kann entweder eine Designregel definiert werden oder im Properties Panel wird das Feld „Shape“ auf „Manual Expansion“ gestellt.

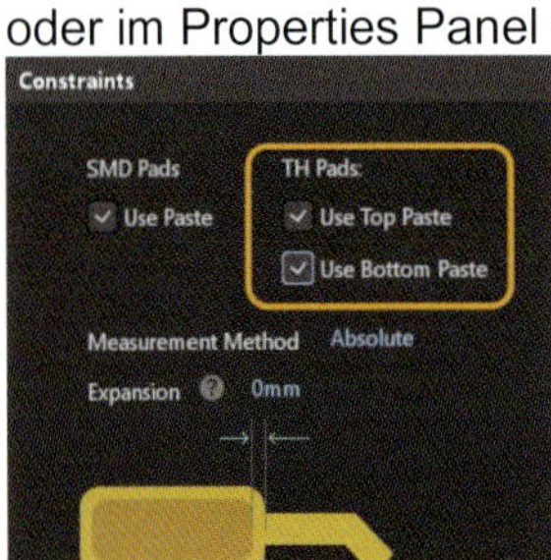

Vias

Vias dienen zur Verbindung von Leiterbahnen über mehrere Lagen. Beim interaktiven Verlegen von Leiterbahnen werden die Durchkontaktierungen bei einem Lagenwechsel automatisch eingefügt. Vias müssen deshalb nur in speziellen Fällen von Hand platziert werden (Verbesserung der Wärmeableitung, höhere Strombelastbarkeit, niedrigere Induktivität durch die Parallelschaltung von Vias).

- **P**lace - **V**ia (P - V)
- Mit einem Linksklick wird das Via platziert. Der Befehl bleibt aktiv und es kann das nächste Via platziert werden.
- Wie gewohnt beenden Sie diesen Befehl mit einem Rechtsklick oder der ESC Taste.

Während sich das Pad noch an der Maus befindet, können Sie die Eigenschaften ändern, indem Sie die Tabulatortaste drücken.

Eigenschaften

Die Tabulatortaste öffnet das Properties Panel und geht in den Pausen Modus.

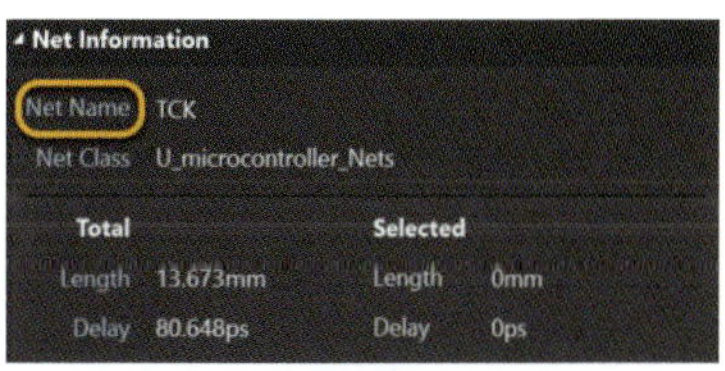

Im Bereich „Net Information“ sehen Sie den aktuellen Netznamen, die Netzklassen zu denen das Netz gehört, die geroutete Netzlänge und die Verzögerungszeit. Ein Klick auf „Net Name“ zeigt das Netz im PCB Panel an.

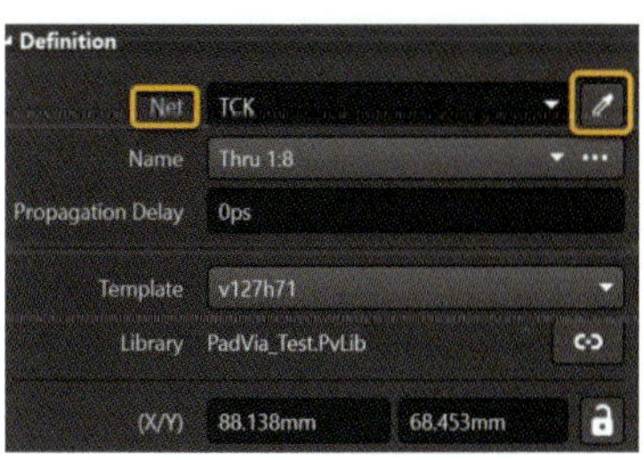

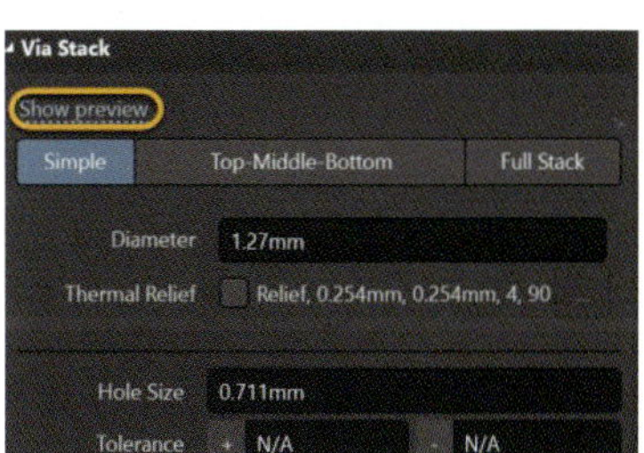

Im Bereich „Definition“ wird im Feld „Net“ das zugeordnete Netz angezeigt. Ein Klick auf „Net“ öffnet die Eigenschaften des Netzes. Mit dem Pipettensymbol kann interaktiv ein neues Netz zugewiesen werden. In der Auswahlliste „Name“ kann der im Layer Stack Manager definierte Via Typ ausgewählt werden. Im Feld „Propagation Delay“ kann die Signalverzögerung für das Via eingetragen werden. Über die Auswahlliste „Template“ können Sie eine Vorlage ausgewählen. Die zugehörige Bibliothek finden Sie hinter „Library“. Falls dort „<Local>“ steht, dann existiert das Via nur auf der Leiterplatte.
Im Bereich „Via Stack“ legen Sie die Größe des Vias fest, den Bohrdurchmesser und die zugehörigen Toleranzen fest. Ein Klick auf „Show preview“ zeigt den Aufbau des Vias in 3D an. Über „Simple“, „Top-Middle-Bottom“ und „Full-Stack“ bestimmen Sie, wie detailliert Sie das Via definieren wollen. „Simple“ bedeutet, das Via ist auf allen Kupferlagen gleich. Mit „Top-Middle-Bottom“ können Sie unterschiedliche Größen auf der Bestückungsseite, Lötseite und den Innenlagen festlegen. Mit „Full-Stack“ können Sie die Größe für jede Lage einzeln festlegen. Hinweise zur Bearbeitung der Wärmefalle finden Sie im Abschnitt „Pads“

Im Maskenbereich können Sie die Lötstoppmaske definieren. In der Voreinstellung werden die Werte aus den Leiterplattenregeln („Rule") verwendet. Wenn Sie hier „Manual" wählen können Sie die Einstellungen unabhängig von den Regeln festlegen. Mit einem Häkchen bei „From Hole Edge" bezieht sich die Lötstoppmaske nicht mehr auf den Kupferring sondern auf die Bohrung. Ein Häkchen bei „Tented" bedeckt die Durchkontaktierung mit Lötstopplack.

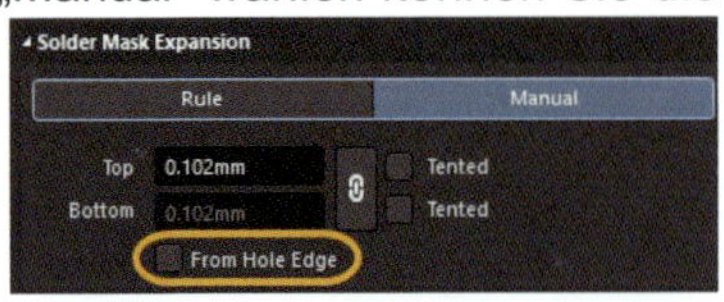

Im Bereich „Via Types & Features" kann ein Durchkontaktierungstyp entsprechend IPC-4761 eingestellt werden. Wird ein Eintrag ungleich „None" ausgewählt erscheint eine Liste mit den Via Features. In der Spalte „Material" kann das gewünschte Material eingetragen werden.

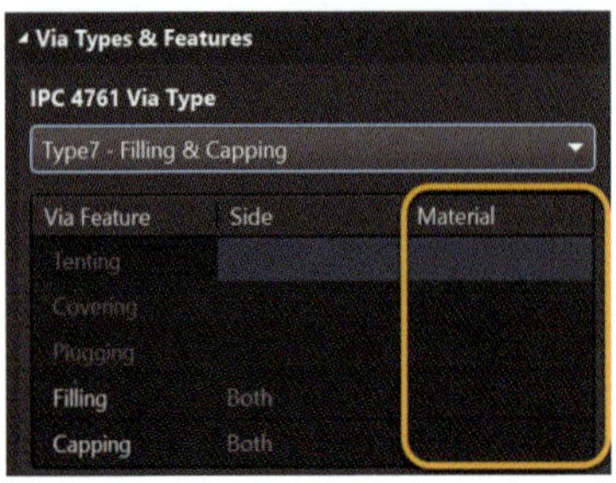

Im Bereich „Testpoint" können Sie festlegen, ob das Pad als Testpunkt verwendet wird und im Testpoint Report erscheint. Wenn Sie ein Pad als Testpunkt verwenden wollen, müssen Sie für eine geeignete Lötstoppfreistellung sorgen.

Beenden Sie den Pausen Modus mit der Eingabetaste oder einem Klick auf das Pausen Symbol.

IPC-4761 Durchkontaktierungen

Werden IPC-4761 Durchkontaktierungen auf der Leiterplatte verwendet, dann werden automatisch entsprechende mechanische Lagenpaare in die Leiterplatte eingefügt. Diese Lagenpaare können in den Produktionsdaten ausgegeben werden-

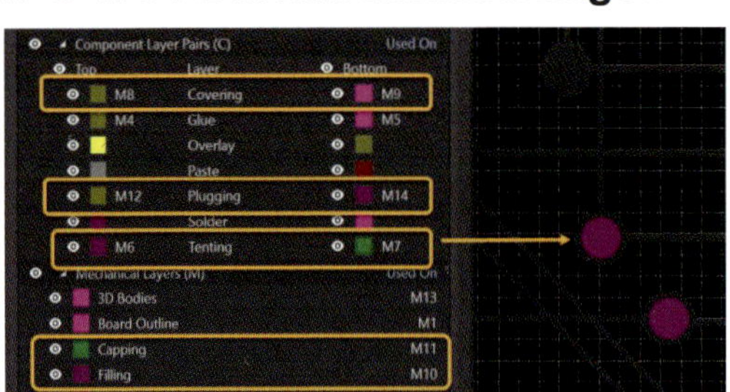

Arcs

Arcs sind Kreisbögen oder Vollkreise, die Sie auf Kupferlagen, mechanischen Lagen oder für spezielle Footprints verwenden können.

- **Vollkreis**
  - **P**lace – **A**rc – F**u**ll Circle (P – A – U)
  - Mittelpunkt anklicken, Radius mit Linksklick festlegen

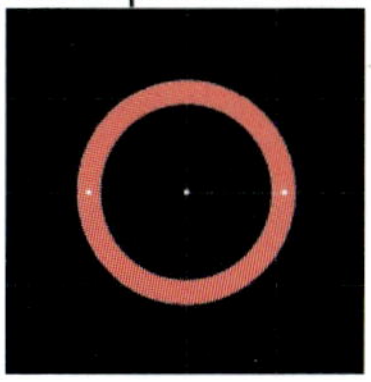

- **Kreisbogen**
  - **P**lace – **A**rc – **A**rc (Center) (P– A –A)
  - Mittelpunkt anklicken, Radius mit Linksklick festlegen
  - Start- und Endwinkel mit Linksklick festlegen

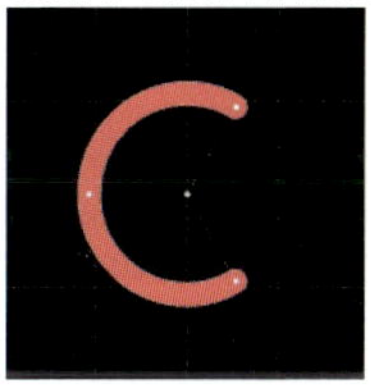

- **Kreisbogen entlang einer Kante**
  - **P**lace – **A**rc – Arc (Edg**e**) (P – A –E)
  - Startpunkt festlegen, Endpunkt festlegen.
  - Mit der Leertaste kann der Kreisbogen gekippt werden.

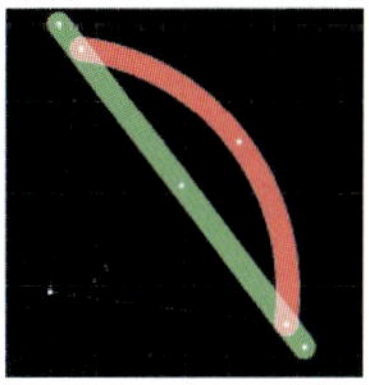

- **Kreisbogen durch einen definierten Punkt**
  - **P**lace – **A**rc – Arc (A**n**y Angle) (P– A –N)
  - Punkt, durch den der Kreisbogen gehen soll festlegen
  - Radius mit Linksklick festlegen
  - Start- und Endwinkel mit Linksklick festlegen.

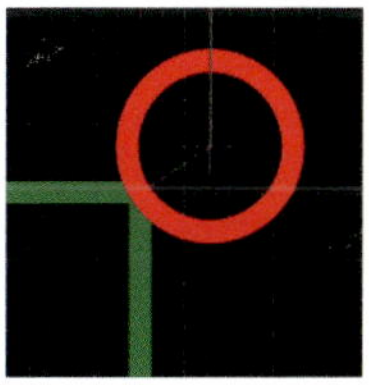

Strings und Text Frames

Strings bzw. Texte kann man zur Dokumentation benutzen und um Parameter (Special Strings) anzuzeigen.

- **P**lace - **S**tring (P - S) fügt einen einzeiligen Text ein.
- **P**lace – Te**x**t Frame (P - X) fügt einen mehrzeiligen Text ein.
- Solange der Text an der Maus hängt kann man ihn mit der Leertaste beliebig rotieren.
- Mit einem Linksklick platziert man den Text an der gewünschten Stelle.
- Der Befehl bleibt aktiv, der Text kann erneut platziert werden.
- Beenden Sie diesen Befehl mit einem Rechtsklick oder der ESC Taste.

Die Komponentenparameter aus dem Schaltplan können auf die Leiterplatte synchronisiert werden. Hier können sie dann als Special Strings im Bestückungsdruck und auf den mechanischen Lagen verwendet werden.
Während sich der Text noch an der Maus befindet, können Sie die Eigenschaften ändern, indem Sie die Tabulatortaste drücken.

Eigenschaften

Die Tabulatortaste öffnet das Properties Panel und geht in den Pausen Modus.

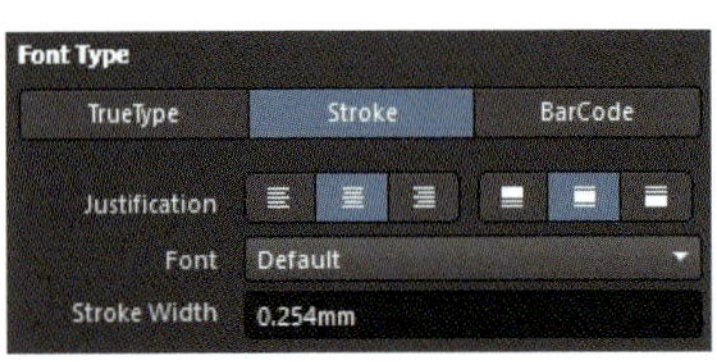

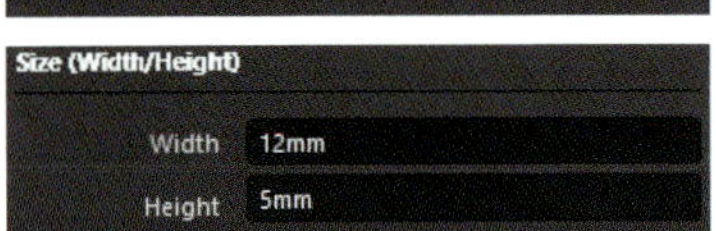

Im Bereich „Properties“ wählen Sie zunächst ob es sich um ein- oder mehrzeiligen Text handeln soll. Den gewünschten Text können Sie im Feld „Text“ eingeben und über die Schaltfläche Parameter (Special Strings) einfügen. Bei einzeiligem Text wählen Sie den Parameter direkt aus einer List aus.
In der Auswahlbox „Layer“ wählen Sie die Lage, auf der der Text platziert werden soll. Ein Haken bei „Mirror“ spiegelt den Text und im Feld „Text Height“ legen Sie die Höhe der Schrift fest.
Im Bereich „Font Type“ können Sie zwischen den Schriftarttypen TrueType, Stroke (Vektorschrift) und Barcode wählen. Die Liniendicke der Schrift wird im Feld „Stroke Width“ festgelegt. Die Textausrichtung läßt sich über die „Justification“ Schaltflächen einstellen. Vor der Version 20 können Sie die Textausrichtung im Bereich „Justification“ des Properties Panel auswählen
Bei der Einstellung „TrueType“ können Sie die Schriftfamilie wählen, z.B. Arial, und ob der Text fett bzw. kursiv dargestellt werden soll.

Im Bereich „Size (Width/Height)“ legen Sie die Größe des Textfeldes fest (nur bei TrueType aktiv). Wenn Sie hier Null eintragen, dann wird das Feld so minimiert, dass der Text

genau passt.
Im Bereich „Border Mode“ können Sie mit den Optionen „Margin“ und „Margin Border“ einen Rand um den Text wählen. Mit „Offset“ und „Text Offset“ legen Sie einen Abstand des Textes zum Textfeldrand fest.
Der „Text Offset“ wirkt nur bei den Ausrichtungen „Linksbündig“ und „Rechtsbündig“. Er bezieht sich auf die obere Grenze und, je nach Ausrichtung“ auf die linke oder rechte Grenze des Textfelds.

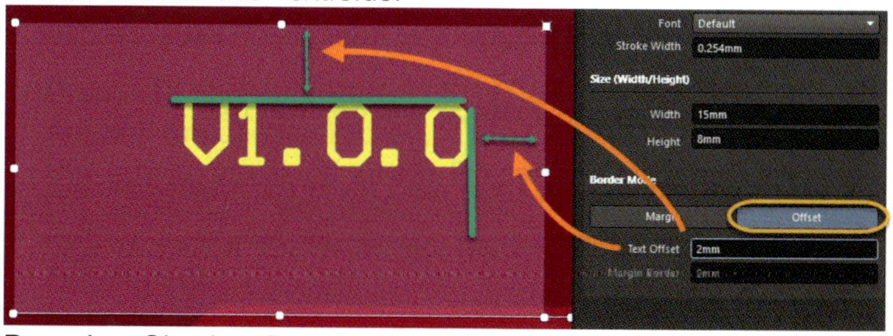

Beenden Sie den Pausen Modus mit der Eingabetaste oder einem Klick auf das Pausen Symbol.

Ein Doppelklick auf einen platzierten Text öffnet das Properties Panel und Sie können im Bereich „Location“ die X- / Y-Koordinaten und die Rotation ändern.
Die Rotation lässt sich auch interaktiv ändern. Selektieren Sie dazu zunächst das Textfeld. Klicken Sie dann auf den zweiten Kontrollpunkt (grünes Kreuz im Bild) und bewegen Sie diesen Punkt mit gedrückter linker Maustaste.

Dimension

Der Altium Designer® bietet umfangreiche Möglichkeiten die Leiterplatte zu bemaßen. Über Place - Dimension können Sie die gewünschte Bemaßungsmethode auswählen. Für die Bemaßung empfiehlt es sich die Vorgabewerte unter den Präferenzen „PCB Editor - Defaults“ einzustellen. Speziell sollte man die Maßeinheit von „mil“ auf „mm“ umstellen. Ab der Version 19 können Footprints in der PCBLib vermaßt werden, ohne dass die Dimension Objekte mit auf die Leiterplatte kommen.

Linear

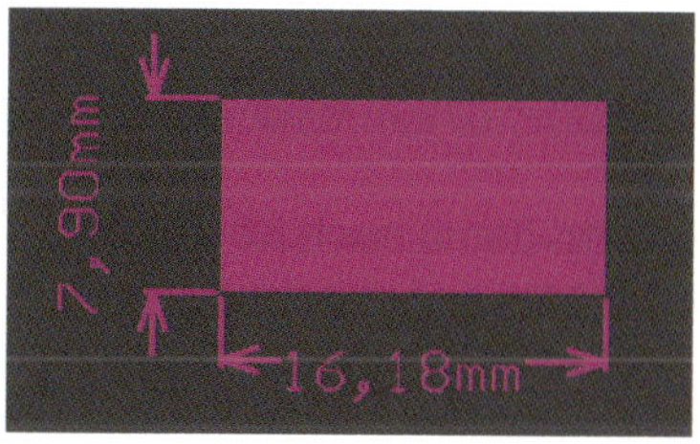

- **P**lace - **D**imension - **L**inear (P - D - L)

Während sich die Solid Region noch an der Maus befindet, können Sie die Eigenschaften ändern, indem Sie die Tabulatortaste drücken.

Eigenschaften

Die Tabulatortaste öffnet das Properties Panel und geht in den Pausen Modus.

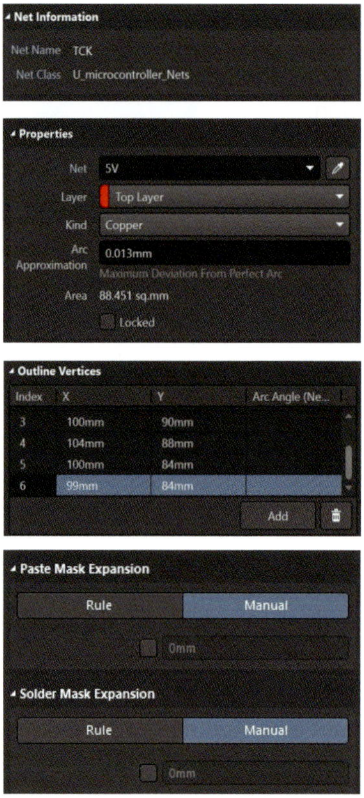

Im Bereich „Net“ sehen Sie welches Netz mit der Solid Region verbunden ist und die Netzklassen zu denen das Netz gehört.

Im Bereich „Properties“ legen Sie die Leiterplattenlage und die Art der Solid Region In der Auswahlliste „Kind“ können Sie festlegen, ob es sich um Kupfer, ein Polygon Cutout, ein Board Cutout oder in der PCB Bibliothek um eine Cavity handelt. Im Feld „Arc Approximation“ legen Sie fest wie genau Kreise angenähert werden sollen. Im Feld „Area“ sehen Sie die Fläche der Solid Region

Im Bereich „Outline Vertices“ sehen Sie die Eckpunkte der Solid Region. Den Inhalt der Tabelle kann nach Excel kopiert und dort bearbeitet werden. Die geänderten Daten können danach wieder eingefügt werden.

Im Maskenbereich können Sie Pastenmaske und Lötstoppmaske definieren. In der Voreinstellung werden die Werte aus den Leiterplattenregeln („Rule“) verwendet.

Wenn Sie hier „Manual“ wählen können Sie die Einstellungen unabhängig von den Regeln festlegen.

Beenden Sie den Pausen Modus mit der Eingabetaste oder einem Klick auf das Pausen Symbol.

Polygon

Mit Polygonen können Leiterplattenbereiche mit Kupfer geflutet werden. Im Unterschied zu Fill und Solid Region passt sich das Polygon an seine Umgebung an. Entsprechend den eingestellten Abstandsregeln, hält es Abstand zu anderen Kupferobjekten. Weitere Informationen finden Sie im Kapitel „Das Arbeiten mit Polygonen“ (S.252).

- **P**lace - Poly**g**on Pour... (P - G) startet den Befehl.
  Die Tabulatortaste öffnet das Properties Panel und geht in den Pausen Modus.
- Nehmen Sie die gewünschten Einstellungen (siehe unten) vor.
- Beenden Sie den Pausen Modus mit der Eingabetaste bzw. schließen Sie den Einstellungsdialog über die Schaltfläche „OK“.
- Ein Linksklick definiert den Startpunkt.

- Mit Umschalt – Leertaste können Sie den Eckenmodus festlegen.
  45°, 45° Bogen, 90°, 90° Bogen, Freiwinkel.
  Beim 90° Bogen kann der Radius mit der '.' und ',' Taste um 1mil vergrößert oder verkleinert werden. Drückt man zusätzlich die Umschalt- Taste beschleunigt sich die Veränderung auf 10mil.
- Mit der Leertaste können Sie den sogenannten „Ellbogen" Modus umschalten.
- Mit Linksklicks definieren Sie weitere Kontrollpunkte.
- Rechtsklick oder Esc Taste beendet den Befehl und das Polygon wird vervollständigt. Der Befehl ist damit abgeschlossen und es kann das nächste Polygon platziert werden.
- Rechtsklick oder Esc Taste um den Befehl komplett zu beenden.

Der Name des Polygons kann automatisch erzeugt werden, wenn Sie in den Einstellungen den Eintrag im Feld „Name" löschen und dann das Feld mit der Tabulatortaste verlassen.

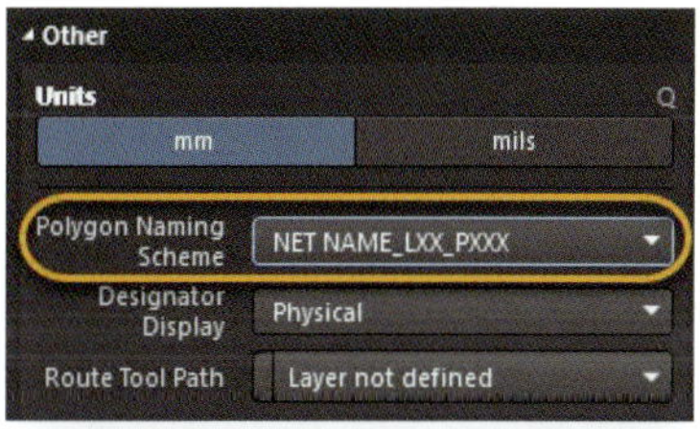

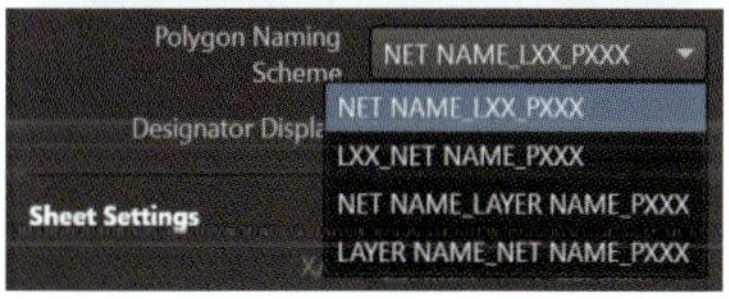

Das Namensschema können Sie im Properties Panel unter „Polygon Naming Scheme" im Bereich „Other" einstellen. Damit diese Einstellung sichtbar wird, dürfen auf der Leiterplatte keine Objekte selektiert sein.

Parameter	Beschreibung	Beispiel
NET_NAME	Angeschlossener Netzname	GND
LAYER_NAME	Vollständiger Lagenname	BOTTOM_LAYER
LXX	Lagenkurzname	L01
PXXXX	Eindeutige interne Polygonnummer	P0023

Über eine Auswahlliste können Sie festlegen wie die Leiterplatte mit Kupfer geflutet wird.

Pour Over All Same Net Objects

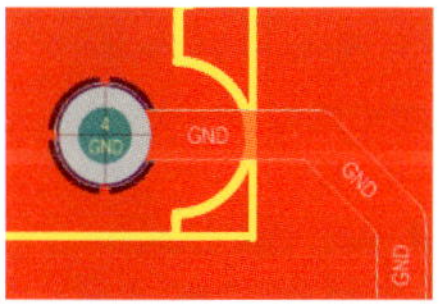

Das Polygon wird mit allen Objekten verbunden, die an das gleiche Netz angeschlossen sind.

Don't Pour Over Same Net Objects

Das Polygon wird nur mit Anschlussflächen und Durchkontaktierungen verbunden, die an das gleiche Netz angeschlossen sind. Leiterbahnen und Polygone werden nicht angeschlossen.

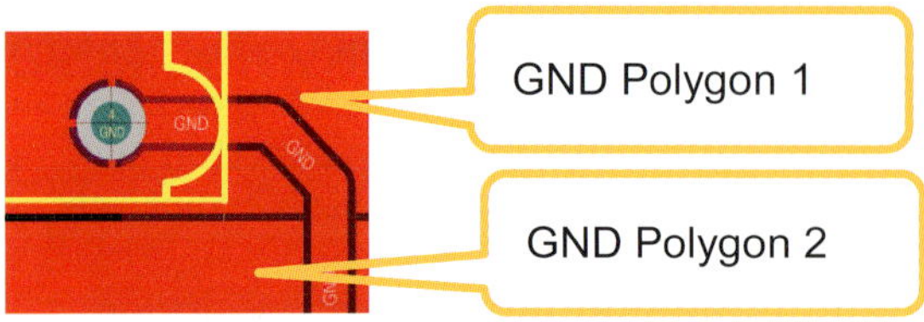

Pour Over Same Net Polygons Only

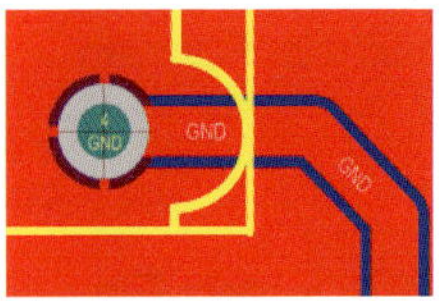

Das Polygon wird mit Anschlussflächen; Polygonen und Durchkontaktierungen verbunden, die an das gleiche Netz angeschlossen sind. Leiterbahnen werden nicht angeschlossen. Diese Einstellung ist die Standardeinstellung. Normalerweise muss diese Einstellung auf „Pour Over All Same Net Objects" geändert werden.

Eigenschaften

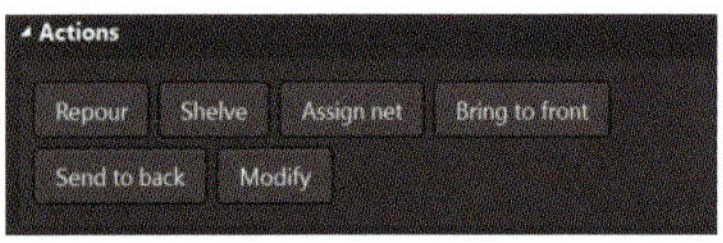

Im Bereich „Actions" können Sie direkt verschiedene Aktionen auf das aktive Polygon anwenden.

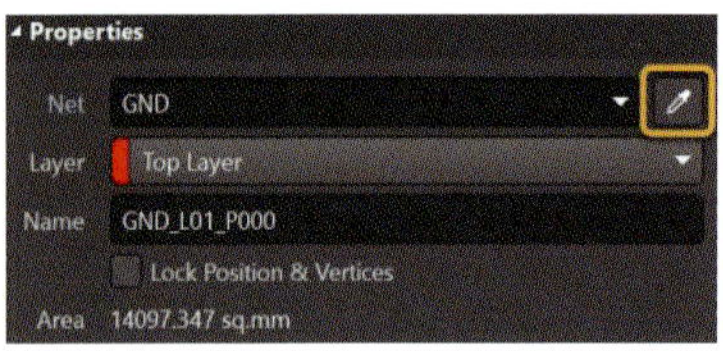

Im Bereich „Properties" legen Sie im Feld „Net" das zugeordnete Netz und die Leiterplattenlage fest auf der das Polygon erzeugt werden soll. Über das Stiftsymbol kann das Netz interaktiv zugewiesen werden. Im Feld „Name" können Sie dem Polygon einen Namen geben. Wenn Sie den bestehenden Namen löschen und mit der Tabulatortaste das Feld verlassen wird automatisch ein neuer Namen erzeugt. Mit „Lock Position & Vertices" können Sie das Polygon und seine Kontrollpunkte gegen Veränderung sperren. Im Feld „Area" wird die Kupferfläche des Polygons angezeigt.

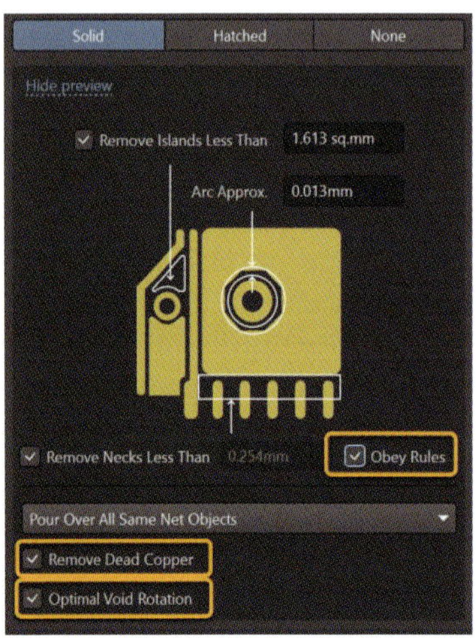

Im nächsten Bereich wählen Sie den Polygontyp (Kupferfläche oder zusammengesetzt aus Linien und Bögen). Jeder Typ hat seine zugehörigen Einstellungen. Beim Typ „Solid" können Sie mit einem Häkchen bei „Obey Rules" festlegen, dass für „Remove Necks Less Than" die minimale Leiterbahnbreite verwendet wird. Sitzt das Häkchen nicht, dann wird der Wert im Eingabefeld verwendet.

In einer Auswahlbox legen Sie fest, wie die Leiterplatte mit Kupfer geflutet wird. Ein Häkchen bei „Remove Dead Copper" entfernt nicht angeschlossenes („totes") Kupfer.

Ein Häkchen bei „Optimal Void Rotation" rotiert die Aussparung um eine Anschlussfläche oder Durchkontaktierung so, dass das verbleibende Kupfer dazwischen maximal wird.

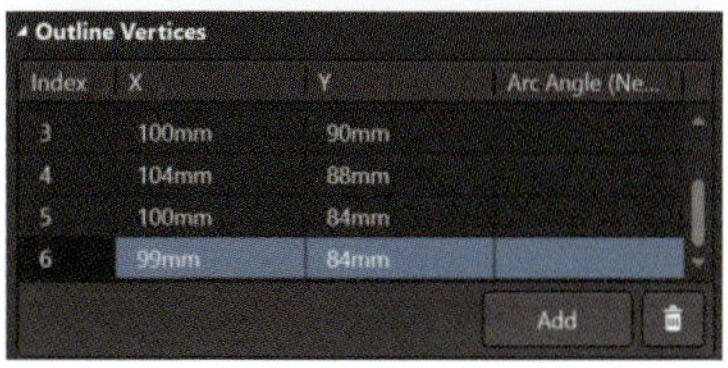

Im Bereich „Outline Vertices" sehen Sie die Eckpunkte des Polygons. Den Inhalt der Tabelle kann nach Excel kopiert und dort bearbeitet werden. Die geänderten Daten können danach wieder eingefügt werden.

Beenden Sie den Pausen Modus mit der Eingabetaste oder einem Klick auf das Pausen Symbol.

Eigenschaften vor Version 20

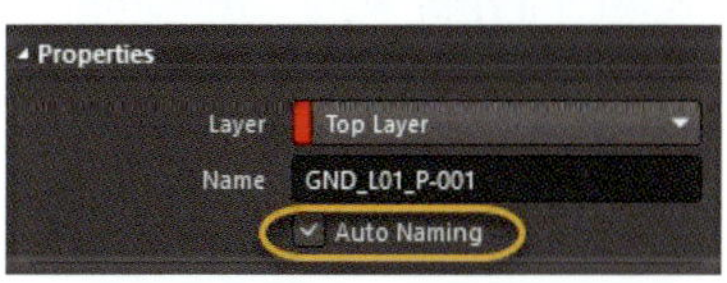

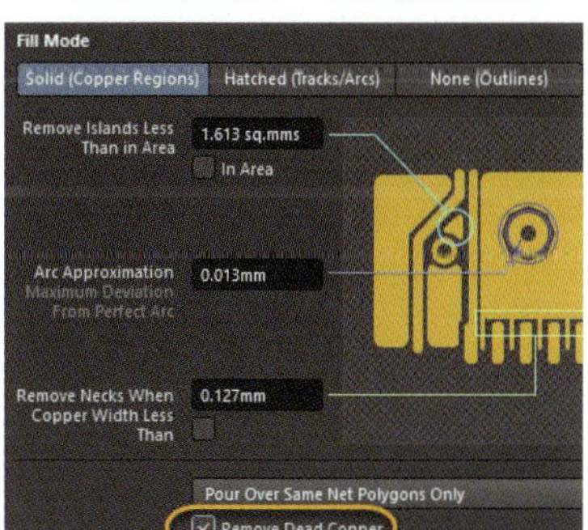

Im Bereich „Net" sehen Sie welches Netz mit dem Polygon verbunden ist, die Netzklassen zu denen das Netz gehört und die geroutete Netzlänge.

Im Bereich „Properties" legen Sie die Leiterplattenlage fest auf der das Polygon erzeugt werden soll. Im Feld „Name" können Sie dem Polygon einen Namen geben oder mit einem Häkchen bei „Auto Naming" einen Namen automatisch erzeugen lassen

Im Bereich „Fill Mode" wählen Sie den Polygontyp (Kupferfläche oder zusammengesetzt aus Linien und Bögen). Jeder Typ hat seine zugehörigen Einstellungen. In einer Auswahlbox legen Sie fest, wie die Leiterplatte mit Kupfer geflutet wird.

Ein Häkchen bei „Remove Dead Copper" entfernt nicht angeschlossenes („totes") Kupfer.

Wenn Sie in einem bereits definierten Polygon eine Änderung vornehmen erscheint ganz unten im Properties Panel ein Hinweis auf die Änderungen. Mit einem Klick auf die Schaltfläche „Apply" können die Änderungen übernommen werden.

Beenden Sie den Pausen Modus mit der Eingabetaste oder einem Klick auf das Pausen Symbol.

3D Bodies

Mit dem Befehl „Place - Extruded 3D Body“ können extrudierte Flächen, Zylinder und Kugeln platziert werden. Mit „Place - 3D Body“ können STEP 3D Modelle importiert werden.

Extruded 3D Body platzieren

- **P**lace – Extruded 3D **B**ody (P - B) startet den Befehl.
  Die Tabulatortaste öffnet das Properties Panel und geht in den Pausen Modus. Vor der Version 18 öffnet sich direkt der Einstellungsdialog.
- Nehmen Sie die gewünschten Einstellungen (siehe unten) vor.
- Im Bereich **„Properties“** kann man dem Körper einen Namen geben, auswählen auf welcher Seite der Leiterplatte (Oben oder Unten) der Körper platziert wird und auf welcher mechanischen Lage er platziert werden soll.

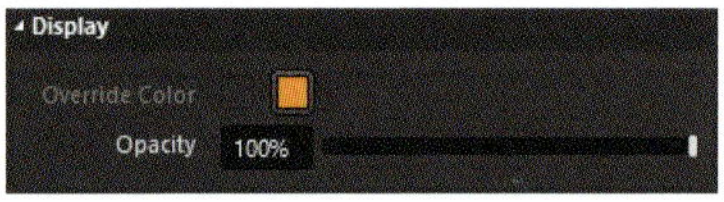

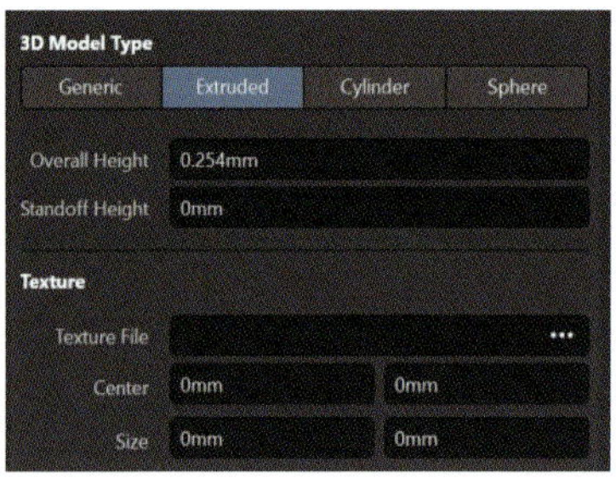

Im Bereich **„Display“** lässt sich die Farbe und die Durchsichtigkeit einstellen.
Im Bereich **„Snap Points“** können Sie Fangpunkte hinzufügen. Bei dem Befehl „Move - Move“ kann man den Körper an diesen Fangpunkten anfassen und bewegen.
Im Bereich **„3D Model Type**“ kann zwischen Extruded, Zylinder, Kugel und Generic (STEP Modell) gewählt werden. Je nach ausgewähltem Typ passt sich der Mittlere Bereich des Dialogs entsprechend an.

- **Extruded**
  Overall Height definiert den Abstand der Oberkante des Körpers von der Leiterplatte. Die **Standoff Height** bestimmt wie viel Abstand die Unterkante des Körpers von der Leiterplatte hat. Ein extrudierter 3D Körper kann mit einer Textur versehen werden. Dazu wählt man über die Schaltfläche ‘...’ eine Grafikdatei aus. Mit **Size** und **Center** kann die Textur skaliert und verschoben werden.
- **Zylinder**

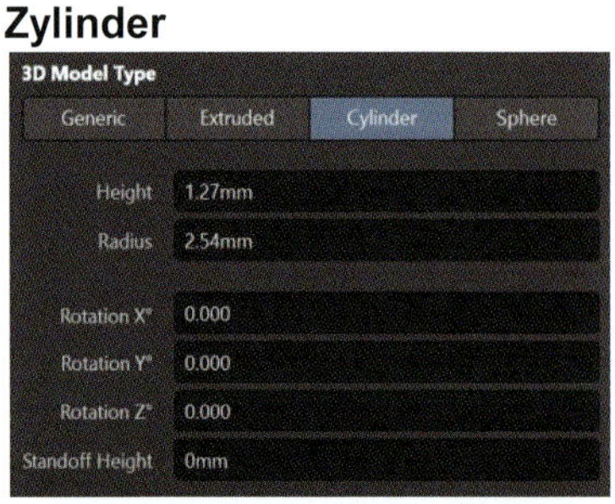

Beim Zylinder definiert man dessen Radius und Höhe. Die **Standoff Height** bestimmt wie viel Abstand die Unterkante des Zylinders von der Leiterplatte hat. Mit Rotation X, Y und Z kann der Zylinder frei im Raum gedreht und gekippt werden.

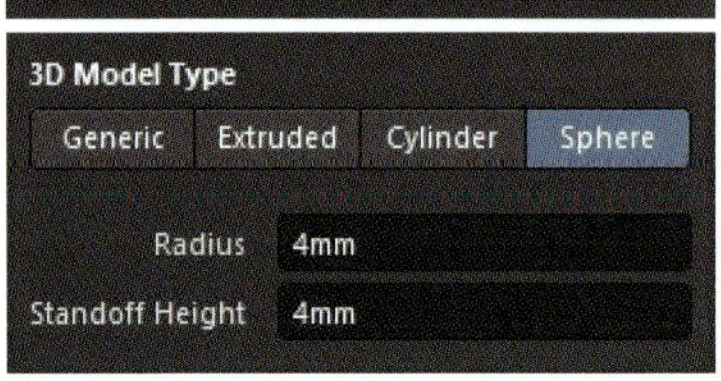

- **Kugel**

Die Kugel wird über ihren Radius definiert. Bei einer Standoff Height von 0 mm geht die Leiterplattenoberseite durch den Äquator der Kugel und sie schaut auf der Leiterplattenunterseite heraus. Wenn die Kugel auf oder über der Leiterplatte platziert werden soll, muss in Standoff Height ein Wert größer oder gleich dem Radius stehen.

- Beenden Sie den Pausen Modus mit der Eingabetaste bzw. schließen Sie den Einstellungsdialog über die Schaltfläche „OK".
- Der 3D Körper kann jetzt platziert bzw. gezeichnet werden.
- Bei einem Zylinder, einer Kugel oder einem STEP Modell wird nur noch der Ort festgelegt, an der Körper platziert werden soll. Bei einem extrudierten Körper wird jetzt ein Polygon gezeichnet.
- Linksklick um Startpunkt zu definieren.
- Mit Umschalt- - Leertaste können Sie den Eckenmodus festlegen.
  45°, 45° Bogen, 90°, 90° Bogen, Freiwinkel.
  Beim 90° Bogen kann der Radius mit der '.' und ',' Taste vergrößert oder verkleinert werden. Drückt man zusätzlich die Umschalt-Taste beschleunigt sich die Veränderung.
- Mit der Leertaste können Sie den sogenannten „Ellbogen" Modus umschalten.
- Tabulator können Sie jederzeit wieder den 3D Body Einstellungsdialog öffnen.
- Mit Linksklicks können Sie weitere Kontrollpunkte definieren.
- Rechtsklick oder Esc Taste beendet den Befehl und der 3D Körper wird vervollständigt.
  Man kann jetzt direkt den nächsten 3D Körper platzieren.
- Die Esc Taste oder die rechte Maustaste beenden den Befehl komplett.

STEP Modelle platzieren

- **P**lace – 3D B**o**dy (P – O) startet den Befehl.
- Es öffnet sich ein Explorer Fenster.
- Navigieren Sie zum Speicherort der STEP Datei.
- Wählen Sie die STEP Datei aus. Das Modell hängt jetzt an der Maus.
- Die Tabulatortaste öffnet das Properties Panel und geht in den Pausen Modus. Sie können im Properties Panel die Einstellungen anpassen.
- **Generic 3D Modell (STEP)**

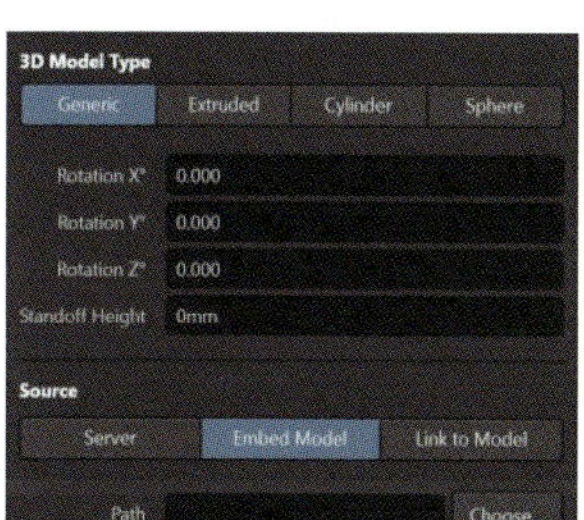

  Ein Generic 3D (STEP) Modell kann zu einem Leiterplattendokument hinzu gelinkt („Linked to Model"), eingebettet („Embed Model") werden oder aus der Vault kommen. Soll ein 3D Körper dazu gelinkt werden, muss in den Präferenzen unter „Tools - **P**references - PCB Editor - Models" ein Pfad hinzugefügt werden, in dem sich die Generic 3D Modelle befinden. Bei der Verlinkung bemerkt der Altium Designer®, wenn sich ein Generic 3D Modell ändert und informiert den Anwender. Will man ein Generic 3D Modell in einem Footprint verwenden, dann kann dieses nur eingebettet werden. Die **Standoff Height** bestimmt wie viel Abstand die Unterkante des STEP Modells von der Leiterplatte hat. Mit Rotation X, Y und Z kann das STEP Modell frei im Raum gedreht und gekippt werden.
- Beenden Sie den Pausen Modus mit der Eingabetaste bzw. schließen Sie den Einstellungsdialog über die Schaltfläche „OK".
- Solange der 3D Körper an der Maus hängt können Sie folgende Tastenkürzel

verwenden:

Leertaste	Rotation im Uhrzeigersinn
Umschalten Leertaste	Rotation gegen den Uhrzeigersinn
Num 4	Rotation um Y-Achse im Uhrzeigersinn
Num 6	Rotation um Y-Achse gegen den Uhrzeigersinn
Num 2	Rotation um X-Achse im Uhrzeigersinn
Num 8	Rotation um X-Achse gegen den Uhrzeigersinn
Num 9	Vergrößert die Standoff Height
Num 3	Verringert die Standoff Height

(Anmerkung in der Version 21.0.8 gibt es da einen Bug. Die Rotation wirkt sich hier zusätzlich auch auf den Arbeitsbereich aus.)

- Der 3D Körper kann jetzt mit einem Linksklick platziert werden.
- Man kann jetzt direkt den nächsten 3D Körper platzieren.
- Die Esc Taste oder die rechte Maustaste beenden den Befehl komplett.

Rectangle

(ab Version 21)
Mit dem Befehl „Place – Rectangle“ können Sie ein Rechteck auf der Leiterplatte platzieren.

- Starten Sie den Befehl mit „**P**lace – R**e**ctangle“ (P – E)
- Linksklick um Startpunkt zu definieren.
- Mit der Leertaste können Sie den Eckenmodus festlegen.
  Rectangle, Fillet (runde Ecke) und Chamfer (45° Ecke).
  Beim Fillet und Chamfer kann der Radius bzw. die Ecken mit der ‘.’ und ‘,’ Taste um 1mil vergrößert oder verkleinert werden. Drückt man zusätzlich die Umschalt- Taste beschleunigt sich die Veränderung auf 10mil.
- Mit Linksklicks definieren Sie die Größe des Rechtecks.
- Der Befehl ist damit abgeschlossen und es kann das nächste Rechteck platziert werden.
- Rechtsklick oder Esc Taste um den Befehl komplett zu beenden.

Während sich das Rechteck noch an der Maus befindet, können Sie die Eigenschaften ändern, indem Sie die Tabulatortaste drücken.

Eigenschaften

Die Tabulatortaste öffnet das Properties Panel und geht in den Pausen Modus.

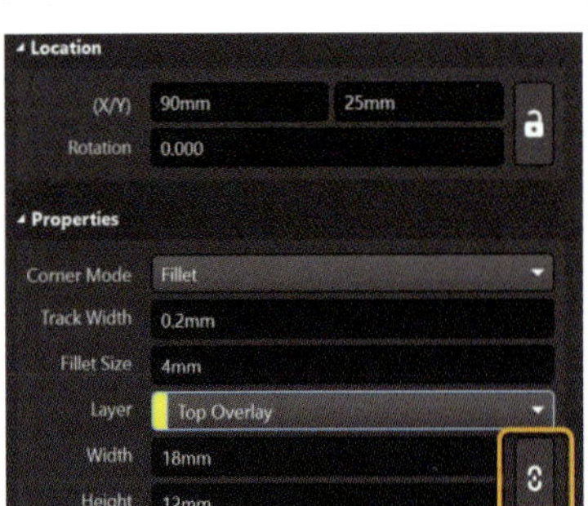

Im Bereich „Location“ kann das Rechteck rotiert werden.

Im Bereich „Properties“ kann aus der „Corner Mode“ Liste ein Eckenmodus gewählt werden. Im Feld „Track Width“ legen Sie die Linienbreite fest. Der Wert „Fillet Size“ bzw. „Chamfer Size“ bestimmt den Eckenradius bzw. wie weit die 45° nach innen gezogen wird. In der „Layer“ Liste kann die Leiterplattenlage gewählt werden und unter „Width“ und „Height“ können Breite und Höhe des Rechtecks eingetragen werden. Das Seitenverhältnis kann fixiert werden.

Beenden Sie den Pausen Modus mit der Eingabetaste oder einem Klick auf das Pausen Symbol.

Graphics

(ab Version 21)
Mit dem Befehl „Place – Graphics“ können Sie Grafiken im PNG, JPG, BMP oder SVG Format direkt auf der Leiterplatte platzieren.

- Wechseln Sie zur Lage auf der die Grafik platziert werden soll.
- Starten Sie den Befehl mit „**P**lace – Grap**h**ics“ (P – H)
- Linksklick um Startpunkt zu definieren.
- Der zweite Linksklick definiert die Größe der Grafik.
- Es öffnet sich ein Explorer Fenster.
- Navigieren Sie zum Speicherort der Grafik und wählen Sie diese aus.
- Es öffnet sich der „Import Image“ Dialog.
- Stellen Sie sicher, dass im Bereich „Composing“ der Eintrag „Union“ aktiv ist. Bei „Quality“ sollten Sie den höchsten Wert wählen. Schließen Sie dann den Dialog mit „OK“.

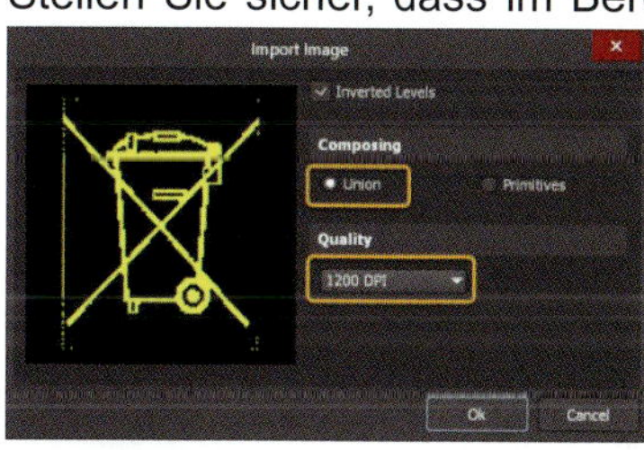

- Die Grafik wird jetzt platziert.

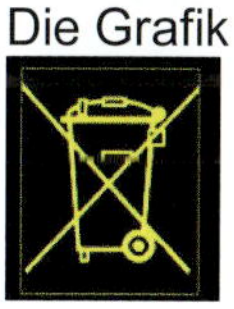

- Evtl. muss die Grafik nachbearbeitet werden.

Embedded Board Array

Ein „Embedded Board Array“ wird im Deutschen als Leiterplattennutzen bezeichnet. Auf solch einem Nutzen werden mehrere kleinere Leiterplatten zusammengefasst und verarbeitet. Bei unregelmäßigen Formen der Einzelleiterplatten kann durch geschickte Anordnung der Platz des Nutzens optimal ausgenutzt werden. Mit dem Embedded Board Array erlaubt der Altium Designer® eine direkte Nutzenerstellung. Das Embedded Board Array wird in einem eigenen Leiterplattendokument platziert. Die Leiterplatten die zum Embedded Board Array gehören existieren als eigenständige Dokumente und werden zum Array gelinkt. Ein Embedded Board Array kann unterschiedliche Leiterplatten enthalten. Diese müssen selbstverständlich im Lagenaufbau übereinstimmen.
Im Leiterplattendokument, welches das Embedded Board Array enthält, können

dann weitere PCB Objekte wie die Bemaßung, Ritzlinien, Fräskanten und Dokumentationstexte platziert werden.

- Erstellen der eigentlichen Leiterplatte.
- Neues Leiterplattendokument zum Projekt hinzufügen.
- Place - Embedded Board Array/Panelize startet den Befehl.
  Die Tabulatortaste öffnet das Properties Panel und geht in den Pausen Modus.

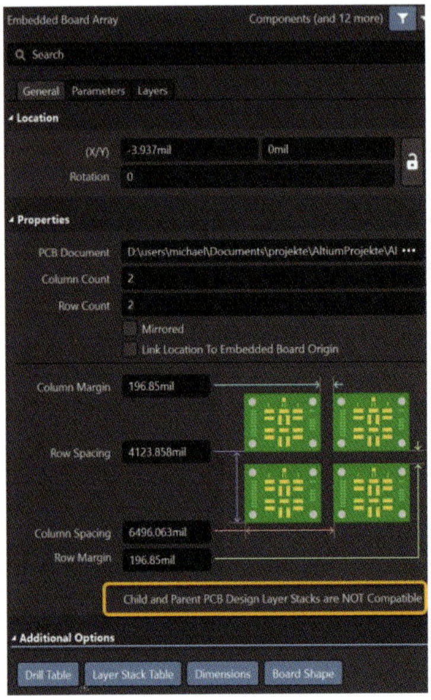

Auf dem Reiter „General“ wird die Länge und Breite einer Leiterplatte zuzüglich dem Steg zur nächsten Leiterplatte oder direkt die Stegbreite eingegeben. Die anderen beiden Werte werden jeweils automatisch angepasst. Über Rotation kann das Embedded Board Array beliebig gedreht werden. Im Bereich **Properties** wird die eigentliche Leiterplatte ausgewählt und festgelegt wie viele Spalten und Zeilen gewünscht werden. Mit einem Haken bei **„Mirrored“** wird das ganze Array gespiegelt. **„Link Location to Embedded Board Origin“** legt fest wo der Bezugspunkt des Arrays liegt. Wenn kein Haken sitzt, dann wird die linke untere Ecke der linken unteren Leiterplatte verwendet. Mit Haken wird der aktuelle Ursprung der Originalleiterplatte verwendet. Dieser Bezugspunkt wird mit einem kleinen roten Kreuz gekennzeichnet und kann zur Ausrichtung des Arrays verwendet werden.

  Im Bereich „Additional Options“ kann festgelegt werden, welche Objekte der Originalleiterplatte angezeigt werden sollen.

  Auf den Reitern „Parameters“ und „Layers“ kann festgelegt werden, welche Parameter und Lagen in die Produktionsdaten eingehen sollen.
- Beenden Sie den Pausen Modus mit der Eingabetaste bzw. schließen Sie den Einstellungsdialog über die Schaltfläche „OK“.
- Jetzt wählt man eine Position und setzt das Array mit einem Linksklick ab.

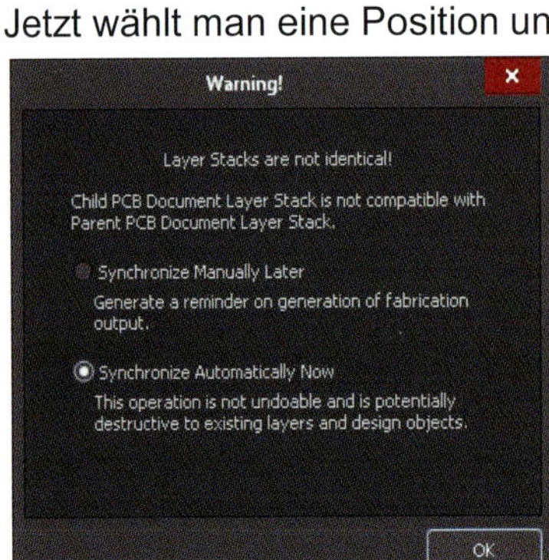

Beim Absetzen wird geprüft ob die Lagenaufbauten identisch sind. Sollte dies nicht der Fall sein, dann erscheint eine Warnung. Man kann den Lagenaufbau automatisch synchronisieren. Dazu wählt man die Option „Synchronize Automatically Now“. Ein Klick auf „OK“ führt die Aktion aus und schließt die Warnung.

- Es öffnet sich wieder der Einstellungsdialog und man kann das nächste Array setzen. Jetzt wird im unteren Bereich direkt angezeigt, ob die Lagenaufbauten kompatibel sind oder nicht.
- Ein Klick auf Cancel beendet den Befehl.
- Abschließend muss die Leiterplattengröße auf die Array Größe angepasst werden. Eine Anleitung finden Sie unter „Leiterplatten Kontur bearbeiten".

Design View

Eine Design View dient dazu einen Teil der Leiterplatte zu Dokumentationszwecken vergrößert darzustellen.

- Befehl starten mit „Place – Design View".
  Am Mauszeiger hängt eine Design View.
  Die Tabulatortaste öffnet das Properties Panel und geht in den Pausen Modus.
- Klicken Sie auf die Schaltfläche „Define" bzw. „Define area ...".
- Ziehen Sie mit der Maus ein Rechteck über den gewünschten Bereich der Leiterplatte.
- Nehmen Sie die gewünschten Einstellungen (siehe unten) vor.
- Beenden Sie den Pausen Modus mit der Eingabetaste bzw. schließen Sie den Einstellungsdialog über die Schaltfläche „OK".
- Platzieren Sie die Design View mit einem Linksklick.

Während sich die Design View noch an der Maus befindet, können Sie die Eigenschaften ändern, indem Sie die Tabulatortaste drücken.
Werden im dargestellten Bereich Änderungen vorgenommen, z.B. eine neue Leiterbahn verlegt, sind diese sofort in der Design View sichtbar.

Eigenschaften

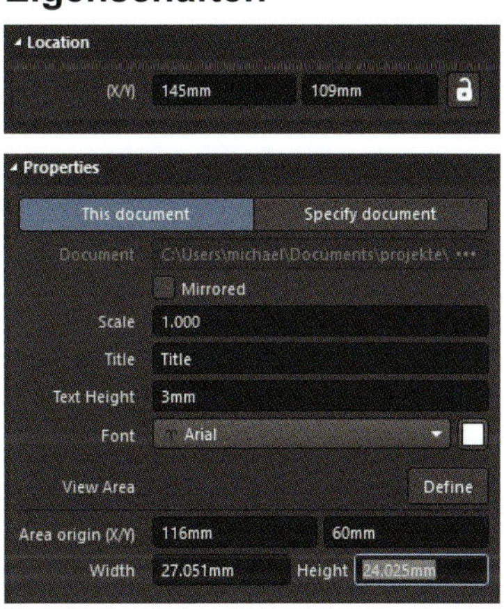

Die Tabulatortaste öffnet das Properties Panel und geht in den Pausen Modus.
Im Bereich „Location" definieren Sie die Position der Design View.
Im Bereich „Properties" kann die Quelle der Design View definiert werden. Bezieht sich die Design View auf die aktuelle Leiterplatte, dann wird die Option „This document" ausgewählt. Soll die Design View einer beliebigen anderen Leiterplatte platziert werden, dann wählt man diese unter „Specify document" aus. Mit einem Haken bei „Mirrored" wird die Design View gespiegelt. Dies ist hilfreich für Ansichten auf die Unterseite der Leiterplatte.

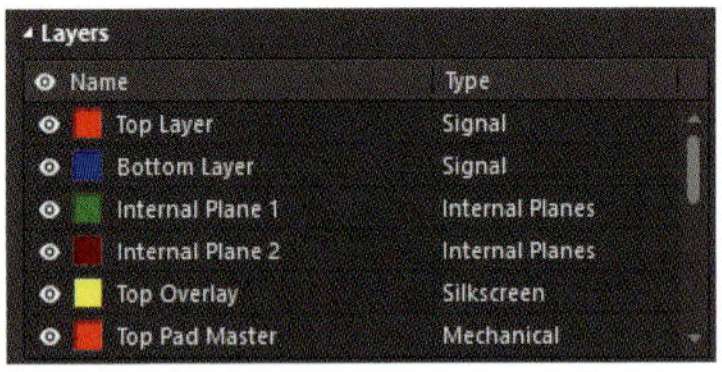

„Scale“ legt den Skalierungsfaktor fest. Im Bereich „Title“ können Sie der Design View einen Titel geben, sowie die Schriftart, -farbe und -größe festlegen.

Im Bereich „Layers“ können die Lagen ausgewählt werden, die angezeigt werden sollen.

Drill Table

Mit dem Befehl „Place - Drill Table“ kann eine Bohrtabelle auf der „Drill Drawing“ Lage platziert und konfiguriert werden. In den Ausgabedaten wird für jede Bohrdateien eine eigene Bohrzeichnung erzeugt. Ist eine Bohrtabelle vorhanden, wird diese auf jeder Bohrzeichnung mit den entsprechenden Bohrungen ausgegeben.

- Befehl starten mit „Place - Drill Table“.
  Am Mauszeiger hängt eine Bohrtabelle.
  Die Tabulatortaste öffnet das Properties Panel und geht in den Pausen Modus.
- Nehmen Sie die gewünschten Einstellungen (siehe unten) vor.
- Beenden Sie den Pausen Modus mit der Eingabetaste bzw. schließen Sie den Einstellungsdialog über die Schaltfläche „OK“.
- Platzieren Sie die Bohrtabelle mit einem Linksklick.

Während sich die Bohrtabelle noch an der Maus befindet, können Sie die Eigenschaften ändern, indem Sie die Tabulatortaste drücken.

Eigenschaften

Die Tabulatortaste öffnet das Properties Panel und geht in den Pausen Modus.

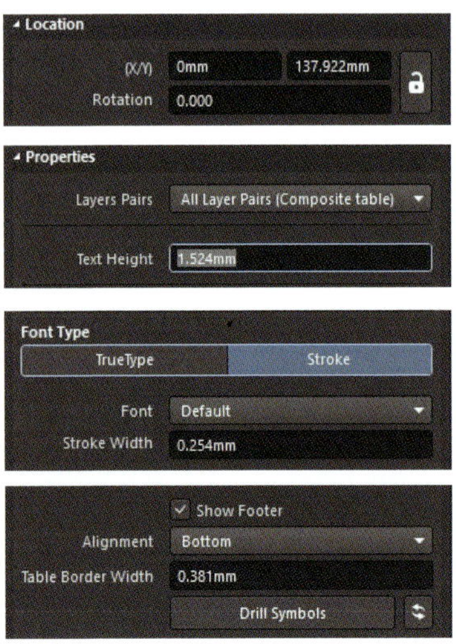

Im Bereich „Location“ definieren Sie die Position der Bohrtabelle. Im Feld „Rotation“ können Sie die Tabelle um einen beliebigen Winkelwert drehen. In der Auswahlliste „Layer Pairs“ wählen aus, welche Bohrdatei als Vorschau angezeigt werden soll. Die Textgröße wird im Feld „Text Height“ definiert.

Die Schriftart True Type oder Stroke (Vektorschrift) wählen Sie im Bereich „Font Type“. Die Schriftfamilie wählen Sie aus der Auswahlliste „Font“ und die Linienbreite der Schrift über „Stroke Width“ bzw. die Schaltfläche „B“.
Ein Haken bei „Show Footer“ fügt eine Zeile mit der Gesamtanzahl von Bohrungen an die Tabelle an.
Legen Sie über „Alignment“ fest, ob die Bohrtabelle nach oben (Alignment=
Bottom) oder nach unten (Alignment=Top) wachsen soll. Im Feld „Table Border

Width“ legen Sie die Linienstärke für den Rahmen fest.

Ein Klick auf die Schaltfläche „Drill Symbols“ öffnet den Einstellungsdialog für die

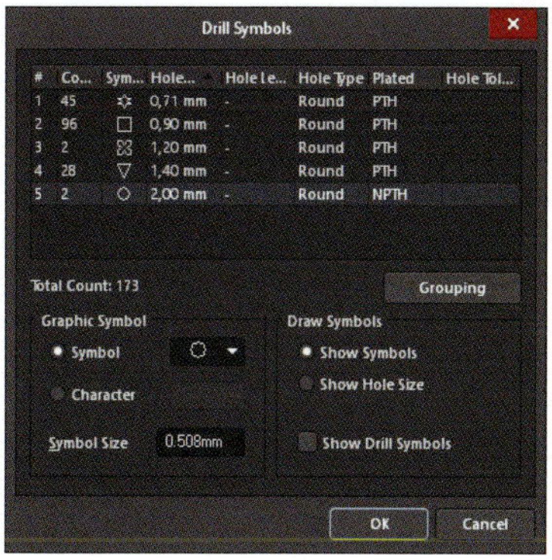

Bohrsymbole. In diesem Dialog kann das Symbol oder der Buchstabe für die unterschiedlichen Bohrdurchmesser festgelegt werden. Die Kriterien, wann das gleiche Symbol bei gleichem Bohrdurchmesser verwendet wird, kann durch Klick auf die Schaltfläche „Grouping“ festgelegt werden. Damit das gleiche Symbol verwendet wird, müssen alle aktivierten Kriterien erfüllt sein. Damit kann man z.B. einem Pad und einer Via trotz gleichem Bohrdurchmesser unterschiedliche Symbole zuordnen. Hierzu aktiviert man das Kriterium „Via/Pad“. Möchte man unterschiedliche Symbole auf den unterschiedlichen Bohrlagen, dann aktiviert man „Drill Layer Pair“. Wenn Sie „Show Drill Symbols“ aktivieren, dann werden die Bohrsymbole auf der Lage „Drill Drawing“ angezeigt. Um die Symbole zu sehen wechselt man am besten mit Umschalten – S in den Single Layer Mode. Auf dem Reiter „Drill Drawing“ kann über das kleine Dreieck ausgewählt werden, welche Bohrlage angezeigt werden soll.

Im Bereich „Units“ legen Sie fest welche Maßeinheit verwendet werden soll. In der Standardeinstellung werden die Maße sowohl in Millimeter als auch in Mil angezeigt. Die zweite Maßeinheit kann über das Augensymbol ausgeblendet werden.

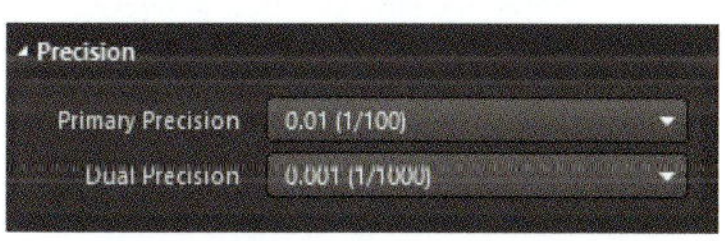

Die Anzahl Nachkommastellen kann für die beiden Maßeinheiten getrennt im Bereich „Precision“ festgelegt werden.

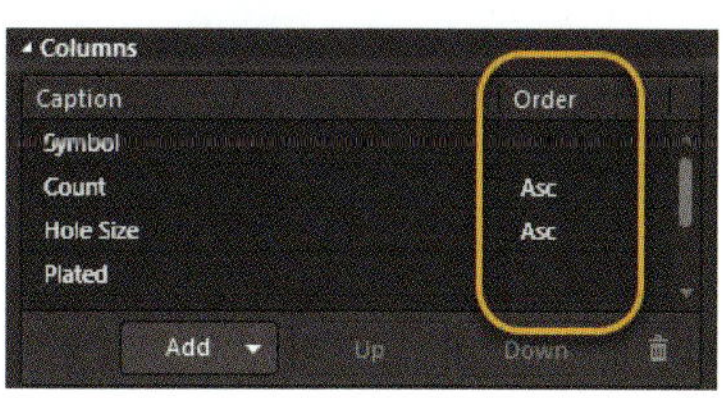

Im Bereich „Columns“ sehen Sie die Spalten der Bohrtabelle. In der Spalte „Order“ lässt sich die Sortierung pro Bohrtabellenspalte definieren. Aufsteigende Sortierung erreichen Sie mit „Asc“, absteigende mit „Dsc“. Im Bild wird zunächst nach der Anzahl und dann nach der Lochgröße sortiert. Mit der Schaltfläche „Add“ können Spalten für die physikalische Länge, die Fräspfadlänge von Langlöchern und die Toleranzwerte der Bohrung eingeblendet werden. Bei Bedarf können über „Custom column“ eigene Spalten hinzugefügt werden.

Wollen Sie die Überschrift einer Spalte ändern, dann klicken Sie in der Spalte „Caption“ auf den gewünschten Text. Dieser kann jetzt bearbeitet werden.

Die Schaltfläche mit dem Mülleimer ermöglicht das Entfernen von Spalten.

Layer Stack Table

Platzieren einer Lagenaufbau-Tabelle:

- Befehl starten mit „Place - Layer Stack Table“.
  Am Mauszeiger hängt eine Lagenaufbau-Tabelle. Die Tabulatortaste öffnet das Properties Panel und geht in den Pausen Modus.
- Nehmen Sie die gewünschten Einstellungen (siehe unten) vor.
- Beenden Sie den Pausen Modus mit der Eingabetaste bzw. schließen Sie den Einstellungsdialog über die Schaltfläche „OK“.
- Platzieren Sie die Lagenaufbau-Tabelle mit einem Linksklick.

Während sich die Lagenaufbau-Tabelle noch an der Maus befindet, können Sie die Eigenschaften ändern, indem Sie die Tabulatortaste drücken.

Eigenschaften

Die Tabulatortaste öffnet das Properties Panel und geht in den Pausen Modus.

Im Bereich „Location“ definieren Sie die Position der Lagenaufbau-Tabelle. Im Feld „Rotation“ können Sie die Tabelle um einen beliebigen Winkelwert drehen.

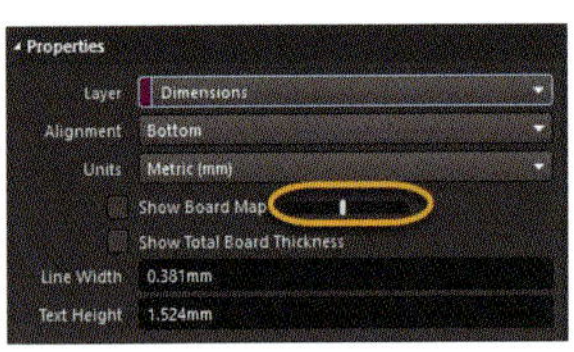

Im „Properties“ Bereich wählen Sie die mechanische Lage auf die Tabelle platziert werden soll. Im Feld „Units“ wählen Sie zwischen Millimeter und Mil. Die Dicke der Umrandung wird über „Line Width“ und die Texthöhe über „Text Height“ definiert. Ein Häkchen bei „Show Board Map“ zeigt die Konturvorschau der Leiterplatte und verschiedene Schraffuren kennzeichnen die definierten Lagenaufbauten. Diese Funktion wird meist bei Starr-Flex Leiterplatten verwendet. Die Größe der Konturvorschau kann über den kleinen Schieberegler hinter „Show Board Map“ eingestellt werden. Ein Häkchen bei „Show Total Board Thickness“ zeigt die Gesamtdicke der Leiterplatte an. Legen Sie über „Alignment“ fest, ob die Tabelle nach oben (Alignment=Bottom) oder nach unten (Alignment=Top) wachsen soll.

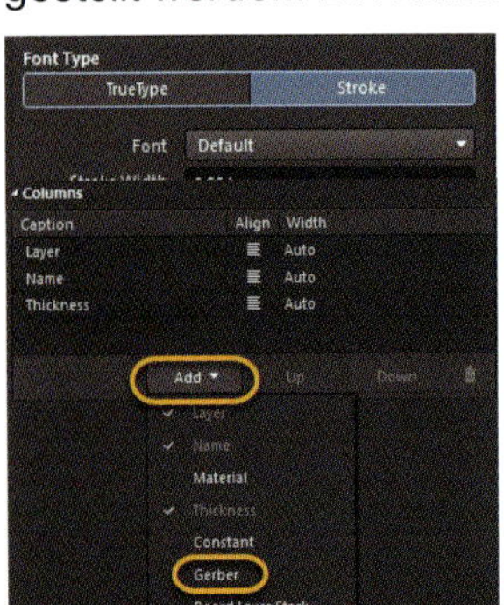

Im Bereich „Columns“ können Sie konfigurieren, welche Spalten angezeigt werden sollen. Ein Klick auf „Add“ öffnet eine Liste mit verfügbaren Spalten. Mit den Schaltflächen „Up“ und „Down“ können Sie die Reihenfolge der Spalten ändern. Mit der Mülleimerschaltfläche können Sie Spalten ausblenden.

Beenden Sie den Pausen Modus mit der Eingabetaste oder einem Klick auf das Pausen Symbol.

Keepout Objekte

Mit „**P**lace – **K**eepout“ können spezielle Keepout Objekte platziert werden. Die bisherige Eigenschaft „Keepout“ in den Leiterplattenobjekten entfällt.

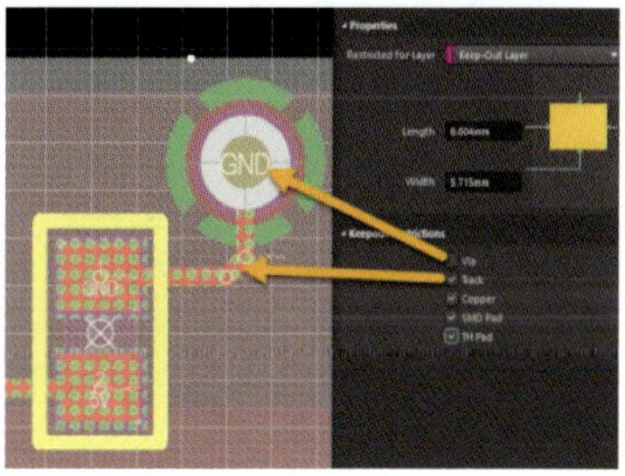

Als Keepout Objekte können die oben beschriebenen Objekte Arc, Fill, Solid Region und Track verwendet werden. Über die Eigenschaft „Restricted for Layer“ legen Sie die Lage fest, auf der das Keepout Objekt wirken soll. Im Bereich „Keepout Restrictions“ können Sie festlegen auf welche elektrischen Objekte das Keepout Objekt wirken soll. Zunächst wirkt ein Keepout Objekt immer auf alle elektrischen Objekte. Entfernt man in den „Keepout Restrictions“ bei einem Objekt das Häkchen, dann ist dieses Objekt innerhalb des Keepout Objekts zulässig. Wenn Sie Fills oder Solid Regions verwenden, dann sollten Sie diese Objekte im View Configuration Panel auf dem Reiter „View Options“ auf „Draft“ setzen. Dann sind nur die Umrisse sichtbar. Alternativ können Sie auch die Keepout Lage ausblenden.

Ab der Version 19.1 werden Keepout Objekte nicht mehr als massive Flächen sondern mit einer Kreuzschraffur dargestellt. Diese Darstellung verbessert die Unterscheidung zwischen Keepout und Kupfer Objekten.

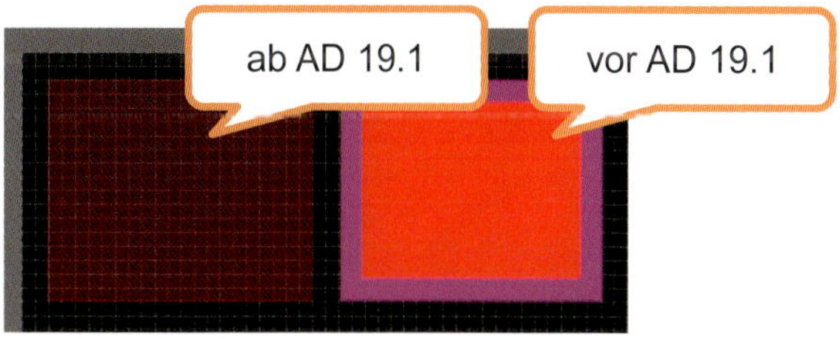

Im View Configurations Panel kann auf dem Reiter „View Options“ im Bereich „Object Visibility“ die Anzeige der Keepout Objekte konfiguriert werden.

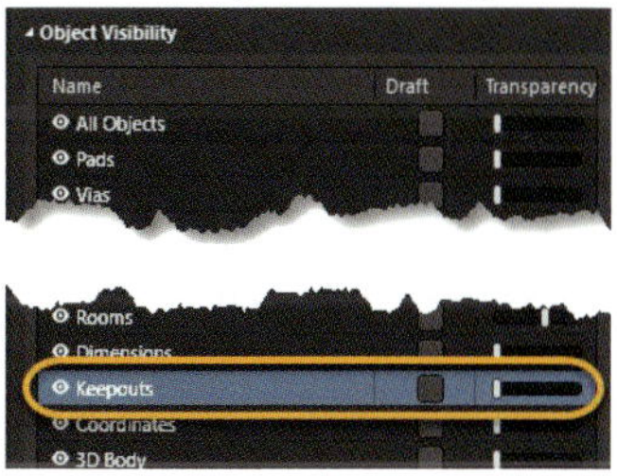

Wie bei allen anderen Objekten auch können die Keepout Objekte über das Augensymbol ein- und ausgeblendet werden. Ein Häkchen bei „Draft“ zeigt nur noch den Umriss an und über den Schieberegler bei „Transparency“ läßt sich die Transparent einstellen.

ALTIUM DESIGNER®

PARAMETER AUF DER LEITERPLATTE

Komponentenparameter synchronisieren

Die Komponentenparameter können aus dem Schaltplan mit „Design – Update PCB Document“ auf die Leiterplatte synchronisiert werden.

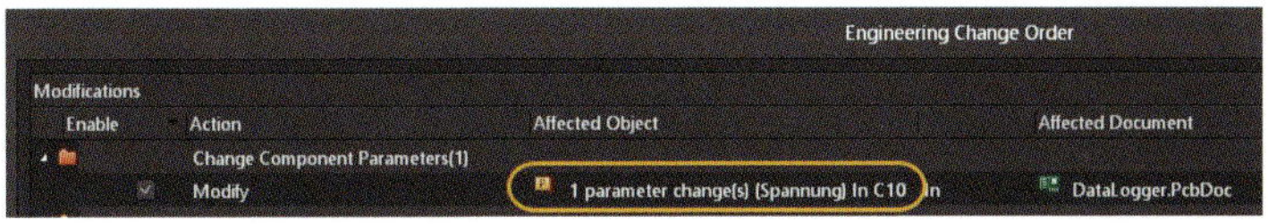

Hier können sie dann in Filterausdrücken, als Special Strings im Bestückungsdruck und auf den mechanischen Lagen verwendet werden.

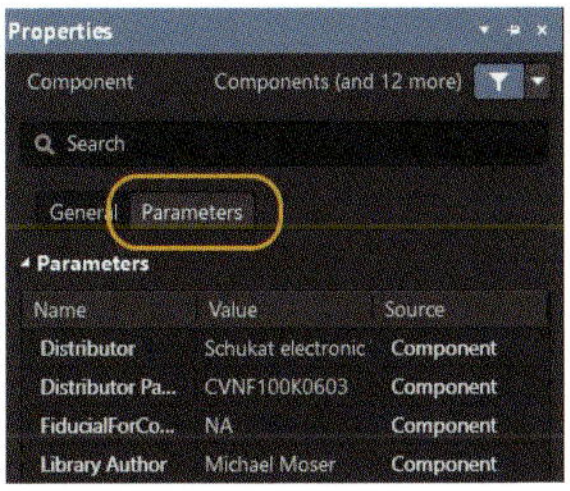

Durch einen Doppelklick auf eine Komponente auf der Leiterplatte öffnet sich das Properties Panel. Im Bereich „Parameters“ finden Sie die Liste der verfügbaren Parameter. Diese Parameter sind auf der Leiterplatte schreibgeschützt und können deshalb nicht verändert werden.

Die Synchronisierung der Parameter kann über den Reiter „ECO Generation“ in den „Project Options“ gesteuert werden. Stellen Sie dort den Mode auf „Ignore Differences“, wenn Sie die Parameter nicht synchronisieren wollen.

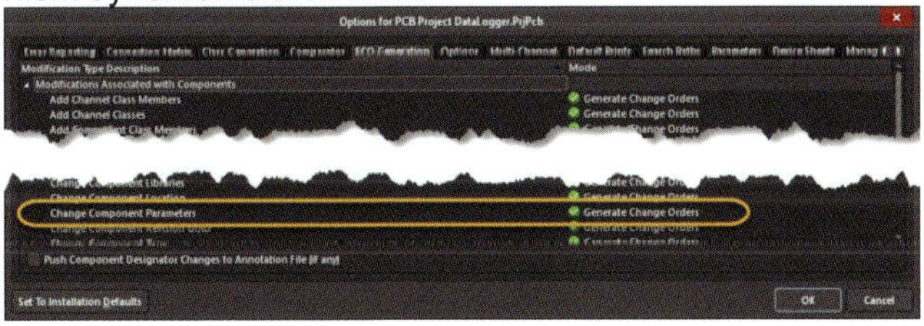

Footprintparameter synchronisieren

Die Footprintparameter können mit „Tools – Update From PCB Libraries…“ synchronisiert werden.

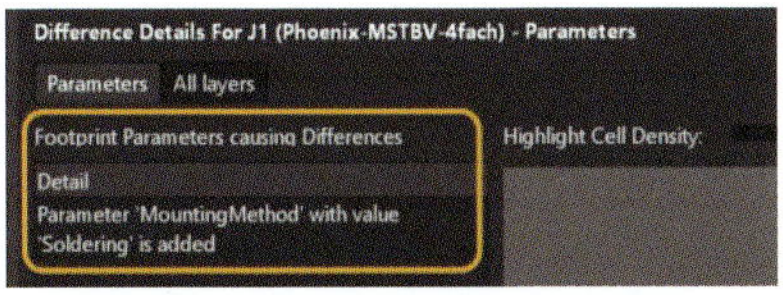

Im „Update From PCB Libraries“ Dialog werden geänderte Parameter angezeigt.

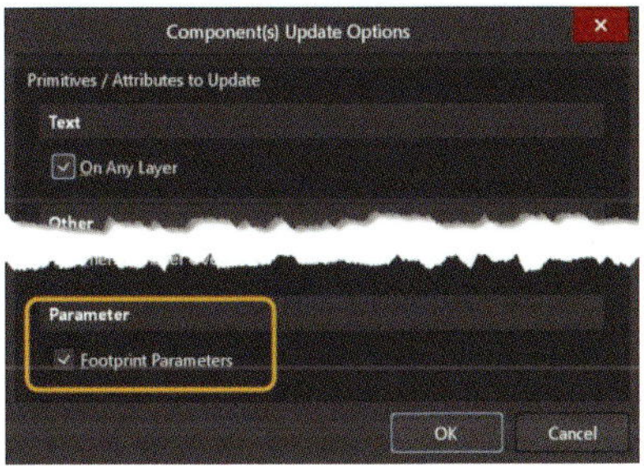

Im „Components Update Options“ Dialog kann festgelegt werden, ob die Footprintparameter aktualisiert werden sollen

Verwendung von Parametern in Filtern

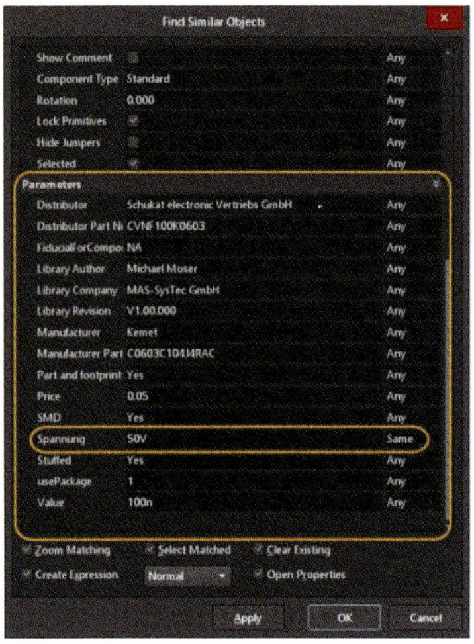

Parameter auf der Leiterplatte lassen sich in der Abfragesprache und damit in Filterausdrücken verwenden.

Mit einem Rechtsklick auf eine Komponente öffnet sich ein Kontextmenü. Dort kann man ganz oben „Find Similar Objects“ auswählen. Im „Find Similar Objects“ Dialog gibt es einen neuen Bereich „Parameters“ in dem man für einen bestimmten Parameter die Filterbedingung einstellen kann.
Im „Find Similar Objects“ Dialog werden die Footprintparameter nicht angezeigt.

Im PCB Filter Panel kann mit der Funktion HasCompParameterValue(<Name>, <Wert>) bzw. HasFootprintParameterValue(<Name>, <Wert>) direkt der Wert eines Parameters geprüft werden.
Der Ausdruck HasCompParameterValue(´Capacitance´, ´100nF´) würde alle Komponenten filtern, die den Parameter „Capacitance“ haben und dieser den Wert „100nF“ hat. Mit der Funktion ParameterValue(<Name>) bzw. Footprint-ParameterValue(<Name>) kann direkt auf den Wert zugegriffen werden. Das Ergebnis ist eine Zeichenkette, die über die Funktion StrToNumber(<Wert>, <Einheit>) in eine Zahl umgewandelt werden kann. Die Kombination von StrToNumber() und ParameterValue() erlaubt den direkten Zugriff auf einen Parameterwert:
StrToNumber(CompParameterValue(´Capacitance´), F)
liefert die Zahl 100e-9 zurück. Die Einheiten werden automatisch umgerechnet, so kann in der Komponente 100nF stehen und im Filter Panel wird dann auf 100e-9F geprüft. Im Filterpanel kann nicht „nF“ verwendet werden. Hier muss immer die Basiseinheit verwendet werden! Zulässig ist die wissenschaftliche Darstellung 100nF → 100e-9 und die direkte Umrechnung über StrToNumber(´100nF´, F).

Verwendung von Parametern in Leiterplattenregeln

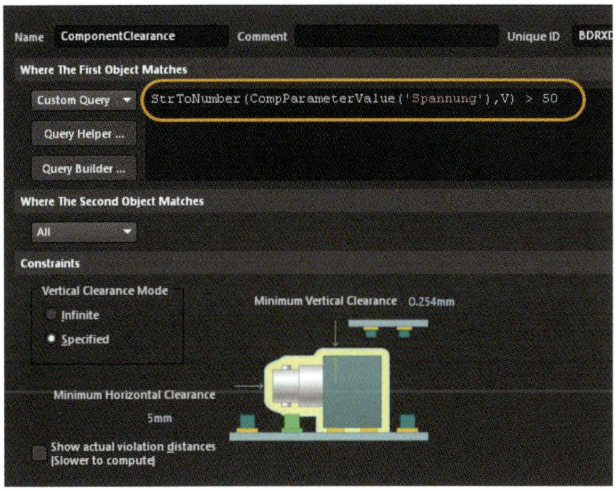

Parameter lassen sich auch für die Festlegung des Gültigkeitsbereichs von Leiterplattenregeln verwenden. Sie lassen sich in den Regeln verwenden, die sich auf die Platzierung von Bauteilen beziehen. Diese Regeln findet man im „PCB Rules and Constraints Editor" im Bereich „Placement".
Damit kann man z.B. den Abstand von Komponenten über den Inhalt eines Parameters, z.B. der Spannung, festlegen.

Bei den Footprintparametern könnte eine Festlegung des Gültigkeitsbereichs wie folgt aussehen.

Damit würden alle Footprints, die einen Parameter „MountingType" mit dem Wert „THT" haben passen.

Anzeige der Parameter im Properites Panel

Die definierten Parameter einer Leiterplatte werden im Properties Panel (wenn keine Objekte selektiert sind) auf dem Reiter „Parameters" angezeigt.

ALTIUM DESIGNER®

DAS ARBEITEN MIT POLYGONEN

Polygone kommen in folgenden Bereichen zum Einsatz:

- Kupferflächen die sich anpassen
- Ausschnitte in Polygonen
- Kupferflächen die sich nicht anpassen (Solid Regions)
- Leiterplattenausschnitte
- Leiterplattenkontur
- 3D Modelle extrudiert

Das Platzieren von Polygonen wurde im Abschnitt „Leiterplatten Objekte - Polygone“ erklärt.

Polygone als Kupferflächen sind elektrisch aktiv oder inaktiv. Im elektrisch aktiven Zustand können sie Regelverletzung verursachen, wenn z.B. ein fremdes Netz durch das Polygon verlegt wird. Im inaktiven Zustand werden sie ausgeblendet. Die zugehörigen Verbindungslinien bleiben angeschlossen, werden aber nicht dargestellt.

Das Kontextmenü „Polygon Actions“

Klickt man auf ein platziertes Polygon mit der rechten Maustaste öffnet sich das „Polygon Actions“ Kontextmenü. Dieses Kontextmenü zeigt alle verfügbaren Befehle, die man auf das Polygon anwenden kann.

- **Polygon Manager**
  Der Polygon Manager kann auch direkt im Kontextmenü gestartet werden.
- **Repour Selected / All / Violating / Modified**
  Polygone werden aktualisiert und als Kupferfläche dargestellt.
- **Shelve All / Selected**
  Alle oder ausgewählte Polygone werden ausgeblendet.
- **Bring to front**
  Das Polygon erhält, unter den sich überlappenden, die höchste Priorität und wird als erstes erzeugt.
- **Send to back**
  Das Polygon erhält, unter den sich überlappenden, die niedrigste Priorität und wird als letztes erzeugt.
- **Move Polygon**
  Das Polygon kann verschoben werden.
- **Resize Polygon**
  Die Größe des Polygons kann geändert werden
- **Slice Polygon**
  Teilen eines Polygons zwei neue Polygone.
- **Explode Polygon to Free Primitives**
  Löst ein Polygon in der „Outlined“ Darstellung in seine Einzelteile auf, wenn vorher der Haken bei „Lock Primitives“ entfernt wurde.
- **Combine Selected Polygons**
  Mehrere Polygone können zu einem Polygon vereinigt werden.
- **Substract Polygons from Selected**

Polygone können von einem anderen Polygon subtrahiert werden.

- **Modify Polygon Border**
  Die Kontur eines Polygons kann neu gezeichnet werden.

Das Menü „Tools - Polygon Pours“

Das Menü „Tools - Polygon Pours“ zeigt weitgehend ähnliche Befehle wie das Kontextmenü „Polygon Actions“.

- **Polygon Manager**
  Startet den Polygon Manager.
- **Shelve n Polygon(s)**
  Polygone werden deaktiviert bzw. ausgeblendet.
- **Repour Selected / All / Violating / Modified**
  Polygone werden aktualisiert und als Kupferfläche dargestellt.

Weitere Befehle finden Sie unter „**T**ools – Con**v**ert“:

- Explode Pol**y**gone to Free Primitives
  Ein Polygon, welches mit „Hatched“ oder „None“ (nur Umriß) erzeugt wurde, wird in seine Einzelobjekte zerlegt.
- Create Poly**g**on from Selected Primitives
  Ein Polygon kann aus den PCB Objekten Linien und Kreisbögen definiert werden.

Der Polygon Manager

Der Polygon Manager dient dazu, die vorhandenen Polygone zu verwalten.

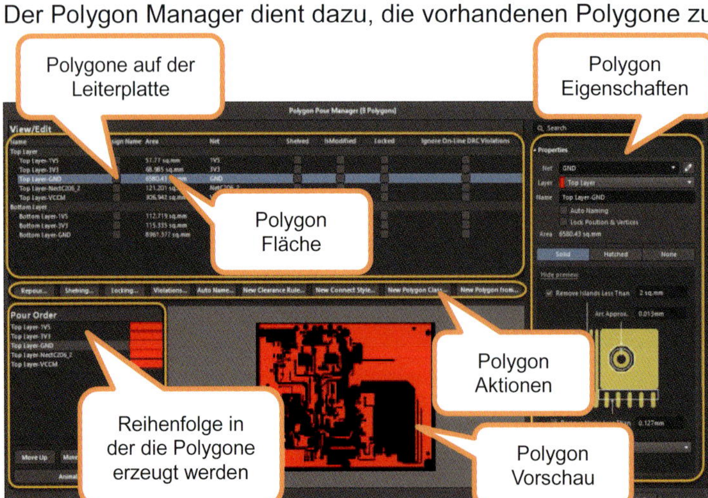

Im oberen Bereich „View/Edit“ befinden sich alle auf der Leiterplatte vorhandenen Polygone sortiert nach Lagen. Wird hier ein Polygon ausgewählt, sieht man unten rechts die entsprechende Vorschau. Für jedes Polygon wird hier der Name, die Kupferfläche, das zugeordnete Netz, der Zustand aktiv/inaktiv (Shelved), ob es fixiert

(Locked) ist und ob Regelverletzungen ignoriert werden sollen angezeigt.
Im linken Bereich „Pour Order“ legt man die Reihenfolge fest, in der die Polygone erzeugt werden. Ein Klick auf die Schaltfläche „Auto Generate“ ordnet die Polygone automatisch an. Über „Move Up“ und „Move Down“ kann die Reihenfolge jederzeit geändert werden. Die Reihenfolge ist entscheidend dafür, wie die Polygone später aussehen. Im rechten Bereich werden die Eigenschaften des Polygons angezeigt. Änderungen in diesem Bereich müssen mit „Apply“ untern rechts übernommen werden.

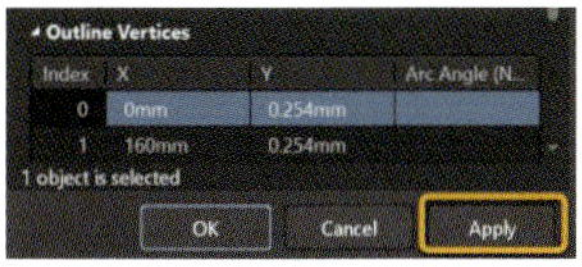

Für die Auswahl der Polygone können die unter Windows üblichen Tasten Umschalt und Strg verwendet werden.

Über die Schaltflächen im mittleren Bereich des Polygon Managers können Aktionen auf die ausgewählten Polygone angewendet werden.

- **Auto Name**
  Für alle oder ausgewählte Polygone kann die automatische Namensvergabe ein- oder ausgeschaltet werden.
  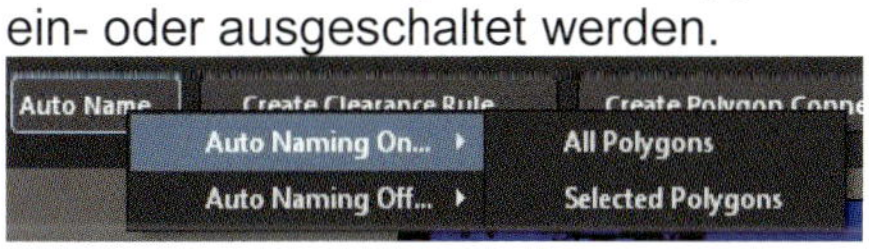

- **New Clearance Rule**
  Es wird für die ausgewählten Polygone eine neue Abstandsregel erzeugt.
- **New Connect Style**
  Es wird für die ausgewählten Polygone eine neue Regel erstellt, die definiert wie die Polygone angeschlossen werden sollen (direkt, mit Wärmefalle oder gar nicht).
- **New Polygon Class**
  Es wird für die ausgewählten Polygone eine neue Polygon Klasse erzeugt.
- **New Polygon from...**
  - **Selected Polygon**
    Erstellt eine Kopie eines ausgewählten Polygons. Wenn mehrere Polygone selektiert sind, dann ist nicht eindeutig, welches Polygon dupliziert wird.
  - **Board Outline**
    Erstellt ein Polygon entsprechend der Leiterplattenkontur.

Teilen eines Polygons

Ein Polygon kann über den Befehl „Slice Polygon Pour“ aus dem Kontextmenü „Polygon Actions“ geteilt werden.
Entscheidend beim Teilen von Polygonen ist, dass der Schnitt außerhalb des Polygons beginnen und enden muss.

- Vor dem Teilen sollte die Darstellung der Polygone auf den Entwurfsmodus

Polygone bearbeiten

Anmerkung: Die nachfolgende Beschreibung gilt auch für Solid Regions, Ausbrüche in der Leiterplatte (Board Cutouts), Aussparungen in Polygonen (Polygon Cutouts) und für die Bearbeitung der Leiterplattenkontur.

Ein Polygon kann nachträglich bearbeitet werden. Mit den Standardeinstellungen in den Präferenzen wird das Polygon jedoch nicht automatisch neu erzeugt. Auf der Leiterplatte sieht man dann das Polygon vor und nach den Änderungen.

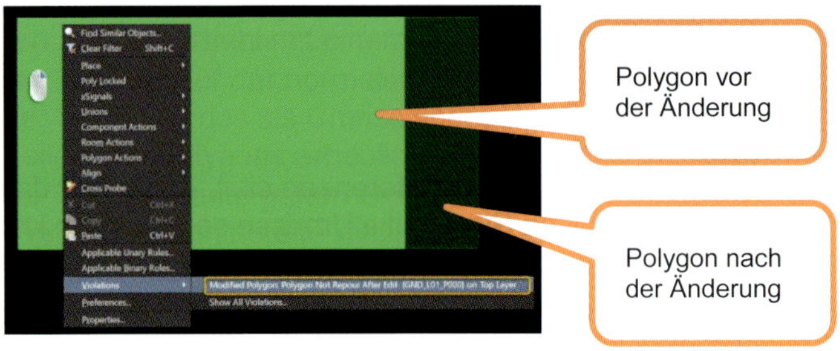

Das Polygon wird grün dargestellt, da eine Regelverletzung erkannt wurde. Mit einem Rechtsklick auf das Polygon findet man im Kontextmenü den Eintrag „Violations“. Klick darauf zeigt die Regelverletzung an. Um die Änderungen anzuwenden, muss das Polygon manuell neu erzeugt werden.

In den Präferenzen kann unter „PCB Editor – General – Polygon Rebuild – Repour Polygons After Modification“ aktiviert werden. Dann wird ein geändertes Polygon automatisch neu erzeugt. Aktiviert man zusätzlich „Repour all dependent polygons after editing“, dann werden auch alle abhängigen Polygone neu erzeugt.

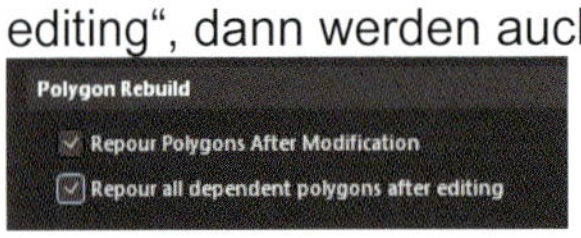

Selektiert man ein Polygon, dann werden die Kontrollpunkte sichtbar. Befindet sich der Mauszeiger über einer Kante wird diese hervorgehoben dargestellt.

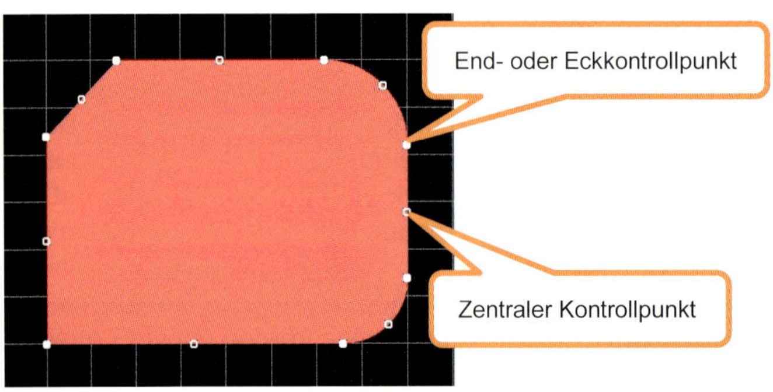

Folgende Aktionen sind möglich:

- Kante verschieben
(nur wenn Kante nicht an einen Kreisbogen angrenzt)

- Radius eines Kreisbogens ändern
- Gerade Kante in zwei gerade Kanten aufteilen
- Kreisbogen in zwei Kreisbögen aufteilen
- Gerade Kante in Kreisbogen umwandeln
- 90° Ecke in Kreisbogen umwandeln
- 90° Ecke in 45° Ecke umwandeln

Bei allen Aktionen, die durch einen Linksklick auf einen Kontrollpunkt ausgelöst werden, kann über Umschalt – Leertaste der gewünschte Modus eingestellt werden.

Zentraler Kontrollpunkt Modi:

- **Breaking Edge**
  Die gerade Kante wird in zwei neue gerade Kanten umgewandelt.
- **Moving Edge**
  Die Kante kann komplett frei verschoben werden.
  (nur wenn Kante nicht an einen Kreisbogen angrenzt)
- **Incurvating Edge**
  Die gerade Kante wird in einen Kreisbogen umgewandelt.

Eckkontrollpunkt Modi:

- **Mitering to segment**
  Wandelt die 90° Ecke in eine 45° Ecke um
- **Mitering to arc**
  Wandelt eine Ecke (45° oder 90°) in einen Kreisbogen um
- **Move Vertex**
  Bewegt den Kontrollpunkt.

Bei allen Bearbeitungsschritten blendet der Altium Designer® bei Bedarf grüne Hilfslinien ein, um das Ausrichten der Kontrollpunkte zu erleichtern.

Kanten verschieben

Kanten können waagrecht und senkrecht verschoben werden, wenn man zwischen zwei Kontrollpunkten auf die Kante klickt und die linke Maustaste gedrückt hält.
Bei einem Kreisbogen verändert diese Aktion den Radius.

Kanten aufteilen

Zentralen Kontrollpunkt auf einer Kante mit gedrückter Strg-Taste anklicken und bewegen. Die Kante wird in zwei neue Kanten aufgeteilt.
Alternativ kann man auch die Kante verschieben und mit Umschalt-Leertaste den Modus „Breaking Edge“ wählen.

Kanten in Bögen umwandeln

Zentralen Kontrollpunkt auf einer Kante anklicken und bewegen. Mit Umschalt-Leertaste den Modus „Incurvating Edge“ wählen. Die gerade Kante wird in einen Kreisbogen umgewandelt.

Ecken ändern

Eckpunkt anklicken und bewegen. Mit Umschalt-Leertaste den Modus „Mitering to arc“ wählen. Aus der Ecke wird ein Kreisbogen. Dies funktioniert sowohl mit 90° als auch mit 45° Ecken.

Eckpunkt anklicken und bewegen

Mit Umschalt-Leertaste den Modus „Mitering to segment“ wählen. Aus der Ecke wird ein 45° Segment. Dies funktioniert sowohl mit 90° als auch mit 45° Ecken.

Ecken bewegen

Eckpunkt anklicken und bewegen. Mit Umschalt-Leertaste den Modus „Moving Vertex“ wählen. Der Kontrollpunkt kann frei bewegt werden.

Kontrollpunkte hinzufügen

- Bewegen Sie den Mauszeiger über die gewünschte Kante
- Die Kante wird jetzt heller dargestellt.
- Halten Sie die Strg Taste gedrückt und klicken Sie dann an der Position wo der Kontrollpunkt eingefügt werden soll.
- Halten Sie die Strg Taste und die linke Maustaste gedrückt bis ein kleines weißes Kreuz erscheint (das kann etwas dauern).
- Warten Sie bis die neuen Kontrollpunkte angezeigt werden.
- Lassen Sie beide Tasten los.
- An der gewünschten Stelle wurde ein neuer Endkontrollpunkt eingefügt.

Kontrollpunkte entfernen

- Klicken Sie auf den Kontrollpunkt der gelöscht werden soll.
- Halten Sie die linke Maustaste gedrückt bis ein grünes Kreuz erscheint.
- Drücken Sie die Entf Taste.
- Alle zentralen Kontrollpunkte beiderseits des Eckkontrollpunkts werden gelöscht.

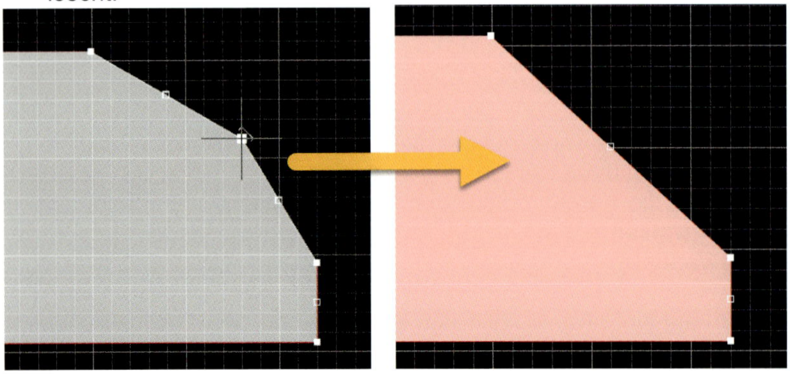

ALTIUM DESIGNER®
LEITERPLATTEN-LAGEN

Signallagen

Die Signallagen sind die Lagen, auf denen Leiterbahnen verlegt werden können. Alles was auf diesen Lagen platziert wird, wird in den Produktionsdaten als Kupfer ausgegeben. Platziert man Text auf diese Lagen, dann wird dieser Text als Kupfer ausgegeben. Insgesamt unterstützt der Altium Designer® 32 Signallagen. Diese Lagen werden mit „Top Layer", „MidLayer1" bis „MidLayer30" und „Bottom Layer" bezeichnet. Die Namen dieser Signallagen können im Layer Stack Manager oder durch Doppelklick auf die Lagenreiter unten im Arbeitsbereich frei vergeben werden.

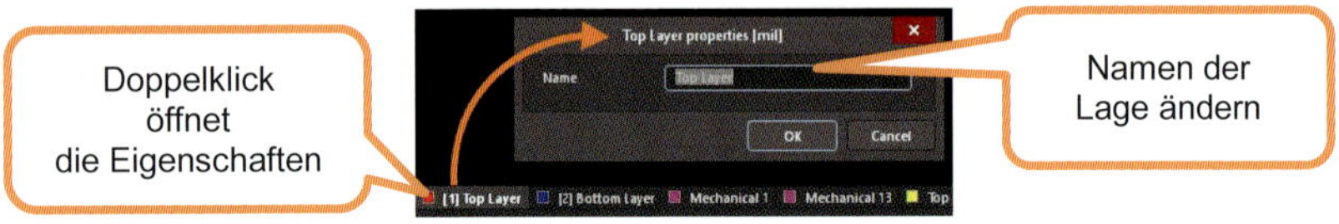

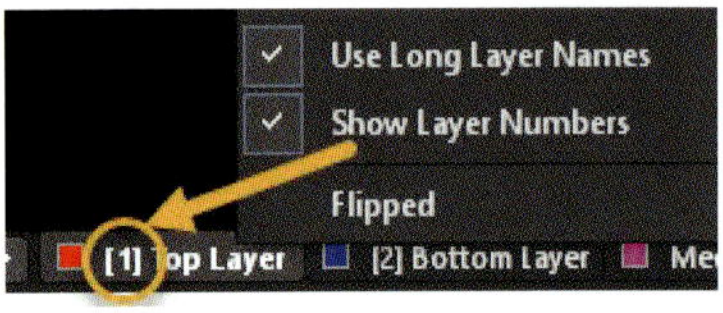

Mit einem Rechtsklick auf den Lagenreiter wird ein Kontextmenü eingeblendet. Hier kann die Lagennummer eingeblendet werden. Durch Eingabe dieser Nummer auf der Zehnertastatur (1 - 10) während dem Verlegen der Leiterbahnen, kann direkt auf diese lage gewechselt werden.

Spannungsversorgungslagen (Planes)

Die Spannungsversorgungslagen werden im Altium Designer® als „Internal Planes" bezeichnet. Diese Lagen dienen zur niederimpedanten Auslegung der Spannungsversorgung und bestehen aus vollflächigem Kupfer. Aus diesem Grund handelt es sich um Negativlagen, d.h. alles was hier eingezeichnet wird, ergibt eine Kupferaussparung. Insgesamt unterstützt der Altium Designer® 16 Spannungsversorgungslagen. Diese Lagen heißen „InternalPlane1" bis „InternalPlane16". Die Namen können im Layer Stack Manager oder durch Doppelklick auf die Lagenreiter unten im Arbeitsbereich frei vergeben werden. Keep-Out Objekte wirken nicht auf die Spannungsversorgungslagen. Der Abstand zur Leiterplattenkante muss deshalb im Layer Stack Manager in der Spalte „Pullback" angegeben werden. Ab der Version 21 können Spannungsversorgungslagen, genau so wie Polygone, nach Änderungen über „Repour" im Properties Panel neu erzeugt werden. Dazu muss in den erweiterten Einstellungen(siehe S.10) „PCB.SplitPlanes.Pouring" aktiviert werden. Aktuell ist dies eine Open Beta Funktion. Sie haben ähnliche Eigenschaften wie Polygone, die im Properties Panel festgelegt werden können (siehe Kapitel „Leiterplattenobjekte – Polygon" S.234).

Bestückungsdruck

Die Lagen für den Bestückungsdruck heißen „Top Overlay" und „Bottom Overlay". Dort werden üblicherweise die Bauteilebezeichner und die Bauteilekonturen ausgegeben.

Lötstoppmaske

Die Lagen für die Lötstoppmaske heißen „Top Solder" und „Bottom Solder". Es handelt sich um Negativlagen. Alles was in diese Lage platziert wird, erzeugt eine Aussparung in der Lötstoppmaske. Die Lötstoppmaske wird über Regeleinstellungen erzeugt. Es aber auch möglich diese manuell zu definieren.

Pastenmaske

Die Lagen für die Pastenmaske heißen „Top Paste" und „Bottom Paste". Diese Lagen definieren die Lötpastenmaske. Aus diesen Lagen wird die entsprechende Schablone erzeugt. Die Lötpastenmaske wird über Regeleinstellungen erzeugt. Es ist aber auch möglich diese manuell zu definieren.

Abdecklagen

Bei Starr-Flex Leiterplatten können die flexiblen Bereiche mit Abdecklack oder –folie geschützt werden. Definiert wird dies auf den Abdecklagen (Bikini Coverlays) (Bikini Coverlays, die Sie mit dem „Layer Stack Manager" einfügen und über das PCB Panel im Bereich „Layer Stack Regions" freigeben können. Die Abdecklage verhält sich wie eine zusätzliche Lötstoppmaske und bedeckt die ganze Lage. Genau wie bei der Lötstoppmaske, handelt es sich bei der Abdecklage um eine Negativlage. Der Name der Abdecklage setzt sich zusammen aus dem Namen des flexiblen Bereichs und dem Zusatz „Top Coverlay" bzw. „Bottom Coverlay".

Beispiel: „FlexStack Top Coverlay".

Die automatisch erzeugte Abdecklage ist ein Polygon. Es kann genau wie diese bearbeitet werden. Über die Befehle „**D**esign – Place C**o**verlay Polygon" und „**D**esign – Place Coverlay Cutout" können eigene Polygone und Polygonaussparungen definiert werden. Diese Befehle stehen im Board Planning Mode zur Verfügung, wenn ein Coverlay die aktive Lage ist.

Bohrzeichnungslagen

Die Bohrzeichnungslagen bestehen aus den Lagen „Drill Drawing" und „Drill Guide". Auf der Lage „Drill Drawing" befinden sich die Bohrtabelle und die Symbole, mit denen jede Bohrung grafisch oder mit Buchstaben gekennzeichnet wird. Der „Drill Guide" zeigt alle Bohrungen auf der Leiterplatte. Diese Lage wird auch als „Pad Master" bezeichnet. Für jedes Start-/Endlagenpaar der definierten Durchkontaktierungen wird in den Ausgabedaten eine eigene „Drill Drawing" und ein „Drill Guide" erzeugt.

Keep-Out Lage

Die Keep-Out Lage dient dazu Bereiche zu definieren, in denen elektrische Objekte und bedingt auch Bauteile nicht platziert werden dürfen. Diese Sperrbereiche wirken auf allen Signallagen der Leiterplatte. Leiterbahnen können nicht über ein Objekt auf der Keep-Out Lage geführt werden.
Auf Bauteile wirkt der Sperrbereich nur, wenn das Bauteil mit einem Kupferobjekt oder einer Bohrung den Sperrbereich berührt. Im Bild sieht man einen Lichtleiter mit Befestigungsbohrungen. Erst wenn eine dieser Bohrungen den Sperrbereich berührt wird die Regelverletzung angezeigt.

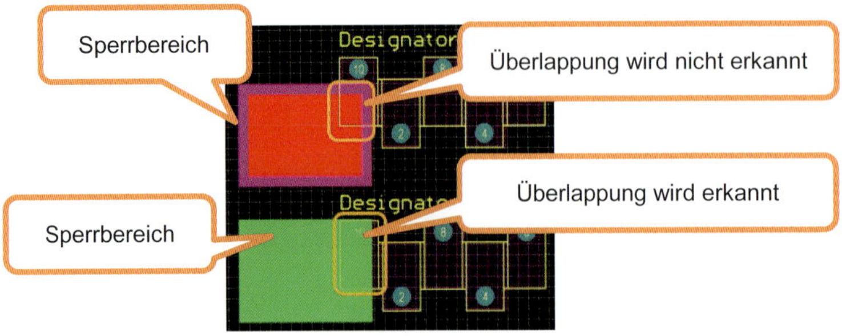

Bei Komponenten verwendet man besser Rooms. Dann wird jede Überlappung direkt angezeigt.

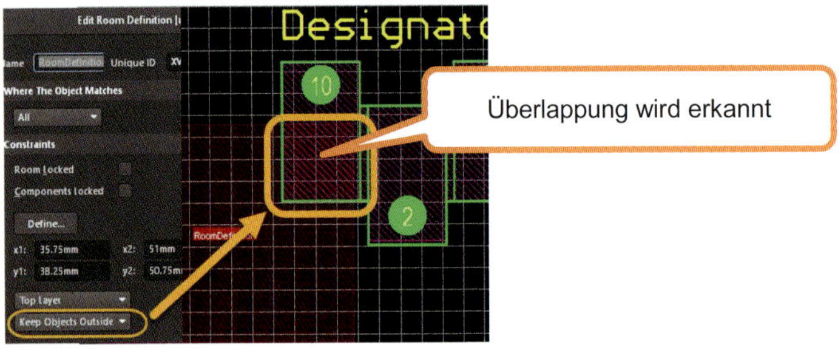

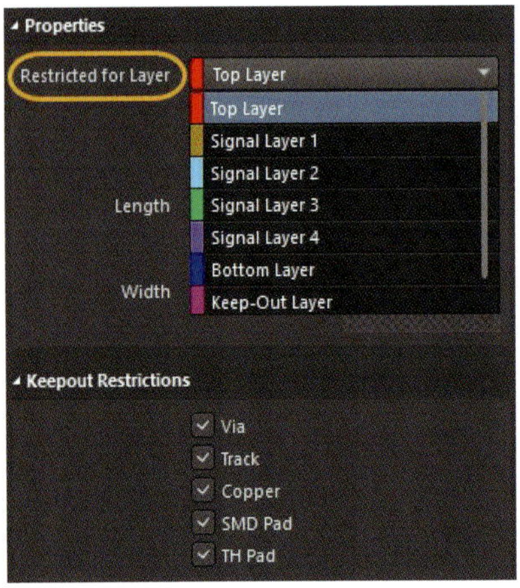

In den Eigenschaften der Keep-Out Objekte kann festgelegt werden, auf welcher Lage das Keep-Out Objekt wirken soll und welche Objekte (Via, Track etc.) betroffen sind.

Wählt man hier „All Layers" wird das Objekt auf der Keep-Out Lage dargestellt.

Multi Layer

Objekte die man auf diese Lage platziert, werden auf allen Kupferlagen dupliziert. Hauptanwendung sind die Anschlussflächen für bedrahtete Bauteile. Es ist aber möglich beliebige Objekte zu platzieren. Damit kann man z.B. Kühlflächen realisieren. Platziert man auf Multi Layer ein Polygon Cutout, dann wirkt auch dieses auf allen Kupferlagen. Dies ist praktisch, wenn man in der PCB Bibliothek z.B. ein Symbol für eine WLAN Antenne anlegt.

Mechanische Lagen

Vor der Version 19 existieren nur 32 mechanische Lagen (ab AD10) die mit „Mechanical 1“ bis „Mechanical 32“ benannt sind. Ab der Version 19 entfällt diese Beschränkung. Es sind jetzt 1024 mechanische Lagen nutzbar. Die mechanischen Lagen können Sie beliebig nutzen. Die Namen dieser Lagen können in den „View Configurations“ umbenannt werden. Zum Umbenennen können Sie, wie bei den Signallagen, einfach einen Doppelklick auf den entsprechenden Lagenreiter machen.
Diese Lagen können vielfältig genutzt werden.

Einige Beispiele sind:

- Leiterplattenkontur
- Abziehbarer Lötstopplack
- Klebepunkte
- Bemaßung
- Zeichnungsrahmen
- 3D Modelle

Vom Altium Designer® gibt es keine Vorgaben, welche mechanische Lage wofür verwendet werden soll.
Es haben sich allerdings ein paar Belegungen aus der Praxis ergeben:

- **Mechanical1**
  Leiterplattenkontur
- **Mechanical13**
  Bestückungsplan und 3D Modelle
- **Mechanical15**
  Courtyard
- **Mechanical16**
  Zeichnungsrahmen

Wenn man eine eigene Bibliothek anlegt, dann muss man sich Gedanken machen welche Lagen man benötigt und dies dann in einer Arbeitsanweisung festlegen.

Mechanische Lagen exportieren und importieren

Die mechanischen Lagen und Lagenpaare können aus dem Leiterplattendokument mit „Tools – Export Mechanical Layers…“ als „*.stackup“ Datei exportiert werden. Mit dem Befehl „Tools – Import Mechanical Layers…“ können sie dann in ein neues Leiterplattendokument oder eine Leiterplattensymbolbibliothek importiert werden.

Mechanische Lagenpaare

Ein Leiterplattensymbol wird für die obere Leiterplattenlage angelegt. Wird später das Leiterplattensymbol auf der Unterseite platziert, dann müssen die entsprechenden Informationen auf die Unterseite gespiegelt werden. Für diesen Zweck gibt es die Lagenpaare. Vordefiniert sind die Lagenpaare „Overlay“ für den Bestückungsdruck, „Solder“ für den Lötstopplack und „Paste“ für die Pastenmaske. Im „View Configurations“ Panel können Sie mit einem Rechtsklick im „Layers“ Bereich mit „Add

Component Layer Pair“ weitere eigene Lagenpaare hinzufügen.

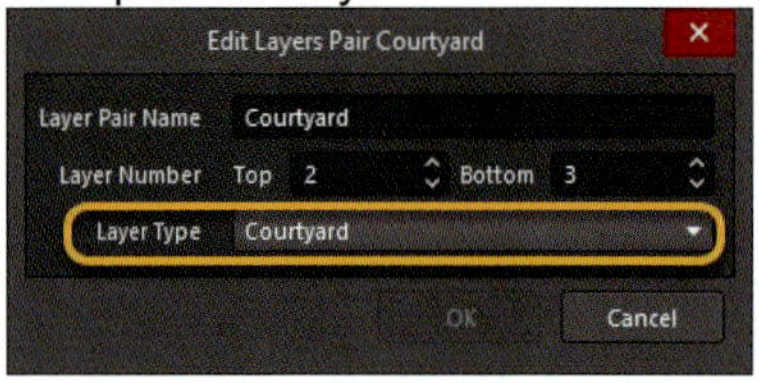

Im „Layer Pair Editor“ legen Sie fest welche mechanischen Lagen verwendet werden sollen. Aus der Liste „Layer Type“ können Sie einen vordefinierten Lagenpaartyp auswählen. Falls Sie hier nichts Passendes finden, dann lassen Sie den „Layer Type“ auf „N/A“ und tragen und unter „Layer Pair Name“ einen eigenen Namen ein.

Vordefinierte Lagenpaartypen

Folgende oft benötigte Lagenpaartypen sind vordefiniert:

- **Assembly**
  Bauteilkontur für den Bestückungsplan. Diese Information kann im Draftsman® Bestückungsplan verwendet werden.
- **Coating**
  Beschichtungen.
- **Component Center**
  Markierung für Mittelpunkt eines Leiterplattensymbols.
- **Component Outline**
  Umriss eines Leiterplattensymbols.
- **Courtyard**
  Courtyard eines Leiterplattensymbols wird verwendet für die Abstandsprüfung.
- **Designator**
  Bauteilebezeichner
- **Dimensions**
  Vermaßungsobjekte für das Leiterplattensymbol
- **Glue Points**
  Klebepunkte
- **Gold Plating**
  Goldbeschichtung
- **Value**
  Bauteilewert
- **3D Body**
  3D Modell für das Bauteil
- **Covering**
  Abdecklage für Vias nach IPC-4761
- **Tenting**
  Abdecklage für Vias nach IPC-4761
- **Plugging**
  Füllungen für Vias nach IPC-4761

ALTIUM DESIGNER®
DEFINITION DES LAGENAUFBAUS

Den Lagenaufbau Ihrer Leiterplatte definieren Sie mit dem „Layer Stack Manager“. Sie können Signallagen und Stromversorgungslagen (Planes) hinzufügen, umbenennen, die Kupferdicke einstellen und bei Bedarf einzelne Lagen wieder löschen. Beim Trägermaterial (Kerne und Prepregs) können Sie die Eigenschaften wie z.B. die Dicke, das Material und die Dielektrizitätskonstante festlegen.
Bei der Definition des Lagenaufbaus können Sie definieren, dass zwischen zwei Lagen 3 Prepregs notwendig sind um die Bedingungen der verstärkten Isolierung einzuhalten. Es lassen sich auch mehrere Lagenaufbauten pro Leiterplatte definieren. Diese Lagenaufbauten können dann unterschiedlichen Bereichen der Leiterplatte zugewiesen werden. Hintergrund dieser Möglichkeiten ist die Realisierung von Starr-Flex Aufbauten.
Der bisherige „Layer Stack Manager“ wurde mit der Version 19 durch eine Lagenaufbauansicht abgelöst. Zur Vereinfachung wird diese Lagenaufbauansicht im Folgenden mit Lagenaufbau bezeichnet. Damit ist es möglich den Lagenaufbau gemeinsam mit der Leiterplatte anzuzeigen und mit anderen Lagenaufbauten in der geteilten Fensteransicht zu vergleichen. Neben der Definition des eigentlichen Lagenaufbaus ist es jetzt auch möglich die verwendeten Materialien über Bibliotheken zu definieren. Neue Prüfmöglichkeiten erlauben es die Symmetrie und die verwendeten Materialien zu prüfen. Neben den Standard- und Starr-Flex-Aufbauten können jetzt auch Aufbauten für „Printed Electronics“ definiert werden. Hierbei handelt es sich um Aufbauten die nicht mehr aus einzelnen Lagen im herkömmlichen Sinne bestehen. Vielmehr liegen alle Leiterbahnen mehr oder weniger in einer Ebene und werden durch speziell aufgetragene Isolationsschichten getrennt. Nähere Informationen finden Sie im Kapitel „Gedruckte Elektronik“[2].

Überblick Lagenaufbau

Der Lagenaufbau besteht aus dem Hauptfenster und den Eigenschaften im Properties Panel. Das Hauptfenster bietet am unteren Rand die Möglichkeit verschiedene Ansichten einzublenden. Ist der Reiter „Stackup“ aktiv wird der Lagenaufbau, wie bisher gewohnt, als Tabelle eingeblendet. Wechselt man auf einen der anderen Reiter, dann wird das Fenster geteilt und es werden die entsprechenden Informationen, z.B. zu Durchkontaktierungstypen (Via Types), eingeblendet.

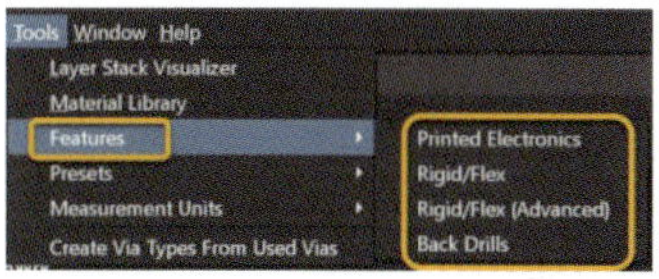

Ab der Version 21 gibt es unter „Tools – Features“ eine Auswahlliste zum Einblenden weiterer Informations- und Bedienelementen.

Wählt man hier z.B. „Rigid-Flex“ erscheint eine Auswahlbox für die definierten Lagenaufbauten und die Möglichkeit weitere Aufbauten hinzuzufügen.

Alternativ gibt es rechts oben eine Auswahlliste über die Schaltflächen bzw. „Features“ zum Einblenden weiterer Informations- und Bedienelementen. Wählt man hier z.B. „Rigid-Flex“ erscheint eine Auswahlbox für die definierten Lagenaufbauten und die Möglichkeit weitere Aufbauten hinzuzufügen.

Einfacher Lagenaufbau

- Öffnen Sie den Layer Stack Manager über „**D**esign - Layer Stac**k** Manager“ oder mit dem Tastenkürzel „D-K“.
- Es öffnet sich die Lagenaufbauansicht. Wählen Sie unten den Reiter „Stackup“. Der Lagenaufbau wird als Tabelle dargestellt.

- Der Lagenaufbau kann über „File – Save to PCB“ im Leiterplattendokument oder mit „File – Save As…“ als Vorlage gespeichert werden. Mit „File – Save to Server…“ kann der Lagenaufbau als Vorlage in der Altium 365® Cloud, Concord Pro® oder Nexus™ gespeichert werden. Nach der Speicherung im Leiterplattendokument muss dann auch dieses gespeichert werden.

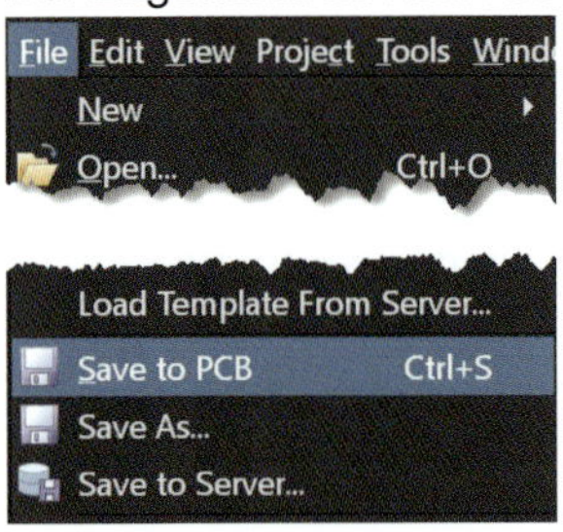

- Die Maßeinheit kann über „Tools – Measurement Units“ umgeschaltet werden. Zur Auswahl stehen „mil“, „in“, „µm“ und „mm“. Alternativ kann die Umschaltung mit Strg – Q erfolgen.

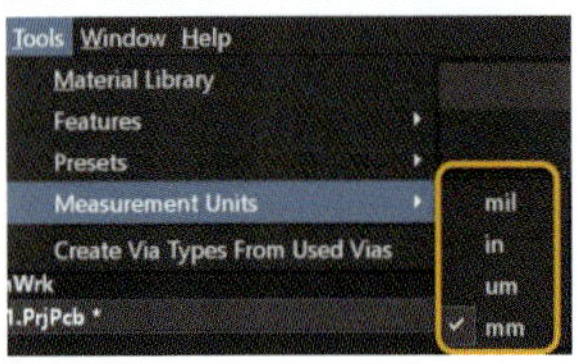

- Die Beispiele für Lagenaufbauten finden Sie unter „Tools – Presets“.
- Um neue Lagen einzufügen, selektieren Sie zunächst eine bestehende Lage. Ein Rechtsklick auf diese Lage öffnet ein Kontextmenü. Je nachdem welche Lage Sie selektiert haben, können Sie über „Insert layer above“ bzw. „Insert layer below“ neue Lagen einfügen. Neben Signal- und Stromversorgungslagen (Planes), können Sie auch Kerne, Prepregs und Beschichtungen (Surface Finish) hinzufügen.

- Über dieses Kontextmenü können Sie Lagen auch verschieben und löschen.
- Sie können neue Lagen auch über die Schaltfläche „+ Add“ hinzufügen.

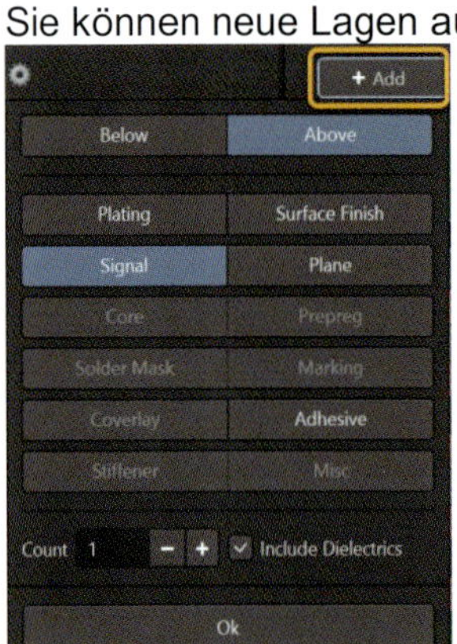

- Ein Klick auf den Reiter „Via Types“ blendet die definierten Lagenpaare ein. Für jedes definierte Lagenpaar wird später eine Bohrdatei erzeugt.

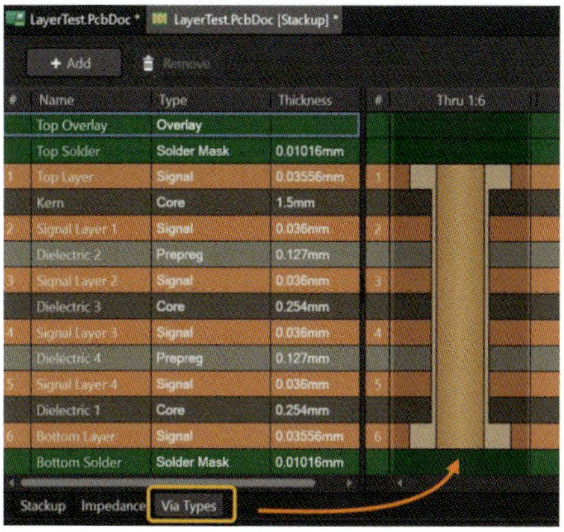

- Ein Klick auf die Schaltfläche „+ Add“ erzeugt ein neues Lagenpaar. Im Properties Panel können Sie die erste und letzte Lage auswählen.

- Vor der Version 21 klicken Sie auf die Schaltfläche „+“ im „Via Types“ Bereich.

- Ein Klick auf die Schaltfläche „Remove“ bzw. mit der Mülltonne entfernt ein Lagenpaar.
- Die Eigenschaften der einzelnen Lagen können in der Tabelle geändert werden.
  - **Name**
    Name der Lage. Ändern mit F2 oder zweimal klicken (kein Doppelklick).
  - **Material**

    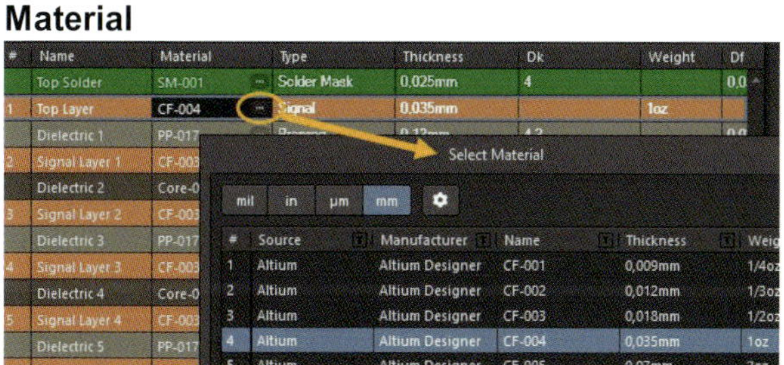

    Mit einem Klick auf die Schaltfäche „...“ öffnet sich der „Select Material“ Dialog in dem Sie für die aktuelle Lage das Material bestimmen können. Die Materialien können in der Materialbibliothek definiert werden.
    Alternativ können Sie dies auch über die Schaltfläche „Modify“ erledigen.
  - **Type**
    In der Spalte “Type” wird der Typ der Lage definiert. Bei Kupferlagen stehen “Signal” und “Plane” zur Auswahl. Bei den Isolationslagen wählen Sie zwischen “Prepreg” und “Core”.

- **Thickness**

  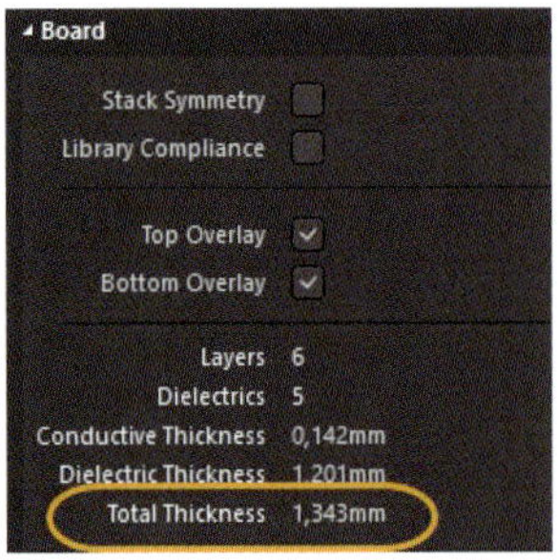

  Dicke der Lage. Soll impedanzkontrolliert geroutet werden oder soll die Leiterplatte als 3D Modell exportiert werden, dann muss hier der korrekte Wert eingetragen werden. Links unten sieht man die jeweilige Gesamtdicke der Leiterplatte. Bei der Auswahl eines bestimmten Materials wird die dort hinterlegte Dicke verwendet. Die Gesamtdicke wird im „Board“ Bereich des Properties Panels angezeigt.
- **Dk**
  Dielektrizitätskonstante ε_r zur Berechnung der Impedanz. Dieser Wert kommt aus der Materialbibliothek.
- **Df**
  Der Verlustfaktor tanδ. Dieser Wert kommt aus der Materialbibliothek.
- **Pullback distance**
  Abstand zur Leiterplattenkante bei Spannungsversorgungslagen. Die Ein-

  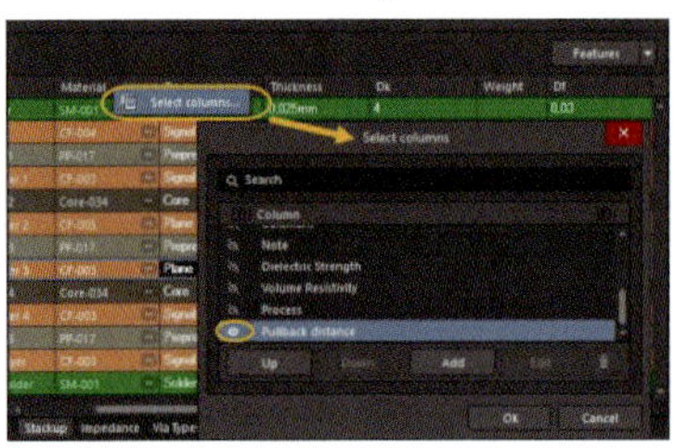

  stellung der Keep-Out Lage wirkt hier nicht. Die Spannungsversorgungslagen können auch direkt bis zur Kante gehen. Diese Spalte ist standardmässig nicht eingeblendet. Zum Einblenden klicken Sie mit der rechten Maustaste auf die Kopfzeile. Ein Linksklick auf „Select columns…“ öffnet den Dialog zum ein- und ausblenden von Spalten. Klicken Sie zum Einblenden auf das durchgestrichene Augensymbol. Ein Klick auf OK schließt den Dialog.

- **Orientation**
  Orientierung von eingebetteten Bauteilen. Diese Spalte ist standardmässig nicht eingeblendet. Sie können die Spalte wie unter „Pullback distance“ beschrieben einblenden.

- Im Properties Panel lassen sich im Bereich „Board“ Prüfungen für den Lagenaufbau aktivieren. Ein Häkchen bei „Stack Symmetry“ prüft den Lagenaufbau auf Symmetrie und bietet eine automatische Korrektur an. Beim Einfügen neuer

  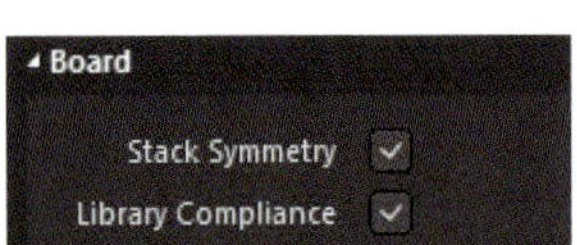

  Lagen werden immer zusätzliche Lagen eingefügt, um die Symmetrie zu erhalten. Ein Häkchen bei „Library Compliance“ prüft ob die eingetragenen Materialeigenschaften mit der Materialbibliothek übereinstimmen.

Grafische Darstellung des Lagenaufbaus

In der Lagenaufbauansicht kann der aktuelle Lagenaufbau grafisch dargestellt werden.

- Öffnen Sie den Layer Stack Manager über „**D**esign - Layer Stac**k** Manager“ oder mit dem Tastenkürzel „D-K“.

- Öffnen Sie die grafische Darstellung mit „**T**ools – **L**ayer Stack Visualizer".

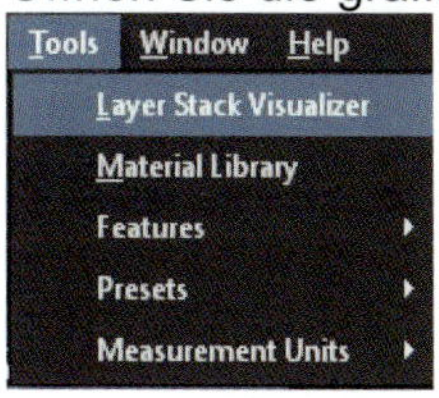

- Im oberen Bereich sehen Sie den Lagenaufbau, im unteren können Sie die Anzeige konfigurieren.

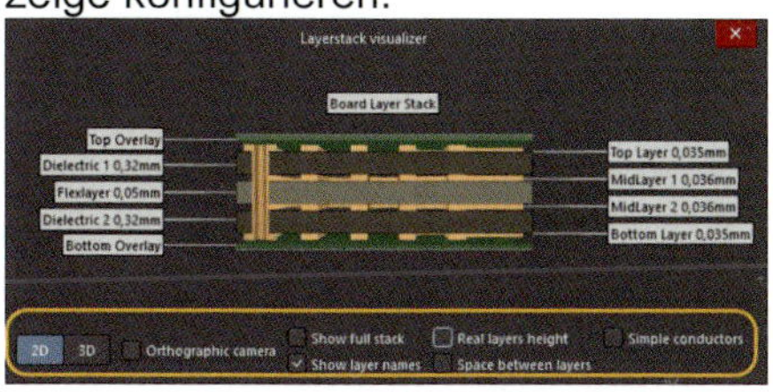

- Mit den Schaltflächen 2D und 3D können Sie zwischen der 2D und 3D Darstellung wechseln.

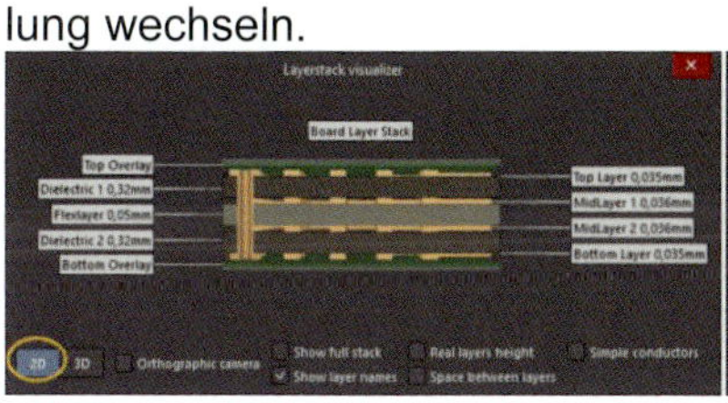

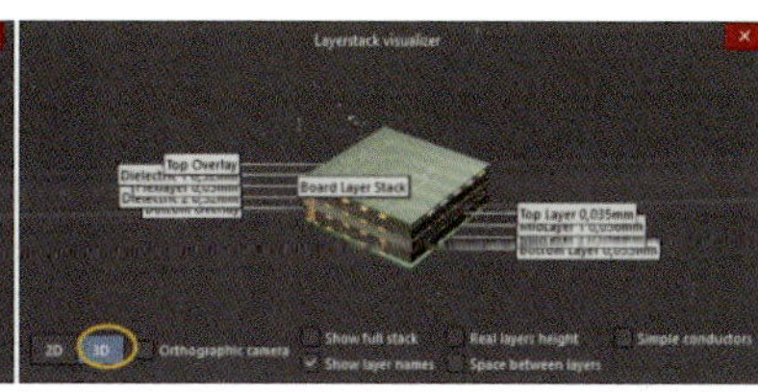

- Entfernt man bei „Show layer names" das Häkchen, dann werden die Informationen zur Lage (Name und Dicke) ausgeblendet.
- Falls mehrere Lagenaufbauten definiert sind, können diese über ein Häkchen in „Show full stack" nebeneinander angezeigt werden.

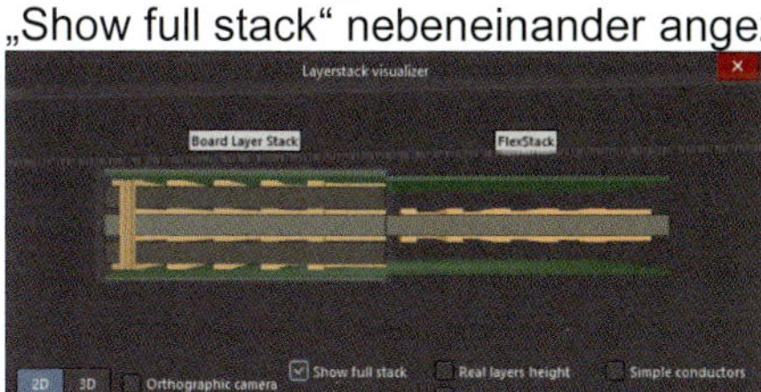

- Die Option „Real layers height" zeigt die Lagenaufbauhöhe entsprechend der realen Lagendicken an.

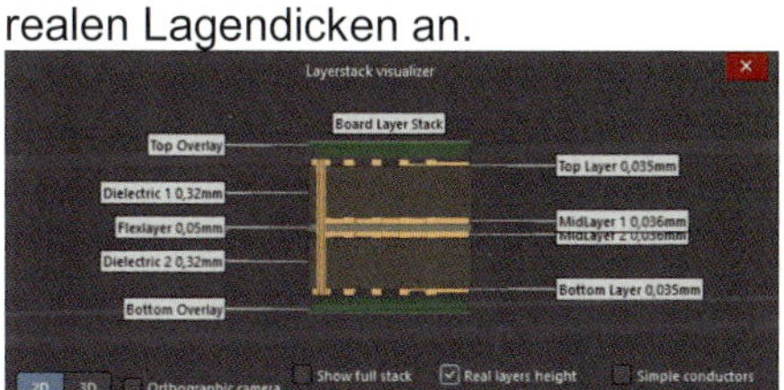

- „Space between layers" trennt die Darstellung der Lagen durch einen Zwischenraum.
- „Orthographic camera" zeigt den Aufbau in der Frontalansicht ohne Perspektive an.

- Mit dem Mausrad kann man die Darstellung des Lagenaufbaus vergrößern oder verkleiner.
- Mit der rechten Maustaste läßt sich die Ansicht rotieren.
- Mit Umschalten – rechte Maustaste läßt sich Ansicht horizontal und vertikal verschieben.

Materialbibliotheken

Die Materialien, die in Lagenaufbauten verwendet werden sollen, können in Materialbibliotheken definiert werden. Bei diesen Bibliotheken handelt es sich um XML Dateien.

Die kundenspezifische Materialbibliothek wird in folgendem Ordner abgelegt:

%Userprofile%\AppData\Roaming\Altium\Altium Designer {GUID}\Library.xml

Die Standardmaterialbibliothek befindet sich im Installationsordner:

%ProgramFiles%\Altium\ADxy\System\MaterialLibrary\Data\AltiumLibrary.xml

Wenn Sie eigene Materialien definieren, dann müssen Sie die Library.xml Datei bei jedem Benutzer in das oben genannte Verzeichnis eintragen.

Der Altium Material Library Dialog

- Öffnen Sie den Layer Stack Manager über „**D**esign - Layer Stac**k** Manager“ oder mit dem Tastenkürzel „D-K“.
- Öffnen Sie den Altium Material Library Dialog mit „**T**ools – **M**aterial Library“

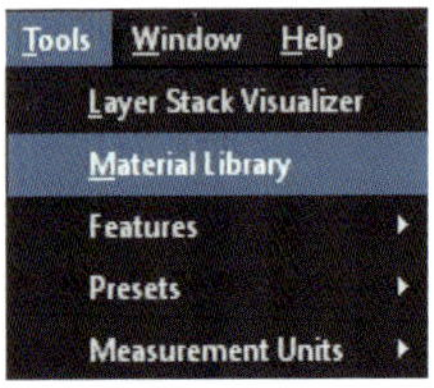

- Im Bereich ① legen Sie die Maßeinheit fest und können Aktionen über die Pfeilschaltflächen rückgängig machen. Ein Klick auf die Schaltfläche mit dem Zahnrad öffnet einen Dialog, in dem Sie festlegen können welche Spalten sichtbar sein sollen. Im Bereich ② sehen Sie die Materialien, die Sie verwenden können. Die Auswahl eines Eintrags, im Bild „Core“, zeigt alle definierten Kernmaterialien im Bereich ③ an. Im Bereich ④ können Sie über die Schaltfläche „New“ eigene Materialien anlegen, diese über die Schaltfläche „Edit“ bearbeiten und mit einem Klick auf die Schaltfläche mit der Mülltonne löschen. Die Materialien mit der Source „Altium“ können nicht bearbeitet oder gelöscht werden. Mit „Load“ ⑤ können Sie Materialbibliotheken im XML Format importieren und über „Save“ exportieren.

Materialien definieren

- Öffnen Sie den Layer Stack Manager über „**D**esign - Layer Stac**k** Manager“ oder mit dem Tastenkürzel „D-K“.
- Öffnen Sie den Altium Material Library Dialog mit „**T**ools – **M**aterial Library“

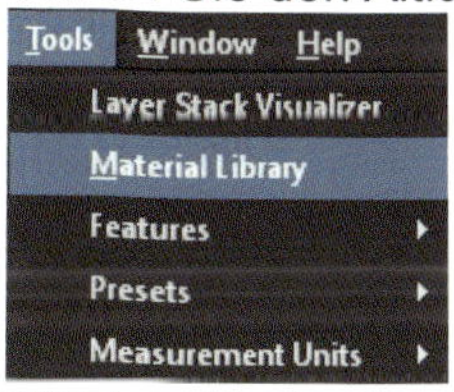

- Wählen Sie im linken Bereich den gewünschten Materialtyp aus.
- Ein Klick auf „New“ zeigt eine Eingabemaske für die Werte an. In allen notwendigen Eingabefeldern wird ein Ausrufezeichen angezeigt.

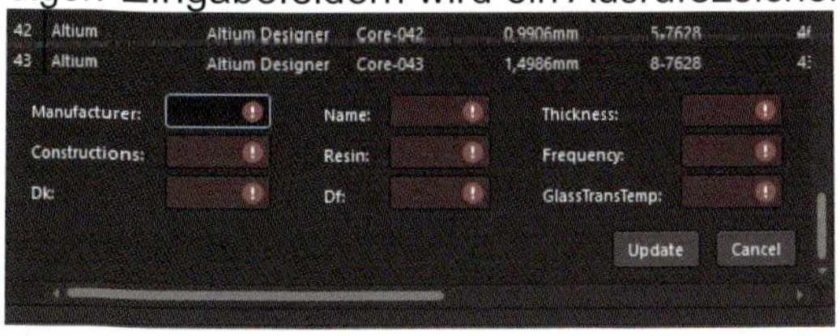

- Tragen Sie die gewünschten Werte in die Felder ein. Als Grundlage dienen hier die Datenblätter der jeweiligen Hersteller.

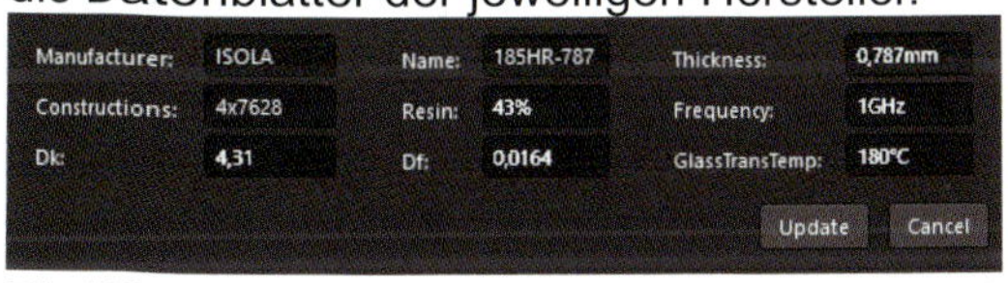

- Ein Klick auf „Update“ übernimmt die Werte in die Tabelle.

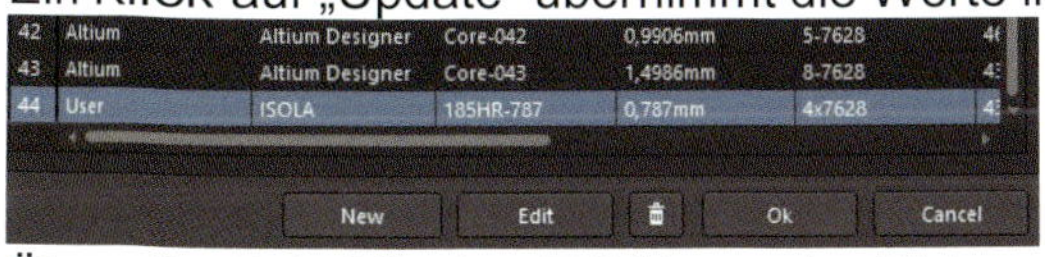

- Über die Schaltfläche „Edit“ kann der Eintrag bearbeitet werden.

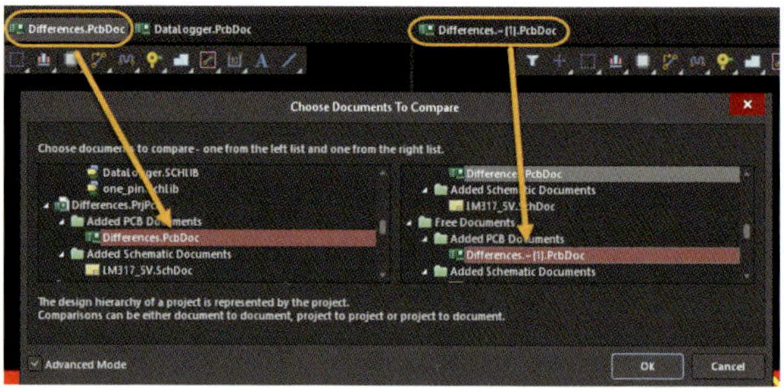

- Ein Klick auf „OK“ öffnet das Differences Panel und zeigt dort die Unterschiede an. Ein Klick auf einen Unterschied zeigt diesen im entsprechenden Dokument an.

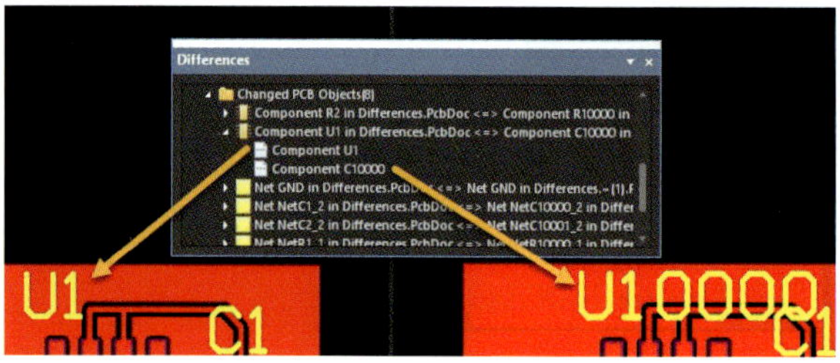

Netzliste importieren

Mit der Vergleichsmöglichkeit Netzliste mit Leiterplattendokument ergibt sich die Möglichkeit eine Netzliste in den Altium Designer® zu importieren. Die Netzliste muss im Protel oder Tango Format vorliegen. Außerdem sollten Sie die in der Netzliste verwendeten Leiterplattensymbole in einer PcbLib anlegen oder importieren.

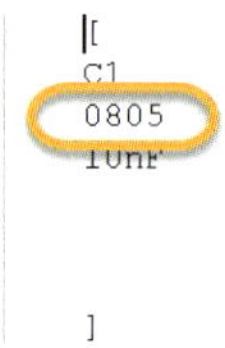

Die Namen der Leiterplattensymbole finden Sie in der Netzliste direkt unter dem Referenzbezeichner.

- Legen Sie für den Import ein neues PCB Projekt an.
- Fügen Sie die erzeugte PcbLib mit den Leiterplattensymbolen und die Netzliste mit „Add existing to Project“ zum Projekt hinzu.
- Fügen Sie eine leere Leiterplatte zum Projekt hinzu und speichern Sie diese.
- Starten Sie den Befehl mit „Project – Show Differences“.

- Es öffnet sich der „Choose Documents To Compare“ Dialog.
- Setzen Sie unten bei „Advance Mode“ ein Häkchen und wählen Sie dann das Leiterplattendokument und das Netzlistendokument aus.

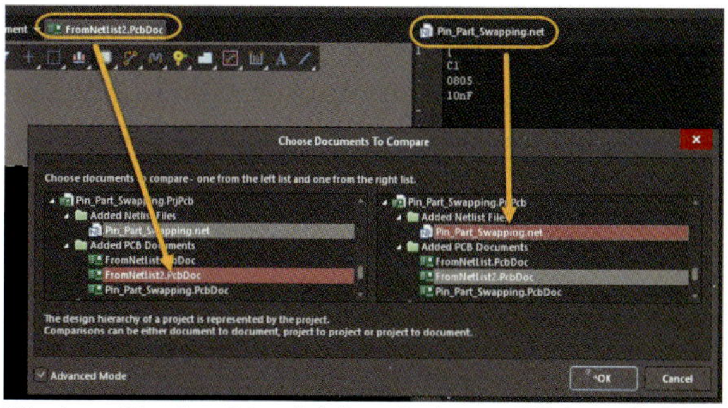

- Starten Sie den Vergleich mit einem Klick auf „OK“.
- Das Ergebnis wird in einer Tabelle angezeigt.
- Klicken Sie mit der rechten Maustaste in die Tabelle und wählen Sie im Kontextmenü: „Update All in >> PCB Document [<Dateiname>.PcbDoc]“

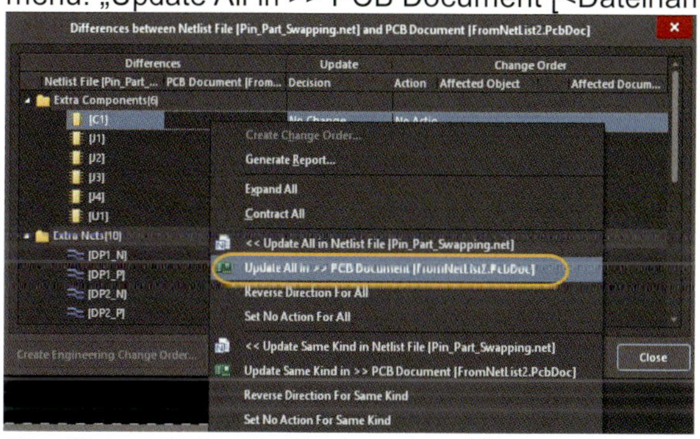

- Ein Klick auf „Create Engineering Change Order“ öffnet den ECO Dialog mit den geplanten Änderungen. Wie gewohnt werden dort die Änderungen mit „Execute Changes“ ausgeführt.
- Wenn alle Leiterplattensymbole vorhanden sind, befinden sich diese jetzt inklusive der Verbindungsleitungen auf der Leiterplatte.

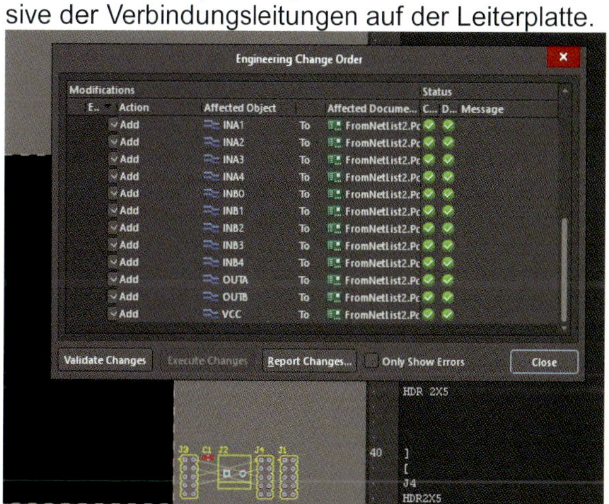

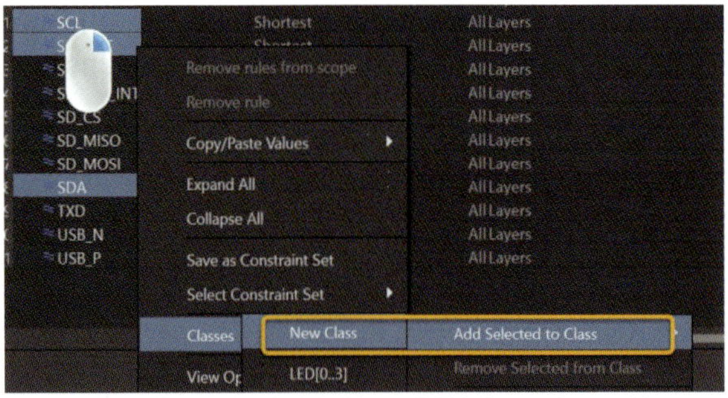

- Vergeben Sie im „Add Class“ Dialog einen Namen für die Klasse. Im unteren Bereich sehen Sie im „Members“ Bereich die Mitglieder der Netzklasse. Mit den Pfeilschaltflächen können Sie weitere Netze in den „Members“ verschieben.

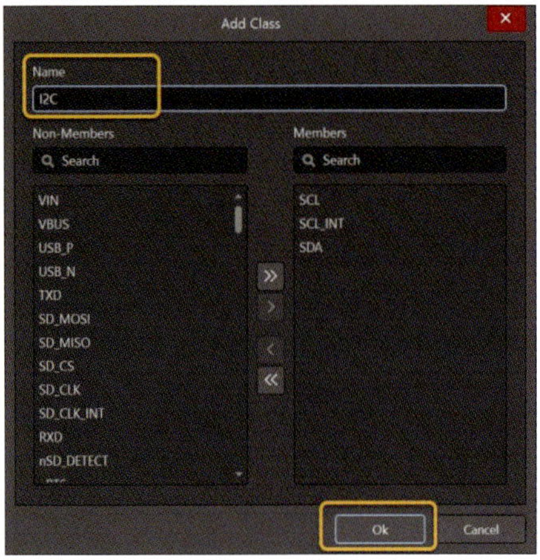

- Ein Klick auf „OK“ schließt den Dialog und erzeugt die Klasse.
- Speichern Sie die Änderungen mit Strg – S in das Leiterplattendokument.
- Schließen Sie den Constraint Manager.
- Abschließend müssen Sie die Änderungen mit „Design – Update Schematics in <ProjectName>.PcbPrj“ und einer Engineering Change Order in den Schaltplan übertragen.

Definition einer Komponentenklasse im Schaltplan

Der Altium Designer® legt für die Komponenten einer Schaltplanseite eine eigene Komponentenklasse an. Zusätzlich kann man eigene Komponentenklassen im Schaltplan definieren. Damit ist es möglich auf einer Schaltplanseite Komponenten zu unterschiedlichen Komponentenklassen zuzuordnen. Ein Beispiel wäre ein Netzteilschaltplan mit Potentialtrennung auf dem man einen Teil der Komponenten der Klasse PRIMARY_COMPONENTS und einen andern Teil der Klasse SECONDARY_COMPONENTS zuordnet.
Damit Komponentenklassen auf die Leiterplatte übertragen werden, müssen Sie noch eine Einstellung in den Projektoptionen vornehmen. Im Bereich „User-Defined Classes“ müssen Sie einen Haken bei „Generate Component Classes“ setzen. Soll

gleichzeitig ein Room erzeugt werden, dann muss auch bei „Generate Rooms for Component Class“ sitzen.

So definieren Sie für bestimmte Komponenten im Schaltplan eine Komponentenklasse:

- Zeichen Sie mit „**P**lace - Directi**v**es - B**l**anket“ ein Blanket über die gewünschten Komponenten.
- Platzieren Sie eine Schaltplandirektive mit „**P**lace - Directi**v**es – Para**m**eter Set“.
- Bevor Sie die Direktive absetzen drücken Sie die Tabulatortaste um das Properties Panel zu öffnen.

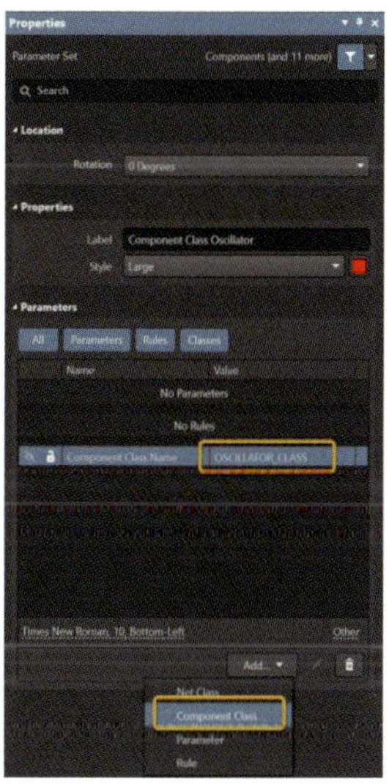

Klicken Sie im Bereich „Parameters“ auf „Add“ um mit „Component Class“ eine neue Klasse zu definieren. Tragen Sie den gewünschten Klassennamen im Feld „Value“ ein.

Im Bereich „Properties“ können Sie im Feld „Label“ einen Text eintragen, der im Schaltplan angezeigt wird.

Über das Feld „Style“ können Sie festlegen wie die Direktive im Schaltplan dargestellt werden soll und welche Farbe sie haben soll.

Beenden Sie den Pausen Modus mit einem Klick auf das Pausensymbol

- Platzieren Sie jetzt die Direktive am Rand des Blankets.

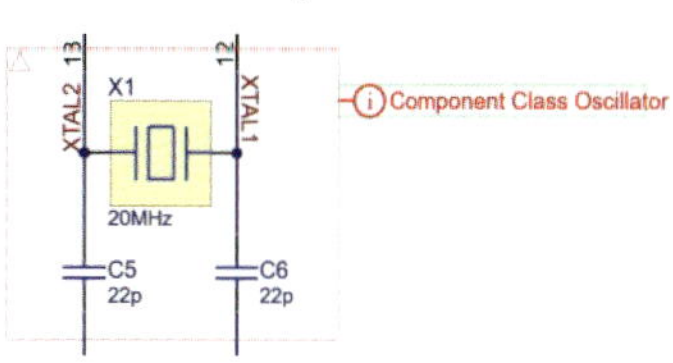

Wenn die Komponenten so verteilt sind (z.B. auch auf unterschiedlichen Schaltplanseiten), dass kein Blanket platziert werden kann, dann können Sie die Komponentenklassen auch über den Parameter Manager erzeugen:

- Selektieren Sie die gewünschten Komponenten.
- Starten Sie den Parameter Manager mit „**T**ools - Par**a**meter Manager...“
- Es öffnen sich die „Parameter Editor Options“

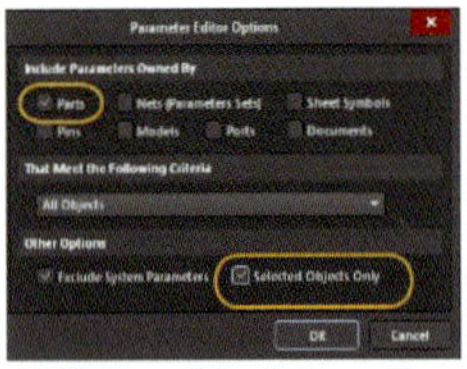

Wählen Sie hier „Parts“ und „Selected Objects Only“.
Klicken Sie auf die Schaltfläche „Add Column...“ um einen Parameter hinzufügen.

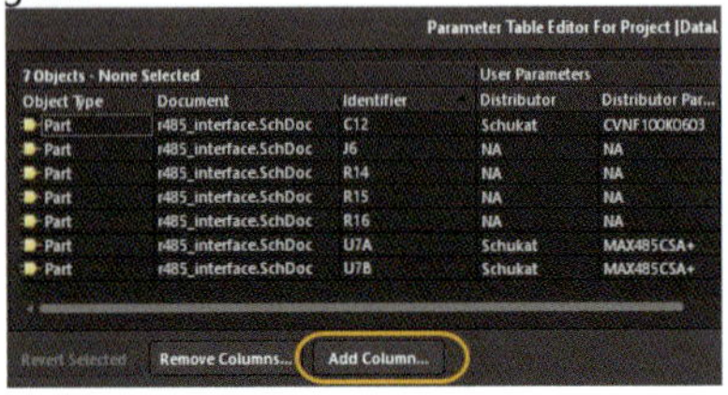

Im Dialog „Add Parameter“ tragen Sie bei „Name“ den Wert „ClassName“ ein.

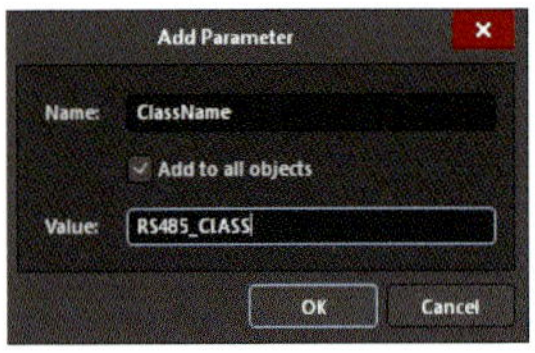

Der Haken bei „Add to all objects“ muss sitzen.
Den eigentlichen Klassennamen tragen Sie in das Feld „Value“ ein.

Beenden Sie den Dialog durch Klick auf „OK“.
Im Parameter Manager erscheint der neue Parameter ganz rechts. Die Parameter werden erst nach einem Klick auf „Accept Changes (Create ECO)“ übernommen. Dann wir die Parameterspalte auch alphabetisch korrekt angezeigt.
Im Dialog „Engineering Change Order“ klicken Sie auf die Schaltfläche „Execute Changes“.
Nach der Synchronisierung mit der Leiterplatte steht die neue Klasse dort zur Verfügung.

ALTIUM DESIGNER®

DAS ARBEITEN MIT ROOMS

Ein Room ist ein Bereich auf der Leiterplatte, der rechteckig oder polygonal sein kann. Ein Room ist kein Leiterplattenobjekt, wie z.B. eine Kupferfläche, sondern wird durch eine Regel repräsentiert. Rooms werden nicht über das Place-Menü, sondern über „**D**esign - Roo**m**s" platziert.

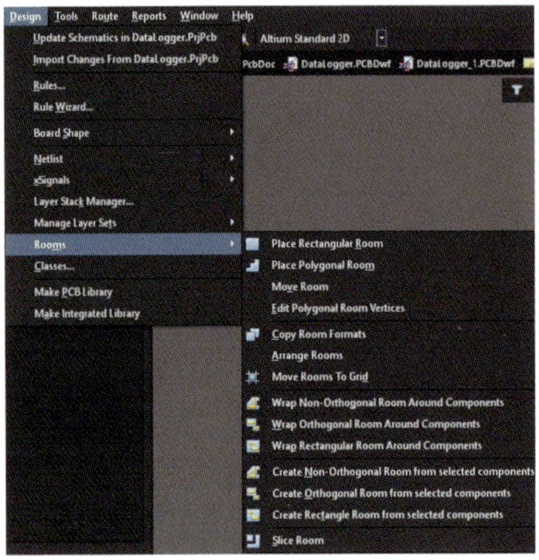

Rooms automatisch erzeugen

In der Standardeinstellung erzeugt der Altium Designer® beim Übergang vom Schaltplan auf die Leiterplatte für jede Schaltplanseite eine Komponentenklasse. Soll dafür jeweils auch ein Room erzeugt werden, dann muss ab der Version 23.2 in der Spalte „Generate Rooms" ein Häkchen gesetzt werden. Die Einstellungen findet man in den Projektoptionen auf dem Reiter „Class Generation".

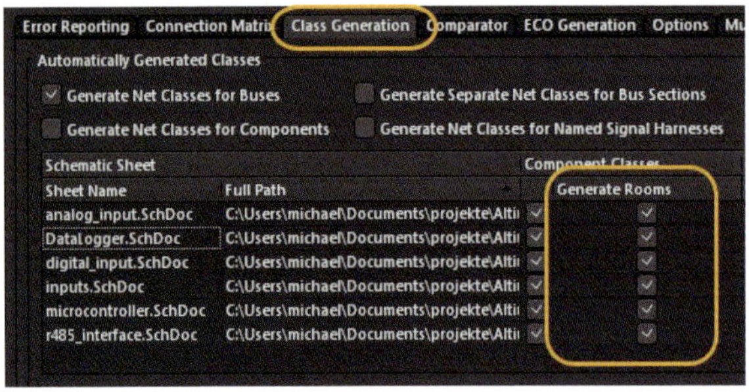

Auf dem Reiter „Comparator" muss „Extra Room Definitions" auf „Find Differences" stehen. Steht hier „Ignore Differences" werden keine Rooms erzeugt.

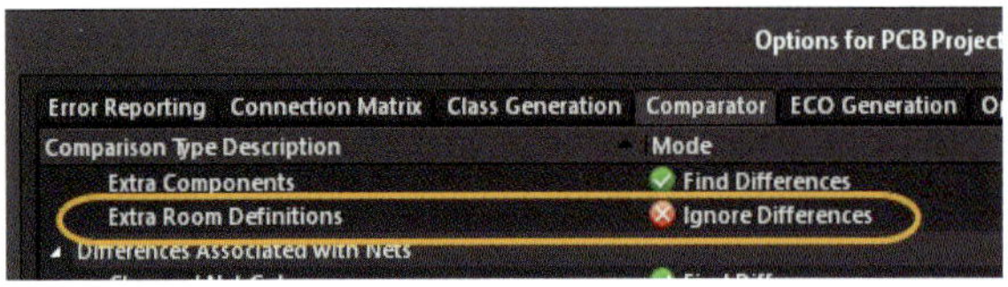

Wenn man nicht mit Rooms arbeiten will, sollte man die automatische Erzeugung hier abschalten.
Wurde ein Room erzeugt, dann erscheint dieser Room in den Leiterplattenregeln

unter „Placement - Room Definition“.

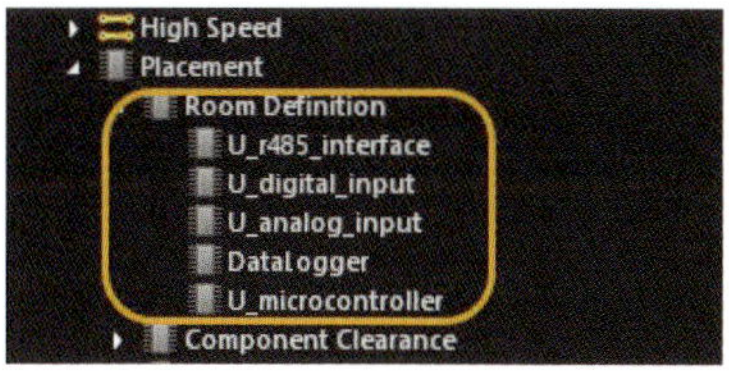

Löscht man diese Regel weg, dann wird auch der Room aus der Leiterplatte entfernt. In den Einstellungen der Regel kann festgelegt werden, auf welcher Lage der Room wirken soll. Komponenten werden einem Room über den Gültigkeitsbereich der Regel zugeordnet. Die Zuordnung kann über eine Komponentenklasse erfolgen.

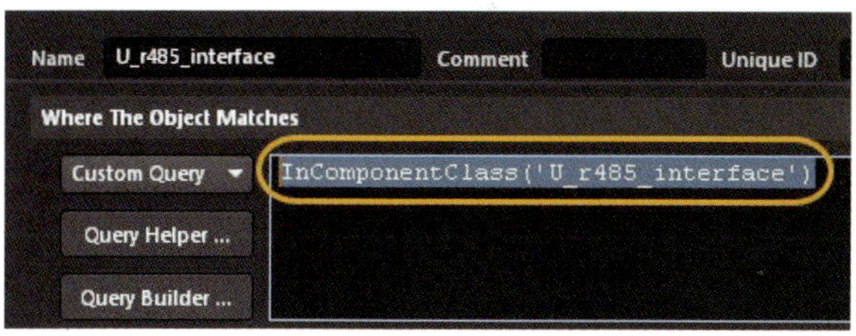

Es ist aber auch möglich einzelne Komponenten hinzufügen. Dazu verwendet man z.B. den Gültigkeitsbereich:

IsComponent AND ((Name = 'R200') OR (Name = 'R201'))

Rooms als Sperrbereich für Komponenten

Über eine Einstellung kann festgelegt werden, ob Komponenten innerhalb oder außerhalb eines Rooms sein müssen.

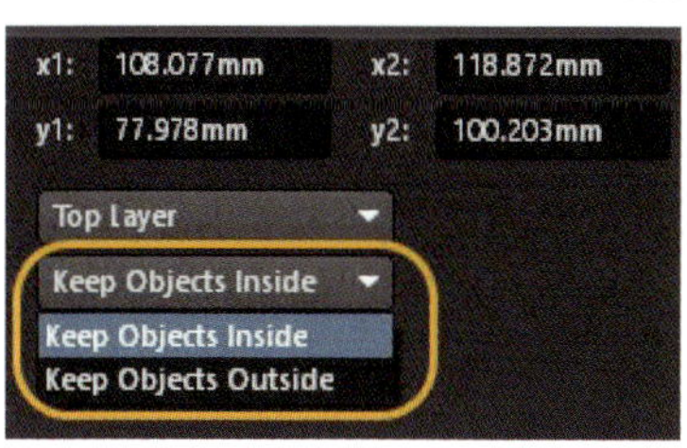

Die Standardeinstellung ist „Keep Objects Inside“ und erzwingt, dass die Komponenten im Room bleiben. Verschiebt man eine Komponente aus dem Room zeigt der Altium Designer® sofort eine Regelverletzung an. Bewegt man mit dieser Einstellung den Room, dann werden alle Komponenten mit bewegt. Die Einstellung „Keep Objects Outside“ ist nützlich, wenn man einen Bereich definieren will, in dem sich keine Komponenten befinden dürfen.

Rooms als Gültigkeitsbereich von Regeln

Rooms können als Gültigkeitsbereich in anderen Regeln verwendet werden. Gibt es auf der Leiterplatte z.B. einen Bereich in dem nur Komponenten mit einer maximalen Höhe bestückt werden dürfen, kann dies mit einem Room sehr einfach realisiert werden:

- Zeichnen Sie im gewünschten Bereich einen Room mit „**D**esign - Roo**m**s - Place Rectangular **R**oom“.
- Ein Doppelklick auf den Room öffnet die Eigenschaften des Rooms.

Tragen Sie in das Feld „Name“ einen aussagekräftigen Namen ein, z.B. „MAX_HOEHE_1MM_ROOM“

- Als Gültigkeitsbereich (Full Query) tragen Sie ein: *NOT IsComponent* oder noch einfacher *False*. Damit bezieht sich dieser Room nicht mehr auf Komponenten, sondern definiert nur noch einen Bereich auf der Leiterplatte.
- Legen Sie unter „**D**esign - **R**ules“ im Bereich „Placement - Height“ eine neue Regel an.
- Wählen Sie im linken Bereich „Advanced (Query)“ aus und starten Sie dann den Query Helper über die entsprechende Schaltfläche.
- Hier löschen Sie zunächst den Text „All“ und tippen ein *WithInRoom('* oder *TouchesRoom('*. Mit dem einfachen Hochkomma öffnet sich eine Liste mit allen verfügbaren Rooms.

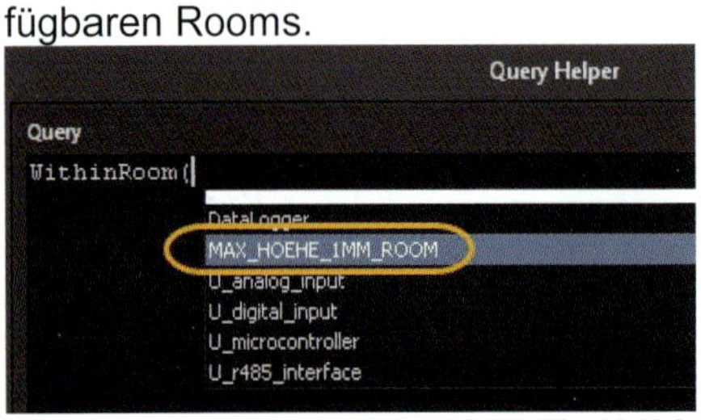

Wählen Sie hier „MAX_HOEHE_1MM_ROOM“ aus. Der Altium Designer® komplettiert den Ausdruck automatisch mit einfachem Hochkomma und schließender Klammer.

- Tragen Sie bei „Preferred“ und „Maximum“ den Wert 1 mm ein.

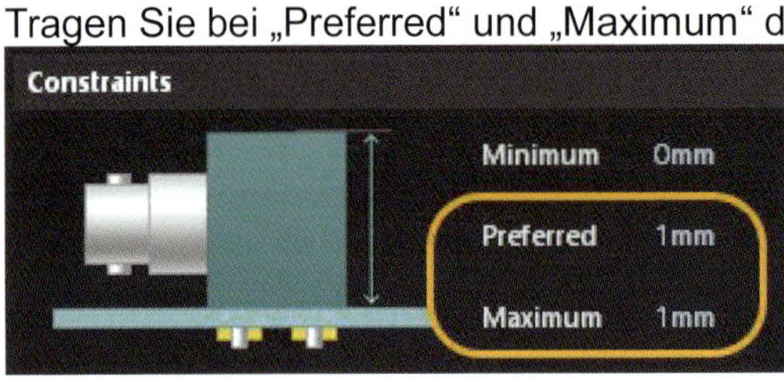

- Schließen Sie den Regel Editor über die Schaltfläche „OK“.
- Wenn Sie jetzt in diesen Room Bauteile platzieren mit einer Höhe größer 1 mm, dann meldet der Altium Designer® eine Regelverletzung. Die obere Komponente hat eine Höhe von 0,9 mm und die untere Komponente von 1,4 mm.

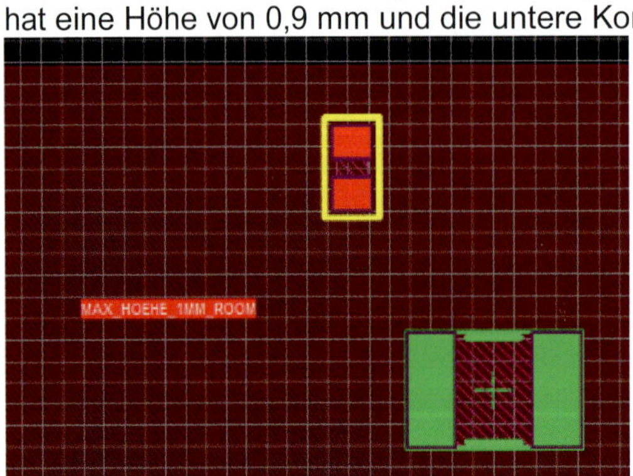

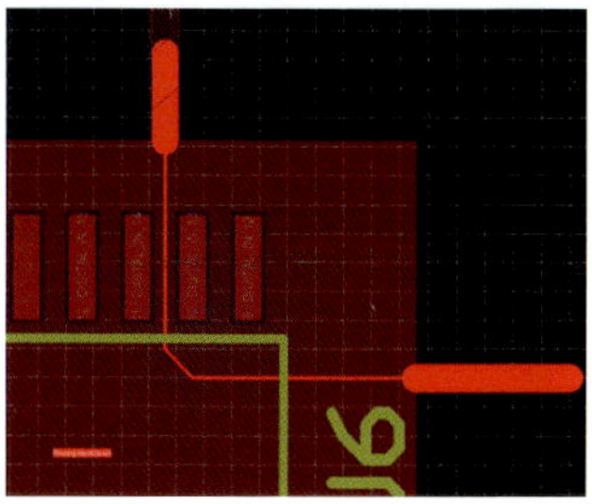

Dieses Verfahren kann man natürlich auch auf andere Regeln anwenden. So kann man z.B. unterhalb eines BGA Gehäuses eine kleinere Leiterbahnbreite zulassen als außerhalb. Hierzu legt man eine Breitenregel an mit dem Gültigkeitsbereich „TouchesRoom('<name>')". Ab der Version 14.3 wird die Leiterbahnbreite automatisch während dem interaktiven Verlegen von Leiterbahnen angepasst sobald man sich innerhalb des entsprechenden Rooms befindet.

Rooms im Multi-Channel Design

Eine wichtige Rolle spielen die Rooms beim Multi-Channel Design. Hier erzeugt der Altium Designer® beim Übergang auf die Leiterplatte für jeden Kanal einen eigenen Room. Sie können dann die Komponenten für einen Room platzieren und die entsprechenden Leiterbahnen verlegen.
Über den Befehl „Design - Rooms - Copy Room Formats" können Sie die Platzierung und die verlegten Leiterbahnen auf alle anderen Kanäle übertragen. Dies stellt eine erhebliche Arbeitserleichterung da. Weitere Informationen finden Sie im Kapitel „Multi-Channel Design" (S.595).

ALTIUM DESIGNER®

LEITERPLATTEN-REGELN FESTLEGEN

Grundlagen

Alle Aspekte der Leiterplatte, wie z.B. Leiterbahnbreiten, Abstände und Bohrdurchmesser, werden in Design Regeln festgelegt. Der Altium Designer® überwacht permanent die Einhaltung der Regeln. Beim interaktiven Verlegen von Leiterbahnen ist es dann nicht möglich eine Leiterbahnbreite oder eine Durchkontaktierung auszuwählen, die den Regeln widerspricht. Man kann sich die Regeln als Leitplanken vorstellen, die den Bereich definieren in dem man sich sicher bewegen kann. Ein sorgfältig definierter Regelsatz erhöht die Ausbeute bei der Fertigung der Leiterplatte und stellt sicher, dass alle normativen Vorgaben (z.B. Abstände) eingehalten werden.
Für die Verwaltung und Definition der Leiterplattenregeln gibt es zwei Ansätze oder Sichtweisen. Der klassische Ansatz ist ein regelorientierter Ansatz. Der neuere Ansatz (ab Version 21) ist ein designorientierter Ansatz. Ab der Version 24 gibt es ab der Professional Subscription den Constraint Manager, der für die Definition der Leiterplattenregeln zuständig ist.

Der regelorientierte Ansatz

Beim klassichen regelorientierten Ansatz stehen die Leiterplattenregeln als eigenständige Objekte im Mittelpunkt, die zusammen mit der Leiterplatte gespeichert werden. Auf welche Leiterplattenobjekte eine Regel wirkt, wird über den Gültigkeitsbereich („Where The Object Matches“) festgelegt. Der Gültigkeitsbereich selbst wird über eine Abfragesprache definiert. Diese Abfragesprache besteht aus Schlüsselwörtern wie z.B. InNet('GND') und logischen bzw. arithmetischen Operatoren.

Der Altium Designer® kennt zwei grundlegende Arten von Regeln:

1. Einwertige Regeln, welche die Eigenschaften bzw. das Verhalten eines Objekts reglementieren. Diese Regelart wird „Unary Rule“ genannt. Ein klassischer Vertreter ist die Leiterbahnbreite.
2. Zweiwertige Regeln, welche das Verhalten zwischen zwei Objekten reglementieren. Diese Regelart wird „Binary Rule“ genannt. Hier ist der klassische Vertreter die Abstandsregel.

Die verschiedenen Regeltypen sind in Kategorien zusammengefasst. Von jedem Regeltyp kann es beliebig viele Regeln geben, die jeweils eine eigene Priorität haben. Der Altium Designer® wendet die Regeln entsprechend ihrer Priorität an. Die Eins hat dabei die höchste Priorität. Wird über den Gültigkeitsbereich eine passende Regel gefunden, werden die Regeln mit niedrigerer Priorität nicht weiter geprüft.

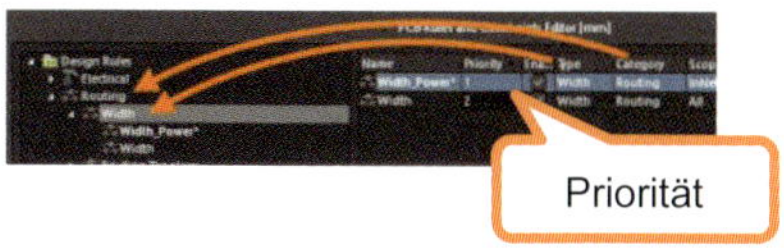

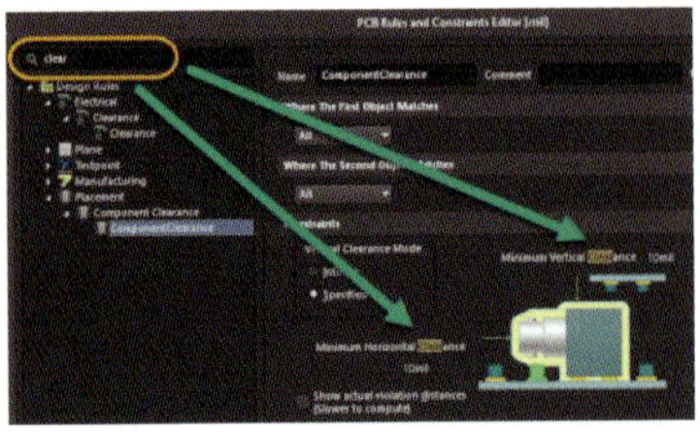

Im „PCB Rules and Constraints Editor“ können Sie nach Texten suchen. Im Bereich „Design Rules“ werden dann die Regeln mit Fundstellen angezeigt. Auf der Einstellungsseite einer Regel wird der gefundene Text hervorgehoben dargestellt.

Der designorientierte Ansatz

Im designorientierten Ansatz stehen die Leiterplattenobjekte im Mittelpunkt. Im Gegensatz zum dialogbasierten „PCB Rules and Constraints Editor“ stellt der „Design Rules Editor“ die Leiterplattenregeln als Dokument dar. Dies hat den Vorteil, dass man mit einem geteilten Bildschirm sowohl die Leiterplattenregeln als auch die Leiterplatte selbst sehen kann. Die Regeln werden in sechs Regelgruppen mit aufsteigender Priorität dargestellt: Nets, Diff Pairs, xSignals, Polygons, Components und Advanced. Der Bereich „Advanced“ erlaubt eine detaillierte Definition der Regeln ähnlich wie im regelorientierten Ansatz.

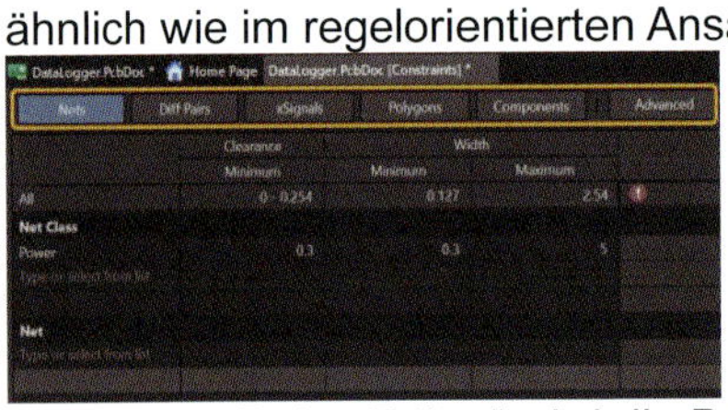

Im „Design Rules Editor“ wird die Priorität automatisch vergeben. Lediglich bei den Regeln im „Advanced“ Bereich kann die Priorität manuell eingestellt werden.

Der „PCB Rules and Constraints Editor“

Der „PCB Rules and Constraints Editor“ wird über „**D**esign - **R**ules“ oder dem Tastenkürzel „D - R“ gestartet. Falls der designorientierte „Design Rules Editor“ aktiv ist

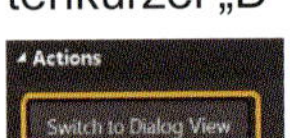

wechseln Sie im Properties Panel im Bereich „Actions“ mit einem Klick auf „Switch to Dialog View“ zum „PCB Rules and Constraints Editor“.

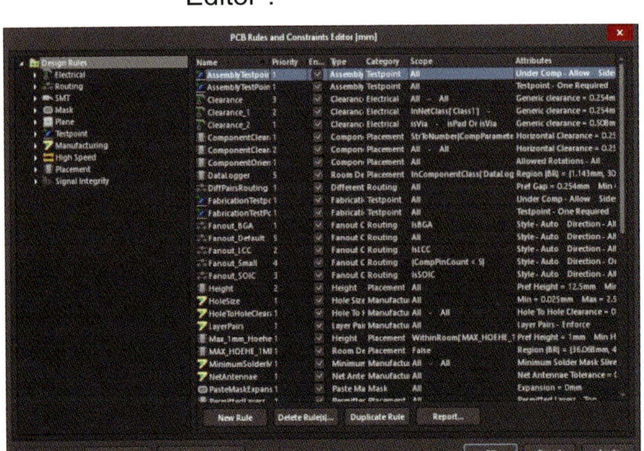

Der „PCB Rules and Constraints Editor" stellt den klassischen regelorientierten Zugang zu den Leiterplattenregeln bereit. Hier stehen die einzelnen Leiterplattenregeln im Mittelpunkt, die über den Gültigkeitsbereich auf Leiterplattenobjekte wirken.

Auf der linken Seite sehen Sie alle verfügbaren Regelkategorien, auf der rechten Seite einen Überblick über den Bereich der links markiert ist. Im Bild oben ist „Design Rules" markiert und rechts werden alle Regeln aufgelistet.
Ein Klick auf die Schaltfläche „Report..." erzeugt einen Bericht mit allen definierten Regeln. So können Sie auf einfache Weise Ihre Regeln dokumentieren. Ein Rechtsklick auf „Design Rule" erlaubt Ihnen die Regeln zu exportieren und zu importieren. So kann man seine Regeln einfach mit Kollegen teilen. Mit der Schaltfläche „Priorities..." unten links können die Prioritäten der Regeln eines Regeltyps verändert werden.
Ein Klick auf das '+' vor einer Regelkategorie klappt die Kategorie auf. Ein Klick auf das '+' vor einem Regeltyp klappt den Regeltyp auf.

Regeln exportieren und importieren

Regeln exportieren:

- Starten Sie mit „**D**esign - **R**ules" oder dem Tastenkürzel „D - R" den Regel Editor.
- Klicken Sie mit der rechten Maustaste oben links auf „Design Rules".
- Wählen Sie „Export Rules..." aus.
- Klicken Sie in den „Choose Design Rule Type" Dialog.

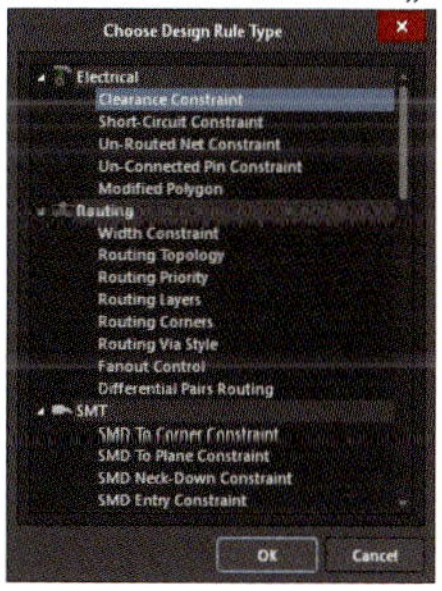

Wählen Sie die Regeln aus, die exportiert werden sollen. Wenn Sie alle Regeln exportieren wollen drücken Sie Strg-A.

ACHTUNG: Es werden nur die markierten Regeln exportiert!

- Klicken Sie auf OK und geben Sie den exportierten Regeln einen Namen.
- Ein Klick auf „Speichern" schreibt die Regeln in die Datei.

Regeln importieren:

- Starten Sie mit „**D**esign - **R**ules" oder dem Tastenkürzel „D - R" den Regel Editor.
- Klicken Sie mit der rechten Maustaste oben links auf „Design Rules".
- Wählen Sie „Import Rules..." aus.

- Achten Sie immer darauf, dass die Regel mit dem Gültigkeitsbereich (Scope) „All - All“ die niedrigste Priorität hat!

Gültigkeitsbereich einer Regel festlegen

Damit eine Regel angewendet werden kann, muss der Gültigkeitsbereich festgelegt werden. Bei einwertigen Regeln (unary Rules) gibt man für das betroffene Objekt einen Gültigkeitsbereich („Where The Object Matches“) an, bei zweiwertigen Regeln (binary Rules) muss man für die zwei betroffenen Objekte Gültigkeitsbereiche („Where The First/Second Object Matches“) angeben. Man sollte darauf achten, dass es immer eine Standardregel mit dem Gültigkeitsbereich „All“ bzw. „All - All“ gibt. Diese Regel wird dann angewendet, wenn es keine spezialisierten Regeln mit höherer Priorität gibt.

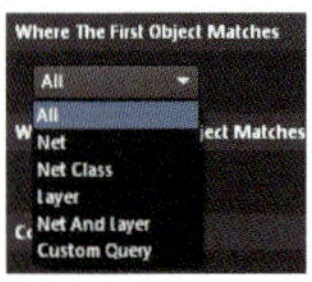

Um den Gültigkeitsbereich einer Regel festzulegen gibt es mehrere Möglichkeiten. Zunächst wählt man in einer Liste aus, wie man den Gültigkeitsbereich festlegen will.

Hat man diese Auswahl getroffen, zeigt der Altium Designer® nur die relevanten weiteren Möglichkeiten an. In älteren Versionen (siehe unten) waren immer alle Möglichkeiten sichtbar, was bei Neueinsteigern für Verwirrung sorgen konnte.

- Wählt man „Custom Query“, kann der Gültigkeitsbereich in der Abfragesprache direkt eintragen werden oder den „Query Helper“ bzw. „Query Builder“ aufrufen (Beschreibung siehe unten).

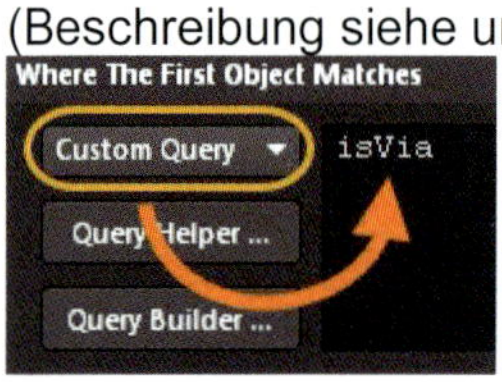

- Wählt man „Net“, kann man aus einer Liste ein Netz auswählen.

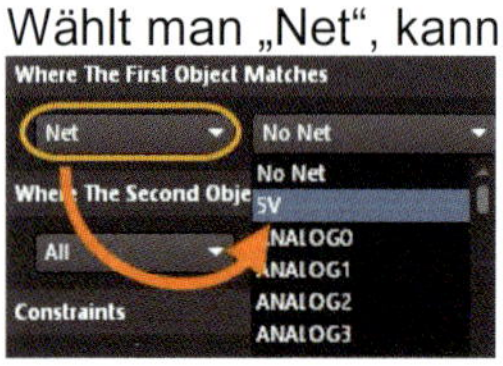

- Wählt man „Net Class“, kann man aus einer Liste eine Netzklasse auswählen.

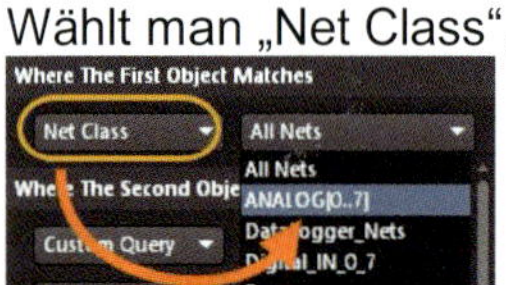

- Wählt man „Layer“, kann man aus einer Liste eine Leiterplattenlage auswählen.

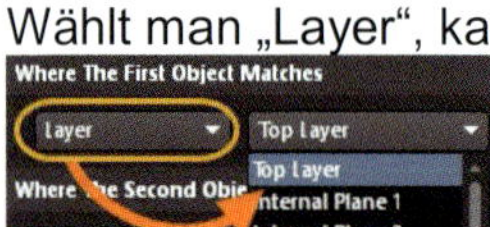

- Wählt man „Net And Layer“, kann man aus zwei Listen jeweils ein Netz und eine Leiterplattenlage auswählen.

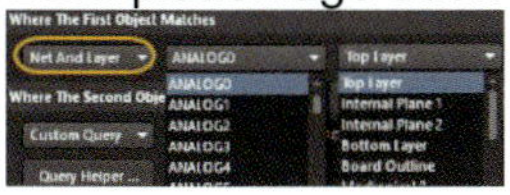

Je nach Objekt auf das sich die Regel bezieht können weitere Auswahlmöglichkeiten erscheinen. Bei der Regel für Restringe erscheint zusätzlich die Auswahl „Drill Pair“. Bei den Testpunktregeln die Auswahl „Pad Type“.
Das Ergebnis Ihrer festgelegten Abfrage, können Sie über den „Test Queries Result“ Dialog prüfen. Klicken Sie dazu auf die Schaltfläche „Test Queries“ in der rechten oberen Ecke.

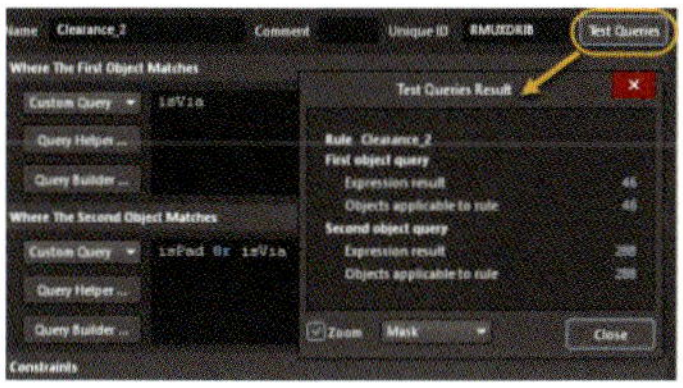

Es wird angezeigt, auf wie viele Objekte die Abfrage zutrifft. Ein Klick auf eine Zahl zeigt die Objekte auf der Leiterplatte an. In einer Auswahlliste kann man festlegen wie die Anzeige erfolgen soll. „Mask“ maskiert alle anderen Objekte aus, „Dim“ dunkelt alle anderen Objekte ab und „Normal“ stellt alle Objekte gleich dar.

Der „Design Rules Editor“

Der „Design Rules Editor“ wird über „**D**esign - **R**ules“ oder dem Tastenkürzel „D - R“ gestartet. Falls der regelorientierte „PCB Rules and Constraints Editor“ aktiv ist wechseln Sie mit einem Klick auf „Switch to Document View“ rechts unten zum „Design Rules Editor“.

Der „Design Rules Editor“ stellt den neuen designorientierten Zugang zu den Leiterplattenregeln bereit. Hier stehen die einzelnen Leiterplattenobjekte im Mittelpunkt. Ganz oben ① können Sie aus einem der sechs Regelgruppen: Nets, Diff Pairs, xSignals, Polygons, Components und Advanced wählen. Nach der Auswahl einer Regelgruppe, z.B. Nets, erscheinen die definierten Regeln ②. Hier erhält man einen Überblick über alle Regeln, die sich auf Netze beziehen. Wählt man hier eine Regel aus, dann werden die Regeldetails im unteren Bereich angezeigt ③.Der „Design Rules Editor“ hat im Bereich ④ sein eigenes Properties Panel.

Neue Regeln anlegen

- Starten Sie mit „**D**esign - **R**ules“ oder dem Tastenkürzel „D - R“ den Regel Editor.
- Wechseln Sie falls nötig mit „Switch to Document View“ rechts unten zum „Design Rules Editor“ .
- Wählen Sie im oberen Bereich eine Regelgruppe, z.B. Nets.
- Klicken Sie in der Spalte ganz links auf eines der Felder „Type or select from list“.

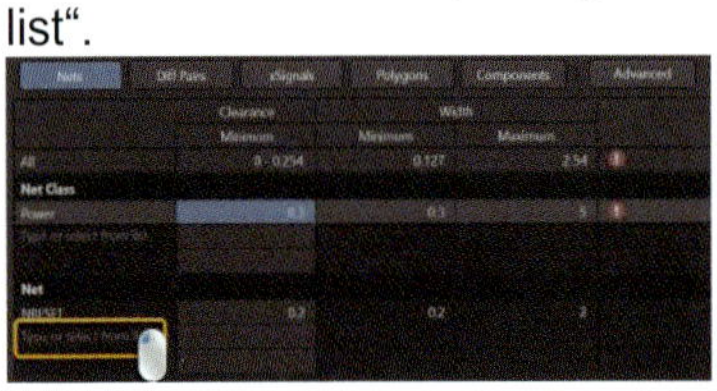

- Wählen Sie aus der Liste einen Eintrag aus.
- Klicken Sie in der Spalte der gewünschten Regel in das zunächst leer Feld ① und anschließend auf die Schaltfläche „+“ ②.

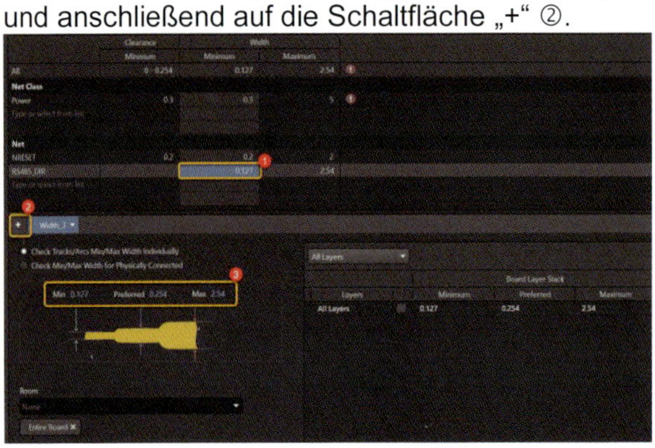

- Im Bereich ③ können Sie jetzt die Werte für die Regel eingeben.

Regelvariante hinzufügen

- Starten Sie mit „**D**esign - **R**ules“ oder dem Tastenkürzel „D - R“ den Regel Editor.
- Wechseln Sie falls nötig mit „Switch to Document View“ rechts unten zum „Design Rules Editor“.
- Wählen Sie im oberen Bereich eine Regelgruppe, z.B. Nets.
- Klicken Sie in den Wertebereich der Regel, für die Sie eine Variante anlegen möchten ①.
- Ein Klick auf die „+“ Schaltfläche fügt die Regelvariante hinzu ②.
- Bei einer Width Regel für eine Leiterbahn können Sie dann z.B. den Bereich von „All Layers“ auf „Layer Specific“ umstellen und die Breiten für die einzelnen Lagen anpassen.

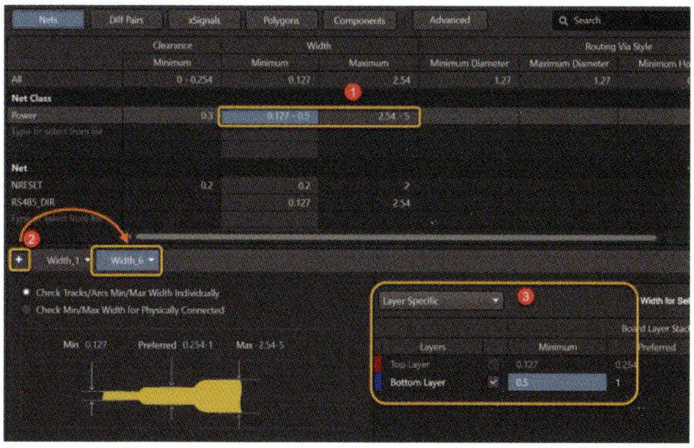

- Den Namen der Regel können Sie anpassen. Klicken Sie dazu auf das weiße Dreieck neben dem Namen klicken.
- Im Kontextmenü wählen Sie „Rename“

- Der bestehende Name kann jetzt geändert werden.

Regeltyp hinzufügen

- Starten Sie mit „**D**esign - **R**ules“ oder dem Tastenkürzel „D - R“ den Regel Editor.
- Wechseln Sie falls nötig mit „Switch to Document View“ rechts unten zum „Design Rules Editor“ .
- Wählen Sie im oberen Bereich eine Regelgruppe, z.B. Nets.
- Klicken Sie im Properties Panel im Bereich „Rule Visibility“ auf das durchgestrichene Auge vor dem Regeltyp, die Sie hinzufügen wollen.

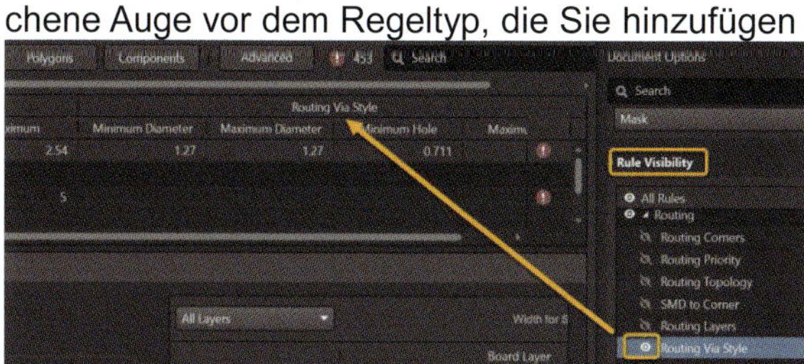

- Der gewählte Regeltyp wird jetzt angezeigt.

Die Regelgruppe „Advanced

- Starten Sie mit „**D**esign - **R**ules“ oder dem Tastenkürzel „D - R“ den Regel Editor.
- Wechseln Sie falls nötig mit „Switch to Document View“ rechts unten zum „Design Rules Editor“.
- Wählen Sie im oberen Bereich die Regelgruppe „Advanced“ “.
- Wählen Sie aus der Liste „Rule Class“ eine Regelklasse aus. Regelklassen ohne definierte Advanced Regeln werden grau dargestellt. In Klammern sehen Sie die Anzahl vorhandener Regeln: (Anzahl Advanced Regeln / Anzahl Basic Regeln)

- Im rechten Bereich werden vorhandenen Regeln angezeigt.

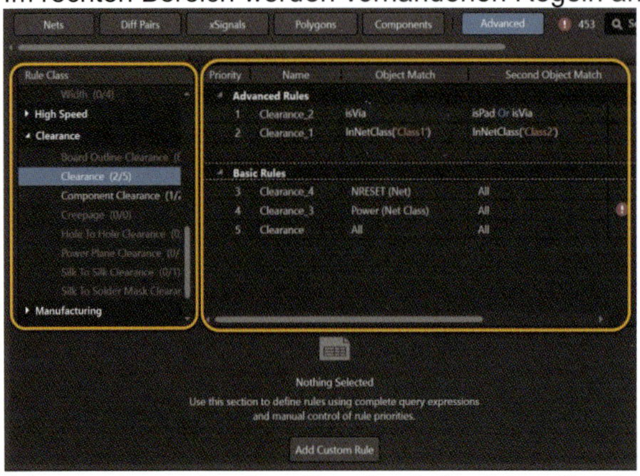

- Advanced oder Custom Regeln sind solche, die einen komplexeren Gültigkeitsbereich haben. Im Bild oben z.B. „isVia“ gegen „isPad Or isVia“. Basic Regeln sind solche mit mindestens einem Gültigkeitsbereich „All“

Neue Advanced bzw. Custom Regel anlegen

- Starten Sie mit „**D**esign - **R**ules“ oder dem Tastenkürzel „D - R“ den Regel Editor.
- Wechseln Sie falls nötig mit „Switch to Document View“ rechts unten zum „Design Rules Editor“.
- Wählen Sie im oberen Bereich die Regelgruppe Advanced.
- Wählen Sie aus der Liste „Rule Class“ eine Regelklasse aus ①.
- Klicken Sie unten auf „Add Custom Rule“.
- Es wird eine neue Advanced Regel hinzugefügt.
- Ändern Sie zunächst den Namen der Regel ②.

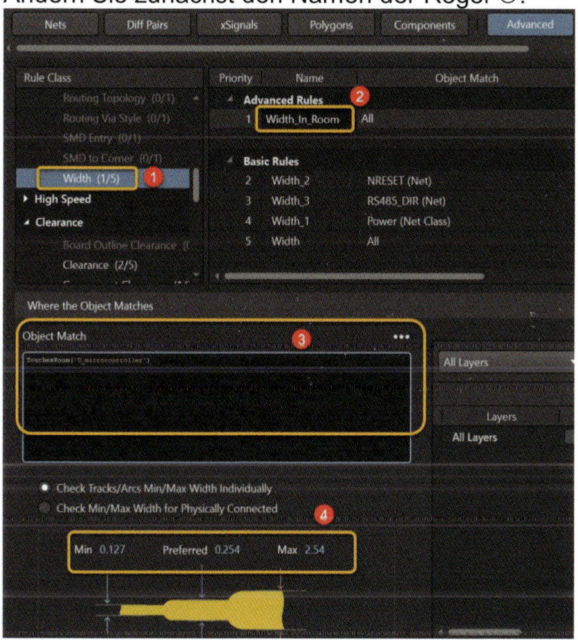

- Im Feld „Object Match“ ③ definieren Sie den Gültigkeitsbereich der Regel.
- Im Bereich ④ definieren Sie die Beschränkungen der Regel.

Cross-Probing der Regeln

- Starten Sie mit „**D**esign - **R**ules“ oder dem Tastenkürzel „D - R“ den Regel Editor.
- Wechseln Sie falls nötig mit „Switch to Document View“ rechts unten zum „Design Rules Editor“ .
- Wählen Sie im oberen Bereich eine Regelgruppe, z.B. Nets.
- Falls Sie mehrere Monitore haben ziehen Sie das Leiterplattendokument auf einen anderen Monitor. Alternativ klicken Sie mit der rechten Maustaste auf einen Dokumentenreiter und wählen „Split Horizontal“.

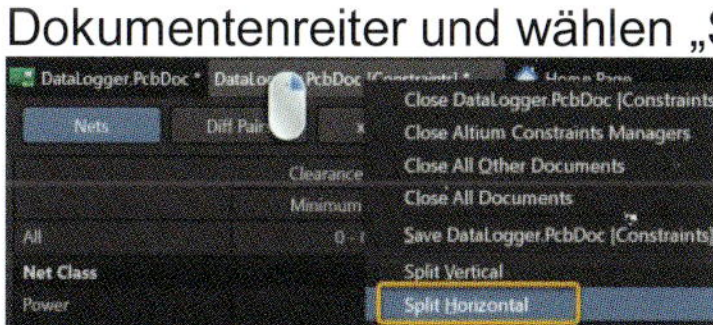

- Klicken Sie mit der rechten Maustaste in ein Feld der Regel, für die das Cross-Probing gemacht werden soll. Wählen Sie im Kontextmenü „CrossProbe". In der Standardeinstellung werden jetzt auf der Leiterplatte alle Objekte maskiert, auf die die Regel nicht zutrifft. Dieses Verhalten kann im Properties Panel im Bereich „Cross Probe View Settings" eingestellt werden.

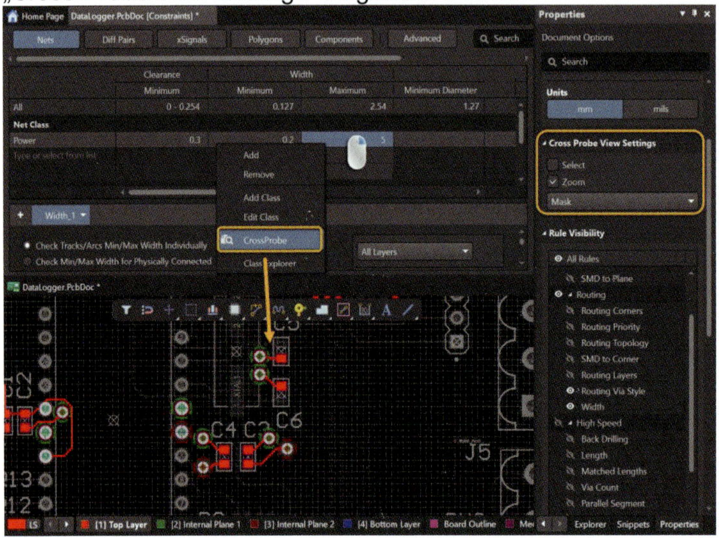

Prioritäten der Regeln

Im Allgemeinen werden die Prioritäten der Regeln vom Altium Designer® automatisch verwaltet. Höchste Priorität haben die Advanced Regeln. Die Priorität innerhalb der Advanced Regeln kann manuell festgelegt werden. Bei den Basic Regeln bestimmt die Regelgruppe die Priorität. Die Regelgruppe „Nets" hat die niedrigste und die Regelgruppe „Components" die höchste Priorität.
Innerhalb einer Regelgruppe hat die „All" Regel die niedrigste Priorität, gefolgt von den Regeln die sich auf Klassen beziehen bis zu den Regeln für bestimmte Objekte, welche die höchste Priorität haben

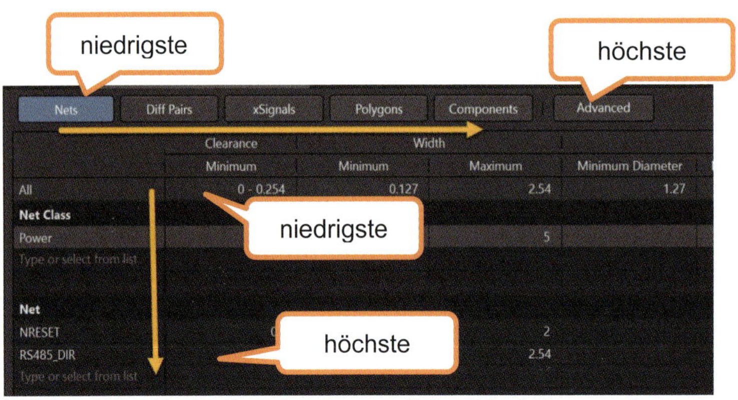

Soll einer der Basic Regeln eine explizite Priorität zugewiesen werden, dann muss

diese Regel in eine Advanced Regel umgewandelt werden. Dazu muss man zunächst die Regelgruppe „Advanced“ und dort die entsprechende Regel in „Rule Class“ anwählen.Dann klickt man mit der rechten Maustaste auf die Regel und wählt im Kontextmenü „Move Basic Rule to Advanced“. Dies funktioniert mit allen Regeln, die nicht den Gültigkeitsbereich „All“ haben.

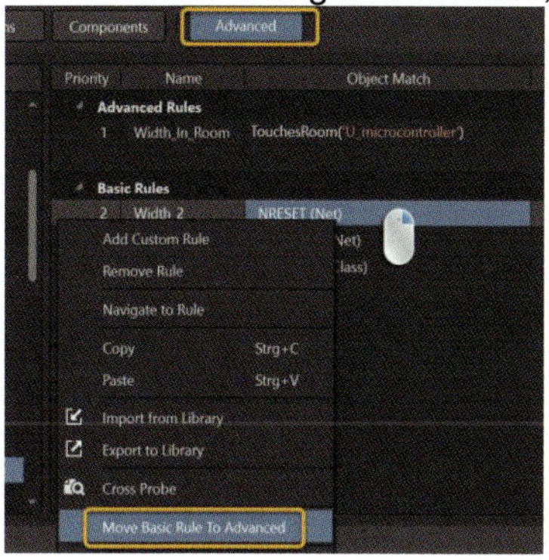

Regeln überprüfen

- Starten Sie mit „**D**esign - **R**ules“ oder dem Tastenkürzel „D - R“ den Regel Editor.
- Wechseln Sie falls nötig mit „Switch to Document View“ rechts unten zum „Design Rules Editor“ .
- Klicken Sie im Properties Panel im Bereich „Rules/Constraints Checks“ auf die Schaltfläche „Check“.

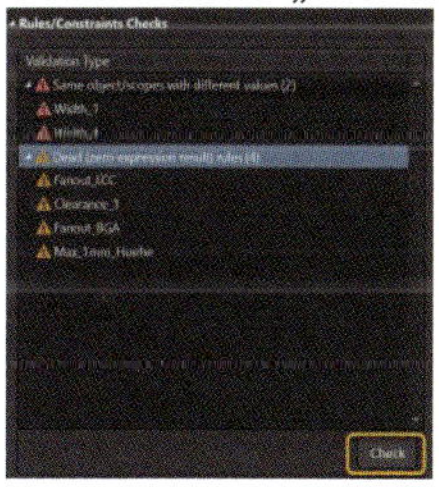

- Falls Probleme erkannt werden, erscheinen diese in der Liste „Validation Type“. Ein Klick auf ein weißes Dreieck zeigt die Namen der betroffenen Regeln an.
- Ein Doppelklick auf eine dieser Einträge öffnet die entsprechende Regel.

Die Scopes Library

Zur Vereinfach der Definition von Advanced Regeln, kann ein Gültigkeitsbereich („Object Match“) in der Scopes Library gespeichert und später wieder verwendet werden. Der Inhalt der Scopes Library wird im Properties Panel angezeigt.

Gültigsbereich speichern

Um einen Gültigkeitsbereich in der Scopes Library zu speichern, gehen Sie wie folgt vor:

- Wählen Sie zunächste die Regelgruppe „Advanced“.
- Klicken Sie mit der rechten Maustaste auf den gewünschten Eintrag einer Advanced Regel in der Spalte „Object Match“.
- Im Kontextmenü wählen Sie dann „Export to Library“.
- Es öffnet sich die Scopes Library mit Ihrem Eintrag.
- Passen Sie in der Spalte „Scope“ den Namen des Eintrags an.

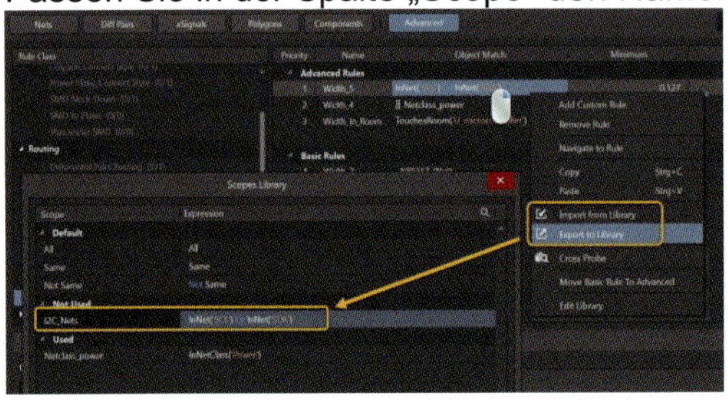

- Schließen Sie die Scopes Library mit einem Klick auf „Update“.

Gültigsbereich verwenden

- Wählen Sie zunächste die Regelgruppe „Advanced“ .
- Klicken Sie mit der linken Maustaste auf den gewünschten Eintrag in der Spalte „Object Match“.
- Ein Klick auf die 3 Punkte öffnet ein Kontextmenü. Wählen Sie dort „Import from Library“.

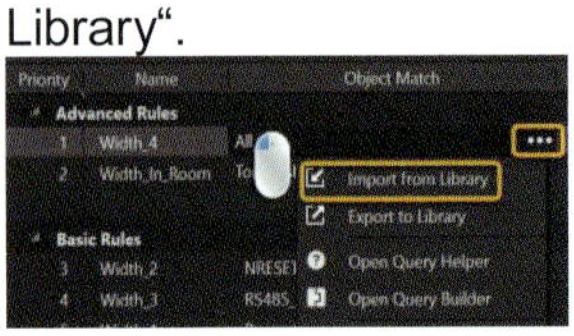

- Es öffnet sich die Scopes Library.
- Wählen Sie dort den gewünschten Eintrag und schließen Sie die Scopes Library mit einem Klick auf „Import“.
- Im Feld „Object Match“ sehen Sie jetzt den Namen des importierten Gültigkeitsbereichs.

Scope Library bearbeiten

- Klicken Sie im Properties Panel im Bereich „Scopes Library“ auf „Edit Library“ .

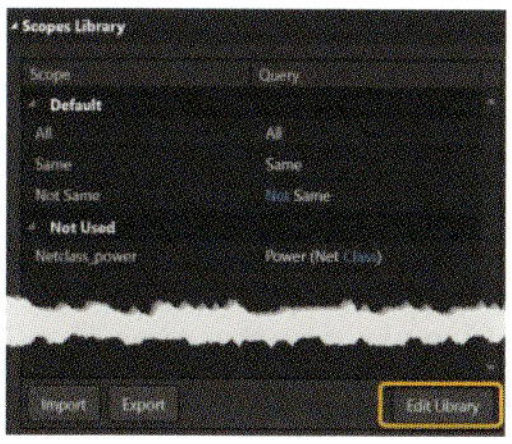

- Es öffnet sich der „Scopes Library“ Dialog.
- Mit „Add“ können Sie einen neuen Eintrag hinzufügen und mit „Remove“ einen Eintrag löschen.
- Im Feld „Expression“ können Sie direkt einen Gültigkeitsbereich eingeben.

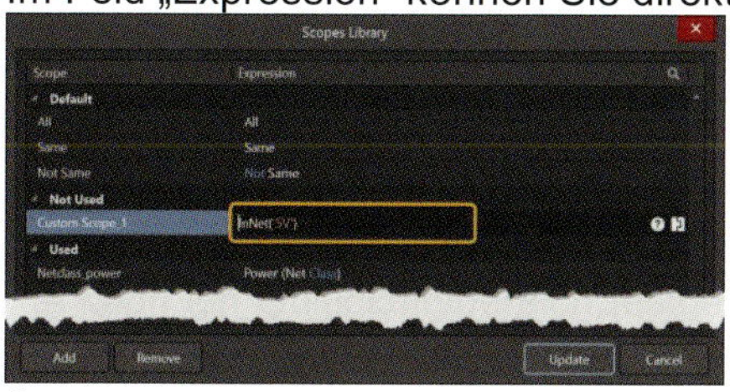

- Über die beiden Symbole am Ende des Feldes können Sie über das Fragezeichensymbol den Query Helper und über das andere Symbol den Query Builder starten.

- Wenn Sie mit dem Bearbeiten fertig sind, schließen Sie den Dialog mit „Update“ um die Änderungen zu übernehmen.

Scope Library exportieren

- Klicken Sie im Properties Panel im Bereich „Scopes Library“ auf „Export“ .

- Es öffnet sich der Windows „Speichern unter“ Dialog.
- Geben Sie einen Dateinamen ein und klicken Sie dann auf „Speichern“.
- Die Scope Library wurde nun als XML Datei gespeichert.

Scope Library importieren

- Klicken Sie im Properties Panel im Bereich „Scopes Library“ auf „Import“ .

Inaktive Polygone

Electrical - Modified Polygon

Diese Regel erlaubt das Aufspüren inaktiver Polygone. Solche Polygone werden nicht dargestellt und werden auch nicht in die Gerber- bzw. ODB++ Dateien ausgegeben. Mit der Standardeinstellung führen inaktive und modifizierte Polygone zu einer Regelverletzung.

Zusätzlich zu inaktiven (shelved) Polygonen können jetzt auch veränderte Polygone, die noch nicht neu erzeugt wurden erkannt werden
Wenn es auf der Leiterplatte inaktive oder veränderte Polygone gibt, dann erhält man beim Start des Design Rule Checks eine Warnung. Dies geschieht auch, wenn man diese Regel deaktiviert hat!

Nicht geroutete Netze

Electrical – Un-Routed Net

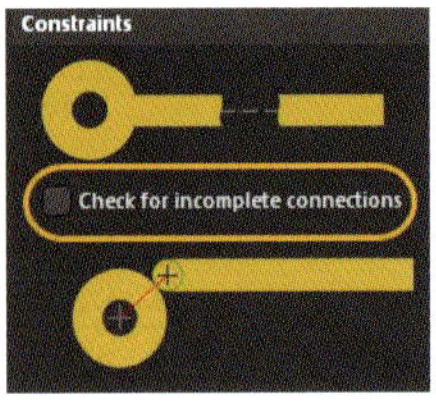

Diese Regel erlaubt das Aufspüren von Netzen die nicht vollständig geroutet wurden oder die unvollständige Verbindungen enthalten. Bei einer unvollständigen Verbindung gibt es zwischen der Leiterbahn und dem Anschlusspunkt noch eine Verbindungslinie. Diese Prüfung kann durch einen Haken im Feld „Check for incomplete connections“ aktiviert werden.

Leiterbahnbreite

Routing - Width

Die Regel für die Leiterbahnbreite ist eine einwertige Regel und definiert über die minimale und maximale Breite den erlaubten Bereich. Zusätzlich wird eine bevorzugte Breite eingeben. Diese bevorzugte Breite wird vom ActiveRoute® und vom Autorouter verwendet.

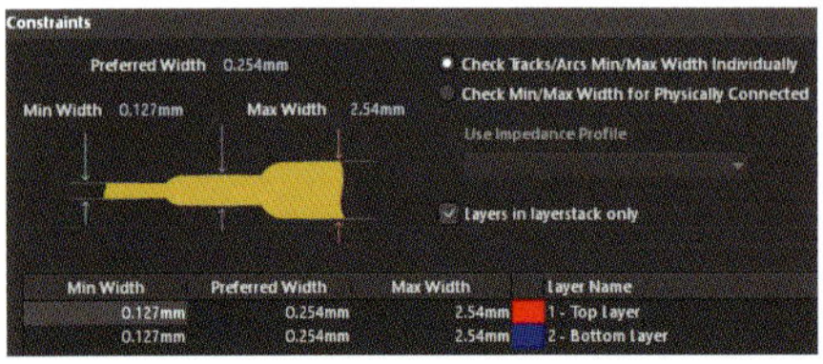

Alle drei Werte können während dem interaktiven Verlegen von Leiterbahnen über das Tastenkürzel ‘3’ nacheinander ausgewählt werden. Will man Leiterbahnen impedanzkontrolliert verlegen, dann wählt man unter „Use Impedance Profile“ ein Impedanzprofil aus. Vor der Version 19 setzt man einen Haken bei „Characteristic Impedance Driven Width“. Statt der Leiterbahnenbreiten gibt man dann eine minimale, bevorzugte und maximale Impedanz an.

Weitere Informationen zum impdanzkontrollierten Routing finden Sie im Kapitel „Impedanzkontrolle“[3].

Die Leiterbahnbreite kann für alle Lagen gemeinsam oder für jede Lage individuell

[3] Siehe (Moser, Altium Designer® Praxis-Handbuch Teil 2, 2024)

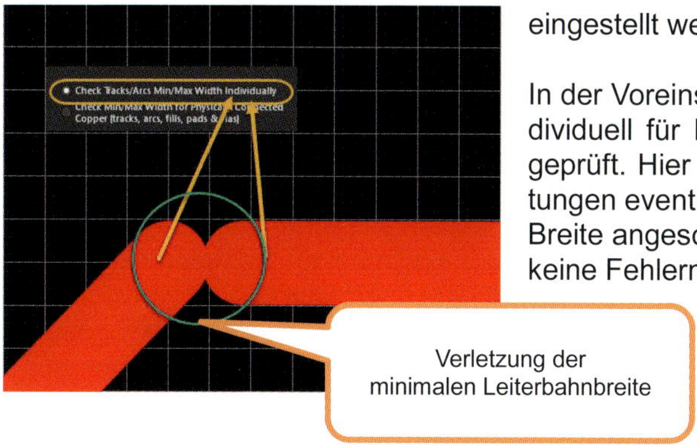

eingestellt werden,

In der Voreinstellung werden die Breiten individuell für Leiterbahnen und Kreisbögen geprüft. Hier besteht die Gefahr, dass Leitungen eventuell nicht mit der gewünschten Breite angeschlossen sind und es trotzdem keine Fehlermeldung gibt.

Will man dies verhindern, wählt man, wie im Bild gezeigt, die zweite Option aus und prüft das physikalisch angeschlossene Kupfer.

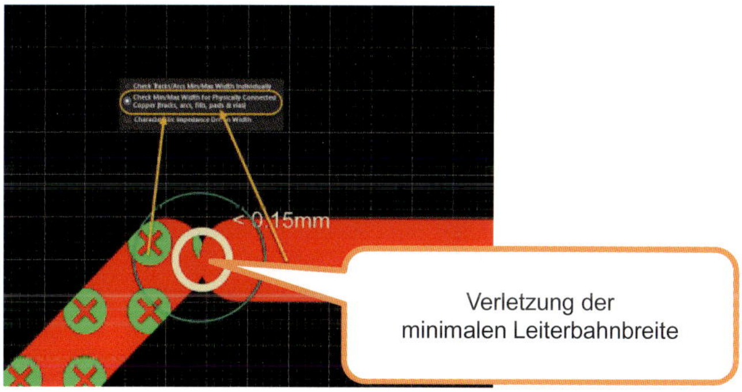

Durchkontaktierungen

Routing - Routing Via Style

Die Regel für die Durchkontaktierungen ist eine einwertige Regel. Festgelegt wird hier der Bohrdurchmesser und der Durchmesser des Kupferrings. Wie bei der Leiterbahnbreite gibt es auch hier drei Werte bzw. Wertepaare. Sie können für den Bohrdurchmesser einen minimalen, bevorzugten und maximalen Wert angeben und unabhängig davon einen minimalen, bevorzugten und maximalen Wert für den Durchmesser des Kupferrings. Bei der Eingabe dieser Werte müssen Sie sicherstellen, dass der minimale zulässige Kupferring nicht unterschritten wird. Bei der Eingabe der Werte führt der Altium Designer® keine Plausibilitätsprüfungen durch! Um einen minimalen Kupferring zu erzwingen muss in der Kategorie Manufacturing eine Regel „Minimum Annular Ring“ angelegt werden.

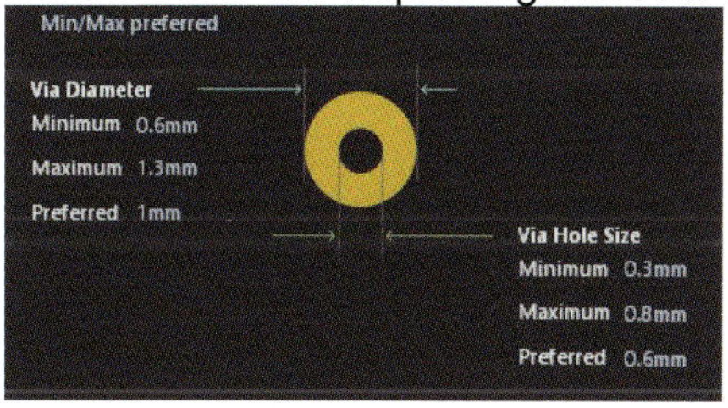

Ab der Version 15.1 kann ausgewählte werden, ob Durchkontaktierungsvorlagen verwendet werden sollen (Template preferred) oder wie bisher die Min/Max Werte (Min/Max preferred)

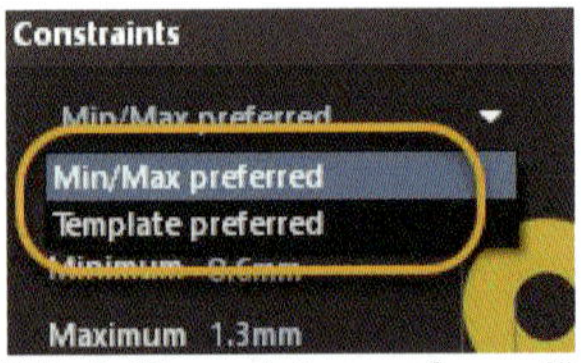

Wird „Template preferred" ausgewählt, dann erscheinen die verfügbaren Durchkontaktierungsvorlagen in einer Liste. Vorlagen die aus Bibliotheken stammen sind immer in der Liste, lokale Vorlagen nur, wenn sie auf der Leiterplatte bereits verwendet werden. Werden weitere Vorlagen aus einer Bibliothek benötigt, dann kann man diese einfach im PCB Pad Via Templates Panel aus dem oberen in den unteren Bereich ziehen. Weitere Informationen finden Sie im Kapitel „Das Arbeiten mit dem Pads und Vias Templates Panel" (S.195).

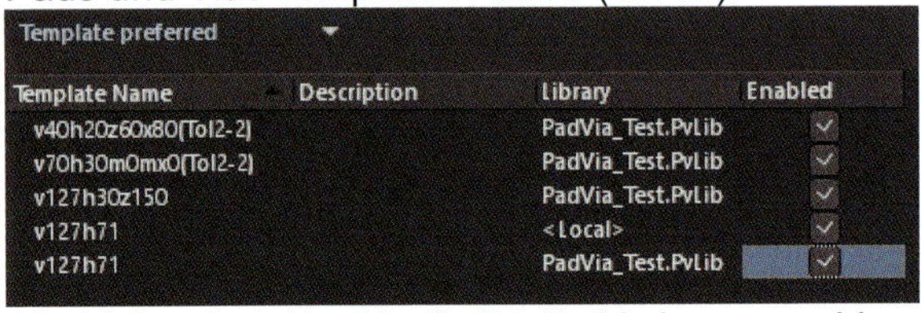

Ein Haken bei „Enabled" gibt die Vorlagen zur Verwendung beim interaktiven Verlegen von Leiterbahnen frei. Mit dem Tastenkürzel „4" können die freigegebenen Durchkontaktierungsvorlagen nacheinander ausgewählt werden.

Regel für differentielle Leitungspaare

Routing - Differential Pairs Routing

Die Regel für die differentiellen Leitungspaare ist eine einwertige Regel.
Es können die minimal, bevorzugt und maximal Werte für die Leiterbahnbreite und den Abstand eingestellt werden. Zusätzlich kann die maximale nicht gekoppelte Länge festgelegt werden. Will man differentielle Leitungspaare impedanzkontrolliert verlegen, dann wählt man unter „Use Impedance Profile" ein Impedanzprofil aus. Vor der Version 19 war es nicht möglich differentielle Leitungspaare impedanzkontrolliert zu verlegen. Weitere Informationen zum impdanzkontrollierten Routing finden Sie im Kapitel „Impedanzkontrolle"[4] .

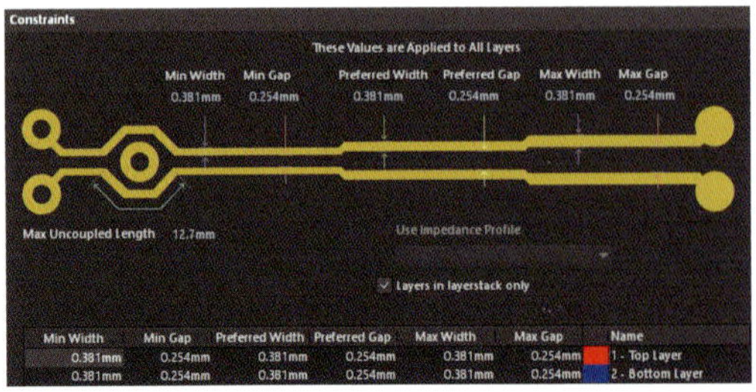

[4] Siehe (Moser, Altium Designer® Praxis-Handbuch Teil 2, 2024)

Regel für den Anschluss an SMD Anschlussflächen

SMT - SMD Entry

Diese Regel legt fest wie Leiterbahnen an eine SMD Anschlussfläche angeschlossen werden kann. Unabhängig von dieser Regel kann immer an das Ende der Anschlussfläche (die schmalere Seite) angeschlossen.

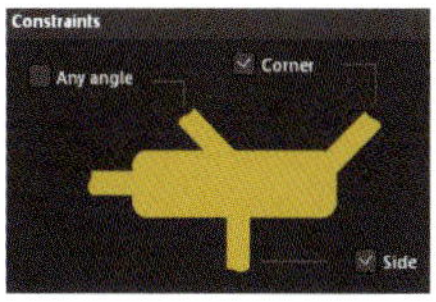

- **Any Angle**
  Es darf unter einem beliebigen Winkel angeschlossen werden.
- **Side**
  Es darf im 90° Winkel an der Seite der Anschlussfläche (die längere Seite) angeschlossen werden. Die längere Seite muss mindestens doppelt so lang sein wie die kürzere Seite damit die Regel wirkt. Ist dies nicht der Fall, dann werden alle vier Seiten als Ende der Anschlussfläche behandelt.
- **Corner**
  Es darf im 45° Winkel über die Ecke der Anschlussfläche angeschlossen werden.

Diese Regel funktioniert im Zusammenspiel mit der Regel SMT - SMD To Corner. Dort sollte eine geeignete Länge eingestellt werden um optimale Anschlüsse zu erhalten.

> **ACHTUNG:**
> Diese Regel ist nur beim interaktiven Verlegen von Leiterbahnen und bei der DRC Prüfung aktiv. Der Autorouter ignoriert diese Regel.

Abstand der ersten Ecke zur SMD Anschlussflächen

SMT - SMD To Corner

Diese Regel legt fest wie weit die erste Ecke in einer Leiterbahn von einer SMD Anschlussfläche entfernt sein muss.

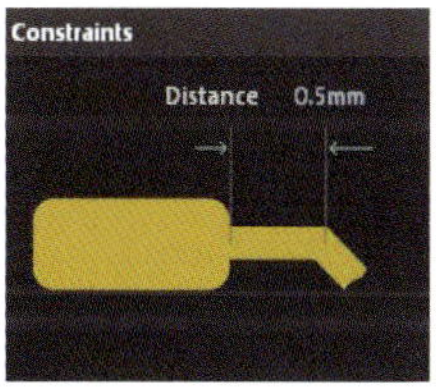

> **ACHTUNG:**
> Diese Regel funktioniert nur mit Leiterplatten, die mit der Version 14.3 und später erzeugt wurden! Diese Regel ist nur beim interaktiven Verlegen von Leiterbahnen und bei der DRC Prüfung aktiv. Der Autorouter ignoriert diese Regel.

Leiterbahnbreitenreduzierung an SMD Anschlussflächen

SMT - SMD Neck-Down

Diese Regel legt fest, um wie viel die Leiterbahnbreite beim Anschluss an eine SMD Anschlussfläche reduziert werden muss. Die Reduzierung wird als Prozentwert der Breite der SMD Anschlussfläche angegeben.

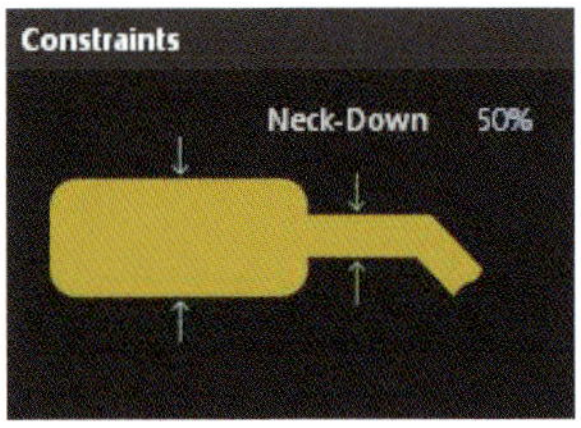

Diese Regel funktioniert im Zusammenspiel mit der Regel SMT - SMD To Corner. Die Reduzierung der Leiterbahnbreite erfolgt bis zur dort angegebenen Länge. Danach wird automatisch auf die originale Leiterbahnbreite gewechselt.

ACHTUNG:
Diese Regel funktioniert nur mit Leiterplatten, die mit der Version 14.3 und später erzeugt wurden! Diese Regel ist nur beim interaktiven Verlegen von Leiterbahnen und bei der DRC Prüfung aktiv. Der Autorouter ignoriert diese Regel.

Anschlüsse an Stromversorgungsflächen (Planes)

Plane - Power Plane Connect Style

Die Regel für die Anschlüsse an Stromversorgungsflächen (Planes) ist eine einwertige Regel. Der Anschluss kann mit (Relief Connect) oder ohne (Direct Connect) Wärmefalle erfolgen. Will man unter bestimmten Bedingungen bestimmte Netze nicht anschließen setzt man die Anschlussart auf „No Connect" und definiert einen geeigneten Gültigkeitsbereich. Der Anschluss über Wärmefalle erfolgt immer mit 45° Anschlüssen. Bei der Wärmefalle können Sie festlegen, ob mit 2 oder 4 Leitern angeschlossen werden soll. Die Breite dieser Leiter, die Breite des Kupferrings um die Durchkontaktierung und die Breite der Aussparung kann ebenfalls definiert werden. Ab der Version 17 kann zwischen dem Simple und dem Advanced Modus gewählt werden. Im Advanced Modus lassen sich direkt unterschiedliche Festlegungen für Anschlussflächen und Durchkontaktierungen einstellen.
Ab der Version 19 können diese Einstellung direkt in den Eigenschaften der Pads und Vias vorgenommen werden.

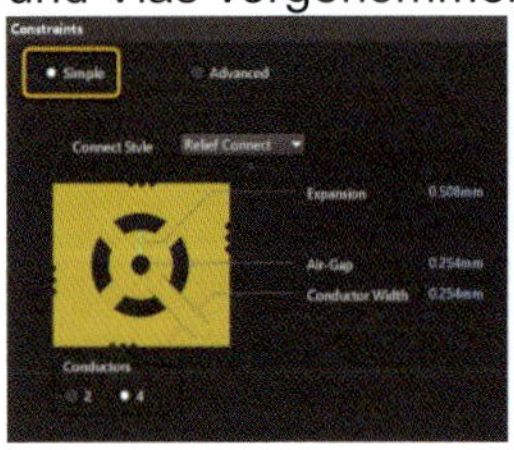

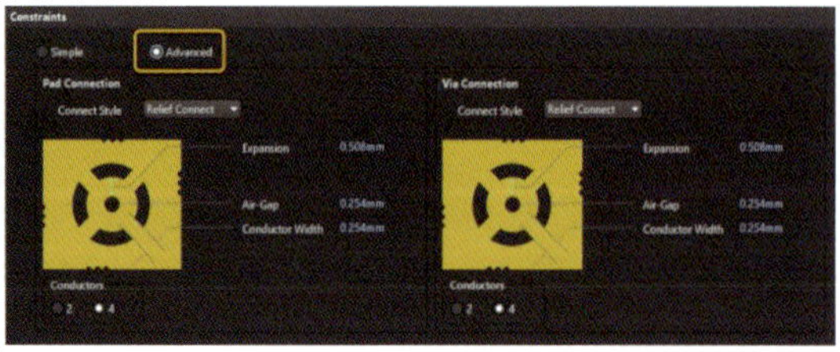

Abstand zu Stromversorgungsflächen

Plane - Power Plane Connect Clearance

Die Regel für den Abstand zu Stromversorgungsflächen (Planes) ist eine einwertige Regel. Mit ihr kann man den Abstand zu Durchkontaktierungen fremder Netze einstellen.

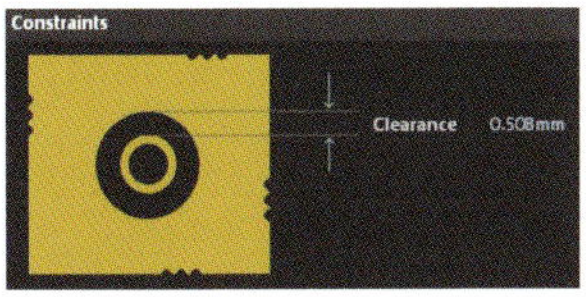

ACHTUNG:
Diese Regel hat Priorität vor der normalen Abstandsregel!

Anschlüsse an Polygone

Plane - Polygon Connect Style

Die Regel für die Anschlüsse an Polygone ist eine zweiwertige Regel. Dies macht es möglich, genau festzulegen welche Netze an welche Polygone wie angeschlossen werden. Um in einem Gültigkeitsbereich ein bestimmtes Polygon anzusprechen muss dieses einen Namen haben. Der Anschluss kann mit (Relief Connect) oder ohne (Direct Connect) Wärmefallen erfolgen. Will man unter bestimmten Bedingungen bestimmte Netze nicht anschließen, setzt man die Anschlussart auf „No Connect“ und definiert einen geeigneten Gültigkeitsbereich. Der Anschluss über Wärmefallen erfolgt mit 45° oder 90° Anschlüssen. Bei der Wärmefalle können Sie festlegen ob mit 2 oder 4 Leitern angeschlossen werden soll. Wenn die Option „Auto“ aktiviert ist, dann werden die Leiter von der Mitte der Pad/Via Seiten angeschlossen. Über den Parameter „Min Distance“ können Sie den minimalen Abstand dieser Leiter festlegen. Die Breite dieser Leiter und die Breite der Aussparung kann ebenfalls definiert werden.
Im Advanced Modus lassen sich direkt unterschiedliche Festlegungen für SMD/THT Anschlussflächen und Durchkontaktierungen einstellen.
Die Einstellung können auch direkt in den Eigenschaften der Pads und Vias vorgenommen werden.

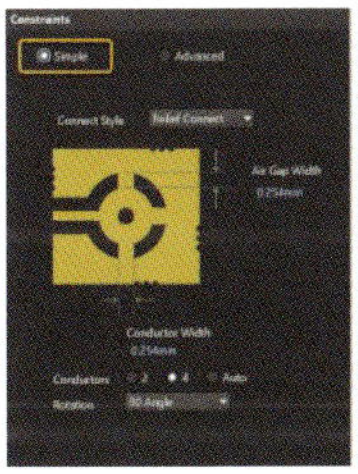
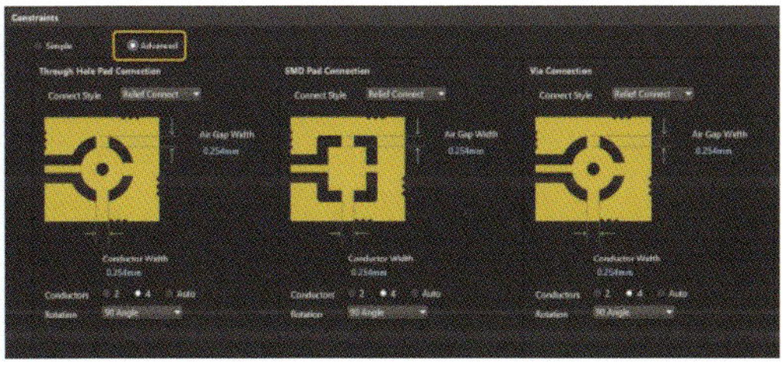

Lötstoppfreistellung

Mask - Solder Mask Expansion

Die Regel für die Lötstoppfreistellung ist eine einwertige Regel. Positive Werte vergrößern den Abstand, negative Werte führen zu einer Überlappung des Lötstopplacks mit der Kupferfläche.
Über den Gültigkeitsbereich kann z.B. exakt festgelegt werden, welche Lötstoppfreistellung für eine spezielle Komponente verwendet werden soll. Ein Häkchen bei „Tented“ überdeckt das Pad oder das Via komplett.

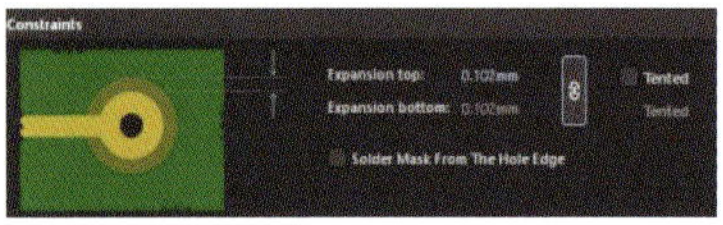

Die Lötstoppmaske kann getrennt für Bestückungs- und Lötseite eingestellt werden. Dazu muss ein Haken bei „Use Separate Solder Mask Expansion“ gesetzt werden. Mit „Solder Mask From The Hole Edge“ kann festgelegt werden, ob die Freistellung sich auf den Kupferring oder die Bohrung beziehen soll.
Will man die Lötstoppmaske getrennt für Bestückungs- und Lötseite einstellen, dann muss man auf die Kette klicken.

Pastenmaske

Mask - Paste Mask Expansion

Die Regel für die Pastenmaske ist eine einwertige Regel. Mit dieser Regel definiert man den Abstand der Lötpaste zum Rand der Anschlussfläche. Über den Gültigkeitsbereich kann z.B. exakt festgelegt werden, welche Pastenmaske für eine spezielle Komponente oder sogar für eine spezielle Anschlussfläche innerhalb einer Komponente verwendet werden soll. Ein Wert von 0 bedeckt die Anschlussfläche vollständig mit Paste. Ein negativer Wert verkleinert die Pastenfläche, ein positiver vergrößert sie. Wenn man das Häkchen bei „Use Paste“ entfernt, wird keine Pastenmaske erzeugt. Mit „Measurement Method“ kann festgelegt werden, ob ein absoluter oder prozentualer Wert verwendet werden soll. Die Einstellungen können getrennt nach SMD und THT Pads vorgenommen werden. Damit sind auch „Pin-In-Paste“ und „TH-Reflow“ Pads möglich.

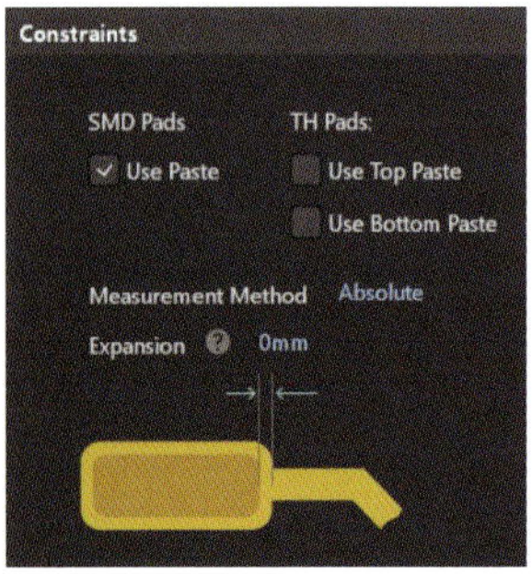

Minimaler Kupferring

Manufacturing - Minimal Annular Ring

Die Regel für den minimalen Kupferring ist eine einwertige Regel. Es wird die Breite des minimalen Kupferring eingegeben.

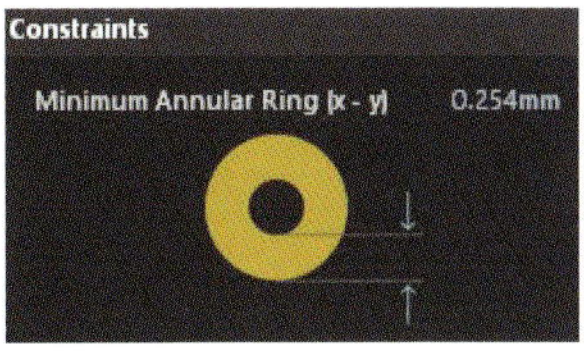

Bohrdurchmesser

Manufacturing - Hole Size

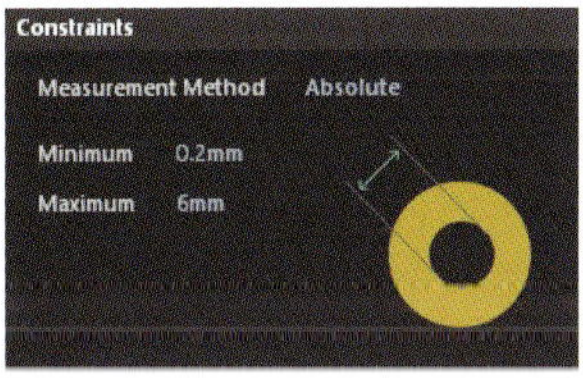

Die Regel für den Bohrdurchmesser ist eine einwertige Regel. Es kann ein minimaler und maximaler Wert eingegeben werden. Unter „Measurement Method" hat man die Wahl zwischen „Absolute" und „Percent". Bei „Absolute" gibt man den absoluten Bohrdurchmesser ein. Bei „Percent" beziehen sich die Werte prozentual auf den Durchmesser des Kupferrings.

Bohrabstand

Manufacturing - Hole To Hole Clearance

Die Regel für den Bohrabstand ist eine zweiwertige Regel. Es kann der minimale Abstand zwischen zwei Bohrungen festgelegt werden. Der Abstand bezieht sich auf die Kanten der Bohrungen. Mit dieser Regel können sich überlappende Bohrungen einfach gefunden werden. In der Voreinstellung sind übereinanderliegende Mikrodurchkontaktierungen (stacked micro vias) erlaubt. Will man dies verbieten, entfernt man den Haken bei „Allow Stacked Micro Vias".

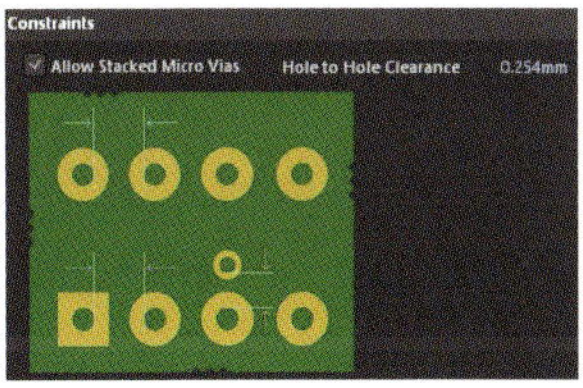

Für sogenannte Net-Ties benötigt man Anschlüsse, die direkt übereinander liegen. Am einfachsten fasst man diese Anschlüsse in einer Klassen für Anschlussflächen (Pad Classes) mit dem Namen *Net_Tie_Pads* zusammen und verwendet diese Klasse in einer Bohrabstandsregel mit dem Gültigkeitsbereich *inPadClass('Net_Tie_Pads')*. In dieser Regel setzt man die „Hole to Hole Clearance" auf 0 mm.

Minimaler Lötstoppstegbreite

Manufacturing - Minimum Solder Mask Sliver

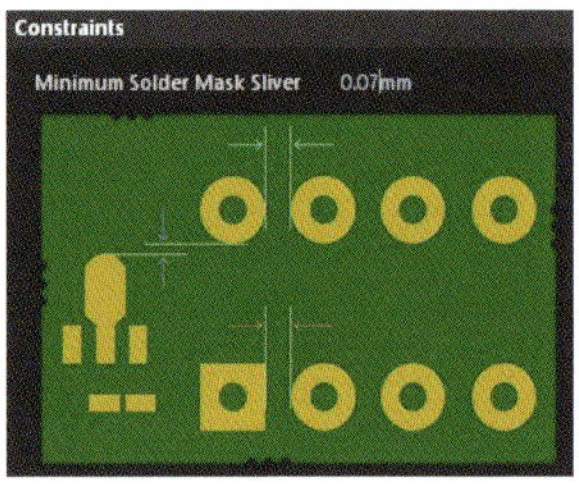

Die Regel für die minimale Lötstoppstegbreite ist eine zweiwertige Regel. Um zu verhindern, dass sich sehr schmale Lötstoppstege abschälen, kann hier eine Mindestbreite festgelegt werden.

Abstand Bestückungsdruck zu Anschlussflächen

Manufacturing - Silk To Solder Mask Clearance

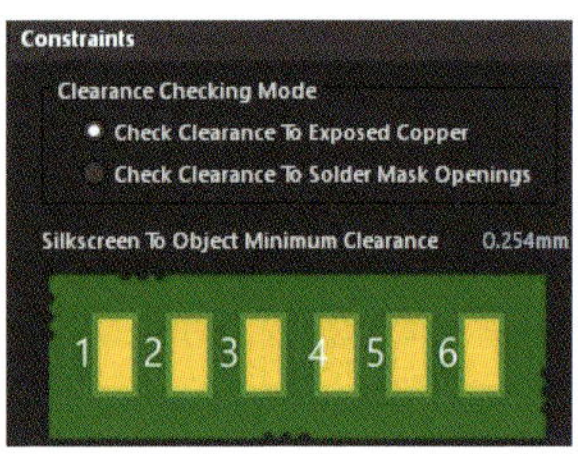

Die Regel für den Abstand des Bestückungsdrucks zu Anschlussflächen oder zur Lötstopppfreistellung ist eine zweiwertige Regel. Die Regel soll verhindern, dass Bestückungsdruck auf Anschlussflächen gelangt und die Lötbarkeit beeinträchtigt. Neben dem gewünschten Abstand kann festgelegt werden, ob der Abstand zum Kupfer oder zur Lötstopppfreistellung geprüft werden soll.

Abstand zur Leiterplattenkante und Aussparungen

Manufacturing - BoardOutlineClearance

Die Abstandsregel zur Leiterplattenkante ist eine einwertige Regel. Sie definiert den Abstand von Leiterplattenobjekten zur Leiterplattenkante, Ausschnitten in der Leiterplatte, Aussparungen für eingebettete Komponenten (Cavity) und den Teilungslinien auf Starr-Flex Leiterplatten.
In der Tabelle kann für jedes Objekt gegen jede Kante ein Abstand eingetragen werden. Bei elektrischen Objekten wird zusätzlich die normale elektrische Abstandsregel berücksichtigt. Es wird dabei die Regel, mit dem größten Abstand angewendet.

Kantentyp	Beschreibung
Outline Edge	Die Leiterplattenkante
Cavity Edge	Die Kante einer definierten Aussparung für eingebettete Komponenten
Cutout Edge	Die Kante einer definierten Aussparung in der Leiterplatten
Split Barrier	Die Grenze zwischen zwei Lagenaufbauten bei einer Starr-Flex Leiterplatte
Split Continuation	Eine Lage, die sich über zwei Lagenaufbauten erstreckt. Objekte, die über diese Grenze gehen sollen (z.B. Tracks und Arcs) erhalten einen Abstandswert von „0". Der Wert sagt dem Altium Designer®, dass diese Objekte die Grenze überschreiten dürfen.

Diese Regel wird in der Standardeinstellung nur bei einem Design Rule Check („**T**ools – **D**esign Rule Check“) geprüft. Besser ist es, wenn man in den Einstellungen unter „**T**ools – **D**esign Rule Check“ zusätzlich einen Haken bei „Online“ setzt.

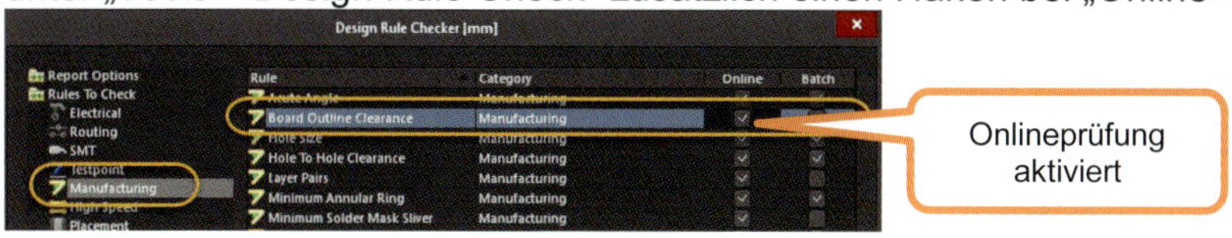

Zusätzlich sollte man unter „DXP – Preferences – PCB Editor – DRC Violations Display“ die Anzeige von Regelverletzungen (Violation Overlay) für diese Regel aktivieren.

Abstand von Bauteilen

Placement - Component Clearance

Die Regel für den Abstand von Bauteilen ist eine zweiwertige Regel. Man gibt hier den horizontalen und vertikalen Abstand eines Bauteils an. Wählt man im Kasten „Vertical Clearance Mode“ „Infinite“ aus, dann dürfen sich weder über noch unter dem Bauteil andere Bauteile befinden.

Der Abstand wird folgendermaßen geprüft:

- Sind 3D Körper vorhanden, dann wird der Abstand gegen diese geprüft.
- Sind keine 3D Körper vorhanden, dann wird der Abstand gegen die auf dem Lagenpaar „Courtyard“ vorhandene geschlossene Kontur geprüft.
- Ist kein Lagenpaar „Courtyard“ vorhanden, dann wird der Abstand zum Bestückungsdruck geprüft.
- Falls kein Bestückungsdruck vorhanden ist, werden die Kupferflächen herangezogen.

Über ein Häkchen bei „Do not check components without 3D body“ werden solche Bauteile geprüft, die ein 3D Modell haben. Ein Häkchen bei „Check clearance by component boundary“ verwendet für die Prüfung den Umriss des Bauteils.

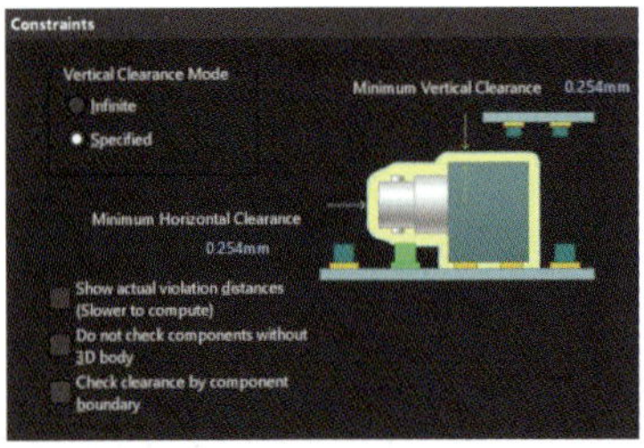

Beim Smart Component Placement wird hier nicht mit höchster Priorität ein vorhandenes 3D Modell verwendet. Die Prüfung hängt hier vom aktuellen Modus ab (Umschaltbar mit der Taste „R“). Im Modus „Push – Ignore“ wird das 3D Modell geprüft. In den Modi „Push – Avoid“ und „Push – Push“ prüft er nur gegen den Bestückungsdruck und rechteckige Objekte auf mechanischen Lagen, z.B. im Bild dem Courtyard auf Mechanical 15.

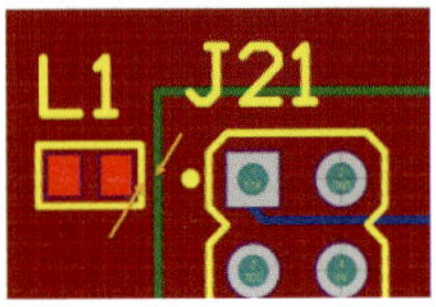

Durchkontaktierungen in Anschlussflächen

High Speed - Vias Under SMD

Die Regel für Durchkontaktierungen in Anschlussflächen ist eine einwertige Regel erlaubt oder verbietet solche Durchkontaktierungen. Beim Anlegen einer neuen Leiterplatte gibt es für diese Regeltyp keine Standardregel. Will man mit dem Autorouter arbeiten, muss man hier eine Regel anlegen und die Durchkontaktierungen verbieten. Ohne diese Regel nimmt sich der Autorouter weitreichende Freiheiten beim Platzieren von Durchkontaktierungen.

Erlaubte Lagen für die Bauteileplatzierung

Placement – Permitted Layers

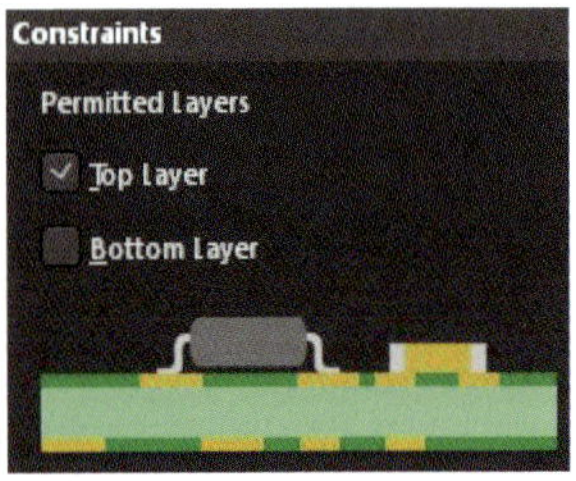

Ab der Version 17 ist diese Regel wieder aktiv und kann dazu verwendet werden, die Platzierung von Bauteilen auf bestimmten Lagen zu reglementieren. Im Zusammenspiel mit den Footprintparametern, die auch ab Version 17 möglich sind, kann festgelegt werden, dass auf der Lötseite nur für das Wellenlöten geeignete Footprints verwendet werden dürfen.

Bauteilhöhe

Placement - Height

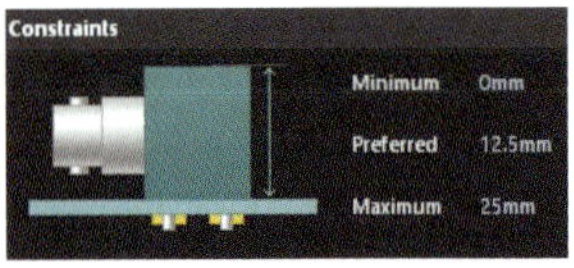

Die Regel für die erlaubte Bauteilhöhe ist eine einwertige Regel. Man kann eine minimale, bevorzugte und maximale Bauteilhöhe angeben. Praxisrelevant ist vor allem die maximale Bauteilhöhe. In Kombination mit einem „Room“ kann damit z.B. in bestimmten Leiterplattenbereichen, eine maximale Bauteilhöhe erzwungen werden. Dies ist notwendig, wenn das Gehäuse in dem die Leiterplatte sitzt in manchen Bereichen nach innen gezogen ist.

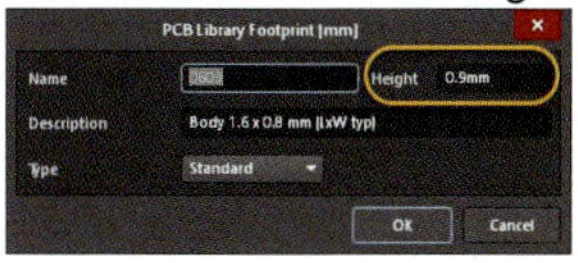

Als Bauteilhöhe wird die Höhe des 3D Körpers oder der Eintrag „Height“ beim Leiterplattensymbol genommen. Die Höhe des 3D Körpers hat die höhere Priorität.

Ausrichtung von Bauteilen

Bei der Verwendung von speziellen Footprints für das Wellenlöten ist es notwendig diese korrekt auszurichten. Die Regel „Placement – Component Orientations“ kann nicht für diesen Zweck verwenden. Abhilfe schafft hier die Verwendung eines Rooms zusammen mit geeigneten Regeln.

Kurzbeschreibung:

- Legen Sie in der PCB Bibliothek ein Leiterplattensymbol für die Leiterplattenunterseite an.
- Richten Sie den Footprint auf 0° aus.
- Hängen Sie an den Namen eine Kennung an, die das Leiterplattensymbol eindeutig für die Leiterplattenunterseite identifiziert.
  Beispiel: SOIC127P100x25-8N-B mit einem „-B“ als Kennzeichnung.
- Verknüpfen Sie dieses Leiterplattensymbol mit den entsprechenden Bauteilen.
- Legen Sie mit „Design - Rooms - Place Rectangular Room“ einen Room auf der Leiterplattenunterseite an.
- Öffnen Sie die Eigenschaften des Rooms.
- Stellen Sie als Lage „Bottom Layer“ und ändern Sie die zweite Einstellung auf „Keep Objects Outside“.
- Löschen Sie den aktuellen Gültigkeitsbereich.
- Tragen Sie dann folgendes ein:
  isComponent AND OnLayer('Bottom Layer') AND (Rotation Between 1 AND 359) AND HasFootprint('-B')*
  Falls der Footprint statt auf 0° auf 90° ausgerichtet ist, muss der Rotations Term angepasst werden: ((Rotation Between 0 AND 89) OR (Rotation Between 91 AND 360))
- Wenn Sie jetzt die Komponente auf die Leiterplattenunterseite platzieren und die Ausrichtung entspricht nicht der Regel, dann färbt sich die Komponente grün und zeigt damit eine Regelverletzung an.

Wirkungsbereich der Regeln

Nicht alle Regeln werden in jeder Situation angewendet. Die folgenden Tabellen geben einen Überblick über den Wirkungsbereich der einzelnen Regelkategorien.

Abkürzungen:
AR Autorouter
OD Online DRC, z.B. beim manuellen Routen
BD Batch DRC, bei „Tools – Design Rule Check“
PD Ausgabe Produktionsdaten

Kategorie: Electrical

Regeltyp	AR	OD	BD	PD	Sonstiges
Clearance	✔	✔	✔		Polygone
Short Circuit	✔	✔	✔		
Un-Routed Net			✔		
Un-Connected Pin		✔	✔		
Modified Polygon		✔	✔		
Creepage Distance		✔	✔		

Kategorie: Routing

Regeltyp	AR	OD	BD	PD	Sonstiges
Width	✔	✔	✔		Autorouter verwendet den „preferred“ Wert
Routing Topology	✔				
Routing Priority	✔				
Routing Layers	✔	✔	✔		
Routing Corners					Externer Autorouter

Regeltyp	AR	OD	BD	PD	Sonstiges
Routing Via Style	✔	✔	✔		Autorouter verwendet den „preferred“ Wert
Fanout Control	✔	✔			
Differential Pairs Routing	✔	✔	✔		

Kategorie: SMT

Regeltyp	AR	OD	BD	PD	Sonstiges
SMD to Corner		✔	✔		
SMD to Plane		✔	✔		
SMD Neck-Down		✔	✔		
SMD Entry		✔	✔		

Kategorie: Mask

Regeltyp	AR	OD	BD	PD	Sonstiges
Solder Mask Expansion				✔	
Paste Mask Expansion				✔	

Kategorie: Plane

Regeltyp	AR	OD	BD	PD	Sonstiges
Power Plane Connect Style				✔	

Die Clearance Matrix

In der Ansicht „Clearances“ können Sie die Abstands- und Kriechstreckenregeln zwischen Netzklassen als Matrix definieren.

Gültigkeitsbereich hinzufügen

- Öffnen Sie im Leiterplattendokument den Contraint Manager mit „Design – Contraint Manager…“
- Aktivieren Sie die Ansicht „Clearances“.
- Ein Klick auf „+Add“ oder ein Rechtsklick öffnet ein Kontextmenü. Wählen Sie dort „Add“

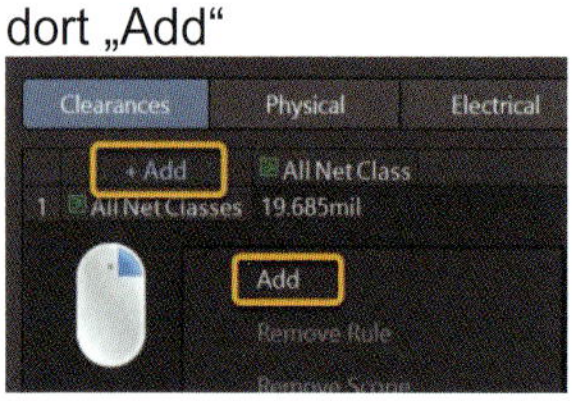

- Es öffnet sich der „Add Net Class“ Dialog.
- Wählen Sie aus der Liste eine oder mehrere Netzklassen aus.

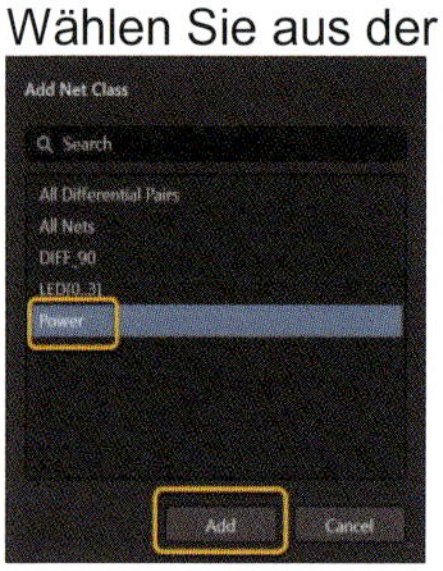

- Beenden Sie den Dialog mit einem Klick auf „Add“.
- Die gewählte Netzklasse wird der Matrix hinzugefügt.
- Um einen Abstand festzulegen klicken Sie in ein Matrixfeld ①. Im Bild z.B. der Abstand für die Netzklasse Power gegen die AllNet Class.

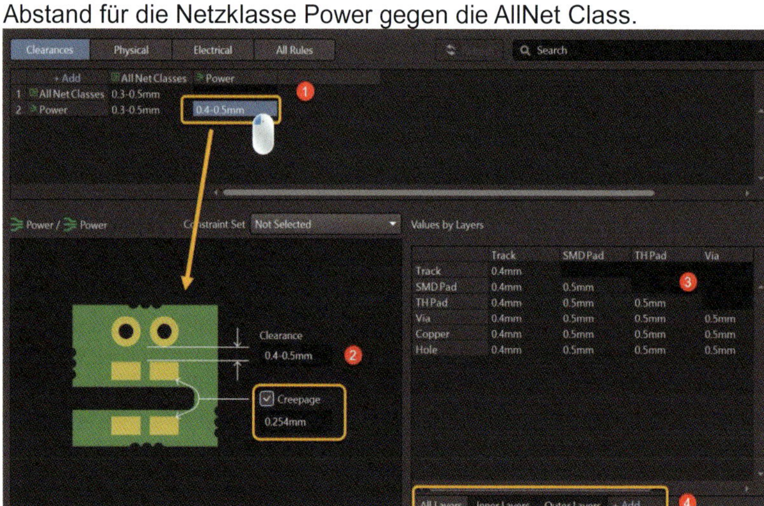

- Im unteren Bereich öffnen sich die Einstellungen.
- Im Bereich ② können Sie einen generellen Abstand und die Kriechstrecke (Creepage) festlegen. Im Bereich ③ können Sie die Abstände zwischen den einzelnen Objekten detailliert festlegen.
- Wenn Sie auf den Spalten- oder Zeilenkopf klicken wird die ganze Spalte oder Zeile selektiert. Geben Sie jetzt **direkt** einen Wert ein, um die gesamte Spalte oder Zeile auf diesen Wert zu setzen. Ein Klick in Feld hebt die Selektion auf und Sie ändern nur den Wert für dieses Feld!
- Im Bereich ④ legen Sie Abstände bei Bedarf lagenspezifisch fest.
- Ein Klick auf „+Add" erlaubt Ihnen, zusätzlich zu den vordefinierten „All Layers", „Inner Layers" und „Outer Layers", spezifische Lagen auszuwählen.
- Wenn Sie unterschiedliche Abstände eintragen, dann wird der resultierende Bereich in der Matrix angezeigt.

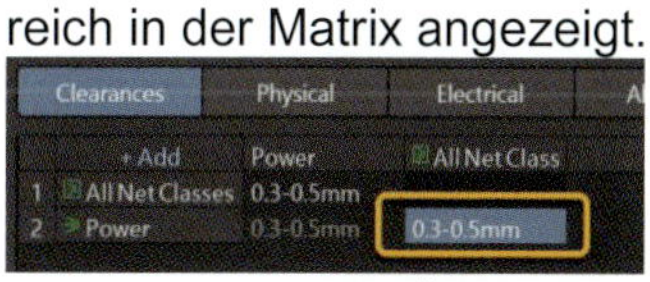

- Speichern Sie die Änderungen mit Strg – S in das Leiterplattendokument.
- Erst nach diesem Speichern wird die Matrix korrekt angezeigt.

- Abschließend müssen Sie die Änderungen mit „Design – Update Schematics in <ProjectName>.PcbPrj" und einer Engineering Change Order in den Schaltplan übertragen.

Hinweis:
Nach dem Hinzufügen einer Netzklasse gibt es in der Matrix zwei Felder: „All Net Classes" – „neue Netzklasse" und „neue Netzklasse" – „All Net Classes". Obwohl diese Felder gleich sein sollten, können unterschiedliche Werte eingetragen werden. Erst nach dem Speichern der Einstellungen wird die Matrix korrekt angezeigt.

Gültigkeitsbereich und Regeln entfernen

- Öffnen Sie im Leiterplattendokument den Contraint Manager mit „Design – Contraint Manager..."
- Aktivieren Sie die Ansicht „Clearances".
- Klicken Sie mit der rechten Maustaste auf ein Feld der Matrix.
- Im Kontextmenü können Sie mit „Remove Scope" die Netzklasse entfernen. Soll nur ein Feld zurückgesetzt werden, dann klicken Sie auf „Remove Rule".

- Speichern Sie die Änderungen mit Strg – S in das Leiterplattendokument.
- Abschließend müssen Sie die Änderungen mit „Design – Update Schematics in <ProjectName>.PcbPrj" und einer Engineering Change Order in den Schaltplan übertragen.
- Schließen Sie den Constraint Manager.

Regeln bearbeiten

- Öffnen Sie im Schaltplan oder dem Leiterplattendokument den Contraint Manager mit „Design – Contraint Manager…“
- Aktivieren Sie die Ansicht „Physical“ oder „Electrical“.
- Klicken Sie auf eine Regel die Sie ändern wollen.
- Im unteren Bereich öffnen sich die zugehörigen Regeleigenschaften.

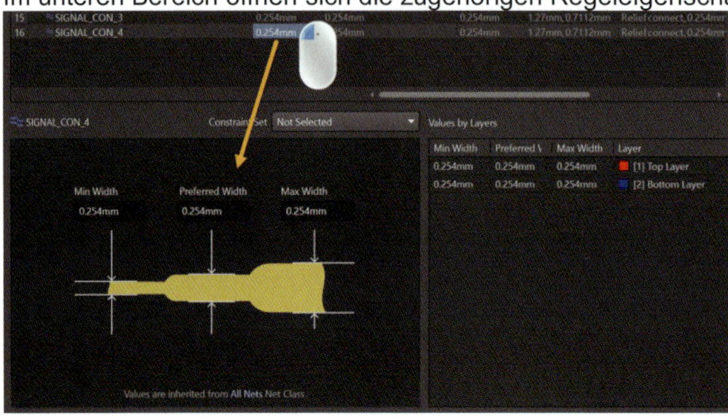

- Passen Sie hier die gewünschten Werte an.
- Speichern Sie die Änderungen mit Strg – S.
- Abschließend müssen Sie die Änderungen mit „Design – Update Schematics in <ProjectName>.PcbPrj“ bzw. „Design – Update PCB Document <Dateiname>.PcbDoc“ und einer Engineering Change Order auf die Leiterplatte oder in den Schaltplan übertragen.
- Schließen Sie den Constraint Manager.

Advanced Regeln definieren

- Öffnen Sie im Leiterplattendokument den Contraint Manager mit „Design – Contraint Manager…“
- Aktivieren Sie die Ansicht „All Rules“ ①.
- Im Bereich ② werden die Regelklassen und definierten Regeln angezeigt. Im Bereich ③ finden Sie die Basic Rules, die über die Tabellenansichten des Constraint Managers definiert wurden.

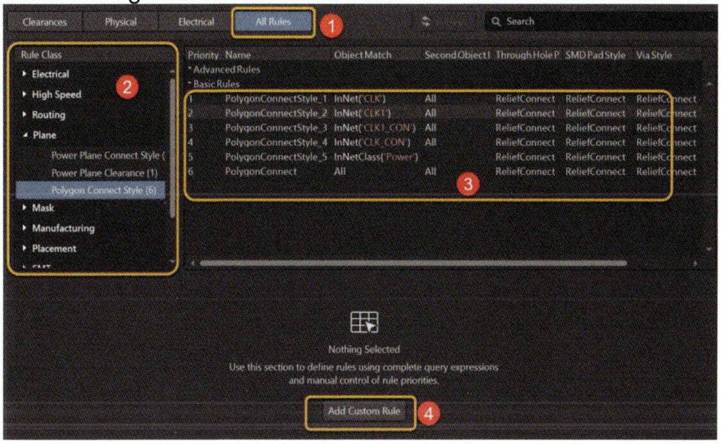

- Mit einem Klick auf „Add Custom Rule“ ④ fügen Sie eine Advanced Regel hinzu.
- Die Advanced Regeln haben immer die höchste Priorität. Innerhalb der Advanced Regeln können Sie in der Spalte „Priority“ die gewünschte Priorität festlegen.
- Im Bereich ① können Sie den Gültigkeitsbereich definieren und im Bereich ② die Werte festlegen.

- Mit einem Klick auf die drei Punkte im „Where the Object Matches“ Bereich können Sie den Gültigkeitsbereich in die Scope Library exportieren oder von dort importieren.

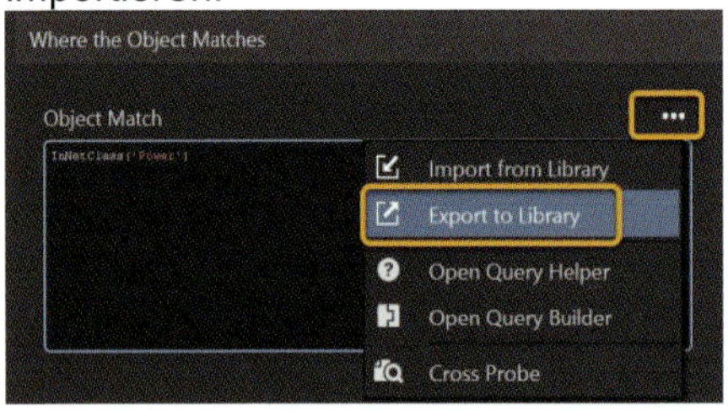

- Beim Export öffnet sich das Scopes Library Panel.
- Mit „Update“ können Sie den Gültigkeitsbereich übernehmen.

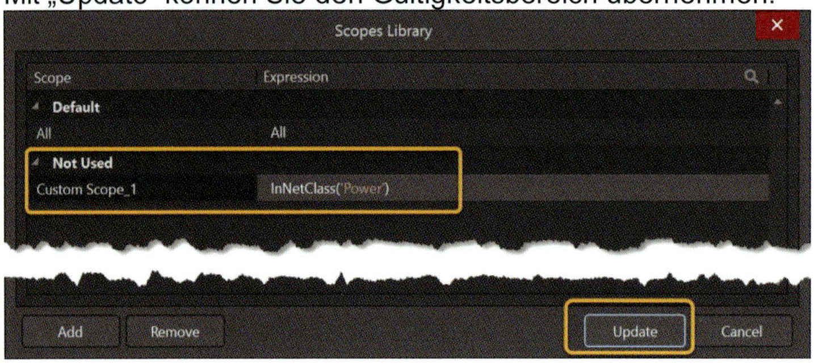

- Weitere Informationen zur „Scopes Library“ finden Sie im Kapitel „Leiterplattenregeln festlegen“ (S.321).

Cross Probing

Im Constraint Manager können Sie ein Cross Probing zu den jeweiligen Objekten durchführen. Wenn Sie den Constraint Manager im Schaltplan öffnen erfolgt das Cross Probing zu den Objekten im Schaltplan. Entsprechend erfolgt das Cross Probing im Leiterplattendokument zu den Objekten auf der Leiterplatte. Das Verhalten beim Cross Probing wird im Properties Panel im Bereich „Cross Probe View Settings“ festgelegt.

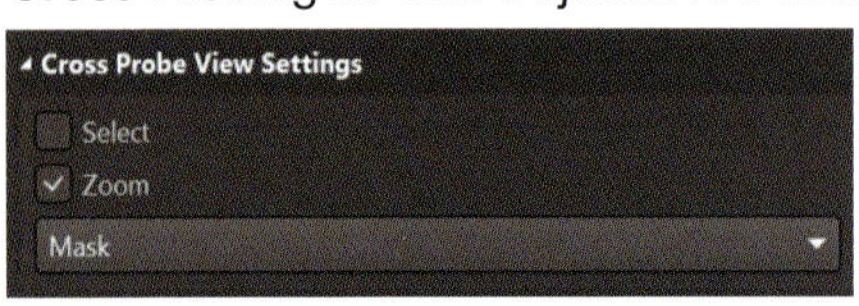

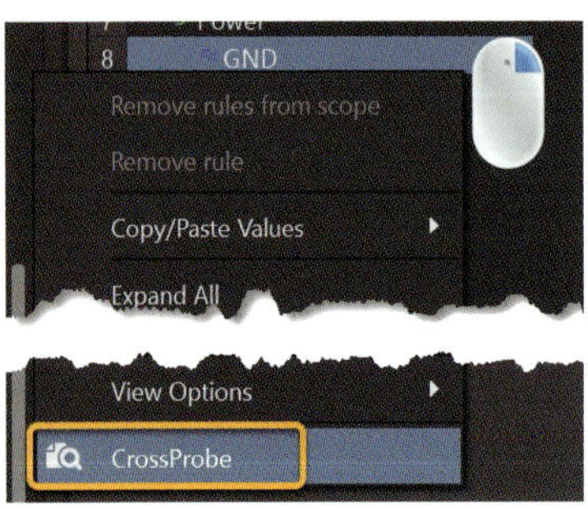

Auf den Ansichten „Clearances“, „Physical“ und „Electrical“ können Sie mit der rechten Maustaste auf ein Objekt klicken. Im Kontextmenü wählen Sie dann „Cross Probe“. Das entsprechende Objekt wird dann im entsprechenden Dokument angezeigt.

Constraint Sets definieren

- Öffnen Sie im Schaltplan oder dem Leiterplattendokument den Contraint Manager mit „Design – Contraint Manager…“
- Aktivieren Sie die Ansicht „Physical“ oder „Electrical“.
- Klicken Sie mit der rechten Maustaste in die Zeile, die Sie als Constraint Set speichern wollen.
- Wählen Sie im Kontextmenü „Save as Constraint Set“

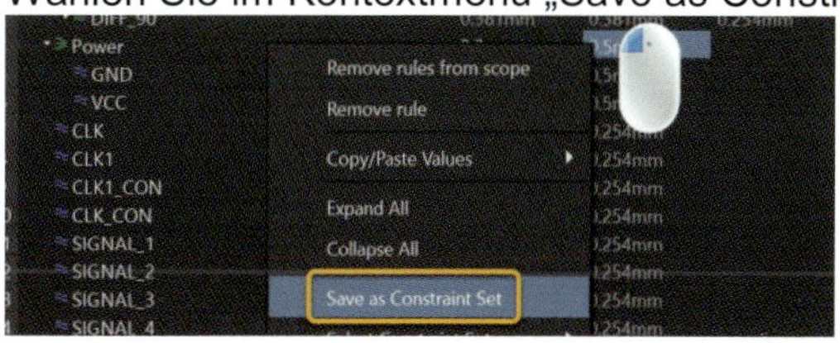

- Es öffnet sich der „New Constraint Set“ Dialog.
- Vergeben Sie einen eindeutigen Namen und klicken Sie dann auf „Create“. Wenn der Name nicht eindeutig ist, dann ist die Schaltfläche „Create“ inaktiv.

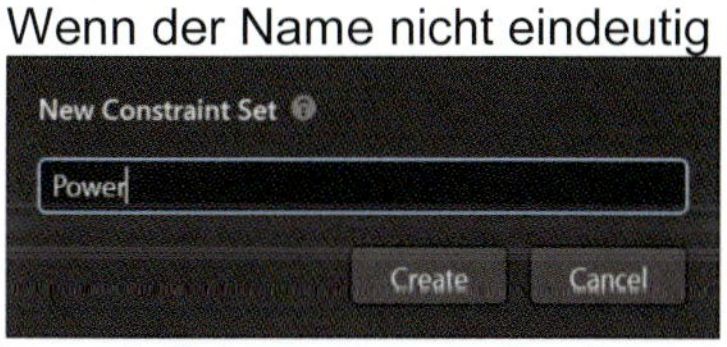

- Das definierte Constraint Set wird jetzt im Properties Panel angezeigt.

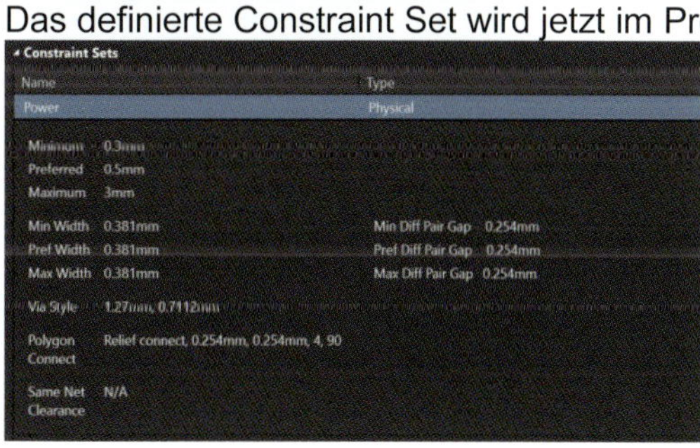

Constraint Sets zuweisen

- Öffnen Sie im Schaltplan oder dem Leiterplattendokument den Contraint Manager mit „Design – Contraint Manager…“
- Aktivieren Sie die Ansicht „Physical“ oder „Electrical“.
- Klicken Sie mit der rechten Maustaste in die Zeile, der Sie ein Constraint Set zuweisen wollen.
- Im Kontextmenü wählen Sie „Select Constraint Set“ und aus der Liste dann das gewünschte Constraint Set.

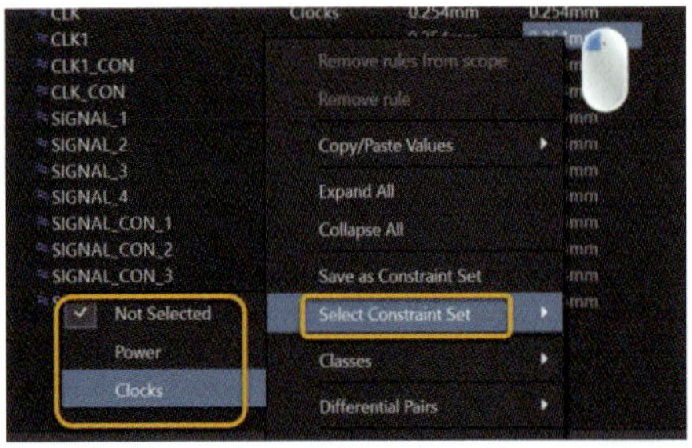

- Alternativ können Sie das Constraint Set auch direkt in der Spalte „Constraint Set" auswählen.

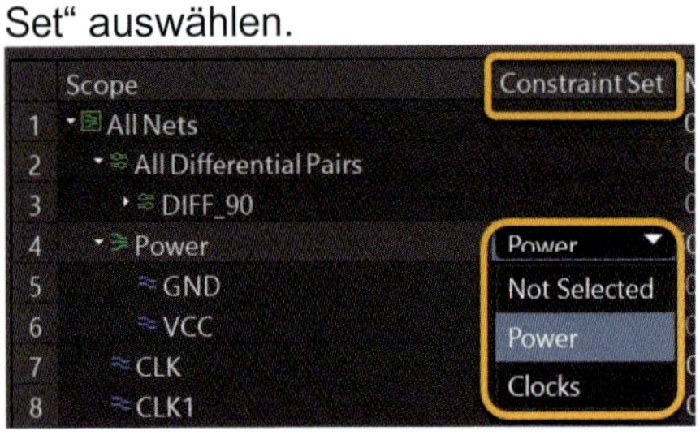

Constraint Sets bearbeiten

- Öffnen Sie im Schaltplan oder dem Leiterplattendokument den Contraint Manager mit „Design – Contraint Manager…"
- Aktivieren Sie die Ansicht „Physical" oder „Electrical".
- Klicken Sie in eine Zeile, der ein Constraint Set zugeweisen ist.
- Das Constraint Set wird im unteren Bereich angezeigt.
- Über das Stiftsymbol können Sie das Constraint Set bearbeiten.

- Ein Klick auf das Stiftsymbol blendet die Schaltflächen „Save" und „Cancel" ein. Gleichzeitig wird man gewarnt, dass die Änderungen alle Regeln betreffen, die auf diesem Constraint Set beruhen.

- Nach den Änderungen klicken Sie auf „Save".

Schaltplandirektiven importieren

Ab der Version 24.3 können Schaltplandirektiven zur Definition von Regeln, Netzklassen, Differentiellen Leitungspaaren und deren Klassen in den Constraint Manager importiert werden. Falls solche Definitionen bereits im Constraint Manager existieren, dann haben diese Priorität.
In den erweiterten Präferenzen (S.10) muss „ConstraintManager.ImportFromDirectives“ aktiviert sein.

- Öffnen Sie im Schaltplan den Contraint Manager mit „Design – Contraint Manager…“
- Aktivieren Sie die Ansicht „Physical“ oder „Electrical“.
- Regeln, für die eine Schaltplandirektive existiert die noch nicht importiert wurde werden mit einer orangefarbenen Linie markiert.

- Klicken Sie mit der rechten Maustaste in die Tabelle.
- Es öffnet sich ein Kontextmenü.
- Wählen Sie dort „Import from Directives“.

- Die importierte Regel wird mit einer grünen Linie markiert.

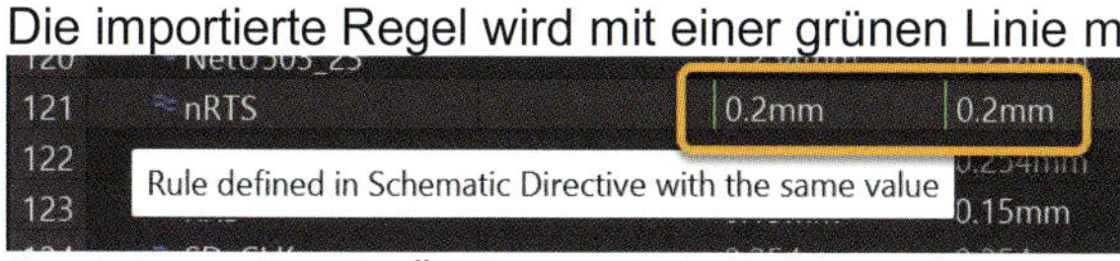

- Speichern Sie die Änderungen mit Strg – S.
- Abschließend müssen Sie die Änderungen mit „„Design – Update PCB Document <Dateiname>.PcbDoc“ und einer Engineering Change Order auf die Leiterplatte übertragen.
- Schließen Sie den Constraint Manager.
- Wenn Sie den Constraint Manager nicht schließen, müssen Sie jeweils die „Refresh“ Schaltfläche anklicken um ihn mit dem Schaltplan zu synchronisieren!
- Nach dem Import kann die Schaltplandirektive nicht mehr geändert werden.

ALTIUM DESIGNER®

BAUTEILE AUF DER LEITERPLATTE PLATZIEREN

Nach dem Übergang vom Schaltplan zur Leiterplatte werden alle Bauteile rechts von der Leiterplatte angeordnet. Wenn die Rooms nicht abgeschaltet sind, werden die Bauteile pro Schaltplanseite in einem Room zusammengefasst.

Folgende Möglichkeiten stehen für die Platzierung zur Verfügung:

- Manuell
- Mit dem Befehl „**M**ove - **C**omponents"
- Aus dem PCB Panel Bereich „Components – <Outside Board Components>" auf die Leiterplatte ziehen.
- Bauteil im Schaltplan selektieren und direkt auf der Leiterplatte platzieren.
- Bauteile im Schaltplan selektieren und dann auf der Leiterplatte in der Selektionsreihenfolge platzieren

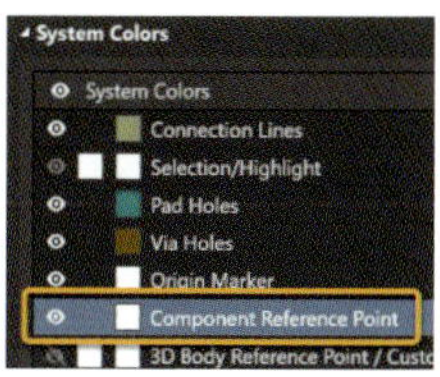

Bevor Sie mit dem Platzieren beginnen, sollten Sie im View Configurations Panel (Tastenkürzel L) auf dem „Layers & Colors" Reiter im Bereich „System Colors" den Referenzpunkt der Bauteile sichtbar machen.

Bauteile manuell platzieren

Wenn Sie ein Bauteil manuell platzieren wollen, springt der Mauszeiger automatisch auf den nächstgelegenen Anschlusspunkt. Will man das Bauteil am Referenzpunkt anfassen, dann muss man unter „Preferences – PCB Editor – General – Editing Options" bei „Smart Component Snap" den Haken entfernen.

Wenn das Bauteil am Mauszeiger hängt, bewegen Sie es mit gedrückter linker Maustaste zur gewünschten Stelle und setzen es dort ab. Während das Bauteil bewegt wird, können Sie die Darstellung der Verbindungslinien („Gummibänder" oder „Luftleitungen") durch wiederholtes Drücken der Taste „N" zu ändern. Näheres finden Sie im Kapitel „Routing – Verbindungslinien" (S.365).
Speziell wenn Sie sehr viele Bauteile auf einer Schaltplanseite haben, werden diese auf der Leiterplatte zunächst sehr weit nach rechts abgelegt. Es ist dann aufwendig jedes Bauteil manuell auf die Leiterplatte zu holen. Besser sind dann die nachfolgend beschriebenen Methoden.

Bauteile mit Move - Components platzieren

- Starten Sie den Befehl „**M**ove - **C**omponents“ (M - C)
- Klicken Sie in einen Bereich der Leiterplatte wo sich noch keine Bauteile befinden.
- Es öffnet sich ein Auswahldialog mit allen verfügbaren Bauteilen.

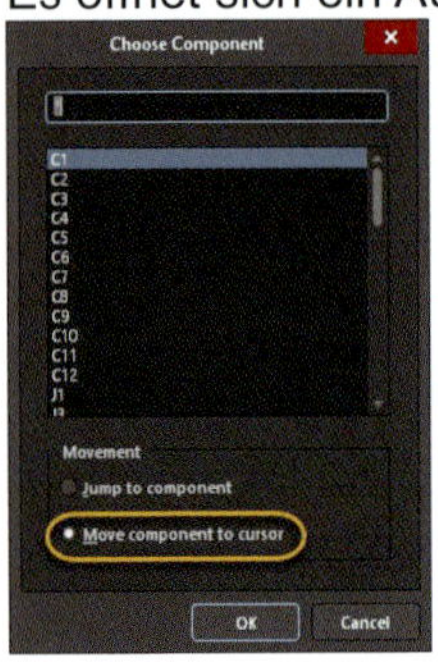

- Die erste Zeile des Dialogs wirkt als Filter. Wenn Sie hier z.B. ‘C’ eintippen, werden nur noch die Bauteile deren Referenzbezeichner mit ‘C’ beginnen angezeigt. Durch Eingabe von „R176“ wird genau dieses Bauteil in der Liste angezeigt.
- Selektieren Sie in der Liste das gewünschte Bauteil.
- Wählen Sie im Feld „Movement“ die Option „Move component to cursor“. Beim Klick auf „OK“, wird der Dialog geschlossen und das ausgewählte Bauteil hängt am Mauszeiger.
  Bei der Auswahl von „Jump to component“ bewegt sich der Mauszeiger zum entsprechenden Bauteil.
- Während das Bauteil bewegt wird, können Sie die Darstellung der Verbindungslinien („Gummibänder“ oder „Luftleitungen“) durch wiederholtes Drücken der Taste „N“ zu ändern. Näheres finden Sie im Kapitel „Routing – Verbindungslinien“ (S.365).
- Platzieren Sie das Bauteil.
- Der Befehl bleibt aktiv und Sie können für das nächste Bauteil wieder in den leeren Bereich klicken.
  Wollen Sie den Befehl beenden drücken Sie auf die ESC-Taste oder die rechte Maustaste.

Sie können auch direkt auf ein Bauteil klicken. Dieses hängt dann an der Maus und kann bewegt werden ohne dass man die linke Maustaste gedrückt halten muss. Mit dem Befehl „**J**ump - New **L**ocation“ können Sie das Bauteil dann an einer bestimmten Position platzieren.

Bauteile aus dem PCB Panel platzieren

- Falls nicht sichtbar öffnen Sie das PCB Panel über die Schaltfläche „Panels“ rechts unten.
- Entfernen Sie das Häkchen bei „Zoom“.
- Wählen Sie im PCB Panel oben aus der Liste „Components“ und im ersten Unterpanel <Outside Board Components>. Im zweiten Unterpanel sehen Sie eine Liste mit allen Bauteilen, die noch nicht auf der Leiterplatte platziert sind.

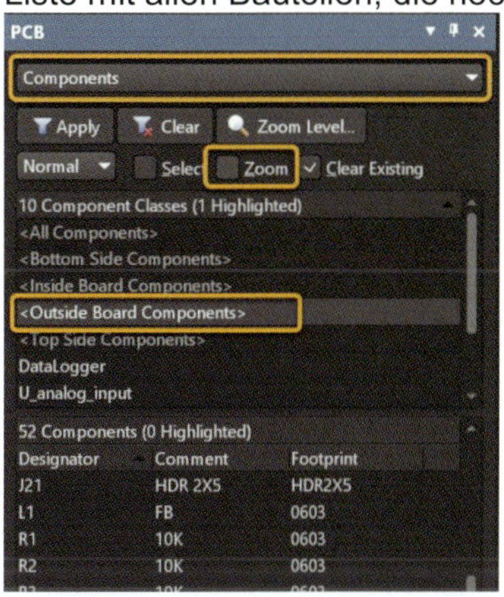

- Ziehen Sie das gewünschte Bauteil mit gedrückter linker Maustaste auf die Leiterplatte.

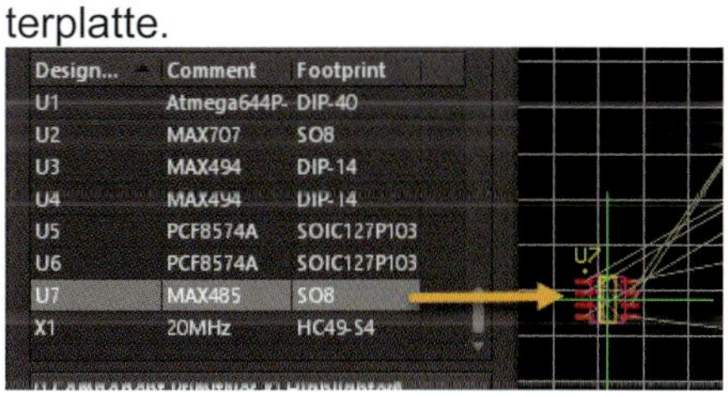

Bauteile direkt aus dem Schaltplan platzieren

Sie können Bauteile direkt aus dem Schaltplan auf die Leiterplatte platzieren.

- Öffnen Sie in den Präferenzen den Bereich „System – Navigation“.
- Setzen Sie im Bereich „Cross Select Mode“ ein Häkchen bei „Cross Selection“, „Reposition selected component in PCB“ und „Focus document containing selection if visible“.

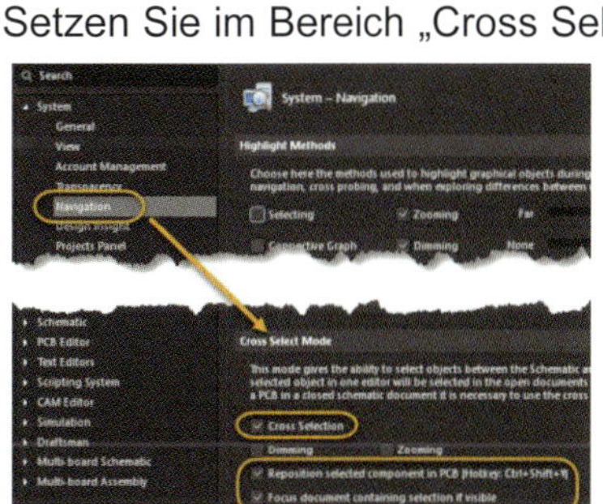

- Schließen Sie die Präferenzen.
- Öffnen Sie das Leiterplattendokument und alle notwendigen Schaltplandokumente.
- Klicken Sie mit der rechten Maustaste auf den Dokumentenreiter und wählen Sie dort „Split vertical“.
- Sortieren Sie die beiden Teilfenster so, dass sich in einer Hälfte die Leiterplatte befindet.
- Selektieren Sie im Schaltplan ein Bauteil und bewegen Sie die Maus in das Leiterplattendokument. Dort hängt jetzt das zugehörige Leiterplattensymbol an der Maus. Platzieren Sie das Leiterplattensymbol.

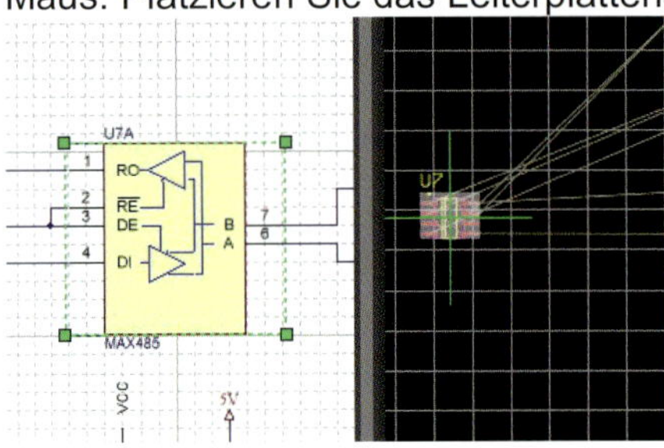

- Um das nächste Bauteil aus dem Schaltplan zu holen, klicken Sie zunächst in den Schaltplan und dann auf das gewünschte Bauteil.
- Wenn Sie mit dem Platzieren fertig sind, dann müssen Sie die oben gezeigten Einstellungen deaktivieren. Dies gilt speziell für „Reposition selected component in PCB“. Anderenfalls können Sie bereits platzierte Bauteile auf der Leiterplatte versehentlich verschieben, wenn Sie diese im Schaltplan selektieren.

Bauteile im Schaltplan in bestimmter Reihenfolge selektieren

- Heben Sie mit Umschalten-C alle bestehenden Selektionen auf der Leiterplatte auf.
- Öffnen Sie den gewünschten Schaltplan.
- Prüfen Sie unter „Tools“, ob der „Cross Select Mode“ aktiviert ist.

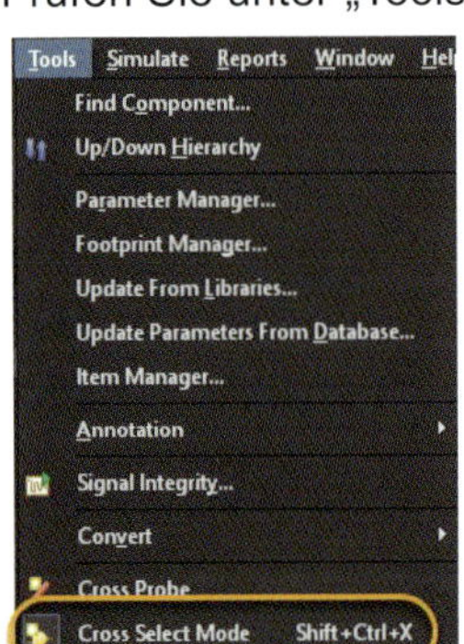

Falls um das Symbol **kein** blauer Rahmen ist, klicken Sie auf den Eintrag „Cross Select Mode“. Alternativ können Sie auch das Tastenkürzel Umschalten-Strg-X verwenden.

- Selektieren Sie die Bauteile in der gewünschten Reihenfolge.
  Achten Sie darauf, dass die Bauteile komplett selektiert sind (grüner oder blauer Selektionsrahmen).

- Wechseln Sie zur Leiterplatte. Dort müssen die Bauteile jetzt selektiert sein.
- Starten Sie den Platzierungsbefehl mit „**T***ools - C***o***mponent Placement - Reposition Selected* **C***omponents*" oder mit dem Tastenkürzel „T - O - C".

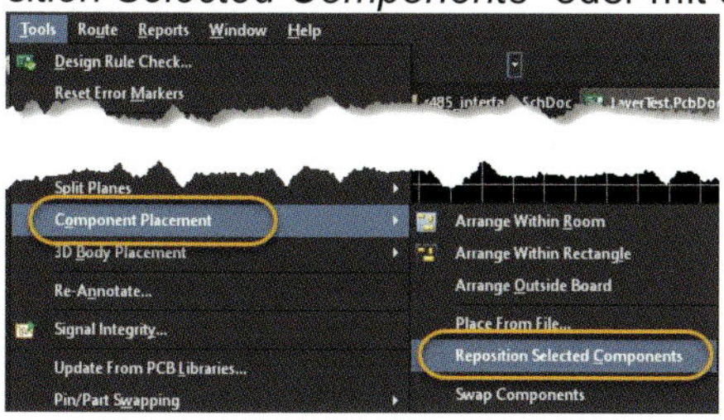

- Das zuerst selektierte Bauteil befindet sich jetzt am Mauszeiger.
- Platzieren Sie das Bauteil.
- Jetzt hängt das nächste Bauteil am Mauszeiger.
- Platzieren Sie auf diese Weise alle selektierten Bauteile.
- Nach dem letzten Bauteil wird der Befehl automatisch beendet.
- Heben Sie die Selektion mit Umschalten-C auf.
- Sie können jetzt einen Schaltplan öffnen und weitere Bauteilgruppen platzieren.

Smart Component Placement

Das „Smart Component Placement" unterstützt Sie beim manuellen Platzieren von Bauteilen. Im Wesentlichen wirkt die Unterstützung in drei Bereichen:

1. Ausrichten von Bauteilen
2. Platzierungsmodi
3. Vertauschen der Position von Bauteilen

Ausrichten von Bauteile

Verschiebt man ein Bauteil, kann man durch Drücken der Strg Taste eine Hilfslinie einblenden, die zeigt, wann das Bauteil an der Maus mit bereits platzierten Bauteilen ausgerichtet ist.
Drückt man stattdessen die Umschalt Taste wird eine Hilfslinien eingeblendet, wenn eine Anschlußfläche des Bauteils an der Maus mit einer Anschlußfläche eines bereits platzierten Bauteils ausgerichtet ist.

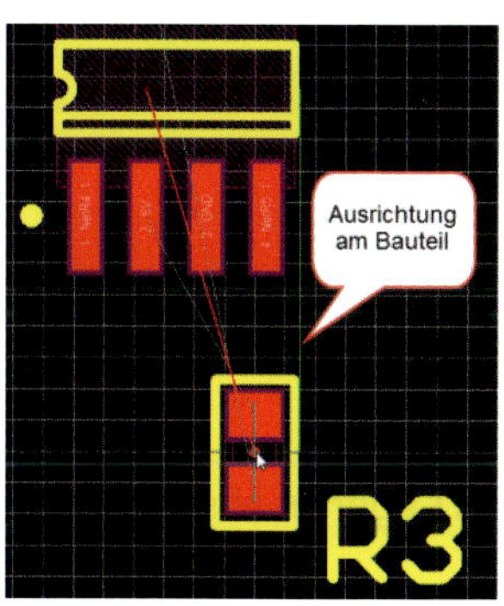

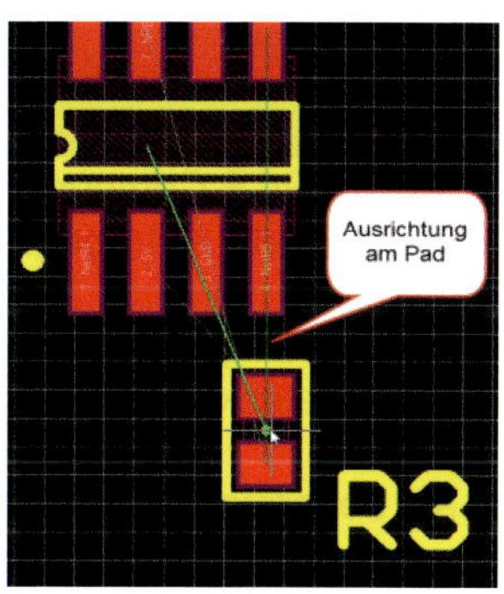

Bauteile mit angeschlossenem Kupfer verschieben

Sie können Bauteile mit angeschlossenem Kupfer verschieben. Nach dem Verschieben wird das Kupfer automatisch neu verlegt.

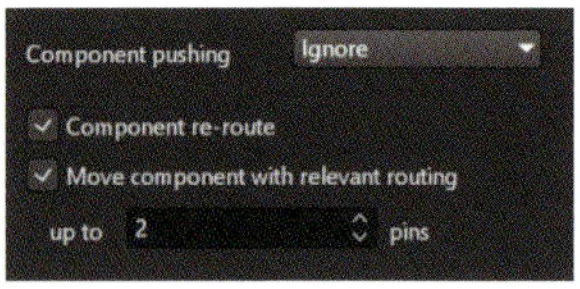

Prüfen Sie zunächst in den Präferenzen unter „PCB Editor – Interactive Routing“ die Einstellungen. Im Bereich „Dragging“ finden Sie die Einstellungen „Component re-route“ und „Move component with relevant routing“.
Ein Häkchen bei „Move component with relevant routing“ verschiebt automatisch angeschlossene Vias mit zugehörigen Leiterbahnen zusammen mit dem Bauteil. Da es sich hier um einen rechenintensiven Vorgang handelt, kann es über „up to xxxx pins“ eingeschränkt werden.
Das Verschieben funktioniert nur, wenn das Bauteil vor dem Verschieben nicht markiert wurde.

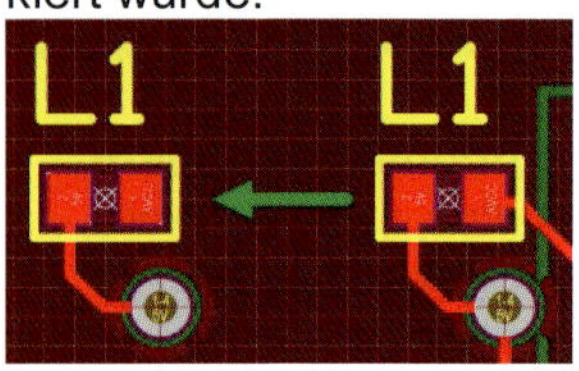

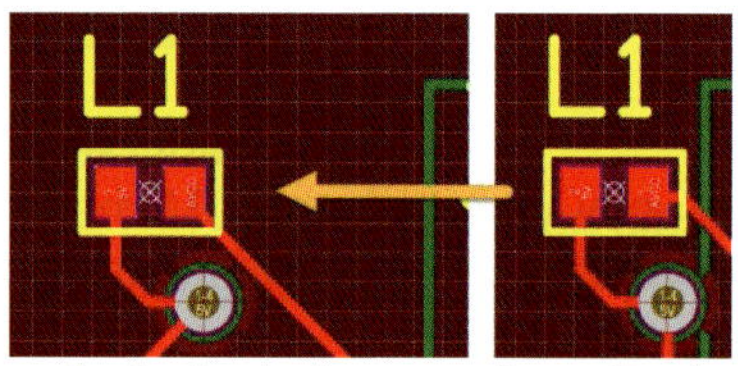

Wenn nach dem Verschieben die Leiterbahnen automatisch angeschlossen werden sollen, dann setzen Sie bei „Component re-route“ ein Häkchen.

Die „Component re-route“ Option kann mit „Umschalten – R“ während man das Bauteil bewegt ein- und ausgeschaltet werden. Der aktuelle Zustand wird im Statusbar angezeigt.

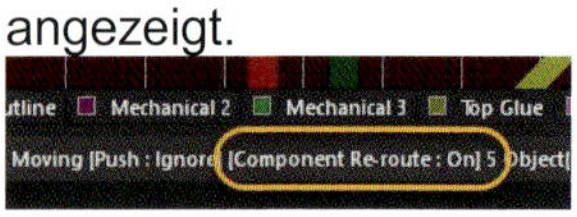

ALTIUM DESIGNER®

ROUTING – DAS VERLEGEN VON LEITERBAHNEN

Der Altium Designer® bietet Ihnen folgende Möglichkeiten zum Verlegen von Leiterbahnen:

- Interaktives Verlegen von Leiterbahnen.
- Interaktives Verlegen von differentiellen Leiterbahnpaaren.
- Schnelles interaktives Verlegen von Leiterbahnen. (eingeschränkte Einstellungen und Möglichkeiten zum schnellen Verlegen von Leiterbahnen bei einfachen Designs)
- Schnelles interaktives Verlegen von differentiellen Leiterbahnpaaren. (eingeschränkte Einstellungen und Möglichkeiten zum schnellen Verlegen von differentiellen Leiterbahnpaaren bei einfachen Designs)
- Interaktives Verlegen von mehreren Leiterbahnen gleichzeitig.
- ActiveRoute® zum automatischen Verlegen von Leiterbahnen.
- Verwendung des Auto-Routers.

Diese Befehle können Sie über den Menüpunkt „Route“ starten.

Bereits verlegte Leiterbahnen und Durchkontaktierungen können auch nachträglich noch bearbeitet werden.

Dynamische Anzeige der Abstandsregeln

Die wirksamen Abstandsregeln können beim interaktiven Verlegen von Leiterbahnen angezeigt werden. Diese Funktion kann in den Präferenzen aktiviert werden. Gehen Sie dazu in die PCB Präferenzen (T – P) in den Bereich „Interactive Routing Options“. Dort gibt es die beiden neuen Einträge „Display Clearance Boundaries“ und „Reduce Clearance Display Area“. Mit „Display Clearance Boundaries“ wird die Funktion ein- bzw ausgeschaltet. Die Sperrbereiche werden auf der ganzen Leiterplatte angezeigt. Aktiviert man zusätzlich „Reduce Clearance Display Area“ wird um den Mauszeiger ein Kreis eingeblendet. Die Sperrbereiche werden jetzt nur noch in diesem Kreis angezeigt.

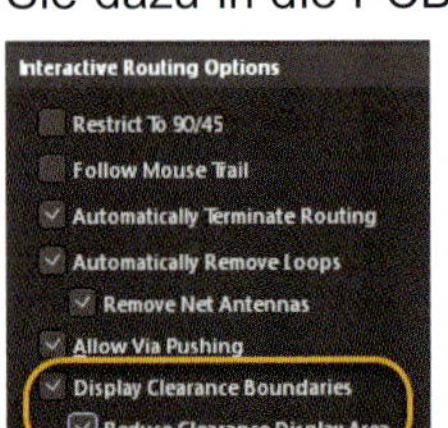

Mit der Tastenkombination Strg-W kann die Funktion ein- bzw. ausgeschaltet werden. Die gesperrten Bereiche werden dann grau dargestellt. Der Vorteil dieser Funktion ist, dass man direkt sieht wo man noch Leiterbahnen verlegen kann und wo kein Platz mehr ist

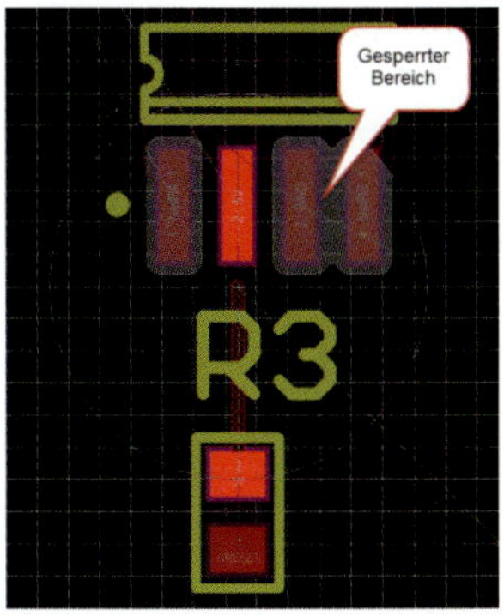

Vorlagen für Durchkontaktierungen

In der Version 15.1 wurde das Arbeiten mit Durchkontaktierungen grundlegend geändert. Bis dahin konnten die Eigenschaften der Durchkontaktierungen während dem Verlegen von Leiterbahnen beliebig verändert werden. Mit den Werten „min", „preferred" und „max" aus der Via Style Regel und dem „User Choice" über Umschalten-V standen 4 verschiedene Via Größen zur Verfügung. Mit den neuen Vorlagenbibliotheken für Durchkontaktierungen hängt das Verhalten davon ab, was in der „Routing Via Style" Regel eingestellt wurde. Mit der Einstellung „Min/Max preferred" können mit Umschalten-V nur noch Durchkontaktierungen ausgewählt werden die entweder in Vorlagenbibliotheken definiert wurden oder manuell zuvor über „Place – Via" platziert wurden. Mit der Einstellung „Template preferred" können alle dort freigegebenen Durchkontaktierungen verwendet werden.
Am einfachsten definiert man sich, bevor man mit dem Verlegen von Leiterbahnen beginnt, einen Satz von Durchkontaktierungen mit denen man plant zu arbeiten. Eine Anleitung finden Sie im Kapitel „Das Arbeiten mit dem Pads und Vias Templates Panel" (S.195).

Verbindungslinien

Alle Netze werden zunächst als dünne Verbindungslinien („Gummibänder" oder „Luftleitungen") zwischen den Anschlüssen der Bauteile dargestellt. In der Standardeinstellung stellen diese Verbindungslinien die kürzeste Verbindung zwischen zwei Anschlusspunkten her.

Dieses Verhalten lässt sich in den Regeln in der Kategorie „Routing" mit dem Regeltyp „Routing Topology" ändern.

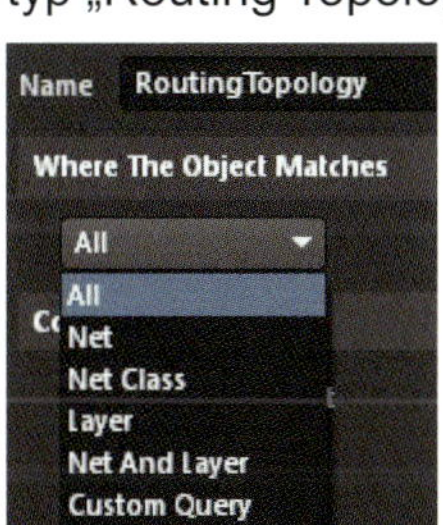

Die Verbindungslinien heißen in der Altium Designer® Terminologie „Connections“ und können ein- und ausgeblendet werden. Wenn man bei ausgeblendeten Verbindungslinien ein Bauteil mit der Maus anfasst, werden alle Verbindungslinien an diesem Bauteil temporär eingeblendet.

- **Verbindungslinien einblenden:**
  Alle: **N** - **S**how Connections - **A**ll
  Ein Netz: **N** - **S**how Connections - **N**et
  An einem Bauteil: **N** - **S**how Connections - **O**n Component
- **Verbindungslinien ausblenden:**
  Alle: **N** - **H**ide Connections - **A**ll
  Ein Netz: **N** - **H**ide Connections - **N**et
  An einem Bauteil: **N** - **H**ide Connections - **O**n Component

Wenn Sie ein Bauteilen mit der Maus verschieben, können Sie ab der Version 19 die Darstellung der Verbindungslinien mit der Taste ‚N‘ umschalten. Insgesamt stehen drei Optionen zur Verfügung:

1. Die Verbindungslinien werden ausgeblendet („Hidden“).
2. Die Verbindungslinien verlaufen von Bauteilanschluss zu Bauteilanschluss („Pad To Pad“).
3. Die Verbindungslinien verlaufen von Bauteilanschluss zur nächsten Leiterbahn („Breaks“).

Die aktuelle Option wird in der Statusleiste eingeblendet.

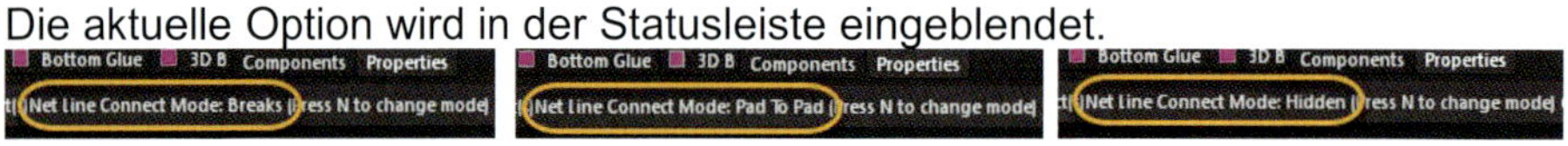

Präferenzen für das Verlegen von Leiterbahnen

Die Präferenzen für das Verlegen von Leiterbahnen finden Sie unter „PCB Editor - Interactive Routing“. Auf diese Einstellungen haben Sie direkt während des Verlegens der Leiterbahnen über das Tastenkürzel „O – T“ Zugriff. Viele dieser Eigenschaften erreichen Sie mit der Tabulatortaste im Properties Panel.
Im Bereich „Favorites“ können Sie die von Ihnen bevorzugten Leiterbahnbreiten eintragen. „Gloss Effort (Routed)“ und „Gloss Effort (Neighbor)“ sollten Sie auf „Strong“ stellen. Im Bereich „Routing Conflict Resolution“ können Sie einstellen, welche Konfliktauflösungsmodi Sie verwenden wollen. Die Modi mit einem Haken können Sie während dem Verlegen der Leiterbahnen mit Umschalten-R zyklisch auswählen.

Interaktives Verlegen der Leiterbahnen

Die wichtigsten Aktionen:

- **Lagenwechsel**
  Strg – L oder 0 … 10 auf der Zehnertastatur (ab Version 19)
  ‘+’ oder ’-’ Taste auf dem Ziffernblock
  Strg- Umschalten - Mausrad.

- **Letztes Segment entfernen**
  Rücktaste
- **Eigenschaften und Präferenzen**
  Tabulatortaste
- **Hilfe**
  F1 oder 'ö' Taste
- **Aktuelle Verbindung fertig verlegen**
  Strg – Linksklick
- **Zwischen den Verbindungsleitungen umschalten**
  '7' auf der normalen Tastatur
- **Zum gegenüberliegenden Anschlusspunkt wechseln**
  '9' auf der normalen Tastatur
- **Durchkontaktierung ohne Lagenwechsel**
  '2' auf der normalen Tastatur
- **Versorgungsspannung an Plane anschließen**
  Divisionstaste auf dem Ziffernblock
- **Lage an Durchkontaktierung wechseln**
  'L'
- **Leiterbahnbreite ändern**
  '3' auf der normalen Tastatur oder
  Umschalten - W
- **Durchkontaktierung ändern**
  '4' auf der normalen Tastatur oder
  Umschalten – V
- **Konfliktauflösungsmodus ändern**
  Umschalten – R

- Starten Sie den Befehl mit „Route – Interactive Routing " (U - T) oder Strg - W
- Sie können direkt auf eine Verbindungslinie oder einen Bauteileanschluss klicken.
- Klicken Sie auf eine Verbindungslinie, wird automatisch bis zum Mauszeiger eine Leiterbahn verlegt. Je nach Raster müssen Sie die Maus leicht hin und her bewegen.

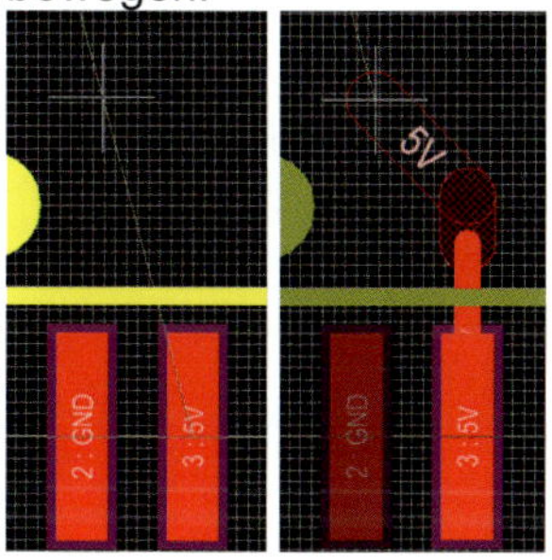

- Wenn Sie die Taste 'ö' oder Umschalten-F1 drücken wird eine Übersicht der aktuell verfügbaren Tastenkürzel eingeblendet.
- Mit der Tabulatortaste geht der Altium Designer® in den Pause Modus öffnet das Properties Panel für das interaktive Verlegen von Leiterbahnen. Hier finden Sie Informationen zur aktuellen Leiterbahnbreite und Durchkontaktierung. Weiterhin

haben Sie direkten Zugriff auf die wichtigsten Einstellungen, die sich normalerweise in den Präferenzen befinden.

- Wenn sich an einem Bauteileanschluss mehrere Verbindungslinien befinden können Sie mit dem Tastenkürzel '7' zwischen den einzelnen Verbindungslinien umschalten.
- Sie können jederzeit mit dem Tastenkürzel '9' zum gegenüberliegenden Anschlusspunkt wechseln und von dort aus die Leiterbahn weiter verlegen.
- Wenn Sie an einem durchkontaktierten Anschluss beginnen, können Sie mit dem Tastenkürzel 'L' die Lage wechseln und dann auf dieser Lage starten.
- Mit Umschalten-W öffnen Sie einen Dialog mit vordefinierten Leiterbahnbreiten. Sie können hier eine Leiterbahnbreite, im Rahmen der definierten Regeln, auswählen. Dieser Wert wird als „User Choice" bezeichnet.
- Mit Umschalten-V öffnen Sie einen Dialog mit vordefinierten Durchkontaktierungen. Sie können hier eine Durchkontaktierung, im Rahmen der definierten Regeln, auswählen. Dieser Wert wird als „User Choice" bzw. ab der Version 15.1 als „Default" bezeichnet.
- Die vordefinierten Leiterbahnbreiten können Sie in den Präferenzen unter „PCB Editor - Interactive Routing" (Tastenkürzel „O – T") an Ihre Bedürfnisse anpassen.
- Wenn Sie die Maus bewegen ist die Leiterbahn zunächst schraffiert. Ändern Sie mit der Maus die Richtung, erscheint ein weiteres Segment, welches nur als Umriss dargestellt wird. Dieses Segment wird als „Look-Ahead" Segment bezeichnet.
- Ein Linksklick platziert den schraffierten Teil der Leiterbahn und zeigt das Look-Ahead Segment schraffiert an. Ändern Sie mit der Maus die Richtung erscheint wieder ein neues Look-Ahead Segment. Dieses Look-Ahead Segment können Sie mit dem Tastenkürzel '1' ein- und ausschalten.

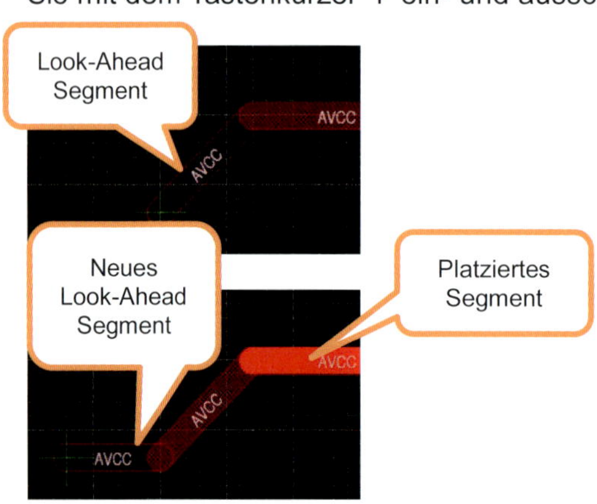

- Mit Umschalt-Leertaste können Sie den Eckenmodus festlegen.
  45°, 45° Bogen, 90°, 90° Bogen, Freiwinkel.
- Mit der Leertaste können Sie den sogenannten „Ellbogen" Modus umschalten.

- Bei den 90° Bögen können Sie mit '.' und ',' den Radius in 1mil Schritten vergrößern bzw. verkleinern. Halten Sie zusätzlich die Umschalttaste können Sie die Änderungen beschleunigen (10mil Schritte).
- Mit dem „Hugging Style" können Sie das Verlegen der Leiterbahnen und Ecken beeinflussen. Der Stil „45 Degree" entspricht dem tradionellen Verlegen von Leiterbahnen mit 45° Winkeln. „Rounded" verwendet Kreisbögen und verlegt die Leiterbahnen passend dazu im Freiwinkel. Bei diesem Stil schlängeln sich die Leiterbahnen effektiv um Hinternisse (z.B. unter einem BGA Gehäuse) herum. Dieser Stil wird deshalb auch als „Snake Routing" bezeichnet. Der Standardstil „Mixed" mischt die beiden zuvor genannten Stile. Sollten sich zu viele Freiwinkel ergeben, sollte man auf „45 Degree" umschalten.

- Um die Lage zu wechseln drücken Sie auf dem Ziffernblock die '+' bzw. die '-' Taste. Sehr bequem geht es auch mit dem Mausrad indem Sie zusätzlich die Strg und Umschalttaste gedrückt halten. Ab der Version 19 können Sie die Lagen 1 bis 10 direkt über die Zehnertastatur anwählen. Mit „Strg – L" können Sie aus einer Liste mit den verfügbaren Signallagen eine Ziellage auswählen.

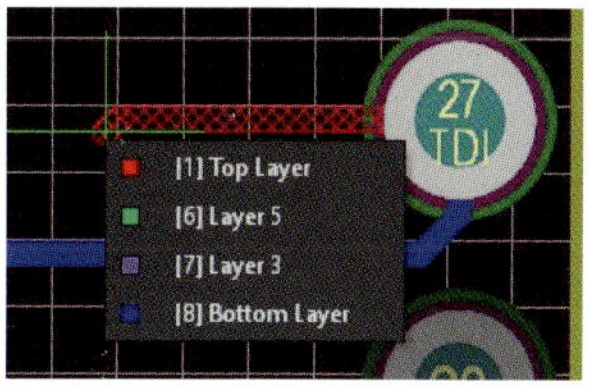

- Nach dem Lagenwechsel hängt automatisch die aktuell ausgewählte Durchkontaktierung am Mauszeiger. Wenn Sie wieder auf die Ausgangslage zurück wechseln, wird die Durchkontaktierung automatisch entfernt.
- Mit der Taste 8 erscheint eine Liste mit den definierten Durchkontaktierungstypen (ab Version 19). Wählen Sie hier den gewünschten Typ. Durch wiederholtes Drücken der Taste 6 können Sie auch direkt durch die Liste gehen.

- Der gewählte Durchkontaktierungstyp wird im Properties Panel grafisch dargestellt.

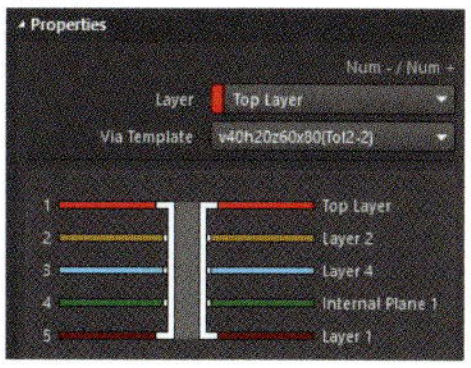

- Um die Durchkontaktierung zu platzieren, klicken Sie mit der linken Maustaste am gewünschten Ort.

- Während dem interaktiven Verlegen von Leiterbahnen stehen Ihnen immer 4 verschiedene Leiterbahnbreiten und Durchkontaktierungsdurchmesser über Tastenkürzel zur Verfügung. Sie können wechseln zwischen dem Minimalwert, dem bevorzugten Wert und dem Maximalwert aus den Regeln und zusätzlich steht der über Umschalten-W bzw. Umschalten-V festgelegte „User Choice“ zur Verfügung.

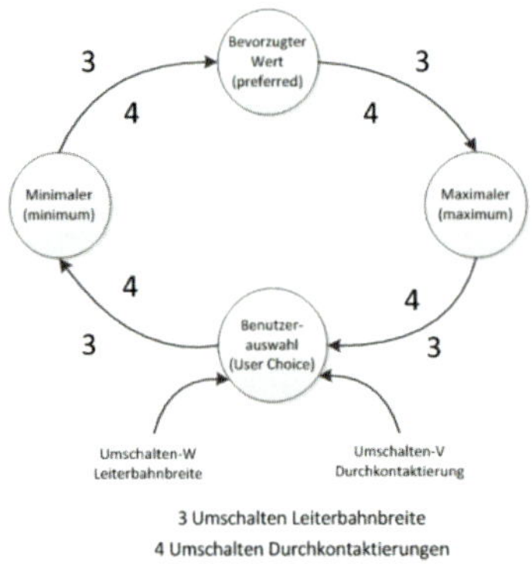

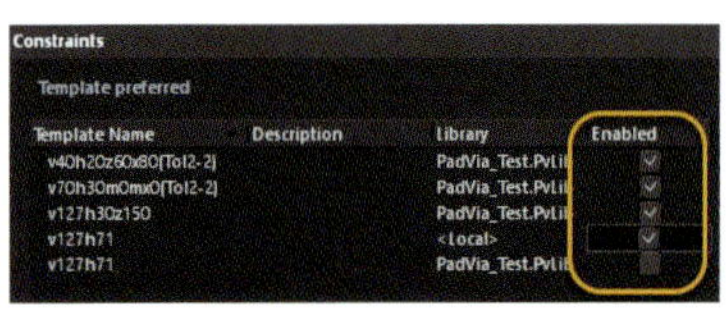

Mit der Taste ‚4‘ kann durch eine Liste von freigegebenen Durchkontaktierungsvorlagen rotiert werden.

- Enthält Ihre Leiterplatte Stromversorgungslagen (Planes) können Sie entsprechende Leitungen direkt mit dem Divisionszeichen auf dem Ziffernblock anschließen. Es wird automatisch eine Durchkontaktierung erzeugt, die Sie dann am gewünschten Ort platzieren müssen.
- Wenn Sie am Zielanschlusspunkt angeschlossen haben bleibt in der Standardeinstellung das aktuelle Netz noch aktiv. Dies ist praktisch wenn man z.B. einen Bus verlegen muss. Um das Verlegen der aktuellen Verbindung zu beenden muss man die ESC-Taste oder die rechte Maustaste drücken. Im Eigenschaftendialog kann man auch einen Haken setzen bei „Automatically Terminate Routing“, dann kann man direkt die nächste Verbindung verlegen.
- Beim interaktiven Verlegen von Leiterbahnen ist im Hintergrund immer ein kleiner Auto-Router aktiv. Je nach Konfliktauflösungsmodus sucht der Altium Designer® automatisch einen Weg bis zur Maus, ohne dass man an jeder Ecke klicken muss.
- Mit Umschalten-R können Sie zwischen den einzelnen Konfliktauflösungsmodi zyklisch umschalten. Im Eigenschaftendialog können Sie den Haken bei den Modi entfernen, mit denen Sie nicht arbeiten wollen. Folgende Konfliktauflösungsmodi stehen zur Verfügung:
    - Ignore Obstacles
      Man kann Leitungen über beliebige Hindernisse verlegen und erhält natürlich eine Regelverletzung angezeigt.
    - Push Obstacles
      Hindernisse (Leitungen und Durchkontaktierungen) werden grundsätzlich weggeschoben.
    - Walkaround Obstacles
      Es wird ein Weg um das Hindernis herum gesucht.
    - Stop at First Obstacles
      Das Verlegen der Leiterbahn stoppt am ersten Hindernis.

- Hug And Push Obstacles
  Eine Leiterbahn wird zunächst an ein Hindernis so nahe wie möglich angeschmiegt. Erst dann wird versucht das Hindernis zu verschieben.

Interaktives Verlegen von differentiellen Leiterbahnen

- Starten Sie den Befehl mit „Route - Interactive Differential Pair Routing" (U - I).
- Sie können direkt auf eine Verbindungslinie oder einen Bauteileanschluss klicken.
- Wenn Sie die Taste 'ö' oder Umschalten-F1 drücken wird eine Übersicht der aktuell verfügbaren Tastenkürzel eingeblendet.
- Mit der Tabulatortaste geht der Altium Designer® in den Pause Modus öffnet das Properties Panel für das interaktive Verlegen von Leiterbahnen. Hier finden Sie Informationen zur aktuellen Leiterbahnbreite und Durchkontaktierung. Weiterhin haben Sie direkten Zugriff auf die wichtigsten Einstellungen, die sich normalerweise in den Präferenzen befinden.
- Wenn Sie an einem durchkontaktierten Anschluss beginnen, können Sie mit dem Tastenkürzel 'L' die Lage wechseln und dann dort starten.
- Mit Umschalten-W öffnen Sie einen Dialog mit vordefinierten Leiterbahnbreiten. Sie können hier eine Leiterbahnbreite im Rahmen der definierten Regeln auswählen. Dieser Wert wird als „User Choice" bezeichnet.
- Mit Umschalten-V öffnen Sie einen Dialog mit vordefinierten Durchkontaktierungen. Sie können hier eine Durchkontaktierung im Rahmen der definierten Regeln auswählen. Dieser Wert wird als „User Choice" bzw. ab der Version 15.1 als „Default" bezeichnet.
- Die vordefinierten Leiterbahnbreiten und Durchkontaktierungen können Sie in den Präferenzen unter „PCB Editor - Interactive Routing" (Tastenkürzel „O – T") an Ihre Bedürfnisse anpassen.
- Mit Umschalt-Leertaste können Sie den Eckenmodus festlegen.
  45°, 45° Bogen, 90°, 90° Bogen, Freiwinkel.
- Mit der Leertaste können Sie den sogenannten „Ellbogen" Modus umschalten.

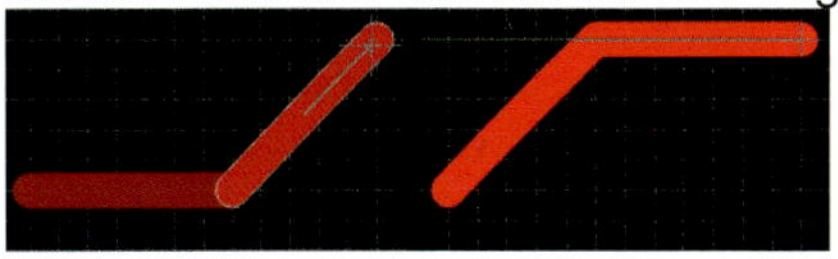

- Bei den 90° Bögen können Sie mit '.' und ',' den Radius vergrößern bzw. verkleinern. Halten Sie zusätzlich die Umschalttaste können Sie die Änderungen beschleunigen.
- Um die Lage zu wechseln drücken Sie auf dem Ziffernblock die '+' bzw. die '-' Taste. Sehr bequem geht es auch mit dem Mausrad indem Sie zusätzlich die Strg und Umschalttaste gedrückt halten. Ab der Version 19 können Sie die Lagen 1 bis 10 direkt über die Zehnertastatur anwählen. Mit „Strg – L" können Sie aus einer Liste mit den verfügbaren Signallagen eine Ziellage auswählen.

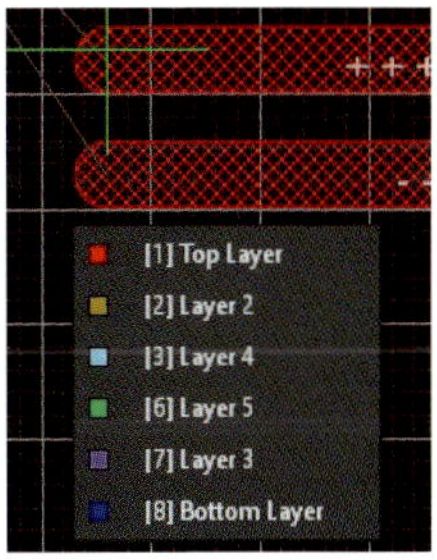

- Nach dem Lagenwechsel hängt automatisch die aktuell ausgewählte Durchkontaktierung am Mauszeiger. Wenn Sie wieder auf die Ausgangslage zurück wechseln, wird die Durchkontaktierung automatisch entfernt.
- Mit der Taste 8 erscheint eine Liste mit den definierten Durchkontaktierungstypen (ab Version 19). Wählen Sie hier den gewünschten Typ. Durch wiederholtes Drücken der Taste 6 können Sie auch direkt durch die Liste durch wechseln.

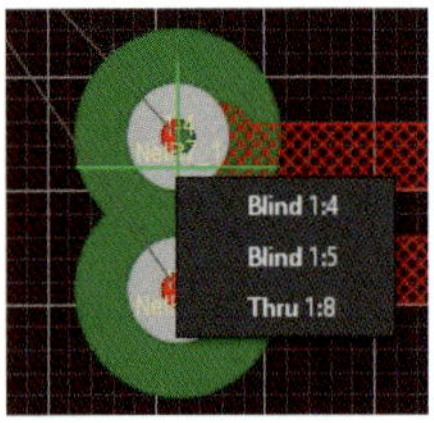

- Der gewählte Durchkontaktierungstyp wird im Properties Panel (ab Version 19) grafisch dargestellt.

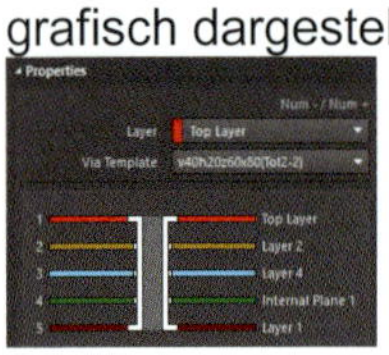

- Mit dem Tastenkürzel '5' können Sie zwischen zwei Anordnungen der Durchkontaktierungen hin- und herschalten.

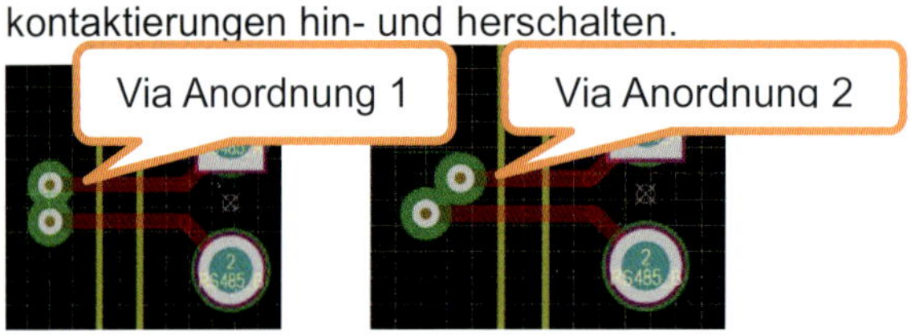

- Um die Durchkontaktierung zu platzieren, klicken Sie mit der linken Maustaste am gewünschten Ort.
- Während dem interaktiven Verlegen von Leiterbahnen stehen Ihnen immer 4 verschiedene Leiterbahnbreiten und Durchkontaktierungsdurchmesser über Tastenkürzel zur Verfügung. Sie können wechseln zwischen dem Minimalwert, dem bevorzugten Wert und dem Maximalwert aus den Regeln und zusätzlich steht der über Umschalten-W bzw. Umschalten-V festgelegte „User Choice" zur Verfügung.

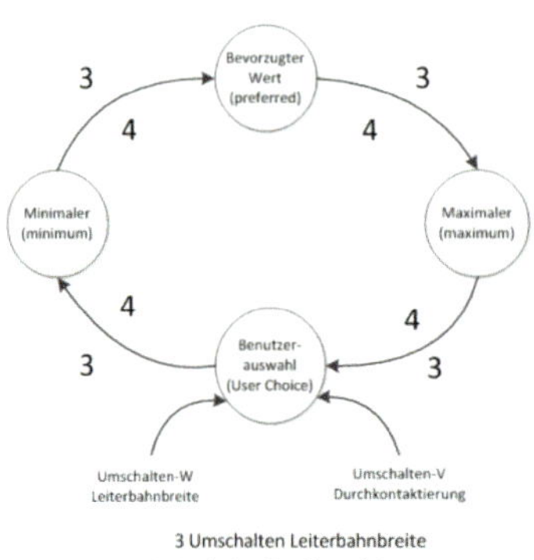

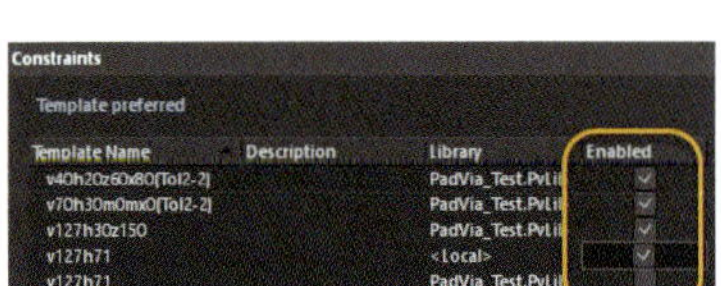

Mit der Taste ‚4' kann durch eine Liste von freigegebenen Durchkontaktierungsvorlagen rotiert werden.

- Mit dem Tastenkürzel 'Umschalten – 6' (vor Version 19.1 nur ‚6') können Sie den Abstand der Leiterbahnen zwischen minimal, bevorzugt und maximal umschalten.
- Mit Umschalten-R können Sie zwischen den einzelnen Konfliktauflösungsmodi zyklisch umschalten. Im Eigenschaftendialog können Sie den Haken bei den Modi entfernen, mit denen Sie nicht arbeiten wollen. Folgende Konfliktauflösungsmodi stehen zur Verfügung:
  - Ignore Obstacles
    Man kann Leitungen über beliebige Hindernisse verlegen und erhält natürlich eine Regelverletzung angezeigt.
  - Push Obstacles
    Hindernisse (Leitungen und Durchkontaktierungen) werden grundsätzlich weggeschoben.
  - Walkaround Obstacles
    Es wird ein Weg um das Hindernis herum gesucht.
  - Stop at First Obstacles
    Das Verlegen der Leiterbahn stoppt am ersten Hindernis.
  - Hug And Push Obstacles
    Eine Leiterbahn wird zunächst an ein Hindernis so nahe wie möglich angeschmiegt. Erst dann wird versucht das Hindernis zu verschieben.

Interaktives Verlegen mehrerer Leitungen

- Markieren Sie zunächst die Anschlussflächen der Netze, die Sie gemeinsam verlegen wollen. Liegen die Anschlussflächen nebeneinander, können Sie sie mit „**S**elect - Touching **L**ine" und gedrückter Strg-Taste selektieren.
- Starten Sie den Befehl mit „Ro**u**te - Interactive **M**ulti-Routing" (U - M) .
- Wenn Sie die Taste 'ö' oder Umschalten-F1 drücken wird eine Übersicht der aktuell verfügbaren Tastenkürzel eingeblendet.
- Mit der Tabulatortaste geht der Altium Designer® in den Pause Modus öffnet das Properties Panel für das interaktive Verlegen von Leiterbahnen. Hier finden Sie Informationen zur aktuellen Leiterbahnbreite und Durchkontaktierung. Weiterhin haben Sie direkten Zugriff auf die wichtigsten Einstellungen, die sich normalerweise in den Präferenzen befinden.
- Wenn Sie an einem durchkontaktierten Anschluss beginnen, können Sie mit dem Tastenkürzel 'L' die Lage wechseln und dann dort starten.
- Mit Umschalten-W öffnen Sie einen Dialog mit vordefinierten Leiterbahnbreiten. Sie können hier eine Leiterbahnbreite im Rahmen der definierten Regeln auswählen. Dieser Wert wird als „User Choice" bezeichnet.
- Mit Umschalten-V öffnen Sie einen Dialog mit vordefinierten Durchkontaktierungen. Sie können hier eine Durchkontaktierung im Rahmen der definierten Regeln auswählen. Dieser Wert wird als „User Choice" bzw. ab der Version 15.1 als „Default" bezeichnet.
- Die vordefinierten Leiterbahnbreiten und Durchkontaktierungen können Sie in den Präferenzen unter „PCB Editor - Interactive Routing" (Tastenkürzel „O – T") an Ihre Bedürfnisse anpassen.
- Mit Umschalt-Leertaste können Sie den Eckenmodus festlegen.
  45°, 45° Bogen, 90°, 90° Bogen, Freiwinkel.

- Mit der Leertaste können Sie den sogenannten „Ellbogen“ Modus umschalten.

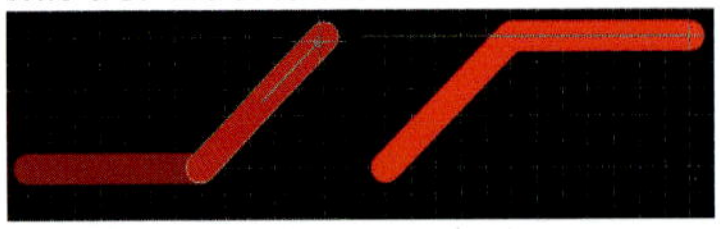

- Bei den 90° Bögen können Sie mit '.' und ',' den Radius vergrößern bzw. verkleinern. Halten Sie zusätzlich die Umschalttaste können Sie die Änderungen beschleunigen.
- Um die Lage zu wechseln drücken Sie auf dem Ziffernblock die '+' bzw. die '-' Taste. Sehr bequem geht es auch mit dem Mausrad indem Sie zusätzlich die Strg und Umschalttaste gedrückt halten. Ab der Version 19 können Sie die Lagen 1 bis 10 direkt über die Zehnertastatur anwählen. Mit „Strg – L“ können Sie aus einer Liste mit den verfügbaren Signallagen eine Ziellage auswählen.

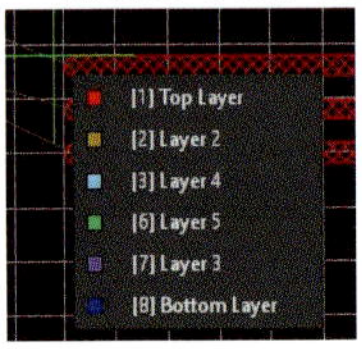

- Nach dem Lagenwechsel hängt automatisch die aktuell ausgewählte Durchkontaktierung am Mauszeiger.
  Wenn Sie wieder auf die Ausgangslage zurück wechseln, wird die Durchkontaktierung automatisch entfernt.
- Mit der Taste 8 erscheint eine Liste mit den definierten Durchkontaktierungstypen (ab Version 19). Wählen Sie hier den gewünschten Typ. Mit der wiederholtes Drücken der Taste 6 können Sie auch direkt durch die Liste durch wechseln.

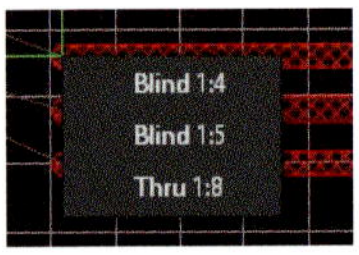

- Der gewählte Durchkontaktierungstyp wird im Properties Panel (ab Version 19) grafisch dargestellt.

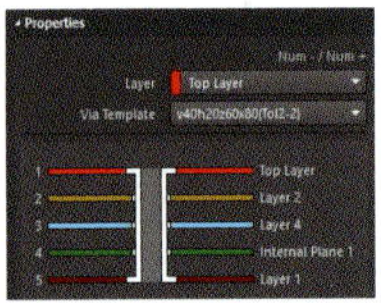

- Mit dem Tastenkürzel '5' können Sie zwischen zwei Anordnungen der Durchkontaktierungen hin- und herschalten.

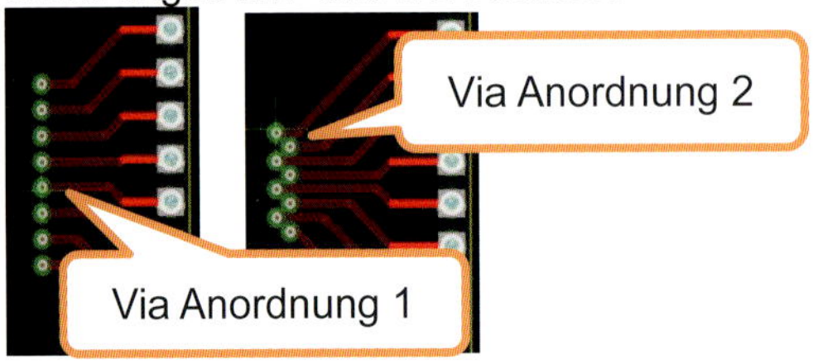

- Mit dem Tastenkürzel 'B' können Sie den Abstand der einzelnen Leitungen verringern.
- Mit dem Tastenkürzel „Umschalten-B“ können Sie den Abstand der einzelnen Leitungen vergrößern.
- Mit dem Tastenkürzel 'C' können Sie den Abstand der einzelnen Leitungen auf das Minimum entsprechend der aktiven Abstandsregel setzen.
  ACHTUNG: Nach den Tastenkürzeln 'B' und 'C' kann es zu Abstandverletzungen an den Leiterbahnecken kommen. Dies wird vermieden, wenn Sie jede Ecke

explizit mit einem Linksklick setzen.

- Während dem interaktiven Verlegen von Leiterbahnen stehen Ihnen immer 4 verschiedene Leiterbahnbreiten und Durchkontaktierungsdurchmesser über Tastenkürzel zur Verfügung. Sie können wechseln zwischen dem Minimalwert, dem bevorzugten Wert und dem Maximalwert aus den Regeln und zusätzlich steht der über Umschalten-W bzw. Umschalten-V festgelegte „User Choice“ zur Verfügung.

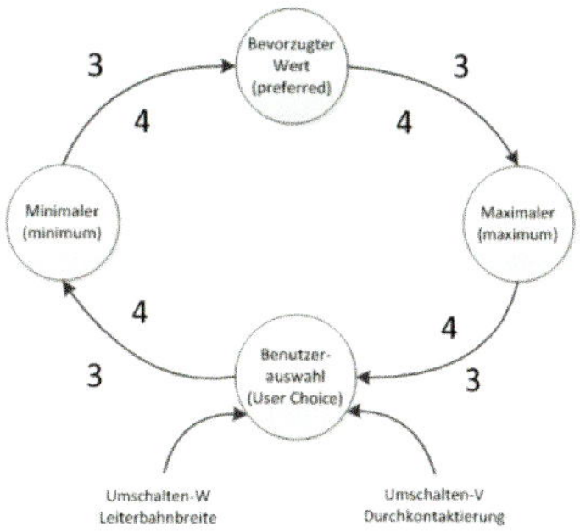

3 Umschalten Leiterbahnbreite
4 Umschalten Durchkontaktierungen

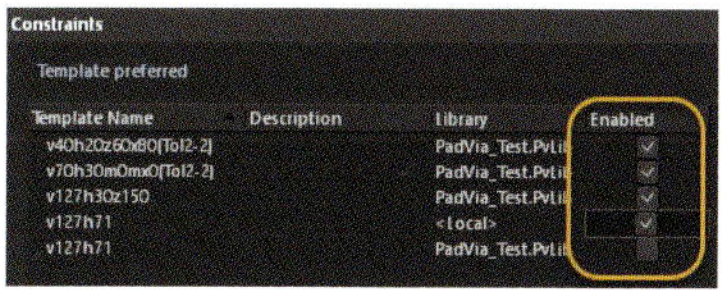

Mit der Taste ‚4‘ kann durch eine Liste von freigegebenen Durchkontaktierungsvorlagen rotiert werden.

- Mit Umschalten-R können Sie zwischen den einzelnen Konfliktauflösungsmodi zyklisch umschalten. Im Eigenschaftendialog können Sie den Haken bei den Modi entfernen, mit denen Sie nicht arbeiten wollen.
  Folgende Konfliktauflösungsmodi stehen zur Verfügung:
  - Ignore Obstacles
    Man kann Leitungen über beliebige Hindernisse verlegen und erhält natürlich eine Regelverletzung angezeigt.
  - Push Obstacles
    Hindernisse (Leitungen und Durchkontaktierungen) werden grundsätzlich weggeschoben.
  - Walkaround Obstacles
    Es wird ein Weg um das Hindernis herum gesucht.
  - Stop at First Obstacles
    Das Verlegen der Leiterbahn stoppt am ersten Hindernis.
  - Hug And Push Obstacles
    Eine Leiterbahn wird zunächst an ein Hindernis so nahe wie möglich angeschmiegt. Erst dann wird versucht das Hindernis zu verschieben.

ActiveRoute®

Mit ActiveRoute® wurde eine neue Routingtechnologie eingeführt. Diese erlaubt es selektierte Netze und Netzklassen, auch differentielle Leitungen, gemeinsam automatisch zu verlegen. Der Layouter kann dabei den Pfad, den die Netze nehmen sollen über einen sogenannten „Routing Guide“ vorgeben. Es handelt sich dabei nicht um einen Autorouter im eigentlichen Sinn. Während der Autorouter Netze einzeln verlegt, kann ActiveRoute®, auch auf mehreren Lagen, Netze simultan verlegen. Nach Abschluss des Routings wendet ActiveRoute® automatisch das Glossing Werkzeug an um die Leiterbahnen zu begradigen und die Anzahl der Leiterbahnsegmente

Anschluss von Leiterbahnen an SMD Anschlussflächen

Der Anschluss von Leiterbahnen an SMD Anschlussflächen wird von 3 Regeln und der Einstellung „Pad Entry Stability" im Properties Panel beeinflusst:

- SMD Entry
  Legt fest wie angeschlossen werden kann.
- SMD To Corner
  Legt fest wo die erste Ecke in der Leiterbahn sein darf.
- SMD Neck-Down
  Legt fest um wie viel die Leiterbahn schmaler sein muss als die Anschlussfläche.
- Pad Entry Stability
  Legt fest wie stark mittig angeschlossene Leiterbahnen geschützt werden sollen. Bei der Einstellung „Off" findet kein und bei „Max" der maximale Schutz statt.

Diese 3 Regeln werden beim interaktiven Verlegen von Leiterbahnen automatisch angewendet und vereinfachen den optimalen Anschluss an SMD Anschlussflächen. Das folgende Bild zeigt die Wirkung der Regel „SMD To Corner". Das erste Leiterbahnstück von der Anschlussfläche weg wird direkt verlegt. Erst danach kann die Richtung geändert werden.

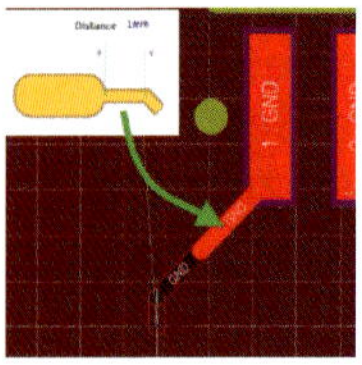

Das nächste Bild zeigt die Wirkung der Regel „SMD Neck-Down".
In diesem Beispiel wird das erste Leiterbahnstück mit 50% der Breite der Anschlussfläche von dieser weg verlegt. Die Länge dieses ersten Stücks wird bestimmt von der Regel „SMD To Corner".

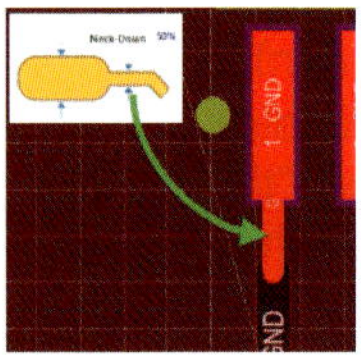

Automatische Anpassung der Leiterbahnbreite

Die Leiterbahnbreite kann sich automatisch an festgelegte Regeln anpassen. Praktisch ist dies beim Verlegen von Leiterbahnen unter einem BGA Gehäuse mit der minimal zulässigen Leiterbahnbreite. Das Verlegen der Leiterbahn beginnt außerhalb des BGA Gehäuses mit einer größeren Breite. Erreicht man dann den Bereich unter dem BGA Gehäuse reduziert der Altium Designer® die Breite automatisch. Verlässt man wieder den Bereich, verbreitert sich auch wieder die Leiterbahnbreite.

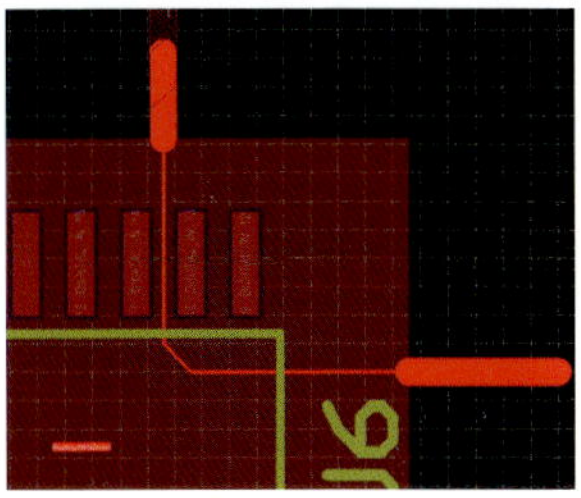

Das Bild zeigt als Beispiel das Verlegen einer Leiterbahn unter einem SOIC Gehäuse.

Um die automatische Anpassung der Leiterbahnbreite anwenden zu können, benötigen Sie einen Room und eine Regel für die Leiterbahnbreite, die innerhalb dieses Rooms wirkt.

Gehen Sie wie folgt vor:

- Platzieren Sie mit „**D**esign – Roo**m**s – Place Rectangular **R**oom“ einen Room wo die Leiterbahnbreite automatisch angepasst werden soll.
- Öffnen Sie mit einem Doppelklick auf den Room die Eigenschaften.
- Vergeben Sie im Feld „Name“ einen aussagekräftigen Namen. Diesen Namen brauchen Sie später um eine Regel auf diesen Room zu beziehen.
- Im Feld „Custom Query“ steht „False“. Damit wirkt die Constraints (Bauteile müssen sich entweder in ihnen befinden oder sind im Room nicht erlaubt) nicht mehr. Der Room ist jetzt nur noch ein Bereich auf der Leiterplatte, den man in Regeln verwenden kann.

- Benötigen Sie mehrere Bereiche in denen sich die Leiterbahnbreite automatisch anpassen soll, dann müssen Sie mehrere Rooms anlegen. Dazu können Sie den Namen des Rooms einfach fortlaufend nummerieren.
- Als nächstes müssen Sie eine neue Regel für die Leiterbahnbreite anlegen.
- Gehen Sie dazu in den Bereich „Routing - Width“
- Klicken Sie mit der rechten Maustaste auf „Width“ und wählen im Kontextmenü „New Rule“
- Im rechten Bereich erscheint jetzt eine Regel mit dem Standardnamen „Width_1“.
- Doppelklicken Sie auf diesen Eintrag.
- Es öffnet sich die Einstellungsseite.

- Im Feld „Constraints“ tragen Sie bei Min, Preferred und Max Width die gleiche gewünschte Leiterbahnbreite ein.
- Im Feld „Custom Query“ tragen Sie ein:
  TouchesRoom('Routing-NeckDown') „Routing-NeckDown“ ersetzen Sie durch

den von Ihnen vergebenen Namen des Rooms. Diese Regel wirkt jetzt auf alle Leiterbahnen, die den Room berühren.

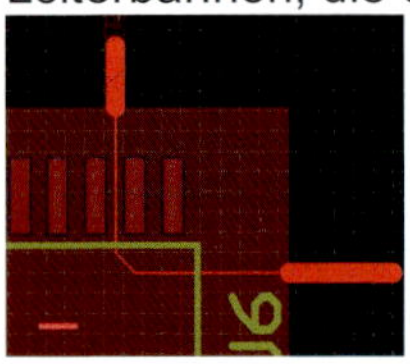

Bearbeiten und Verschieben von Leiterbahnen und Durchkontaktierungen

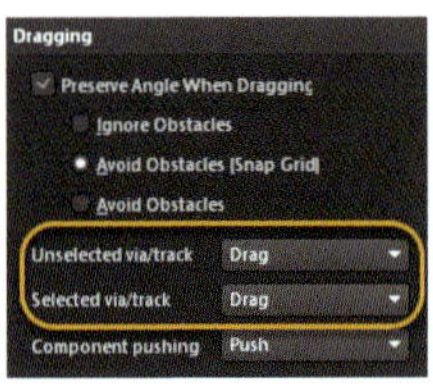

In den Präferenzen unter „PCB Editor - Interactive Routing“ kann im Bereich „Dragging“ eingestellt werden ob ein Leiterbahnsegment bzw. eine Durchkontaktierung vor dem Verschieben selektiert sein muss oder nicht.

In der Voreinstellung ist keine Selektion notwendig. Um das gleiche Verhalten wie in älteren Versionen zu erhalten, muss die Einstellung Drag/Move jeweils umgedreht werden. Man kann jetzt einfach Leiterbahnsegmente und Durchkontaktierungen verschieben ohne dass die Verbindung verloren geht. Will man ein Segment weg bewegen, dann muss dieses vorher selektiert werden und man muss „Selected via/track“ in den Präferenzen auf „Move“ stellen. Auch wenn man ein neues Segment erzeugen will, muss das bestehende Segment zuerst selektiert werden.

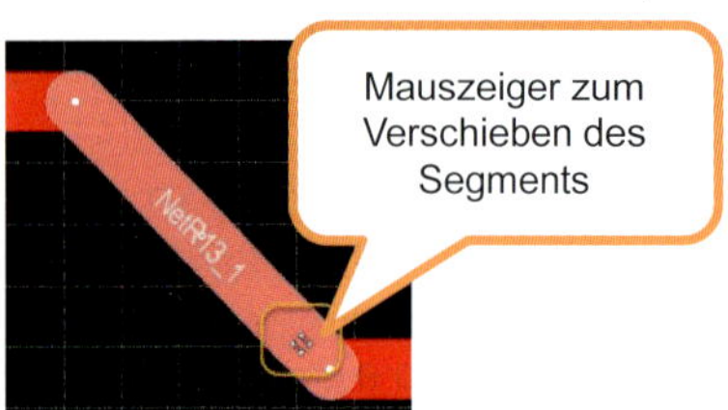

Befindet sich der Mauszeiger über dem mittleren Kontrollpunkt, dann erscheint der Mauszeiger zum Erzeugen eines neuen Segments. Zieht man mit gedrückter linker Maustaste, dann entsteht ein neues Leiterbahnsegment

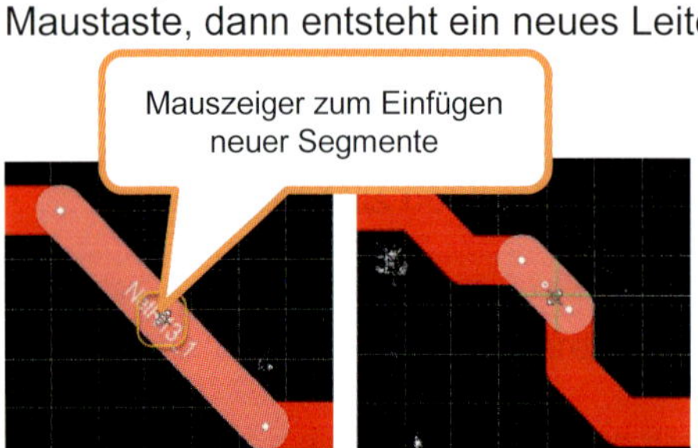

Bereits platzierte Durchkontaktierungen können auch nachträglich noch verschoben werden.

- In den Präferenzen unter „PCB Editor - Interactive Routing“ muss zunächst der

„Gloss Effort (Routed)“ und „Gloss Effort (Neighbor)“ auf „Strong“ gestellt werden.

- Ziehen Sie die Durchkontaktierung einfach an die gewünschte Stelle.

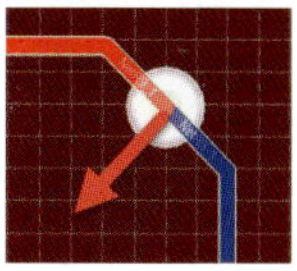

- Die Leiterbahnen bleiben mit dem korrekten Winkel angeschlossen.

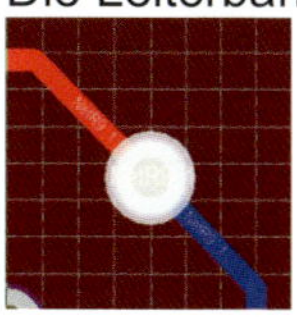

Beim Verschieben von Durchkontaktierungen wird das „Interactive Via Dragging“ Panel (ab Version 21) angezeigt. Hier können Sie detailiert das Verhalten beim Verschieben von Durchkontaktierungen einstellen.

Beim Verschieben von Leiterbahnen wird das „Interactive Sliding“ Panel (ab Version 20) angezeigt. Hier können Sie detailiert das Verhalten beim Verschieben von Leiterbahnen einstellen. Die relevanten Einstellungen sind „Hugging Style“, „Sliding Mode“ und „Vertex Action“. Der „Sliding Mode“ entspricht dabei dem Konfliktauflösungsmodus beim interaktiven Routinge und kann mit „Umschalten – R“ umgeschaltet werden. Der „Hugging Style“ legt fest ob Segmentübergänge als Kreisbögen, 45° Ecken oder gemischt platziert werden. Diese Einstellung kann mit „Umschalten – Leertaste" angepasst werden. Die Einstellung „Vertex Action“ ist relevant, wenn man statt eines Segments oder Kreisbogens den Übergangspunkt zwischen zwei Segmenten oder Kreisbögen verschiebt.

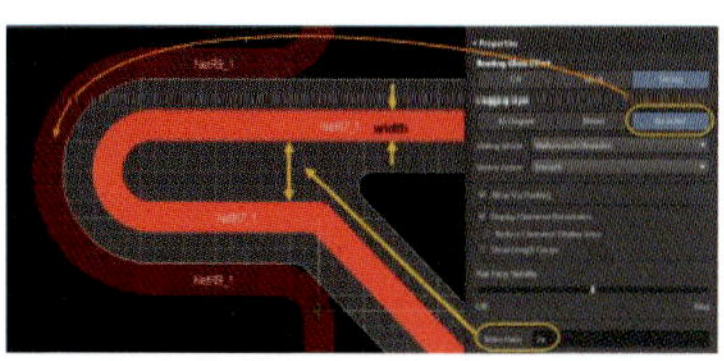

Das Bild zeigt das Verschieben der linken Leiterbahn mit dem „Hugging Style“ „Rounded“. Das „Miter Ratio“ steht auf 2 x die Leiterbahnbreite.

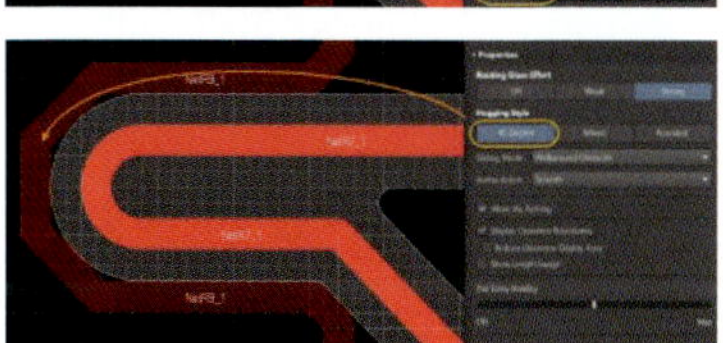

Die gleiche Situation mit dem „Hugging Style“ „45 Degree“.

Die folgenden Bilder zeigen die Auswirkung der Einstellung „Vertex Action“ auf das Verschieben eines Segment bzw. Kreisbogenübergangs.

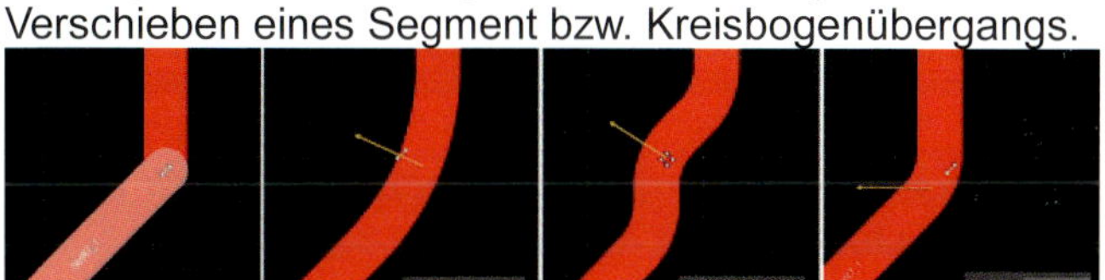

Nicht benutzte Kupferringe entfernen

Sie können nicht benutzte Kupferringe schon vor dem Verlegen der Leiterbahnen entfernen. Damit muss man den Mindestabstand nicht mehr gegen den Kupferring, sondern nur noch gegen die Bohrung einhalten. Dieses Vorgehen kann einen beträchtlichen Platzgewinn bedeuten. Man sollte natürlich die Bohrtoleranz des Leiterplattenherstellers berücksichtigen.

- Starten Sie das Werkzeug über „**T**ools - Remove Unused Pad Shapes...“

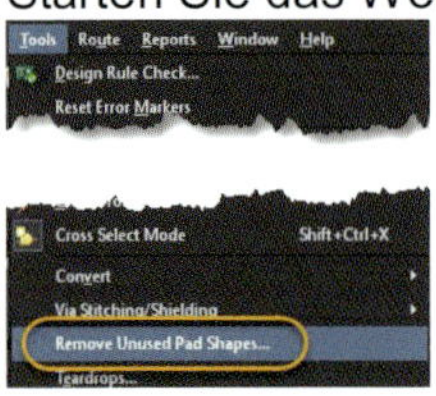

- Es öffnet sich der „Unused Pad Shapes“ Dialog

- Legen Sie im Bereich „**Operation**“ fest, ob Sie Kupferringe entfernen oder entfernte wieder herstellen wollen.
- Im Bereich „**Scope**“ wählen Sie aus ob die Kupferringe an Anschlussflächen und/oder Durchkontaktierungen entfernt werden sollen.
- Im unteren Bereich haben Sie die Möglichkeit die Operation nur auf zuvor selektierte Objekte anzuwenden. Mit einem Haken bei „Preserve pads on start and end layers“ sorgt man dafür, dass auf der Start- und Endlage die Kupferringe erhalten bleiben.
- Mit einem Klick auf „OK“ starten Sie die Aktion.
  Es dauert relativ lange bis etwas passiert. Dann erhält man in der Statuszeile eine Rückmeldung welche Netze gerade analysiert werden. Wenig später wird auch ein Online-DRC durchgeführt.
- Vor der Aktion sieht es so aus:

- Nach der Aktion so (im Single Layer Mode):

Soll die Aktion rückgängig gemacht werden, dann rufen Sie den Befehl erneut auf und wählen im Bereich „Operation“ „Restore unused“.

Leiterbahnen optimieren

Das „Post-Route Glossing Tool“ kann zum Optimieren bereits verlegter Leiterbahnen verwendet werden. Die Funktion ändert die Leiterbahnen so, dass die Länge minimal wird und der Übergang zu angrenzenden Objekten (Anschlussflächen, Vias etc.) optimiert wird. Die Anfangs- und Endpunkte bleiben unverändert und die einzelnen Segmente werden unter Winkeln verlegt, die durch 45° teilbar sind. Die Funktion kann sowohl einfache Leiterbahnen als auch Differentielle Leiterbahnen optimieren. Die gewünschten Leiterbahnen müssen selektiert werden, bevor man die Funktion startet. Leiterbahnen die man ausschließen will, müssen über das Feld „Locked“ gesperrt werden. Mit dem „Gloss And Retrace“ Panel können Sie das Verhalten anpassen. Das Panel können Sie, wie gewohnt, über die Schaltfläche „Panel“ unten rechts öffnen.

So optimieren Sie bereits verlegte Leiterbahnen:

- Selektieren Sie mit einem Rechteck von rechts nach links die gewünschten Leiterbahnen.
- Haben Sie nur Segmente selektiert, können Sie die Selektion über die Tabulatortaste auf das ganze Netz ausdehnen.
- Starten Sie den Befehl über „Route – Gloss Selected“ (U – L) oder Strg – Alt – G.
- Falls in einer Gruppe nicht alle Leiterbahnen optimiert wurden, starten Sie den Befehl noch einmal.

Leiterbahnen neu verlegen

Der Befehl „Route – Retrace Selected“ verlegt selektierte Leiterbahnen unter Verwendung der im „Gloss And Retrace“ Panel eingestellten Leiterbahnbreite neu. Bei differentiellen Leitungspaaren wird auch der Abstand aus dem „Gloss And Retrace“ Panel verwendet. Voraussetzung für diesen Befehl ist, dass genügend Platz vorhanden ist. Der Befehl ist nicht in der Lage bestehende Leiterbahnen zu verschieben. Mit dem „Gloss And Retrace“ Panel können Sie das Verhalten anpassen. Das Panel können Sie, wie gewohnt, über die Schaltfläche „Panel“ unten rechts öffnen. Neben der Leiterbahnbreite und dem Abstand bei differentiellen Leitungspaaren können Sie hier mit „Preserve route path“ festlegen, dass die exakte Leitungsgeometrie erhalten bleibt.

So verlegen Sie Leiterbahnen neu:

- Ändern Sie in den Design Regeln die bevorzugte Leiterbahnbreite.
- Selektieren Sie mit einem Rechteck von rechts nach links die gewünschten Leiterbahnen.
- Haben Sie nur Segmente selektiert, können Sie die Selektion über die Tabulatortaste auf das ganze Netz ausdehnen.
- Starten Sie den Befehl über „Route – Retrace Selected“ (U – C).

Leiterbahnen entlang einer Kontur verlegen

Leiterbahnen können entlang einer vorgebenen Kontur verlegt werden. Der Begriff „Kontur“ ist im weitesten Sinne zu verstehen. Dabei kann es sich um die Leiterplattenkontur, eine Aussparung in der Leiterplatte aber auch um bereits verlegte Leiterbahnen handeln.
So verlegen Sie Leiterbahnen entlang einer Kontur:

- Starten Sie das interaktive Routing mit „Route – Interactive Routing“ (U – R).
- Platzieren Sie die Maus über der Kontur, der Sie folgen wollen.
- Drücken Sie „Umschalten – F“.
- Der Mauszeiger ist jetzt ein grünes Diagonalkreuz. Der Konfliktauflösungsmodus wechselt automatisch nach „Stop At First Obstacles“. In der Statusleiste wird angezeigt, dass der „Follow“ Modus aktiv ist.

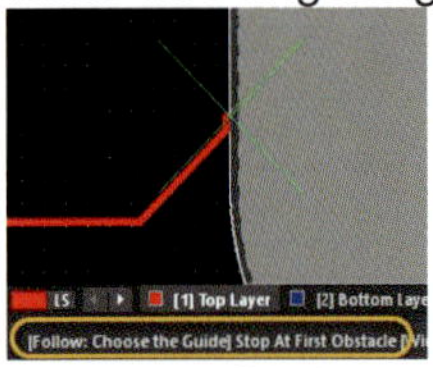

- Bewegen Sie jetzt die Maus entlang der gewählten Kontur.

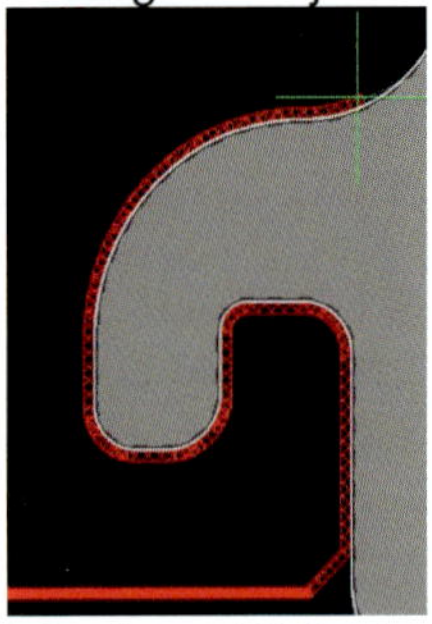

- Mit einem Klick platzieren Sie die Leiterbahn und beenden den „Follow“ Modus.

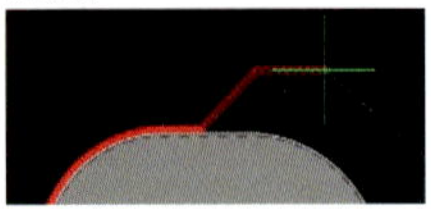

- Um erneut einer Kontur zu folgen, müssen Sie wieder „Strg – F“ drücken.

ALTIUM DESIGNER®

DER AUTOROUTER

Autorouter verwenden

Der Altium Designer® bringt einen Autorouter mit, der das Entflechten einer Leiterplatte vollständig oder teilweise übernehmen kann. Grundvoraussetzung für den Einsatz des Autorouters ist das Festlegen geeigneter Leiterplattenregeln und einer sogenannten Routing-Strategie.

Zugriff auf den Autorouter haben Sie über den Menüpunkt „Ro**u**te - **A**uto Route".

Neben dem vollständigen Entflechten aller Leiterbahnen, lässt sich der Autorouter auch für folgende Aufgaben einsetzen:

- Anschluss aller Spannungsversorgungsnetze an die entsprechenden Spannungsversorgungslagen (Fanout - Power Plane Nets)
- Herausführen aller Anschlussflächen eines Bauteils (Fanout - Component) zur leichteren manuellen Verdrahtung.
- Testen wie weit der Autorouter eine Leiterplatte entflechten kann. Daraus können dann Schlüsse gezogen werden, ob eventuell eine Optimierung der Bauteileplatzierung notwendig ist.

Wenn Sie den Autorouter verwenden wollen gehen Sie folgendermaßen vor:

- Netzklassen für alle Netze definieren, die gemeinsam geroutet werden sollen.
- Keep-Out um die Leiterplatte definieren.
- Leiterplattenregeln festlegen.
- In der Regel „Routing Priority" definieren, in welcher Reihenfolge die Netzklassen verlegt werden sollen.
- Mit „Auto Route - Setup" eine Routing-Strategie definieren.
- „Auto Route - All" öffnet den „Situs Routing Strategies" Dialog.
- Wählen Sie dort eine Strategie aus.
- Falls es schon verlegte Leiterbahnen gibt, kreuzen Sie unbedingt „Lock All Preroutes" an.
- „Rip-up violations After Routing" anklicken. Dadurch werden evtl. Regelverletzungen rückgängig gemacht.
- Ein Klick auf „OK" startet den Autorouter.
- Es öffnet sich automatisch das Message Panel und Sie können den Fortschritt kontrollieren.
- Wenn alles geklappt hat, dann steht in der letzten Zeile „Routing finished with 0 contentions. Failed to complete 0 connections in xxx Seconds".
- Wenn Ihnen das Ergebnis nicht gefällt, können Sie direkt mit Strg-Z alles rückgängig machen.

Einstellungen für den Autorouter

Damit der Autorouter sinnvoll arbeiten kann müssen entsprechende Leiterplattenregeln und eine Routing Strategie angelegt werden. Ausführliche Informationen zu den Leiterplattenregeln finden Sie im Kapitel „Leiterplatten Regeln festlegen" (S.308).
Für die Definition der Routing Strategie öffnen Sie mit „Auto Route - Setup ..." den „Situs Routing Strategies" Dialog.

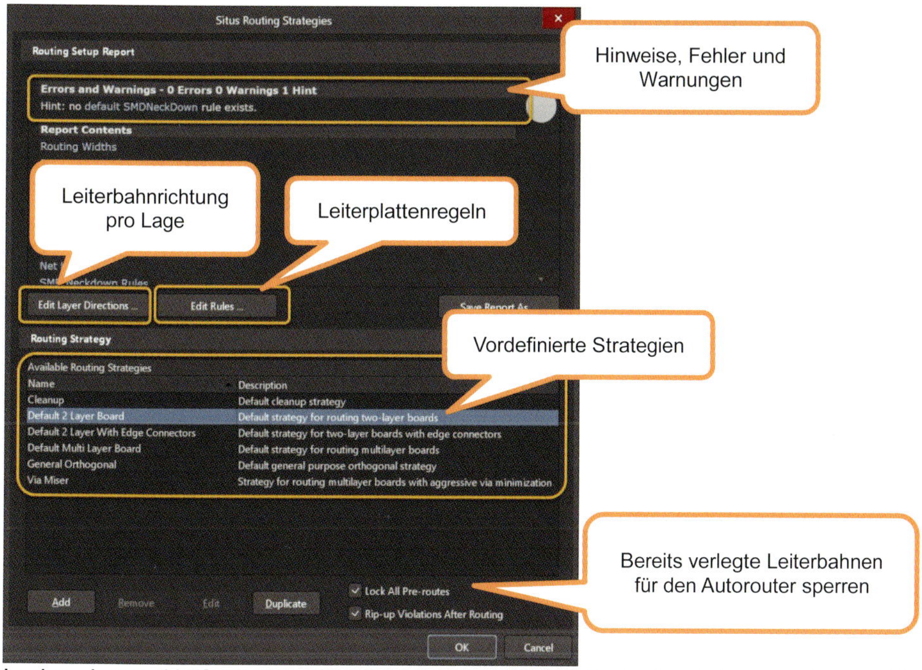

In der oberen Hälfte haben Sie direkten Zugriff auf die Leiterplattenregeln und können die Richtung der Leiterbahnen pro Lage einstellen. Ganz oben finden Sie Hinweise auf fehlende Regeln, Warnungen falls Sie eine Einstellung bzw. Regel verbessern könnten und Fehlermeldungen. Eine typische Fehlermeldung wird ausgelöst, wenn der Autorouter nicht in der Lage ist an eine bestimmte Anschlussfläche eine Leiterbahn anzuschließen, weil er damit eine Abstandsregel verletzen würde. Bevor Sie den Autorouter starten müssen alle Fehlermeldungen bereinigt sein.
In der unteren Hälfte finden Sie die verfügbaren Routing Strategien. Über die Schaltfläche „Duplicate“ können Sie eine bestehende Strategie duplizieren oder über „Add“ eine neue hinzufügen.
Ein Haken bei „Lock All Pre-routes“ sperrt bereits verlegte Leiterbahnen und hindert den Autorouter daran diese wieder aufzulösen.

Routing Strategie definieren

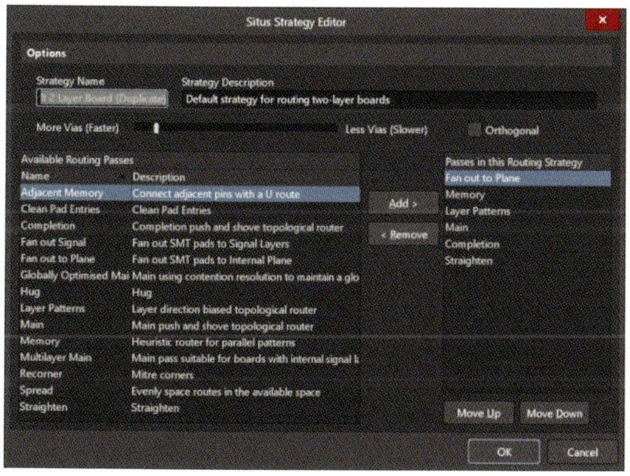

Die vordefinierten Routing Strategien können nicht verändert werden. Um Einstellungen zu ändern muss eine vordefinierte Strategie zunächst dupliziert werden. Wenn Sie mit „Add“ eine neue Strategie hinzufügen, entspricht diese zunächst der vordefinierten Strategie „Default 2 Layer Board“. Die Schaltflächen „Add“ und „Duplicate“ öffnen den „Situs Strategy Editor“.

Die Regelverletzung wird ausgeblendet (waived), wenn man bei „Waive this violation“ in den Violation Details ein Häkchen setzt. Es wird automatisch bei „Created At“ das aktuelle Datum und die Uhrzeit eingefügt. In die Felder „Author“ und „Reason“ sollte man seinen Namen und eine kurze Begründung eintragen. Dadurch

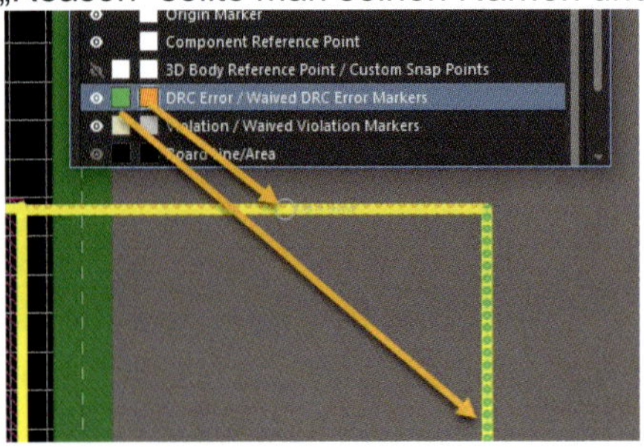

werden solche Ausblendungen auch in der Zukunft nachvollziehbar. Das Feld „Author“ wird automatisch ausgefüllt, wenn man beim Altium Vault® oder unter „MyAccount“ angemeldet ist. Ausgeblendete Regelverletzungen werden mit einer eigenen Farbe dargestellt. Diese kann im „View Configurations Panel“ (Tastenkürzel ‘L’) im Bereich „System Colors“ eingestellt werden.

Im Beispiel verletzen mehrere Linien des Bestückungsdrucks die Regeln. Die Regelverletzung für alle diese Linien müssen separat ausgeblendet werden. Dazu selektiert man die Regelverletzungen im „PCB Rules And Violations“ Panel und klickt dann mit der rechten Maustaste auf die Auswahl. Im Kontextmenü wählt man dann „Waive Selected Violations“. Es öffnet sich ein Dialog, in dem man den Autor und die Begründung eintragen kann.

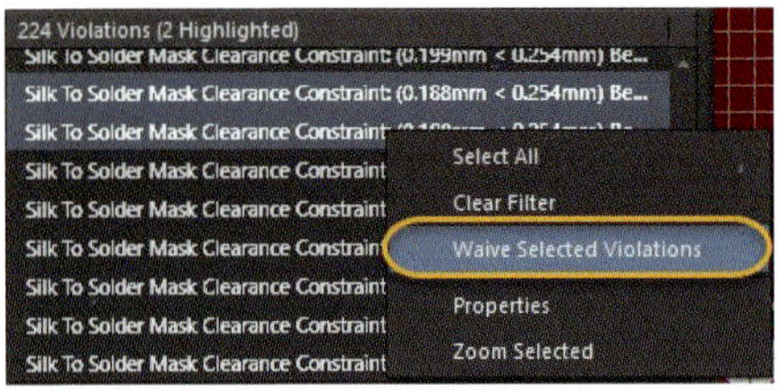

Die ausgeblendeten Regelverletzungen werden im „PCB Rules And Violations“ Panel separat aufgelistet.

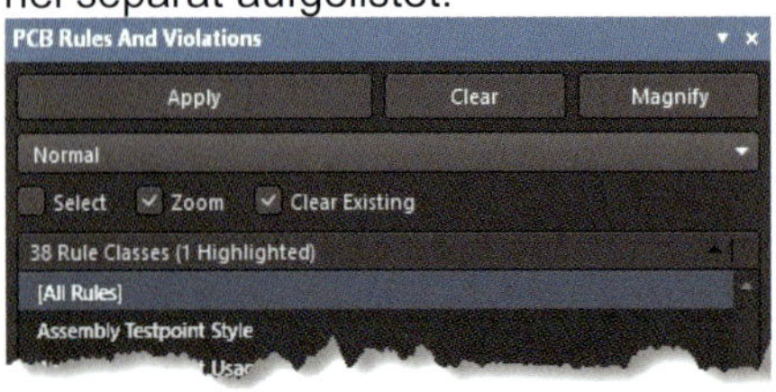

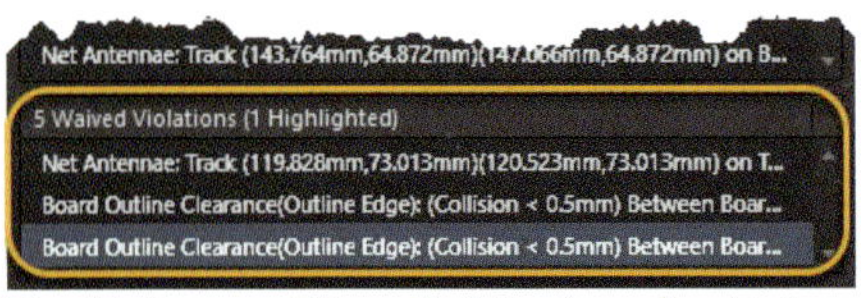

Dort können Sie selektiert und mit der rechten Maustaste wieder aktiviert werden.

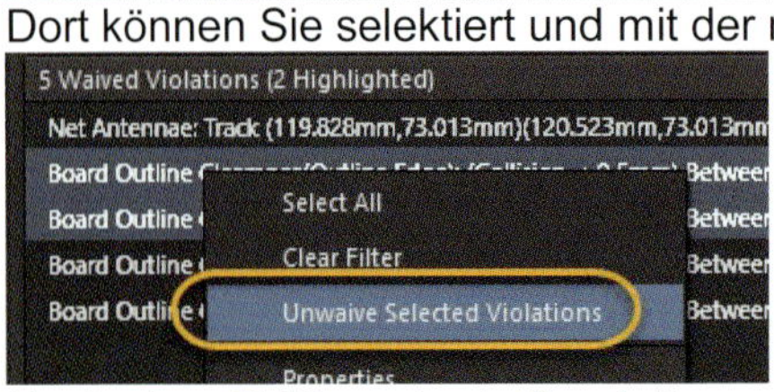

Nach einer Prüfung der Leiterplattenregeln findet man die ausgeblendeten Regelverletzungen im Fehlerbericht.

DRC Darstellungspräferenzen

Die Darstellung der Regelverletzungen können Sie über „Tools - Preferences - PCB Editor - DRC Violations Display“ und über das „View Configurations Panel“ (Tastenkürzel ‘L’) im Bereich „System Colors“ beeinflussen.

Die Farben stellen Sie über das „View Configurations Panel“ ein:

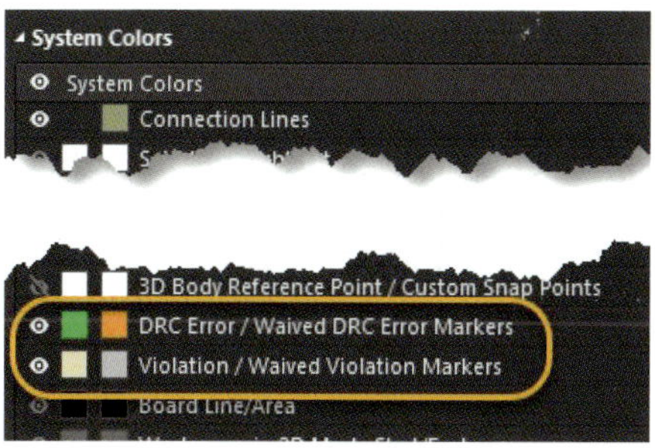

Wie und für welche Regelverletzungen Details angezeigt werden sollen, legen Sie in den Präferenzen fest.

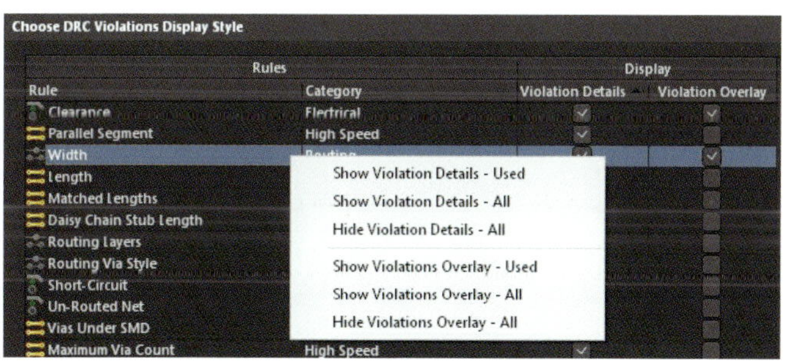

Ein Haken bei „Violation Details“ zeigt die Details an, z.B. „<10 mil“ bei einer Abstandsverletzung. Ein Haken bei „Violation Overlay“ legt fest, ob die Regelverletzung mit der „DRC Error Markers“ Farbe eingefärbt wird. In der Standardeinstellung werden nur Abstandsverletzungen und Breitenverletzungen eingefärbt.
Über „Show Violation Details – Used“ und „Show Violation Overlay – Used“ können die Details bzw. Overlays für die tatsächlich verwendeten Regeln eingeschaltet werden.

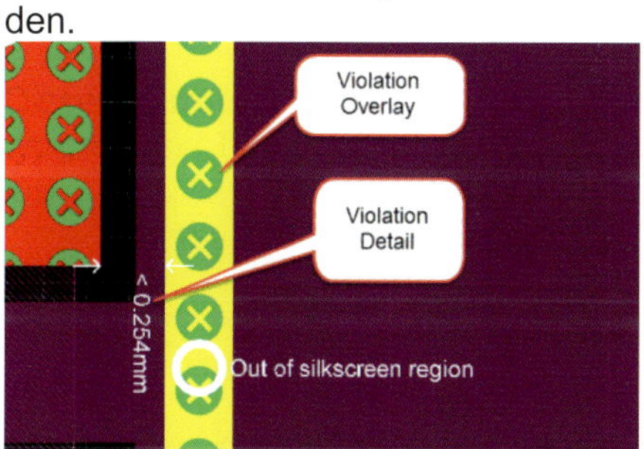

ALTIUM DESIGNER®

PCB HEALTH CHECK MONITOR

Der PCB Health Check Monitor hat die Aufgabe Probleme auf der Leiterplatte zu finden, die zu Performanceeinbußen oder Problemen bei der Zusammenarbeit mit MCAD Werkzeugen führen können. Die detektierten Probleme werden normalerweise nicht bei der Prüfung der Leiterplattenregeln gefunden und können sich von Version zu Version unterscheiden. Es ist möglich, dass ein erkanntes Problem in einer älteren Version erlaubt war und in einer neueren nicht mehr. Ein Beispiel dafür ist die Rotation von Bauteilen um 360°. Das war in älteren Versionen erlaubt und jetzt nicht mehr. Es sorgt auch immer wieder für Stirnrunzeln, wenn Freitagnachmittags alles in Ordnung war und Montagmorgens nach einem Update der PCB Health Check Monitor viele Probleme meldet. Die Prüfung wird immer beim Öffnen eines Leiterplattendokuments durchgeführt und kann jederzeit über „Check all" angestossen werden.

Konfiguration

Der PCB Health Check Monitor kann über die erweiterten Einstellungen in den Präferenzen konfiguriert werden.

- Öffnen Sie die erweiterten Einstellungen wie im Kapitel „Erweiterte Einstellungen" (S.10) beschrieben.
- Tippen Sie rechts oben in das Suchfeld „HealthCheck" ein.

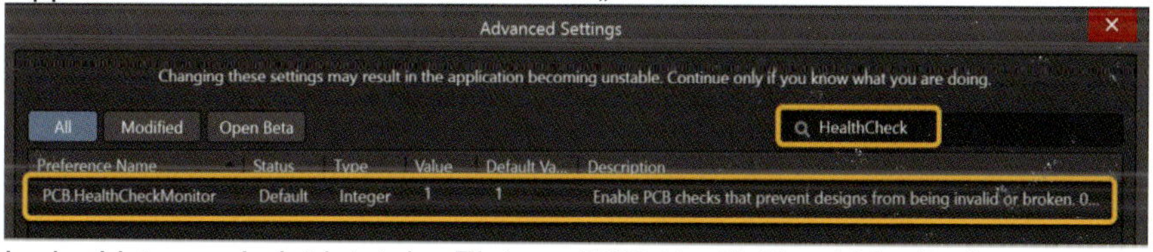

- In der Liste erscheint jetzt der Eintrag „PCB.HealthCheckMonitor".
- Im Feld „Value" können Sie folgende Werte eintragen:
  - 0 Health Check abschalten
  - 1 Normaler Benutzermodus
  - 2 Debugmodus (es sind auch Prüfungen eingeschaltet, die sich noch in der Entwicklung befinden.

Das PCB Health Check Panel

Das PCB Health Check Panel ist ein Reiter des Board Properties Panel. Damit dieses Panel anzeigt wird, darf auf der aktiven Leiterplatte nichts selektiert sein.

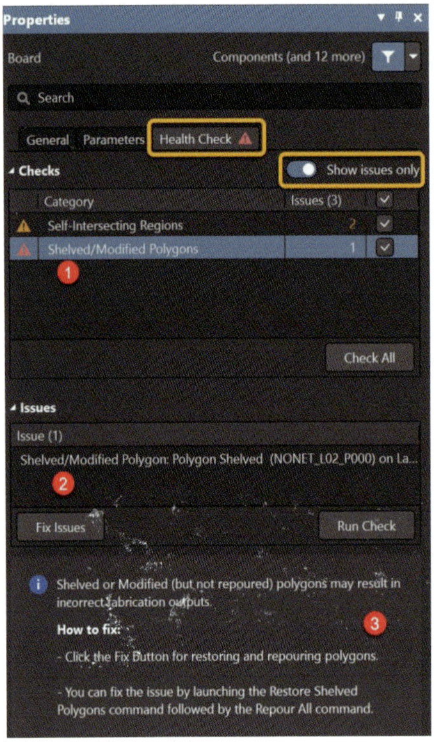

Im Bereich „Checks“ ① werden alle möglichen Prüfungen und erkannten Probleme angezeigt. Aktivieren Sie den Schalter „Show issues only“ um nur noch die Probleme aufzulisten. Ein Klick auf eines der Probleme zeigt die zugehörigen Details im Bereich „Issues“ ② an.

Ganz unten erhalten Sie eine kurze Beschreibung des Problems ③ und wie Sie es beheben können.

Manche Probleme können automatisch behoben werden. In diesem Fall ist die Schaltfläche „Fix Issues“ sichtbar.

ALTIUM DESIGNER®

DRAFTSMAN® DOKUMENTATION DER LEITERPLATTE

Die Leiterplatte kann mit dem Altium® Draftsman® in Form einer technischen Zeichnung dokumentiert werden. Dieses Werkzeug wurde mit der Version 16.1 eingeführt und wird bei der Installation automatisch als Softwareerweiterung mitinstalliert. Vor Einführung des Draftsman® war die Dokumentation darauf beschränkt, was zuvor auf mechanischen oder elektrischen Lagen der Leiterplatte platziert wurde. Mit dem Altium® Draftsman® kann die Dokumentation der Leiterplatte weitgehend unabhängig vom Leiterplattendokument (*.PcbDoc) gestaltet werden.

Folgende Möglichkeiten bietet der Altium® Draftsman®:

- Automatische Übernahme der Zeichnungsdaten aus dem Leiterplattendokument.
- Definition von eigenen Vorlagen (Templates).
- Darstellung der Leiterplatte in 3- bis 5-Seiten Ansicht.
- Ausgabe eines Bestückungsplans, Schnittbild und Lagen der Leiterplatte, sowie Bohrzeichnung und Stückliste.
- Vergrößerte Detailansichten.
- Konfigurierbare Ansicht des Lagenaufbaus.
- Vermaßung der Leiterplatte.
- Elemente zur geometrischen Produktspezifikation.
- Darstellung der Bauteile in 3D direkt aus dem Leiterplattensymbol.

Die Altium® Draftsman® Dokumente haben die Dateiendung *.PCBDwf und können mehrere Zeichnungsseiten enthalten.

Hinweis:
Wenn nach einem Versionswechsel des Altium Designer®s Objekte nicht mehr korrekt angezeigt werden, dann müssen diese neu platziert werden!

Draftsman® Dokumente

Neues Draftsman® Dokument hinzufügen

Ein neues Draftsman® Dokument können Sie auf folgende Arten zum Projekt hinzufügen:

- **File – New – Draftsman Document**

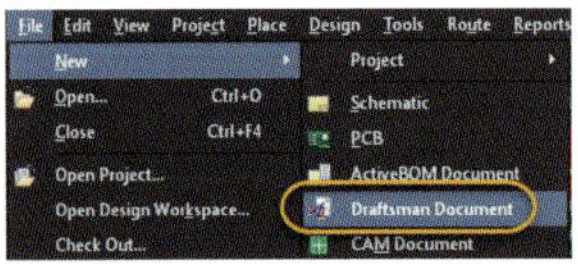

- **Rechtsklick auf Projektnamen:
„Add New to Project – Draftsman Document"**

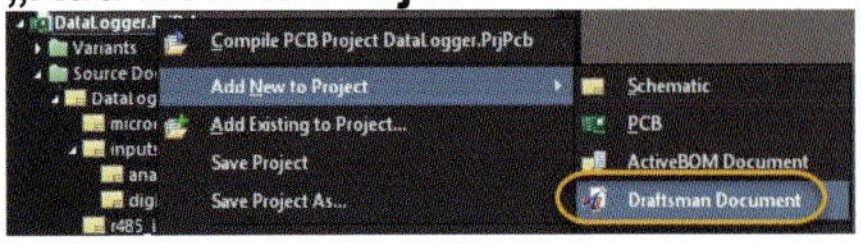

- Beide Möglichkeiten öffnen den „New Draftsman Document“ Dialog:

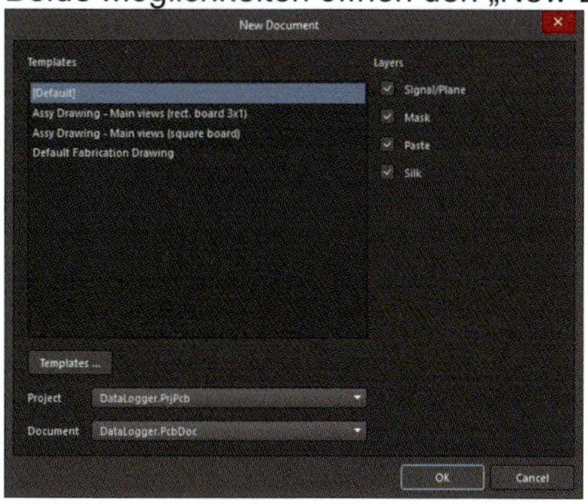

- Wählen Sie zunächst im Bereich „Templates“ die gewünschte Dokumentenvorlage aus. Über die Schaltfläche „Templates...“ gelangen Sie in die Präferenzen und können dort den Pfad für die Draftsman® Vorlagen anpassen. Im Bereich „Templates“ werden alle Dokumentenvorlagen aufgelistet, die sich im eingestellten Pfad befinden. Der Eintrag „[Default]“ erstellt ein leeres Dokument. Die Einträge „Assy Drawing ...“ erstellen Bestückungspläne für eine quadratische oder rechteckige Leiterplatte und der Eintrag „Default Fabrication Drawing“ erstellt die Dokumentation der leeren Leiterplatte inklusive Lagenaufbau und Bohrtabelle.
- Im Feld „Project“ können Sie das Projekt auswählen, zu dem Sie das Dokument hinzufügen möchten. Voreingestellt ist das aktive Projekt.
- Im Feld „Source Document“ wählen Sie das Leiterplattendokument aus, das Sie dokumentieren wollen.
- Im Bereich „Layers“ werden die Lagen der Leiterplatte ausgewählt, die als „Fabrication Drawing“ benutzt werden sollen. Sie erhalten für jede Lage eine eigene Seite im Dokument.

Draftsman® Seite hinzufügen und entfernen

Ein Draftsman® Dokument kann aus mehreren Seiten bestehen. Mit einem Rechtsklick auf eine bestehende Seite können Sie im Kontextmenü mit „Add New Sheet“ eine neue Seite hinter der aktuellen Seite einfügen.

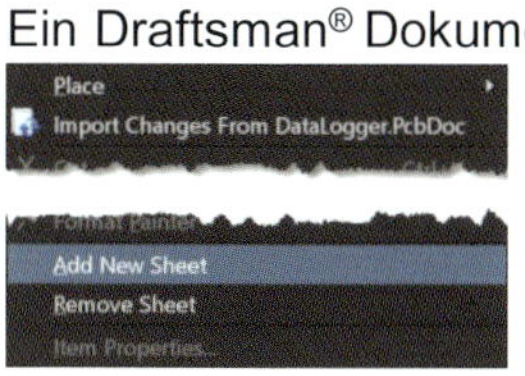

Im gleichen Kontextmenü können Seiten mit „Remove Sheet“ entfernt werden.

Draftsman® Dokumente aktualisieren

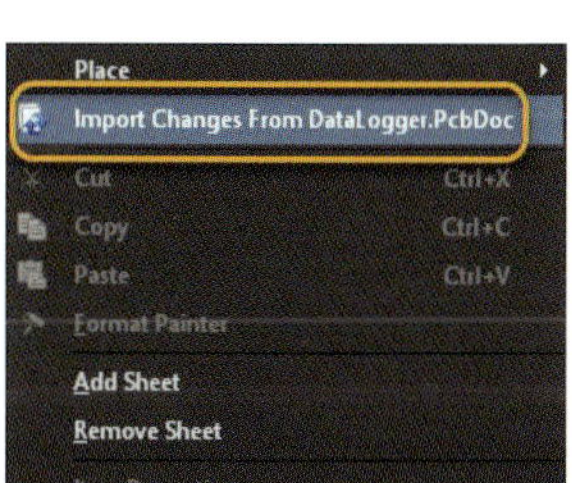

Ändert sich nach der Erzeugung eines Draftsman® Dokuments die zugehörige Leiterplatte, dann muss das Draftsman® Dokument aktualisiert werden. Klicken Sie dazu einfach im entsprechenden Dokument mit der rechten Maustaste in einen leeren Bereich. Im Kontextmenü wählen Sie dann „Import Changes From xxxx.PcbDoc“ (vor Version 19 etwas irreführend „Update Board“).

Draftsman® Dokumenten Optionen

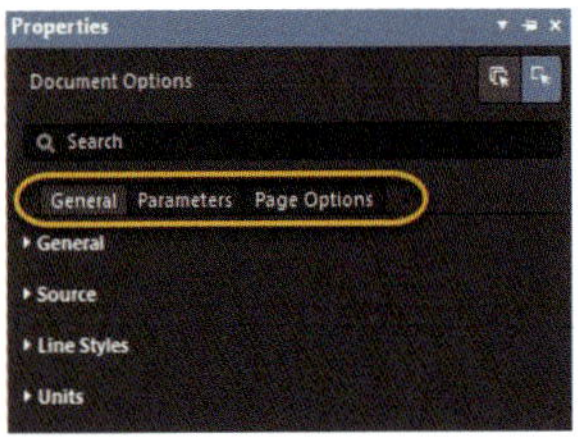

Jedes Draftsman® Dokument hat einen eigenen Satz an Optionen und Parametern.
Wenn keine anderen Objekte selektiert sind, dann werden diese im Properties Panel auf 3 Reitern angezeigt.

General

- **General**
  Neben den Eigenschaften des Rasters, können Sie hier die verwendete Schriftart für dieses Dokument und die Art wie Bestückungsvarianten angezeigt werden sollen einstellen.
- **Source**
  Im Feld „PCB Document“ wird angezeigt bzw. kann ausgewählt werden, auf welchem Leiterplattendokument das Draftsman® Dokument beruht. Im Feld „Variants“ kann die Bestückungsvariante für das gesamte Draftsman Dokument ausgewählt werden, die angezeigt werden soll. Diese Einstellung kann in den einzelnen Zeichnungen (z.B. Board Assembly View) überschrieben werden. Vor der Version 19 können Sie über „Top bzw. Bottom Assembly Layer“ eine mechanische Lage auswählen, welche die Geometrie der Bauteile definiert. Ab der Version 19 wird die mechanische Lage vom Typ „Assembly“ verwendet. Das Feld „Scale“ legt die Skalierung fest für neu platzierte Ansichten. Bereits bestehende Ansichten werden nicht verändert.
- **Line Styles**
  Hier kann die Darstellung verschiedener Linientypen eingestellt werden.

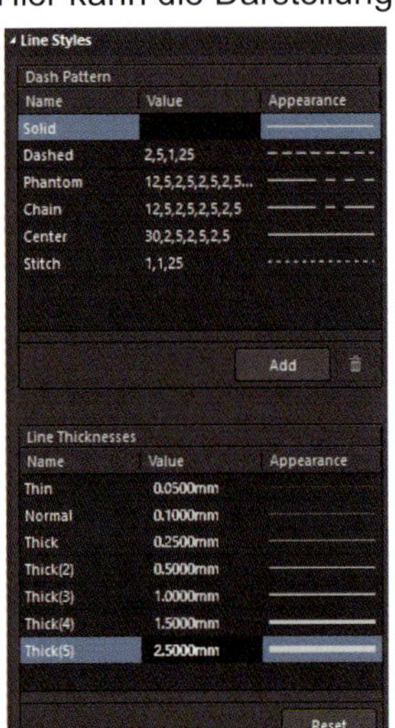

Über „Add“ können Sie eigene Linientypen erstellen. Im Feld „Value“ geben Sie Werte jeweils für die Linie und den Zwischenraum ein. Die Maßeinheit ist 0,1mm. Ein Wert von „30,10“ ergibt Linienstücke mit 3mm und 1mm Zwischenraum.

Im Bereich „Line Thicknesses“ kann die Linienstärke direkt geändert werden. Ein Klick auf „Reset“ stellt den Installationszustand wieder her.

- **Units**
  Hier legen Sie das Einheitensystem (metrisch oder imperial), die primäre und

sekundäre Einheit, die Nachkommastellen und die Darstellung des Dezimaltrennzeichens fest.

Parameter

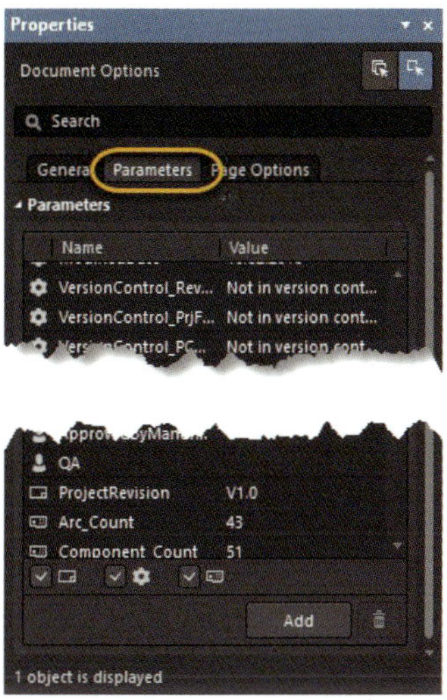

Für jedes Draftsman® Dokument können Sie Parameter definieren. Jeder Parameter hat einen Namen und einen Text (Value). Sie können sich einen Parameter einfach als Platzhalter vorstellen, den Sie in den Draftsman® Dokumenten verwenden können. Jedes neu erstellte Draftsman® Dokument enthält einen von Altium® vordefinierten Satz von Parametern. Diese Parameter werden teilweise automatisch mit Inhalt gefüllt und teilweise muss der Benutzer die Werte eintragen. Über die Auswahlboxen am unteren Rand kann festgelegt werden, welche Parameter verwendet werden sollen. Neben System- und PCB-Parametern können auch Projektparameter verwendet werden. Zusätzlich zu den vordefinierten Parametern, können beliebig viele eigene Parameter über die Schaltfläche „Add…" definiert werden.
Im Draftsman® Dokument können Sie einen Text platzieren mit z.B. folgendem Inhalt „=DrawnBy". Der Altium Designer® ersetzt den Parameternamen automatisch mit seinem Inhalt.

Page Options

Hier können Sie die Eigenschaften eines Zeichenblatts einstellen. Vor der Version 18 erfolgte dies in den „Sheet Properties". Die Einstellungen können auf alle Seiten oder auf die Auswahl in „Current page" wirken.

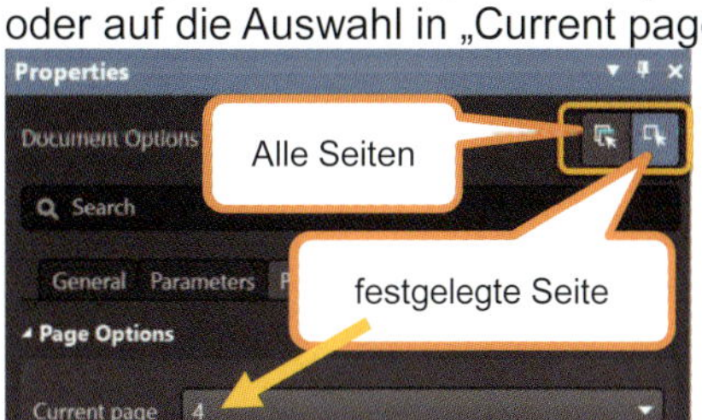

Format und Blattgröße

Im Bereich „Formatting and Size" kann die Blattgröße über „Custom" frei festgelegt werden. „Standard" erlaubt die Auswahl wichtiger Standardgrößen (A0 bis A4) und „Template" bietet eine Auswahl an vordefinierten Vorlagen. Diese Vorlagen liegen im Verzeichnis "C:\ProgramData\Altium\Altium Designer {eindeutige GUID}\Extensions\Draftsman\Templates" und haben die Dateiendung „*.DwsDot". Der Pfad kann in den Draftsman® Präferenzen angepasst werden. Die einzelnen Seiten können unterschiedliche Größen haben.

Ab der Version 20.1 können auch Schaltplanvorlagen verwendet werden.

Ränder und Zonen

Im Bereich „Margins and Zones" werden im Bereich „Margin" die Seitenränder definiert. Über „Vertical" und „Horizontal" legt man fest, in wie viele Referenzzonen das Blatt eingeteilt werden soll. Wünscht man keine Referenzzonen, kann der Haken bei „Show Zones" entfernt werden. Der Ursprung des Zeichenblatts kann über „Origin" definiert werden. Ob die Buchstaben der Referenzzonen in den Spalten oder Zeilen angezeigt werden stellen Sie mit „Letter Position" ein. Das Referenzzonensystem geht über mehrere Zeichenblätter, wenn Sie bei „Iterate Columns Across Sheets" einen Haken setzen.

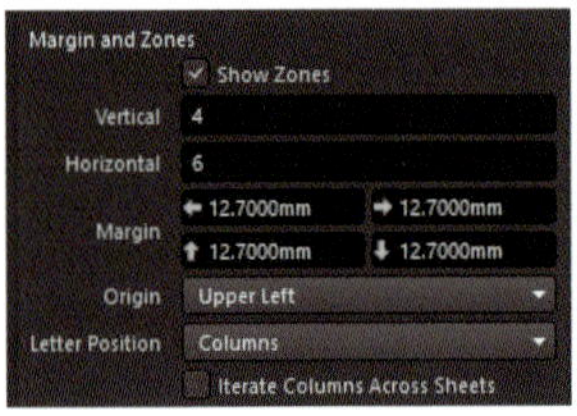

Draftsmanvorlagen

Ein Draftsman® Dokument kann Zeichenblattvorlagen (*.DwsDot) benutzen um z.B. die Blattgröße festzulegen und Dokumentenvorlagen (*.DwfDot) um bestimmte Inhalte vorzudefinieren. Beide Vorlagentypen können aus dem aktuellen Draftsman® Dokument (*.PCBDwf) erzeugt werden, in dem man dieses mit „Save Copy As" oder „Save As" als *.DwsDot oder *.DwfDot Dokument speichert. Nicht kompatible Elemente werden dabei immer entfernt. Deshalb sollte man hier immer mit „File – Save Copy As" abspeichern, sonst wird das Original überschrieben.

Zeichenblattvorlagen (Sheet Templates)

Eine Draftsman® Zeichenblattvorlage definiert folgende Eigenschaften:

- Größe des Zeichenblatts
- Größe der Ränder
- Referenzzonen
- Parameter
- Grafische Objekte (Zeichenkopf, Firmenlogo etc.)

Zeichenblattvorlagen erstellen

- Öffnen Sie eine bestehende Vorlage über den Befehl „File - Open“
- Navigieren Sie zum Ordner in dem sich die Vorlagen befinden. Den Pfad finden Sie in den Präferenzen unter „Draftsman - Templates“.

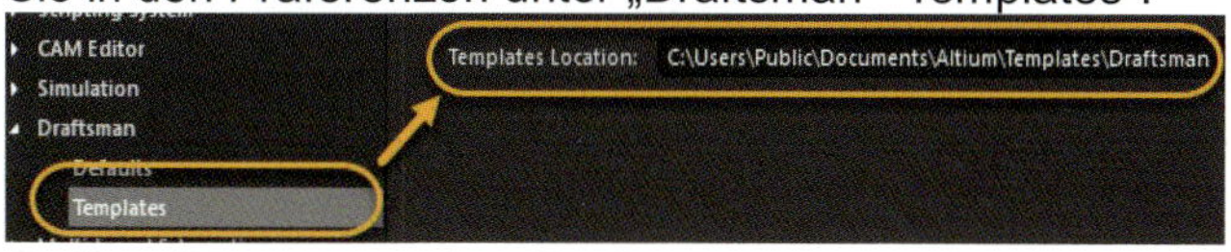

- Stellen Sie unten rechts das Dateitypfilter auf „Altium Draftsman Sheet Templates“ um die Vorlagen zu sehen.

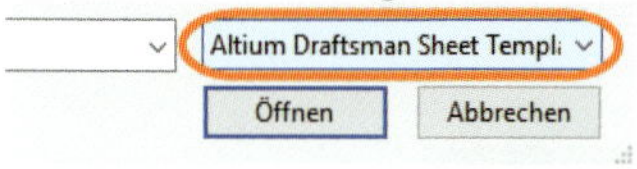

- Wählen Sie die gewünschte Vorlage aus.
- Passen Sie die Vorlage mit Linien, Grafiken, Texten und Parametern an Ihre Bedürfnisse an.
- Wählen Sie „File - Save As“ und stellen Sie den Dateitypfilter auch hier wieder auf „Altium Draftsman Sheet Templates“.

Zeichenblattvorlagen zuweisen

- Klicken Sie mit der linken Maustaste in ein Draftsman® Dokument.
- Öffnen Sie das Properties Panel um die Dokumenteneigenschaften anzuzeigen.
- Auf dem Reiter „Page Options“ klicken Sie im Bereich „Formatting and Size“ auf „Template“.
- Über die Auswahlbox „Template“ können Sie jetzt die gewünschte Vorlage auswählen.

- Wählen Sie oben aus, ob die Vorlage nur für die aktuelle oder für alle Seiten gelten soll.

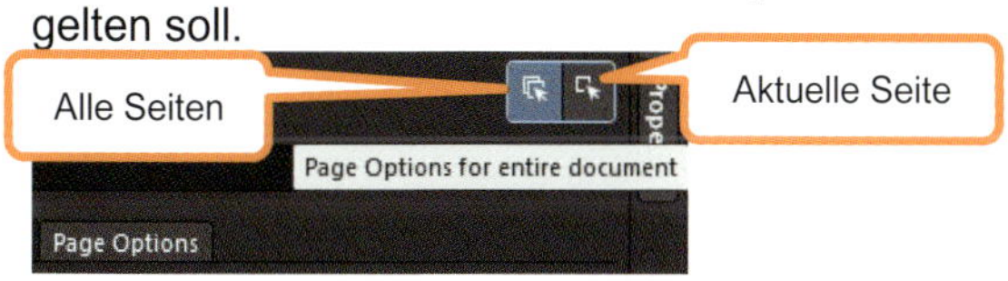

Dokumentenvorlagen (Document Templates)

Eine Dokumentenvorlage definiert den Inhalt eines Draftsman® Dokuments und über eine optionale Zeichenblattvorlage die Eigenschaften der enthaltenen Zeichenblätter. Die Dokumentenvorlage kann keine Objekte enthalten, die von einer konkreten Leiterplatte abhängig sind. Dazu gehören Detailansichten (Board Details View) und Schnittansichten (Board Section View). Diese werden beim Abspeichern automatisch entfernt.

Dokumentenvorlagen erstellen

- Öffnen Sie eine bestehende Vorlage über den Befehl „File - Open“
- Navigieren Sie zum Ordner in dem sich die Vorlagen befinden. Den Pfad finden Sie in den Präferenzen unter „Draftsman® - Templates“.

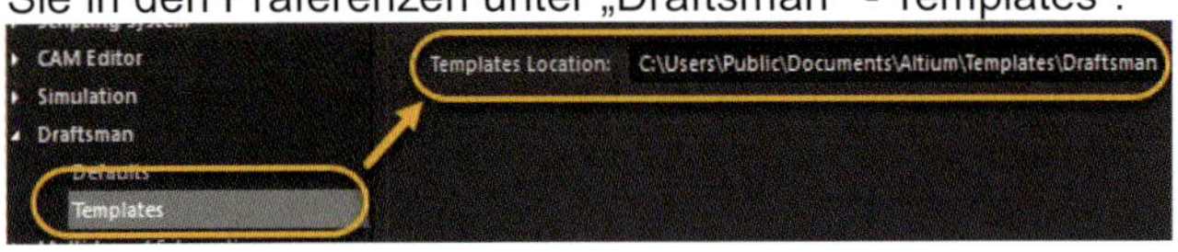

- Stellen Sie unten rechts das Dateitypfilter auf „Altium® Draftsman® Document Templates“ um die Vorlagen zu sehen.

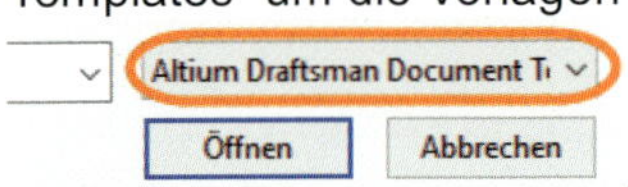

- Wählen Sie die gewünschte Vorlage aus.
- Über den Befehl „Place“ können Sie vordefinierte Ansichten hinzufügen.
- Fügen Sie weitere Seiten hinzu, in dem Sie mit der rechten Maustaste in das Dokument klicken. Im Kontextmenü wählen Sie „Add Sheet“.

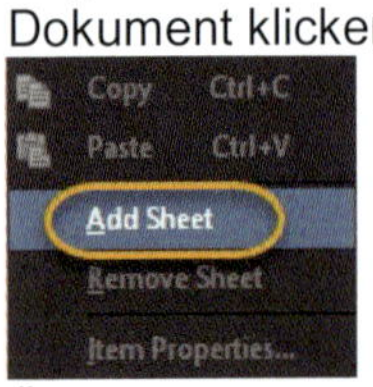

- Über den Befehl „Place“ können Sie auf der neuen Seite weitere vordefinierte Ansichten hinzufügen.
- Wählen Sie „File - Save As“ und stellen Sie den Dateitypfilter auch hier wieder auf „Altium® Draftsman Document Templates“.

Dokumentenvorlagen zuweisen

Eine Dokumentenvorlage wird beim Erzeugen eines neuen Draftsman® Dokuments zugewiesen. Eine Beschreibung finden Sie im Abschnitt „Neues Draftsman® Dokument hinzufügen“.

Das Draftsman® Bookmarks Panel

Das Draftsman® Bookmarks Panel steht zur Navigation von mehrseitigen Draftsman® Dokumenten zur Verfügung. Dieses Panel ist mit dem Projects Panel vergleichbar und zeigt die Struktur der Draftsman® Dokumente in einer Baumansicht an. Für jedes Zeichenblatt werden die Hauptobjekte, wie z.B. Bestückungsplan, Tabellen angezeigt. Grafische Objekte und Vermaßungsobjekte werden nicht im Panel aufgelistet. Ganz oben können über Schaltflächen verschiedene Aktionen ausgeführt werden. Die ersten beiden Schaltflächen „Seiten einzeln anzeigen“ und „Seiten fortlaufend anzeigen“ funktionieren wie folgt. Wenn die Schaltfläche „Seiten einzeln anzeigen“ aktiv ist, dann kann man umschalten in dem man noch einmal auf die Schaltfläche klickt. Danach ist die zweite Schaltfläche „Seiten fortlaufend anzeigen“ aktiv. Dieses Verhalten ist nicht ganz intuitiv.

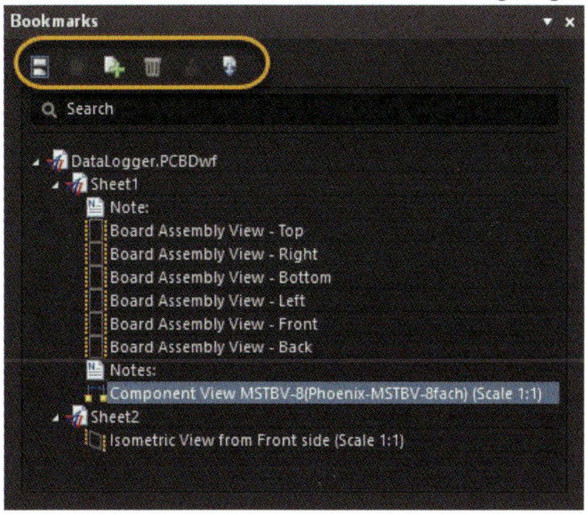

Im Feld „Search“ kann nach bestimmten Begriffen gesucht werden.

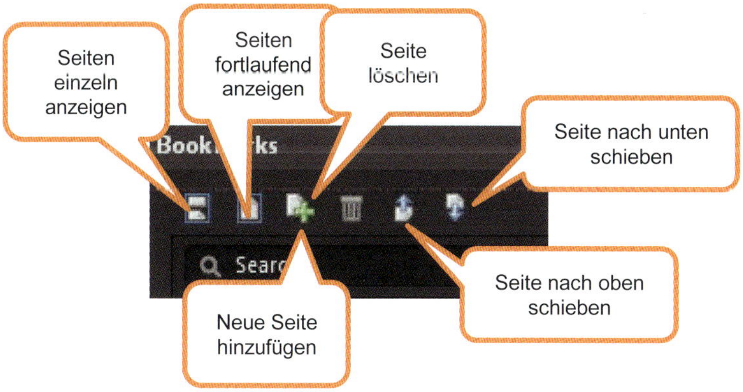

Ein Rechtsklick auf einen Zeichenblatteintrag öffnet ein Kontextmenü. Hier können Sie das Zeichenblatt löschen, seine Zeichenblatteigenschaften anzeigen und ein neues Zeichenblatt hinzufügen.
Ein Rechtsklick auf ein Zeichenblattobjekt öffnet ein Kontextmenü. Hier können Sie das Objekt löschen oder seine Eigenschaften im Properties Panel anzeigen.
Wird ein Objekt im Panel angeklickt, dann wird zum Objekt auf dem Zeichenblatt gezoomt und es wird selektiert. Gleichzeitig werden im Properties Panel die Eigenschaften angezeigt. Klickt man umgekehrt im auf ein Objekt im Zeichenblatt, wird der entsprechende Eintrag im Bookmarks Panel selektiert.

Draftsman® Leiterplattenzeichnungen

Der Altium® Draftsman® stellt eine Reihe von vordefinierten Leiterplattenzeichnungen, sogenannte „Drawing Views“ zur Verfügung. Diese können über den „Place“ Befehl in ein Zeichenblatt eingefügt werden.

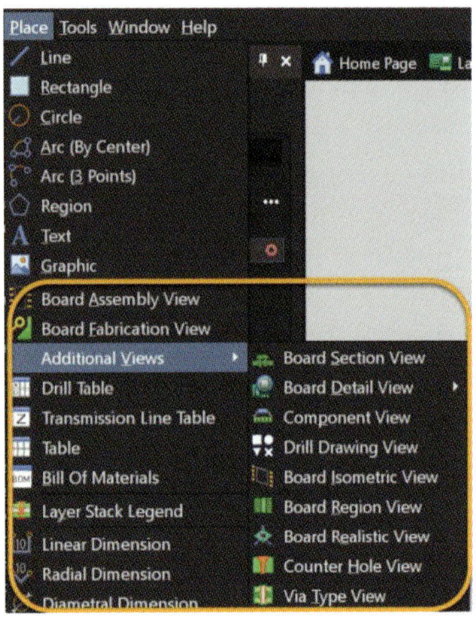

Folgende vordefinierte Zeichnungen stehen zur Auswahl:

- Bestückungsplan (Board Assembly View)
- Produktionszeichnung (Board Fabrication View)
- Schnittzeichnungen (Board Section View)
- Detailzeichnungen (Board Detail View)
- Komponentenzeichnung (Component View)
- Bohrzeichnung (Drill Drawing View)
- Isometrische Darstellung der Leiterplatte (Board Isometric View)
- Zeichnung einer Starr-Flex Leiterplatte (Board Region View)
- Realistische 3D Zeichnung (Board Realistic View)
- Darstellung von Senkungen (Counter Hole View)
- Darstellung von Durchkontaktierungen (Via Type View)
- Dokumentation des Lagenaufbaus (Layer Stack Legend)

Diese Zeichnungen können über das Draftsman® Properties Panel bearbeitet werden.
Das Properties Panel wird geöffnet, in dem man auf eine Zeichnung doppelklickt oder über die „Panels“ bzw. vor Version 18 „Properties“ Schaltfläche rechts unten in der Statusleiste.

Objekte auf einer Draftsman® Zeichnung können mit Copy & Paste kopiert werden.
- Selektieren Sie das gewünschte Objekt.
- Strg – C startet den Kopierbefehl.
- Wählen Sie einen Referenzpunkt am Objekt.
- Strg – V fügt eine Kopie des Objekts ein.

Bestückungsplan (Board Assembly View)

Mit dem Befehl „**P**lace – Board **A**ssembly View“ kann ein Bestückungsplan auf einer Zeichnungsseite platziert werden. Der Bestückungsplan enthält die Leiterplattenkontur, alle Aussparungen und Bohrungen, sowie den Umriss aller Komponenten mit ihren Referenzbezeichnern. Neben der Draufsicht und Sicht von unten auf die Leiterplatte können zusätzlich die rechte und linke Seitenansicht und die Vorder- und Rückansichten platziert werden.

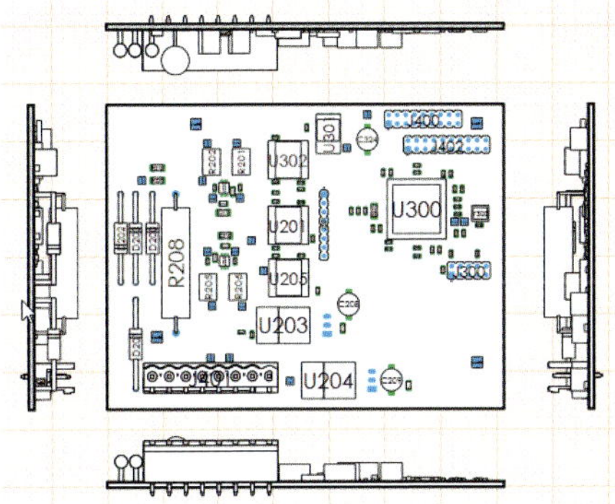

Die Informationen über den Umriss der Komponenten extrahiert der Draftsman® aus den 3D Modellen der Komponenten. Sind diese nicht vorhanden, verwendet er den Bestückungsdruck. Sollte auch der nicht vorhanden sein, dann legt er ein Rechteck über die Komponente so dass alle Kupferflächen enthalten sind. Die Vorder-, Rück- und Seitenansichten sind nur sinnvoll, wenn 3D Modelle vorhanden sind.
Die Darstellung des Bestückungsplans kann über das „Draftsman® Properties Panel“ angepasst werden. Ein Doppelklick auf den Bestückungsplan öffnet dieses Panel.
Folgende Eigenschaften können angepasst werden:

- **Scale**
  In der Auswahlbox „Scale“ können verschiedene Standardskalierungen, z.B. 1:1, 1:2, 2:1 etc., ausgewählt werden. Setzt man einen Haken bei „Use Custom Scale“ kann ein beliebiger Skalierungsfaktor eingetragen werden.
- **Title**
  Hier kann der Bestückungsplan mit einer Überschrift versehen werden. Über das Augensymbol kann die Überschrift ausgeblendet werden. Der Text kann Parameter (Special Strings), z.B. =ViewScale oder =ViewSide, enthalten. Über „Font“ kann die Schriftart eingestellt werden. Ein Haken bei „Use Document Font“ verwendet die Schriftart aus den Dokumentenoptionen. Die Überschrift lässt sich frei positionieren.
- **Style**
  Im Bereich „Style“ kann die Darstellung der Linien für die Leiterplattenkontur und die Umrisse der Komponenten eingestellt werden.
- **Font**
  Die Schriftart der Referenzbezeichner kann über „Font“ eingestellt werden. Die beiden Felder „Font Size (Min/Max)“ legen den Bereich fest innerhalb dem die Größe der Referenzbezeichner automatisch angepasst werden darf. Ein Haken bei „Use Document Font“ verwendet die Schriftart aus den Dokumentenoptionen.

- **Properties**
  Der Bereich „Properties" legt weitere Eigenschaften fest. Über die Auswahlbox „View Side" lässt sich die gewünschte Ansicht (von oben, unten, links, rechts, vorne oder hinten) einstellen.
  In der Auswahlbox „Rotation" (vor Version 18 ganz oben im Bereich „Position") kann der Bestückungsplan um 0°, 90°, 180° oder 270° gedreht werden.
  „Display holes" legt fest welche Bohrungen angezeigt werden.
    - None: Es werden keine Bohrungen angezeigt.
    - All: Alle Bohrungen werden angezeigt.
    - Pads Only: Nur Bohrungen in Anschlussflächen werden angezeigt.
    - Minimum diameter only: Nur Bohrungen die größer sind als „Minimum Diameter" werden angezeigt.

  Unter „Variation" kann die gewünschte Bestückungsvariante für den Bestückungsplan ausgewählt werden. Nicht bestückte Komponenten werden dann wie in den Draftsman® Document Options eingestellt dargestellt.
  „Component Caption" legt fest ob die Referenzbezeichner oder die Positionen der Komponenten in der Draftsman® Stückliste angezeigt werden. Aus der Liste „Show Silkscreen" kann ausgewählt werden, wie der Bestückungsdruck der Leiterplatte (Top und Bottom Overlay) angezeigt werden soll.
    - None: Zeigt Top und Bottom Overlay nicht an.
    - With Components: Zeigt Top und Bottom Overlay komplett an.
    - Without Components: Zeigt nur an was nicht zu Komponenten gehört.

  Die Farbe des Bestückungsdrucks kann über das Farbfeld gewählt werden.
  Ein Klick auf die „Components" Schaltfläche öffnet den „Component Display Properties Dialog" (siehe unten) um die Anzeigeoptionen für die Komponenten zu setzen.
- **Show additional data**
  Hier können Sie, getrennt nach SMD und bedrahtet (Through-Hole), festlegen ob die Kupferanschlussflächen angezeigt werden sollen. Zusätzlich können Sie hier das Kupfer, die Lötstopp- und Pastenmasken einblenden. Zusätzlich lässt sich die Farbe dieser Objekte festlegen.
- **Component Display Properties**
  Die Einstellungen wirken auf alle Bauteile gemeinsam. Sollen nur die Eigenschaften eines Bauteils geändert werden, dann muss dieses mit Linksklick selektiert wurde. Die Einstellungen können dann nur diese Komponente oder mit einem Häkchen bei „Apply changes to all instances of same BOM" für alle identischen Bauteile aus der Bibliothek gemeinsam vorgenommen werden. Die Referenzbezeichner können jetzt frei positioniert werden. Wählen Sie dazu im Feld „Designator Location" zunächst „Manual" aus. Jetzt können Sie mit gedrückter Strg-Taste mit der Maus den Referenzbezeichner beliebig verschieben und die „Designator Font Size" anpassen. Wenn Sie nicht zunächst „Manual" aktivieren, können Sie trotzdem den Referenzbezeichner wie beschrieben verschieben. „Designator Location" wird dann automatisch auf „Manual" gesetzt.
  Hinweis: Das manuelle Verschieben von Referenzbezeichnern funktioniert in der Version 22 nur, wenn das Draftsman® Dokument auch in Version 22 erstellt wurde!

Auf dem Reiter „Layers" könen Sie mit einem Klick auf das Augensymbol beliebige mechanische Lagen zum Bestückungsplan hinzufügen.

Der „Component Display Properties Dialog“

Dieser Dialog legt fest, wie die Bauteile im Bestückungsplan angezeigt werden. Der Dialog wird durch einen Klick auf die Schaltfläche „Components“ Im Eigenschaftenpanel des Bestückungsplans gestartet.

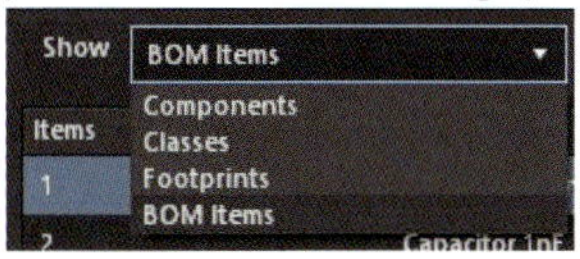

Über die Auswahlbox „Show“ kann festgelegt werden, wie die Komponenten im Dialog angezeigt werden.

Folgende Ansichten sind möglich:

- **Components**
  Die Komponenten werden nach dem Referenzbezeichner sortiert angezeigt. Es können die Darstellungsoptionen für jede Komponente eingestellt werden.
- **Classes**
  Es werden die definierten Komponentenklassen angezeigt. . Es können die Darstellungsoptionen für die Komponenten einer Klasse geändert werden.
- **Footprints**
  Es werden die verwendeten Leiterplattensymbole (Footprints) angezeigt. Es können die Darstellungsoptionen für jeden Footprint eingestellt werden.
- **BOM Items**
  Die Komponenten werden nach dem Bezeichner in der Draftsman® Stückliste sortiert angezeigt. Es können die Darstellungsoptionen für jede Komponente eingestellt werden.

Der „Component Display Properties Dialog“ besteht aus den Reitern „Geometry“ und „Parameters“.

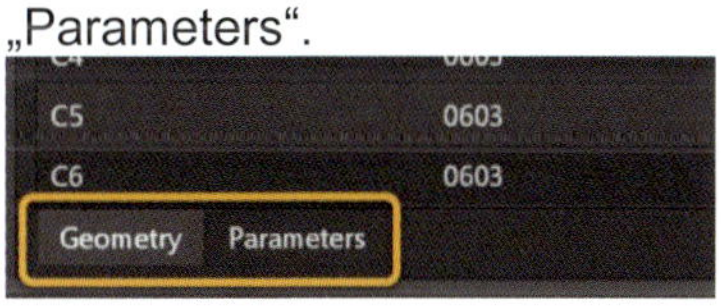

Folgende Darstellungsoptionen können auf dem Reiter „Geometry“ eingestellt werden:

- **Visible**
  wird der Haken entfernt, dann wird die Komponente nicht angezeigt.
- **Geometry Source**
  Dieses Feld legt fest, aus welcher Quelle der Draftsman® die Darstellung der Komponente im Bestückungsplan ableitet.
  - **Default**
    entsprechend der Priorität 3D Modell, Bestückungsdruck, umschließendes Rechteck.
  - **Body Projection**
    verwendet das 3D Step Modell (falls vorhanden).
  - **Body Projection Simple**
    verwendet das einfache 3D Modell (Extruded, Zylinder, Kugel falls vorhanden).
  - **Silk Screen**
    verwendet den Bestückungsdruck (Top / Bottom Overlay).

- **Bounding Box**
  Das Rechteck, das die Anschlussflächen umschließt.
- **Assembly Drawing**
  Verwendet die Informationen auf den mechanischen Lagen, die auf der Leiterplatte als Component Layer Pair mit dem Typ „Assembly" definiert wurden. Vor der Version 19 ist es die mechanische Lage, die in den Document Options unter „Top Assembly Layer" eingetragen ist.

- **Color**
  legt die Farbe der Komponente fest.
- **Reference Marker Display**
  legt fest ob der Referenzpunkt der Komponente dargestellt wird.
- **Hatching Pattern**
  legt die Schraffur fest, mit der eine Komponente im Schnittbild dargestellt wird.

Auf dem Reiter „Parameters" befinden sich die Einstellungen für den Referenzbezeichner (Designator) und zusätzliche Parameter. Über „Add Parameter" oben rechts können weitere Parameter hinzugefügt werden.

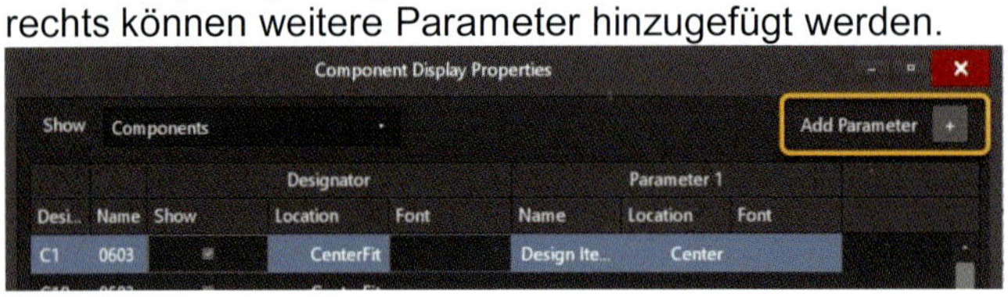

Folgende Darstellungsoptionen können eingestellt werden:

- **Show**
  ändert die Sichtbarkeit des Referenzbezeichners.
- **Name**
  legt fest, welcher Parameter einer Komponente angezeigt werden soll. Beim Referenzbezeichner handelt es sich immer im den Namen des Footprints.
- **Location**
  legt fest, wo der Referenzbezeichner bzw. Parameter angezeigt wird. In der Standardeinstellung „Center Fit" wird er in der Mitte der Komponente angezeigt und skaliert.
- **Font**
  falls nicht „Center Fit" gewählt wurde, kann hier ein Zeichensatz und die Schriftgröße für den Referenzbezeichner bzw. Parameter eingestellt werden.

Selektiert man mehrere Komponenten in der Ansicht, dann können die Optionen gemeinsam geändert werden. Bewegt man die Maus über einen Spaltenkopf, erscheint rechts oben ein kleines Dreieck. Über dieses Dreieck kann eine Filterung erfolgen.

Board Realistic View

Mit dem Befehl „**P**lace – Additional **V**iews – Board R**e**alistic View" kann eine realistische 3D Ansicht der Leiterplatte auf einer Zeichnungsseite platziert werden. Es können mehrere Ansichten mit unterschiedlichen Eigenschaften platziert werden.

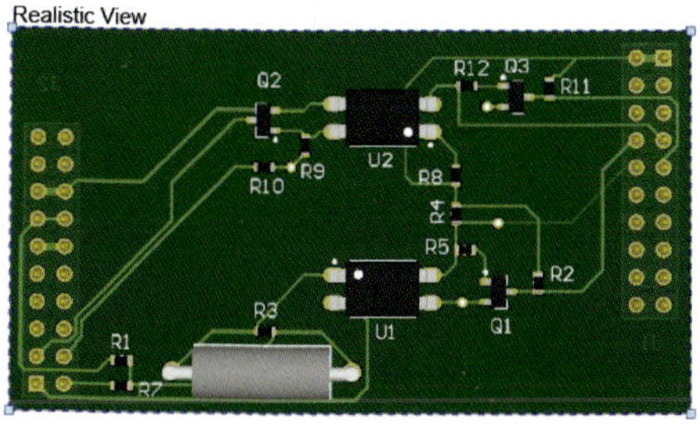

Die Darstellung kann über das „Draftsman® Properties Panel" angepasst werden. Ein Doppelklick auf die Zeichnung öffnet dieses Panel.
Folgende Eigenschaften können angepasst werden:

- **Size**
  Es können die Höhe und Breite eingestellt werden. Ein Häkchen bei „Maintain Aspect Ratio" sorgt dafür, dass das Seitenverhältnis erhalten bleibt.
- **Title**
  Hier kann die Zeichnung mit einer Überschrift versehen werden. Über das Augensymbol kann die Überschrift ausgeblendet werden. Der Text kann Parameter (Special Strings), z.B. =ViewScale oder =ViewLayerName, enthalten. Über „Font" kann die Schriftart eingestellt werden. Ein Haken bei „Use Document Font" verwendet die Schriftart aus den Dokumentenoptionen.
- **Properties**
  Im Bereich „Properties" können folgende Einstellungen vorgenommen werden:
  - **Rotation**
    Hier legen Sie die Rotation der Ansicht in 90° Schritten fest.
  - **Variation**
    Wählen Sie hier die Bestückungsvariante, die angezeigt werden soll.
  - **Resolution (DPI)**
    Hier können Sie die Auflösung in DPI (Dots Per Inch) angeben. Der minimale Wert ist 75dpi, der voreingestellte Wert ist 300dpi.
  - **View**
    Auswahl der Blickrichtung. Neben „Top" und „Bottom" kann über „Custom" eine beliebige Richtung gewählt werden. Hierzu definiert man zunächst auf der Leiterplatte im 3D Modus die gewünschte Ansicht. Im Draftsman® klicken Sie dann auf „Take Current Camera Position" um diese Ansicht zu übernehmen. Damit lassen sich auch ganz oder teilweise gefaltete Starr-Flex Leiterplatten darstellen.
  - **View Configuration**
    Ein Klick auf „Take Current View Configuration" übernimmt die Werte, die man im „View Configurations Panel" auf der Leiterplatte definiert hat. Damit kann man z.B. die Farbe des Lötstopplacks anpassen.

- **Signal Layer Font und Color**
  Legt die Schriftart und die Textfarbe fest für alle Kupferlagen.
- **Dielectric Layer Font und Color**
  Legt die Schriftart und die Textfarbe fest für die Kerne und Prepregs fest.
- **Relation Width**
  „Relation Width" legt den Abstand zwischen grafischen Darstellung der Lagen und der Texttabelle fest.
- **Layer Info**
  Ein Klick auf diese Schaltfläche öffnet den „Layer Information Dialog".

- **Units**
  - **Show Unit Names**
    Blendet die Einheiten „mm" bzw. „mil" ein oder aus.
  - **Units**
    Auswahl ob die Einheiten in „mm" oder „mil" bzw. gemeinsam angezeigt werden sollen.
  - **Primary und Dual Precision**
    Hier wird festgelegt mit wie vielen Nachkommastellen die Zahlen angezeigt werden.

Die Skalierung der Lagenbreite bzw. -höhe erfolgt über „Width" in der Breite und über „Min/Max Layer Height" in der Höhe.

Der „Layer Information Dialog"

Mit dem „Layer Information Dialog" kann die grafische Darstellung des Lagenaufbaus und der Inhalt der Tabelle angepasst werden.

Die Tabellenfelder können bearbeitet werden, in dem man zweimal in das Feld klickt (kein Doppelklick!) oder die Taste F2 drückt. Um Farben und Muster zu ändern, muss die entsprechende Lage zunächst oben ausgewählt werden. Die Änderungen lassen sich dann unten im Bereich „Pattern" vornehmen.

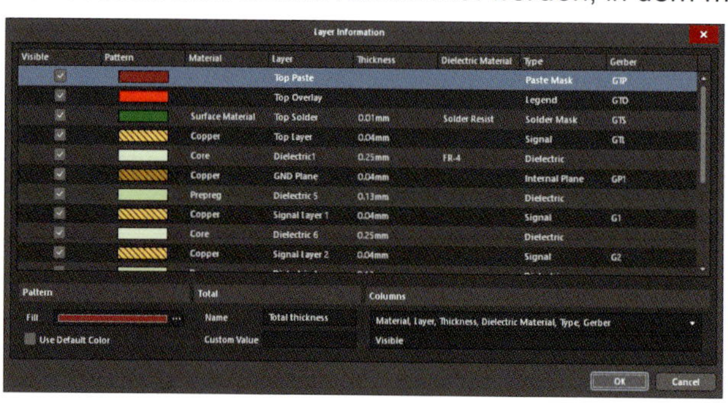

Im Bereich „Total" kann unter „Name" der Standardtext „Total thickness" geändert werden. Mit „Custom Value" kann die Leiterplattendicke beliebig angegeben werden. Ist hier nichts angegeben, dann werden die Werte der Spalte „Thickness" addiert und angezeigt.

Im Bereich „Columns" können Spalten ein- und ausgeblendet werden. Mit „Create New Column" können eigene neue Spalten hinzugefügt werden.

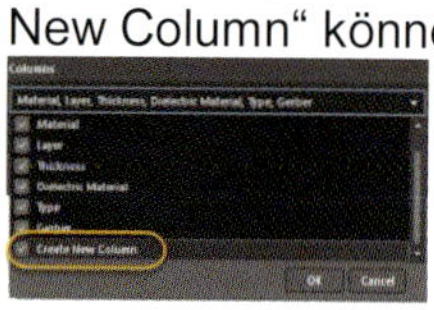

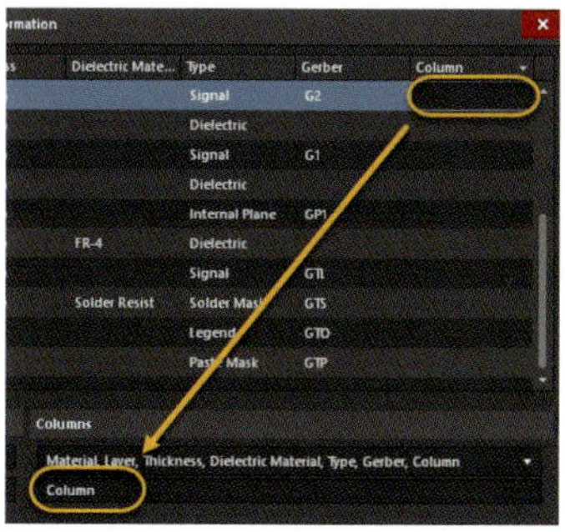

Die neue Spalte bekommt als Überschrift „Column". Um die Überschrift zu ändern klicken Sie zunächst in der Tabelle in eine Zelle der Spalte „Column". Im „Columns" Bereich unten können Sie jetzt die Überschrift ändern. Auf diese Weise können auch die vordefinierten Spaltenüberschriften angepasst werden.

Sie können die physikalische Lagennummer einblenden. Wählen Sie hierzu im Bereich „Columns" den Eintrag „#".

Bill Of Materials

Mit dem Befehl „**P**lace – **B**ill Of Materials" kann eine Stückliste auf einer Zeichnungsseite platziert werden.

Die Darstellung der Stückliste kann über das „Draftsman® Properties Panel" angepasst werden. Ein Doppelklick auf die Stückliste öffnet dieses Panel. Das Panel besteht aus zwei Reitern „General" und „Columns".

Bill Of Materials

Line #	Designator	Comment	Quantity
1	C1, C3, C7, C8, C10-C12	100n	7
2	C2, C4, C9	1n	3
3	C5, C6	22p	2
4	J1	MSTBV-4	1
5	J21	HDR 2X5	1
6	J3-J5	MSTBV-8	3
7	J6	MKDS-2/3.5	1
8	L1	FB	1
9	R1-R13	10K	13
10	R14, R16	1k	2
11	R15	150R	1
12	RN1, RN2	8x10k	2
13	TP1-TP6		6
14	U1	Atmega644P-DIL40	1
15	U2	MAX707	1
16	U3, U4	MAX494	2
17	U5, U6	PCF8574A	2
18	U7	MAX485	1
19	X1	20MHz	1

Folgende Eigenschaften können auf dem Reiter „General“ angepasst werden:

- **Title**
  Hier kann die Stückliste mit einer Überschrift versehen werden. Über das Augensymbol kann die Überschrift ausgeblendet werden. Der Text kann keine Parameter (Special Strings) enthalten. Über „Title Font“ und „Title Color“ kann die Schriftart und die Textfarbe eingestellt werden. Ein Haken bei „Use Document Font“ verwendet die Schriftart aus den Dokumentenoptionen. Die Überschrift lässt sich frei positionieren.
- **Properties**
  Im Bereich „Properties“ können folgende Einstellungen vorgenommen werden:
  - **Table Line Style**
    Festlegen der Linienart, -breite und -farbe.
  - **Even und Non-Even Row Color**
    Farbe der gerad- und ungeradzahligen Zeilen
  - **Use Document Font**
    Ein Haken verwendet die Schriftart aus den Dokumentenoptionen.
  - **Font und Textcolor**
    Sitzt bei „Use Document Font“ kein Haken kann hier die Schriftart und die Textfarbe eingestellt werden.
  - **Table Header Bottom**
    Blendet die Tabellenüberschriften unterhalb der Tabelle ein.
  - **Data Source**
    Quelle der Stücklistendaten. Zur Auswahl steht „Project“ oder „Board“.
    Bei der Auswahl „Projekt“ sind auch alle selbstdefinierten Parameter der Bauteile verfügbar.
  - **Assembly View**
    Unter „Assembly View“ kann festgelegt werden, für welchen Bestückungsplan die Stückliste angezeigt werden soll. Die Auswahl „All“ zeigt die Stückliste für alle Bestückungspläne gemeinsam.

    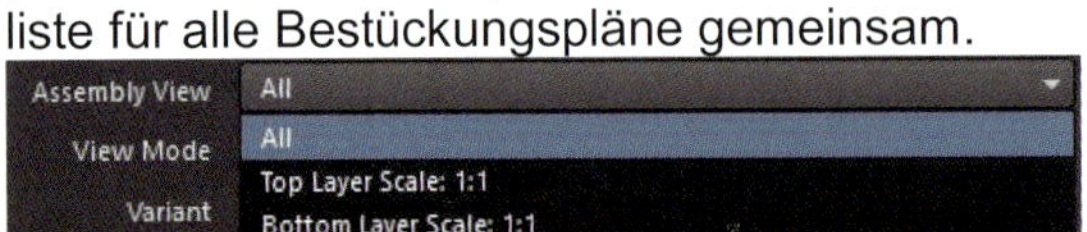

    Der Text, der in der Auswahlliste angezeigt wird ist der „Title“ des entsprechenden Bestückungsplans. Wenn dieser nicht vorhanden ist, dann wird eine leere Zeile angezeigt und die Auswahlliste erscheint leer!
  - **View Mode**
    Zeigt verschiedene Ansichten der Stückliste

    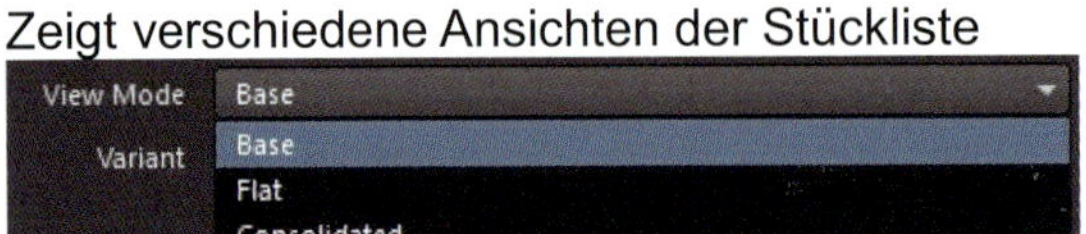

    - **Base**
      Die Bauteile werden zusammengefasst
    - **Flat**
      Die Bauteile werden einzeln aufgeführt
    - **Consolidated**

- **Variant**
  In dieser Auswahlbox kann ausgewählt werden, für welche Bestückungsvariante die Stückliste angezeigt werden soll.
- **Show Components**
  In dieser Auswahlliste kann ausgewählt werden, welche Bauteile einer Bestückungsvariante angezeigt werden soll.
  - **Fitted**
    Es werden nur die bestückten Bauteile angezeigt
  - **All**
    Alle Bauteile werden angezeigt
  - **Not Fitted**
    Es werden nur die nicht bestückten Bauteile angezeigt
  - **Replaced**
    Es werden nur alternative Bauteile angezeigt

- **Pages**
  Eine Stückliste kann in mehrere Teiltabellen aufgeteilt werden. Die Teiltabellen werden mit „**P**lace – **B**ill Of Materials“ einzeln platziert.
  - **BOM table ID**
    Zusammengehörige Teiltabellen werden mit der gleichen ID gekennzeichnet.
  - **Limit Page Height**
    Falls aktiviert, wird die Tabellenhöhe auf den Wert in „Max Page Height, mm“ begrenzt. Wenn die Tabelle geteilt werden soll, dann muss diese Einstellung aktiviert werden.
  - **Max Page Height, mm**
    Wert auf den die Tabellenhöhe begrenzt wird. Um die Tabelle zu teilen muss hier ein Wert stehen, der kleiner ist als für die Darstellung notwendig ist.
  - **Page**
    Sind beide zuvor genannten Bedingungen erfüllt, dann kann hier die Teiltabelle gewählt werden.

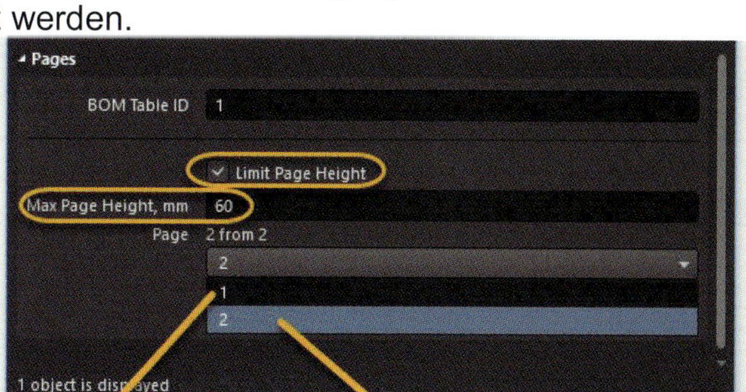

Bill Of Materials

Line #	Designator	Comment	Quantity
1	C1, C3, C7, C8, C10-C12	100n	7
2	C2, C4, C9	1n	3
3	C5, C6	22p	2
4	J1	MSTBV-4	1
5	J21	HDR 2X5	1
6	J3-J5	MSTBV-8	3
7	J6	MKDS-2/3.5	1
8	L1	FB	1
9	R1-R13	10K	13
10	R14, R16	1k	2
11	R15	150R	1

Bill Of Materials

Line #	Designator	Comment	Quantity
12	RN1, RN2	8x10k	2
13	TP1-TP6		6
14	U1	Atmega644P-DIL40	1
15	U2	MAX707	1
16	U3, U4	MAX494	2
17	U5, U6	PCF8574A	2
18	U7	MAX485	1
19	X1	20MHz	1

Auf dem Reiter „Columns“ kann festgelegt werden, welche Spalten angezeigt werden sollen. Über die Schaltflächen „Move Left“ und „Move Right“ können die Spalten in der Stückliste angeordnet werden. Sein volles Potential schöpft die Stückliste erst aus, wenn man im Projekt eine ActiveBOM® hat. Dann sind alle Parameter in der Stückliste verfügbar. Näheres zur ActiveBOM® finden Sie im Kapitel „ActiveBOM®“[5] .

Vermaßung

Der Altium® Draftsman® unterstützt die Vermaßung von Bestückungsplänen, Schnittzeichnungen und Darstellungen einzelner Lagen der Leiterplatte („Fabrication Views“).

Lineare Vermaßung

Die lineare Vermaßung erlaubt die Vermaßung der Umrisslinien von Objekten und der Abstände zwischen Objekten.

Umrisslinien vermaßen:

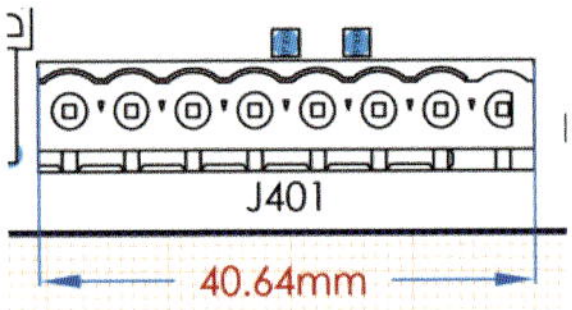

- **P**lace – Linear Dimension
- Es erscheint ein kleines 90° Kreuz.
- Wenn Sie dieses Kreuz über eine Umrisslinie bewegen, wird die Linie farbig und dick dargestellt.
- Klicken Sie auf die gewünschte Linie.
- Wenn Sie die Maus von der Linie weg bewegen, erscheinen die Maß- und Maßhilfslinien. Die Position der Maßzahl lässt sich ebenfalls mit der Maus festlegen.
- Klicken Sie mit linken Maustaste um die Vermaßung abzuschließen.
- Die rechte Maustaste beendet den Befehl.

Abstände vermaßen:

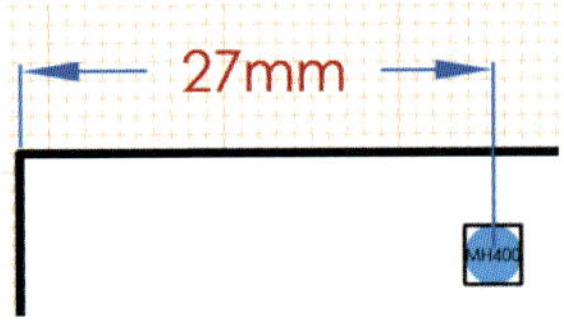

- **P**lace – Linear Dimension
- Es erscheint ein kleines 90° Kreuz.
- Wenn Sie dieses Kreuz über einen Eckpunkt oder den Mittelpunkt einer Bohrung bewegen, erscheint ein dicker farbiger Punkt.
- Klicken Sie auf diesen Punkt.
- Wählen Sie einen zweiten Punkt aus.

[5] Siehe (Moser, Altium Designer® Praxis-Handbuch Teil 2, 2024)

- Wenn Sie die Maus weg bewegen, erscheinen die Maß- und Maßhilfslinien. Die Position der Maßzahl lässt sich ebenfalls mit Maus festlegen.
- Klicken Sie mit linken Maustaste um die Vermaßung abzuschließen.
- Die rechte Maustaste beendet den Befehl.

Die Darstellung der linearen Vermaßung kann über das „Draftsman® Properties Panel“ angepasst werden. Ein Doppelklick auf ein Vermaßungsobjekt öffnet dieses Panel.
Folgende Eigenschaften können angepasst werden:

- **Style**
  Hier können Einstellungen für die Maßpfeile und die Maß- und Maßhilfslinien vorgenommen werden.

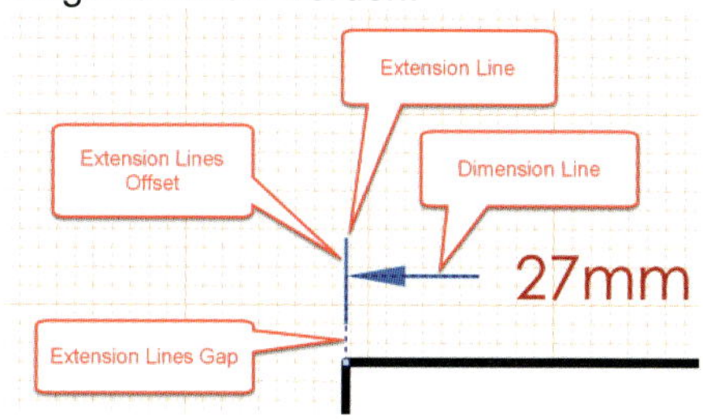

- **Properties**
  - **Text Position**
    Mit „Text Position“ legen Sie fest, ob die Maßzahl auf der Linie oder zwischen der Linie dargestellt wird.
  - **Arrow Position**
    Mit „Arrow Position“ wird die Position der Maßpfeile festgelegt.
  - **Additional Line**
    In diesem Feld kann die Vermaßung mit einem zusätzlichen Text versehen werden. Um den Text anzuzeigen klicken Sie das Augensymbol hinter dem Eingabefeld.
  - **Extension Line Gap und Offset**
    Hier können Einstellungen für die Maßhilfslinien vorgenommen werden (siehe Bild).
- **Units**
  Auswahl ob die Einheiten in „mm“ oder „mil“ angezeigt werden sollen.
  Mit einem Klick auf das Augensymbol kann festgelegt werden, ob die Einheit angezeigt wird oder nicht. Vor der Version konnte man dies über „Show Unit Names“ festlegen. Die Einheiten werden in „Primary Units“ und „Dual Units“ eingestellt.
- **Value**
  Im Feld „Value“ wird der aktuelle Wert angezeigt. Setzt man bei „Override Value with“ einen Haken kann ein beliebiger Wert eingetragen werden. Es können weitere Einstellungen für den Text vorgenommen werden.
  - **Use Document Font**
    Ein Haken verwendet die Schriftart aus den Dokumentenoptionen.
  - **Font und Textcolor**
    Sitzt bei „Use Document Font“ kein Haken kann hier die Schriftart und die Textfarbe eingestellt werden.

- **Prefix**
  Text, welcher der Maßzahl vorangestellt wird.
- **Suffix**
  Text, welcher der Maßzahl (inkl. Einheit) nachgestellt wird.

- **Tolerance**
  In diesem Bereich kann die Vermaßung mit einer Toleranz versehen werden. Unter „Tolerance Type“ kann die Art der Toleranz ausgewählt. Neben „None“ (keine Toleranzangaben) können die im Bild gezeigten Typen „Symmetric“, „Bilateral“ und „Limit“ gewählt werden. Die eigentlichen Toleranzwerte werden in die Felder „Positive Tolerance“ und „Negative Tolerance“ eingetragen.

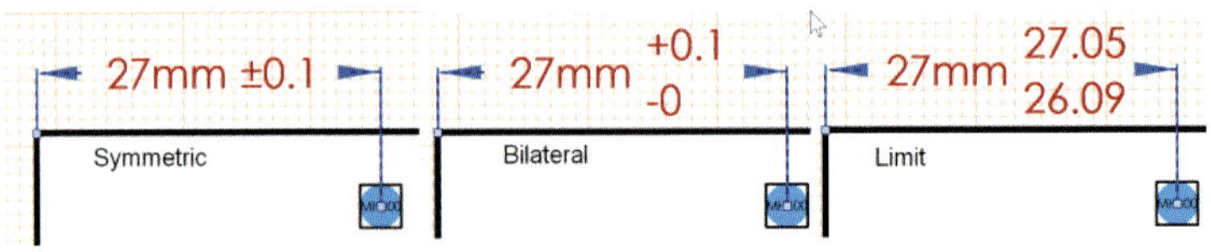

- **Precision**
  Mit „Value Precision“ und „Tolerance Precision“ kann die Anzahl Nachkommastellen für „Value“ und „Dual Value“ getrennt festgelegt werden.

Vermaßung auf gemeinsame Bezugslinie

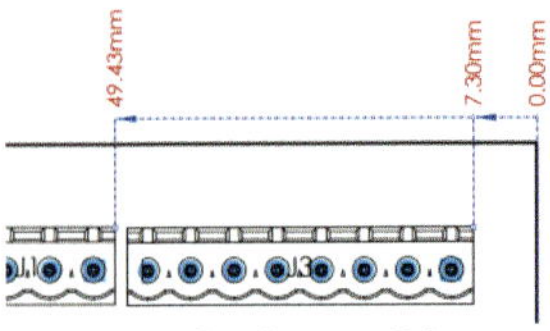

Place – Ordinate Dimensions.

-
- Es erscheint ein kleines 90° Kreuz.
- Wenn Sie dieses Kreuz über eine Umrisslinie bewegen, wird die Linie farbig und dick dargestellt.
- Klicken Sie auf die gewünschte Linie. Diese Linie ist jetzt die Bezugslinie
- Klicken Sie auf das erste Objekt, das Sie vermaßen wollen.
- Klicken Sie auf den dicken farbigen Punkt.
- Wiederholen Sie dies für alle weiteren Objekte.
- Beenden Sie den Befehl mit der rechten Maustaste.
- Markieren Sie dann das Vermaßungsobjekt und ziehen Sie es an die gewünschte Position.

Die Darstellung kann über das „Draftsman® Properties Panel“ angepasst werden. Ein Doppelklick auf ein Vermaßungsobjekt öffnet dieses Panel. Die Einstellmöglichkeiten entsprechen im Wesentlichen denen der linearen Vermaßung. Die Toleranzen können jedoch in einer Tabelle für jedes Maß einzeln eingestellt werden.

Radiale Vermaßung

Die radiale Vermaßung erlaubt die Vermaßung von Bohrungen.

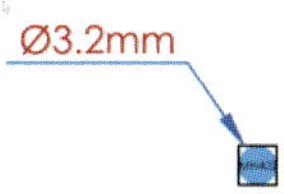

- **P**lace – Radial Dimension
- Es erscheint ein kleines 90° Kreuz.
- Wenn Sie dieses Kreuz über eine Bohrung bewegen, wird der Umriss farbig und dick dargestellt.
- Klicken Sie auf die gewünschte Bohrung.
- Platzieren Sie die Maßzahl mit einem Linksklick an die gewünschte Stelle.
- Die rechte Maustaste beendet den Befehl.

Die Darstellung der radialen Vermaßung kann über das „Draftsman® Properties Panel" angepasst werden. Ein Doppelklick auf ein Vermaßungsobjekt öffnet dieses Panel. Die Einstellungen entsprechen im Wesentlichen den oben beschriebenen Einstellungen der linearen Vermaßungsobjekte.

Diametrale Vermaßung

In einer Board Assembly View können runde Objekte vermaßt werden.

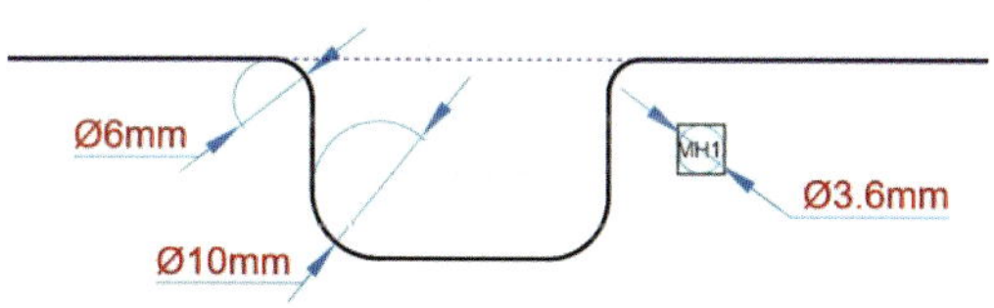

- **P**lace – Diametral Dimension
- Es erscheint ein kleines 90° Kreuz.
- Wenn Sie dieses Kreuz über einen Kreisbogen bewegen, wird dieser farbig und dick dargestellt.
- Klicken Sie auf den gewünschten Kreisbogen.
- Platzieren Sie die Maßzahl mit einem Linksklick an die gewünschte Stelle.
- Sie können jetzt weitere Vermaßungen vornehmen.
- Die rechte Maustaste beendet den Befehl.

Vermaßung von Winkeln

Mit diesem Werkzeug kann der Winkel zwischen zwei Linien vermasst werden.

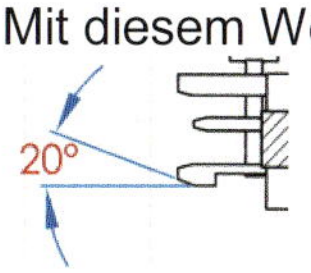

- **P**lace – Angular Dimension
- Es erscheint ein kleines 90° Kreuz.
- Wenn Sie dieses Kreuz über eine Linie bewegen, wird diese Linie farbig und dick dargestellt.

- Klicken Sie auf die 1. Linie.
- Bewegen Sie das Kreuz zur 2. Linie.
- Klicken Sie auf die 2. Linie.
- Platzieren Sie die Maßzahl mit einem Linksklick an die gewünschte Stelle.
- Die rechte Maustaste beendet den Befehl.

Die Darstellung der Vermaßung von Winkeln kann über das „Draftsman® Properties Panel" angepasst werden. Ein Doppelklick auf ein Vermaßungsobjekt öffnet dieses Panel. Die Einstellungen entsprechen im Wesentlichen den oben beschriebenen Einstellungen der linearen Vermaßungsobjekte.

Mittelpunkte von Kreisen und Kreisbögen

Kreise und Kreisbögen können mit einer Markierung des Mittelpunkts versehen werden. Diese Markierung lässt sich dann zur Vermaßung verwenden.

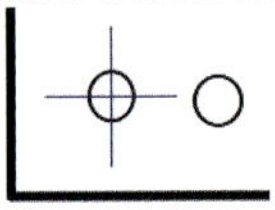

- **P**lace – **An**notations – Center Mark
- Es erscheint ein Fadenkreuz.
- Bewegen Sie dieses Fadenkreuz über einen Kreis oder Kreisbogen. Dabei kann es sich auch um Bohrungen in einem Bauteilsymbol handeln.
- Das Fadenkreuz fängt automatisch auf den Mittelpunkt.
- Ein Klick platziert die Markierung.
- Im Properties Panel können Sie die Linienart, -dicke und –farbe einstellen. Im Feld „Rotation" kann ein beliebiger Winkel eingetragen werden.

X, Y Achsen Skalen

Sie können Zeichungspunkte innerhalb eines Objekts (z.B. Board Fabrication View) mit Skalen versehen.

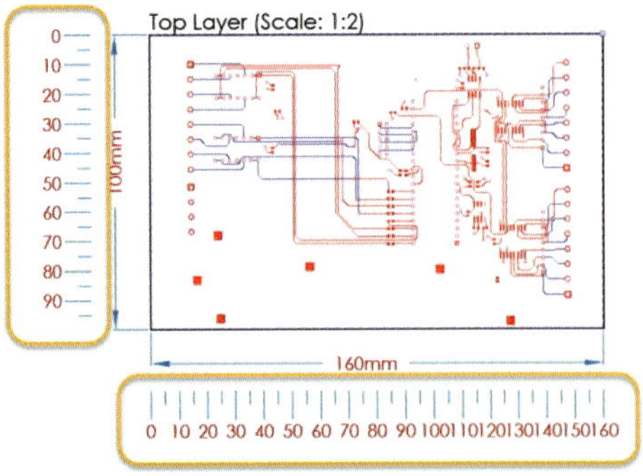

- **P**lace – X,Y Axis Scale
- Es erscheint ein kleines 90° Kreuz.
- Es erscheint ein kleines 90° Kreuz.
- Wenn Sie dieses Kreuz über einen Eckpunkt oder den Mittelpunkt einer Bohrung bewegen, erscheint ein dicker farbiger Punkt.

- Klicken Sie auf diesen Punkt.
- Wählen Sie einen zweiten Punkt aus.
- Positionieren Sie die Skala auf die gewünschte Position.
- Ein Linksklick plaziert die Skala.
- Im Properties Panel können Sie mit „Rotate Text“ die Beschriftung um 90° drehen.
- Sie können jetzt weitere Skalen platzieren.
- Die rechte Maustaste beendet den Befehl.

Elemente zur Geometrischen Produktspezifikation

Der Draftsman® unterstützt Elemente zur Geometrischen Produktspezifikation (GPS) . Das GPS System wird von dem ISO Technischen Komitee 213 (ISO/TC213) entwickelt. Im Draftsman® werden die Elemente zur Oberflächenspezifikation, Kennzeichnung von Bezugskanten und die Tolerierung von geometrischen Eigenschaften (z.B. Bohrungen) unterstützt.

Elemente zur Oberflächenspezifikation

Der Draftsman® unterstützt die Elemente zur Oberflächenspezifikation nach ISO 1302:2002. Die Elemente bestehen aus einem grafischen Symbol und der zugehörigen Spezifikation.

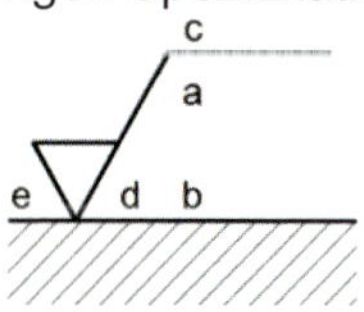

a: einzelne Oberflächenbeschaffenheit, z.B. Rz 4,2
b: weitere Oberflächenbeschaffenheit
c: Fertigungsverfahren, z.B. geschliffen
d: Oberflächenrillen und -ausrichtung
e: Bearbeitungszugabe

Symbol	Erläuterung
	Grundsymbol. Wird nur verwendet, wenn seine konkrete Bedeutung durch weitere Angaben definiert ist.
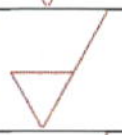	Kennzeichen für eine materialabtragend bearbeitete Oberfläche.
	Kennzeichen, dass eine Oberfläche nicht materialabtragend bearbeitet werden darf.

So platzieren Sie Elemente zur Oberflächenspezifikation:

- **P**lace – A**n**notations – Surface Finish
- Es erscheint ein kleines 90° Kreuz.
- Wenn Sie dieses Kreuz über eine Linie bewegen, wird diese Linie farbig und dick dargestellt.
- Klicken Sie auf die Linie.
- Bewegen Sie die Maus auf eine Seite der Linie, um festzulegen wie das Symbol ausgerichtet werden soll.
- Klicken Sie ein zweites Mal um das Symbol endgültig zu platzieren.
- Das Symbol lässt sich entlang der Kante verschieben. Verlässt das Symbol die Kante, dann wird automatisch eine Erweiterungslinie (Extension Line) angezeigt.

Die Darstellung der Oberflächenspezifikation kann über das „Draftsman® Properties Panel“ angepasst werden. Ein Doppelklick auf eine Oberflächenspezifikation öffnet dieses Panel.

Folgende Eigenschaften können angepasst werden:

- **View**
  - **Symbol**: Hier kann eines der oben beschriebenen Symbole ausgewählt werden.
  - **Line Style**: Farbe und Linientyp des Symbols.
  - **Extension Line Style**: Farbe und Linientyp der Hilfslinie.
  - **Extension Lines Gap**: Abstand zwischen Bezugs- und Hilfslinie.
  - **Extension Lines Offset**: Abstand Symbolspitze zum Ende der Hilfslinie. (siehe Bild unten)
- **Arrow Style**: Art des Pfeils, falls „With leader“ aktiviert ist.
  - **With leader**: Wird diese Option aktiviert, dann muss man das Symbol nicht direkt auf die Bezugslinie setzen. In diesem Fall wird eine Verbindungslinie mit Pfeil zwischen Symbol und Bezugslinie gezeichnet. (siehe Bild unten)
- **Value**
  - **First Requirement**: Oberflächenbeschaffenheit (Position a).
  - **Second Requirement**: weitere Oberflächenbeschaffenheit (Position b).
  - **Manufacturing Method**: Fertigungsverfahren (Position c).
  - **Machining Allowance**: Bearbeitungszugabe (Position e).
  - **Surface Lay And Orientation**: Oberflächenrillen und –ausrichtung (Position d)
- **Font**
  Falls „Use Document Font“ nicht aktiviert ist, können hier Schriftart, –größe und Farbe eingestellt werden.

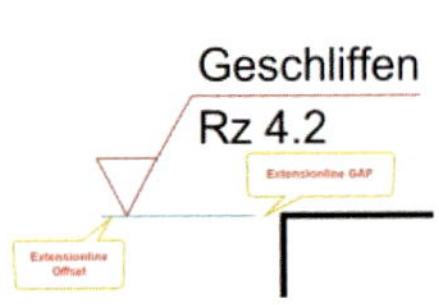

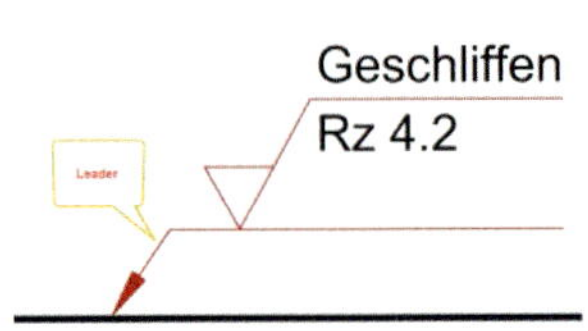

Definition von Referenzen

Referenzen können als „Datum Feature“ definiert werden. Diese können an Kanten oder Bohrungen platziert werden. Toleranzrahmen können auf diese Referenzen bezogen werden.

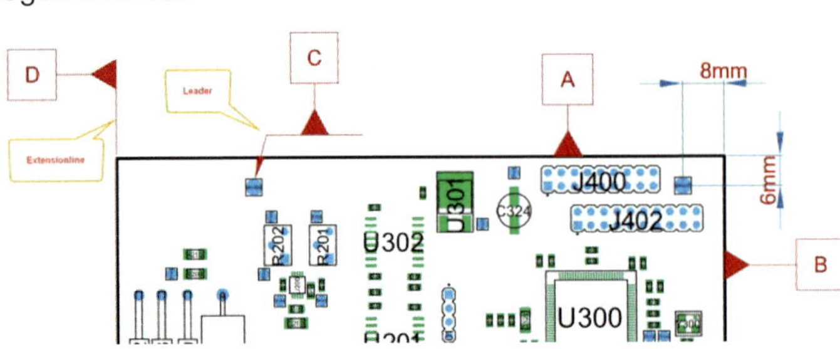

So platzieren Sie Referenzen:

- **P**lace – A**n**notations – Datum Feature
- Es erscheint ein kleines 90° Kreuz.
- Wenn Sie dieses Kreuz über eine Linie bewegen, wird diese Linie farbig und dick dargestellt.
- Klicken Sie auf die Linie.
- Bewegen Sie die Maus auf eine Seite der Linie, um festzulegen wie die Referenz ausgerichtet werden soll und wie groß der Abstand zwischen dem roten Dreieck und dem Quadrat sein soll.
- Klicken Sie ein zweites Mal um die Referenz endgültig zu platzieren.
- Die Referenz lässt sich entlang der Kante verschieben. Verlässt die Referenz die Kante, dann wird automatisch eine Hilfslinie (Extension Line) angezeigt.

Die Darstellung der Referenzen kann über das „Draftsman® Properties Panel" angepasst werden. Ein Doppelklick auf eine Referenz öffnet dieses Panel.
Folgende Eigenschaften können angepasst werden:

- **View**
  Im Feld „Label" kann die Referenz beschriftet werden. Dies geschieht immer manuell, nach dem man eine Referenz platziert hat. Wird die Option „With leader" aktiviert, dann muss man die Referenz nicht direkt auf die Bezugslinie setzen. In diesem Fall wird eine Verbindungslinie mit Pfeil zwischen Referenz und Bezugslinie gezeichnet.
- **Styles**
  - **Line Style**: Farbe und Linientyp der Referenz.
  - **Extension Line Style**: Farbe und Linientyp der Hilfslinie.
- **Arrow Style**: Art des Pfeils, falls „With leader" aktiviert ist.
- **Font, Text Color**: Falls „Use Document Font" nicht aktiviert ist, können hier Schriftart, –größe und Farbe eingestellt werden.

Toleranzrahmen

Toleranzangaben können mit Toleranzrahmen in die Zeichnungen eingetragen werden. Die Toleranzrahmen sind in der DIN EN ISO 1101:2008 festgelegt.

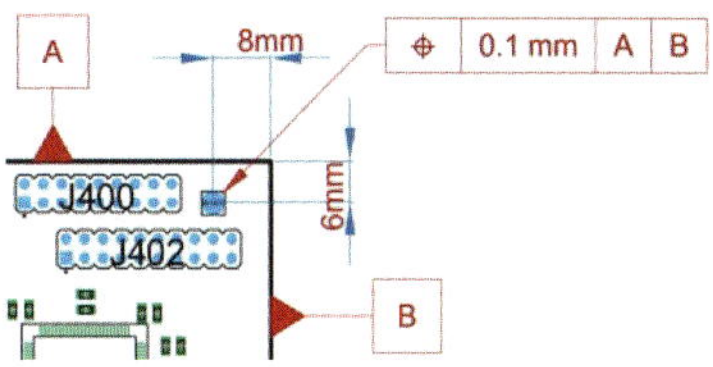

Die Toleranzrahmen bestehen aus bis zu 5 Feldern und können aus mehreren Zeilen bestehen.
Die 5 Felder habe folgende Bedeutung:

1. Feld: Toleranzart, z.B. Position (siehe Bild oben)
2. Feld: Toleranzzone, Filter, Zuordnungskriterium
3. Feld: Primärer Bezug, z.B. Seite A (siehe Bild oben)
4. Feld: Sekundärer Bezug, z.B. Seite B (siehe Bild oben)
5. Feld: Tertiärer Bezug

Im Bild oben wird die Bohrung toleriert, auf welche der Toleranzrahmen zeigt. In diesem Beispiel gilt ein Toleranzbereich für die Position von 0,1mm zur Bezugsebenen A und B. Sollen unterschiedliche Toleranzbereiche auf die Bezugsebenen gelten, dann kann der Toleranzrahmen mit einer zweiten Zeile erweitert werden.

So platzieren Sie Toleranzrahmen:

- **P**lace – A**n**notations – Feature Control Frame
  (vor Version 18 **P**lace – Feature Control Frame)
- Es erscheint ein kleines 90° Kreuz.
- Wenn Sie dieses Kreuz über ein passendes Objekt bewegen, wird dieses Objekt farbig und dick dargestellt.
- Klicken Sie auf das Objekt.
- Legen Sie mit der Maus die Position des Toleranzrahmens fest.
- Klicken Sie ein zweites Mal um den Toleranzrahmen endgültig zu platzieren.
- Der Toleranzrahmen lässt sich entlang von Kanten verschieben. Verlässt der Toleranzrahmen die Kante, dann wird automatisch eine Hilfslinie (Extension Line) angezeigt. Ist das Objekt eine Bohrung, dann ist dies nicht möglich

Die Darstellung der Toleranzrahmen kann über das „Draftsman® Properties Panel“ angepasst werden. Ein Doppelklick auf einen Toleranzrahmen öffnet dieses Panel.
Folgende Eigenschaften können angepasst werden:

- **View**
  Im Feld „Display Mode“ wird die Darstellung der Verbindungslinie zwischen Toleranzrahmen und Objekt festgelegt. Im Fall „Bent“ kann die Position des Knicks über „Elbow Length“ definiert werden. „Additional Symbol“ platziert ein einfaches oder doppeltes Kreissymbol auf die Verbindungslinie. Setzt man bei „Composite Feature Control Frame“ ein Häkchen, können mehrere Zeilen mit der gleichen Toleranzart verwendet werden.

  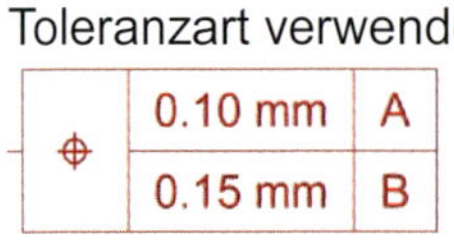

- **Styles**
  - **Symbol Line Style**: Farbe und Linientyp des Toleranzrahmens.
  - **Extension Line Style**: Farbe und Linientyp der Hilfslinie.
- **Arrow Style**: Art des Pfeils.
  - **Font, Text Color**: Falls „Use Document Font“ nicht aktiviert ist, können hier Schriftart, –größe und Farbe eingestellt werden.
- **Selected Element**
  Im Toleranzrahmen können einzelne Zeilen („Frames“) selektiert werden. Für die selektierte Zeile werden hier die Toleranzart, Toleranzzone und die Bezugsebenen festgelegt werden. Sitzt das Häkchen bei „Composite Feature Control Frame“ im „View“ Bereich, dann gilt die Toleranzart (1.Feld) für alle Zeilen gemeinsam.

Mit den Schaltflächen „Add“ und dem Papierkorbsymbol (vor Version 18 „Delete“) können Zeilen hinzugefügt und entfernt werden. Die Reihenfolge der Zeilen lässt sich über die Schaltflächen „Up“ und „Down“ ändern.

Callouts und Notes

Callouts

Ein Callout ist eine Textbox, die mit einer Linie oder einem Pfeil mit einem Objekt auf einer technischen Zeichnung verbunden ist. Die Textbox kann im Altium® Draftsman® einen Verweis auf ein Element der Stückliste, eine Note (siehe unten) oder freien Text enthalten.

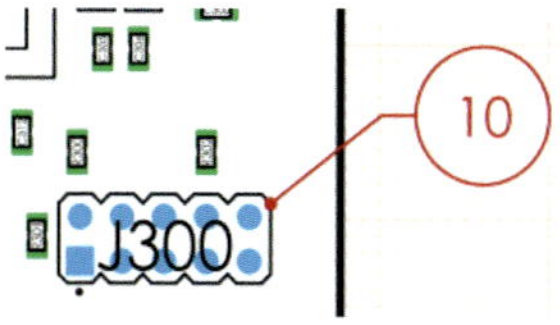

- **P**lace – A**n**notations – Call**o**ut
- Es erscheint ein kleines 90° Kreuz.
- Bewegen Sie dieses Kreuz über die Objekte auf einem Bestückungsplan, werden mögliche Ziele dick und farbig dargestellt.
- Klicken Sie auf das gewünschte Zielobjekt.
- Platzieren Sie den Callout über einen Linksklick.
- Ab der Version 19.1 können Sie jetzt weitere Zielobjekte wählen.
- Beenden Sie das Platzieren mit der rechten Maustaste.
- Sie können nun den nächsten Callout platzieren.
- Zum Beenden des Befehls muss die rechte Maustaste nochmals gedrückt werden.

Die Darstellung der Callouts kann über das „Draftsman® Properties Panel" angepasst werden. Ein Doppelklick auf einen Callouts öffnet dieses Panel.
Folgende Eigenschaften können angepasst werden:

- **Style**
  In diesem Bereich legen Sie die Eigenschaften der Verbindung zum Objekt statt. Sie können die Linienstärke, -farbe und –art sowie einen Pfeil definieren.
- **Properties**
  - **Symbol**
    In diesem Feld können Markierungen für Löt- oder Klebeverbindungen nach der GOST Norm 2.313-82 definiert werden.
  - **Souce Text**
    Hier wählen Sie aus, was im Callout angezeigt werden soll.
    - **Custom Text**
      Ein beliebiger Text.
    - **Note Item**
      Die Nummer einer Note (siehe unten).
    - **BOM Item**
      Die Nummer in der Draftsman® Stückliste, falls es sich um ein Bauteil handelt.
    - **Component Parameter**

    Falls es sich um ein Bauteil handelt, kann hier ein Parameter ausgewählt und angezeigt werden.
    - **Board Region**
      Zeigt in der Board Region View den Namen des zugehörigen Lagenaufbaus an.
  - **Border** und **Line Style**
    legen den Typ der Umrandung, die Linienstärke, -farbe und –art sowie die Füllfarbe für den Callout fest.
  - **Ellbow Style**, **Length** und **Position**
    legen die Eigenschaften des Knicks des Callouts fest.
- **Font**
  Falls „Use Document Font“ nicht aktiviert ist, können hier Schriftart, –größe und Farbe eingestellt werden.

Notes

Notes sind Anmerkungen, die man auf einem Draftsman®dokument platzieren kann. Die einzelnen Notes können über Callouts (siehe oben) referenziert werden.

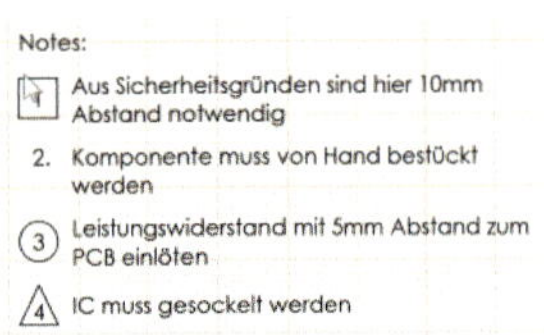

- **P**lace – **An**notations – **N**ote
- Am Mauszeiger hängen jetzt 3 Notes.
- Platzieren Sie die Notes über einen Linksklick.
- Der Befehl ist damit beendet.

Die Einstellungen und der Text für die Notes kann über das „Draftsman® Properties Panel“ angepasst werden. Ein Doppelklick auf eine Note öffnet dieses Panel. Folgende Eigenschaften können angepasst werden:

- **Title**
  - Über das Augensymbol kann die Überschrift der Notes ausgeblendet werden.
  - Im Feld **Title** kann die Überschrift angepasst werden.
  - **Location**
    Legt fest wo der Titel angezeigt werden soll.
  - **Use Document Font**
    Ein Haken verwendet die Schriftart aus den Dokumentenoptionen.
  - **Font und Textcolor**
    Sitzt bei „Use Document Font“ kein Haken kann hier die Schriftart und die Textfarbe eingestellt werden.
- **Properties**
  - **Width**
    Im Feld „Width“ kann die Breite der Note festgelegt werden. Alternativ kann man die Breite auch interaktiv in der Zeichnung ändern.
  - **Use Document Font**

Ein Haken verwendet die Schriftart aus den Dokumentenoptionen.

- **Font und Color**
  Sitzt bei „Use Document Font“ kein Haken kann hier die Schriftart und die Textfarbe eingestellt werden.
- **Horizontal und Vertical Spacing**
  Legt den Abstand zwischen der Nummer und dem Text und zwischen den Zeilen fest.
- **Order**
  Legt die Nummerierungsreihenfolge zwischen mehreren Notes Objekten fest.

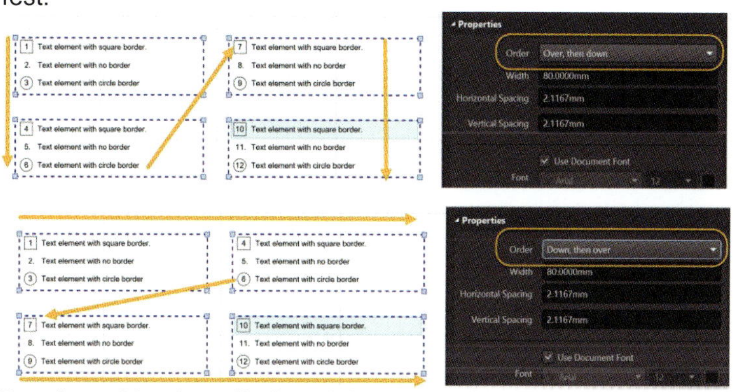

Beachten Sie, dass die Bezeichnungen „Over, then down“ und „Down, then over“ aktuell noch vertauscht sind!
Achten Sie darauf, dass die Notes Objekte exakt ausgerichtet sind. Sonst kann es wie im Bild gezeigt zu ungewollten Nummerierungen kommen.

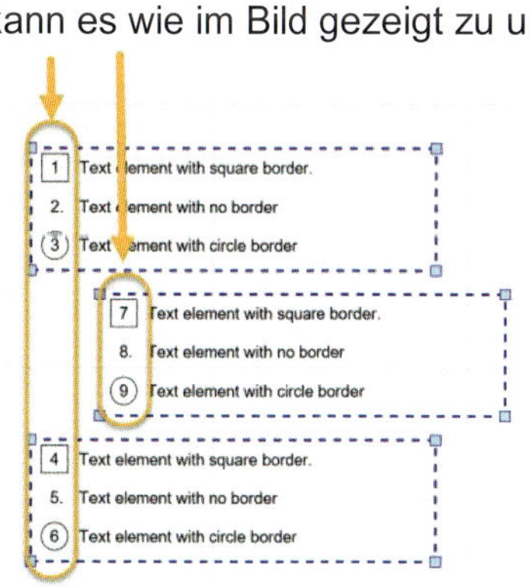

- **Selected Element**
  - **Note Item Number** zeigt an welche Note ausgewählt ist.
  - **Border** legt die Umrandung der Nummer fest. Folgende Rahmen stehen zur Auswahl:
    - Ohne Rahmen
    - Quadrat
    - Kreis
    - Dreieck
  - Im Feld **Note description** kann der Text eingegeben werden. Hier können auch Parameter als Special Strings, z.B. „=Current Date“ verwendet werden.

Über die Schaltfläche kann ein Parameter ausgewählt werden. Mit Umschalten-Eingabetaste kann ein Zeilenumbruch erzwungen werden.

- Über die Schaltfläche „Add“ kann eine weitere Note eingefügt werden. „Up“ und „Down“ ändert die Reihenfolge der Zeilen und „Delete“ entfernt die aktuell ausgewählte Note.

Tabelle der Übertragungsleitungen

Wenn Sie im Layer Stack Manger Impedanzprofile verwenden, dann können Sie die sich daraus ergebenden Übertragungsleitungen als Tabelle im Draftsman® platzieren. Näheres zu den Impedanzprofilen finden Sie im Kapitel „Impedanzkontrolle“[6] .

Transmission Line Structure Table

Impedance Id	Transmission Line	Target Impedance	Calculated Impedance	Trace layer	Lower Trace Width	Upper Trace Width	Reference layers	Substack
1	Coated Microstrip	50	50.00	Top Layer	0.112mm	0.112mm	Layer 2	Board Layer Stack
2	Offset Stripline	50	50.01	Layer 2	0.017mm	0.017mm	Top Layer,Layer 4	Board Layer Stack
3	Offset Stripline	50	50.02	Layer 4	0.042mm	0.042mm	Layer 2,Internal Plane 1	Board Layer Stack
4	Offset Stripline	50	50.02	Layer 5	0.042mm	0.042mm	Layer 1,Layer 3	Board Layer Stack
5	Offset Stripline	50	50.01	Layer 3	0.017mm	0.017mm	Layer 5,Bottom Layer	Board Layer Stack
6	Coated Microstrip	50	50.00	Bottom Layer	0.112mm	0.112mm	Layer 3	Board Layer Stack

- **P**lace – Transmission Line Table starte den Befehl.
- Klicken Sie auf „OK“ und platzieren Sie die Tabelle an die gewünschte Stelle.

Die Einstellungen für die Tabelle kann über das „Draftsman® Properties Panel“ angepasst werden. Ein Doppelklick auf eine Tabelle öffnet dieses Panel.
Folgende Eigenschaften können angepasst werden:

- **Title**
    - Über das Augensymbol kann die Überschrift der Notes ein- und ausgeblendet werden.
    - Im Feld **Title** kann die Überschrift angepasst werden.
    - **Location**
      Legt fest wo der Titel angezeigt werden soll.
    - **Use Document Font**
      Ein Haken verwendet die Schriftart aus den Dokumentenoptionen.
    - **Font und Textcolor**
      Sitzt bei „Use Document Font“ kein Haken kann hier die Schriftart und die Textfarbe eingestellt werden.
- **Properties**
    - Über **Table Line Style** legen Sie Linienstärke –art und -farbe der Tabellenlinien fest.
    - **Even Row** und **Odd Row Color** definiert die Farbe der geraden und ungeraden Zeilen der Tabelle.
    - **Caption Font** legt die Schriftart und –farbe für die Kopfzeile fest, wenn kein Häkchen bei „Use Document Font“ sitzt.
    - **Rows Font** legt die Schriftart und –farbe für den Tabelleninhalt fest, wenn kein Häkchen bei „Use Document Font“ sitzt.
    - Im Bereich **Units** legen Sie die Maßeinheit und die Nachkommastellen fest.

[6] Siehe (Moser, Altium Designer® Praxis-Handbuch Teil 2, 2024)

Tabellen

Mit dem Befehl „Place – Table“ kann eine Tabelle in ein Draftsman®dokument eingefügt werden. Damit lässt sich z.B. eine Bohrtabelle um eigene Spalten erweitern.

- **P**lace – Table starte den Befehl.
- Es erscheint der „Insert Table“ Dialog.
  Hier können Sie die Anzahl Spalten und Zeilen festlegen.
- Klicken Sie auf „OK“ und platzieren Sie die Tabelle an die gewünschte Stelle.

Die Einstellungen für die Tabelle kann über das „Draftsman® Properties Panel“ angepasst werden. Ein Doppelklick auf eine Tabelle öffnet dieses Panel.
Folgende Eigenschaften können angepasst werden:

- **Title**
  - Über das Augensymbol kann die Überschrift der Tabelle ein- und ausgeblendet werden.
  - Im Feld **Title** kann die Überschrift angepasst werden.
  - **Location**
    Legt fest wo der Titel angezeigt werden soll.
  - **Use Document Font**
    Ein Haken verwendet die Schriftart aus den Dokumentenoptionen
  - **Font und Textcolor**
    Sitzt bei „Use Document Font“ kein Haken kann hier die Schriftart und die Textfarbe eingestellt werden.
- **Properties**
  - Über **Outer Line** legen Sie Linienstärke und Farbe der äußeren Umrandung fest.
  - Über **Inner Line** legen Sie Linienstärke und Farbe der inneren Linien fest.
  - Im Feld **Column Width** kann die exakte Breite einer Spalte festgelegt werden.
  - Im Feld **Row Height** kann die Höhe einer Zeile angepasst werden. Trägt man hier „Auto“ ein, dann wird die Höhe automatisch an die Texthöhe und das Padding angepasst.
  - Die Farbe einer Zelle definieren Sie über das Quadrat hinter dem Feld „Column Width“. Wenn Sie alle Zellen ändern wollen, dann müssen Sie diese zuvor selektieren.
  - **Cell Padding Vertical** legt zusammen mit der Schriftgröße die Höhe einer Zelle fest.
  - **Cell Padding Horizontal** legt den freien Bereich links und rechts vom Zellentext fest.
  - **Use Document Font**
    Ein Haken verwendet die Schriftart aus den Dokumentenoptionen.
  - **Font und Textcolor**
    Sitzt bei „Use Document Font“ kein Haken kann hier die Schriftart und die Textfarbe eingestellt werden. Die Schriftgröße bestimmt zusammen mit **Cell Padding Vertical** die Höher einer Zelle, wenn im Feld **Row Height** „Auto“ eingetragen ist.

- Über **Horizontal Alignment** legen Sie die Textausrichtung innerhalb einer Zelle fest.

Zum Eingeben der Texte klicken Sie einfach in das gewünschte Feld und tippen den Text ein. Um Text zu löschen selektieren Sie den Text und drücken die Entf Taste. Die ganze Tabelle können Sie mit der Entf Taste löschen, wenn Sie zuvor auf den Tabellentitel klicken. Sie können in der Tabelle auch Special Strings, z.B. „=Project-Revision“, verwenden. Der Inhalt einer Tabelle kann nach Excel kopiert und von Excel eingefügt werden.

Grafische Objekte

Der Altium® Draftsman® stellt eine Reihe von grafischen Objekten bereit um eigene freie Zeichnungen zu erstellen. Diese Objekte können über das Place Menü oder die Werkzeugleiste platziert werden.

Line

- **P**lace – **L**ine startet den Befehl.
- 1. Linksklick um den Anfangspunkt der Linie zu definieren.
- 2. Linksklick um den Endpunkt der Linie zu definieren.
- Die Punkte rasten auf dem aktuellen Zeichnungsraster ein.
- Nach dem 2. Linksklick ist der Befehl beendet.
- Die Eigenschaften können über das „Draftsman® Properties Panel“ angepasst werden. Ein Doppelklick auf eine Linie öffnet dieses Panel.
  Folgende Eigenschaften können angepasst werden:
  - X,Y Werte für Anfangs- und Endpunkt
  - Festlegen der Linienart, -breite und -farbe.

Rectangle

- **P**lace – **R**ectangle startet den Befehl
- 1. Linksklick um den 1. Eckpunkt des Rechtecks zu definieren.
- 2. Linksklick um den 2. Eckpunkt des Rechtecks zu definieren.
- Die Punkte rasten auf dem aktuellen Zeichnungsraster ein.
- Zum Beenden des Befehls muss die rechte Maustaste gedrückt werden.
- Die Eigenschaften können über das Draftsman® Properties Panel“ angepasst werden. Ein Doppelklick auf ein Rectangle öffnet dieses Panel.
  Folgende Eigenschaften können angepasst werden:
  - X,Y Werte für Anfangspunkt, Breite und Höhe.
  - Festlegen der Linienart, -breite und -farbe.
  - Festlegen der Füllfarbe, einer optionalen Schraffur und deren Eigenschaften.

Circle

- **P**lace – **C**ircle startet den Befehl
- 1. Linksklick um den Mittelpunkt zu definieren.
- 2. Linksklick um den Radius zu definieren.

- Die Punkte rasten auf dem aktuellen Zeichnungsraster ein.
- Zum Beenden des Befehls muss die rechte Maustaste gedrückt werden.
- Die Eigenschaften können über das „Draftsman® Properties Panel“ angepasst werden. Ein Doppelklick auf einen Circle öffnet dieses Panel.
  Folgende Eigenschaften können angepasst werden:
  - X,Y Werte des Mittelpunkts
  - Radius des Kreises
  - Festlegen der Linienart, -breite und -farbe.
  - Festlegen der Füllfarbe, einer optionalen Schraffur und deren Eigenschaften.

Arc (By Center)

- **P**lace – **A**rc (By Center) startet den Befehl
- 1. Linksklick um den Mittelpunkt zu definieren.
- 2. Linksklick um den Radius **und** den Anfangspunkt des Kreisbogens zu definieren.
- 3. Linksklick um den Endpunkt des Kreisbogens zu definieren.
- Die Punkte rasten auf dem aktuellen Zeichnungsraster ein.
- Zum Beenden des Befehls muss die rechte Maustaste gedrückt werden.
- Die Eigenschaften können über das „Draftsman® Properties Panel“ angepasst werden. Ein Doppelklick auf einen Arc öffnet dieses Panel.
  Folgende Eigenschaften können angepasst werden:
  - X,Y Werte des Mittelpunkts
  - Radius des Kreisbogens
  - Anfangs- und Endwinkel
  - Festlegen der Linienart, -breite und -farbe.

Arc (3 Points)

- **P**lace – Arc (**3** Points) startet den Befehl
- 1. Linksklick um den ersten Punkt zu definieren.
- 2. Linksklick um den zweiten Punkt zu definieren.
- 3. Linksklick um den dritten Punkt zu definieren.

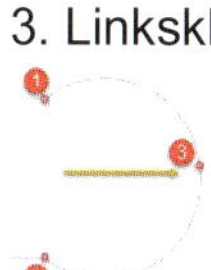

- Die Punkte rasten auf dem aktuellen Zeichnungsraster ein.
- Zum Beenden des Befehls muss die rechte Maustaste gedrückt werden.
- Die Eigenschaften können über das „Draftsman® Properties Panel“ angepasst werden. Ein Doppelklick auf einen Arc öffnet dieses Panel.
  Folgende Eigenschaften können angepasst werden:
  - X,Y Werte des Mittelpunkts
  - Radius des Kreisbogens
  - Anfangs- und Endwinkel

    - Festlegen der Linienart, -breite und -farbe.

Region

- **P**lace – **R**egion startet den Befehl
- 1. Linksklick um den Anfangspunkt zu definieren.
- Weitere Linksklicks um das Vieleck zu definieren.
- Zum Beenden des Befehls muss die rechte Maustaste gedrückt werden.
- Die Eigenschaften können über das „Draftsman® Properties Panel" angepasst werden. Ein Doppelklick auf eine Region öffnet dieses Panel.
  Folgende Eigenschaften können angepasst werden:
    - Festlegen der Linienart, -breite und -farbe.
    - Festlegen der Füllfarbe, einer optionalen Schraffur und deren Eigenschaften.
    - Die einzelnen Eckpunkte können in der Tabelle „Outline Vertices" bearbeitet werden. Ein Winkelwert in der Spalte „Arc Angle" wandelt eine Gerade in einen Kreisbogen.

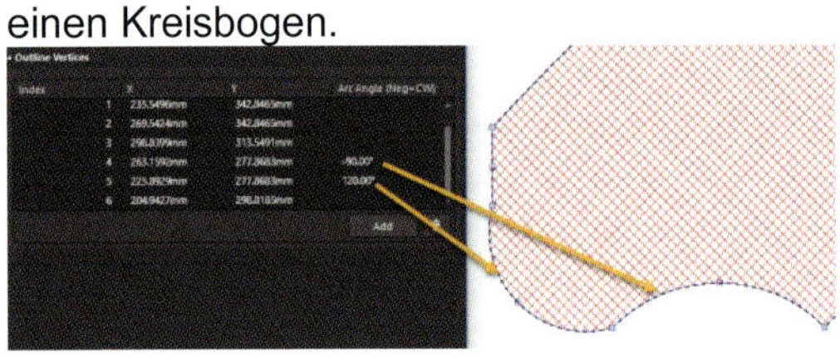

Text

- **P**lace – **T**ext startet den Befehl.
- Ab der Version 19 platzieren Sie den Text direkt mit einem Linksklick an die gewünschte Stelle.
- Vor der Version 19 definieren Sie mit dem 1. Linksklick den 1. Eckpunkt des umschließenden Rechtecks.
- 2. Linksklick um den 2. Eckpunkt des umschließenden Rechtecks zu definieren.
- Die Punkte rasten auf dem aktuellen Zeichnungsraster ein.
- Ein Rechtsklick beendet den Befehl
- Die Eigenschaften können über das „Draftsman® Properties Panel" angepasst werden. Ein Doppelklick auf einen Text öffnet dieses Panel.
  Folgende Eigenschaften können angepasst werden:
    - **Location**
      X,Y Werte für Anfangspunkt und Rotation.
    - **Properties**
        - **Width und Height**
          Breite und Höhe des Textfeldes
        - **Clip Text To Bounds**
          Der Text wird an das umschließende Rechteck angepasst.
        - **Text**
          Hier kann der Text eingegeben werden. Es können auch Parameter als

Special Strings, z.B. „=Current Date“ verwendet werden. Über die Schaltfläche kann ein Parameter ausgewählt werden. Mit Umschalten-Eingabetaste kann ein Zeilenumbruch erzwungen werden.

- **Use Document Font**
  Ein Haken verwendet die Schriftart aus den Dokumentenoptionen.
- **Font und Color**
  Sitzt bei „Use Document Font“ kein Haken kann hier die Schriftart und die Textfarbe eingestellt werden.
- **Alignment**
  Horizontal und Vertical legen die Ausrichtung des Textes im umschließenden Rechteck fest. Festlegen der Füllfarbe, einer optionalen Schraffur und deren Eigenschaften.

Graphic

- **P**lace – **G**raphic startet den Befehl
- 1. Linksklick um den 1. Eckpunkt
  des umschließenden Rechtecks zu definieren.
- 2. Linksklick um den 2. Eckpunkt
  des umschließenden Rechtecks zu definieren.
- Die Punkte rasten auf dem aktuellen Zeichnungsraster ein.
- Es öffnet sich der Dateiexplorer, in dem Sie eine Grafikdatei auswählen können
- Die Grafik wird angezeigt und der Befehl ist automatisch beendet.
- Die Eigenschaften können über das Draftsman® Properties Panel“ angepasst werden. Ein Doppelklick auf eine Note öffnet dieses Panel.
  Folgende Eigenschaften können angepasst werden:
  - **Geometry**
    X,Y Werte für Anfangspunkt des Rechtecks, Breite, Höhe und Rotation.
  - **Image**
    Über Maintain Aspect Ratio können Sie festlegen, ob das Seitenverhältnis der Grafik erhalten bleiben soll. Wenn dieses nach dem Platzieren nicht stimmt, dann nimmt man den Haken weg und setzt ihn neu.

DXF Import

Der Altium® Draftsman® erlaubt den Import von DXF Dateien. Aktuell können nur vollständige DXFs importiert werden. Eine Auswahl der Lagen wie beim Import im Leiterplatteneditor ist in der Version 22 noch nicht möglich.

- **F**ile – Import from DXF… startet den Import
- Es öffnet sich der Dateiexplorer, in dem Sie eine DXF Datei auswählen können
- Nach Auswahl einer Datei öffnet sich der Einstellungsdialog.
- Es kann hier lediglich die Maßeinheit Millimeter oder Mils, die Standardlinienstärke und der Standardzeichensatz ausgewählt werden.
- Es wird das gesamte DXF mit allen Lagen immer auf die erste Seite des Draftsman® Dokuments importiert. Kreisbögen werden nicht korrekt importiert und als Linien dargestellt.
- Nach dem Import können die einzelnen Objekte über das „Draftsman® Properties Panel“ angepasst werden.

Bestückungsdruck vorbereiten

Mit dem Bestückungsdruck kann es zu Problemen bei der Bestückung bzw. dem Lötenprozess kommen. Dazu zählt Bestückungsdruck, der mit Kupfer überlappt, der über Bohrungen oder die Leiterplattenkante geht. Diese Probleme können natürlich im Rahmen der Prüfung der Designregeln gefunden werden. Allerdings ist es dann Handarbeit die Probleme zu beheben. Alternativ kann man die Korrektur dem Leiterplattenhersteller überlassen, der dann meist sehr großzügig den Bestückungsdruck beschneidet und ihn im ungünstigsten Fall unbrauchbar macht. Eine Lösung bietet hier ab der Version 23.6 das „Silkscreen Preparation Tool“. Damit können Linien und Kreisbögen automatisch beschnitten werden. Fills und Regions können beschnitten oder verschoben werden. Text und Referenzbezeichner von Bauteilen können automatisch verschoben werden. Damit kann man sich viel Arbeit sparen. Dieses Tool kann im Leiterplatteneditor vor Ausgabe der Produktions verwendet werden oder schon im PCB Library Editor beim Anlegen der Leiterplattensymbole.

- Starten Sie das Tool im PCB Editor oder im PCB Library Editor über „Tools – Silkscreen Preparation“

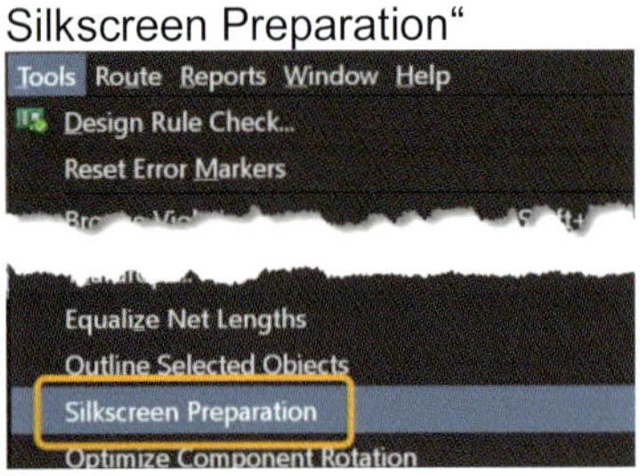

- Es öffnet sich der „Silkscreen Preparation“ Dialog
- Ganz oben wählen Sie zunächst, ob alle Objekte oder nur die selektierten bearbeitet werden sollen. Unter „Overlay layers“ kann die gewünschte Lage gewählt werden. Ein Häkchen bei „Use Design Rules“ wendet die definierten Designregeln an. Falls das Tool bei gesetztem Häkchen keine Änderungen vornimmt, dann liegt es wahrscheinlich daran, dass sich die Standardregel nur auf Pads (Query: isPad) bezieht. Entfernen Sie dann das Häkchen und wählen Sie ob sich die Aktion auf Kupfer oder die Lötstoppfreistellung beziehen soll.
Wenn Sie bei „Move Text“ ein Häkchen setzen, dann wird Text verschoben.

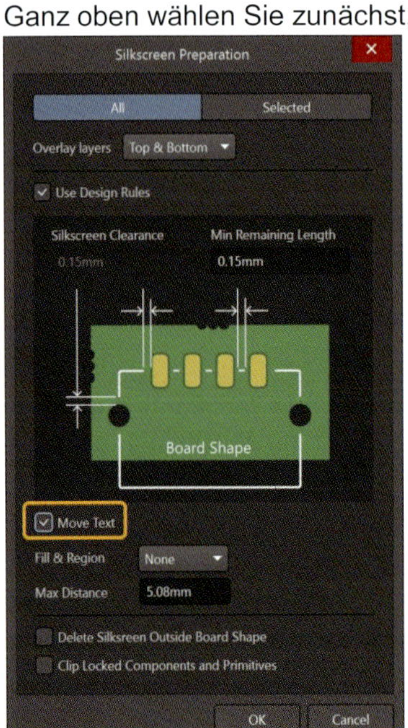

Ein Klick auf „OK“ beendet den Dialog und führt die Aktion aus.

Produktionsdaten erzeugen

Die notwendigen Produktionsdaten können im Altium Designer® auf folgende Arten erzeugt werden:

- **Ausgabe der einzelnen Dateien über File - Fabrication Outputs** und File - Assembly Outputs
  Die Konfiguration der Produktionsdaten wird in der Projektdatei gespeichert. Jeder Dateityp muss einzeln erzeugt werden.
- **Ausgabe über OutputJob Dateien**
  Die Konfiguration der Produktionsdaten wird in einem oder mehreren Output Job Files gespeichert. Die Ausgabecontainer (z.B. PDF Dateien, sonstige Dateien) werden einzeln erzeugt.
- **Erzeugung der Produktionsdaten über ein PCB Release**
  Die Produktionsdaten werden aus einem oder mehreren Output Job Files erzeugt. Alle Ausgabecontainer werden gemeinsam erzeugt.

Die Ausgabe von einzelnen Dateien sollte nicht verwendet werden. Es besteht dabei das Risiko, dass nicht alle notwendigen Dateien wirklich erzeugt werden. Ein typisches Beispiel ist die Erzeugung der Gerberdaten und man vergisst die Erzeugung der Bohrdaten. Aus diesem Grund sollten die Ausgabedaten immer über OutputJob Dateien erfolgen.

In der OutputJob Datei wird festgelegt, welche Ausgabedaten wie erzeugt werden sollen.

Zu einem Projekt können beliebig viele OutputJob Dateien hinzugefügt werden:

- Eine OutputJob Datei zur Erzeugung der Leiterplattendaten (z.B. Gerber und Bohrdateien)
- Eine oder mehrere OutputJob Dateien für die Bestückung getrennt nach Bestückungsvariante.
- Eine OutputJob Datei zur Validierung der Daten

Selbstverständlich können auch alle oben genannten Fälle in einer einzigen OutputJob Datei zusammengefasst werden.

Ganz oben wird die gewünschte Bestückungsvariante festgelegt. Auf der linken Seite werden die gewünschten Ausgabedateien hinzugefügt und konfiguriert. Auf der rechten Seite werden die Ausgabecontainer konfiguriert. Zuletzt werden die Ausgabedateien auf der linken Seite mit den Ausgabecontainern auf der rechten Seite verknüpft.

Die Ausgabedaten werden in folgenden Schritten erzeugt:

Hinzufügen einer oder mehrerer OutputJob Dateien

- Eine OutputJob Datei wird über „**F**ile - **N**ew - Outp**u**t Job File" hinzugefügt. Diese Datei sollte man direkt unter dem gewünschten Namen abspeichern, da bei manchen Ausgaben der Name der OutputJob Datei verwendet wird.
- Im Arbeitsbereich öffnet sich die Einstellungsseite für die OutputJob Datei.

- Im oberen Bereich „Variant Choice“ wird die Bestückungsvariante festgelegt.

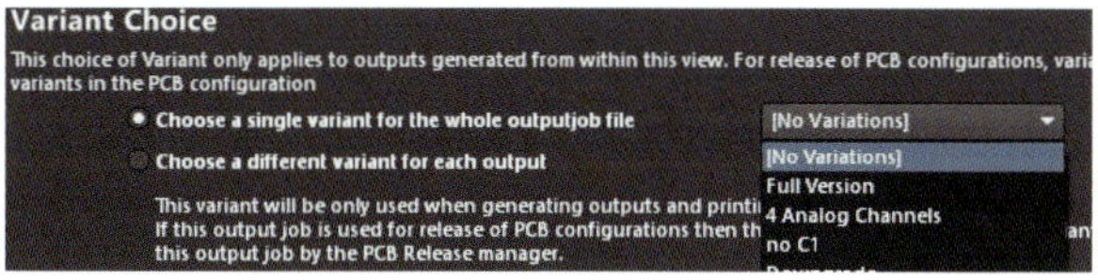

Wählt man „Choose a different variant for each output“ kann im unteren Bereich für jede Ausgabedatei eine eigene Variante festgelegt werden.

Hinzufügen der gewünschten Ausgabetypen

- Im linken Bereich werden die gewünschten Ausgabedateien hinzugefügt und konfiguriert.

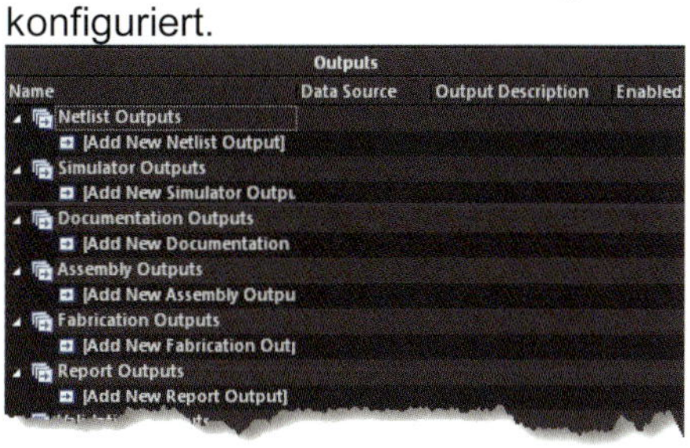

- Ein Klick auf [Add New Fabrication Output] öffnet ein Kontextmenü, aus dem man die gewünschte Ausgabedatei, z.B. Gerber Files, auswählen kann.

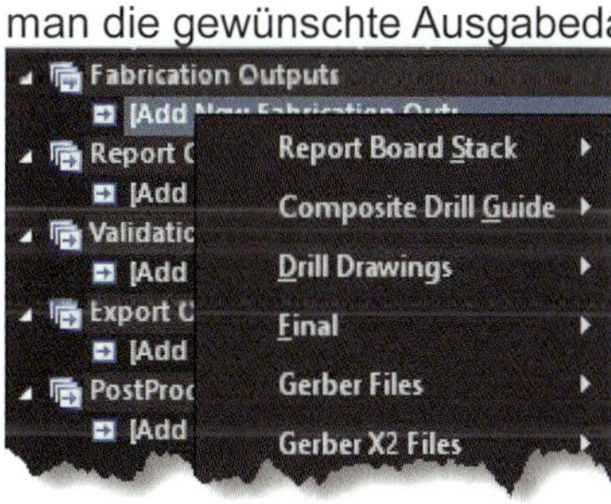

- Unter dem entsprechenden Menüpunkt, z.B. Gerber Files, öffnet sich ein weiteres Kontextmenü

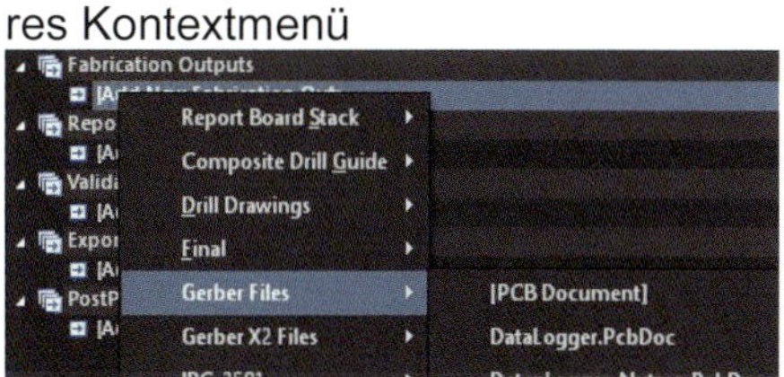

- In diesem Kontextmenü wählen Sie aus auf welches Dokument sich die Ausgabe beziehen soll. Wollen Sie eine wiederverwendbare OutputJob Datei sollten Sie hier den Eintrag in eckigen Klammern wählen, z.B. [PCB Document] oder [Project]. Bei der Ausgabe von Schaltplänen können Sie alle, einzelne oder die

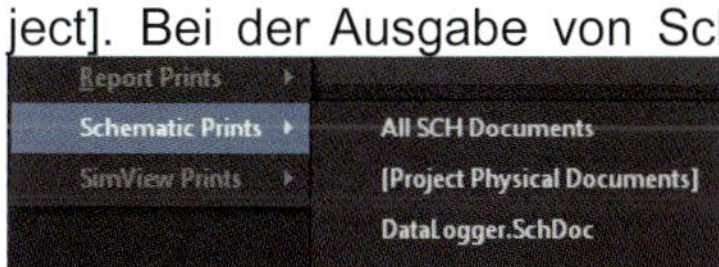

physikalischen Schaltplanseiten ausgeben. Bei allen („All SCH Documents“) oder einzelnen Schaltplanseiten werden diese so ausgegeben, wie sie auch im Altium Designer®

Schaltplaneditor erscheinen. Die physikalischen Schaltplanseiten zeigen Bestückungsvarianten und die einzelnen Schaltplanseiten in einem sogenannten Multi-Channel Design.

- Die resultierende Datei können Sie direkt umbenennen. Dazu klicken Sie zweimal (kein Doppelklick!) in das Namensfeld oder drücken die F2 Taste. Dann können Sie den vorgegebenen Dateinamen, z.B. „Gerber Files", an Ihre Bedürfnisse anpassen.

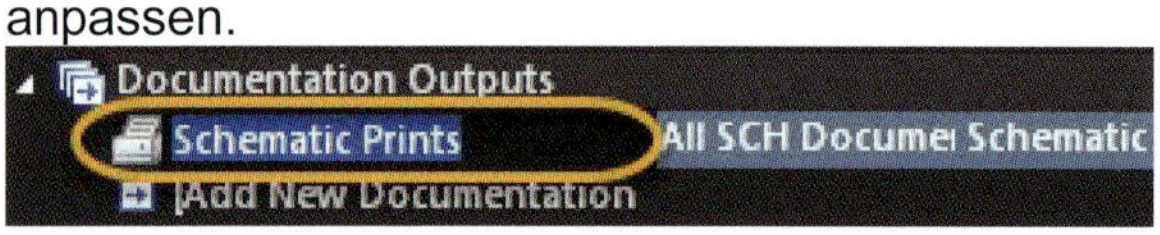

- Ein Doppelklick auf den Dateinamen öffnet die Einstellungsseite. Mit einem Rechtsklick kann man bei vielen Ausgaben den „Page Setup" aufrufen. Dort lässt sich die Papiergröße einstellen sowie ob der Ausdruck in schwarz/weiß, Graustufen oder farbig erfolgen soll.

Konfiguration der Ausgabetypen
Eine Beschreibung der Ausgabetypen finden Sie im Kapitel „Ausgabedaten-Typen" (S.459). Dort wird auch auf die Einstellmöglichkeiten verwiesen.

Verbindung der Ausgabetypen mit einem oder mehreren Ausgabecontainern

- Die Ausgabedateien im linken Bereich werden über die Spalte „Enabled" mit einem Ausgabecontainer verknüpft.

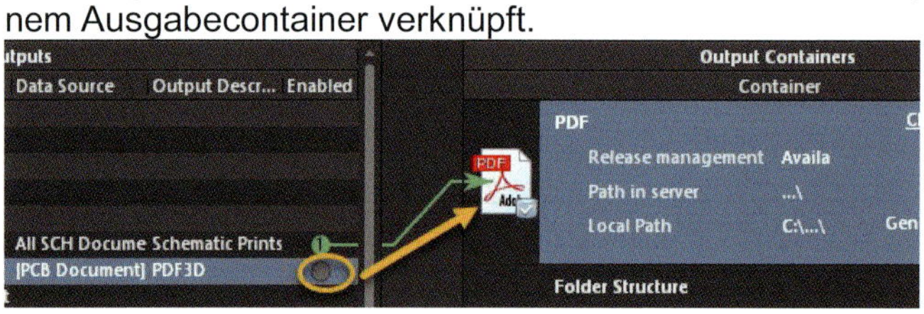

- Wählen Sie zunächst im rechten Bereich einen Ausgabecontainer.
- Im linken Bereich erscheint jetzt bei jeder Ausgabedatei, die mit dem gewählten Ausgabecontainer ausgegeben werden kann, ein kleiner leerer Kreis.
- Klicken Sie auf diesen Kreis um die Verbindung herzustellen. Es erscheinen eine Zahl und ein grüner Pfeil. Die Zahl legt die Ausgabereihenfolge fest.
- Nicht alle Ausgabedatentypen lassen sich mit allen Ausgabecontainern verknüpfen. So ist es nicht möglich die Gerberdaten als PDF oder Video auszugeben. Der Altium Designer® lässt nur sinnvolle Verknüpfungen zu.

Konfiguration der Ausgabecontainer
Ein Beschreibung der Ausgabecontainer und deren Konfiguration finden Sie im Kapitel „Ausgabecontainer" (S.491).

Starten der Ausgabe pro Ausgabecontainer
Ein Klick auf „Generate Content" beim entsprechenden Ausgabecontainer erzeugt die Ausgabedaten.

ALTIUM DESIGNER®
AUSGABEDATEN-TYPEN

Validierungsdaten

Validation Outputs

- **Configuration Compliance**
Prüft ob die aktuelle Konfiguration mit den Einstellungen im Team Configuration Center übereinstimmt.
- **Design Rule Check (DRC)**
Führt bei der Erzeugung der Produktionsdaten eine Prüfung der Leiterplattenregeln durch und erzeugt einen Report im eingestellten Format.
- **Differences Report**
Führt einen Vergleich zwischen den Schaltplänen und der Leiterplatte durch. Damit kann festgestellt werden, ob evtl. eine Neusynchronisierung zwischen Schaltplan und Leiterplatte notwendig ist.
- **Electrical Rule Check (ERC)**
Prüft in den Schaltplänen die eingestellten ERC Regeln. Ein Doppelklick auf den Namen in der OutputJob Datei öffnet den Einstellungsdialog. Hier kann im Bereich „Validation" festgelegt was bei einem PCB Release Lauf toleriert werden kann. Als Standard werden Warnungen akzeptiert. Würden Fehler auftreten, dann wird der PCB Release Lauf abgebrochen.
- **Footprint Comparison Report**
Vergleicht die Footprints auf der Leiterplatte mit den Footprints in der Bibliothek. Damit wird erkannt, wenn im Projekt Footprints verändert wurden. Dies kann speziell dann Probleme bereiten, wenn für jedes Bauteil eine Artikelnummer hinterlegt ist und dann eventuell nicht bestückbar ist.

Exportdaten

Export Outputs

- **AutoCAD dxf/dwg der Schaltpläne**
Exportiert die Schaltpläne als AutoCAD DXF bzw. DWG Datei. Ein Doppelklick auf den Namen in der OutputJob Datei öffnet den Einstellungsdialog.
- **AutoCAD dxf/dwg der Leiterplatte**
Exportiert die Leiterplatte als AutoCAD dxf bzw. dwg Datei. Ein Doppelklick auf den Namen in der OutputJob Datei öffnet den Einstellungsdialog.
- **IDF**
Exportiert die Leiterplatte als IDF Datei. Ein Doppelklick auf den Namen in der OutputJob Datei öffnet den Einstellungsdialog.
- **STEP**
Exportiert die Leiterplatte als STEP Datei. Ein Doppelklick auf den Namen in der OutputJob Datei öffnet den Einstellungsdialog.

- **PDF3D**
Exportiert die Leiterplatte in eine 3D PDF Datei. Ein Doppelklick auf den Namen in der OutputJob Datei öffnet den Einstellungsdialog.
Hierzu muss unter DXP – Extensions and Updates auf dem Reiter „Installed" die „EXPORT3D Extension" installiert sein.

Es können alle installierten Exportprogramme in der OutputJob Datei verwendet werden:

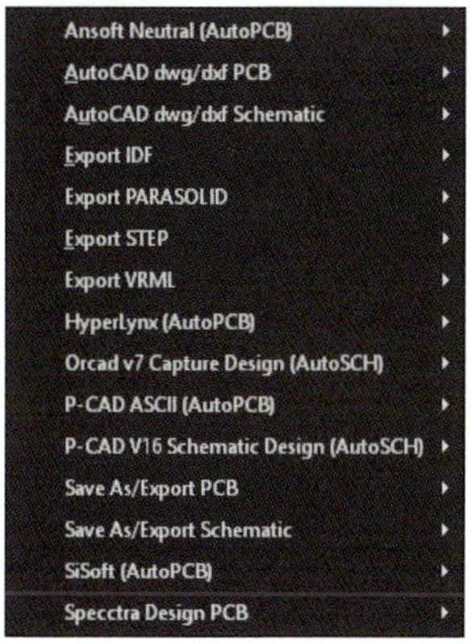

Nachbearbeitung der Daten

PostProcess Outputs

- **Copy Files**
  Kopiert Dateien aus dem Projekt, dem Projektverzeichnis oder dem Verzeichnis der Ausgabedaten in einen Folder Structure Container.

ALTIUM DESIGNER®

EINSTELLUNGEN FÜR AUSGABE-DATEN

Ausgabedaten in eine PDF Datei

Leiterplattenausgabe

Die Einstellungen der Leiterplattenausgabe gelten für alle Ausgaben in eine PDF Datei.

Dazu gehören:

- Documentation - Composite
- Documentation - PCB Prints
- Assembly Outputs - Assembly Drawings
- Fabrication Outputs - Report Board Stack
- Fabrication Outputs - Composite Drill Guide
- Fabrication Outputs - Drill Drawings
- Fabrication Outputs - Mask Set
- Fabrication Outputs - Power-Plane Set

Ein Doppelklick auf den Namen in der OutputJob Datei öffnet den Einstellungsdialog:

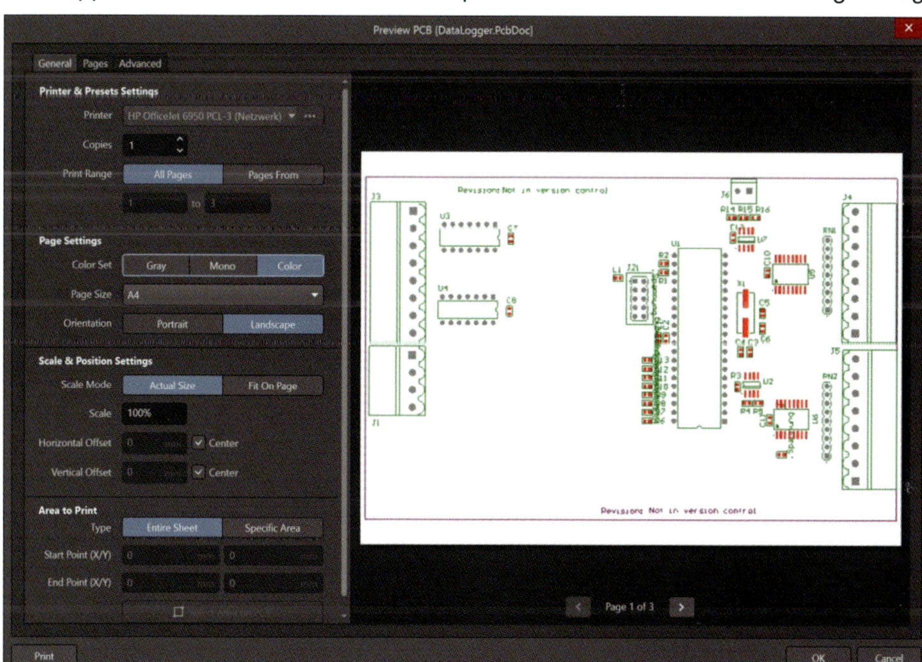

Im linken Bereich gibt es drei Einstellungsreiter und im rechten Bereich eine Vorschau auf das Ergebnis. Wenn auf einem Einstellungsreiter eine Änderung vorgenommen wurde, dann kann die Vorschau mit der Taste F5 aktualisiert werden.

Einstellungsreiter „General“

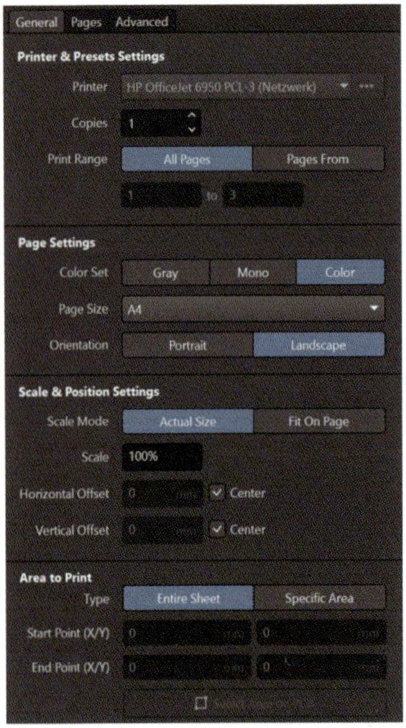

Auf diesem Reiter werden alle Einstellungen vorgenommen, die sich auf Seitengröße, Orientierung, Farbe, Skalierung und dargestellter Bereich beziehen.
Wenn Sie hier Einstellungen ändern, kann die Vorschau mit der Taste F5 aktualisiert werden.

Einstellungsreiter „Pages“

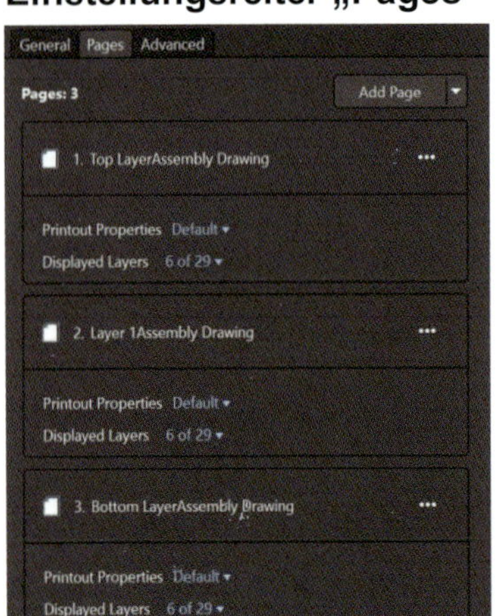

Auf diesem Reiter werden die Seiten im PDF konfiguriert. Mit „Add Page“ können weitere Seiten hinzugefügt werden. Ein Klick auf das Dreieck neben „Add Page“ bietet eine Auswahl mit Standardlagensätzen. Dabei werden alle bereits vorhandenen Seiten gelöscht!
Ein Klick auf „...“ öffnet ein Menü. Hier kann man den Namen der Seite ändern, die Seitenreihenfolge ändern oder eine Seite löschen.

Die Lagen, die auf einer Seite dargestellt werden, können über „Displayed Layers“ festgelegt werden.
Die Darstellung der einzelnen Lagen kann im Detail konfiguriert werden.

Wenn eine Seite ausgewählt ist können im Bereich „Selected Page Settings“ entsprechende Einstellungen vorgenommen werden.

Wenn Sie hier Einstellungen ändern, muss die Vorschau mit der Taste F5 aktualisiert werden.

Einstellungsreiter „Pages – Display Layers“

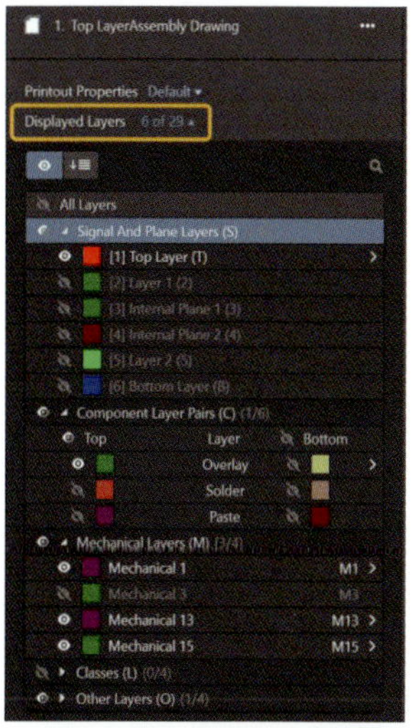

Auf dem Reiter „Pages – Display Layers“ finden Sie alle Lagen, die auf der aktuellen Seite dargestellt werden. Ein Klick auf das Augensymbol vor einer Lage blendet die Lage ein oder aus.
Mit einem Klick auf das Farbfeld einer Lage können Sie die Ausgabefarbe ändern.

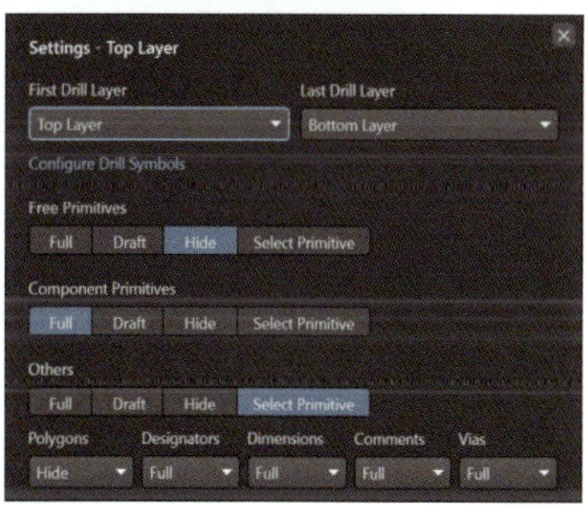

Ein Klick auf eine Lage öffnet die entsprechende Einstellungsseite.
Hier legen Sie fest, wie welche Objekte (Primitives) dargestellt werden sollen.

Wenn Sie hier Einstellungen ändern, muss die Vorschau mit der Taste F5 aktualisiert werden.

Einstellungsreiter „Advanced“

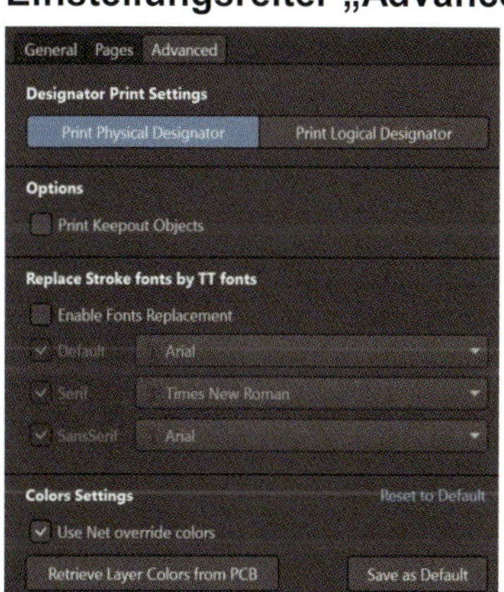

Auf diesem Reiter legen Sie ganz oben fest, ob die Bauteilebezeichner (Designator) logisch oder physikalisch ausgegeben werden. Dies kann im Multichannel-Design vorteilhaft sein, da hier die Bezeichner relativ lang werden können.

Im mittleren Bereich können Sie unter „Options“ festlegen ob Keepout Objekte ausgegeben werden sollen.

Im nächsten Bereich können Sie festlegen, ob und wie die Vektorzeichensätze durch TrueType Zeichensätze ersetzt werden sollen.

Ganz unten legen Sie die Farben fest. Ein Häkchen bei „Use Net override colors“ gibt im Schaltplan eingefärbte Netze in dieser Farbe aus. Mit „Retrieve Layer Colors from PCB“ können Sie die Farben aus dem Leiterplattendokument übernehmen.
Die Einstellungen können über „Save as Default“ gespeichert werden.

Ausgabe von Draftsman®dokumenten in eine PDF Datei

Es existieren keine speziellen Draftsman® Einstellungen. Über das Rechtsklick Menü kann man über „Page Setup“ die normalen Druckoptionen festlegen. Falls im PDF Container unter „Advanced“ die Option „Create Table of Contents“ aktiviert ist, dann wird ein Inhaltsverzeichnis entsprechend dem Inhalt des Bookmark Panels erzeugt.

Schaltplanausgabe in eine PDF Datei

Ein Doppelklick auf den Eintrag für die Schaltplanausgabe in der OutputJob Datei öffnet den Einstellungsdialog:

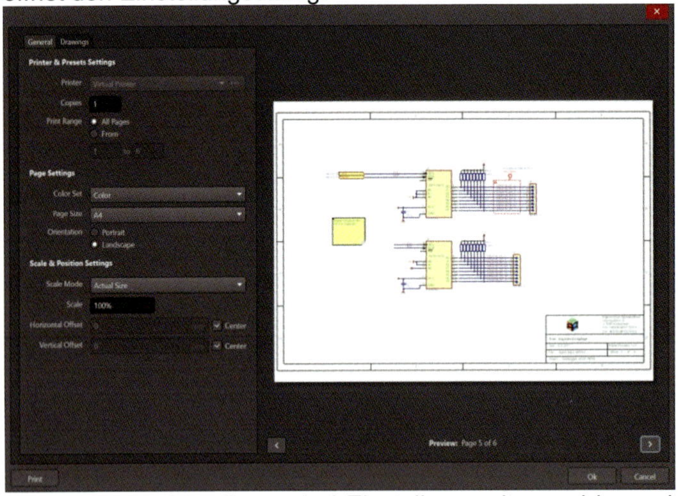

Im linken Bereich gibt es drei Einstellungsreiter und im rechten Bereich eine Vorschau auf das Ergebnis. Wenn auf einem Einstellungsreiter eine Änderung vorgenommen wurde, dann kann die Vorschau mit der Taste F5 aktualisiert werden.

Einstellungsreiter „General“

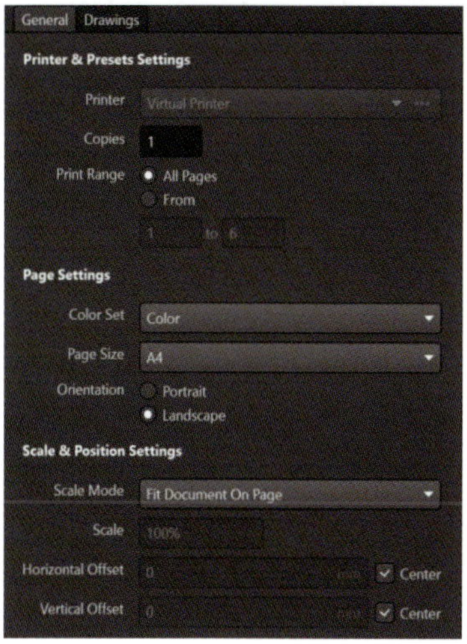

Auf diesem Reiter werden alle Einstellungen vorgenommen, die sich auf Seitengröße, Orientierung, Farbe, Skalierung und dargestellter Bereich beziehen.
Wenn Sie hier Einstellungen ändern, kann die Vorschau mit der Taste F5 aktualisiert werden.

Einstellungsreiter „Drawings“

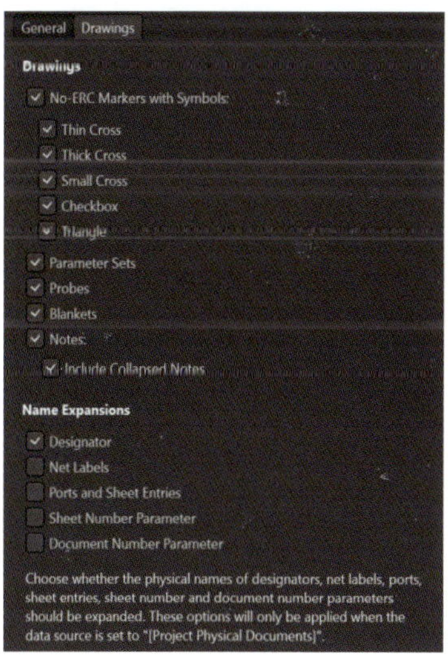

Auf diesem Reiter lassen sich bestimmte Objekte vom Ausdruck ausschließen. So kann man z.B. „No-ERC Marker“ komplett ausschließen oder nur ganz bestimmte Symbole zulassen. Auch bei den Notes kann man festlegen ob sie ausgedruckt werden sollen. Entfernt man den Haken bei „Include collapsed notes“ werden zugeklappte Notes nicht angezeigt.

Im Bereich „Name Expansions“ wird festgelegt wie Bezeichner, Seitenzahlen etc. angepasst werden, wenn als Ausgabequelle „[Project Physical Documents]“ gewählt wurde.

Ausgabedaten in eine PDF Datei vor Version 21.3

Leiterplattenausgabe

Die Einstellungen der Leiterplattenausgabe gelten für alle Ausgaben in eine PDF Datei.

Dazu gehören:

- Documentation - Composite
- Documentation - PCB Prints
- Assembly Outputs - Assembly Drawings
- Fabrication Outputs - Report Board Stack
- Fabrication Outputs - Composite Drill Guide
- Fabrication Outputs - Drill Drawings
- Fabrication Outputs - Mask Set
- Fabrication Outputs - Power-Plane Set

Ein Doppelklick auf den Namen in der OutputJob Datei öffnet den Einstellungsdialog:

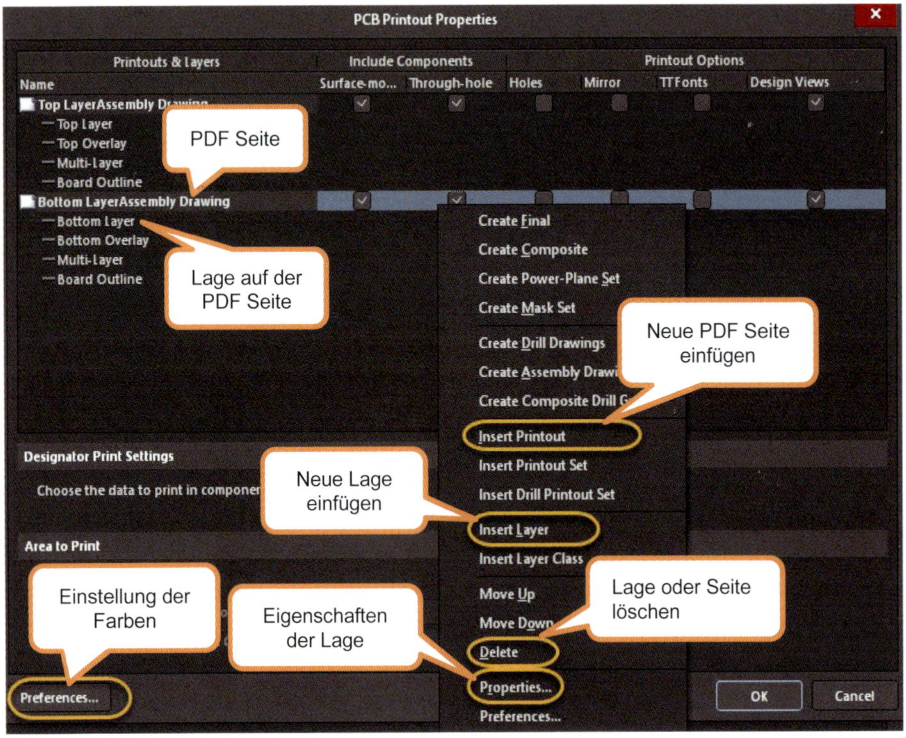

Eine Überschrift ist ein „Printout“ und repräsentiert eine Seite in der PDF Datei. Unter einem Printout sind die Layer angeordnet, welche einer Lage in der Leiterplatte entsprechen.
Ein Rechtsklick öffnet ein Kontextmenü mit dem man Printouts und Layer hinzufügen

und entfernen kann. Durch „Move Up“ und „Move Down“ lässt sich die Reihenfolge ändern, in der die Lagen ausgegeben werden.
Ein Klick auf „Properties...“ öffnet einen weiteren Dialog über den man die Eigenschaften einer Lage konfigurieren kann. Eine hinzugefügte Seite kann umbenannt werden. Dazu klickt man auf den Seitennamen und kann ihn dann ändern. In der Spalte „Printout Options“ kann bei „TT-Fonts“ ein Haken gesetzt werden um Vektor Fonts durch TrueType Fonts beim Ausdruck zu ersetzen.

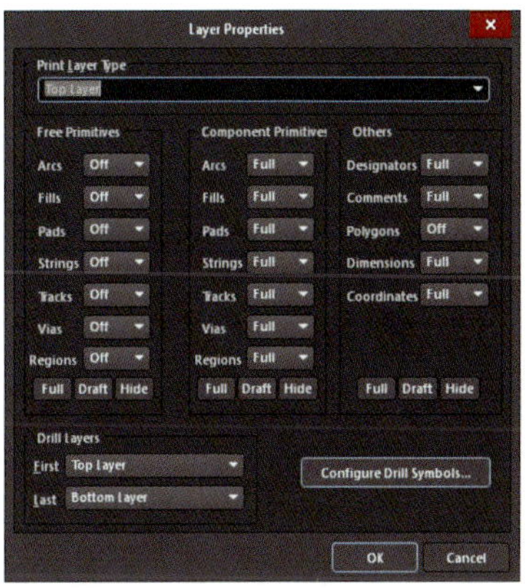

Ein Doppelklick auf eine Lage öffnet die Eigenschaftenseite für diese Lage. Hier kann man genau festlegen welche Objekte, wie dargestellt bzw. ausgeblendet werden. Über die Schaltfläche „Configure Drill Symbols...“ kann die Größe der Bohrsymbole eingestellt werden.

Soll die OutputJob Datei als Vorlage dienen, dann muss die Konfiguration der Ausgaben so allgemeingültig wie möglich sein. Mit „Insert Printout Set“ kann man für jede vorhandene Lage eine Seite in das PDF einfügen. Dies ist dann unabhängig von den tatsächlich vorhandenen Lagen.

Ein Klick auf die Schaltfläche „Preferences...“ links unten öffnet den „PCB Print Preferences“. Diese Einstellungen können auf der Leiterplatte für jede Ausgabe getrennt eingestellt werden.

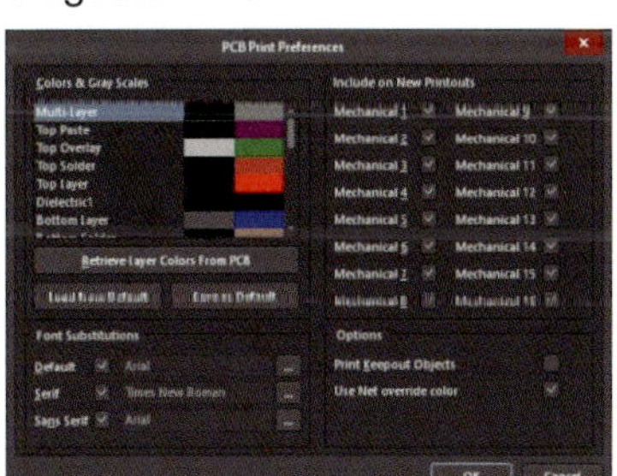

Im Bereich „Colors & Gray Scales“ kann festgelegt werden, wie die einzelnen Lagen in Farbe und in Graustufen ausgegeben werden. Über die Schaltfläche „Retrieve Layer Colors From PCB“ können auch die Farben aus der Leiterplatte geholt werden. Jede Farbe kann geändert werden, in dem man in das entsprechende Farbfeld klickt und dann eine neue Farbe auswählt. Im Bereich „Options“ kann festgelegt werden, ob auch Keep-Out Objekte gedruckt werden und ob die Leiterbahnen in der „Override Color“ oder der Lagenfarbe gedruckt werden sollen. Der Bereich „Include on New Printouts“ ist ohne Funktion. Beim Ausdrucken wird keine der angekreuzten mechanischen Lagen automatisch hinzugefügt.

Ausgabe von Draftsman®dokumenten in eine PDF Datei

Es existieren keine speziellen Draftsman® Einstellungen. Über das Rechtsklick Menü kann über „Page Setup“ die normalen Druckoptionen festlegen. Falls im PDF Container unter „Advanced“ die Option „Create Table of Contents“ aktiviert ist, dann wird ein Inhaltsverzeichnis entsprechend dem Inhalt des Bookmark Panels erzeugt.

Schaltplanausgabe in eine PDF Datei

Ein Doppelklick auf den Eintrag für die Schaltplanausgabe in der OutputJob Datei öffnet den Einstellungsdialog:

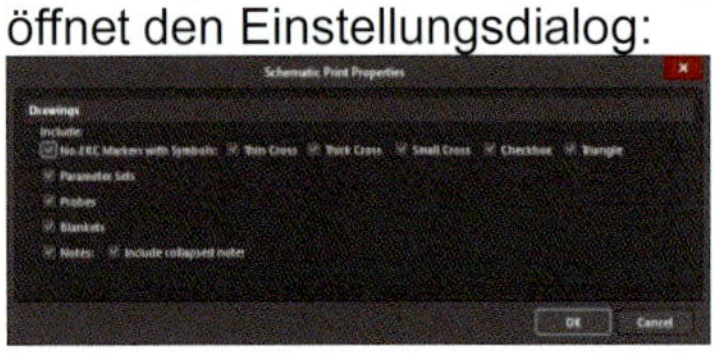

In diesem Dialog lassen sich bestimmte Objekte vom Ausdruck ausschließen. So kann man z.B. „No-ERC Marker“ komplett ausschließen oder nur ganz bestimmte Symbole zulassen. Auch bei den Notes kann man festlegen ob sie ausgedruckt werden sollen. Entfernt man den Haken bei „Include collapsed notes“ werden zugeklappte Notes nicht angezeigt.

Leiterplattenausgabe in 3D in eine PDF Datei

Ein Doppelklick auf den Namen in der OutputJob Datei öffnet den Einstellungsdialog:

Neben der Auflösung im Bereich „Render Resolution“ kann im Bereich „View Configuration“ die aktuelle 3D Konfiguration übernommen werden.
Im Bereich „View to Print“ kann man die Ansicht festgelegen. Wählt man „Custom“ und klickt auf die Schaltfläche „Take Current Camera Position“ kann die aktuelle 3D Ansicht der Leiterplatte übernommen werden. Dazu geht man zunächst im Leiterplatten-Editor in die 3D Ansicht und bewegt dort die Leiterplatte in die gewünschte Position. Im PDF wird die Leiterplatte dann genau so dargestellt.

Ausgabe von Daten für den Bestückungsautomaten

Ein Doppelklick auf den Eintrag die Pick & Place Liste in der OutputJob Datei öffnet den Einstellungsdialog:

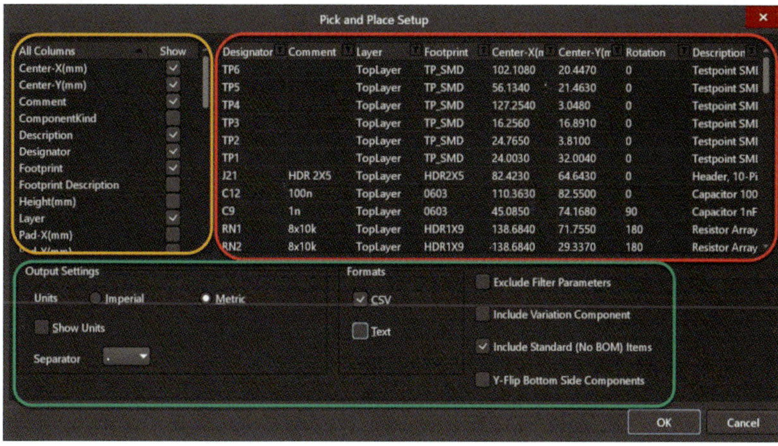

In diesem Dialog können Sie die Daten für den Bestückungsautomaten (Pick and Place Datei) anpassen.
In der linken Spalte „All Columns“ (orangefarbener Bereich) wählen Sie die Felder aus, die in die Datei ausgegeben werden sollen. Die ausgewählten Daten werden dann im rechten roten Bereich dargestellt. Im unteren blauen Bereich kann die Ausgabe konfiguriert werden.

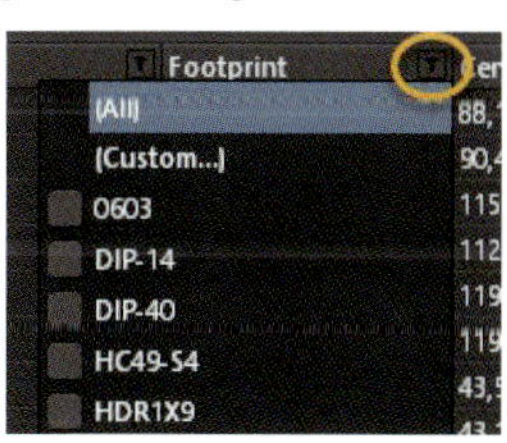

Über die Kopfzeile des Datenbereichs kann die Ausgabe, ähnlich wie in der Stückliste, gefiltert werden. Wählt man einen Eintrag in der Liste aus, werden nur noch die passenden Daten angezeigt. Über „(Custom…)“ können weitere Filterkriterien festgelegt werden. Damit ist es möglich z.B. alle Testpunkte mit dem Footprint „TP_SMD“ auszublenden, da diese nicht bestückt werden müssen. Ein Häkchen im Feld „Exclude Filter Parameters“ sorgt dafür, dass die zur Filterung verwendeten Parameter nicht in den Ausgabedaten erscheinen.

Im Bereich „Output Settings“ legen Sie das Maßsystem Metrisch (mm) oder Imperial (mil) fest. Sollen die Maßeinheiten mit ausgegeben werden, dann setzen Sie bei „Show Units“ ein Häkchen.
In der Auswahlliste „Separator“ können Sie das Dezimaltrennzeichen auf Punkt oder Komma einstellen. Letzteres erleichtert den Import in eine Excel Tabelle.
Im Bereich „Formats“ legen Sie das Ausgabeformat fest. Das Format „CSV“ erzeugt eine Textdatei in der die Datenfelder mit einem Komma getrennt sind. Beim Format „Text“ werden die Felder durch Tabulatoren getrennt. Ein Häkchen im Feld „Include Variation Component“ nimmt auch nicht bestückte Komponenten in die Pick and Place Datei auf. Diese werden in der Spalte „Designator“ mit dem Zusatz „(not fitted)“ gekennzeichnet. Es können auch Komponenten vom Typ „Standard (No BOM)“ in die Liste aufgenommen werden. Damit lassen sich dann auch Testpunkte und Passermarken ausgeben.

Ausgabe von Gerber Daten

Ein Doppelklick auf den Namen in der OutputJob Datei öffnet den Einstellungsdialog:

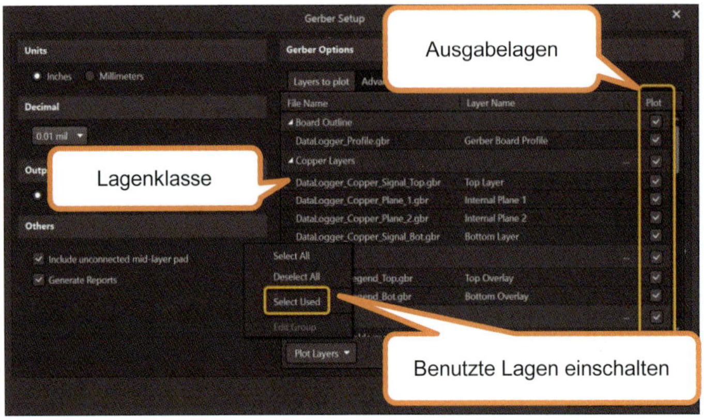

Im linken Bereich wird festgelegt, ob die Daten in Inch oder in Millimeter ausgegeben werden sollen. Im Bereich „Decimal" wird die Anzahl der Nachkomma-stellen festgelegt. Hier sollte man immer mit dem Leiterplattenhersteller abklären was er kann. Im Bereich „Outputs: FileName.Extension" wird definiert wie die Gerberdateien benannt werden. Ein Vorschau auf die Dateinamen erhält man im Bereich „Layers to plot". Es gibt zwei Möglichkeiten für die Benamung. Mit „*.gbr" werden die Lageninformationen in den Dateinamen kodiert und die Dateiendung ist bei allen „gbr". Bei der anderen Einstellung erhalten die Dateien den gleichen Dateinamen aber je nach Lageninhalt unterschiedliche Endungen. Die Dateinamen können auch manuell angepasst werden.

Im rechten Bereich „Layers to plot" werden die Lagen festgelegt, die ausgegeben werden sollen. Nach dem Hinzufügen einer Gerberausgabe in die OutputJob Datei sind **keine** mechanischen Lagen ausgewählt! Werden mechanische Lagen verwendet, dann klickt man unten auf die Schaltfläche „Plot Layers" und wählt dort „Select Used". In der Spalte „Plot" befindet sich dann jeweils ein Haken. Will man einzelne Lagen ausschließen, entfernt man den entsprechenden Haken. Aktiviert man die erste Zeile „Board Outline", dann wird automatisch eine Datei mit der Leiterplattenkontur erzeugt. Es ist dann nicht notwendig eine eigene mechanische Lage zu definieren.

Sollen Lagen gespiegelt ausgegeben werden, dann muss man in den „Advanced Settings" (Präferenzen im Bereich „System – General" (siehe auch S.13)) den Eintrag UI.Unification.GerberDialog.ShowMirrorColumn aktivieren.

Auf dem Reiter „Advanced" können die folgenden Einstellungen vorgenommen werden. Im Bereich „Aperture Tolerances" legt man die Toleranzen für die Übereinstimmung von Blenden fest. Über die Auswahl des „Plotter Type" kann man die Gerberdaten sortieren und so die Daten für Fräsplotter für die Prototypen Erstellung optimieren.

Der Altium Designer® entfernt automatisch alle Anschlussflächen auf den Mittellagen, die nicht angeschlossen sind. Viele Leiterplattenhersteller fordern dies um ihre Bohrer zu schonen. Will man diese Anschlussflächen trotzdem in den Gerberdaten haben, setzt man einen Haken bei „Include unconnected mid-layer pads" im Bereich „Others".

Ausgabe von Gerber Daten vor Version 22.11

Ein Doppelklick auf den Namen in der OutputJob Datei öffnet den Einstellungsdialog:

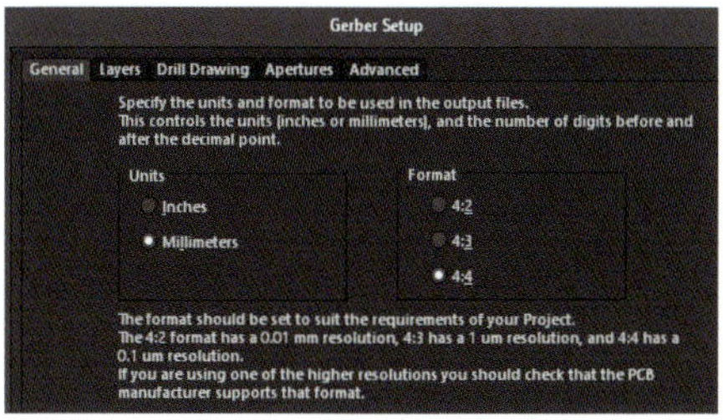

Die beiden wichtigsten Reiter sind „General" und „Layers".
Auf dem Reiter „General" wird festgelegt, ob die Daten in Inch oder in Millimeter ausgegeben werden sollen. Im Bereich „Format" wird die Anzahl der Nachkommastellen festgelegt. Hier sollte man immer mit dem Leiterplattenhersteller abklären was er kann. Das Format metrisch 4:4 entspricht einer Auflösung von 0.1 µm.
Auf dem Reiter „Layers" werden die Lagen festgelegt, die ausgegeben werden sollen. Nach dem Hinzufügen einer Gerberausgabe in die OutputJob Datei sind **keine** Lagen ausgewählt! Es ist also zwingend notwendig auf diesem Reiter entsprechende Einstellungen vorzunehmen.

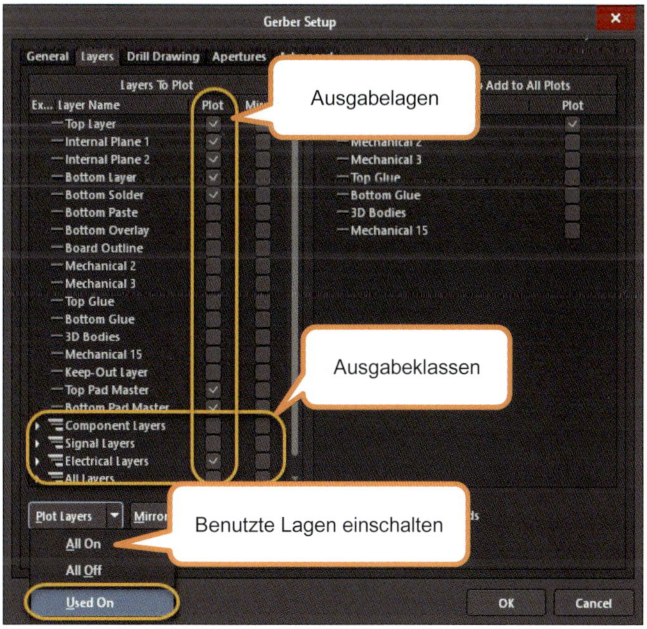

Klickt man unten links auf die Schaltfläche „Plot Layers" öffnet sich ein Menü. Dort wählt man „Used On" um alle benutzten Lagen auszugeben. In der Spalte „Plot" befindet sich dann jeweils ein Haken. Will man einzelne Lagen ausschließen, entfernt man den entsprechenden Haken. Um die Einstellungen möglichst wieder verwendbar zu machen, gibt es jetzt im unteren Bereich Lagenklassen. Ein Klick auf das '+' zeigt an, welche Lagen dazugehören. Wählt man hier z.B. „Electrical Layers" ist sichergestellt, dass alle Signal- und Spannungsversorgungslagen als Gerberdaten ausgegeben werden, egal wie viele Lagen sich tatsächlich in der Leiterplatte befinden.

Der Altium Designer® entfernt automatisch alle Anschlussflächen auf den Mittellagen, die nicht angeschlossen sind. Viele Leiterplattenhersteller fordern dies um ihre Bohrer zu schonen. Will man diese Anschlussflächen trotzdem in den Gerberdaten haben, setzt man einen Haken bei „Include unconnected mid-layer pads".
Der Reiter „Drill Drawing" legt fest, ob und welche Bohrzeichnungen als Gerberdaten ausgegeben werden. Da die Bohrzeichnungen meist im PDF Format ausgegeben werden, sind auf diesem Reiter keine weiteren Einstellungen notwendig.

Auf dem Reiter „Apertures" stellt man das Gerberformat ein. Der Standard ist hier RS274X mit eingebetteten Blenden. Entfernt man den Haken an dieser Einstellungen muss man sich selbst um die Blenden kümmern.

Ausgabe von Gerber X2 Daten

Ein Doppelklick auf den Namen in der OutputJob Datei öffnet den Einstellungsdialog:

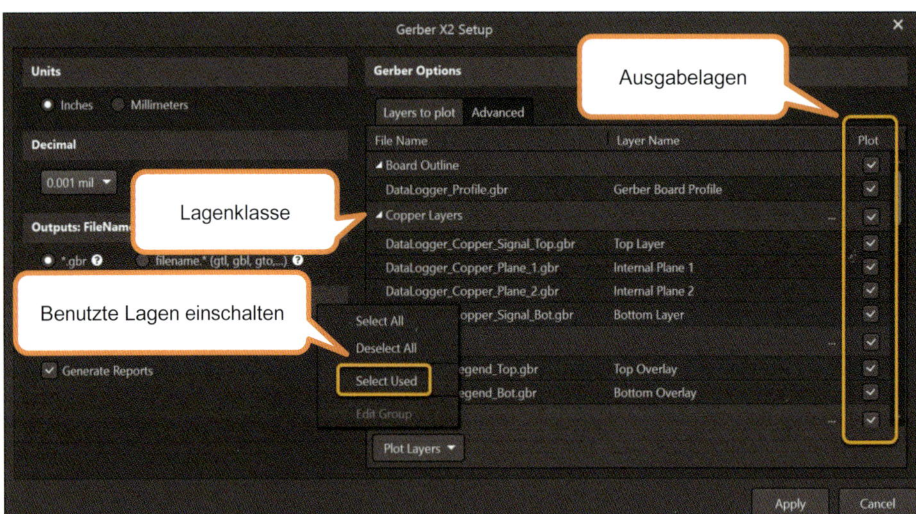

Wie bei den normalen Gerberdaten muss die Maßeinheit unter „Units" eingestellt werden und über „Decimals" wird die Anzahl der Nachkommastellen festgelegt.
Im Bereich „Outputs: FileName.Extension" wird definiert wie die Gerberdateien benannt werden. Ein Vorschau auf die Dateinamen erhält man im Bereich „Layers to plot". Es gibt zwei Möglichkeiten für die Benamung. Mit „*.gbr" werden die Lageninformationen in den Dateinamen kodiert und die Dateiendung ist bei allen „gbr". Bei der anderen Einstellung erhalten die Dateien, je nach Lageninhalt, unterschiedliche Endungen.
Nach dem Hinzufügen einer Gerber X2 Ausgabe in die OutputJob Datei sind **keine** mechanischen Lagen ausgewählt! Werden mechanische Lagen verwendet, dann klickt man unten auf die Schaltfläche „Plot Layers" und wählt dort „Select Used". In der Spalte „Plot" befindet sich dann jeweils ein Haken. Will man einzelne Lagen aus-

schließen, entfernt man den entsprechenden Haken. Sollen Lagen gespiegelt ausgegeben werden, dann muss man in den „Advanced Settings“ (Präferenzen im Bereich „System – General“ (siehe auch S.13)) den Eintrag UI.Unification.GerberDialog.ShowMirrorColumn aktivieren.
Auf dem Reiter „Advanced“ können die folgenden Einstellungen vorgenommen werden. Im Bereich „Aperture Tolerances“ legt man die Toleranzen für die Übereinstimmung von Blenden fest. Über die Auswahl des „Plotter Type“ kann man die Gerberdaten sortieren und so die Daten für Fräsplotter für die Prototypen Erstellung optimieren. Im Bereich „Gerber X2 Specific“ kann der Dateityp festgelegt werden, der dann als *Part* Attribut in die Ausgaben aufgenommen wird. Der Dateityp gibt an ob es sich um eine Einzelleiterplatte, einen Nutzen oder einen Testcoupon handelt. Im Feld „File comment“ kann eine Beschreibung eingeben werden, die ebenfalls als Attribut in die Ausgaben aufgenommen wird.
Der Altium Designer® entfernt automatisch alle Anschlussflächen auf den Mittellagen, die nicht angeschlossen sind. Viele Leiterplattenhersteller fordern dies um ihre Bohrer zu schonen. Will man diese Anschlussflächen trotzdem in den Gerberdaten haben, setzt man einen Haken bei „Include unconnected mid-layer pads“ im Bereich „Others“.

Ausgabe von Gerber X2 Daten vor Version 22.11

Ein Doppelklick auf den Namen in der OutputJob Datei öffnet den Einstellungsdialog:

Wie bei den normalen Gerberdaten muss die Maßeinheit unter „Units“ eingestellt werden und über „Format“ wird die Anzahl der Nachkommastellen festgelegt.
Über die Auswahl des „Plotter Type“ kann man die Gerberdaten sortieren und so die Daten für Fräsplotter für die Prototypen Erstellung optimieren. Im Bereich „Aperture Tolerances“ legt man die Toleranzen für die Übereinstimmung von Blenden fest.
Im Bereich „Gerber X2 Specific“ kann der Dateityp festgelegt werden, der dann als *Part* Attribut in die Ausgaben aufgenommen wird. Der Dateityp gibt an ob es sich um eine Einzelleiterplatte, einen Nutzen oder einen Testcoupon handelt. Im Feld „File comment“ kann eine Beschreibung eingeben werden, die ebenfalls als Attribut in die Ausgaben aufgenommen wird.
Im rechten Bereich befinden sich auf dem Reiter „Layers To Plot“ die Lagen, die

ausgegeben werden sollen. Für jede Lage ist eine Datei definiert. Im Unterschied zu den alten Gerberdaten werden die einzelnen Lagen nicht über eine Dateierweiterung (z.B. *.gbl für die Lötseite) sondern über den Dateinamen selbst unterschieden. Die Konvention im Altium Designer® ist:

<Leiterplattenname>_<Gerber X2 Lagenname>.gbr

Ausgegeben werden nur die Lagen, die einen Haken in der Spalte „Plot“ haben. Ein Rechtsklick in das Fenster öffnet ein Kontextmenü in dem Sie alle Lagen oder nur die benutzten einschalten bzw. alle Lagen ausschalten können.

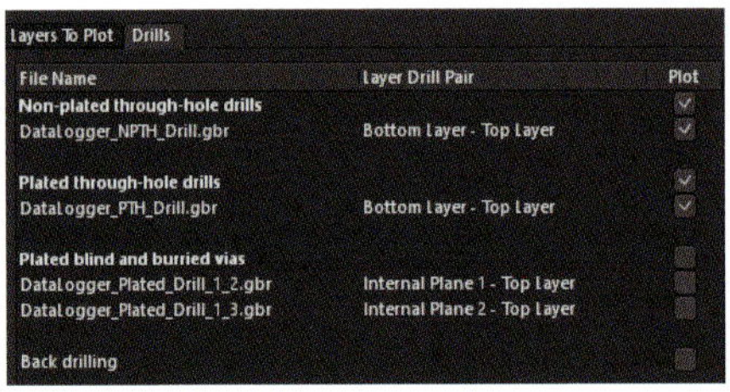

Auf dem Reiter „Drills“ legen Sie fest, welche Bohrinformationen ausgegeben werden.

Ein Rechtsklick in das Fenster öffnet ein Kontextmenü in dem Sie alle Bohrinformationen oder nur die benutzten einschalten bzw. alle Lagen ausschalten können. Mit dem Gerber X2 Format ist keine separate Bohrdatei notwendig.

Ausgabe von IPC-2581 Daten

Ein Doppelklick auf den Namen in der OutputJob Datei öffnet den Einstellungsdialog:

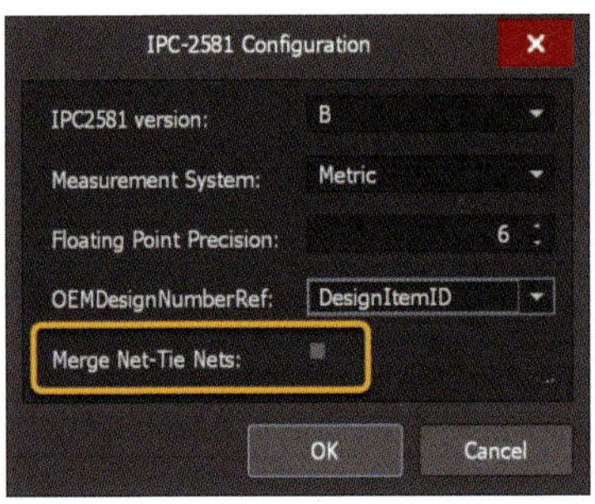

In diesem Dialog kann die IPC-2581 Version, die Maßeinheit und die Genauigkeit der verwendeten Fließkommazahlen eingestellt werden. Ab der Version 19.1 können Sie bei Verwendung von Net-Ties bei „Merge Net-Tie Nets“ ein Häkchen setzen. Damit wird ein einheitlicher Netzname erzeugt für alle Einzelnetze, die über einen Net-Tie verbunden sind. Der Parameter „OEMDesignNumberRef“ legt fest, welcher Komponentenparameter in der IPC-2581 Stückliste verwendet werden soll.

Ausgabe von NC Daten

Ein Doppelklick auf den Namen in der OutputJob Datei öffnet den Einstellungsdialog:

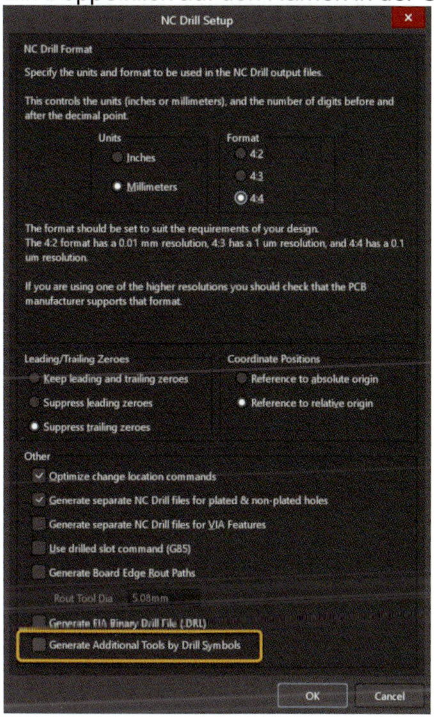

Im Bereich „NC Drill Format“ wird festgelegt, ob die Daten in Inch oder in Millimeter ausgegeben werden sollen. Im Bereich „Format“ wird die Anzahl der Nachkommastellen festgelegt. Hier sollte man immer mit dem Leiterplattenhersteller abklären welches Format unterstützt wird. Das Format metrisch 4:4 entspricht einer Auflösung von 0.1 µm.

Im Bereich „Coordinate Positions“ wird festgelegt, ob sich die Koordinaten auf den absoluten oder relativen Ursprung beziehen.

Im Bereich „Other“ kann man bei „Generate separate NC Drill files for plated and non-plated holes“ einen Haken setzen und erhält getrennte Bohrdateien für durchkontaktierte und nicht durchkontaktierte Bohrungen.

Setzt man einen Haken bei „Generate Board Edge Rout Path“ erzeugt der Altium Designer® eine Fräskontur aus dem Umriss der Leiterplatte. In „Rout Tool Size“ trägt man den Durchmesser des Fräsers ein, der verwendet werden soll. Ein Häkchen bei „Generate Additional Tools by Drill Symbols“ erzeugt zusätzliche Werkzeuge abhängig in den Bohrsymbolen.

Ausgabe von ODB++ Daten

Ein Doppelklick auf den Namen in der OutputJob Datei öffnet den Einstellungsdialog:

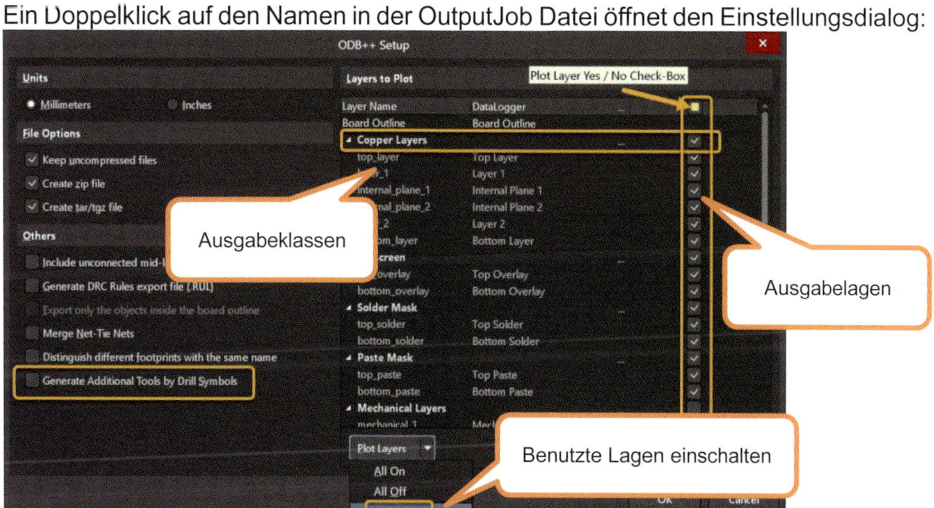

Klickt man unten auf die Schaltfläche „Plot Layers“ öffnet sich ein Menü. Dort wählt man „Used On“ um alle benutzten Lagen auszugeben. In der Spalte „Plot“ befindet sich dann jeweils ein Haken. Will man einzelne Lagen ausschließen, entfernt man den entsprechenden Haken. Um die Einstellungen möglichst wieder verwendbar zu machen, gibt es Lagenklassen. Wählt man hier z.B. „Copper Layers“ ist sichergestellt, dass alle Signal- und Spannungsversorgungslagen als ODB++ Dateien ausgegeben werden, egal wie viele Lagen sich tatsächlich in der Leiterplatte befinden. Mit einem Klick auf „...“ können mechanische Lagen zu einer Klasse hinzugefügt werden.

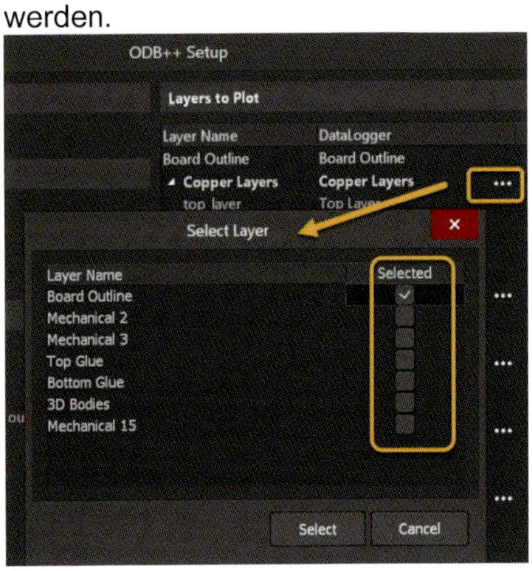

Bei Verwendung von Net-Ties können Sie bei „Merge Net-Tie Nets“ ein Häkchen setzen. Damit wird ein einheitlicher Netzname erzeugt für alle Einzelnetze, die über einen Net-Tie verbunden sind. Die Maßeinheit für die Ausgabe wird im Bereich „Units“ festgelegt und die Dateikomprimierung unter „File Compression“. Ein Häkchen bei „Generate Additional Tools by Drill Symbols“ erzeugt zusätzliche Werkzeuge abhängig in den Bohrsymbolen.

Ausgabe einer Stückliste

Ein Doppelklick auf den Namen in der OutputJob Datei öffnet den Einstellungsdialog:

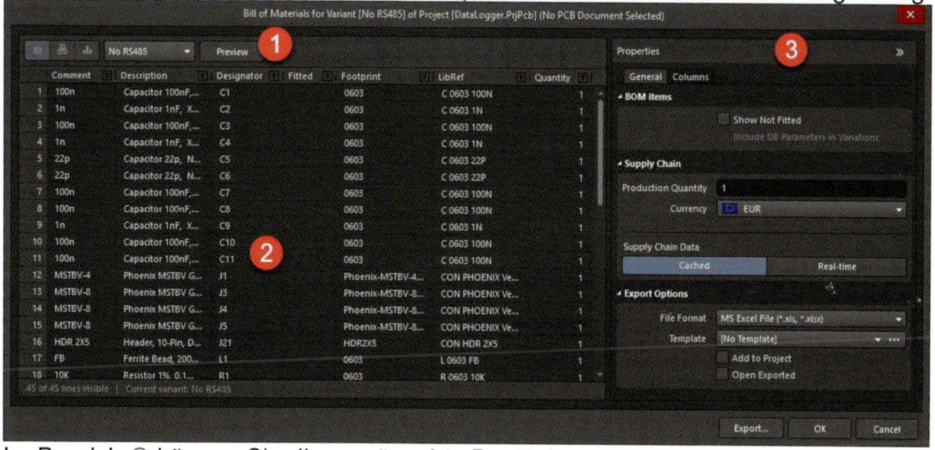

Im Bereich ① können Sie die gewünschte Bestückungsvariante aus einer Liste auswählen und über die Schaltfläche „Preview“ eine Vorschauf auf die Ausgabe anzeigen. Im Bereich ② sehen Sie die konfigurierten Spalten der Stückliste. Welche Spalten angezeigt werden sollen, können Sie auf dem Reiter „Columns“ festlegen. Im rechten Bereich „Properties“ ③ wird die Stückliste konfiguriert.
Der Bereich „Properties“ besteht aus den beiden Reitern „General“ und „Columns“. Auf dem Reiter „General“ legen Sie im Abschnitt „BOM Items“ fest, ob nicht bestückte Bauteile in der Stückliste erscheinen sollen und ob die Parameter aus einer Datenbankbibliothek verwendet werden sollen.
Im Abschnitt „Supply Chain“ kann Sie im Feld „Production Quantity“ die Anzahl Leiterplatten, die bestückt werden sollen angeben. Aus der Liste „Currency“ können Sie eine Währung auswählen. Wenn die Bauteile Supplier Links enthalten und die Spalte „Supplier Unit Price“ aktiviert ist, dann können Sie unter „Supply Chain Data“ festlegen, ob zwischengespeicherte (Cached) oder Echtzeitpreise (Real-time) verwendet werden sollen.
Im Abschnitt „Export Options“ definierten Sie das Ausgabeformat der Stückliste. Wenn Sie eine Stückliste im Excel XLS Format exportieren wollen, aber MS Excel nicht installiert haben, dann wählen Sie als Format „Generic XLS“. Wählt man als Format „MS Excel“ oder „Generic XLS“ aus, dann kann im Feld „Templates“ eine Excel Vorlage ausgewählt werden. Im „Templates“ Verzeichnis findet man bereits eine Reihe mitgelieferter Vorlagen. In der Vorlage können alle Projektparameter und die Parameter des Schaltplans, der in der Hierarchie ganz oben steht verwendet werden. Diese Parameter werden in der Form „Field=<ParameterName>“ verwendet. „<ParameterName>“ ist durch den konkreten Parameter zu ersetzen. Stücklistenspalten werden in der Form „Column=<ParameterName>“ verwendet, z.B. „Column=Quantity“.

Auf dem Reiter „Columns" können Sie Spalten ein- und ausblenden sowie festlegen nach welchen Kriterien. Die Zeilen in der Stückliste zusammengefasst werden können. Im Feld „Search" können Sie auf diesem Reiter nach einer bestimmten Spalte suchen. Im Abschnitt „Sources" legen Sie fest, welche Parametertypen Sie als Spalten verwenden wollen. Als Voreinstellung werden alle Parameter aus einem Vault Server und die Schaltplanparameter verwendet. Zusätzlich kann man die Leiterplatten-, Datenbank- und die Altium® Cloud Services Parameter aktivieren.

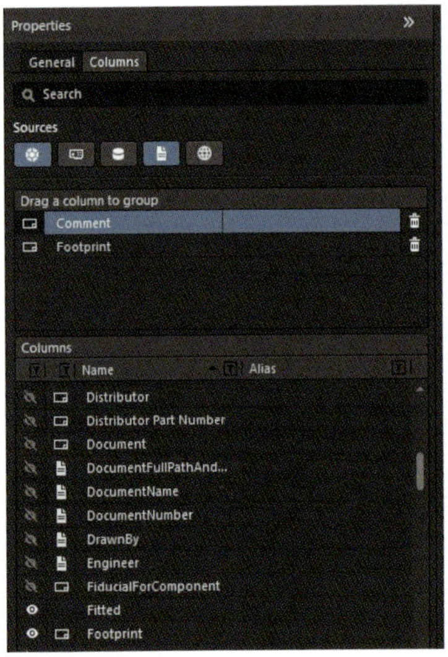

Um eine Spalte ein- oder auszublenden klicken Sie im unteren Bereich „Columns" auf das Augensymbol.

Um Zeilen zusammenzufassen, ziehen Sie aus der „Columns" Liste einen Eintrag in den „Drag a column to group" Bereich. Über das Mülltonnen Symbol können Sie einen Eintrag wieder entfernen.

AutoCAD DXF/DWG Export

Ein Doppelklick auf den Namen in der OutputJob Datei öffnet den Einstellungsdialog:

Exporteinstellungen für die Leiterplatte:
Im Bereich „Options“ kann die AutoCAD Version, das Format, DXF oder DWG, sowie die Maßeinheit ausgewählt werden. Als Version sollte man „R12“ auswählen, da es damit die wenigsten Probleme gibt. Im Bereich „Holes“ legt man fest ob und auf welche Lage Bohrungen exportiert werden sollen. Die anderen Einstellungen können im Allgemeinen auf den Vorgabewerten bleiben. Im rechten Bereich „Layers“ können Sie die Lagen, die exportiert werden sollen, auswählen. Es werden die benutzerdefinierten Lagennamen verwendet.

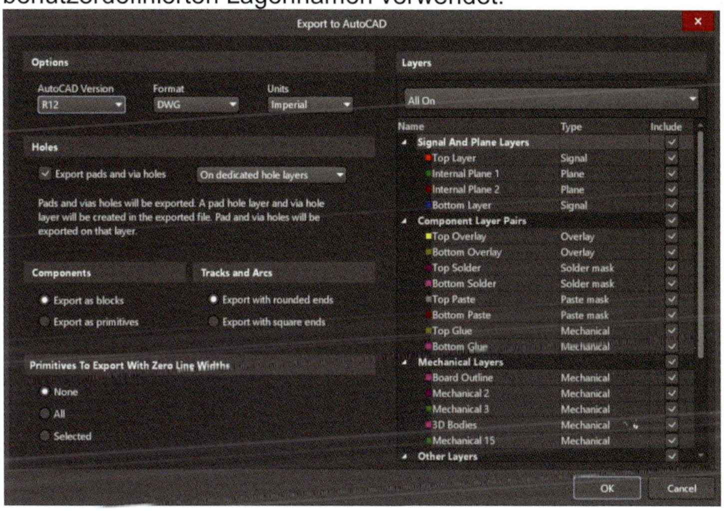

Exporteinstellungen für den Schaltplan:

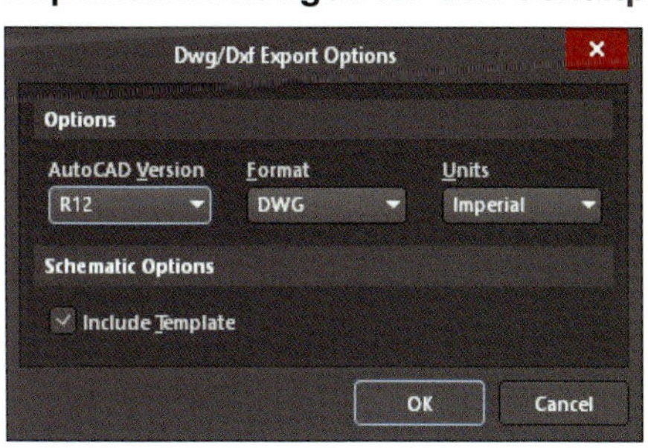

Im Bereich „Options“ kann die AutoCAD Version, das Format, DXF oder DWG, sowie die Maßeinheit ausgewählt werden. Als Version sollte man „R12“ auswählen, da es damit die wenigsten Probleme gibt. Im Bereich „Schematic Options“ legt man fest, ob das Template mit exportiert werden soll.

STEP Export

Ein Doppelklick auf den Namen in der OutputJob Datei öffnet den Einstellungsdialog: Im Bereich „Board Options" legen Sie fest, wie die Leiterplatte exportiert werden soll.

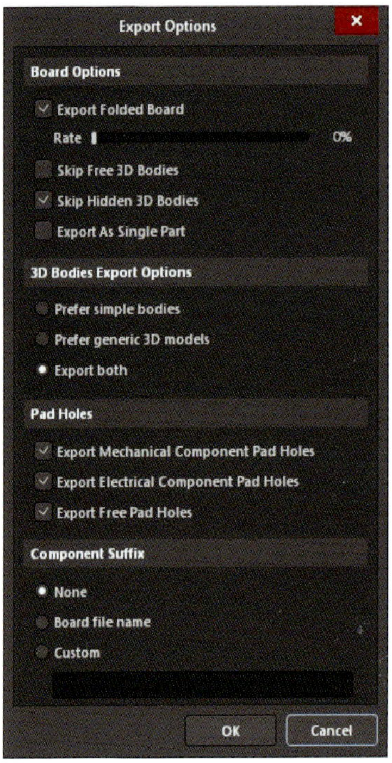

- **Export Folded Board**
  Ein Haken exportiert eine Starr-Flex Leiterplatte gefaltet.
- **Rate**
  Legt fest wie stark die Faltung sein soll.
- **Skip Free 3D Bodies**
  Freie 3D Modelle (z.B. Gehäuse) werden nicht exportiert.
- **Skip Hidden 3D Bodies**
  Ausgeblendete 3D Modelle (z.B. Gehäusedeckel) werden nicht exportiert.
- **Export As Single Part**
  Komponenten als einzelne STEP Modelle oder die Leiterplatte insgesamt als ein einziges STEP Modell exportieren.

Im Bereich „3D Bodies Export Options" legen Sie fest welche 3D Modelle exportiert werden soll.

- **Prefer simple bodies**
  Es werden nur die extruded, Zylinder und Kugel Modelle exportiert.
- **Prefer generic 3D models**
  Es werden nur STEP Modelle exportiert
- **Export both**
  Es werden alle Modelle exportiert (Voreinstellung).
  Im Bereich „Pad Holes" legen Sie fest welche Bohrungen exportiert werden sollen.
- **Export Mechanical Component Pad Holes**
  Exportiert alle mechanischen Bohrungen, die zu Komponenten gehören.
- **Export Electrical Component Pad Holes**
  Exportiert alle durchkontaktierten Bohrungen, die zu Komponenten gehören.
- **Export Free Pad Holes**
  Exportiert alle mechanischen Bohrungen, die **nicht** zu Komponenten gehören.
  Im Bereich „Component Suffix" können Sie festlegen, was an die Namen der exportierten Komponenten angehängt wird.
- **None**
  Es wird nicht angehängt.
- **Board file name**
  Der Name der Leiterplatte wir angehängt.
- **Custom**
  Sie können selbst einen Text eingeben.

PDF3D Export

Ein Doppelklick auf den Namen in der OutputJob Datei öffnet den Einstellungsdialog:

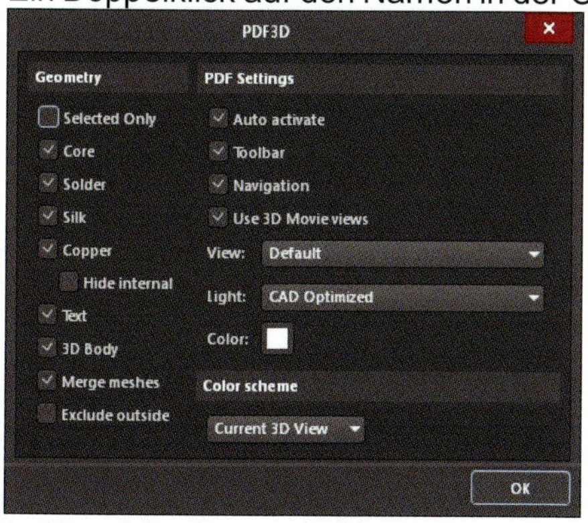

Im Bereich „Geometry" kann festgelegt werden, was alles exportiert werden soll.

Selected Only
Ein Haken bewirkt, dass nur selektierte Kupfer- und Bestückungsdruckobjekte sowie die Lötstoppmasken und das Leiterplattenbasismaterial exportiert werden. Komponenten und Polygone werden nicht exportiert.

Core
Das Leiterplattenbasismaterial wird exportiert.

Solder
Die Lötstoppmasken werden exportiert

Silk
Der Bestückungsdruck wird exportiert

Copper
Alle Kupferobjekte auf allen Lagen werden exportiert. Ein Haken bei „Hide internal" schließt die Innenlagen aus.

Text
Alle Texte (freie Text, Referenzbezeichner usw.) werden exportiert.

3D Body
Alle einfachen, extrudierten und STEP 3D Modelle werden exportiert.

Merge meshes
Zur besseren Navigation werden Gruppen von Objekten (z.B. Anschlussflächen) zusammengefasst.

Exclude Outsides
Sitzt hier ein Haken, wird das Kupfer außerhalb der Leiterplatte nicht mit exportiert.

Der Altium Designer® unterstützt 3 Typen von Ausgabecontainer:

1. **PDF**
   Erzeugt navigierbare PDF Dateien
   Beispiele: Schaltpläne, Bestückungspläne.
2. **Folder Structure**
   Legt die Ausgabedaten in einem Verzeichnisbaum ab.
   Beispiele: Gerberdaten, Bohrdaten, Testpunktdateien, Stücklisten.
3. **Video**
   Erzeugt eine Videodatei aus Ausgabedaten vom Typ „PCB 3D Video".

Es können beliebig viele Ausgabecontainer hinzugefügt werden. So kann man Dateien in unterschiedlichen Verzeichnissen ablegen oder statt einer PDF Datei, die alle Ausgabe enthält, zusätzlich eine PDF Datei für jede Ausgabe erzeugen.

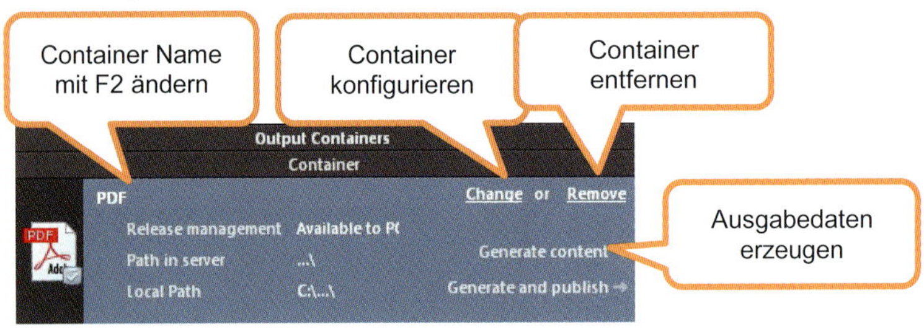

Konfiguration des PDF Containers

Ein Klick auf die Schaltfläche „Change" öffnet den Einstellungsdialog im Basis Modus:

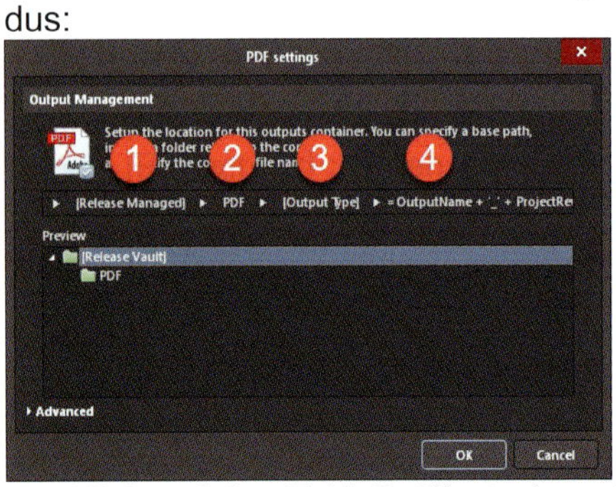

Ein Klick auf das Feld ④ öffnet einen Einstellungsdialog zum Festlegen des Dateinamens.

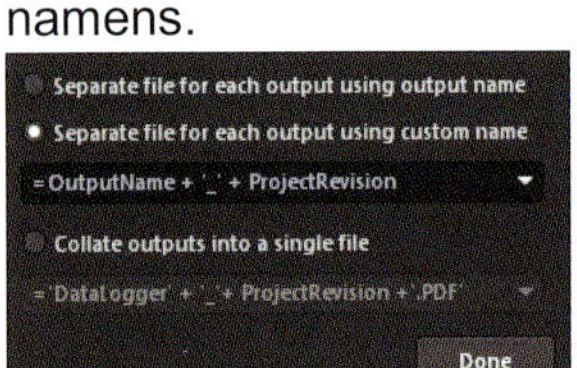

Zunächst legt man fest ob man alle PDF Ausgaben in einer Datei haben möchte oder ob für jede Ausgabe eine eigene PDF Datei erzeugt werden soll. Für letzteres wählt man eine der beiden Optionen „Separate file ..." aus.

Der Name der Ausgabedatei kann aus selbstdefinierten Parametern und solchen die von Altium® vordefiniert wurden zusammengesetzt werden.

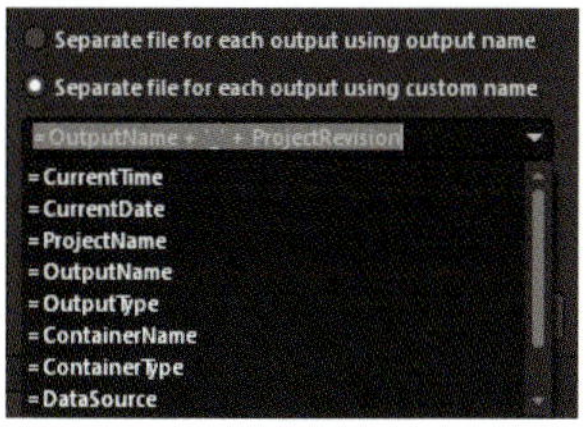

Ein selbstdefinierter Name der Ausgabedatei beginnt mit einem Gleichheitszeichen gefolgt von Parametern. Will man weiteren Text einfügen schließt man diesen in einfache Hochkommas ein und hängt ihn, wie im Beispiel gezeigt, mit einem '+' Zeichen an. Der „OutputName" ist der Name, den man der Ausgabedatei im linken Bereich der OutputJob Datei gegeben hat. Hat man „ProjectRevision" als Projektparameter angelegt und dieser den Wert „V1.0", dann ergibt sich daraus z.B. der Name „Schaltplan_V1.0.pdf", wenn als Name für die Ausgabedatei „Schaltplan" festgelegt wurde.

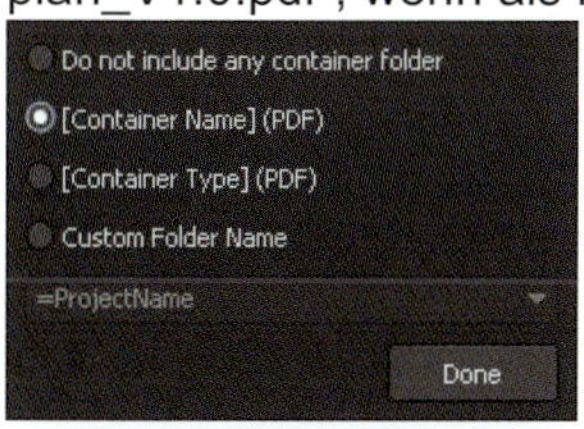

Über das Feld ② kann ein Unterverzeichnis für die Ausgabedaten definiert werden. Das Unterverzeichnis kann den Namen des Containers tragen oder dem Containertyp entsprechen. Wie schon beim Dateinamen kann auch hier ein Name selbstdefiniert werden.

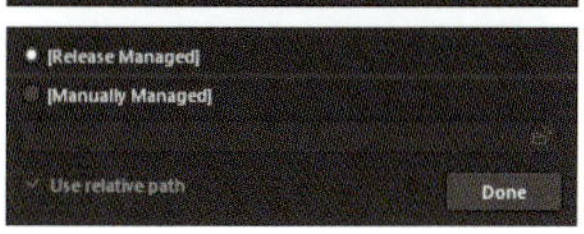

Im Feld ① legt „[Release Managed]" fest, dass der Verzeichnisname aus einer Leiterplattenkonfiguration genommen wird.
Wählt man „[Manually Managed]" aus, kann ein relativer oder absoluter Pfad für die Ausgabedaten angegeben werden.
Ein Klick auf die Schaltfläche „Advanced" öffnet den Einstellungsdialog für den erweiterten Modus:

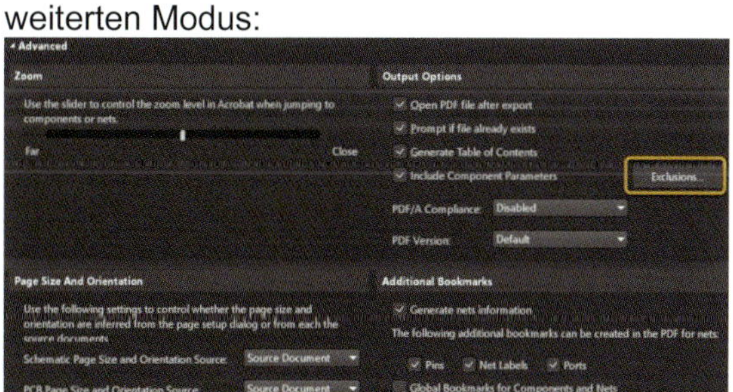

Hier befinden sich die Optionen für die Navigation innerhalb des PDFs. Im Bereich „Zoom" legt der Schieber fest, wie nahe an eine Komponente oder ein Netz heran gezoomt wird. In „Page Size And Orientation" kann man auswählen, ob Papiergröße und Orientierung aus dem Schaltplan- bzw. Leiterplattendokument oder aus dem „Page Setup" Dialog kommen sollen.
Sie können auch PDF/A Dokumente erstellen. Diese Dokumente haben keine Abhängigkeiten zu externen Daten (z.B. Schriftarten). Alle diese Daten werden in das PDF eingebettet. Dies kann dazu führen, dass PDF/A Dokumente deutlich größer sind als normale PDF Dateien. In der Auswahlliste „PDF/A Compliance" kann die PDF/A Version ausgewählt werden. Wählt man dort „Disabled", wird kein PDF/A Dokument erzeugt.
In der Standardeinstellung werden die Parameter der Bauteile mit in das PDF aufgenommen. Ein Klick auf ein Bauteil zeigt die Parameter an. Falls man dies nicht möchte, weil sich vertrauliche Daten (z.B. Preis) darin befinden, sollte man bei „Include Component Parameters" das Häkchen entfernen. Über die Schaltfläche „Exclusions..." können gezielt einzelne Parameter ausgeblendet werden.

Konfiguration des Folder Structure Containers

Ein Klick auf die Schaltfläche „Change“ öffnet den Einstellungsdialog im Basis Modus:

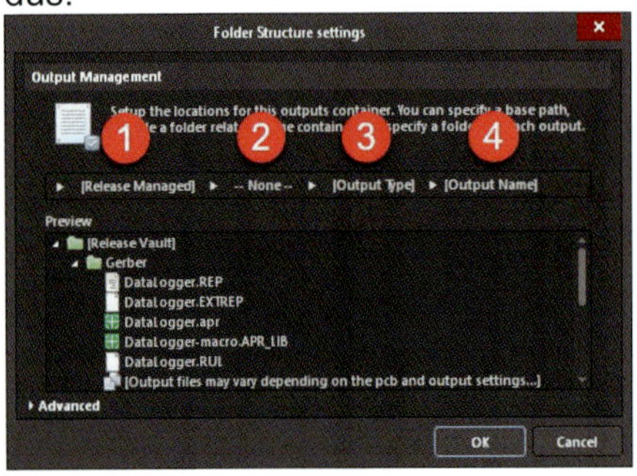

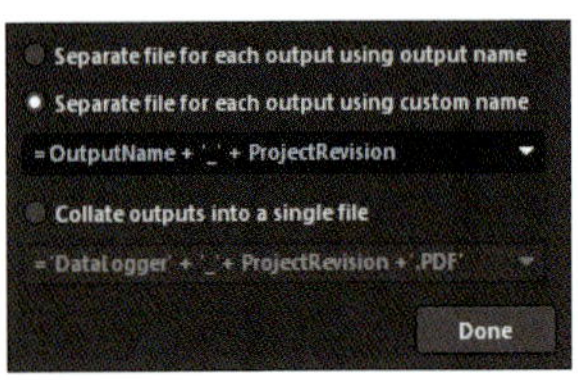

Ein Klick auf den Dateinamen (Feld ④)öffnet einen Einstellungsdialog. Der Name der Ausgabedatei kann aus selbstdefinierten Parametern und solchen die von Altium® vordefiniert wurden zusammengesetzt werden. Weitere Informationen finden Sie bei der Konfiguration des PDF Containers.

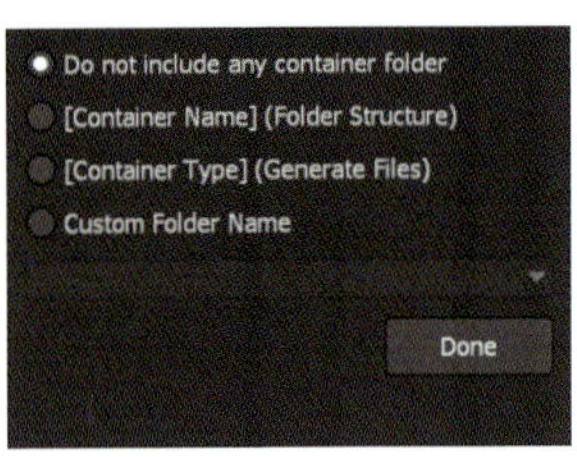

Neben dem Dateinamen kann im Feld ② der Verzeichnisname für die Ausgabedateien festgelegt werden. „[Output Name]“ ist der Name, den man der Ausgabedatei im linken Bereich der OutputJob Datei gegeben hat.

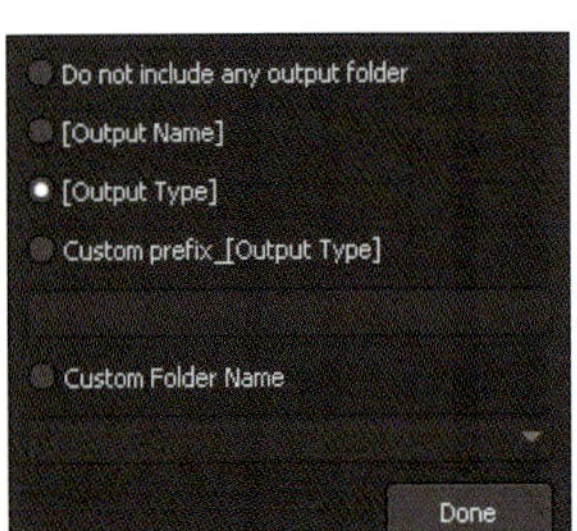

Bei der Auswahl von Feld ③ „[Output Type]“ erkennt der Altium Designer® automatisch ob es sich um Gerber, NC Drill etc. Daten handelt und benennt das Verzeichnis entsprechend.

Das Unterverzeichnis kann den Namen des Containers tragen oder dem Containertyp entsprechen. Wie schon beim Dateinamen kann auch hier ein Name selbstdefiniert werden.

„[Release Managed]“ legt fest, dass der Verzeichnisname aus einer Leiterplattenkonfiguration genommen wird.

Wählt man „[Manually Managed]“ aus, dann kann ein relativer oder absoluter Pfad für die Ausgabedaten angegeben werden.

Ein Klick auf die Schaltfläche „Advanced“ öffnet den Einstellungsdialog für den erweiterten Modus:

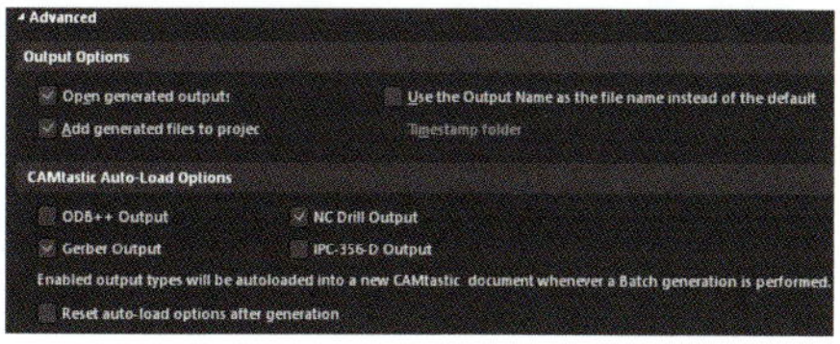

Im Bereich „Camtastic® Auto-Load Options“ kann festgelegt werden, ob und wann der eingebaute CAM Editor „Camtastic®“ geöffnet werden soll.

Konfiguration des Video Containers

Ein Klick auf die Schaltfläche „Change“ öffnet den Einstellungsdialog im Basis Modus:

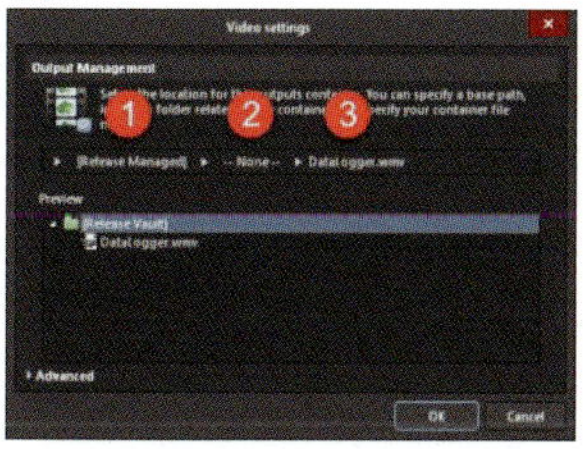

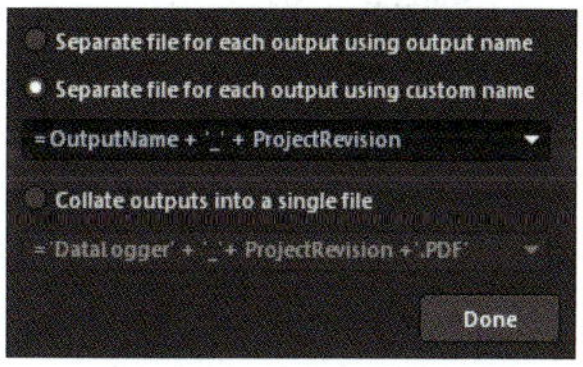

Ein Klick auf den Dateinamen (Feld ③)öffnet einen Einstellungsdialog. Der Name der Ausgabedatei kann aus selbstdefinierten Parametern und solchen die von Altium® vordefiniert wurden zusammengesetzt werden. Weitere Informationen finden Sie bei der Konfiguration des PDF Containers.

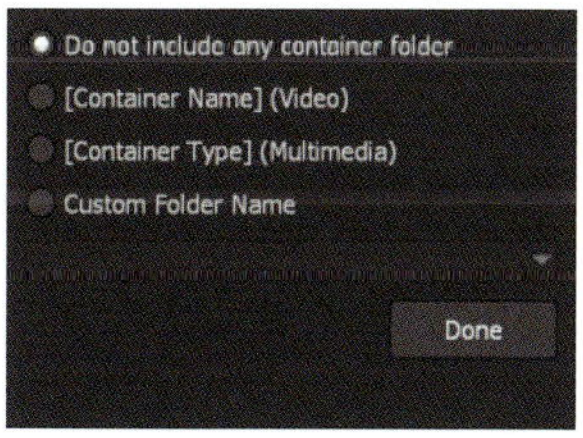

Neben dem Dateinamen kann im Feld ② der Verzeichnisname für die Ausgabedateien festgelegt werden. „[Output Name]“ ist der Name, den man der Ausgabedatei im linken Bereich der OutputJob Datei gegeben hat.

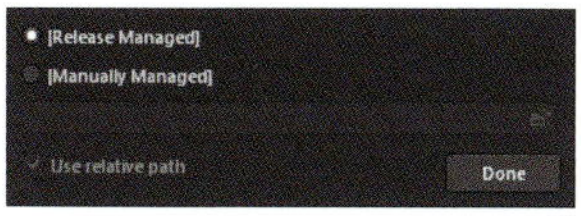

„[Release Managed]“ (Feld ①) legt fest, dass der Verzeichnisname aus einer Leiterplattenkonfiguration genommen wird.
Wählt man „[Manually Managed]“ aus, dann kann ein relativer oder absoluter Pfad für die Ausgabedaten angegeben werden.

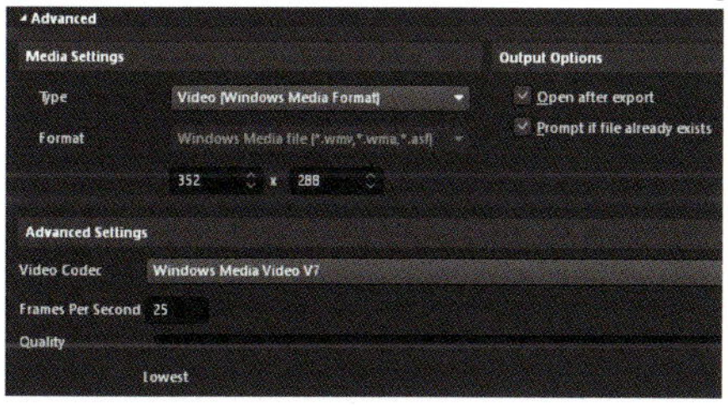

Ein Klick auf die Schaltfläche „Advanced“ öffnet den Einstellungsdialog für den erweiterten Modus:

Hier kann der Videotyp und die gewünschte Größe und Qualität eingestellt werden.

ALTIUM DESIGNER®

PRODUKTIONS-DATEN ALS PCB RELEASE ERZEUGEN

Project Releaser

Mit dem „Project Releaser" ist es möglich alle Produktionsdaten eines Projekts gleichzeitig zu erstellen. Wenn Bestückungsvarianten vorhanden sind, werden diese automatisch erkannt und Sie können auch für diese die Produktionsdaten erstellen. Sollten noch keine OutputJob Dateien vorhanden sein, dann bietet Ihnen der „Project Releaser" an diese zu erstellen. Es werden die Vorlagen verwendet, die sich im OutputJob Pfad befinden. Diesen Pfad können Sie in den Präferenzen unter „System – Default Locations – OutputJob Path" festlegen.

Im Folgenden wird der Offline Modus des „Project Releasers" beschrieben.

- Starten Sie den „Project Releaser" über Project – Project Releaser.
- Es öffnet sich die Einstellungsseite des „Project Releasers"

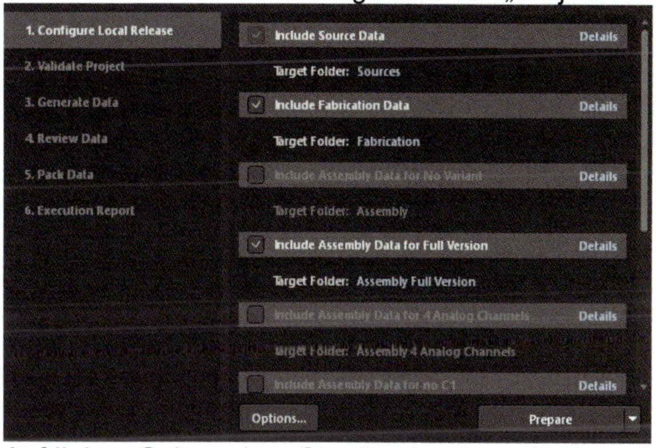

  Auf linken Seite sehen Sie die einzelnen Stufen, die bei der Produktionsdatenerzeugung durchlaufen werden. Auf der rechten Seite legen Sie die Ausgabedaten fest und in welchem Ordner diese gespeichert werden sollen. Der „Project Releaser" erkennt automatisch alle Bestückungsvarianten und führt sie auf. Den Ordnernamen können Sie ändern, in dem Sie auf die Standardvorgaben, z.B. „Sources", zweimal klicken. Wenn Sie das Häkchen bei bestimmten Ausgabedaten entfernen, werden diese nicht erzeugt.
- Ein Klick auf „Add Section" erlaubt Ihnen kundenspezifische Ausgaben hinzuzufügen. Hier können Sie die Produktionsdaten frei über entsprechende OutputJob Dateien zusammenstellen.
- Klicken Sie als nächstes unten auf die Schaltfläche „Options". Unter „Release Target" können Sie festlegen, ob die Ausgabedaten gepackt werden oder nicht. Wenn Sie mit einem Altium 365® Workspace verbunden sind, dann können Sie dorthin ein „Managed Release" erstellen.

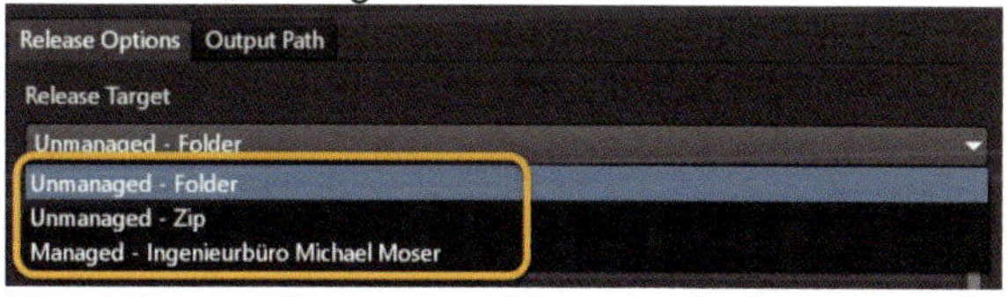

- Hier können Sie auch prüfen ob die korrekten OutputJob Dateien verwendet werden.
- Ein Klick auf die Schaltfläche „Prepare" unten rechts führt folgende Prüfungen durch:

   - Sicherstellen, dass alle Dateien gespeichert sind.
   - Sicherstellen, dass alle Dateien in der Versionsverwaltung auf dem aktuellen Stand sind.
- Falls Fehler auftreten müssen diese zunächst behoben werden.
- Konnten alle Ausgaben erzeugt werden, dann wechselt der „Project Releaser“ in die Stufe „Review Data“. Ein Klick auf „View“ hinter den Ausgabedaten zeigt diese im Camtastic® an.

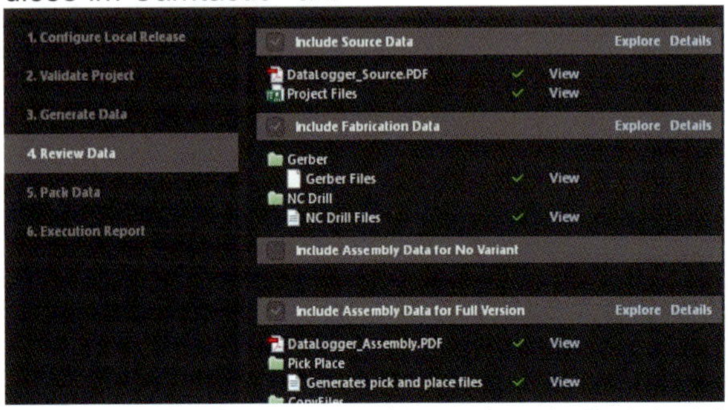

- Nachdem die Daten gepackt wurden, befindet sich der „Project Releaser“ auf der Stufe „Execution Reports“ und zeigt eine Übersicht der erstellten Daten.

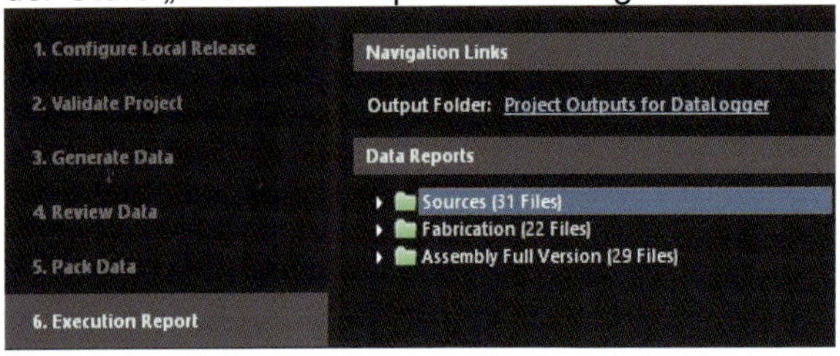

- Ein Klick auf den Dateinamen im Bereich „Navigation Links“ öffnet den Windows Explorer in dem Verzeichnis, in dem die ZIP-Datei bzw. die nicht gepackten Daten liegt.
- Unter „Data Reports“ klickt man jeweils auf des „+“ Zeichen um die Details anzuzeigen.

ALTIUM DESIGNER®

PRODUKTIONS-DATEN PRÜFEN

Der Altium Designer® hat einen eingebauten CAM Editor (Camtastic®), mit dem die Gerber- und Bohrdaten geprüft werden können. In den erweiterten Einstellungen des Ausgabecontainers „Folder Structure“ kann festgelegt werden, dass der CAM Editor automatisch startet, wenn ODB++, Gerber- und/oder Bohrdaten erzeugt werden. Der CAM Editor kann eine Regelprüfung durchführen und bestimmte Fehler selbständig korrigieren.

- Konfigurieren Sie den Ausgabecontainer so, dass der CAM Editor gestartet wird.

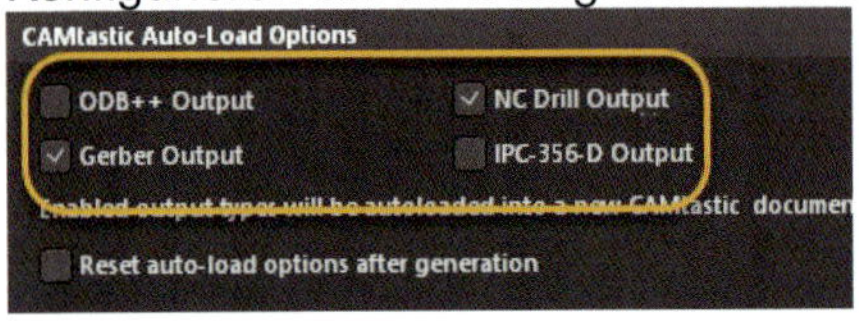

- Starten Sie in der OutputJob Datei die Ausgabe der Gerber- und Bohrdaten.
- Der CAM Editor öffnet sich automatisch.
- Es erscheint ein Dialog „Import Drill Data“. Überprüfen Sie hier die Einstellungen und bestätigen Sie dann mit „OK“.

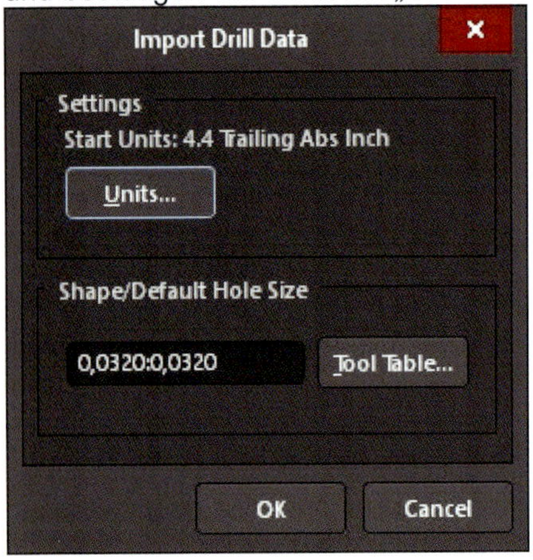

- Im CAM Editor sehen Sie jetzt die Gerberdaten und die zugehörigen Bohrungen.
- Starten Sie die Überprüfung über „Analysis - PCB Design Check/Fix...2

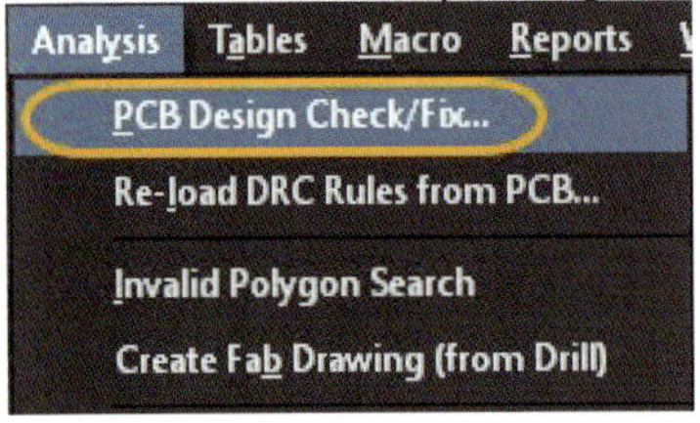

- Es öffnet sich der „PCB Design Check/Fix“ Dialog.

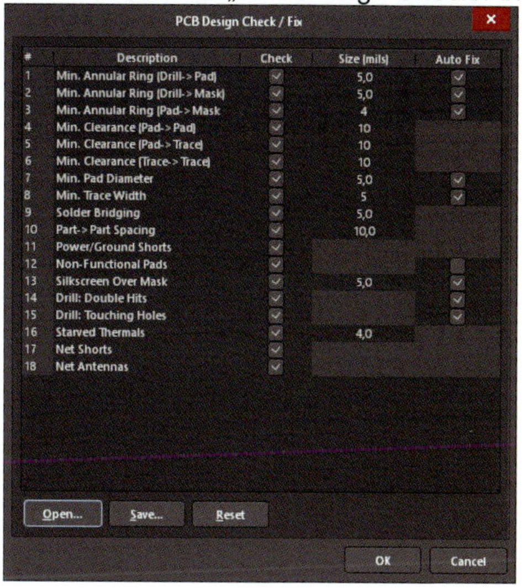

- In der Spalte „Check“ wählen Sie aus welche Prüfungen durchgeführt werden sollen. Unter „Size (mils)“ tragen Sie die gewünschten Größen ein und unter „Auto Fix“ legen Sie fest, was der CAM Editor alles automatisch korrigieren soll.
- Klicken Sie auf „OK“ um die Prüfung zu starten und bestätigen Sie den Dialog für die Extraktion einer Netzliste.
- Nach erfolgter Prüfung wird eine Zusammenfassung angezeigt.

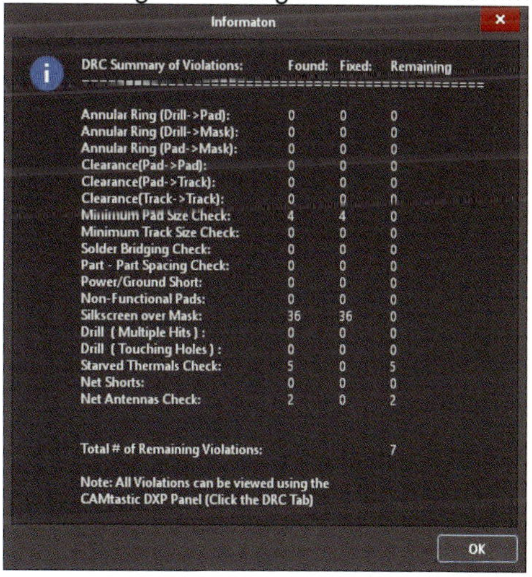

- Im Camtastic® Panel können dann die DRCs navigiert werden.

Wenn Fehler aufgetreten sind, dann sollten diese nicht direkt in den Gerberdaten korrigiert werden. Besser ist es man geht wieder zurück in den Leiterplatteneditor und bereinigt die Fehler dort.

ALTIUM DESIGNER®

EINFÜHRUNG IN DIE ALTIUM DESIGNER® BIBLIOTHEKS-KONZEPTE

Zur Erstellung eines Schaltplans und der zugehörigen Leiterplatte braucht man als Minimum ein Schaltplansymbol und die Anschlussflächen (Footprints) der Bauteile für die Leiterplatte. Schaltplansymbole und Footprints werden in eigenen Dateien gespeichert. Diese Dateien werden als Bibliotheken bezeichnet.
Im folgenden Bild sind die Zusammenhänge zwischen den einzelnen Bibliotheken dargestellt.

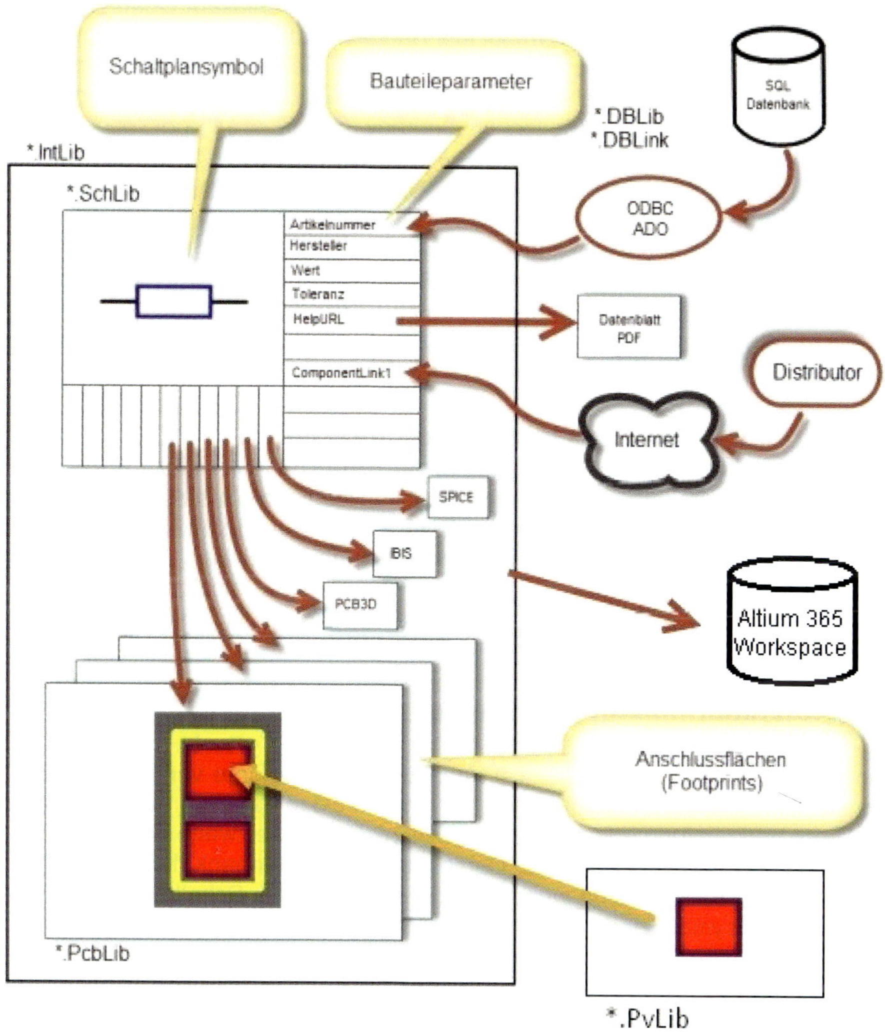

ALTIUM DESIGNER®

BIBLIOTHEKEN ANLEGEN

Schaltplansymbolbibliothek anlegen

Eine Schaltplansymbolbibliothek können Sie auf mehrere Arten anlegen:

- „**F**ile - **N**ew – **L**ibrary…
- „Add New to Project - Schematic Library“
- „**D**esign - **M**ake Schematic Library“

Projektunabhängige Schaltplansymbolbibliothek anlegen

- „**F**ile - **N**ew – **L**ibrary…
- Es öffnet sich der “New Library” Dialog

- Wählen Sie im linken Bereich den Eintrag “File” ① und im mittleren Bereich “Schematic Library” ②.
- Ein Klick auf “Create” ③ erzeugt die Bibliothek und schließt den Dialog.
- Falls ein Projekt aktiv ist, dann wird die neue Bibliothek zu diesem Projekt hinzugefügt.

- Klicken Sie mit der rechten Maustaste auf die neue Bibliothek und wählen Sie „Exclude from Project“.
- Die Bibliothek wird jetzt im Projects Panel unter „Free Documents“ angezeigt und gehört zu keinem Projekt mehr.

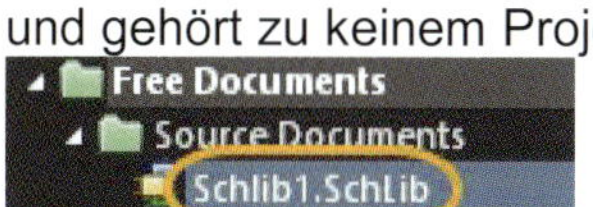

- Klicken Sie mit der rechten Maustaste auf die neue Bibliothek und wählen Sie „Save“.
- Wählen Sie einen Speicherort und vergeben Sie den gewünschten Namen.

Neue Schaltplansymbolbibliothek zum Projekt hinzufügen

- Rechtsklick auf den Projektnamen öffnet ein Kontextmenü.
- „Add New to Project - Schematic Library“
- Die neue Bibliothek wird zum Projekt hinzugefügt.

- Klicken Sie mit der rechten Maustaste auf die neue Bibliothek und wählen Sie „Save“.
- Wählen Sie einen Speicherort und vergeben Sie den gewünschten Namen.

Neue Schaltplansymbolbibliothek aus Projekt

- Öffnen Sie einen Schaltplan.
- „**D**esign - **M**ake Schematic Library“
- Es kann vorkommen, dass Bauteile gefunden werden, welche die gleiche Bibliotheksreferenz haben. In diesem Fall wird folgender Dialog angezeigt.

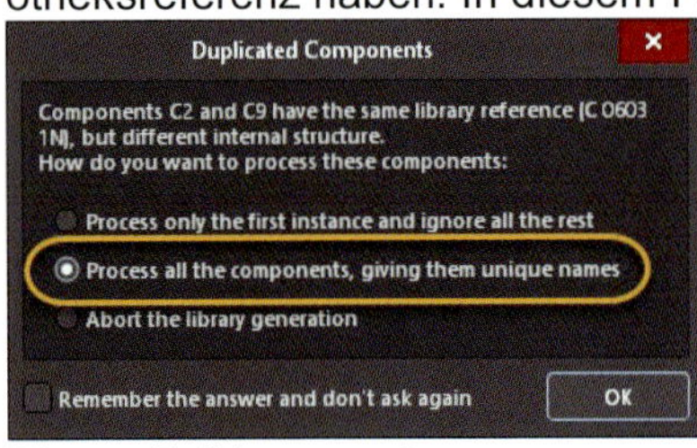

  Dieser Fall kann vorkommen, wenn man mit generischen Bauteilen arbeitet (alle Widerstände haben die Bibliotheksreferenz RES) oder die Bauteile aus unterschiedlichen Bibliotheken kommen.
- Im „Duplicated Components“ Dialog kann festgelegt werden, was mit den Bauteilen passieren soll.
- Ein Haken bei „Process all the components, giving them unique names“ gibt jedem Bauteil eine eindeutige Bibliotheksreferenz.
- Setzen Sie zusätzlich einen Haken bei „Remember the answer and don’t ask again“ wird die Einstellung auf alle weiteren Duplikate angewendet.
- Die neue Datei wird mit dem Namen <Projektnamen>.SchLib zum Projekt hinzugefügt.

- Klicken Sie mit der rechten Maustaste auf die neue Bibliothek und wählen Sie „Save“.
- Wählen Sie einen Speicherort und vergeben Sie den gewünschten Namen.
- Die Bauteile im Projekt haben weiterhin die Bibliotheksreferenzen ihrer Ursprungsbibliotheken. Sollen die Bauteile aus der neu erzeugten Bibliothek kommen, dann müssen die Bibliotheksreferenzen und Bibliotheksnamen angepasst werden. Wenn beim Erzeugen keine „Duplicate Components“ Warnung kam ist dies sehr einfach möglich.
- Klicken Sie im Projects Panel mit der rechten Maustaste auf das grüne Ordnersymbol „Source Documents“ und wählen dann „Open all“ um zunächst alle Schaltplanseiten zu öffnen.
- Klicken Sie im Schaltplan mit der rechten Maustaste auf ein beliebiges Bauteil und starten Sie den Befehl „Find Similar Objects“.

- Im „Find Similar Objects“ Dialog markieren Sie unten „Select Matching“, „Open Properties“ und wählen Sie „Project Documents“.

- Ein Klick auf „OK“ öffnet den Schematics Inspektor.
- Im Feld „Library“ sehen Sie zunächst „<...>“. Daran erkennen Sie, dass die Bauteile aus unterschiedlichen Bibliotheken kommen.
- Klicken Sie in dieses Feld und tragen Sie den Namen der neu erzeugten Bibliothek ein.
- Diese Änderung wird direkt übernommen.

Leiterplattensymbolbibliothek anlegen

Eine Leiterplattensymbolbibliothek können Sie auf mehrere Arten anlegen.

- „**F**ile - **N**ew – **L**ibrary…
- „Add New to Project - PCB Library“
- „**D**esign - **M**ake PCB Library“

Projektunabhängige Leiterplattensymbolbibliothek anlegen

- „**F**ile - **N**ew – **L**ibrary… “
- Es öffnet sich der “New Library” Dialog

- Wählen Sie im linken Bereich den Eintrag “File” ① und im mittleren Bereich “PCB Library” ②.
- Ein Klick auf “Create” ③ erzeugt die Bibliothek und schließt den Dialog.

- Falls ein Projekt aktiv ist, dann wird die neue Bibliothek zu diesem Projekt hinzugefügt.

- Klicken Sie mit der rechten Maustaste auf die neue Bibliothek und wählen Sie „Exclude from Project".
- Die Bibliothek wird jetzt im Projects Panel unter „Free Documents" angezeigt und gehört zu keinem Projekt mehr.

- Klicken Sie mit der rechten Maustaste auf die neue Bibliothek und wählen Sie „Save".
- Wählen Sie einen Speicherort und vergeben Sie den gewünschten Namen.

Neue Leiterplattensymbolbibliothek zum Projekt hinzufügen

- Rechtsklick auf den Projektnamen öffnet ein Kontextmenü.
- „Add New to Project - PCB Library"
- Die neue Bibliothek wird zum Projekt hinzugefügt.

- Klicken Sie mit der rechten Maustaste auf die neue Bibliothek und wählen Sie „Save".
- Wählen Sie einen Speicherort und vergeben Sie den gewünschten Namen.

Neue Leiterplattensymbolbibliothek aus Projekt

- Öffnen Sie das Leiterplattendokument.
- „**D**esign - **M**ake PCB Library"

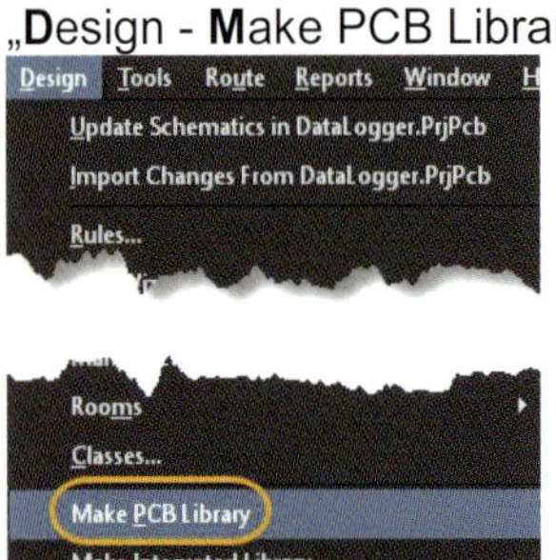

- Wenn doppelte Bibliotheksreferenzen gefunden werden, dann wird kein Dialog angezeigt! Es wird nur der erste übernommen und der Rest wird ignoriert. Man sollte also vorher prüfen, ob diese Situation besteht und diese dann bereinigen.
- Die neue Datei wird mit dem Namen <Projektnamen>.PcbLib zum Projekt hinzugefügt.

- Klicken Sie mit der rechten Maustaste auf die neue Bibliothek und wählen Sie „Save".
- Wählen Sie einen Speicherort und vergeben Sie den gewünschten Namen.

Bibliothek für Pads und Vias anlegen

Eine Bibliothek für Anschlussflächen und Durchkontaktierungen können Sie auf folgende Arten anlegen.

- „**F**ile - **N**ew – **L**ibrary…
- „Add New to Project – Pad Via Library "
- "Save as Library" im PCB Panel im Bereich "Pad & Via Templates"

Projektunabhängige Bibliothek für Pads und Vias anlegen

- „**F**ile - **N**ew – **L**ibrary… "
- Es öffnet sich der "New Library" Dialog

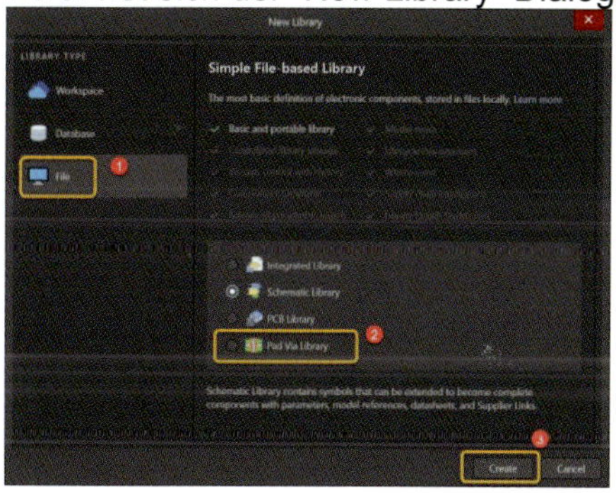

- Wählen Sie im linken Bereich den Eintrag "File" ① und im mittleren Bereich "Pad Via Library" ②.
- Ein Klick auf "Create" ③ erzeugt die Bibliothek und schließt den Dialog.
- Falls ein Projekt aktiv ist, dann wird die neue Bibliothek zu diesem Projekt hinzugefügt.

- Klicken Sie mit der rechten Maustaste auf die neue Bibliothek und wählen Sie „Exclude from Project".
- Die Bibliothek wird jetzt im Projects Panel unter „Free Documents" angezeigt und gehört zu keinem Projekt mehr.

- Klicken Sie mit der rechten Maustaste auf die neue Bibliothek und wählen Sie „Save".

- Wählen Sie einen Speicherort und vergeben Sie den gewünschten Namen.

Neue Bibliothek für Pads und Vias zum Projekt hinzufügen

- Rechtsklick auf den Projektnamen öffnet ein Kontextmenü.
- „Add New to Project – Pad Via Library“
- Die neue Bibliothek wird zum Projekt hinzugefügt.

- Klicken Sie mit der rechten Maustaste auf die neue Bibliothek und wählen Sie „Save“.
- Wählen Sie einen Speicherort und vergeben Sie den gewünschten Namen.

Bibliothek für Pads und Vias aus einer Leiterplatte erzeugen

- Öffnen Sie die Leiterplatte.
- Selektieren Sie im PCB Panel in der Auswahlbox den Eintrag „Pad & Via Templates“

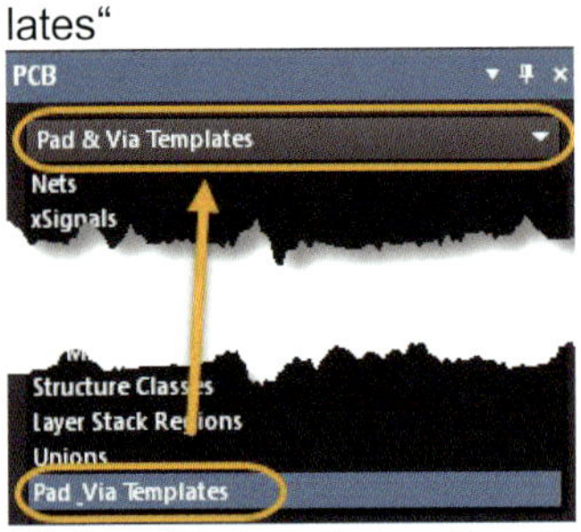

- Klicken Sie im oberen Bereich auf „<All>“

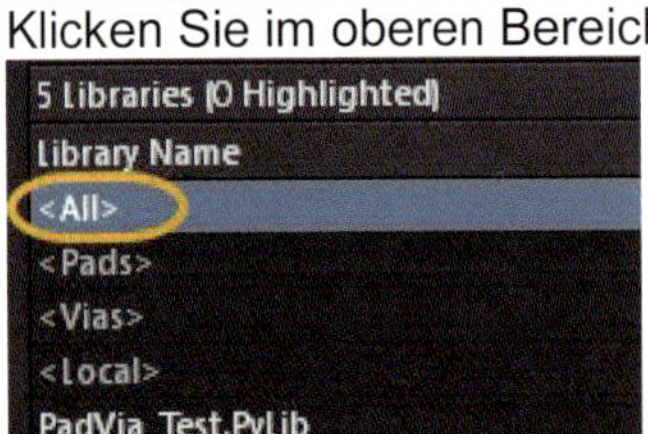

- Selektieren Sie im zweiten Bereich alle Anschlussflächen und Durchkontaktierungen, die in die Bibliothek aufgenommen werden sollen.
- Klicken Sie auf die Schaltfläche „Save as Library“.

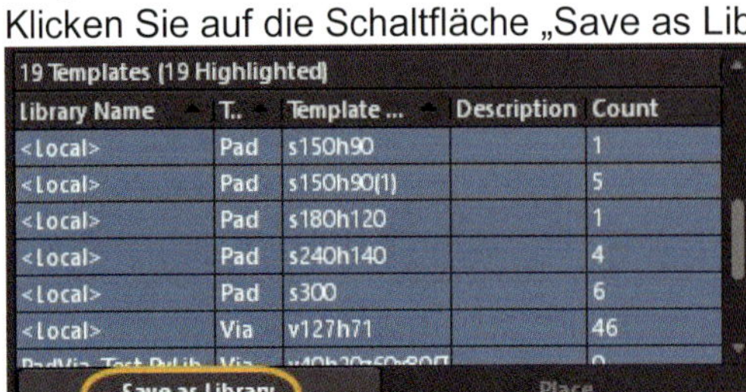

- Es wird eine neue Bibliothek zum Projekt hinzugefügt.

- Klicken Sie mit der rechten Maustaste auf die neue Bibliothek und wählen Sie „Save“.
- Wählen Sie einen Speicherort und vergeben Sie den gewünschten Namen.

Integrierte Bibliothek anlegen

Mit Hilfe einer integrierten Bibliothek (Integrated Library) können Schaltplansymbole, Leiterplattensymbole, SPICE- und IBIS-Modelle in einer einzigen Bibliotheksdatei zusammengefasst werden.

Eine integrierte Bibliothek können Sie auf zwei Arten anlegen:

1. Mit „**F**ile – **N**ew – **L**ibrary…” bzw. vor Version 19 „**F**ile - **N**ew - Pro**j**ect - **I**ntegrated Library“ eine neue Bibliothek anlegen
2. Mit „**D**esign - M**a**ke Integrated Library“ eine Bibliothek aus einem PCB Projekt erzeugen.

Neue integrierte Bibliothek anlegen

Eine integrierte Bibliothek ist sehr einfach in folgenden Schritten zu erstellen:

- Mit „**F**ile – **N**ew – **L**ibrary… Library” bzw. vor Version 19 „**F**ile - **N**ew - Pro**j**ect - **I**ntegrated Library“ wird zunächst ein Projekt für die Bibliothek angelegt.
- „**F**ile - **N**ew – **L**ibrary… “ öffnet den “New Library” Dialog

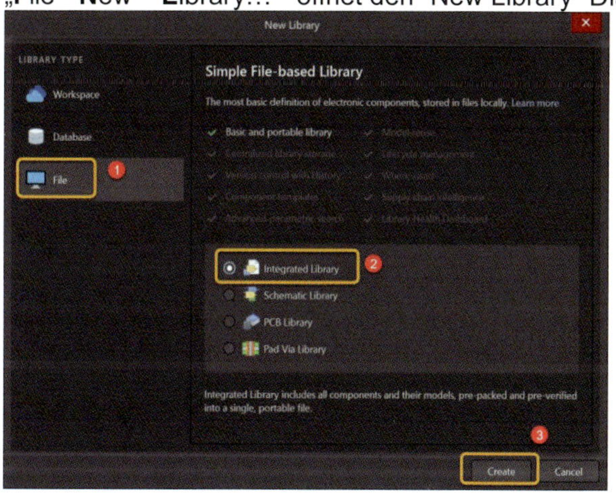

- Wählen Sie im linken Bereich den Eintrag “File” ① und im mittleren Bereich “Integrated Library” ②.
- Ein Klick auf “Create” ③ erzeugt zunächst ein Projekt für die Bibliothek und schließt den Dialog.

ALTIUM DESIGNER®

ERSTELLEN VON VORLAGEN FÜR PADS UND VIAS

Vorlagen für Pads und Vias erstellen

Damit eine Vorlage erstellt werden kann, muss zunächst eine Bibliothek für Anschlussflächen und Durchkontaktierungen geöffnet werden. Die Bibliothek kann zum aktuellen Projekt gehören oder eine unabhängige Bibliothek sein. Gehört die Bibliothek zum Projekt genügt ein Doppelklick auf den Namen um sie zu öffnen. Bei einer unabhängigen Bibliothek muss die entsprechende Datei über „File – Open" geöffnet werden. Im Unterschied zu den sonstigen Bibliotheken öffnet sich das Pad Via Library Panel nicht automatisch. Dieses öffnet sich, wenn Sie rechts unten auf die Schaltfläche „Pad Via Library" klicken.

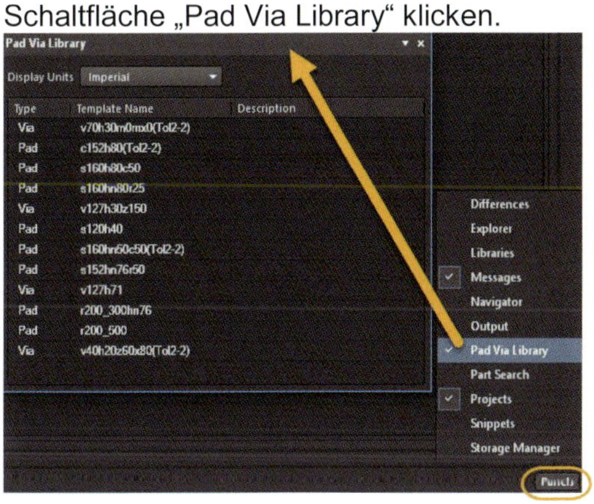

Pad Via Library Panel

Das Pad Via Library Panel zeigt alle in der Bibliothek definierten Anschlussflächen (Pads) und Durchkontaktierungen (Vias) an.

In der Auswahlliste „Display Units" können Sie „Metric" oder „Imperial" auswählen. Alle Maße werden in der gewählten Einheit angezeigt. Der Vorlagenname selbst (Template Name) basiert immer auf metrischen Maßen und folgt den IPC Empfehlungen IPC-7251/7351 für die Namenskonvention bei sogenannten Padstacks. Um Verwirrung zu vermeiden sollten Sie als „Display Units" immer „Metric" auswählen. Ansonsten passen die angezeigten Imperial Maße nicht mit dem Namen zusammen. Wenn Sie eine Anschlussfläche oder Durchkontaktierung auswählen, dann werden die entsprechenden Werte im „Pad Template Editor" oder „Via Template Editor" angezeigt.

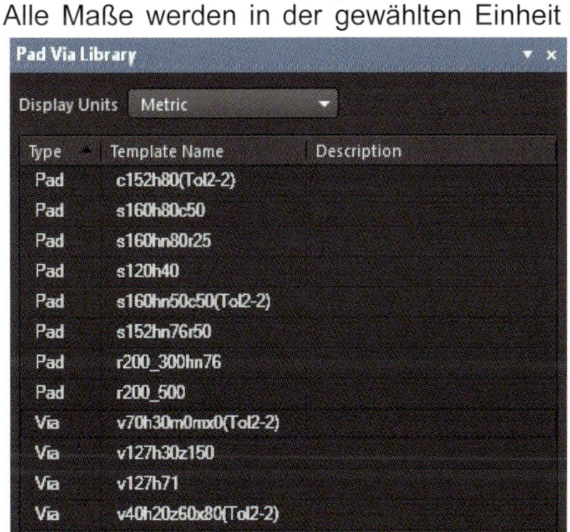

Der Pad Template Editor

Mit dem Pad Template Editor können Sie die Eigenschaften der ausgewählten Vorlage für Anschlussflächen anpassen.

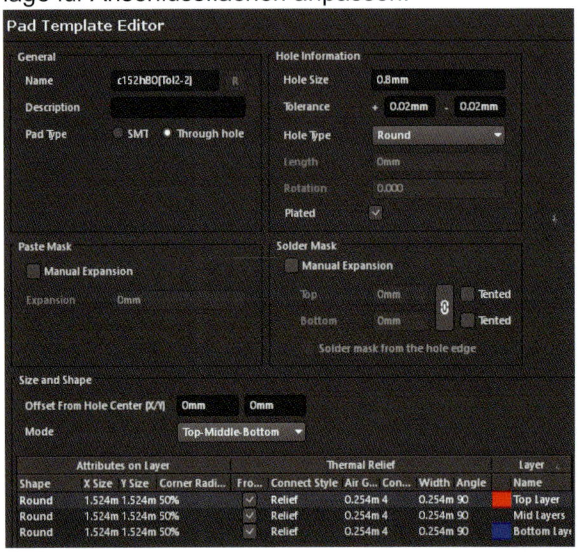

Im Bereich „General" können Sie eine Beschreibung für die Vorlage eingeben und auswählen, ob es sich um eine SMD oder gebohrte Anschlussfläche handelt. Das Feld „Name" wird automatisch gefüllt. Sie können aber jederzeit den vorgeschlagenen Namen ändern. Diese Änderungen lassen sich über die Schaltfläche „R" neben dem Namen wieder rückgängig machen. Die restlichen Einstellungen entsprechen denen, die im Kapitel „Leiterplattenobjekte" im Abschnitt „Pads" (S.217) beschrieben werden. Zusätzlich ist es ab der Version 15.1 möglich, die Lötstoppmaske auf den Rand der Bohrung zu beziehen. In der Standardeinstellung bezieht sie sich weiterhin auf den Kupferrand. Ab der Version 16 können Toleranzwerte für die Bohrung angegeben werden. Wählt man als Mode „Full Stack" müssen die gewünschten zusätzlichen Lagen manuell hinzugefügt werden. Klicken Sie hierzu mit der rechten Maustaste in den Bereich „Layer" und fügen Sie dann mit „Add Layer" die gewünschten Lagen hinzu. Die Lagen werden nicht korrekt einsortiert, sondern an das Ende der Liste angehängt.

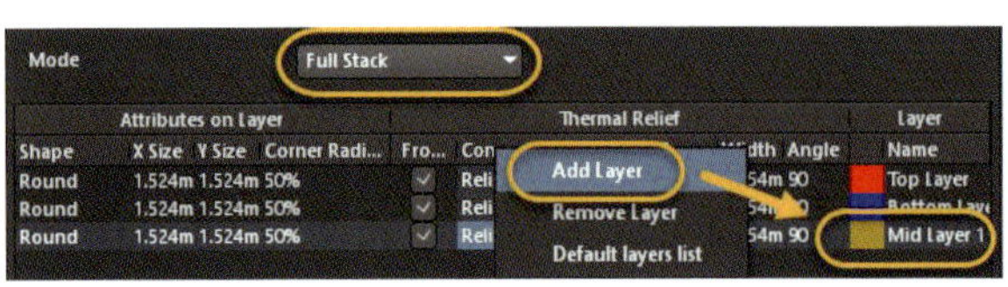

Ab der Version 19 kann direkt in der PVLib definiert werden, wie ein Pad an ein Polygon oder eine Plane angeschlossen wird. Im Bereich „Size and Shape" können Sie im Abschnitt „Thermal Relief" die Einstellungen vornehmen. Wenn bei „From Rule" ein Häkchen sitzt, dann werden die Einstellungen aus den Designregeln verwendet.

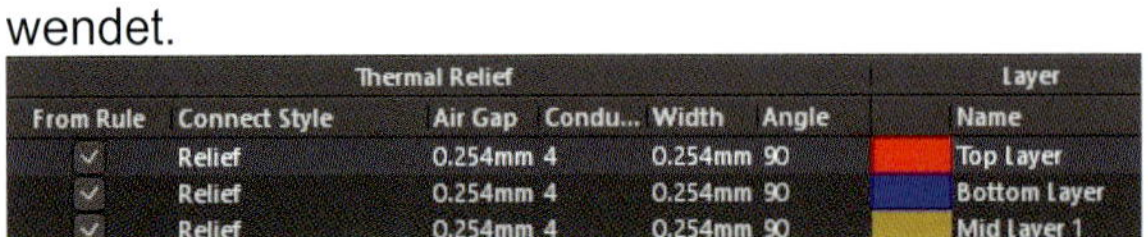

Der Via Template Editor

Mit dem Via Template Editor können Sie die Eigenschaften der ausgewählten Vorlage für Durchkontaktierungen anpassen.

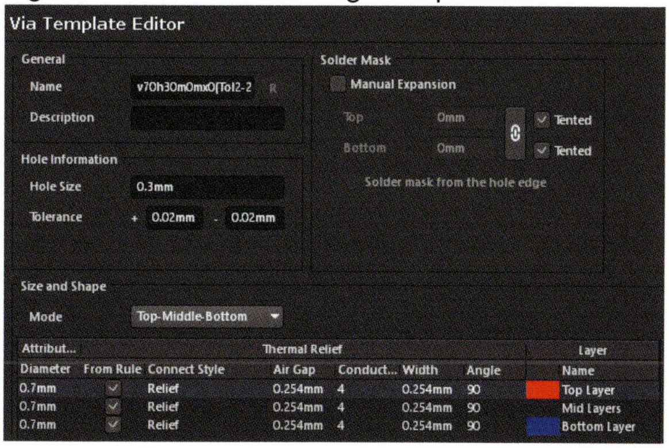

Im Bereich „General" können Sie eine Beschreibung für die Vorlage eingeben. Das Feld „Name" wird automatisch gefüllt. Sie können aber jederzeit den vorgeschlagenen Namen ändern. Diese Änderungen lassen sich über die Schaltfläche „R" neben dem Namen wieder rückgängig machen. Die restlichen Einstellungen entsprechen denen, die im Kapitel „Leiterplattenobjekte" im Abschnitt „Vias" (S.223) beschrieben werden. Zusätzlich ist es ab der Version 15.1 möglich, die Lötstoppmaske auf den Rand der Bohrung zu beziehen. In der Standardeinstellung bezieht sie sich weiterhin auf den Kupferrand. Ab der Version 16 können Toleranzwerte für die Bohrung angegeben werden. Wählt man als Mode „Full Stack" müssen die gewünschten zusätzlichen Lagen manuell hinzugefügt werden. Klicken Sie hierzu mit der rechten Maustaste in den Bereich „Layer" und fügen Sie dann mit „Add Layer" die gewünschten Lagen hinzu. Die Lagen werden nicht korrekt einsortiert, sondern an das Ende der Liste angehängt.

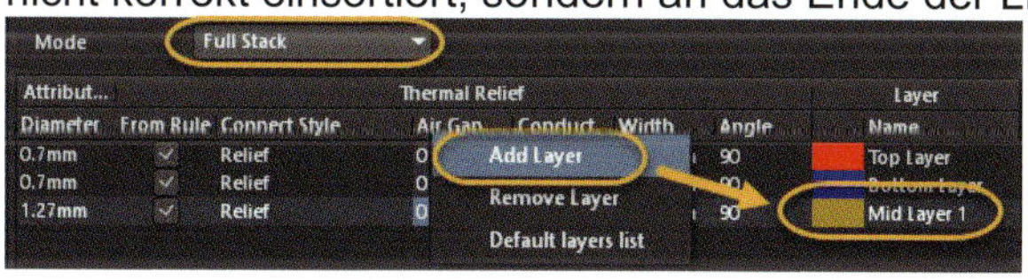

Ab der Version 19 kann direkt in der PVLib definiert werden, wie ein Via an ein Polygon oder eine Plane angeschlossen wird. Im Bereich „Size and Shape" können Sie im Abschnitt „Thermal Relief" die Einstellungen vornehmen. Wenn bei „From Rule" ein Häkchen sitzt, dann werden die Einstellungen aus den Designregeln verwendet.

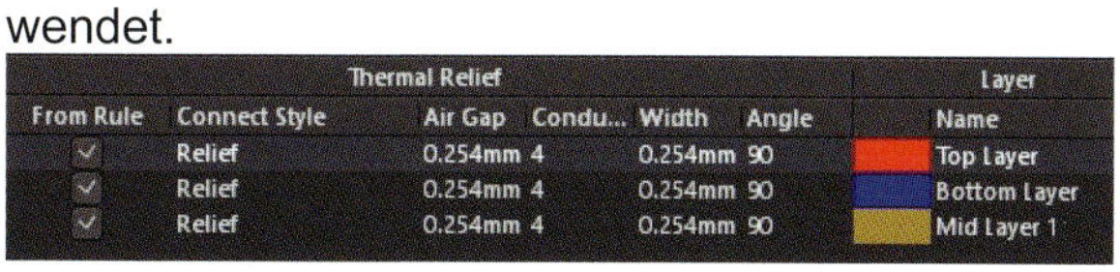

Neue Vorlage für Anschlussflächen erzeugen

- Öffnen Sie eine Bibliothek für Anschlussflächen und Durchkontaktierungsvorlagen.
- Öffnen unten rechts über die Schaltfläche „Panels" (vor Version 18 „Pad Via Library") das „Pad Via Library Panel".

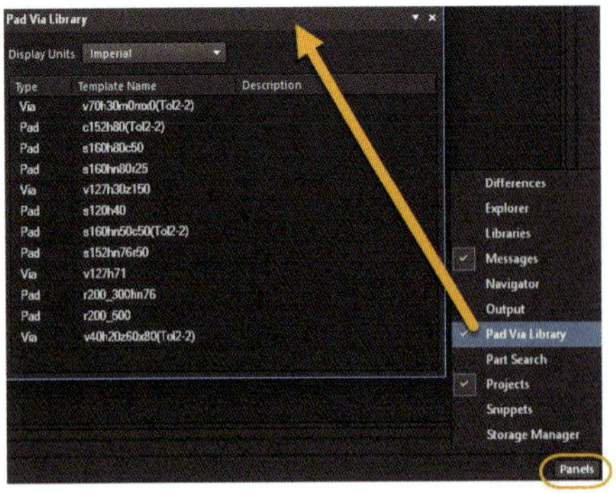

- Klicken Sie mit der rechten Maustaste in das „Pad Via Library Panel". Es öffnet sich ein Kontextmenü. Wählen Sie dort „Add Pad Template"

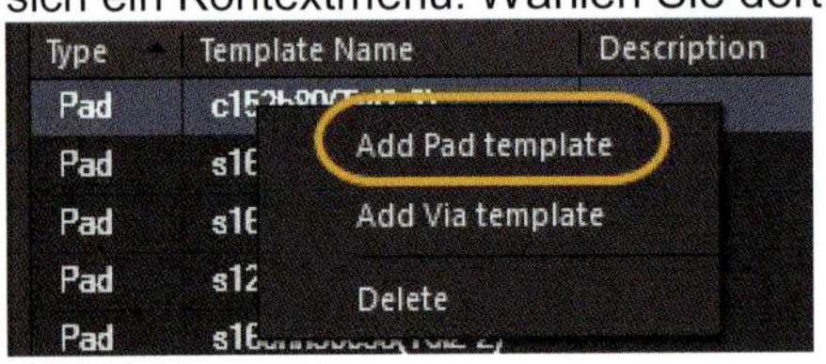

- Bearbeiten Sie die Werte im „Pad Template Editor".

Neue Vorlage für Durchkontaktierungen erzeugen

- Öffnen Sie eine Bibliothek für Anschlussflächen und Durchkontaktierungsvorlagen.
- Öffnen unten rechts über die Schaltfläche „Panels" (vor Version 18 „Pad Via Library") das „Pad Via Library Panel".
- Klicken Sie mit der rechten Maustaste in das „Pad Via Library Panel". Es öffnet sich ein Kontextmenü. Wählen Sie dort „Add Via Template"

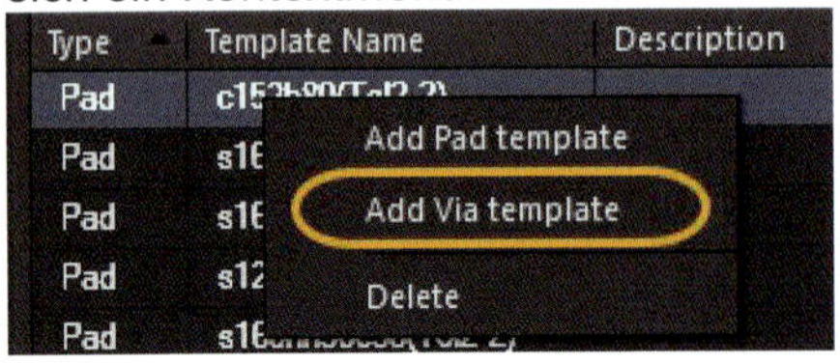

- Bearbeiten Sie die Werte im „Via Template Editor".

ALTIUM DESIGNER®

ERSTELLEN VON BAUTEILEN

Bauteile, die man für ein Projekt benötigt, können aus folgenden Quellen stammen:

- Integrierte Bibliotheken die Altium® zur Verfügung stellt.
- Altium® Content Store im Internet.
- Bestehende eigene Bibliotheken.
- Bibliotheken vom Bauteilehersteller.
  Texas Instruments bietet z.B. für seine ARM Sitara Prozessoren Bibliotheken in einem universellen Format an. Mit einem Hilfsprogramm (Ultra Librarian), lassen sich diese dann in das Altium® Format konvertieren.
- Bauteile über https://eeconcierge.com/altium-designer/ anfordern

Wird man nirgends fündig, muss man das Bauteil selbst erstellen.

Folgende Schritte sind dazu nötig:

- Neue Bibliothek anlegen wie im Kapitel „Bibliotheken anlegen“ (S.506) beschrieben oder bestehende Bibliothek öffnen.
- Neues Bauteil in einer Schaltplansymbolbibliothek anlegen.
- Aktuelles Herstellerdatenblatt besorgen.
- Schaltplansymbol entsprechend dem Datenblatt erstellen.
- Neues Symbol in der Leiterplattensymbolbibliothek anlegen.
- Leiterplattensymbol entsprechend dem Datenblatt erstellen.
- Leiterplattensymbol mit dem Schaltplansymbol verknüpfen.
- Integrierte Bibliotheken übersetzen (compile).
- Aufgetretene Fehler beheben und evtl. neu übersetzen.

Schaltplansymbole

Damit ein Schaltplansymbol erstellt werden kann, muss zunächst eine Schaltplansymbolbibliothek geöffnet werden. Die Bibliothek kann zum aktuellen Projekt gehören, Teil einer integrierten Bibliothek oder eine unabhängige Bibliothek sein. Gehört die Bibliothek zum Projekt genügt ein Doppelklick auf den Namen um sie zu öffnen. Bei einer integrierten Bibliothek muss zuerst das zugehörige Projekt und bei einer unabhängigen Schaltplansymbolbibliothek muss die entsprechende Datei geöffnet werden. Mit dem Öffnen wird im linken Panelbereich das „SCH Library Panel“ eingeblendet. Die Eigenschaften des aktuell ausgewählten Bauteils werden im Properties Panel angezeigt.

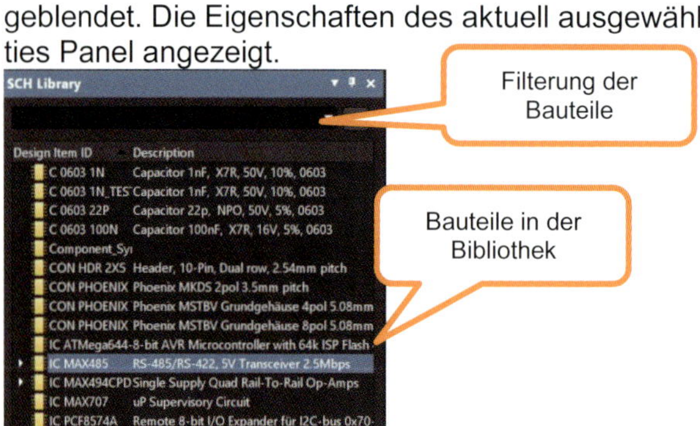

Arbeitsbereich des Schaltplansymboleditors

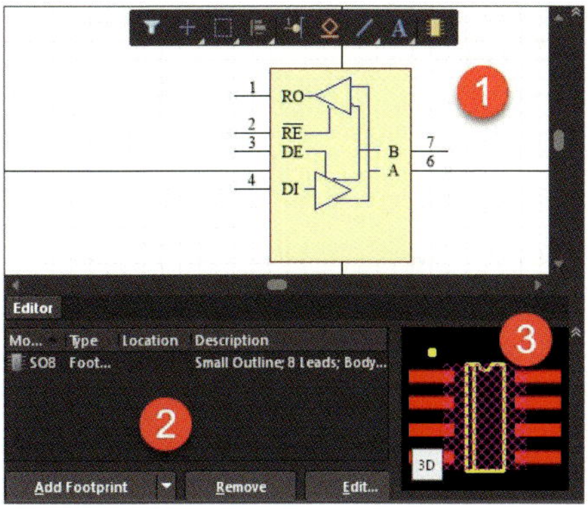

Der Arbeitsbereich des Schaltplansymboleditors besteht aus dem Zeichenbereich ①, dem Bereich mit den Verknüpfungen für das Leiterplattensymbol, die SPICE- und die IBIS-Modelle ② und dem Vorschaufenster auf das Leiterplattensymbol ③.

Das Schaltplansymbol wird im Zeichenbereich erstellt. Im Schaltplansymboleditor gibt es nur ein elektrisches Objekt, der Bauteilanschlusspin, alle anderen Objekte sind grafischer Natur. Als grafische Objekte kommen die gleichen wie im Schaltplaneditor zum Einsatz. Die Verwendung dieser Objekte kann im Kapitel „Schaltplanobjekte“ (S.65) nachgelesen werden. Diese Objekte erreicht man über das Menü „Place“ bzw. über das Tastenkürzel ‘P’.

Der Schaltplansymbol Editor verfügt über ein Raster, welches man über das Tastenkürzel ‘G’ zwischen den Werten 10 mil, 50 mil und 100 mil umschalten kann. Beim Zeichnen von Symbolen verwendet man im Allgemeinen ein Raster von 10 mil, beim Platzieren von Pins ein Raster von 50 mil oder 100 mil. Beim Platzieren der Pins sollte man darauf achten, dass die elektrischen Anschlusspunkte auf einem 100 mil Raster liegen. Vor Version 18 konnte als Maßeinheit „DXP Defaults“ ausgewählt werden, dann wurde das Raster als 1, 5 und 10 angezeigt.

Bibliotheksoptionen

Ähnlich den Dokumentenoptionen im Schaltplaneditor, gibt es im Bibliothekseditor Optionen für die aktuelle Bibliothek.

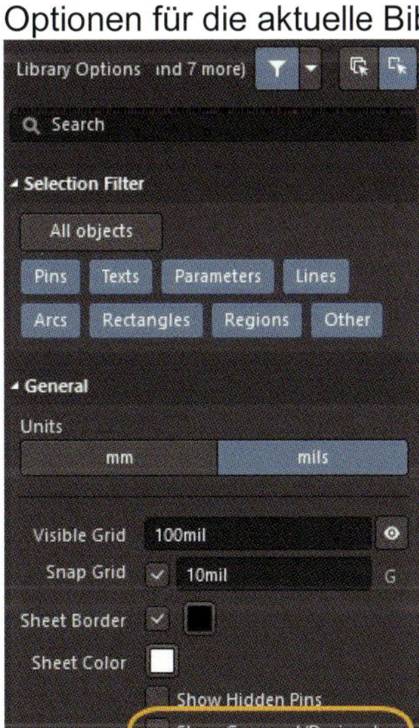

Diese Optionen kann man über „Tools - Document Options“ öffnen.

Im Bereich „Units“ wird das Maßsystem auf metrisch oder imperial eingestellt.

Im unteren Bereich können Sie die Farbe des Arbeitsbereichs und des Rahmens anpassen. In der Grundeinstellung werden der Referenzbezeichner und das Feld Comment nicht angezeigt. Wenn man einen Haken bei „Always Show Comment/Designator“ setzt, dann kann man die beiden Felder einblenden.

Erstellen eines neuen Schaltplansymbols

- Durch Klick auf die Schaltfläche „Add“ im SCH Library Panel oder über „Tools - New Component“ können Sie ein neues Symbol erstellen.
- Im „New Component“ Dialog vergeben Sie im Feld „Design Item ID“ einen Namen.
- Im Zeichenbereich das Raster durch drücken von ‘G’ (evtl. mehrmals) auf 10 mil stellen.
- Im Menü „Place“ können Sie ein grafisches Objekt, z.B. eine Linie, auswählen und damit das Symbol zeichnen. Drücken der Tabulatortaste aktiviert den Pausenmodus und öffnet das Properties Panel mit den Eigenschaften des Objekts.

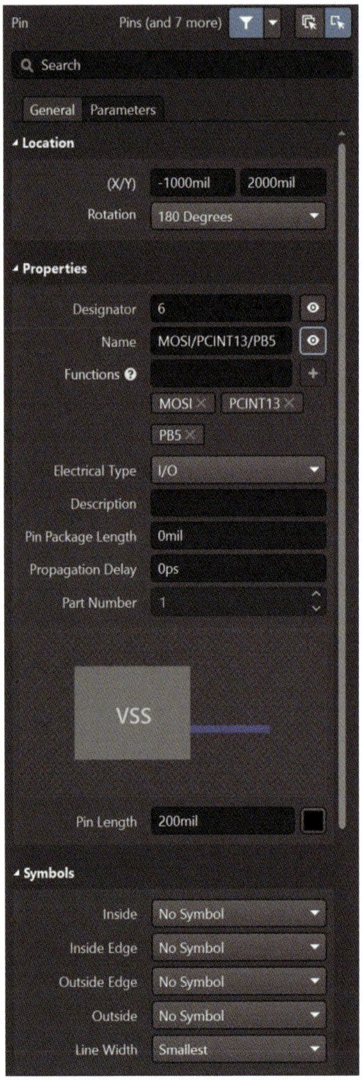

Der Pausenmodus wird beendet über einen Klick auf das Pausensymbol, die Eingabe- oder die ESC-Taste. Zeichnet man eine Linie kann mit der Leertaste der Eckenmodus (45°, 90°, Freiwinkel) eingestellt werden.

- Platzieren Sie über „**P**lace - **P**in“ die Bauteileanschlüsse. Vor dem Absetzen des Anschlusses sollte mit der Tabulatortaste das Properties Panel geöffnet und die entsprechenden Einstellungen vorgenommen werden.

Die Eigenschaften befinden sich auf zwei Reitern. Der Reiter „General“ enthält die eigentlichen Eigenschaften. Auf dem Reiter „Parameters“ können diesem Anschluss Parameter zugewiesen werden. Diese Parameter lassen sich dann mit einem Skript auswerten.

Im Feld „Pin Package Length“ kann die interne Länge der Verbindung zwischen dem Pad und dem Chip angegeben werden. Dieser Wert wird benötigt um bei Hochgeschwindigkeitsanwendungen die Leitungslängenanpassung korrekt durchzuführen. Alternativ kann im Feld „Propagation Delay“ die Signalverzögerung eingegeben werden.

Diese Werte können auch im Leiterplattensymbol festgelegt werden.

- Im Feld „Name“ trägt man den Namen des Anschlusses ein. Wenn ein Pin mehrere Funktionen hat, dann tragen Sie diese im Feld „Name“ ein (z.B. PB5). Im

Feld „Functions" können Sie dann die einzelnen Funktionen mit der Schaltfläche „+" hinzufügen. Diese Funktionen können später im Schaltplan als Anschlussbeschriftung ausgewählt werden. Ein Klick auf den Pinnamen öffnet ein Kontextmenü. Dort können Sie bei der gewünschten Beschriftung Häkchen setzen.

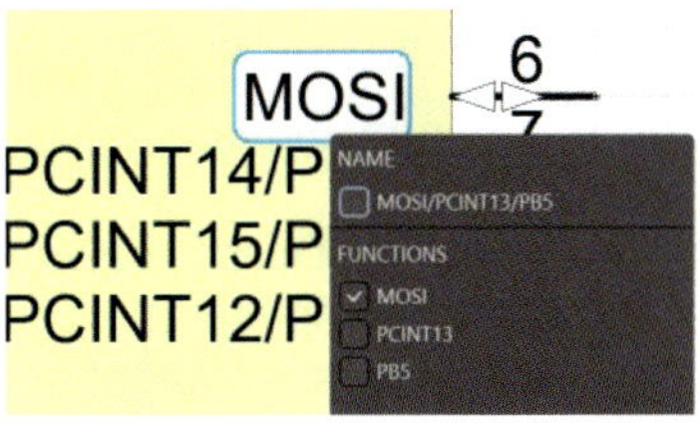

Die Anschlussnummer wird im Feld „Designator" eingetragen. Beim fortgesetzten Platzieren von Anschlüssen, wird die Anschlussnummer automatisch hochgezählt. Endet der „Name" auch auf eine Zahl, dann wird diese ebenfalls hochgezählt. Verlaufen die Nummerierung von Name und Anschlussnummer gegenläufig kann man dies in den Präferenzen („**T**ools - **P**references - Schematic - General") anpassen.

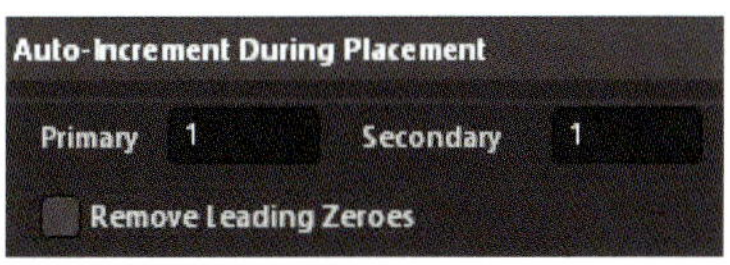

- Das Feld „Primary" wirkt auf die Anschlussnummer, das Feld „Secondary" auf den Anschlussnamen. Trägt man bei „Secondary" eine -1 ein, dann werden die Zahlen im Anschlussnamen herunter gezählt. Trägt man in eines der Felder einen Buchstaben, dann wird alphabetisch erhöht. Ein ‘A’ führt dann zu A, B, C, ein ‘B’ zählt A, C, E. Buchstaben dürfen keine negativen Vorzeichen haben! Über die Augensymbole können Name und Anschlussnummer ein- bzw. ausgeblendet werden.

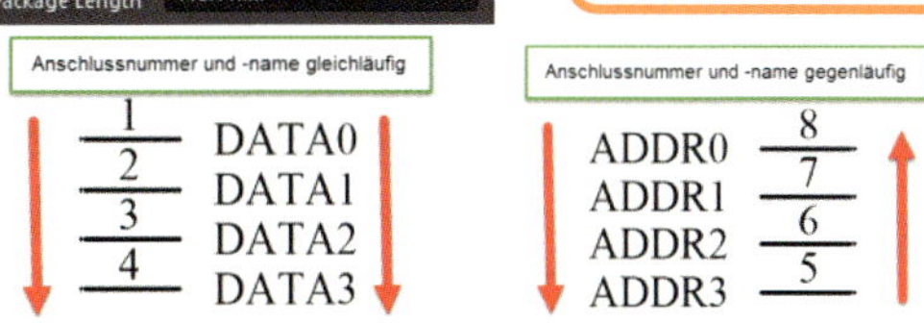

- Im Feld „Electrical Type" wird der elektrische Typ des Anschlusses eingetragen. Mit dieser Information wird die ERC Prüfung durchgeführt.
- Im Feld „Description" kann optional eine Anschlussbeschreibung eingegeben werden.
- Im Bereich „Symbols" kann der Anschluss mit grafischen Attributen versehen werden.
- Bei „Inside Edge" kann z.B. ein Taktsymbol eingeblendet werden.

Schaltplan auf die Leiterplatte synchronisiert.
- **Graphical**
  Grafisches Element wie z.B. ein Firmen-Logo. Wird niemals synchronisiert.
- **Net Tie (in BOM)**
  Bauteil mit dem man mehrere unterschiedliche Netze verbinden kann, z.B. analoge Masse, digitale Masse und Netzteilmasse.
  Erscheint in der Stückliste und wird immer synchronisiert.
- **Net Tie**
  Bauteil mit dem man mehrere unterschiedliche Netze verbinden kann, z.B. analoge Masse, digitale Masse und Netzteilmasse.
  Erscheint nicht in der Stückliste und wird immer synchronisiert.
- **Standard (No BOM)**
  Bauteil mit elektrischen Eigenschaften und Leiterplattensymbol, das immer zwischen Leiterplatte und Schaltplan synchronisiert wird.
  Erscheint nicht in der Stückliste. Beispiel: Testpunkte.
- **Jumper**
  Bauteile, die man als Drahtbrücken auf der Leiterplatte verwenden kann.

- Verweise auf das Datenblatt oder die Webseite des Herstellers können im Bereich „Parameters" über die Schaltfläche „Add" und die Auswahl „Link" hinzufügt werden. Ein bestehender Verweis kann direkt bearbeitet und über das Papierkorbsymbol gelöscht werden. Der Inhalt von „Name" erscheint im Rechtsklickmenü der Komponente im Bereich „References".
  Vor der Version 20 gab es hierfür einen eigenen Bereich „Links".

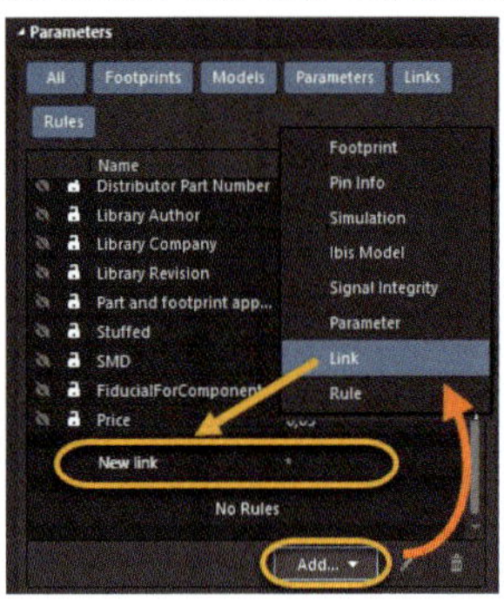

- Ebenfalls im Bereich „Parameters" können dem Bauteil ein oder mehrere Leiterplattensymbole („Footprints") über die Schaltfläche „Add" und die Auswahl „Footprint" hinzufügt werden. Es öffnet sich der „PCB Model" Dialog in dem Sie den Footprint auswählen können. Ein Klick auf das Stiftsymbol öffnet erneut den der „PCB Model" Dialog. Über das Papierkorbsymbol kann das Leiterplattensymbol gelöscht werden.

  Vor der Version 20 gab es hierfür einen eigenen Bereich „Footprints".

- Ebenfalls im Bereich „Parameters“ können dem Bauteil SPICE-, IBIS- oder Signalintegritätsmodelle über die Schaltfläche „Add“ und die Auswahl „Simulation“ bzw. „Ibis Model“ oder „Signal Integrity“ zugewiesen werden. Ein Klick auf das Stiftsymbol öffnet die Eigenschaften des Modells. Über das Papierkorbsymbol kann das Modell gelöscht werden.

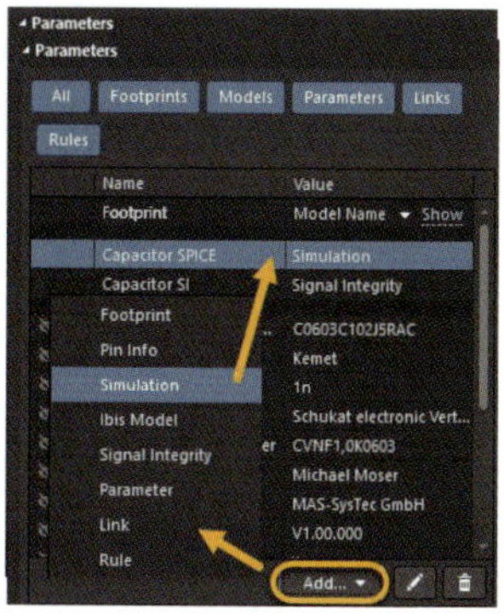

Vor der Version 20 gab es hierfür einen eigenen Bereich „Models“.

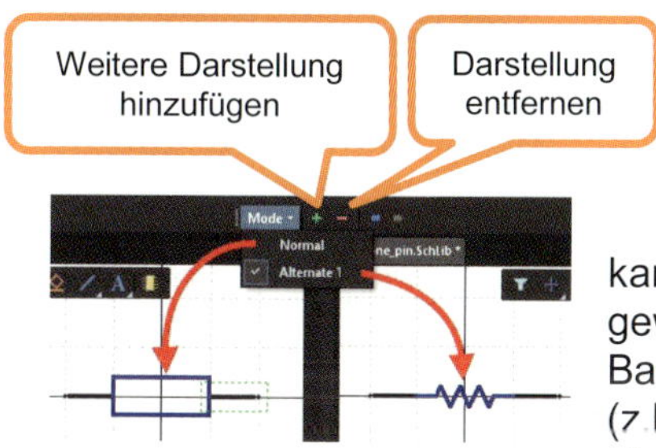

- Der Bereich „Graphical“ wird verwendet, um später auf dem Schaltplan lokale Farben zu erlauben und die Farbe von Linien, der Füllung und den Anschlüssen zu ändern. Im Feld „Mode“ (nur im Schaltplan verfügbar) kann eine Darstellungsform für das Bauteil ausgewählt werden. Insgesamt können für jedes Bauteil maximal 255 unterschiedliche Symbole (z.B. europäische und amerikanische Symbole) hinterlegt werden. Die Symbole können über „Tools – Mode – Add“ hinzugefügt bzw. über „Tools – Mode – Remove“ entfernt werden. Alternativ kann auch die entsprechende Werkzeugleiste eingeblendet werden.

- Ab der Version 21 können die alternativen Darstellungen mit „Tools – Mode – Rename“ umbenannt werden. Der Name darf nur Buchstaben, Ziffern und Leerzeichen enthalten.

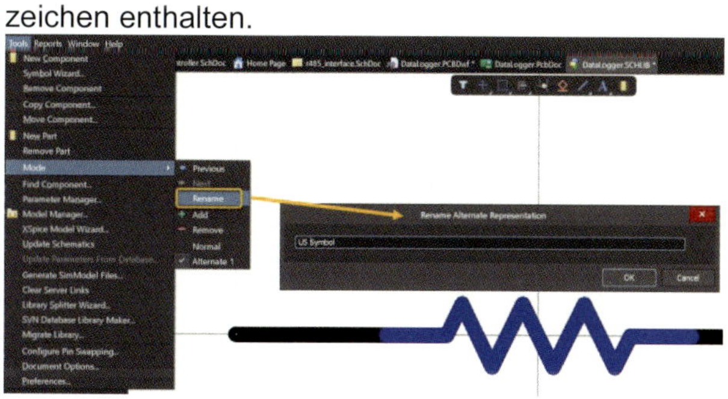

- Im Bereich „Parameters" können über die Schaltfläche „Add" neue Parameter hinzugefügt werden. Diese Parameter können später in der Stückliste ausgegeben werden.

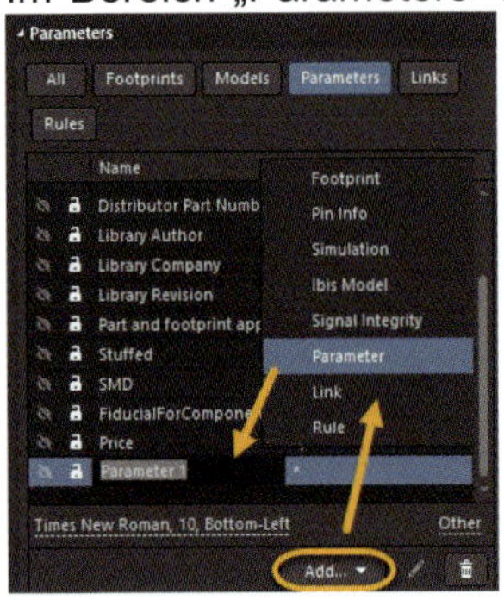

  Im oberen Bereich des Panels kann selektiert werden was im „Parameters" Bereich angezeigt werden soll. Im Bild ist nur „Parameters" aktiv, weshalb auch nur die Parameter angezeigt werden.

  Im unteren Bereich des Panels kann die Schriftart eingestellt werden.

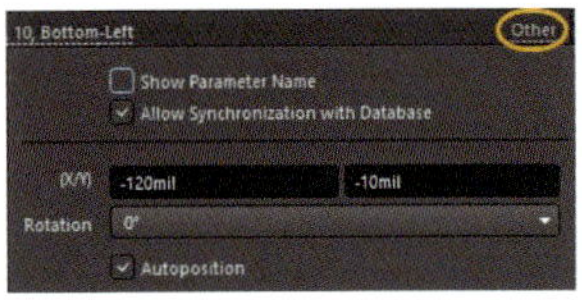

  Ein Klick auf „Other" öffnet einen weiteren Einstellungsbereich. Ein Häkchen bei „Show Parameter Name" macht den Namen des Parameters im Schaltplan sichtbar. Entfernt man den Haken bei „Autoposition", dann kann man die Position des Parameters selbst festlegen.
- Auf dem Reiter „Pins" werden die Namen und Nummern der Bauteilanschlüsse angezeigt. Über die Schaltfläche „Add" können Anschlüsse hinzugefügt und über das Papierkorbsymbol entfernt werden. Ein Klick auf das Stiftsymbol öffnet den „Component Pin Editor".

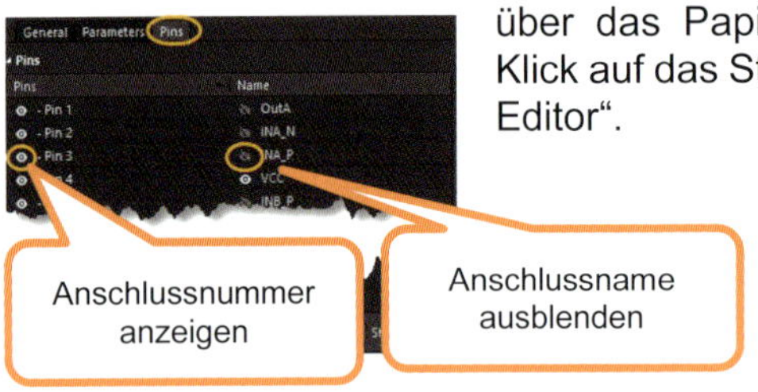

Nach dem Erstellen des Symbols und dem Einstellen der Eigenschaften kann die Bibliothek gespeichert werden. Arbeitet man mit einer integrierten Bibliothek muss diese neu erzeugt werden (Compile). Danach steht das Bauteil zur Verwendung bereit.

Erstellen eines Multi-Part Bauteils

Ein Bauteil kann in der Bibliothek durch ein einziges Symbol oder durch mehrere Teilsymbole dargestellt werden. Teilsymbole werden dann verwendet, wenn sich das Bauteil logisch aufteilen lässt.

Beispiele für solche sogenannten Multi-Part Bauteile sind:

- Widerstandsnetzwerke bei denen jeder Widerstand mit einem eigenen Symbol dargestellt wird.
- Mikroprozessoren und FPGAs bei denen man für jeden Funktionsblock ein Teilsymbol anlegt.
- 4-fach NAND Gatter bei dem man für jedes Einzelgatter und die Versorgungsspannung jeweils ein Teilsymbol anlegt.

- 4-fach Operationsverstärker bei dem man für jeden Operationsverstärker und die Versorgungsspannung jeweils ein Teilsymbol anlegt.

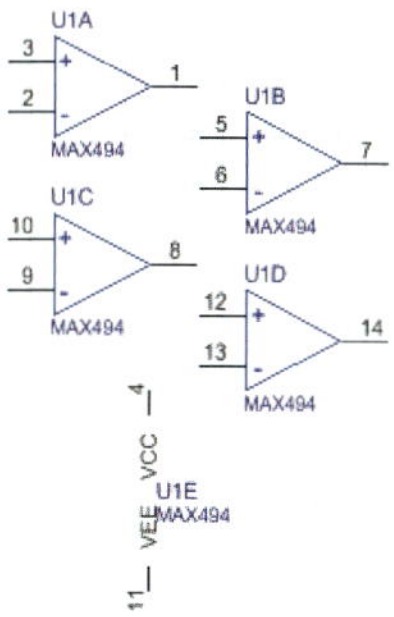

Die Teilsymbole werden als „Parts“ bezeichnet und erhalten den gleichen Referenzbezeichner mit angehängter Erweiterung zur Unterscheidung. Diese Erweiterung ist in der Grundeinstellung ein Buchstabe. In den Präferenzen kann man dies unter „**T**ools - **P**references - Schematic - General“ ändern. Neben Buchstaben können auch Zahlen verwendet werden, die durch einen Punkt '.' oder Doppelpunkt ':' abgetrennt sind.

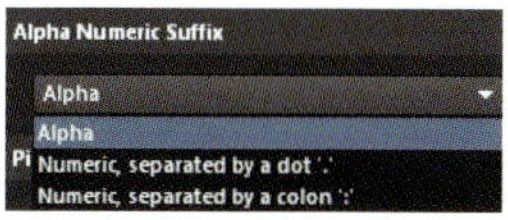

Platziert man ein Multi-Part Bauteil im Schaltplan, dann kommen die einzelnen Teilsymbole nacheinander an die Maus. Man sollte immer darauf achten, dass man alle Teilsymbole, auch die nicht benutzten, platziert.
Ab der Version 24.4 kann zusätzlich zu den Teilsymbolen auch ein Gesamtsymbol mit allen Anschlüssen definiert werden.

So können Sie ein Multi-Part Bauteil anlegen:

- Durch Klick auf die Schaltfläche „Add“ im SCH Library Panel oder über „Tools - New Component“ können Sie ein neues Symbol erstellen. Falls Sie ein bestehendes Symbol erweitern wollen, gehen Sie direkt nach unten zu „**T**ools - Ne**w** Part“.
- Im „New Component“ Dialog vergeben Sie im Feld „Design Item ID“ einen Namen.
- Ein Doppelklick auf den Namen öffnet das Properties Panel.
  Vergewissern Sie sich, dass in der Zeile „Part x of Parts y“ das Schloss geschlossen ist (vor Version 18 bei „Locked“ ein Haken sitzt).

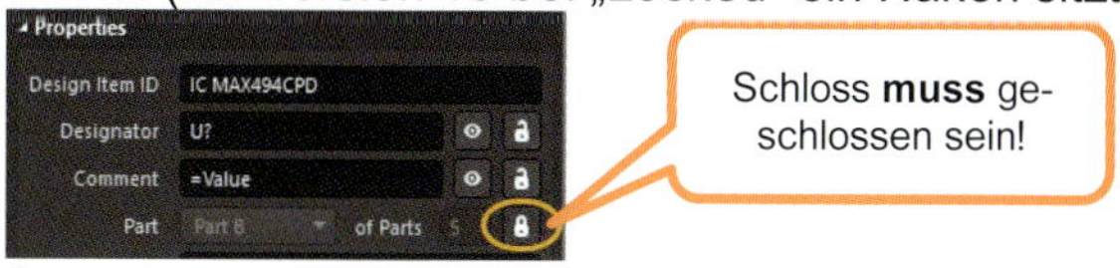

  Sonst könnte es beim Durchnummerieren der Bauteile (Annotation) zu unangenehmen Überraschungen kommen.
- Über „**T**ools - Ne**w** Part“ können Sie die notwendigen Teilsymbole hinzufügen.

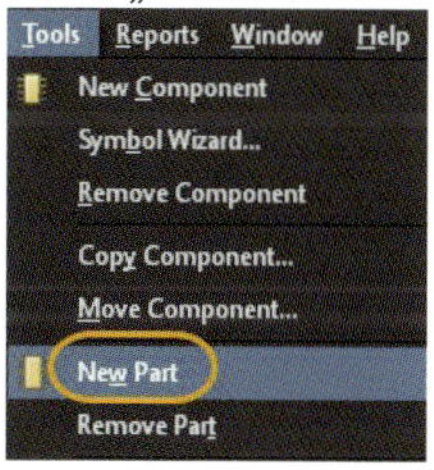

- Ein Teilsymbol kann über „**T**ools - Remove Par**t**“ wieder entfernt werden.
- Die Teilsymbole werden im SCH Library Panel als z.B. „Part A“ bis „Part B“ angezeigt.

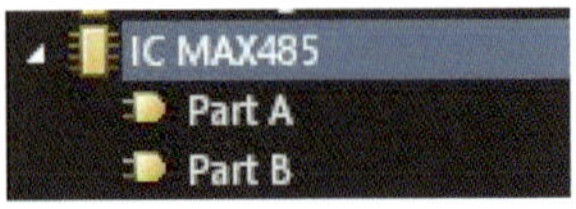

- Zeichnen Sie jetzt jedes Teilsymbol wie unter „Erstellen eines neuen Schaltplansymbols“ beschrieben.
- Sind die Symbole alle gleich, wie z.B. bei einem Widerstandsnetzwerk, dann reicht es, wenn Sie ein Symbol komplett zeichnen und dieses dann n-fach kopieren. Nach dem Kopieren müssen Sie noch in jedem Teilsymbol die Anschlussnummern anpassen.
- Öffnen Sie noch einmal die Eigenschaften des Bauteils und klicken dann auf den Reiter „Pins“ (vor Version 18 „Edit Pins“). Auf dem „Pins“ Reiter starten Sie mit dem Stiftsymbol den „Component Pin Editor“. Dort sehen Sie die Anschlussnummern und in der Spalte „Owner“ zu welchem Teilsymbol der Anschluss gehört.

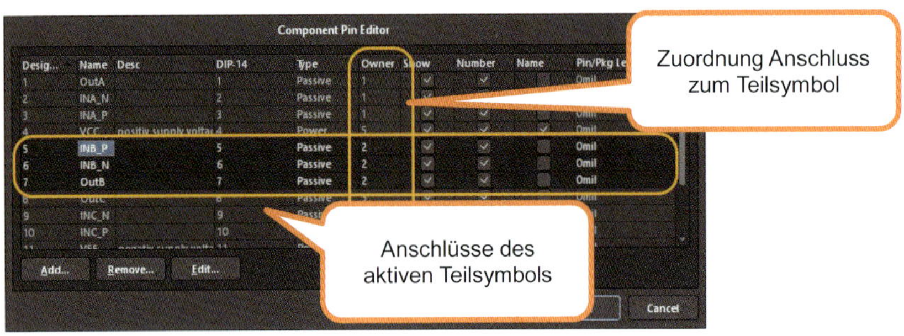

In diesem Editor können Sie die Felder direkt bearbeiten.

- Eine Sonderstellung nimmt der Owner mit der Nummer Null ein. Anschlüsse die zu diesem Owner gehören werden in allen Teilsymbolen angezeigt werden. Manche Anwender verwenden dies um die Spannungsversorgungsanschlüsse in jedem Teilsymbol darzustellen.

Bibliotheksberichte für Schaltplansymbolbibliotheken

Über den Menüpunkt „Reports“ können verschiedene Bibliotheksberichte erstellt werden.

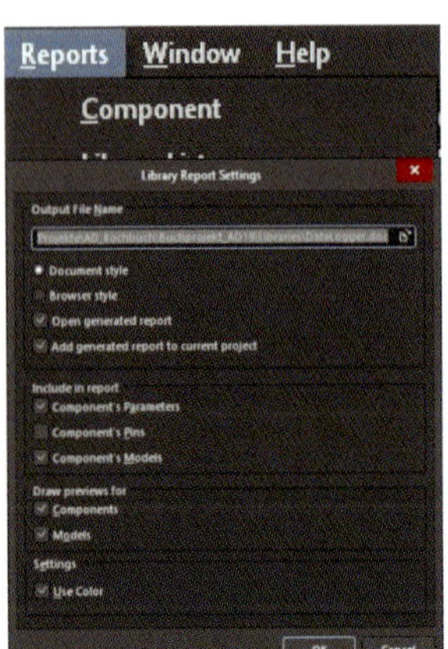

Der Befehl „**R**eports - **C**omponent“ erzeugt eine Textdatei mit den wichtigsten Informationen zum aktuellen Bauteil. In diesem Bericht werden alle Anschlüsse mit ihrem Namen und dem elektrischen Typ aufgeführt. „**R**eports - **L**ibrary List“ erzeugt zwei Dateien. Ein kommaseparierte und eine tabulatorseparierte Textdatei mit jeweils allen Bauteilen in der aktuellen Bibliothek. Den ausführlichsten Bericht erzeugt der Befehl „**R**eports - Library Repor**t**...“. Hiermit kann eine HTML-basierte Liste oder ein Microsoft Word Dokument erstellt werden. Im „Library Report Settings“ Dialog können die Details des Berichts eingestellt werden. Ganz oben gibt man den Namen der Ausgabedatei inklusive dem Pfad an.

Beim Erstellen des Berichts werden etliche Grafiken erzeugt. Deshalb sollte man den Bericht immer in einem eigenen Unterverzeichnis anlegen. Der Standardpfad liegt dort wo die Bibliothek gespeichert ist.

Fehlerprüfung von Bibliotheksbauteilen

Die Bauteile in der Bibliothek können auf typische Fehler geprüft werden. Diese Prüfung startet man über „**R**eports - Component **R**ule Check...". Im Einstellungsdialog können Sie festlegen was geprüft werden soll.

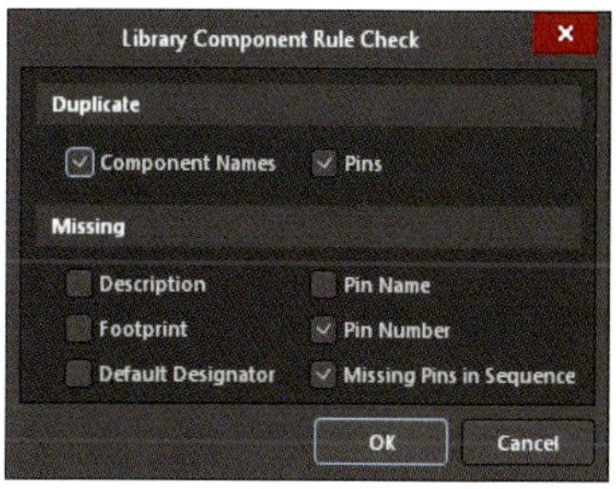

Neben den voreingestellten Prüfungen sollten Sie zusätzlich bei „Footprint" und „Default Designator" einen Haken setzen um sich später Ärger zu sparen.
Ein Klick auf „OK" führt die Prüfung durch und erstellt einen Bericht. Idealerweise sollte dieser Bericht leer sein. Fehlen Anschlüsse in der Reihenfolge, dann sieht der Bericht wie folgt aus.

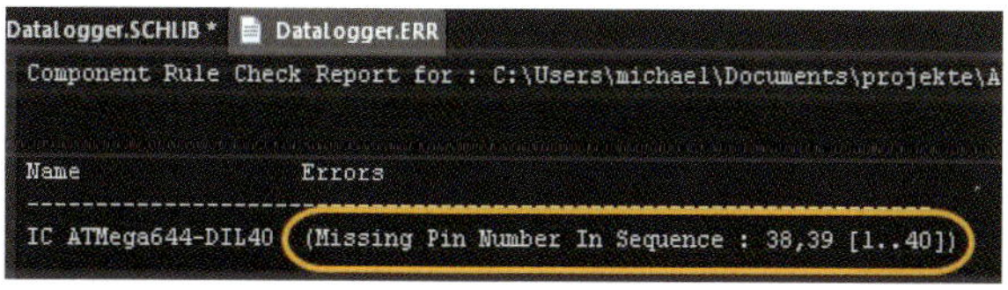

Solche Meldungen müssen immer kontrolliert und die Fehler behoben werden.

Schaltplansymbol mit dem Symbol Wizard erstellen

Zur Erstellung eines Schaltplansymbols steht der Symbol Wizard zur Verfügung. Der Symbol Wizard erstellt Symbole für Bauteile, die sich als Rechtecke und Bauteilanschlusspins darstellen lassen. Die Bauteilanschlusspins werden in einer Tabelle bearbeitet. Die notwendigen Informationen können aus einer Tabellenkalkulation per Kopieren und Einfügen übernommen werden.

Symbol erstellen

- Öffnen Sie eine Schaltplanbibliothek oder legen Sie eine neue an wie im Kapitel „Schaltplansymbolbibliothek anlegen" (S.507) beschrieben.
- Erstellen Sie durch Klick auf die Schaltfläche „Add" im SCH Library Panel oder über „Tools - New Component" ein neues Symbol.
- Geben Sie im „Component Name" Dialog im Feld „Design Item ID" einen Namen ein.
- Starten Sie den Symbol Wizard über „**T**ools – Sym**b**ol Wizard…"

Leiterplattensymbole

Damit ein Leiterplattensymbol erstellt werden kann, muss zunächst eine Leiterplattensymbolbibliothek geöffnet werden. Die Bibliothek kann zum aktuellen Projekt gehören, Teil einer integrierten Bibliothek sein oder eine unabhängige Bibliothek sein. Gehört die Bibliothek zum Projekt genügt ein Doppelklick auf den Namen um sie zu öffnen. Bei einer integrierten Bibliothek muss zuerst das zugehörige Projekt und bei einer unabhängigen Leiterplattensymbolbibliothek die entsprechende Datei geöffnet werden. Mit dem Öffnen wird im linken Panelbereich das „PCB Library Panel" eingeblendet.

Mechanische Lagen aus Leiterplatte übernehmen

Üblicherweise definiert man für eine Leiterplatte die Verwendung der mechanischen Lagen. In einer Leiterplattensymbolbibliothek sollte die gleiche Definition verwendet werden. Zunächst exportiert man die Definition aus dem Leiterplattendokument mit „Tools – Export Mechanical Layers…" als „*.stackup" Datei. Diese Datei kann mandann in der Leiterplattensymbolbibliothek mit „Tools – Import Mechanical Layers…" importieren.

PCB Library Panel

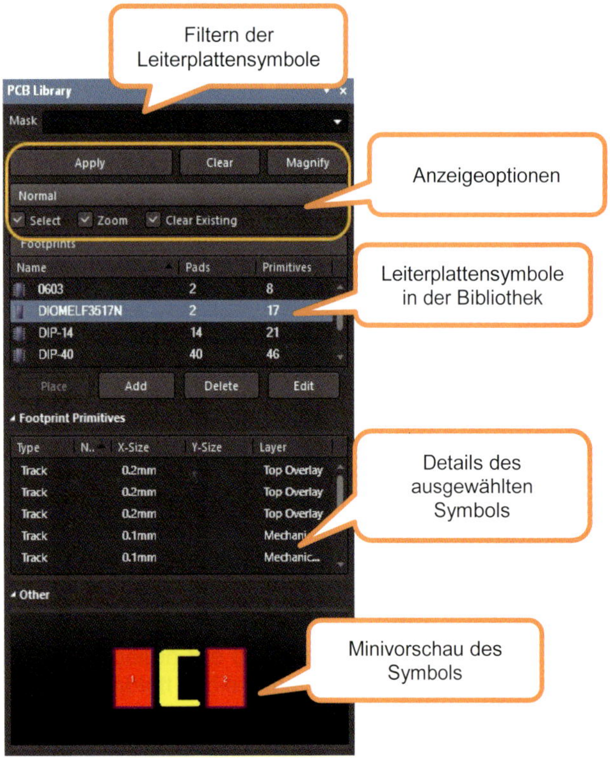

Im Feld „Mask" kann ein Filter eingegeben werden. Gibt man dort z.B. „SO" ein, werden im darunterliegenden Bereich nur Symbole angezeigt, deren Namen mit „SO" beginnt.

Wählt man ein Leiterplattensymbol aus, dann wird es rechts im Arbeitsbereich angezeigt.

Im Bereich „Footprint Primitives“ werden die Objekte angezeigt, aus denen das Leiterplattensymbol besteht.

Im Bereich der Anzeigeoptionen wird festgelegt was passiert, wenn man im Bereich „Footprint Primitives“ ein Objekt anklickt:

- **Normal**
  Die Anzeige im Arbeitsbereich bleibt unverändert.
- **Dim**
  Alle Objekte, außer dem ausgewählten, werden dunkler dargestellt. Den Grad kann man im „View Configurations Panel“ auf dem Reiter „View Options“ mit dem Regler „Dimmed Objects“ einstellen.

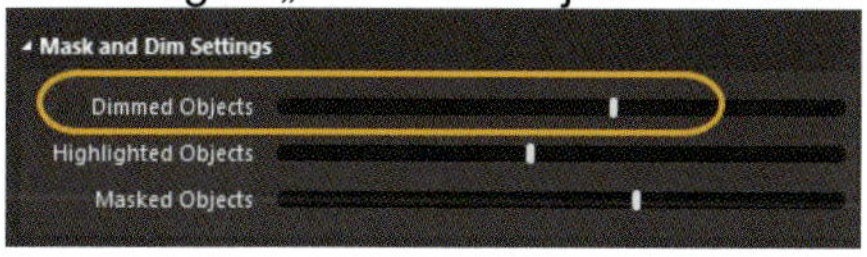

- **Mask**
  Setzt eine Maske und blendet alle Objekte, außer dem ausgewählten, aus. Den Grad kann man im „View Configurations Panel“ auf dem Reiter „View Options“ mit dem Regler „Masked Objects“ einstellen.

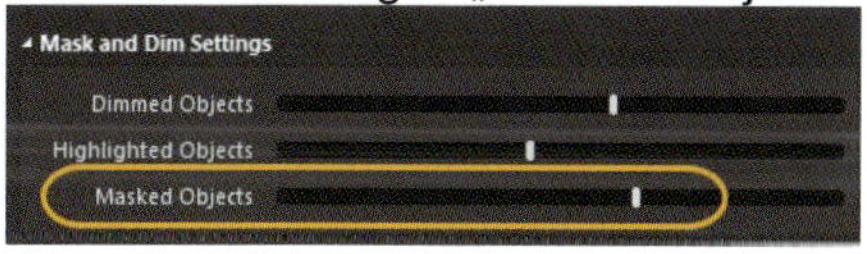

- **Select**
  Ein Haken bei „Select“ selektiert das angewählte Objekt.
- **Zoom**
  Ein Haken bei „Zoom“ vergrößert, falls möglich, das angewählte Objekt.
- **Clear Existing**
  Löscht die vorherige Auswahl. Wird dieser Haken entfernt, kann man sukzessiv weitere Objekte zur Auswahl hinzufügen.

Mit einem Doppelklick auf den Namen eines Leiterplattensymbols im oberen Panelbereich öffnen sich die Eigenschaften des Symbols.

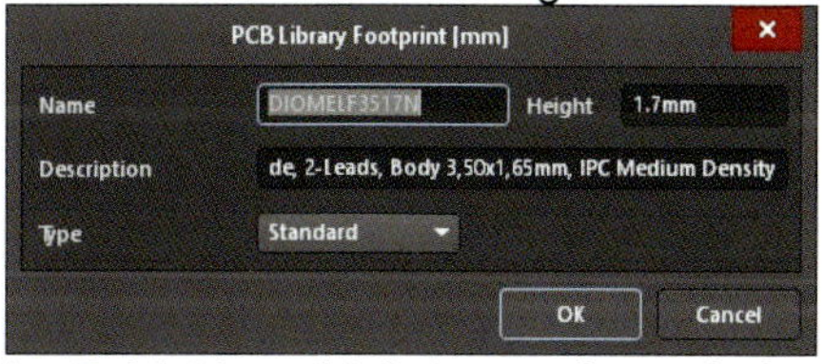

Im Feld „Name“ trägt man einen eindeutigen Namen für das Leiterplattensymbol ein. Das Feld „Description“ dient der Beschreibung des Footprints. Im Feld „Height“ kann die Höhe des Bauteils, die bei der Höhenregelprüfung verwendet wird, eingetragen werden.

PCB Library Properties Panel

Das PCB Library Properties Panel können Sie wie im Kapitel „Workspace Panels aktivieren und schließen“ (S.32) öffnen.
Das Panel besteht ab der Version 23.6 aus den Reitern „General“ und „Footprint“. Der Reiter „General“ ähnelt weitgehend dem PCB Properties Panel, wenn auf der Leiterplatte keine Objekte selektiert sind. Hier haben Sie Zugriff auf den „Grid Manager“ und den „Guide Manager“. Eine Beschreibung der beiden Manager finden Sie im Kapitel „Raster und Hilfslinien“ (S.199).
Auf dem Reiter „Footprint“ finden Sie Informationen zum aktiven Footprint.

Im Bereich „Parameters“ können Sie eigene Parameter hinzufügen. Weitere Informationen finden Sie im Kapitel „Parameter auf der Leiterplatte“ (S.248)

Ein neues Leiterplattensymbol kann auf folgende Arten angelegt werden:

- **T**ools - Ne**w** Blank Component
  Legt ein neues Bauteil an mit leerem Arbeitsbereich an. Das Symbol selbst muss manuell erstellt werden.
- **T**ools - **I**PC Compliant Footprint Wizard
  Der IPC Compliant Footprint Wizard wird gestartet und führt durch die Erstellung eines SMD Symbols unter Anwendung der IPC Regeln. Dies ist die komfortabelste Methode ein Symbol zu erstellen. Man benötigt lediglich das Datenblatt und gibt die Datenblattwerte für die Abmessungen im Assistenten ein.
- **T**ools - IPC Compliant Footprints Batch Generator
  Mit dem Batch Generator füllt man eine Excel Tabelle mit den Abmessungen aus dem Datenblatt aus und erhält dann für jede Zeile der Tabelle ein Leiterplattensymbol.
- **T**ools - **F**ootprint Wizard
  Der Component Wizard erstellt ein Symbol sowohl für SMD als auch für bedrahtete Bauteile. Für SMD Bauteile empfiehlt sich der IPC Compliant Footprint

Wizard. Bei bedrahteten Bauteilen liefert der Component Wizard eine gutes Ausgangssymbol, welches man dann noch optimieren kann.

- Leiterplattensymbolen aus bestehenden Leiterplatten übernehmen.
  Leiterplattensymbole können einfach mit Strg-C und Strg-V von einer Leiterplatte in die eigene Leiterplattenbibliothek kopiert werden.
- Leiterplattensymbolen aus anderen Leiterplattenbibliotheken übernehmen.
  Leiterplattensymbole können einfach mit Strg-C und Strg-V von einer bestehenden Leiterplattenbibliothek in die eigene Leiterplattenbibliothek kopiert werden.

Im Leiterplattensymboleditor können, ähnlich wie auf der Leiterplatte, Raster und Hilfslinien verwendet werden. Die Einstellungen finden Sie im Properties Panel, wenn keine anderen Objekte selektiert sind. Klickt man vor der Version 18 rechts unten auf die Schaltfläche „Snap“ öffnet sich ein Menü mit den verfügbaren Fangoptionen, .dem Raster-Manager („Grids…“) und dem Hilfslinien-Manager („Guides…“). Wie auf der Leiterplatte können beliebig viele hierarchische kartesische und polare Raster hinzugefügt werden. Die selbstdefinierten Raster gelten immer nur für aktuell aktive Symbol.

Jedes Leiterplattensymbol besitzt einen Referenzpunkt. Dieser Referenzpunkt kann über „**E**dit - Set Re**f**erence“ festgelegt werden.

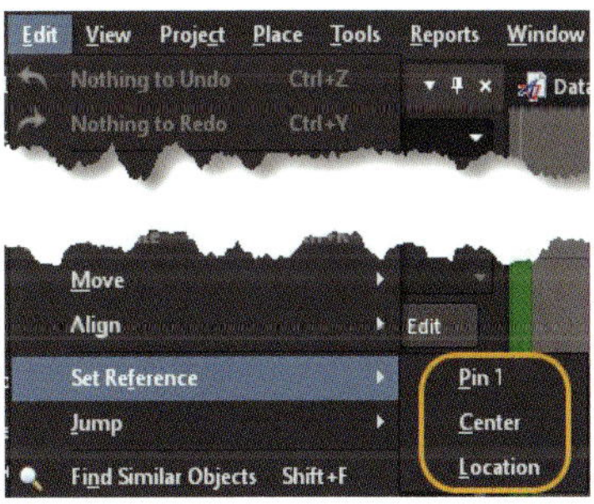

Zur Auswahl stehen:

- **Pin 1**
  Anschlussfläche 1 des Bauteils
- **Center**
  Mittelpunkt des Bauteils
- **Location**
  Beliebiger Punkt, der mit der Maus ausgewählt wird.

Die Koordinaten aller drei Punkte werden in der Pick and Place Liste für den Bestücker ausgegeben.
In der IPC-7351C Richtlinie sind zwei Positionen der Null-Orientierung angegeben. Bei Level A befindet sich der Pin 1 in der oberen linken Ecke und bei Level B in der unteren linken Ecke. Um die Bestückung zu vereinfachen sollte man sich in der Bibliothek auf einen der beiden Möglichkeiten festlegen und dies im Bestückungsplan dokumentieren.

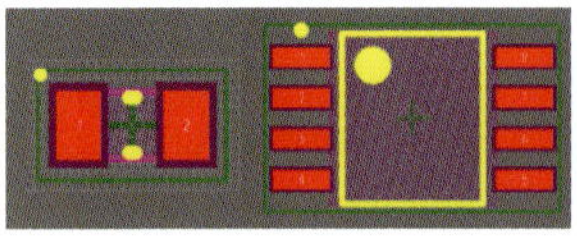

IPC-7351C Level A

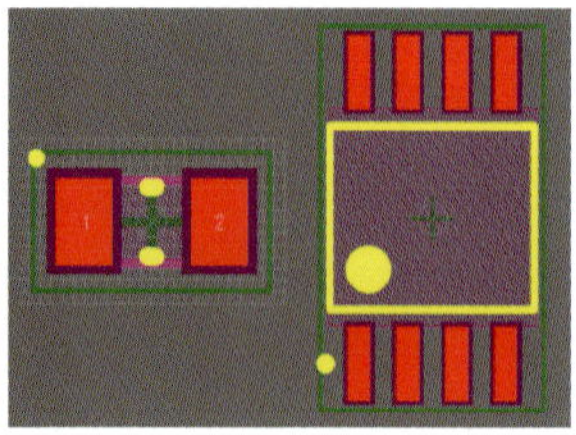

IPC-7351C Level B

Erstellen eines neuen Leiterplattensymbols

IPC Compliant Footprint Wizard

Mit dem IPC Compliant Footprint Wizard erzeugen Sie mit wenigen Mausklicks ein IPC-konformes Leiterplattensymbol. Es wird automatisch ein extrudiertes 3D Modell bzw. ab der Version 16 ein STEP Modell, hinzugefügt.

- Starten Sie den Wizard unter „Tools – IPC Compliant Footprint Wizard…“
- Wählen Sie die gewünschte Gehäuseform und klicken dann auf „Next“.
- Unten links können Sie die STEP Modell Vorschau aktivieren.

- Füllen Sie die entsprechenden Felder im Wizard entsprechend dem Datenblatt aus. Der IPC Compliant Footprint Wizard erwartet alle Maße in Millimeter. Die Eingaben wirken sich direkt auf die Vorschau aus. Dort sollte man auf “2D“ klicken, um das Leiterplattensymbol besser beurteilen zu können.
  Sind alle Werte eingetragen, wechseln Sie mit der Schaltfläche „Next“ zur nächsten Seite.
- Abhängig vom Gehäusetyp unterscheiden sich die weiteren Eingabeseiten. Wenn Sie bei „Use suggested values“ das Häkchen entfernen, haben Sie auf jeder Seite die Möglichkeit eigene Werte einzutragen. Wechseln Sie mit der Schaltfläche „Next“ jeweils zur nächsten Seite.
- Auf der Seite „Footprint Destination“ können Sie auswählen, ob ein STEP Modell erzeugt werden soll. Dieses Step Modell kann direkt im Leiterplattensymbol eingebettet werden oder es kann als eigenständige Datei abgespeichert werden.

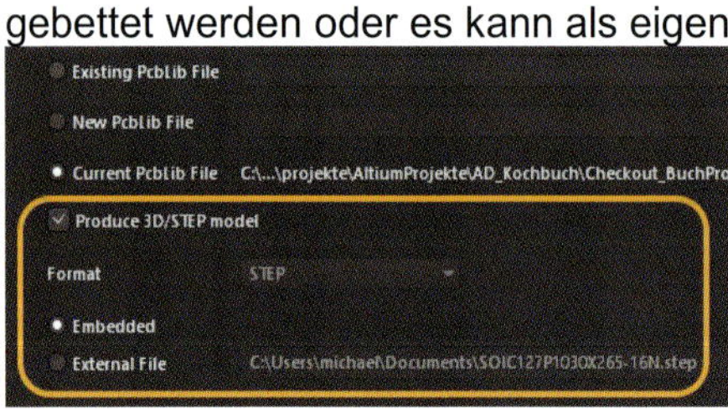

- Klicken Sie auf die Schaltfläche „Finish“ um den Vorgang abzuschließen.

Der Footprint Wizard merkt sich die letzten Einstellungen. Um die Leiterplattensymbole für alle 3 IPC Klassen A, B und C anzulegen, rufen Sie den Wizard einfach zwei weitere Male auf und setzen die gewünschte IPC Klasse.

Leiterplattensymbole manuell erstellen

- Erstellen Sie über „**T**ools - Ne**w** Component“ ein neues Symbol.
- Falls das Raster nicht sichtbar ist, springen Sie mit Strg-Ende auf den Nullpunkt der Arbeitsfläche. Zoomen Sie dann mit Strg-Mausrad in die Arbeitsfläche, bis das Raster sichtbar wird. Je feiner das Raster, desto tiefer muss man zoomen. Evtl. ist auch ein Raster im „Dot“ Modus definiert. Drücken Sie dann Strg – G und ändern Sie dann den Modus auf „Line“.
- Über das Menü „Place“ stehen Ihnen die meisten Leiterplatten Objekte zur Verfügung. Eine Ausnahme bilden die Polygone. In einem Leiterplattensymbol können keine Polygone verwendet werden. Polygonaussparungen sind aber möglich.
- Platzieren Sie zunächst mit „**P**lace - **P**ad“ die Anschlussflächen. Zum Anschluss einer Leitung brauchen Sie zwingend eine Anschlussfläche! Öffnen Sie mit der Tabulatortaste das Properties Panel (vor Version 18 den Eigenschaften Dialog). Eine ausführliche Anleitung finden Sie im Kapitel: „Leiterplattenobjekte platzieren und bearbeiten“ (S.213).
  Hier zur Erinnerung:
  Im Feld „Designator“ tragen Sie die Bezeichnung des Anschlusses ein. Die Anschlussfläche wird automatisch mit dem gleichnamigen Anschluss im Schaltplansymbol verbunden, wenn eine 1:1 Zuordnung möglich ist. Im Feld „Layer“ bestimmen Sie ob es sich um eine SMD Anschlussfläche (Layer=TOP LAYER) oder einen Anschluss für ein bedrahtetes Bauteil (Layer=Multi-Layer) handelt. Klicken Sie auf das Pause Symbol um die Anschlussfläche zu platzieren.
- Wenn Sie die Anschlussflächen platziert haben, wechseln Sie zur Lage „Top Overlay“ und können dort bei Bedarf den Bestückungsdruck mit „**P**lace - **L**ine“ zeichnen.
- Sie brauchen den Referenzbezeichner nicht explizit zu platzieren. Dies geschieht automatisch sobald ein Leiterplattensymbol auf die Leiterplatte (z.B. nach der Synchronisierung mit dem Schaltplan) kommt. Sie können die Position in den Präferenzen festlegen.
  Öffnen Sie die Präferenzen mit „**T**ools - **P**references“ und wechseln Sie in den Bereich „Defaults“. In der „Primitive List“ wählen Sie „Designator“ bzw. „Comment“ aus.

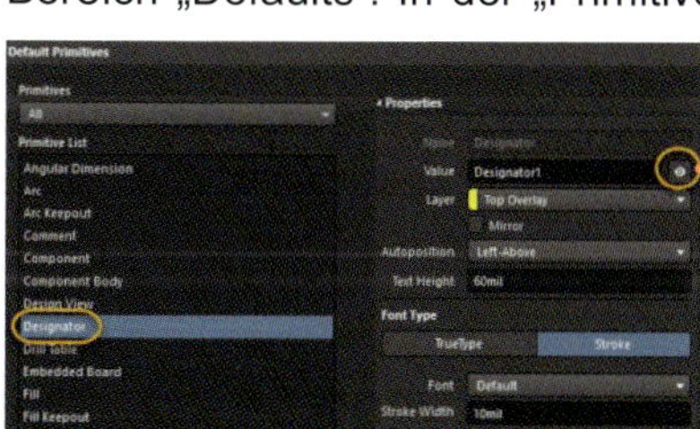

  Soll der Referenzbezeichner auf einer bestimmten Lage liegen, dann muss er mit „**P**lace - **S**tring“ explizit auf diese Lage platziert werden. Als Text wird der Special-String „.Designator“ verwendet.
- Platzieren Sie weitere Informationen auf beliebige mechanische Lagen.

Place - 3D Body

Mit dem Befehl „Place - 3D Body“ können STEP Modelle importiert werden.

- Starten Sie den Befehl mit „**P**lace - 3D B**o**dy“ (P - O)
- Es öffnet sich der „Choose Model“ Dialog.
- Navigieren Sie zu dem Verzeichnis, in dem sich das STEP Modell befindet.
- Wählen Sie das STEP Modell aus klicken Sie dann auf „Öffnen“.
- Gehen Sie mit der Tabulatortaste in den Pausenmodus.
- Die Optionen „Link To Model“ ist hier nicht möglich. Die **Standoff Height** bestimmt wie viel Abstand die Unterkante des STEP Modells von der Leiterplatte hat. Mit Rotation X, Y und Z kann das STEP Modell frei im Raum gedreht und gekippt werden. Ein ausführliche Beschreibung zur Ausrichtung von STEP Modellen finden Sie im Kapitel „Leiterplattenkontur über ein 3D STEP Modell definieren“ (S.281).

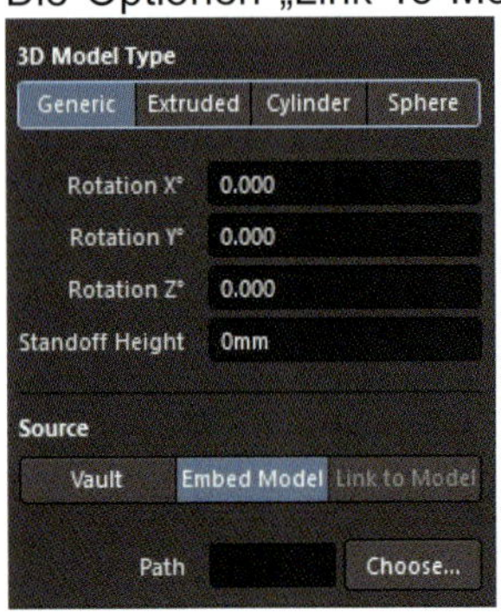

- Beenden Sie den Pausemodus mit einem Klick auf das Pausensymbol.
    - Solange der 3D Körper an der Maus hängt können Sie folgende Tastenkürzel verwenden:

Taste	Funktion
Leertaste	Rotation im Uhrzeigersinn
Umschalten Leertaste	Rotation gegen den Uhrzeigersinn
Num 4	Rotation um Y-Achse im Uhrzeigersinn
Num 6	Rotation um Y-Achse gegen den Uhrzeigersinn
Num 2	Rotation um X-Achse im Uhrzeigersinn
Num 8	Rotation um X-Achse gegen den Uhrzeigersinn
Num 9	Vergrößert die Standoff Height
Num 3	Verringert die Standoff Height

      (Anmerkung in der Version 21.0.8 gibt es da einen Bug. Die Rotation wirkt sich hier zusätzlich auch auf den Arbeitsbereich aus.)
- Platzieren Sie jetzt das STEP Modell.
- Weitere Hinweise zum Ausrichten des STEP Modells finden Sie im Kapitel „Leiterplattenkontur aus 3D STEP Modell“ (S.280)

Component Body Manager

Mit dem Component Body Manager können aus bestehenden Rechtecken oder Polygonen auf den mechanischen Lagen 3D Modelle erstellt werden. Dies ist besonders praktisch, wenn man zur Abstandsprüfung aus dem sogenannten Courtyard ein 3D Modell erstellen will. Der IPC Compliant Footprint Wizard legt für den Courtyard ein Rechteck entsprechender Größe auf der Lage Mechanical 15 an. Aus diesem Rechteck erzeugt der Component Body Manager ein 3D Modell. Der Component

Body Manager kann auf das aktuelle Bauteil wirken oder auch alle Bibliotheksbauteile zur Auswahl anbieten. Er ist auch im Leiterplatteneditor verfügbar und kann dort ebenfalls 3D Modelle zu Bauteilen hinzufügen.

- Wählen Sie im PCB Library Panel den Footprint zu dem Sie ein 3D Modell hinzufügen wollen.
- Starten Sie den Component Body Manager über „**T**ools - **M**anage 3D Bodies for Current Component...“

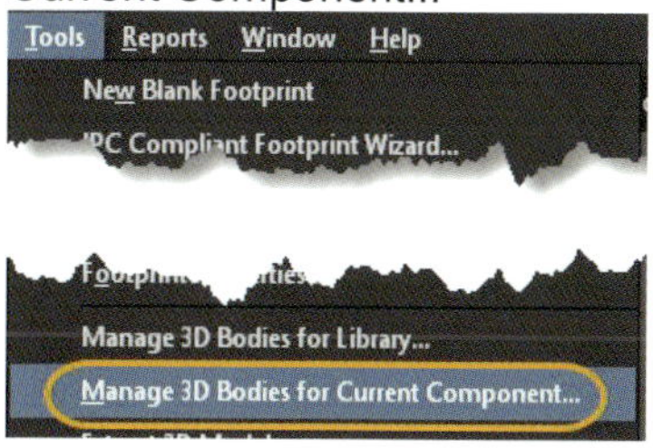

- Der Component Body Manager wird geöffnet:

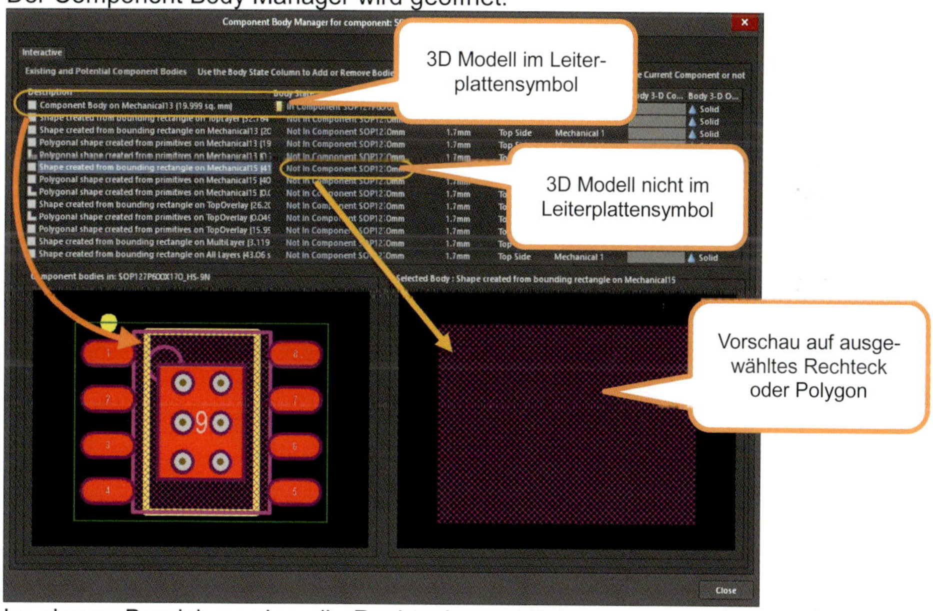

Im oberen Bereich werden alle Rechtecke und Polygone angezeigt aus denen ein 3D Modell erzeugt werden kann. Unten links sieht man den Footprint mit allen 3D Modellen als schraffierte Fläche.
Wählt man oben eine Zeile aus, dann erhält man unten rechts eine Vorschau auf das 3D Modell. In der Spalte „Body State“ sieht man ob ein Objekt zum Footprint gehört („In Component ...“) oder nicht („Not In Component...“). Ein Klick in diese Spalte schaltet den Zustand um.

- Wählen Sie oben eine Zeile aus in Mechanical 15 vorkommt.
- Klicken Sie in dieser Zeile in die Spalte „Body State“. Der Zustand wechselt damit auf „In Component...“ und die schraffierte Fläche wird links angezeigt.
- In der Spalte „Overall Height“ tragen Sie den gewünschten Wert ein. Für eine

reine Abstandsprüfung können Sie 0.001 mm eintragen.

- In der Spalte „Registration Layer“ wählen Mechanical 13 aus.
- Legen Sie in der Spalte „Body 3-D Color“ eine Farbe aus.
- In der Spalte „Body 3-D Opacity“ können Sie die Durchsichtigkeit einstellen.
- Schließen Sie den Component Body Manager mit „Close“.

Bibliotheksberichte für Leiterplattensymbolbibliotheken

Über den Menüpunkt „Reports“ können verschiedene Bibliotheksberichte erstellt werden.

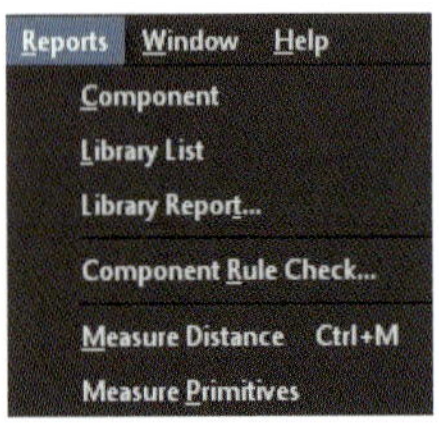

Der Befehl „**R**eports - **C**omponent“ erzeugt eine Textdatei mit den wichtigsten Informationen zum aktuellen Bauteil. „**R**eports - **L**ibrary List“ erzeugt zwei Dateien. Eine kommaseparierte und eine tabulatorseparierte Textdatei mit jeweils allen Symbolen in der aktuellen Bibliothek. Den ausführlichsten Bericht erzeugt der Befehl „**R**eports - Library Repor**t**...“. Hiermit kann eine HTML-basierte Liste oder ein Microsoft Word Dokument erstellt werden. Im „Library Report Settings“ Dialog können die Details des Berichts eingestellt werden. Ganz oben gibt man den Namen der Ausgabedatei inklusive dem Pfad an. Beim Erstellen des Berichts werden etliche Grafiken erzeugt. Deshalb sollte man den Bericht immer in einem eigenen Unterverzeichnis anlegen. Der Standardpfad liegt dort wo die Bibliothek gespeichert ist.

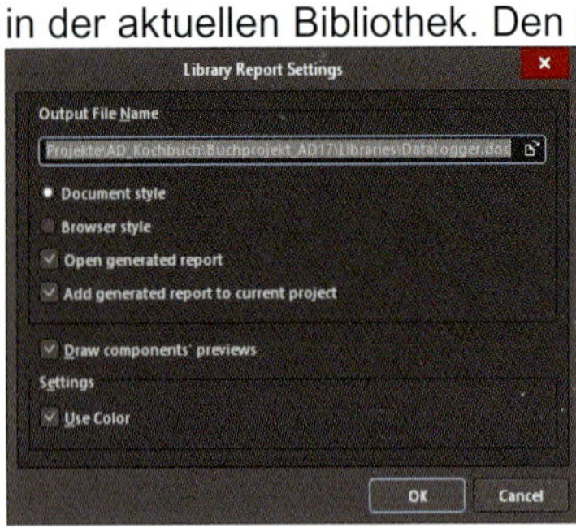

Fehlerprüfung von Bibliotheksbauteilen

Die Bauteile in der Bibliothek können auf typische Fehler geprüft werden. Diese Prüfung startet man über „**R**eports - Component **R**ule Check...“. Im Einstellungsdialog können Sie festlegen was geprüft werden soll.

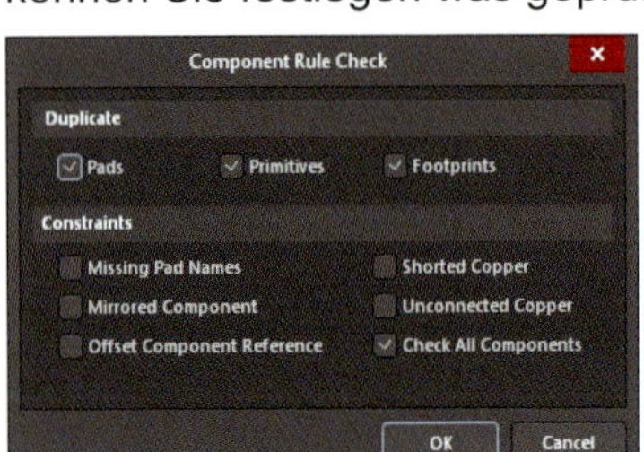

Neben den voreingestellten Prüfungen sollten Sie zusätzlich bei „Shorted Copper“, „Unconnected Copper“ und „Mirrored Component“ einen Haken setzen um sich später Ärger zu sparen.

Ein Klick auf „OK“ führt die Prüfung durch und erstellt einen Bericht. Idealerweise sollte dieser Bericht leer sein. Gibt es Kurzschlüsse, dann sieht der Bericht wie folgt aus.

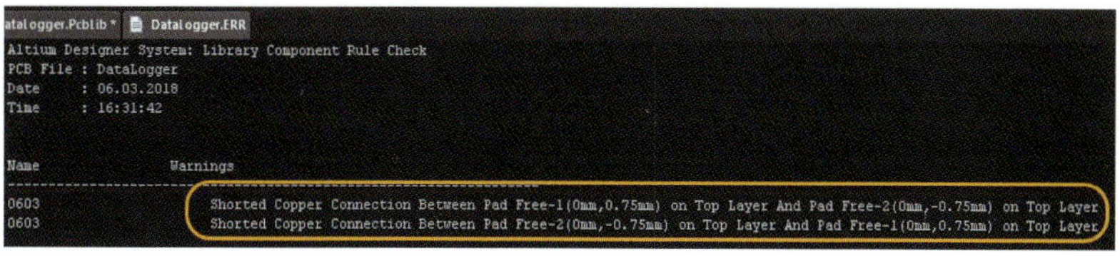

atalogger.Pcblib * | Datalogger.ERR

Altium Designer System: Library Component Rule Check
PCB File : DataLogger
Date : 06.03.2018
Time : 16:31:42

Name Warnings

0603 Shorted Copper Connection Between Pad Free-1(0mm,0.75mm) on Top Layer And Pad Free-2(0mm,-0.75mm) on Top Layer
0603 Shorted Copper Connection Between Pad Free-2(0mm,-0.75mm) on Top Layer And Pad Free-1(0mm,0.75mm) on Top Layer

Solche Meldungen müssen immer kontrolliert und die Fehler behoben werden.

ALTIUM DESIGNER®

BAUTEILE MIT DISTRIBUTOREN VERBINDEN

Ein Bauteil kann mit einem Distributor im Internet verknüpft werden. Diese Verknüpfung wird als „Supplier Link" bezeichnet und ständig aktualisiert. Die aktuellen Informationen des Distributors wie z.B. Preis und Lagerbestand stehen für solch ein Bauteil permanent im Schaltplan zur Verfügung.

Supplier Links stehen über die Softwareerweiterung „Altium® Parts Provider" zur Verfügung. In der linken Spalte der Einstellungen können Sie die Region auswählen für die Sie Distributoren benötigen. In der mittleren Spalte wählen Sie die Währung aus und in der rechten Spalte die Distributoren. Ein Klick auf einen Spaltenkopf setzt ein Filter. Im Bild sitzt ein Filter, damit nur noch die Distributoren angezeigt werden, die freigegeben sind. Die Einstellungen für die Supplier Links finden Sie in den Präferenzen unter „Data Management – Parts Providers".

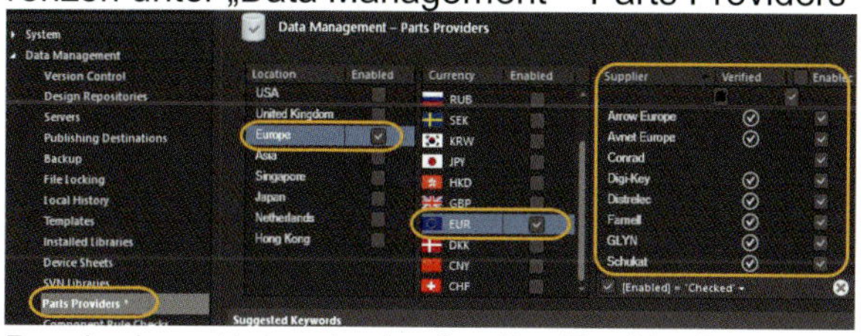

Durch einen Haken in der Spalte „Enabled" können Sie auswählen, welche Distributoren verwendet werden sollen. Wenn ein Distributor ausgewählt ist, dann können im rechten Bereich verschiedene Optionen ausgewählt werden.
Im unteren Bereich „Parameter Import Options" finden Sie die Möglichkeit einen Distributor-Parameternamen auf einen eigenen Namen umzusetzen. Im Beispiel wird der Parameter „Supply Voltage" auf „Betriebsspannung" umgesetzt.

Verknüpfung mit Distributor hinzufügen

Um eine Verknüpfung zu einem oder mehreren Distributoren herzustellen gehen Sie wie folgt vor:

- Öffnen Sie über die Schaltfläche „Panels“ rechts unten das „Manufacturer Part Search“ Panel.

- Geben Sie in das Suchfeld den Namen des Bauteils ein. Mit der Eingabetaste starten Sie die Suche.

- Es werden jetzt alle gefundenen Bauteile je Hersteller aufgelistet. Wählen Sie hier ein Bauteil aus. Unter dem Namen des Herstellers wird dann angezeigt, wie viele Distributoren („n SPNs“) dieses Bauteil führen. Ein Klick auf den kleinen Pfeil neben „n SPNs“ öffnet die Liste der Distributoren.

- Wählen Sie im „SCH Library“ Panel das entsprechende Bauteil aus.
- Klicken Sie dann im „Manufacturer Search“ Panel mit der rechten Maustaste auf den gewünschten Distributor.
- Mit einem Klick auf „Add Supplier Link To xxxxx“ wird die Verknüpfung zum Distributor hergestellt.
- Ein Klick auf den Doppelpfeil unten rechts zeigt die Parameter und, falls verfügbar, das Schaltplansymbol und den Footprint des Bauteils an. Um alle Parameter anzuzeigen, müssen Sie im Parameterbereich unten links auf „Show more“ klicken.

- Durch Rechtsklick auf einen Parameter kann dieser zum Bauteil hinzugefügt werden.

- Doppelklicken Sie jetzt im „SCH Library“ Panel auf das Bauteil. Im Bereich „Parameters“ des Properties Panels ist jetzt der Supplier Link sichtbar.

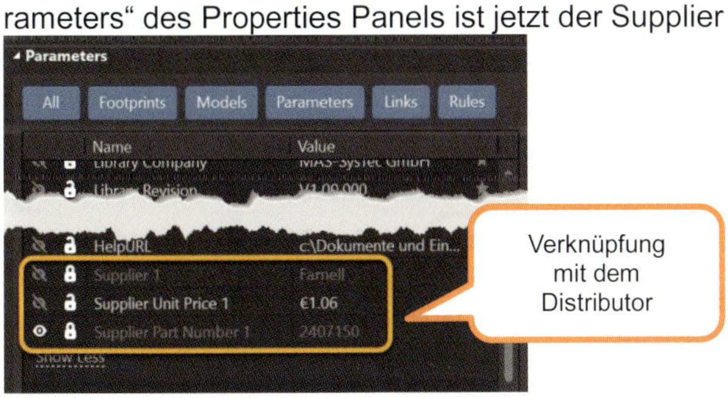

- Im unteren Bereich „Part Choices“ ist der Supplier Link ebenfalls sichtbar.
- Diesen Ablauf können Sie für weitere Distributoren wiederholen.
- Wenn Sie das Bauteil auf einem Schaltplan platzieren, dann können Sie den Supplier Link anzeigen. Dazu klickt man mit der rechten Maustaste auf das Bauteil und wählt im Kontextmenü den Eintrag „Supplier Links...“. Es öffnet sich der Supplier Link für das Bauteil.

Nachdem ein Bauteil auf dem Schaltplan platziert wurde, ist es unabhängig von seiner Bibliothek. Änderungen in der Bibliothek haben keine Auswirkungen auf die platzierten Bauteile. Das gilt sowohl für den Schaltplan als auch für die Symbole auf der Leiterplatte. Bei Bibliotheksänderungen müssen die Bauteile im Schaltplan und auf der Leiterplatte explizit aktualisiert werden.

Bauteile im Schaltplan aktualisieren

Im Schaltplan aktualisieren Sie die Bauteile über den Befehl „**T**ools - Update from **L**ibraries...".
Es öffnet sich der „Update From Library" Dialog.

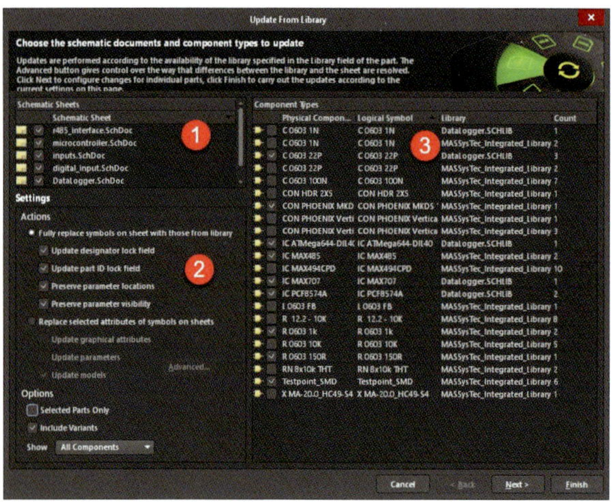

Der Dialog besteht aus drei Bereichen. Oben links werden die Schaltplanseiten aufgelistet (①). Wird der Haken an einer Schaltplanseite entfernt, dann werden die Bauteile auf dieser Seite nicht aktualisiert. Darunter befinden sich die Einstellungen (②) und auf der rechten Seite alle Bauteile der ausgewählten Schaltplanseiten (③). Entfernt man an einem Bauteil den Haken, dann wird dieses nicht aktualisiert. Ein Rechtsklick in den Bereich öffnet ein Kontextmenü in dem man alle Haken setzen bzw. entfernen kann. Im Bereich „Settings" (②) kann man Aktionen und Optionen einstellen. Bei den Aktionen hat man die Wahl zwischen einer kompletten oder nur teilweisen Aktualisierung der Bauteile. Bei den Optionen kann man festlegen, ob Varianten berücksichtigt werden sollen und ob nur selektierte Bauteile aktualisiert werden sollen. Ein Klick auf „Next" zeigt alle Bauteile an, die geändert werden.

Auf dieser Seite kann man noch mal pro Bauteil entscheiden was passieren soll. Entfernt man den Haken bei „Full Replace", dann werden die anderen Felder Graphical, Parameters und Models anwählbar.

Über diesen Dialog kann auch eines oder mehrere Bauteile komplett durch ein anderes ersetzt werden. Dies ist praktisch, wenn man z.B. eine andere Baugröße braucht oder einen anderen Bauteilewert.

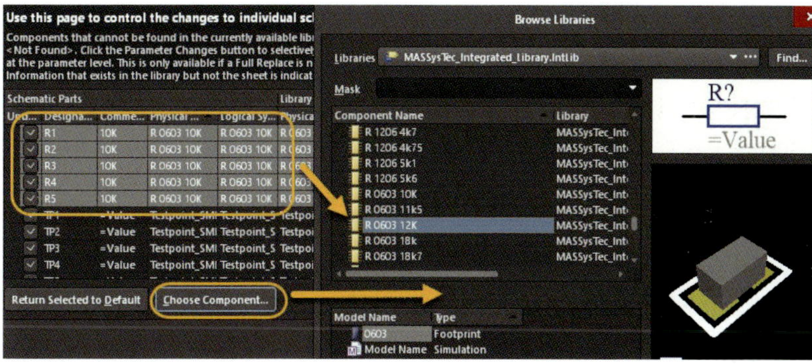

Zuerst müssen die gewünschten Bauteile in der Tabelle selektiert werden. Dies funktioniert wie von Windows gewohnt mit Umschalt- oder Strg-Linksklick. Dann klickt man auf „Choose Component..." und öffnet den „Browse Libraries" Dialog. Hier wählt man die gewünschten Bauteile aus und klickt anschließend auf „OK". Ein Klick auf „Finish" zeigt die Änderungen in einer Engineering Change Order (ECO) an. Die Aktualisierung wird mit „Execute Changes" abgeschlossen. In der Engineering Change Order sieht man leider nicht detailliert was sich an welchem Bauteil geändert hat. Deshalb sollte man Aktualisierung nicht blind auf alle Bauteile anwenden. Speziell wenn mehrere Entwickler die Bibliotheken bearbeiten kann es zu unliebsamen Überraschungen kommen.

Hinweis: Falls mehrere Entwickler an einer Bibliothek arbeiten sollten Sie keine Gesamtaktualisierung durchführen. Dies könnte zu Überraschungen führen. Selektieren Sie im Schaltplan alle Bauteile, die aktualisiert werden sollen. Dann wählen Sie den Befehl „**T**ools - Update from Selected **L**ibraries..." (ab Version 20). In älteren Versionen aktivieren Sie auf der ersten Einstellungsseite die Option „Selected Parts Only".

Symbole auf der Leiterplatte aktualisieren

Wenn die Leiterplattensymbole in einer Bibliothek geändert wurden, dann müssen diese auf der Leiterplatte aktualisiert werden. Den Befehl starten Sie über „**T**ools - Update From PCB **L**ibraries...". Es öffnet sich der „Update From PCB Libraries" Dialog.

Zunächst können Sie festlegen welche Lagen beim Vergleich Leiterplatte - Bibliothek berücksichtigt werden sollen.

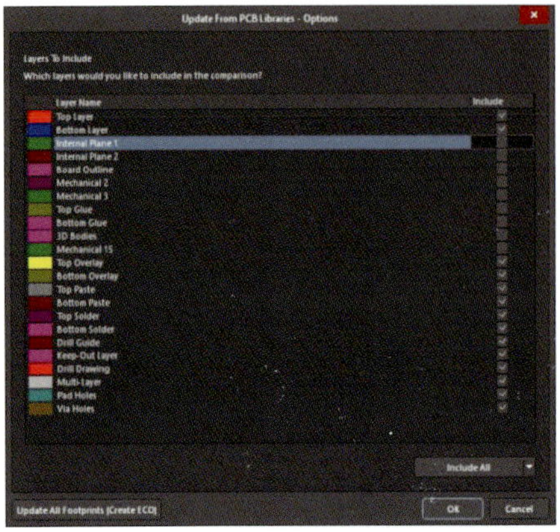

Auf der nächsten Seite sehen Sie oben alle Bauteile. Symbole, die sich von der Bibliothek unterscheiden haben ein rotes Kreuz und sind zum Aktualisieren ausgewählt. Im unteren Bereich werden die gefundenen Unterschiede angezeigt.

Wenn Sie Symbole nicht aktualisieren wollen, entfernen Sie einfach den Haken bei „Update“.
Ein Klick auf „Accept Changes (Create ECO)“ erzeugt eine Engineering Change Order.
Ein Klick auf „Execute Changes“ öffnet einen weiteren Dialog auf dem Sie bestimmte Dinge von der Aktualisierung ausschließen können.

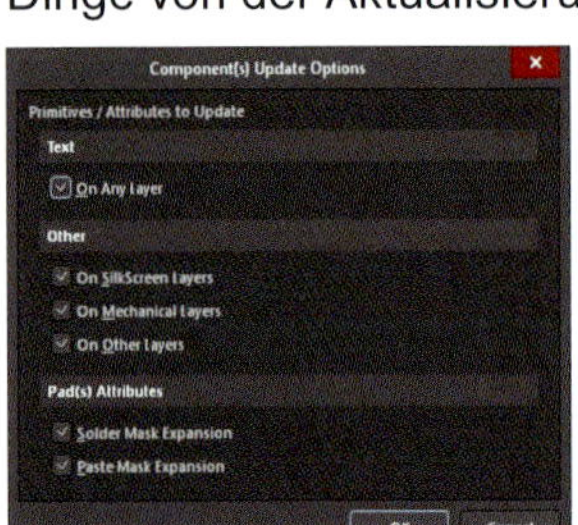

Dies ist dann nützlich, wenn Sie z.B. Die Pasten- oder Lötstoppmaske manuell angepasst haben und diese Änderungen behalten wollen.
Ein Klick auf „OK“ führt die Aktualisierung durch.

ALTIUM DESIGNER®

GLOBALES VERÄNDERN VON OBJEKTEN

Der Altium Designer® erlaubt das Bearbeiten vieler Objekte gleichzeitig im Schaltplan, auf der Leiterplatte und in den Bibliotheken.

Mögliche Anwendungen:

- Ein Netz auf allen Schaltplanseiten umbenennen.
- In der Schaltplanbibliothek die Schriftart für alle Anschlüsse ändern.
- Viele Bauteilebezeichner im Schaltplan gleichzeitig rotieren.
- Alle Leiterbahnbreiten auf allen Mittellagen gleichzeitig ändern.
- Alle Durchkontaktierungen mit Lötstopplack überdecken.

Wollte man all diese Änderungen ohne die sogenannten „Global Editing“ Funktionen durchführen wäre dies sehr mühsam.

Mit Ausnahme der Umbenennung von Netzen im Schaltplan umfasst das globale Verändern von Objekten zwei Schritte:

1. Objekte selektieren
2. Objekte ändern.

Zum Selektieren können Sie alle Methoden verwenden, die in den Kapiteln zur Selektion im Schaltplan und auf der Leiterplatte beschrieben wurden. Die Objekte selbst ändern Sie dann mit dem Inspektor oder dem List Panel. Diese stehen in allen Editoren zur Verfügung.

Netzbezeichner global ändern

Netz- und Bauteilebezeichner können über alle Schaltplanseiten hinweg geändert werden. Will man z.B. den Bus ANALOG[0..7] erweitern auf ANALOG[0..15], dann lässt sich dies sehr einfach durchführen. Dabei werden alle Net-Labels, Ports und Sheet Entries angepasst.

- Starten Sie den Befehl über „**E**dit - Repl**a**ce Text...“ oder Strg-H
- Es öffnet sich der „Find and Replace Text“ Dialog.

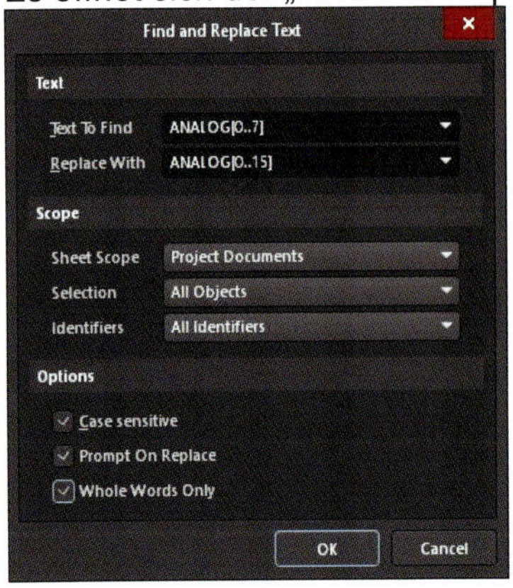

- Im Bereich „Text“ wird der Suchtext im Feld „Text To Find“ und der neue Text im Feld „Replace with“ eingegeben. Soll nur ein Bereich des Suchtextes ersetzt werden ist im Feld „Replace With“ folgende Syntax notwendig:
  {alter_text=neuer_text}
- Im Bereich „Scope“ kann der Anwendungsbereich festgelegt werden.
  - **Sheet Scope**:
    Aktuelles Dokument
    Projektdokumente
    offene Dokumente
  - **Selection**:
    Alle Objekte
    selektierte Objekte
    nicht selektierte Objekte
  - **Identifiers**:
    Alle
    Netzbezeichner
    Bauteilebezeichner
- Im Bereich „Options“ kann festgelegt werden:
  - ob Groß-/Kleinschreibung berücksichtigt werden soll.
  - ob jede Ersetzung bestätigt werden muss.
  - ob nur nach ganzen Wörtern gesucht werden soll.
- Ein Klick auf „OK“ führt die Ersetzung durch und schließt den Dialog.
- Es öffnet sich eine Informationsbox die anzeigt wie viele Ersetzungen vorgenommen wurden. Zusätzlich werden diese im Message Panel angezeigt.

Arbeiten mit dem Properties Panel

Das Properties Panel ist in folgenden Bereichen verfügbar:

- Schaltplan
- Leiterplatte
- Schaltplansymbolbibliothek
- Leiterplattensymbolbibliothek

Es zeigt immer die gemeinsamen Eigenschaften aller selektierten Objekte an. Die Werte können für alle Objekte gleichzeitig geändert werden. Änderungen werden sofort wirksam und können über Strg-Z rückgängig gemacht werden. Wenn man mit „Find Similar Objects“ arbeitet kann man dort bei „Open Properties“ einen Haken setzen und das Properties Panel wird automatisch geöffnet.

Das Properties Panel im Schaltplan

Das Properties Panel zeigt die gemeinsamen Eigenschaften aller im Schaltplan selektierten Objekte an. Wurden unterschiedliche Objekttypen selektiert, kann man über das Setzen eines Filters unerwünschte Objekte ausblenden. Dazu klickt man in der obersten Zeile des Properties Panels auf den Pfeil neben dem Trichtersymbol.

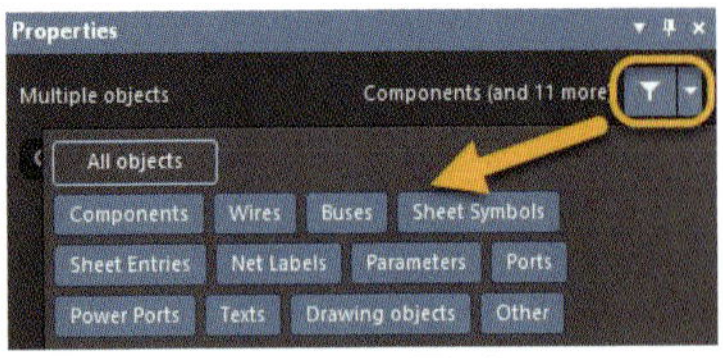

Es öffnet sich eine Liste mit allen verfügbaren Objekten. In der Grundeinstellung sind alle Objekte aktiv. Um ein einzelnes Objekt zu aktivieren, klicken Sie auf „All objects" und deaktivieren dadurch alle Objekte. Klicken Sie dann auf das gewünschte Objekt, z.B. „Components" um nur diese anzuzeigen. Es können auch unterschiedliche Objekte aktiviert werden. Das Properties Panel zeigt dann die gemeinsamen Eigenschaften an. Gibt es keine gemeinsamen Eigenschaften, bleibt das Panel leer. Ein Klick auf das Trichtersymbol aktiviert bzw. deaktiviert das Filter.

Eigenschaften, die bei allen Objekten gleich sind, enthalten einen Wert. Eigenschaften mit unterschiedlichen Werten sind mit einem „*" gekennzeichnet. Trägt man dort einen Wert ein, dann wird dieser Wert bei allen Objekten verwendet. Es ist auch möglich Felder mit „*" zu ändern. Dazu klickt man z.B. in das Feld „Location (X/Y)" und gibt dort ein „! + 200". Das '!' ist dabei ein Platzhalter für den aktuellen Wert des jeweiligen Objekts. Der Ausdruck „! + 200" addiert also bei jedem Objekt zur aktuellen X Position den Wert 200 hinzu. In der untersten Zeile des Properties Panel wird angezeigt, wie viele Objekte aktuell selektiert sind.

Das Properties Panel auf der Leiterplatte

Das Properties Panel zeigt die gemeinsamen Eigenschaften aller auf der Leiterplatte selektierten Objekte an. Wurden unterschiedliche Objekttypen selektiert, kann man über das Setzen eines Filters unerwünschte Objekte ausblenden. Dazu klickt man in der obersten Zeile des Properties Panels auf den Pfeil neben dem Trichtersymbol.

Es öffnet sich eine Liste mit allen verfügbaren Objekten. In der Grundeinstellung sind alle Objekte aktiv. Um ein einzelnes Objekt zu aktivieren, klicken Sie auf „All objects" und deaktivieren dadurch alle Objekte. Klicken Sie dann auf das gewünschte Objekt, z.B. „Tracks" und „Arcs" um nur diese anzuzeigen. Es können auch unterschiedliche Objekte aktiviert werden. Das Properties Panel zeigt dann die gemeinsamen Eigenschaften an. Gibt es keine gemeinsamen Eigenschaften, bleibt das Panel leer. Ein Klick auf das Trichtersymbol aktiviert bzw. deaktiviert das Filter.

Eigenschaften, die bei allen Objekten gleich sind, enthalten einen Wert. Eigenschaften mit unterschiedlichen Werten sind mit einem ‚*' gekennzeichnet. Es ist auch möglich Felder mit „*" zu ändern. Dazu klickt man z.B. in das Feld „Location (X/Y)" und gibt dort ein „! + 200". Das '!' ist dabei ein Platzhalter für den aktuellen Wert des jeweiligen Objekts. Der Ausdruck „! + 200" addiert also bei jedem Objekt zur aktuellen X Position den Wert 200 hinzu. In der untersten Zeile des Properties Panel wird angezeigt, wie viele Objekte aktuell selektiert sind.

Arbeiten mit dem List Panel

Das List Panel ist in folgenden Bereichen verfügbar:

- Schaltplan
- Leiterplatte
- Schaltplansymbolbibliothek
- Leiterplattensymbolbibliothek

Das List Panel zeigt die selektierten Objekte einzeln in einer Tabelle an. Mit Hilfe der „Smart Grid“ Funktionen ist ein Datenaustausch zwischen dem List Panel und einer Tabellenkalkulation möglich.
Das List Panel kann über das Tastenkürzel Umschalt-F12 geöffnet werden.

Das SCH List Panel

Im Gegensatz zum Properties Panel bzw. vor Version 18 dem SCH Inspector Panel zeigt das SCH List Panel die Schaltplanobjekte einzeln an.

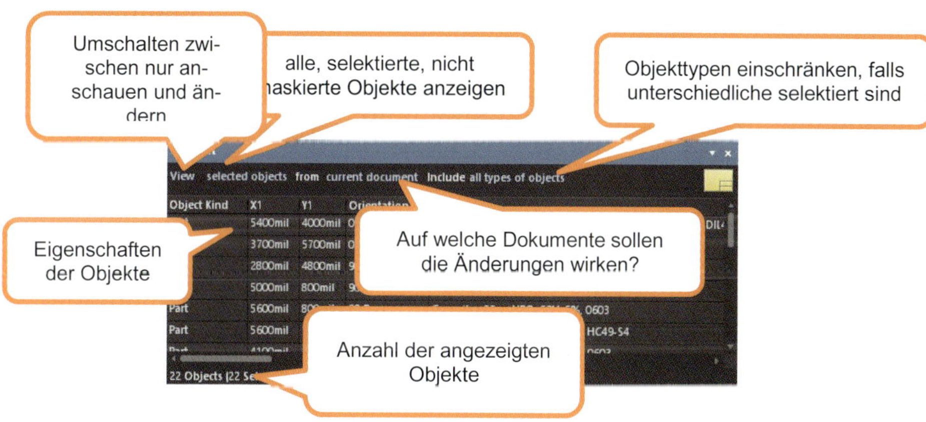

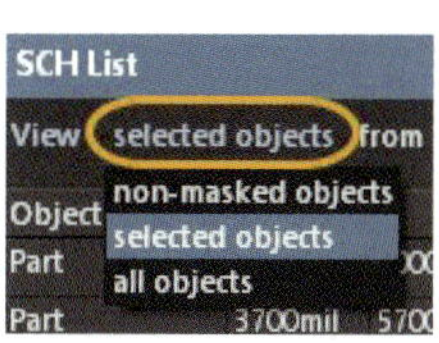

Zunächst muss man die Betriebsart „View“ (die Objekte können nicht geändert werden) oder „Edit“ (alle Objekte können verändert werden) einstellen. Im SCH List Panel kann ausgewählt werden welche Objekte angezeigt werden sollen. Zur Auswahl stehen die nicht maskierten Objekte, selektierte Objekte und alle Objekte.

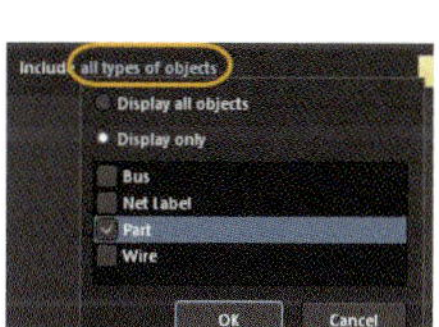

Wurden unterschiedliche Objekttypen selektiert, kann man über einen Klick auf „all types of objects“ Objekte ausblenden. Ein Klick auf „Current Document“ erlaubt eine Auswahl auf welche Dokumente das List Panel wirken soll. Dazu selektiert man „Display only“ und setzt dann in der Liste bei allen Objekten einen Haken, die man sehen möchte.

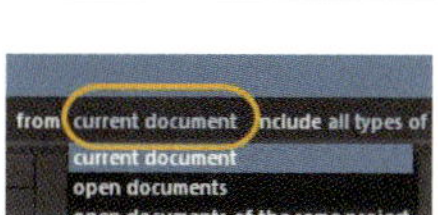

Ein Klick auf „Current Document“ erlaubt eine Auswahl auf welche Dokumente das List Panel wirken soll.

Die Auswahl „open documents of the same project“ zeigt alle Objekte in den geöffneten Schaltplanseiten des aktuellen Projekts an.
Das SCH List Panel lässt sich durch Klick auf eine Spaltenüberschrift nach dieser Spalte sortieren. Einzelne Werte können direkt geändert werden. Dazu klickt man zweimal (kein Doppelklick) in das Feld oder man drückt „F2“ und ändert dann den Wert. Will man mehrere Werte ändern, dann selektiert man zunächst die Felder, öffnet mit einem Rechtsklick das Kontextmenü und wählt dort Edit. Jetzt kann man ein Feld ändern und diese Änderungen werden auf alle anderen Felder übertragen.

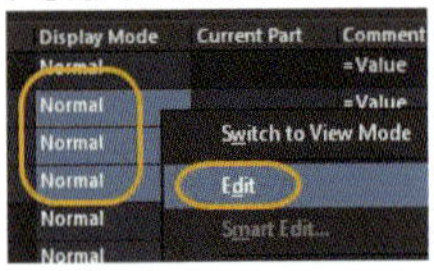

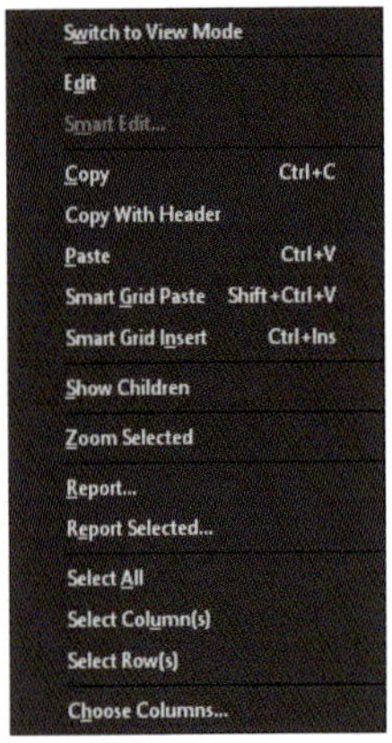

Neben dem „Edit“ Befehl bietet das Kontextmenü weitere Möglichkeiten.
Im unteren Bereich gibt es drei Befehle zur Selektion von Inhalten. Neben der Selektion des gesamten Inhalts kann über „Select Column(s)“ eine ganze Spalte und über „Select Row(s)“ eine ganze Zeile selektiert werden. Der so selektierte Inhalt kann dann mit Strg-C in die Windows Zwischenablage kopiert werden. Der Befehl „Copy With Header“ kopiert zu jeder Spalte den entsprechenden Spaltennamen in die Zwischenablage. Dies ist praktisch, wenn man den Inhalt aus der Zwischenablage in eine Tabellenkalkulation, z.B. Excel, einfügen will.
Die beiden Funktionen „Smart Grid Paste“ und „Smart Grid Insert“ erleichtern das Übernehmen von Daten aus einer PDF Tabelle oder einer Tabellenkalkulation. Die Funktion „Smart Grid Insert“ erzeugt dabei im SCH List Panel neue Objekte, während „Smart Grid Paste“ bestehende Inhalte aktualisiert.
Über den untersten Eintrag „Choose Columns...“ kann festgelegt werden, welche Spalten in welcher Reihenfolge angezeigt werden.

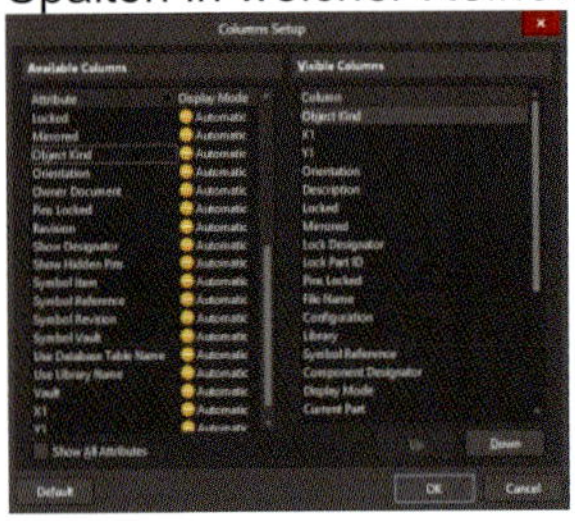

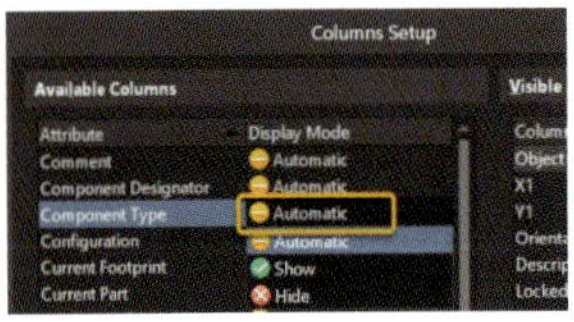

Sollen zusätzliche Parameter angezeigt werden, dann klickt man im linken Bereich bei dem gewünschten Parameter in der Spalte „Display Mode“ auf „Automatic“. Es öffnet sich eine Auswahlliste und man kann „Show“ auswählen.

Ändern von Eigenschaften vom Typ „Text“ mit Smart Edit

Alle Eigenschaften vom Typ „Text“ können mit Smart Edit geändert werden.

- Im SCH List Panel Rechtsklick auf die gewünschte Spalte, z.B. auf „Description“
- Im Kontextmenü „Select Column(s)“ auswählen.
- Nochmal Rechtsklick und „Smart Edit“ auswählen.

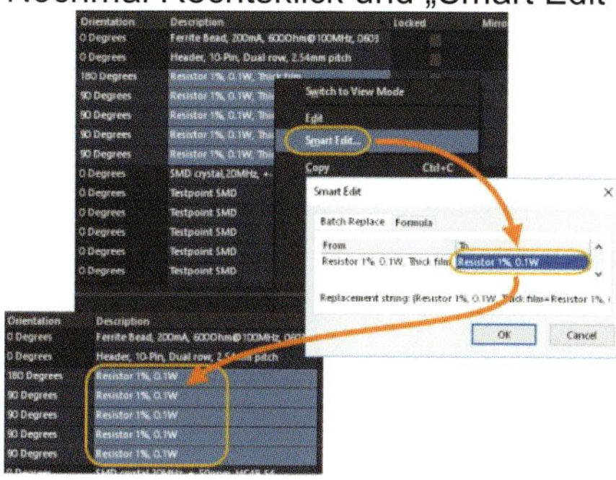

- Es öffnet sich der „Smart Edit“ Dialog.
- Auf dem Reiter „Batch Replace“ findet man in der Spalte „From“ den aktuellen Text.
- In der Spalte „To“ kann ein neuer Text eingetragen werden.
- Ein Klick auf „OK“ führt den Befehl aus und die Daten sind geändert.

Neben der Möglichkeit des „Batch Replace“ können die Änderungen auch über eine Formel vorgenommen werden.

- Im SCH List Panel Rechtsklick auf die gewünschte Spalte, z.B. auf „Component Designator“
- Im Kontextmenü „Select Column(s)“ auswählen.
- Nochmal Rechtsklick und „Smart Edit“ auswählen.

- Es öffnet sich der „Smart Edit“ Dialog.
- Wechseln Sie auf den Reiter „Formula“.
- Im Feld „Apply formula“ können alle eingebauten arithmetischen Funktionen und (Delphi-) Textfunktionen verwendet werden.
  Der aktuelle Inhalt einer Zelle wird durch '!' repräsentiert. Um die Bauteilebezeichner um die Zeichenkette „_LOAD“ zu erweitern geben Sie folgendes ein

! + '_LOAD'

- Ein Klick auf „OK“ führt den Befehl aus und die Daten sind geändert.

Beispiel:

- Anhängen einer Zeichenkette an den Bauteilebezeichner:
  ! + '_TEXT'

Definition der Bauteilanschlüsse aus einer Excel Tabelle einfügen

- Definition der Bauteileanschlüsse in einer Excel Tabelle erzeugen. Beachten Sie hier die korrekte Maßeinheit.
  Ab der Version 18 müssen die Maße in Mil angegeben werden! Der Standardabstand zwischen zwei Bauteilanschlüssen beträgt 100mil.
- Definitionen markieren und mit Strg-C in die Zwischenablage kopieren.

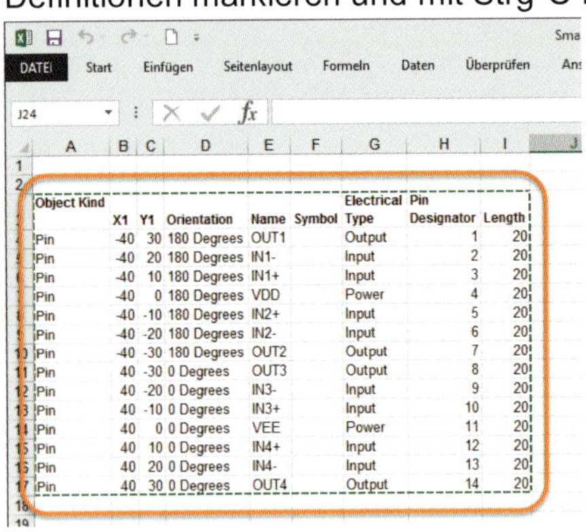

Object Kind	X1	Y1	Orientation	Name	Symbol	Electrical Type	Pin Designator	Length
Pin	-40	30	180 Degrees	OUT1		Output	1	20
Pin	-40	20	180 Degrees	IN1-		Input	2	20
Pin	-40	10	180 Degrees	IN1+		Input	3	20
Pin	-40	0	180 Degrees	VDD		Power	4	20
Pin	-40	-10	180 Degrees	IN2+		Input	5	20
Pin	-40	-20	180 Degrees	IN2-		Input	6	20
Pin	-40	-30	180 Degrees	OUT2		Output	7	20
Pin	40	-30	0 Degrees	OUT3		Output	8	20
Pin	40	-20	0 Degrees	IN3-		Input	9	20
Pin	40	-10	0 Degrees	IN3+		Input	10	20
Pin	40	0	0 Degrees	VEE		Power	11	20
Pin	40	10	0 Degrees	IN4+		Input	12	20
Pin	40	20	0 Degrees	IN4-		Input	13	20
Pin	40	30	0 Degrees	OUT4		Output	14	20

- Im Altium Designer® eine Schaltplansymbolbibliothek öffnen.
- Im SCH Library Panel mit „Add“ ein neues Bauteil hinzufügen.
- Das SCH Library List Panel mit Umschalt-F12 öffnen.
- Rechtsklick in das Panel und „Smart Grid Insert“ auswählen.

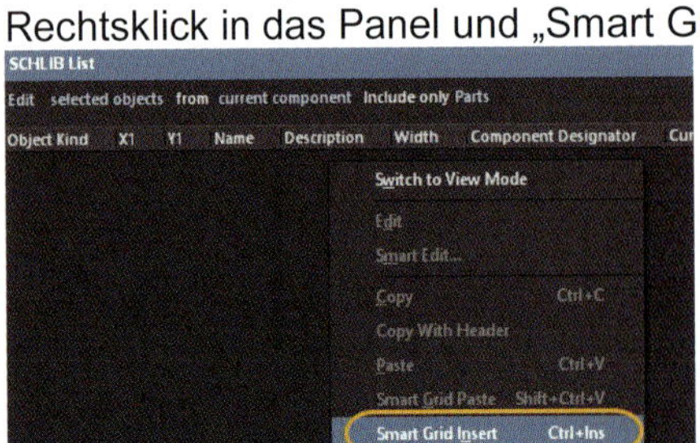

- Es öffnet sich ein Dialog, der die Daten in der Zwischenablage und die Daten im Altium Designer® anzeigt.

- Stimmen die Spalten in der Zwischenablage und dem Altium Designer® überein, dann genügt ein Klick auf „Automatically Determine Paste". Die Spalten werden dann automatisch zugeordnet.

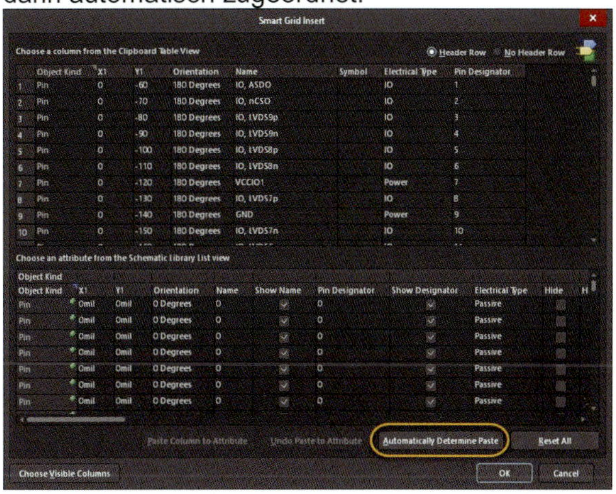

- Die Daten, die übernommen werden, sind jetzt fett dargestellt.

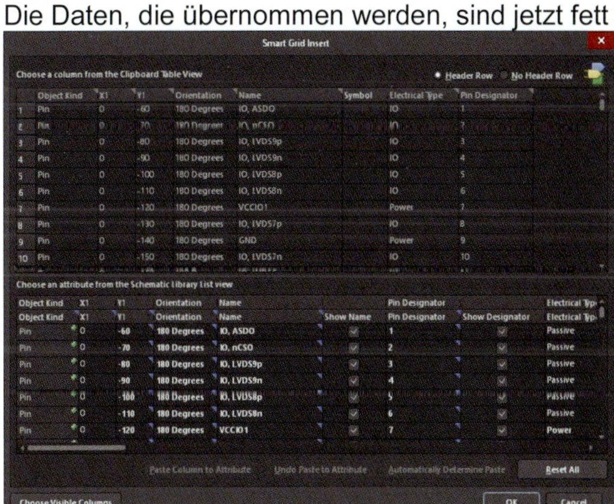

- Ein Klick auf „OK" schließt den Dialog und die Bauteileanschlüsse werden im Arbeitsbereich angezeigt.

Werden später Änderungen in der Excel Tabelle vorgenommen, dann können diese einfach mit der Funktion „Smart Grid Paste" im Altium Designer® aktualisiert werden.

Das PCB List Panel

Im Gegensatz zum Properties Panel zeigt das PCB List Panel die Leiterplattenobjekte einzeln an.

Das PCB List Panel zeigt die Eigenschaften aller auf der Leiterplatte selektierten Objekte an. Wurden unterschiedliche Objekttypen selektiert, kann man über einen Klick auf „all types of objects“ Objekte ausblenden.

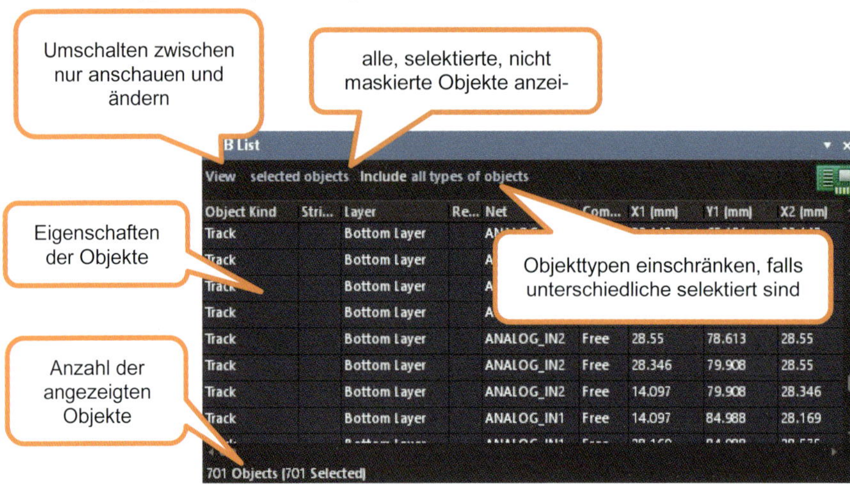

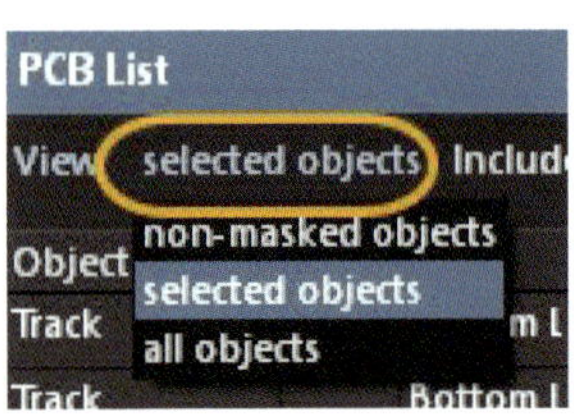

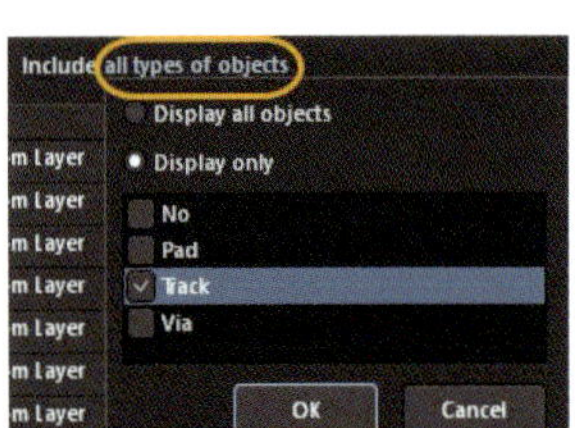

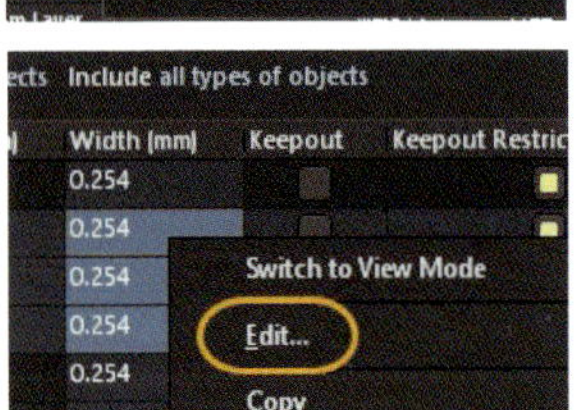

Zunächst muss man die Betriebsart „View“ (die Objekte können nicht geändert werden) oder „Edit“ (alle Objekte können verändert werden) einstellen. Während das PCB Inspector Panel nur selektierte Objekte anzeigt kann im PCB List Panel ausgewählt werden was angezeigt wird. Zur Auswahl stehen die nicht maskierten Objekte, selektierte Objekte und alle Objekte.
Wurden unterschiedliche Objekttypen selektiert, kann man über einen Klick auf „all types of objects“ Objekte ausblenden.

Das PCB List Panel lässt sich durch Klick auf eine Spaltenüberschrift nach dieser Spalte sortieren. Einzelne Werte können direkt geändert werden. Dazu klickt man zweimal (kein Doppelklick) in das Feld oder man drückt „F2“ und ändert dann den Wert. Will man mehrere Werte ändern, dann selektiert man zunächst die Felder, öffnet mit einem Rechtsklick das Kontextmenü und wählt dort Edit. Jetzt kann man ein Feld ändern und diese Änderungen werden auf alle anderen Felder übertragen

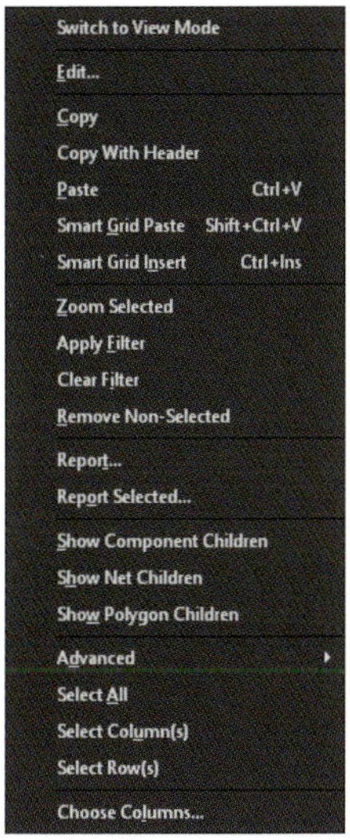

Neben dem „Edit“ Befehl bietet das Kontextmenü weitere Möglichkeiten.

Im unteren Bereich gibt es drei Befehle zur Selektion von Inhalten. Neben der Selektion des gesamten Inhalts kann über „Select Column(s)“ eine ganze Spalte und über „Select Row(s)“ eine ganze Zeile selektiert werden. Der so selektierte Inhalt kann dann mit Strg-C in die Windows Zwischenablage kopiert werden. Der Befehl „Copy With Header“ kopiert zu jeder Spalte den entsprechenden Spaltennamen in die Zwischenablage. Dies ist praktisch, wenn man den Inhalt aus der Zwischenablage in eine Tabellenkalkulation einfügen will.

Die beiden Funktionen „Smart Grid Paste“ und „Smart Grid Insert“ erleichtern das Übernehmen von Daten aus einer Tabellenkalkulation, z.B. Excel. Die Funktion „Smart Grid Insert“ erzeugt dabei im PCB List Panel neue Objekte, während „Smart Grid Paste“ bestehende Inhalte aktualisiert.

Über den untersten Eintrag „Choose Columns...“ kann festgelegt werden, welche Spalten in welcher Reihenfolge angezeigt werden.

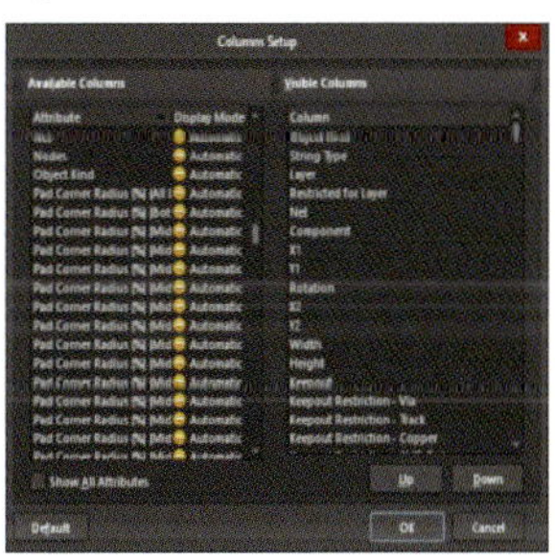

Platzieren von Bauteilen auf einem Kreis über eine Excel Tabelle

Bauteile können sehr einfach über eine Excel Tabelle kreisförmig platziert werden. Im Beispiel gibt es eine Excel Tabelle welche die X-, Y-Koordinaten und Rotation von Bauteilen berechnet. Dazu gibt man den Ursprung das Kreises (X_0, Y_0), den Radius und die Anzahl von Bauteilen an. Da der Altium Designer® als Dezimaltrennzeichen einen Punkt erwartet, Excel aber ein Komma liefert empfiehlt es sich auf Nachkommastellen zu verzichten. Am einfachsten geht das, wenn man mit mil statt mm rechnet. Die Rundungsfehler sind dann kleiner als bei der Berechnung in Millimeter.

- Tragen Sie den Ursprung, Kreisradius und die Anzahl Bauteile in die Excel Tabelle ein.
- Die Bauteilekoordinaten und die Rotation werden automatisch berechnet.

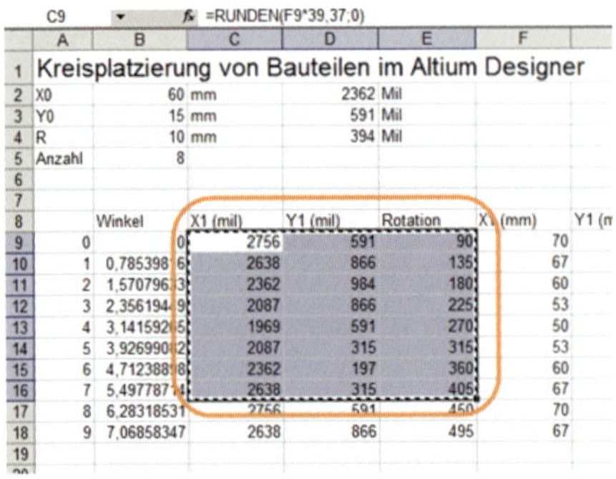

C9 fx =RUNDEN(F9*39,37;0)

	A	B	C	D	E	F	
1	Kreisplatzierung von Bauteilen im Altium Designer						
2	X0	60	mm	2362	Mil		
3	Y0	15	mm	591	Mil		
4	R	10	mm	394	Mil		
5	Anzahl	8					
6							
7							
8		Winkel	X1 (mil)	Y1 (mil)	Rotation	X1 (mm)	Y1 (m
9	0	0	2756	591	90	70	
10	1	0,785398	2638	866	135	67	
11	2	1,570796	2362	984	180	60	
12	3	2,356194	2087	866	225	53	
13	4	3,141592	1969	591	270	50	
14	5	3,926990	2087	315	315	53	
15	6	4,712388	2362	197	360	60	
16	7	5,497787	2638	315	405	67	
17	8	6,28318531	2756	591	450	70	
18	9	7,06858347	2638	866	495	67	
19							

- Selektieren Sie die entsprechenden Zellen und kopieren Sie diese mit Strg-C in die Windows Zwischenablage.
- Wechseln Sie auf die Leiterplatte im Altium Designer®.
- Stellen Sie gegebenenfalls mit dem Tastenkürzel 'Q' auf mil um.
- Öffnen Sie mit Umschalt-F12 das PCB List Panel.
- Stellen Sie oben „Edit" und „Selected objects" ein.
- Selektieren Sie auf die Leiterplatte die gewünschten Bauteile.
- Klicken Sie mit der rechten Maustaste. Im Kontextmenü wählen Sie ganz unten „Choose Columns..."
- Suchen Sie in der Liste „Visible Columns" den Eintrag „Rotation".
- Bewegen Sie diesen mit der Schaltfläche „Up" nach oben bis er unter „Y1" steht.

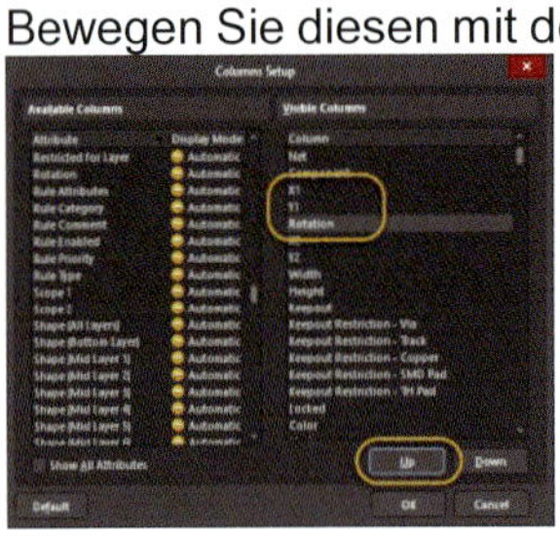

- Schließen Sie den Dialog mit „OK".
- Klicken Sie auf den Spaltenkopf „Name" um die Einträge zu sortieren.
- Markieren Sie die drei Spalten „X1", „Y1" und „Rotation".
- Fügen Sie mit Strg-V den Inhalt der Windows Zwischenablage ein.

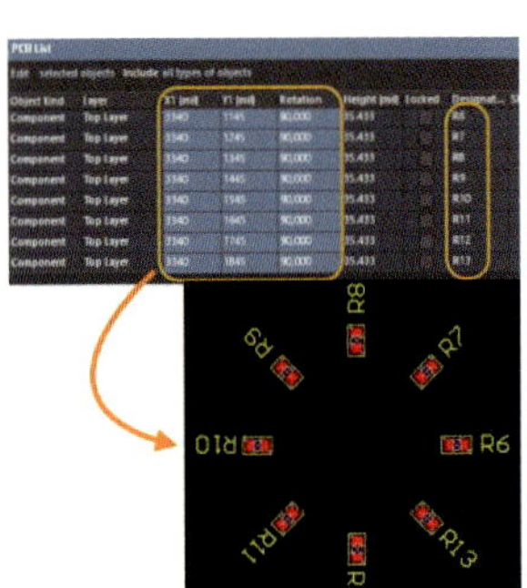

- Die Bauteile sind jetzt entsprechend der Excel Tabelle kreisförmig angeordnet.

ALTIUM DESIGNER®

ARBEITEN MIT PARAMETERN

Arbeiten mit dem Parameter Manager

Parameter lassen sich auf folgende Arten bearbeiten:

- Einzeln über die Eigenschaftenseite des entsprechenden Objekts.
- über den SCH Inspector
- über den Parameter Manager

Immer dann, wenn es darum geht viele Parameter bzw. die Parameter vieler Objekte zu bearbeiten ist der Parameter Manager das Mittel der Wahl.

Der Parameter Manager unterstützt folgende Operationen:

- Parameterwerte bearbeiten
- Parameter umbenennen
- Parameter hinzufügen
- Parameter entfernen.

Den Parameter Manager starten Sie im Schaltplan über das Menü „**T**ools - Pa**r**ameter".

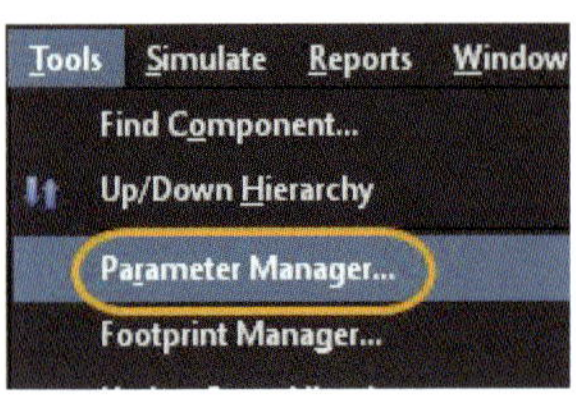

Es öffnet sich der „Parameter Editor Options" Dialog.

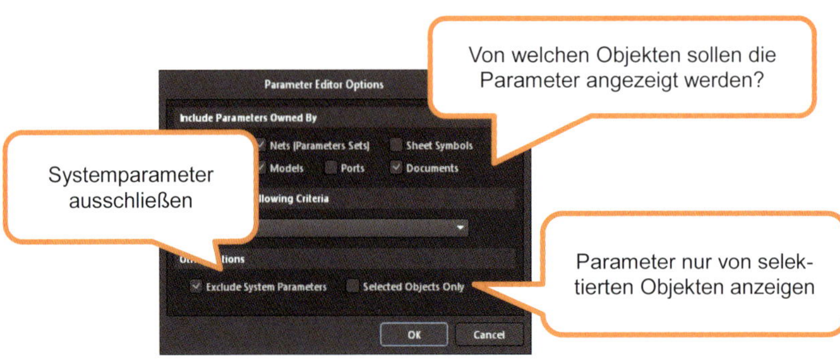

Im oberen Bereich wählt man aus, von welchen Objekten die Parameter angezeigt werden. Im mittleren Bereich können die Objekte eingeschränkt werden.

- **All Objects**
  Alle Objekte werden angezeigt.
- **Objects with existing parameters**
  Nur Objekte die Parameter besitzen.
- **Objects with existing used parameters**
  Nur Objekte die Parameter besitzen und deren Wert nicht leer ist.

Im unteren Bereich können die vom Altium Designer® vordefinierten Parameter (Systemparameter) ausgeblendet werden. Ein Haken bei „Selected Objects Only“ zeigt nur die Parameter von selektierten Objekten an. Mit einem Klick auf „OK“ wird der Parameter Manager gestartet. Der Parameter Manager zeigt die zuvor eingestellten Parameter alphabetisch (ab 21.8) an.

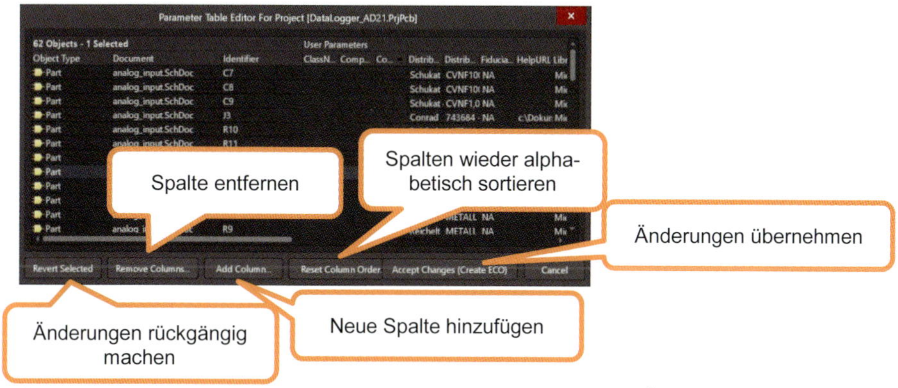

Am unteren Rand befinden sich die Schaltflächen um Änderungen rückgängig zu machen, Spalten zu entfernen bzw. hinzuzufügen, Änderungen übernehmen oder abzubrechen.

Jede Spalte im Parameter Manager repräsentiert einen Parameter. Jede Zeile ein Objekt. Ein einzelnes Feld definiert den Parameter für ein einzelnes Objekt. Per Drag & Drop lassen sich die Spalten umsortieren und mit „Reset Column Order“ wieder alphabetisch anordnen (ab 21.8).

Dieses Feld kann verschiedene Zustände einnehmen:

- **Das Feld ist schraffiert**
  Dieser Parameter existiert beim ausgewählten Objekt nicht.
  Kann über Rechtsklick und „Add“ hinzugefügt werden.
- **Das Feld ist leer**
  Der Parameter existiert, der Wert ist aber leer
- **Das Feld ist nicht leer**
  Der Parameter existiert und hat einen Wert
- **Das Feld hat oben rechts ein blaues Dreieck**
  Der Wert des Feldes wurde geändert.
- **Das Feld hat oben rechts ein Pluszeichen**
  Der Parameter wurde neu hinzugefügt.
- **Das Feld hat oben rechts ein Minuszeichen**
  Der Parameter wurde gelöscht

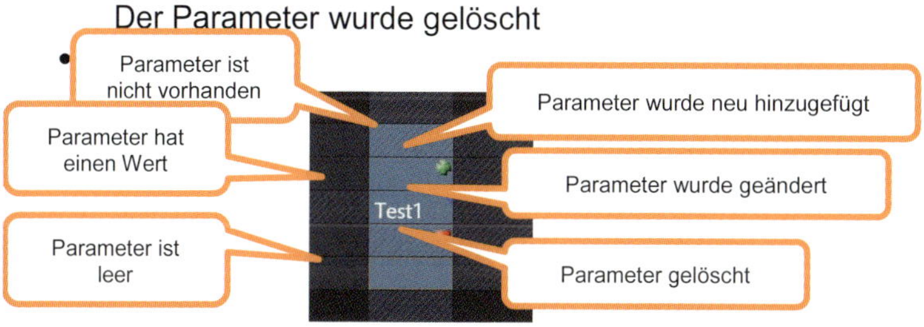

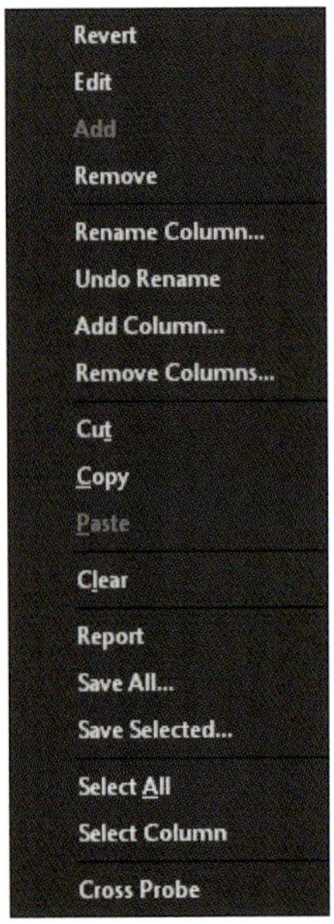

Ein Rechtsklick in den Parameter Manager öffnet ein Kontextmenü.
Im oberen Bereich kann mit „Edit" ein Feld bearbeitet werden. Änderungen können über „Revert" rückgängig gemacht werden. Mit „Add" und „Remove" kann ein Parameter hinzugefügt oder entfernt werden.

Im nächsten Bereich können ganze Spalten bearbeitet werden. Jede Spalte entspricht einem Parameter. Der Befehl „Rename Column" ermöglicht die Umbenennung eines Parameters. Mit „Add Column" und „Remove Column" wird der entsprechende Parameter bei allen Objekten hinzugefügt oder entfernt.

„Clear", „Cut", „Copy" und „Paste" erlaubt das Löschen, Ausschneiden, Kopieren und Einfügen von Inhalten innerhalb des Parameter Managers.

„Save All" und „Save Selected" speichert die Parameter der ausgewählten Objekte in einer Textdatei.

Mit „Select Column" kann eine ganze Spalte selektiert werden. Wählt man danach „Edit" kann die ganze Spalte gemeinsam geändert und auf den gleichen Wert gesetzt werden.
Ein Klick auf „Cross Probe" setzt ein Filter auf das Bauteil im Schaltplan und zeigt dieses vergrößert an.

Einzelnes Feld ändern

- Parameter Manager über „**T**ools - Pa**r**ameter" starten.
- Im „Parameter Editor Options" Dialog die gewünschten Optionen einstellen.
- Im Parameter Manager auf das gewünschte Feld klicken.
- Änderung starten mit „F2", zweimal in das Feld klicken (kein Doppelklick) oder Rechtsklick „Edit"
- Wert ändern.
- Eingabetaste drücken.
- Das Feld ist jetzt oben rechts mit einem kleinen blauen Dreieck als geändert markiert.
- Ein Klick auf „Accept Changes (Create ECO)" öffnet den „Engineering Change Order" Dialog.
- „Execute Changes" führt die Änderungen durch.

Mehrere Felder ändern

- Parameter Manager über „**T**ools - Pa**r**ameter" starten.
- Im „Parameter Editor Options" Dialog die gewünschten Optionen einstellen.
- Im Parameter Manager die gewünschten Felder selektieren.
- Ändern starten mit „F2" oder Rechtsklick „Edit"
- Wert ändern.
- Eingabetaste drücken.

Der Wert wird in allen markierten Feldern übernommen.

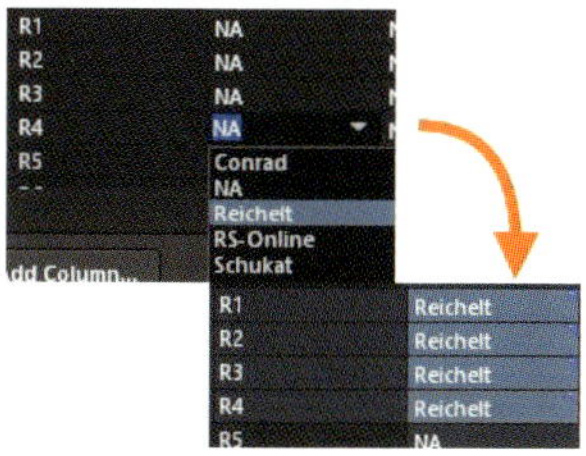

- Die Felder sind jetzt oben rechts mit einem kleinen blauen Dreieck als geändert markiert.
- Ein Klick auf „Accept Changes (Create ECO)" öffnet den „Engineering Change Order" Dialog.
- „Execute Changes" führt die Änderungen durch.

Parameter hinzufügen

- Parameter Manager über „**T**ools - Pa**r**ameter" starten.
- Im „Parameter Editor Options" Dialog die gewünschten Optionen einstellen.
- Rechtsklick in den Parameter Manager öffnet das Kontextmenü.
- „Add Column" auswählen.
- Im Dialog „Add Parameter" den Parameternamen und den Parameterwert eingeben. Ein Haken bei „Add to all objects" fügt den Parameter allen Objekten hinzu.

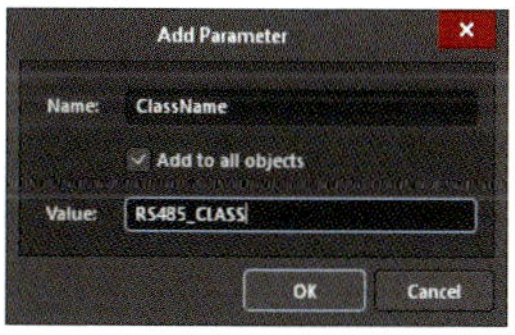

- Ein Klick auf „OK" schließt den Dialog.
- Der neue Parameter wird jetzt ganz rechts im Parameter Manager angezeigt.
- Alle Felder sind jetzt oben rechts mit einem Pluszeichen als neu markiert.
- Ein Klick auf „Accept Changes (Create ECO)" öffnet den „Engineering Change Order" Dialog.
- „Execute Changes" führt die Änderungen durch.
- Wenn man jetzt den Parameter Manager erneut öffnet, ist der neue Parameter alphabetisch korrekt eingeordnet.

Parameter entfernen

- Parameter Manager über „**T**ools - Pa**r**ameter" starten.
- Im „Parameter Editor Options" Dialog die gewünschten Optionen einstellen.
- Auf die gewünschte Spalte mit der rechten Maustaste klicken.
- Im Kontextmenü „Select Columns" auswählen.
- Zweiter Rechtsklick in den Parameter Manager öffnet das Kontextmenü.
- „Remove Column" auswählen.
- Den Bestätigungsdialog mit „Yes" bestätigen.
- Die Spalte ist jetzt als entfernt markiert.

Im Altium Designer® ist es sehr einfach Bestückungsvarianten für ein Projekt anzulegen. Ausgehend von einer Standardbestückung kann sich eine Bestückungsvariante in folgenden Punkten unterscheiden:

- Anzahl der bestückten Bauteile
- Bauteilewerte
- Bauteileparameter wie Toleranzen, Spannungsfestigkeit usw.
- Bauteile können auch komplett ausgetauscht werden. Wenn die Bauteile unterschiedliche Footprints haben, werden beide auf die Leiterplatte synchronisiert.
- Auch im Multi-Channel Design können Bauteile variiert werden.

Über die reine Bestückungsvariante hinaus, ist es auch möglich den Bestückungsdruck, genauer gesagt den Parameter „comment", zu variieren und pro Variante entsprechende Produktionsdaten (Gerber, ODB++ etc.) zu erzeugen. Die Erzeugung der Produktionsdaten für die Varianten kann über PCB Konfigurationen erfolgen. Näheres dazu finden Sie im Kapitel „Produktionsdaten als PCB Release erzeugen" (S.496).

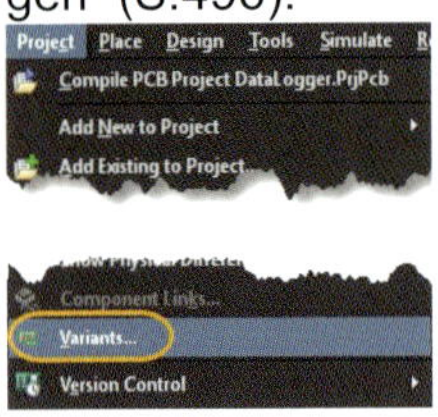

Die Informationen zu den Bestückungsvarianten werden in der Projektdatei gespeichert. Die Bezeichnung der aktuellen Varianten kann über den Platzhalter „VariantName" im Schaltplan mit „=VariantName" und auf der Leiterplatte mit „.VariantName" angezeigt werden. Den Varianten Manager können Sie über „Proje**c**t - **V**ariants..." starten.

Damit die Eigenschaften der Varianten im Schaltplan sichtbar werden, muss das Projekt kompiliert und die physikalische Ansicht aktiv sein.
Die physikalische Ansicht wird unten links ausgewählt.

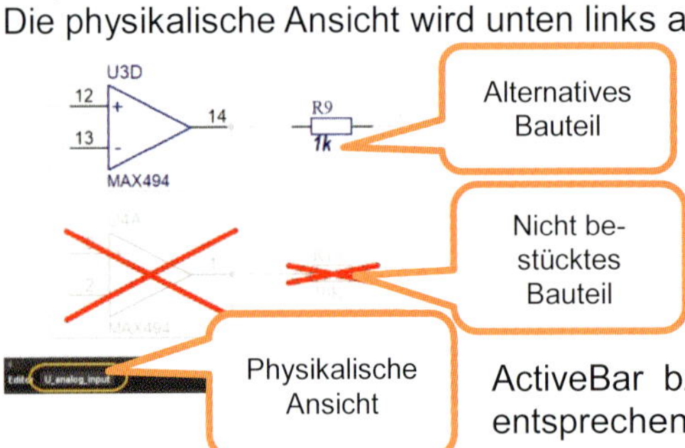

In der physikalischen Ansicht können die bestückten bzw. nicht bestückten Bauteile interaktiv ausgewählt werden. Es können auch Bauteile ausgewählt werden um die Varianteneigenschaften zu bearbeiten oder ein alternatives Bauteil auszuwählen. In der ActiveBar bzw. der Werkzeugleiste erscheint eine entsprechende Schaltfläche. Diese wirkt auch auf mehrere selektierte Bauteile.

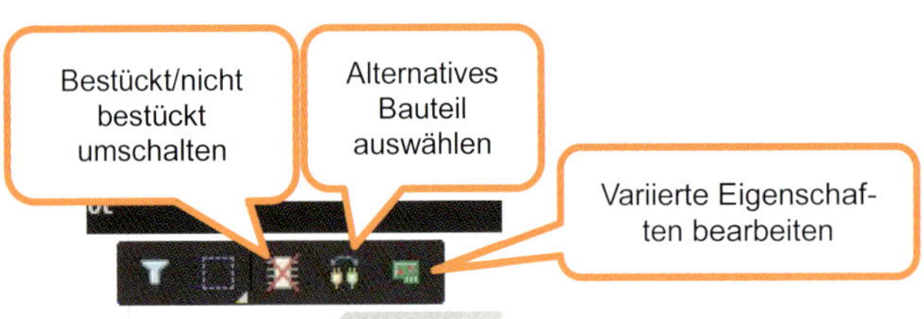

Wollen Sie die Bestückungsvariante auch bei der Ausgabe in ein PDF sehen, dann müssen Sie in der OutputJob Datei als Quelle „[Project Physical Documents]“ auswählen.

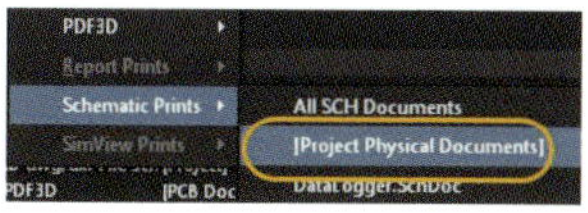

Auswirkungen von Bauteilaktualisierungen

Die Aktualisierung von Bauteilen aus einer Bibliothek wirkt sich wie folgt auf definierte Varianten aus:

- Bauteile die vor der Aktualisierung nicht bestückt waren, bleiben auch nach der Aktualisierung nicht bestückt.
- Bauteilparameter die in einer Varianten nicht verändert wurden, erhalten die neuen Werte aus der Aktualisierung.
- Bauteilparameter die in einer Varianten verändert wurden, behalten die veränderten Werte.

Der Varianten Manager

Seit der Version 22.9 steht der Varianten Manager in zwei Versionen zur Verfügung.

1. Der dokumentenbasierte Varianten Manager
2. Der klassische Varianten Manager Dialog

Die Auswahl treffen Sie in den erweiterten Einstellungen der Präferenzen (siehe Kapitel „Erweiterte Einstellungen“ S.10). Der Parameter heißt „UI.ModernVariantsManager“. Ein Häkchen aktiviert den dokumentenbasierten Varianten Manager.

Der dokumentenbasierte Varianten Manager

Starten Sie den Varianten Manager über „Project - **V**ariants...“.
Der Varianten Mangager wird als Dokumentenreiter geöffnet.

Das Varianten Manager Dokument besteht aus mehreren Bereichen:

1. In der Kopfzeile können Sie Varianten hinzufügen, bestehende editieren und löschen. Zusätzlich gibt es ein Suchfeld und die Umschaltung zwischen der Varianten- und der Gruppenansicht (siehe „Komponenten gruppieren“ S.588).
2. Im mittleren Bereich werden die Varianten tabellarisch dargestellt. Es gibt für jede Komponente eine Zeile und für jede Variante eine Spalte.
3. Wenn im mittleren Bereich eine Komponente ausgewählt ist, dann kann mit einem Klick auf „Parameter“ eine Übersicht über die Komponentenparameter geöffnet werden.
4. In der Fußzeile die Anzeigeoptionen festgelegt werden. Über „View Reports“ lassen sich Berichte zu den Varianten erstellen und mit dem Schalter „Show only varied components“ werden die nicht variierten Komponenten ausgeblendet.

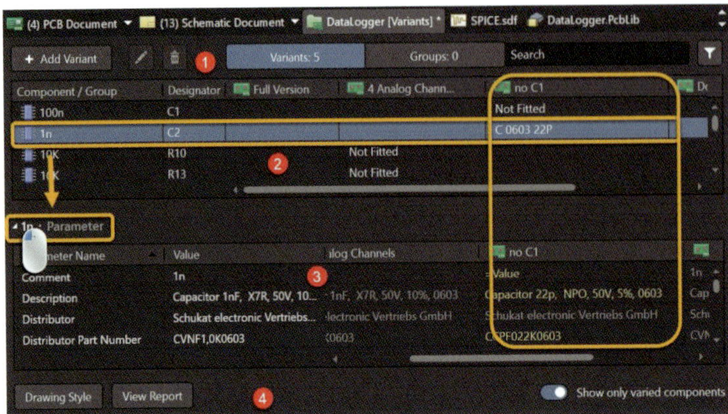

In der Variantenspalte wird für jede Komponente ein Zustand angegeben. Es werden drei Zustände unterschieden:

1. **Bauteil ist bestückt**
   das entsprechende Feld ist leer.
2. **Bauteil ist nicht bestückt**
   im Feld steht der Text „Not fitted".
3. **Das Originalbauteil wird durch eine Alternative ersetzt**
   im Feld steht der Verweis auf das alternative Bauteil

Bestückungsvariante hinzufügen

- Um eine neue Variante hinzuzufügen klicken Sie oben auf „+ Add Variant". In der Tabelle erscheint eine neue Spalte.

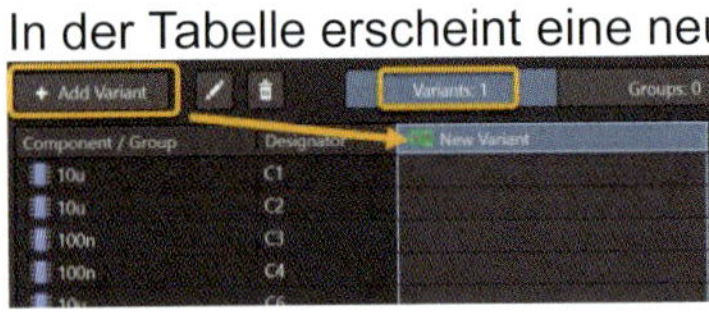

- Im Properties Panel können Sie die Eigenschaften der Variante ändern. Tragen Sie im Feld „Name" eine aussagekräftige Bezeichnung ein.
  Mit „Allow variation of fabrication outputs" und „Allow variation for paste mask" können Sie zulassen, dass auch die Produktionsdaten für die Leiterplatte variiert werden dürfen. In diesem Fall handelt es sich aber nicht mehr um eine reine Bestückungsvariante.
  Im unteren Bereich können Sie mit „Add" Parameter für die Variante definieren. Diese können dann als Special Strings verwendet werden.

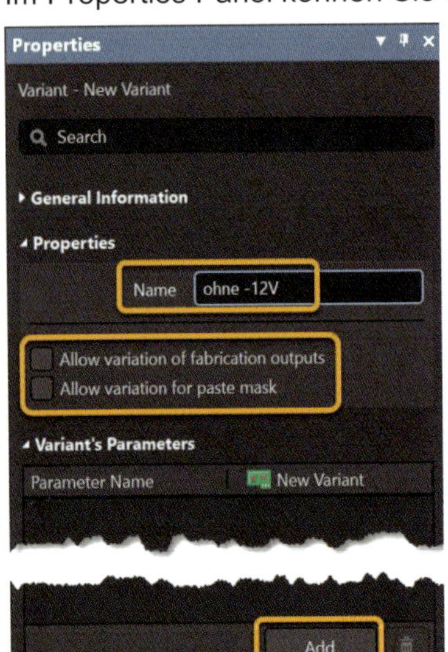

- Änderungen im Varianten Manager müssen Sie immer mit „File – Save Variants“ (STRG – S) speichern.

Bestückungsvariante definieren

Um eine Bestückungsvariante zu definieren, also festzulegen welche Bauteile nicht bestückt oder variiert werden sollen, gibt es zwei Möglichkeiten.
Die erste Möglichkeit besteht darin die Definition direkt im Varianten Manager vorzunehmen. Dies ist praktisch, wenn es nur um wenige Bauteile geht. Dazu selektieren Sie in der Variantenspalte mit Umschalten – bzw. Strg – Linksklick die gewünschten Bauteile. Dann klicken Sie mit der rechten Maustaste in eines der ausgewählten Felder. Im Kontextmenü wählen Sie „Set Selected As“. Es öffnet sich ein weiteres Untermenü in dem Sie festlegen können ob die ausgewählten Bauteile bestückt oder nicht bestückt sind. Mit „Alternate Part“ können Sie auch ein alternatives Bauteil auswählen. In diesem Fall öffnet sich der „Replace Component“ Dialog. Hier wählen Sie im linken Bereich eine Bibliothek und im rechten Bereich das gewünschte Bauteil.

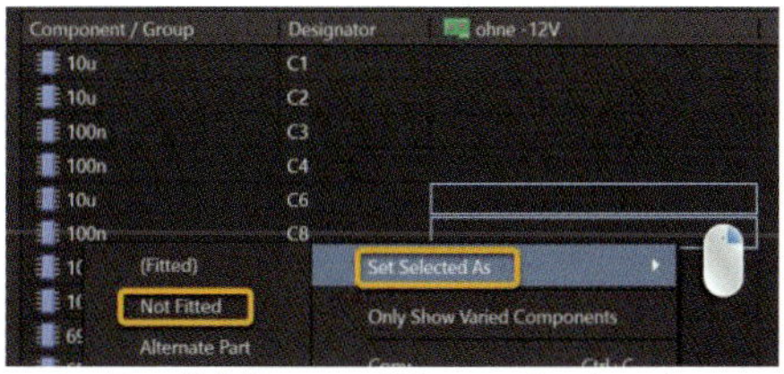

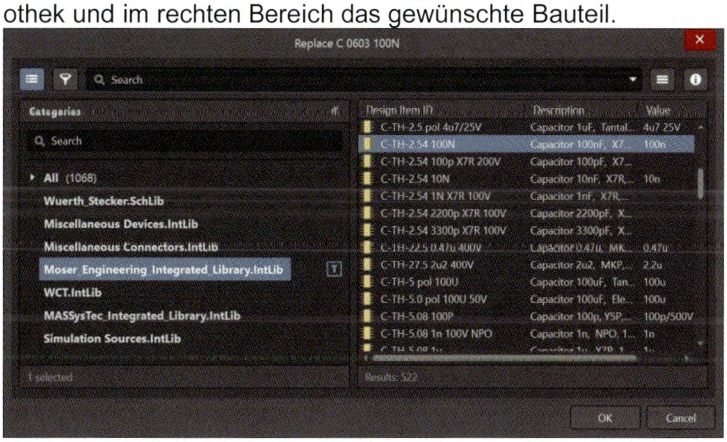

Nachdem Sie die Variante mit Strg – S gespeichert haben, sehen Sie Ergebnis im Schaltplan. Öffnen Sie hierzu zunächst die betroffene Schaltplanseite. Wählen Sie dann mit einem Doppelklick im Projects Panel unter „Variants“ die gewünschte Variante ①. Auf der physikalischen Ansicht der Schaltplanseite ② sehen Sie dann, dass die nicht bestückten Bauteile durchgestrichen sind.
Bei der zweiten Variante arbeiten Sie direkt in der physikalischen Ansicht der Schaltplanseite. Auch hier müssen Sie sicherstellen, dass im Projects Panel die gewünschte Variante aktiv ist. Sie können die gewünschten Bauteile selektieren und dann über den Active Bar auf bestückt/nicht bestückt umschalten oder alternative Bauteile auswählen. Wenn Sie keine Bauteile selektieren, können Sie mit den Befehlen der Active Bar interaktiv Bauteile auswählen.

Komponenten gruppieren

Für eine bessere Übersicht können im Varianten Manager die Komponenten nach Schaltplanseite, Sheet Symbol oder Komponentenklasse gruppiert werden. Für jede Gruppe lassen sich dann Bestückungsoptionen festlegen. Auf diese Weise können sehr viele unterschiedliche Bestückungsvarianten verwaltet werden.

Gruppe definieren

- Klicken Sie im Variant Manager zunächst auf die Schaltfläche „Groups" ① um in die Gruppenansicht zu wechseln.

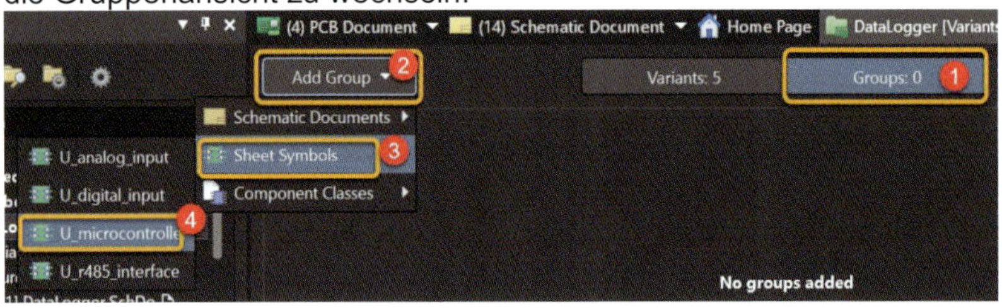

- Dann klicken Sie oben links auf „Add Group" ②.
- Im Untermenü ③ wählen Sie ob Sie Gruppe für einen Schaltplanseite, ein Sheet Symbol oder eine Komponentenklasse erzeugen wollen.
- Es öffnet sich ein weiteres Untermenü in dem Sie den gewünschten Eintrag auswählen können.
- Die erzeugte Gruppe wird so benannt wie das ausgewählte Element. Wenn Sie z.B. das Sheet Symbol „U_microcontroller" gewählt haben, dann heißt auch die Gruppe „U_microcontroller".
- Sie können eine Gruppe umgenennen, in dem Sie die Gruppe auswählen und dann mit einem Rechtsklick ein Untermenü öffnen. Dort wählen Sei „Rename". Es öffnet sich dann der „Rename Group" Dialog. Alternativ können Sie auch einfach F2 drücken.

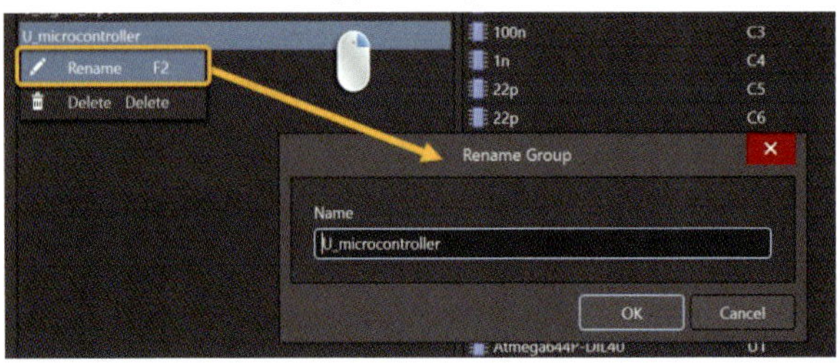

Optionen zu Gruppe hinzufügen

- Klicken Sie in der Gruppenansicht oben links auf „Add Option".

- Die neue Option heißt zunächst „New Option". Diesen Namen können Sie direkt im Properties Panel auf einen sinnvollen Wert ändern.
- Innerhalb der Option können Sie jetzt wie im Abschnitt „Bestückungsvariante

definieren“ (S.585) Bauteile als bestückt/nicht bestückt definieren bzw. ein alternatives Bauteil auswerden.

- Zwei Gruppenoptionen könnten dann wie folgt aussehen:

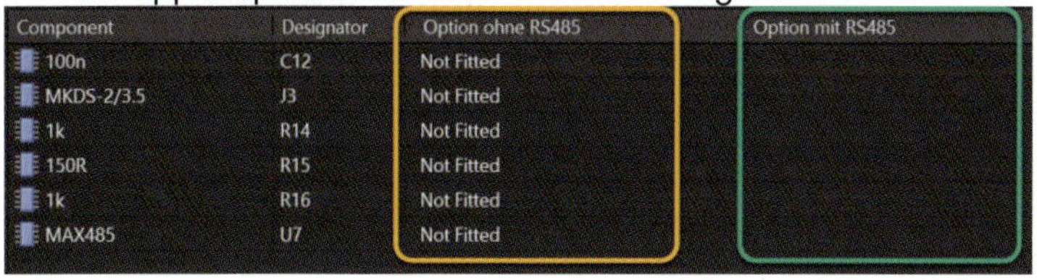

- In der Variantenansicht können Sie jetzt zwei neue Varianten definieren und die Gruppenoptionen verwenden.

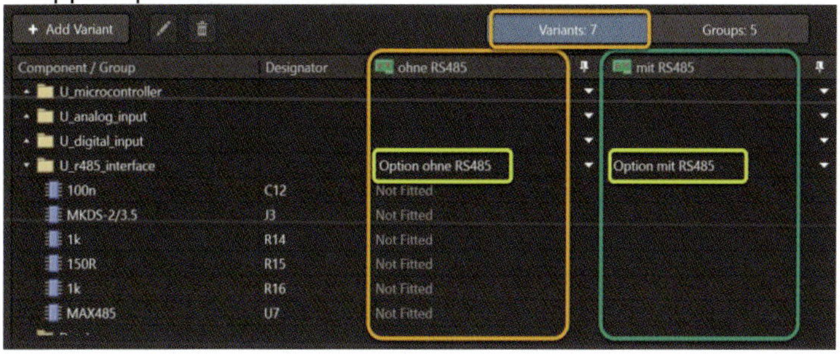

Der Varianten Manager Dialog

Starten Sie den Varianten Manager über „Proje**c**t - **V**ariants...“.
Der Varianten Manager Dialog besteht aus zwei Bereichen:

- **Components**
  Die Bauteile im oberen Bereich
- **Component Parameters**
  Die Parameter der Bauteile im unteren Bereich

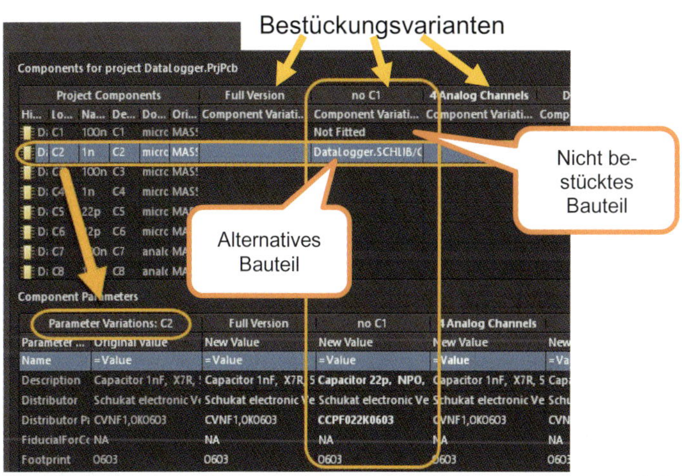

Bestückungsvarianten werden ausgewählt, in dem man auf den entsprechenden Namen klickt.

Dieser wird dann fett dargestellt, im Bild ist die Variante „no C1“ aktiv. In der Spalte „Component Variation“ wird für jedes Bauteil dessen variantenspezifischer Zustand angegeben.

Es werden drei Zustände unterschieden:

4. **Bauteil ist bestückt**
   das entsprechende Feld ist leer.
5. **Bauteil ist nicht bestückt**
   im Feld steht der Text „Not fitted“.
6. **Das Originalbauteil wird durch eine Alternative ersetzt**
   im Feld steht der Verweis auf das alternative Bauteil

Über Schaltflächen am unteren Rand können Varianten zugefügt, entfernt und bearbeitet werden. Weitere Schaltflächen ermöglichen die Berichtserstellung und die Festlegung der grafischen Darstellungsoptionen.

Die Bestückungsvarianten - Variants

Über Schaltflächen am unteren Rand können Varianten zugefügt, entfernt und bearbeitet werden. Über „Clone Selected Variant“ kann von der aktiven Variante eine Kopie erstellt werden. Dies ist immer dann vorteilhaft, wenn sich zwei Varianten nur wenig unterscheiden.

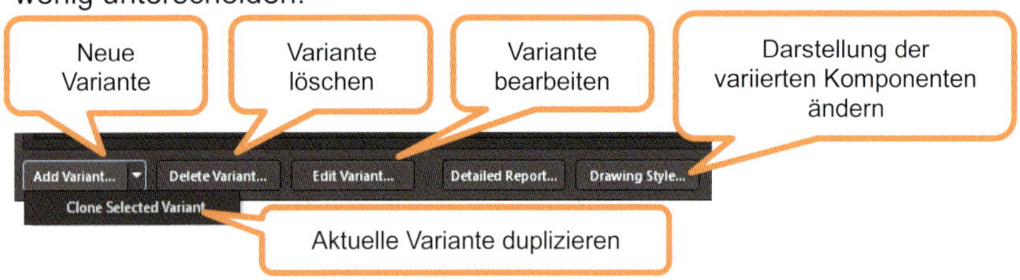

Ein Klick auf „Add Variant...“ fügt eine Variante hinzu und öffnet direkt einen Dialog zum Bearbeiten der Eigenschaften.

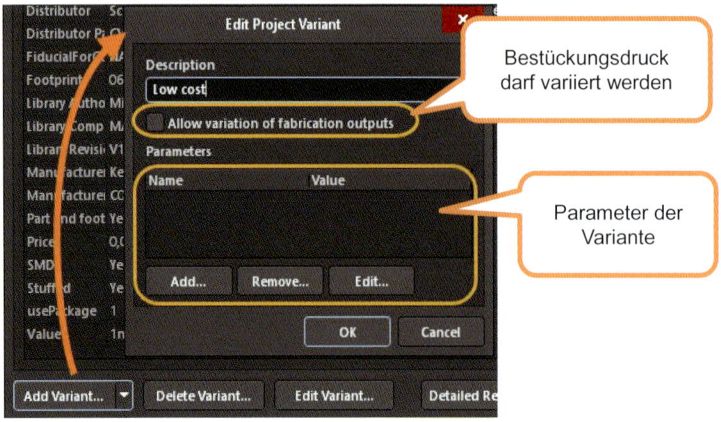

Neben dem Namen der Varianten können Parameter hinzufügt werden. Diese Parameter können in den Ausgabedaten der Bestückungsvarianten verwendet werden. Wenn die variierten Bauteilewerte im Bestückungsdruck sichtbar werden sollen, dann müssen Sie bei „Allow variation of fabrication outputs“ einen Haken setzen.

Die bestückten Bauteile – Fitted Components

Der Bereich „Components for project ...“ besteht zunächst nur aus der Spalte „Project Components“ . Fügt man eine Variante hinzu, wird jeweils eine neue Spalte rechts angefügt. In diesen Variantenspalten gibt es hinter jedem Bauteil ein leeres Feld. Wenn das Feld leer ist bedeutet dies, dass das Bauteil bestückt ist. Ein Klick auf das leere Feld selektiert dieses und blendet rechts im Feld eine Schaltfläche mit ‘...’ ein.

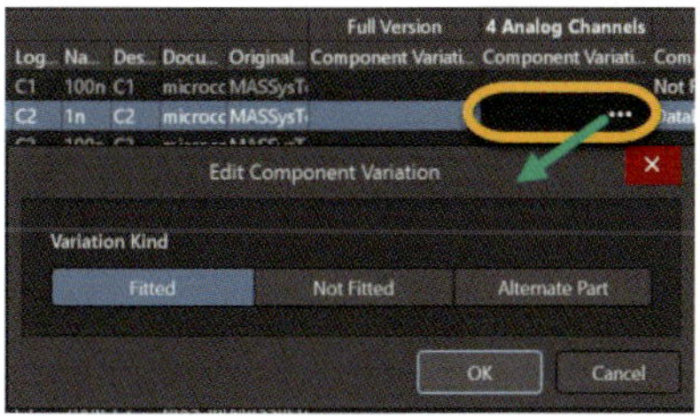

Ein Klick darauf öffnet den „Edit Component Variation“ Dialog. Hier legen Sie fest, ob das Bauteil bestückt ist oder nicht bzw. ob es ein komplett anderes Bauteil ist. Wählt man „Alternate Part“ erweitert sich der Dialog.

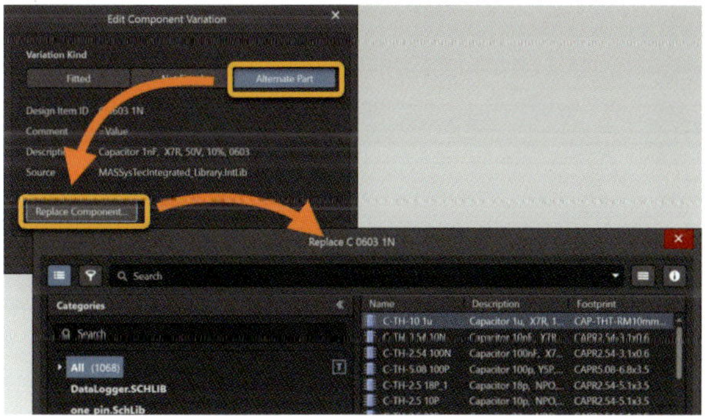

Über die Schaltfläche „Replace Component...“ kann aus einer Bibliothek ein komplett anderes Bauteil ausgewählt werden. Beim Schließen des Dialogs „Edit Component Variation“ prüft der Altium Designer® ob das neu ausgewählte Bauteil kompatible ist.

Dazu müssen folgende Bedingungen erfüllt sein:

4. Anzahl der Anschlüsse muss gleich sein.
5. Positionen der Anschlüsse im Schaltplansymbol müssen gleich sein.
6. Der elektrische Typ der Anschlüsse muss gleich sein.

Sind diese Bedingungen erfüllt, wird das Bauteil akzeptiert und in der physikalischen Schaltplanansicht der Variante auch im Schaltplan angezeigt. Wenn diese Bedingungen nicht erfüllt sind, dann wird eine Meldung angezeigt, die auf die Inkompatibilität hinweist. Klickt man auf „Yes“ kann man das neue Bauteil trotzdem übernehmen.

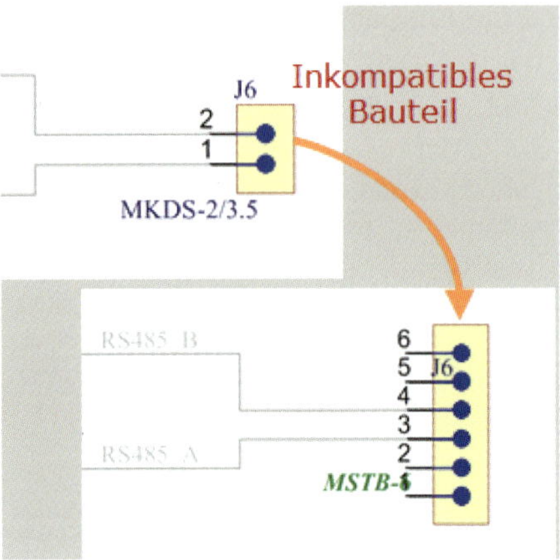

Wie im Bild erkennbar, ist das Verhalten nicht so wie gedacht. Statt die Leitungen an die Anschlüsse 1 und 2 anzuschließen werden die Anschlüsse 3 und 4 benutzt, weil diese **grafisch** passen. Die grafische Darstellung alternativer Bauteile wird in einer eigenen Datei gespeichert. Diese Datei heißt wie das Projekt und hat die Erweiterung „PrjPcbVariants“

Es können auch mehrere Bauteile gleichzeitig als bestückt bzw. nicht bestückt gekennzeichnet werden. Dazu müssen diese Bauteile zunächst in der entsprechenden Variantenspalte mit Strg- bzw. Umschalten-Linksklick selektiert werden. Ein Rechtsklick auf eines der Felder öffnet ein Kontextmenü. Dort kann man alle selektierten Bauteile als bestückt, nicht bestückt markieren oder man wählt ein alternatives Bauteil aus.

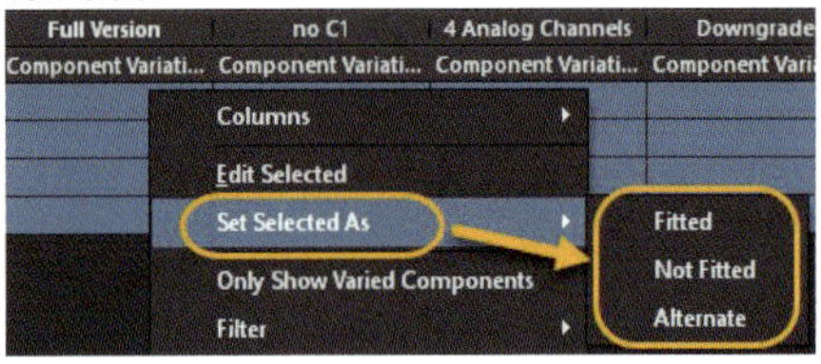

Anzeigeoptionen für Varianten

Ein Klick auf die Schaltfläche „Drawing Style...“ unten links öffnet den Dialog für die Anzeigeoptionen.

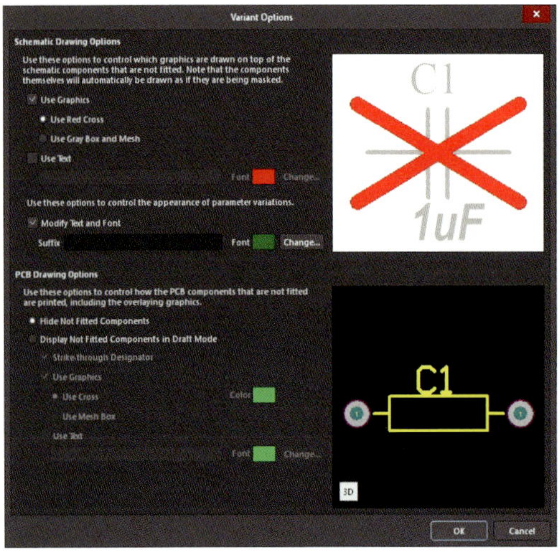

In diesem Dialog können Sie für die Schaltplan- und Leiterplattenausgabe einstellen, wie ein nicht bestücktes bzw. geändertes Bauteil dargestellt werden soll. Nicht bestückte Bauteile können sowohl grafisch als auch mit einem Text gekennzeichnet werden. Die grafische Markierung kann über ein rotes Kreuz oder dezenter über ein schraffiertes Rechteck erfolgen. Veränderter Text, wie z.B. der Bauteilewert, kann in einer anderen Schriftart und -farbe dargestellt werden. Im Feld „Suffix“ können Sie eine Zeichenkette eingeben, die an jeden modifizierten Text angehängt wird.

Varianten speichern

Die Varianteninformationen werden in der Projektdatei gespeichert. Es ist aber auch möglich diese Informationen in einer Datei zu speichern. Ein Rechtsklick in den Varianten Manager öffnet ein Kontextmenü.
Folgende Möglichkeiten stehen zur Verfügung:

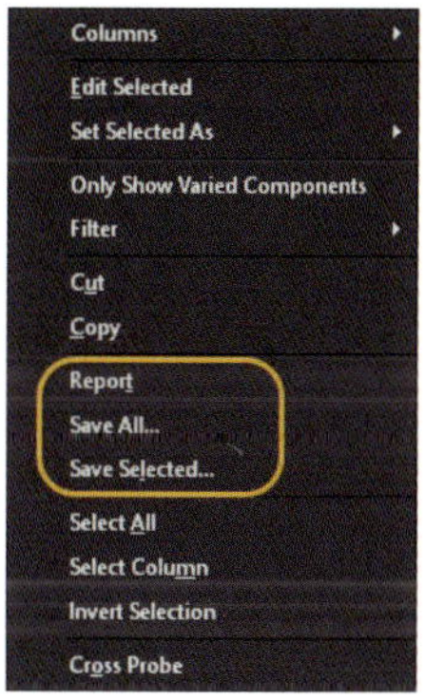

•Report
Es wird ein einfacher Bericht erstellt. Der Altium Designer® erzeugt zunächst nur eine Vorschau. In dieser Vorschau kann der Bericht dann gedruckt oder exportiert werden.

•Save All
Alle Varianten werden gespeichert. In einem Dialog kann der Dateiname und der Speicherort angegeben werden. Das Ergebnis ist ein Textdatei mit Tabulator getrennten Spalten mit entsprechenden Spaltenüberschriften. Diese Datei kann in Excel importiert werden.

•Save Selected
Es werden nur die selektierten Bauteile in einer Textdatei (wie bei Save All) gespeichert.

Bestückungsvarianten im Multi-Channel Design

Ab der Version ist die Variation von Bauteilen auch im Multi-Channel Design möglich. Die folgende Tabelle zeigt, welche Möglichkeiten unterstützt werden.

Typ	Alle Kanäle	Einzelner Kanal
Bestückt/Nicht bestückt	Unterstützt	Unterstützt
Variierter Parameter	Unterstützt	Unterstützt
Alternatives Bauteil	Unterstützt	Unterstützt

Cross-Probing Varianten Manager - Schaltplan

Über den Varianten Manager können Sie direkt zum entsprechenden Bauteil im Schaltplan navigieren. Ein Rechtsklick auf ein Bauteil in der Variantentabelle öffnet ein Kontextmenü. Ein Klick auf „Cross Probe" navigiert im Schaltplan zu dem betreffenden Bauteil.

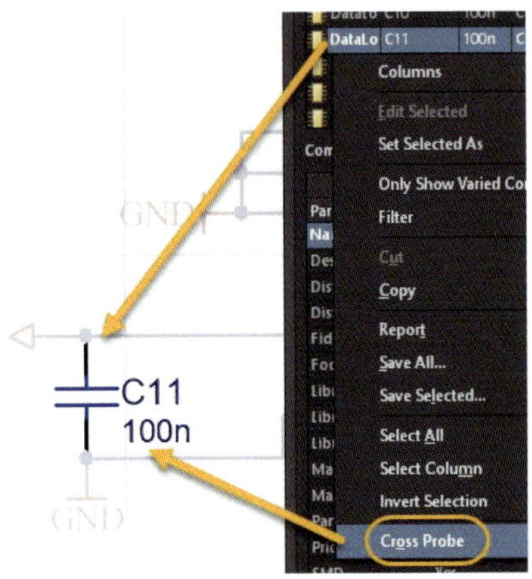

Es ist auch möglich sich im Schaltplan die Varianteninformationen für ein bestimmtes Bauteil anzeigen zu lassen. Dazu macht man einen Rechtsklick auf das Bauteil und wählt im Kontextmenü „Part Actions - Variants" aus. Es öffnet sich der Varianten Manager mit genau diesem Bauteil als einzigem Eintrag.

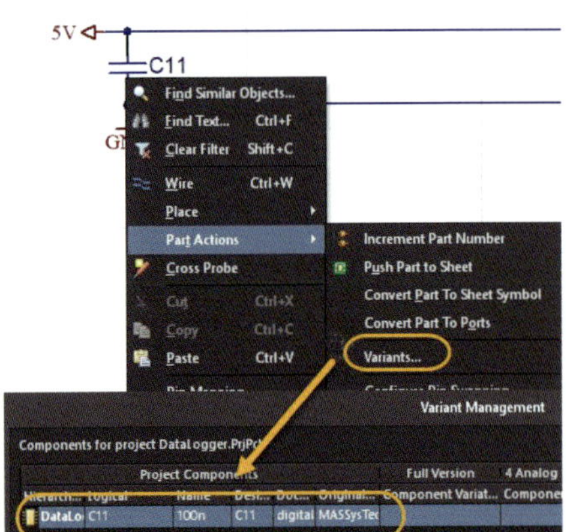

ALTIUM DESIGNER®

MULTI-CHANNEL DESIGN

Grundlagen des Multi-Channel Designs

Immer wieder kommt es in Projekten vor, dass bestimmte Schaltungsteile mehrfach benötigt werden. Typische Beispiele sind in der Audiotechnik Mischpulte oder Equalizer. Mischpulte bestehen aus Kanälen mit identischen Bauteilewerten, während sich bei Equalizern die Bauteilewerte unterscheiden können. Beide Situationen kann man mit dem Multi-Channel Design realisieren. Wenn sich die Bauteilewerte in den einzelnen Kanälen unterscheiden, spricht man vom parametrischen Multi-Channel Design.

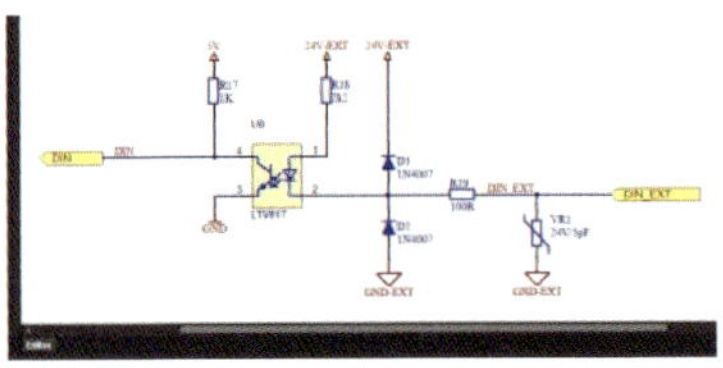

Ein typisches Beispiel bei Meß- und Regelanwendungen sind digitale Eingänge die mit einer Schutzschaltung versehen sind und über einen Optokoppler galvanisch getrennt werden.

Beim Multi-Channel Design muss nur ein Schaltplan für einen Kanal erstellt werden. Haben die Bauteile in allen Kanälen die gleichen Werte, dann können diese über ein Sheet-Symbol und dem Kommando „REPEAT(Name, n, m)“ ($n \geq 0$ und $n < m$) im Feld „Designator“ instanziiert werden. Unterscheiden sich die Werte, dann muss jeder Kanal über ein eigenes Sheet-Symbol erzeugt werden. Diese einzelnen Sheet-Symbole erhalten dann als Parameter die entsprechenden Bauteilewerte.

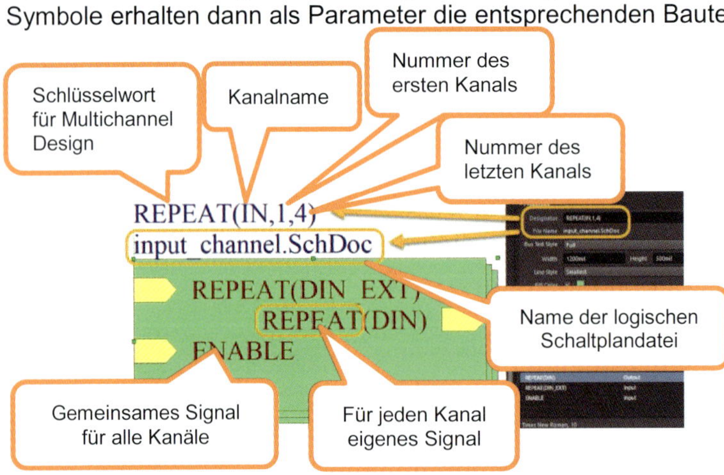

Den Schaltplan für einen Kanal können Sie als logischen Schaltplan betrachten. Aus diesem logischen Schaltplan werden bei der Übersetzung (Compilieren) Ihres Projekts die physikalischen Schaltpläne erzeugt.

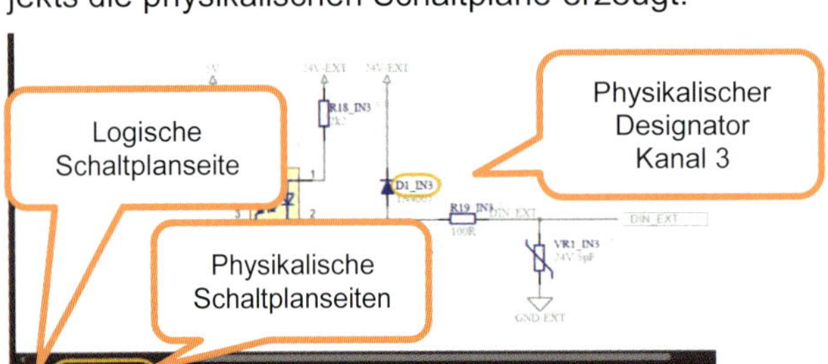

Bei der Synchronisierung mit der Leiterplatte werden die physikalischen Schaltplanseiten in einen eigenen Room übertragen. Sie können nun in einem Room alle Bauteile platzieren, die Leiterbahnen verlegen und anschließend die Platzierung und die Anordnung der Leiterbahnen mit „**D**esign - Roo**m**s - **C**opy Room Formats“ auf alle anderen Rooms übertragen. Wenn später Änderungen am Design notwendig werden, reicht es eine Schaltplanseite zu ändern. Soll auf der Leiterplatte die Platzierung oder die Anordnung der Leiterbahnen geändert werden, dann reicht es auch dies in einem Room zu machen. Mit „**D**esign - Roo**m**s - **C**opy Room Formats“ lassen sich die Änderungen einfach auf alle anderen Rooms übertragen. Diese Fähigkeit des Altium Designer®s spart eine Menge Zeit.

Machen Sie sich noch einmal mit den Hintergründen des hierarchischen Designs vertraut bevor Sie mit dem Multi-Channel Design beginnen.

Elektrische Verbindungen im Multi-Channel Design

Wie im hierarchischen Design werden auch im Multi-Channel Design die Verbindungen zwischen den Schaltplanseiten über Ports und Sheet-Entries hergestellt. Signale, die mit allen Kanälen verbunden sind können mit einem einfachen Port verbunden werden. Signale, die zu jedem Kanal getrennt gehen müssen im Namen des Sheet-Entries das Schlüsselwort „REPEAT“ bekommen. Zum Beispiel wird aus einem Signale „DIN“ auf der logischen Schaltplanseite der Sheet-Entry Name „REPEAT(DIN)“.

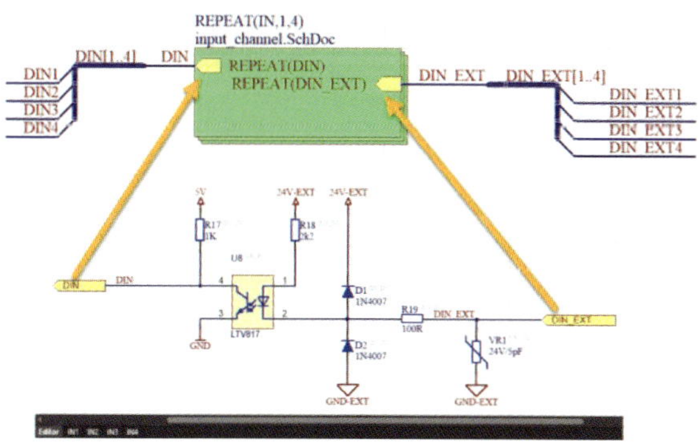

Signale, die aus einem „REPEAT(<Netzname>)“ hervorgehen, werden zu Bussen der Form <Netzname>[n..m]. Daraus ergibt sich eine wichtige Einschränkung: Mit dem Schlüsselwort „REPEAT“ können keine Busse verwendet werden, da dies zu einem mehrdimensionalen Bus der Form <Netzname>[n..m][k..j] führen würde. Solche Busse werden vom Altium Designer® nicht unterstützt. Braucht man Busse in den Kanälen, dann müssen die Kanäle über einzelne Sheet-Symbols, wie im parametrischen Multi-Channel Design beschrieben, instanziiert werden.
Damit man Sheet-Entries mit dem Namen „REPEAT(<Netzname>)“ anschließen kann, bedarf es eines Tricks. Zunächst schließt man an das Sheet-Entry eine normale Leitung mit „**P**lace - **W**ire“ an und gibt dieser das Netzlabel „<Netzname>“. An diese normale Leitung schließt man dann den Bus mit „**P**lace - **B**us“ an wie im Bild gezeigt. An den Bus kommt dann das Netzlabel <Netzname>[n..m], im Bild DIN[1..16].

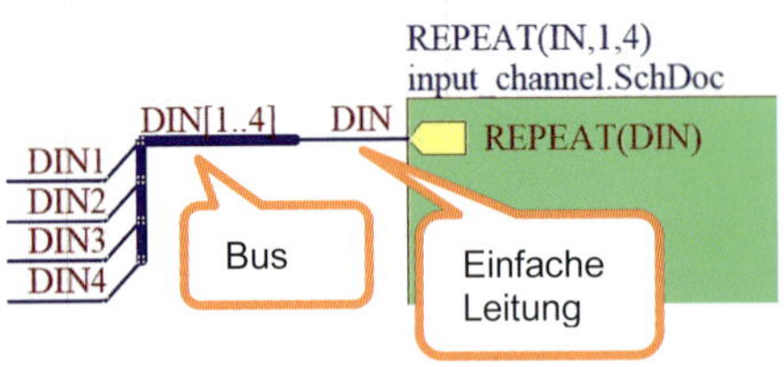

Einfaches Multi-Channel Design erstellen

Das einfache Multi-Channel Design wird verwendet, wenn die Bauteile in allen Kanälen gleich sind und in den Kanälen keine Busse verwendet werden.

- Erstellen Sie zunächst die logische Schaltplanseite für einen Kanal.
- Versehen Sie alle Signale, die mit anderen Schaltplanseiten verbunden werden mit einem Port.
- Platzieren Sie auf der übergeordneten Schaltplanseite ein Sheet-Symbol.
- Öffnen Sie die Eigenschaften des Sheet-Symbols und tragen in „Filename" den Namen der logischen Schaltplanseite ein.

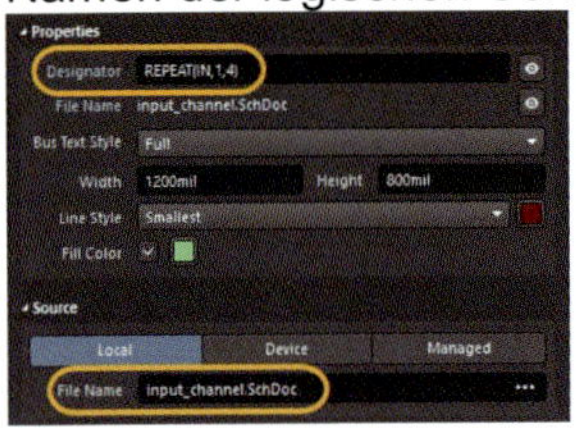

- Im Feld „Designator" tragen Sie das REPEAT Kommando ein:
  REPEAT(<Kanalname>, n, m)
  Der Kanalname sollte kurz sein, da er später an die physikalischen Bauteilebezeichner des Kanals angehängt wird. Die Werte für 'n' und 'm' definieren die Nummern des ersten und letzten Kanals. Falls in den Projektoptionen unter „Options" die Einstellung „New Indexing of Sheet Symbols" aktiv ist dann gilt $n \geq 0$ und $n < m$. Ist dies nicht der Fall, dann muss $n > 0$ sein.
- Platzieren Sie die notwendigen Sheet-Entries auf dem Sheet-Symbol. Dies können Sie manuell tun oder wie im Kapitel „Synchronisation Sheet Entries und Schaltplan" (S.130) beschrieben.
- Versehen Sie alle Sheet-Entry Namen, die für jeden Kanal getrennt benötigt werden mit dem Schlüsselwort „REPEAT(<Netzname>)".
- Nummerieren Sie alle Bauteile über den Annotation Befehl.
- Übersetzen (Compilieren) Sie Ihr Design.
- Das Multi-Channel Design wurde erzeugt.

Parametrisches Multi-Channel Design erstellen

Das parametrische Multi-Channel Design wird verwendet, wenn sich die Bauteile in den Kanälen unterscheiden und/oder in den Kanälen Busse verwendet werden.

- Erstellen Sie zunächst die logische Schaltplanseite für einen Kanal.

- Versehen Sie alle Signale, die mit anderen Schaltplanseiten verbunden werden mit einem Port.
- Für jedes Bauteil das Sie variieren wollen öffnen Sie dessen Eigenschaften und legen Sie mit „Add..." einen Parameter „Value" an. Als Wert dieses Parameters tragen Sie z.B. ein „=R21_Value". Der Parameter „R21_Value" wird im übergeordneten Sheet Symbol definiert und mit einem Wert versehen.
  Tragen Sie unter „Comment" ein „=Value". Jetzt wird der Inhalt von R21_Value als Bauteilewert genommen.

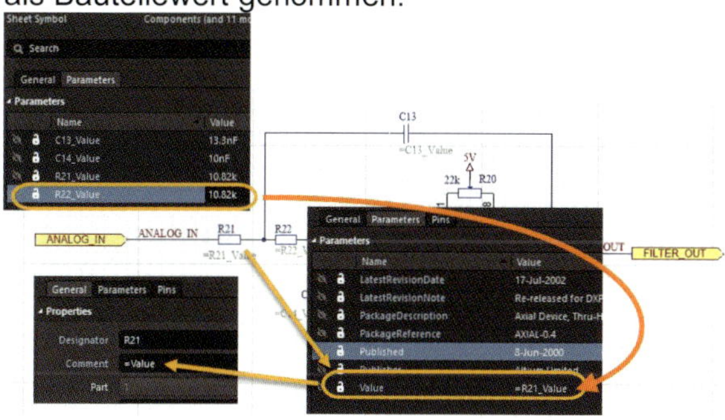

- Platzieren Sie auf der übergeordneten Schaltplanseite für jeden Kanal ein Sheet-Symbol. Platzieren Sie darauf die notwendigen Sheet-Entries. Dies können Sie manuell tun oder wie im Kapitel „Synchronisation Sheet Entries und Schaltplan" (S.130) beschrieben.

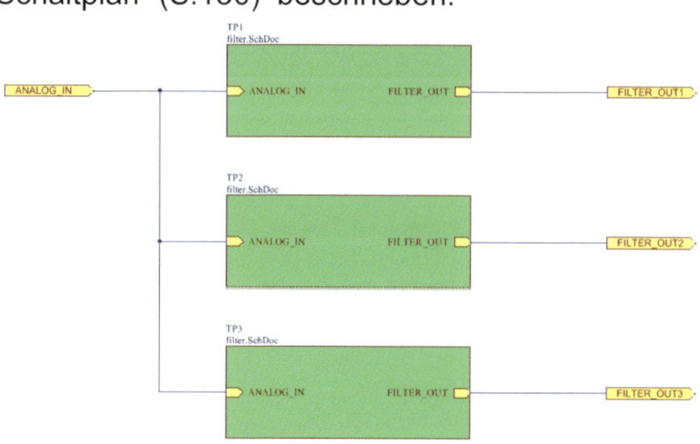

- Öffnen Sie die Eigenschaften des Sheet-Symbols und tragen in „Filename" den Namen der logischen Schaltplanseite ein.
- Im Feld „Designator" tragen Sie einen eindeutigen Kanalnamen ein. Der Kanalname sollte kurz sein, da er später an die physikalischen Bauteilebezeichner des Kanals angehängt wird.
- Wechseln Sie in den Sheet-Symbol Eigenschaften auf den Reiter „Parameters". Fügen Sie dort für jeden Bauteilewert der variiert werden soll einen Parameter hinzu. Der Name muss der Gleiche sein wie der beim Bauteil verwendete. In unserem Beispiel wäre das R21_Value. In das Feld „Value" tragen Sie schließlich den Bauteilewert für diesen Kanal ein (siehe Bild oben).
- Nummerieren Sie alle Bauteile über den Annotation Befehl.
- Übersetzen (Compilieren) Sie Ihr Design.
- Das Multi-Channel Design wurde erzeugt.

Bauteile nummerieren im Multi-Channel Design

Im Multi-Channel Design unterscheidet man zwischen logischen und physikalischen Bauteilebezeichnern. Die logischen Bauteilebezeichner befinden sich auf dem logischen Schaltplan und werden beim Übersetzen (Compilieren) für jeden Kanal in physikalische Bauteilebezeichner transformiert. Wie dies geschieht kann in den Projektoptionen eingestellt werden.

Die Projektoptionen erreichen Sie über:

- das Tastenkürzel C - O
- Rechtsklick auf den Projektnamen öffnet ein Kontextmenü dort finden Sie ganz unten die Projektoptionen.

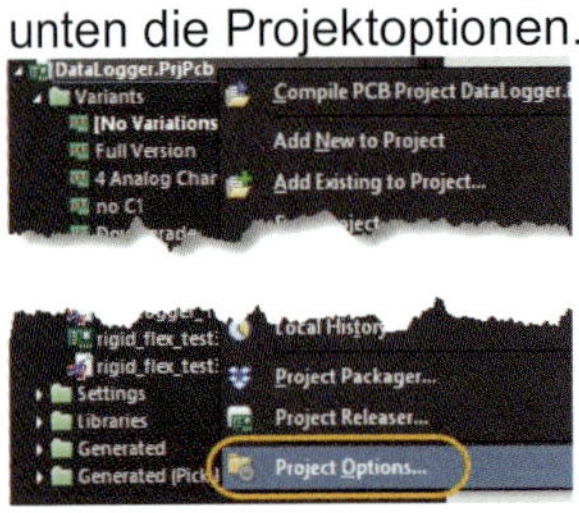

- Project - Project Options

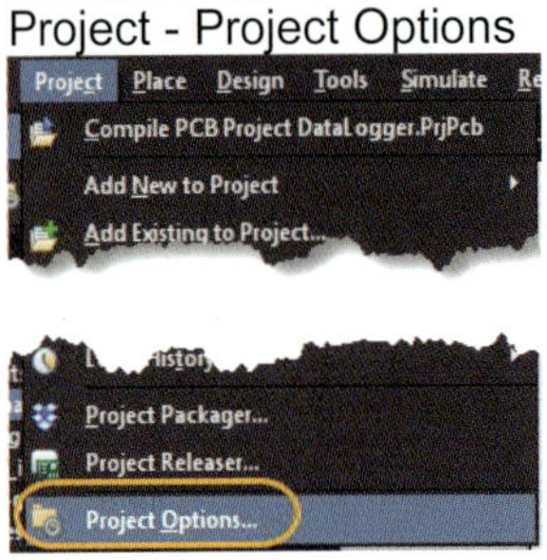

Die Einstellungen für das Multi-Channel Design finden Sie auf dem gleichnamigen Reiter.

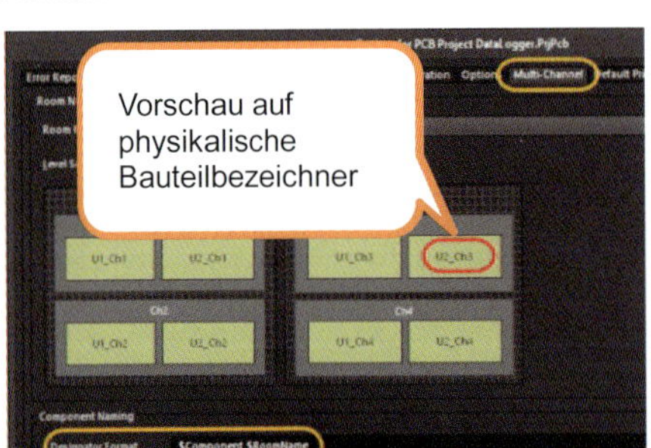

Die Einstellung für den physikalischen Bauteilebezeichner finden Sie ganz unten im Bereich „Component Naming". Im Feld „Designator Format" können Sie eine Auswahlbox öffnen, die Ihnen die verschiedenen Möglichkeiten anzeigt. Wenn Sie eine Auswahl vornehmen sehen Sie im mittleren Bereich eine Vorschau auf das Ergebnis. In der Standardeinstellung wird an den logischen Bauteilebezeichner der Name des Rooms angehängt. Der wiederum wird aus dem Kanalnamen im Sheet-Symbol mit angehängter Kanalnummer gebildet. Über das Feld „Room Naming Style" können Sie die Namensgebung des Rooms verändern. Wenn die Vorgaben für den physikalischen Bauteilebezeichner in der Auswahlbox Ihren Vorstellungen nicht entsprechen, dann können Sie im Feld „Designator Format" Ihr eigenes Format definieren.

Folgende Schlüsselwörter können verwendet werden:

- **$RoomName**
  der Name des zugehörigen Rooms wie unter „Room Naming Style“ definiert.
- **$Component**
  der logische Bauteilebezeichner
- **$ComponentPrefix**
  bei einem Bauteilebezeichner „R21“ entspricht das dem ‘R’
- **$ComponentIndex**
  bei einem Bauteilebezeichner „R21“ entspricht das der ’21’
- **$ChannelPrefix**
  entspricht dem <Kanalnamen> im Kommando *REPEAT(<Kanalname>, n, m) bzw. beim parametrischen Multi-Channel Design dem Inhalt des Felds „Designator“ des Sheet-Symbols.*
- ***$ChannelIndex***
  die Nummer des Kanals 1..n
- ***$ChannelAlpha***
  die Nummer des Kanals als Buchstabe ausgedrückt A..Z

Der Eintrag „$Component::$Room“ würde dann für einen Room „TP1“ ergeben „R21::TP1“.

Multi-Channel Design auf der Leiterplatte

Bei der Synchronisation eines Multi-Channel Designs mit der Leiterplatte wird für jeden Kanal ein Room mit den physikalischen Bauteilen erzeugt. Es genügt nun in einem Room die Bauteile zu platzieren und die Leiterbahnen zu verlegen. Danach kann die Platzierung und die Anordnung der Leiterbahnen mit „**D**esign - Roo**m**s - **C**opy Room Formats“ auf alle anderen Rooms übertragen.

- Synchronisieren Sie wie gewohnt ihren Schaltplan mit der Leiterplatte.
- Auf der Leiterplatte existiert nun für jeden Kanal eine Room.

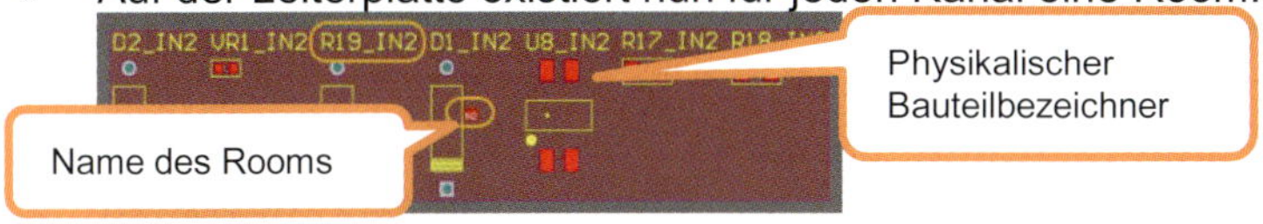

- Platzieren Sie in einem Room alle Bauteile und verlegen Sie die Leiterbahnen.

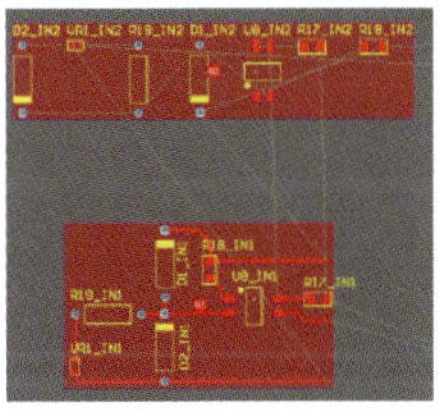

- Starten Sie den Befehl „**D**esign - Roo**m**s - **C**opy Room Formats“.

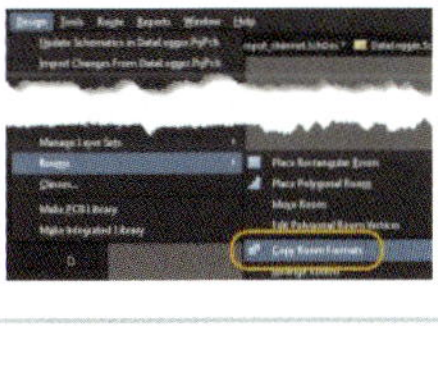

- Klicken Sie zunächst auf den fertigen Room (Quell-Room) und danach auf einen beliebigen anderen Room (Ziel-Room).
- Es öffnet sich der „Confirm Channel Format Copy“ Dialog.

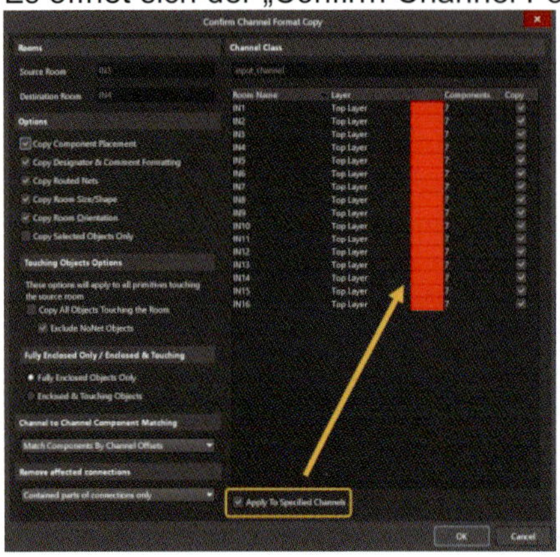

- Im Bereich „Rooms“ oben links werden die zuvor ausgewählten Rooms angezeigt. Im Bereich „Options“ können Sie verschiedene Optionen anpassen. Normalerweise sind hier keine Änderungen notwendig.
  Unten in der Mitte können Sie im Feld „Apply To Specified Channel“ einen Haken setzen und der Befehl wirkt auf alle oben ausgewählten Rooms.
- Klicken Sie auf „OK“ um den Befehl zu starten.
- Mit diesem Befehl haben Sie jetzt die Platzierung und die Anordnung der Leiterbahnen auf alle anderen Rooms übertragen.

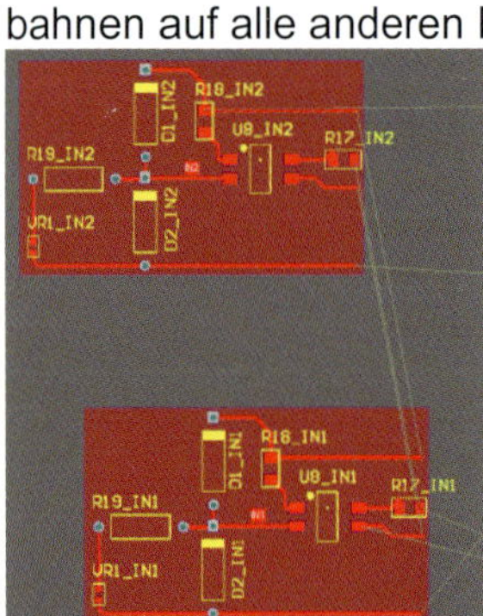

Ab der Version 23.8 wird auch die Orientierung des Rooms auf die anderen Rooms übertragen. Will man dies nicht, dann muss man die Option „Copy Room Orientation“ deaktivieren.

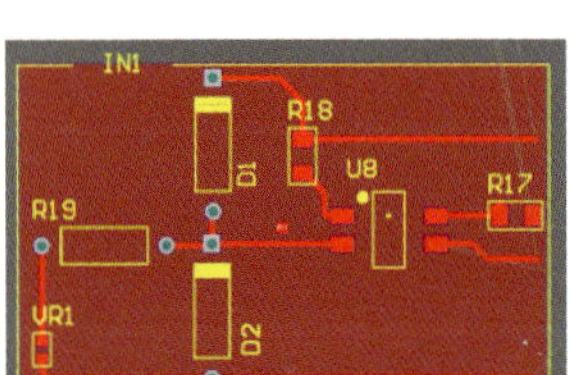

In der Voreinstellung werden auf der Leiterplatte die physikalischen Bauteilebezeichner im Bestückungsdruck ausgegeben. Diese können unter Umständen sehr lang werden. Deshalb ist es möglich stattdessen die logischen Bauteilebezeichner auszugeben. In diesem Fall müssen die Kanäle auf andere Art gekennzeichnet werden. Man kann zum Beispiel einen Rahmen um den Kanal zeichnen und den Namen des Kanals einfügen.

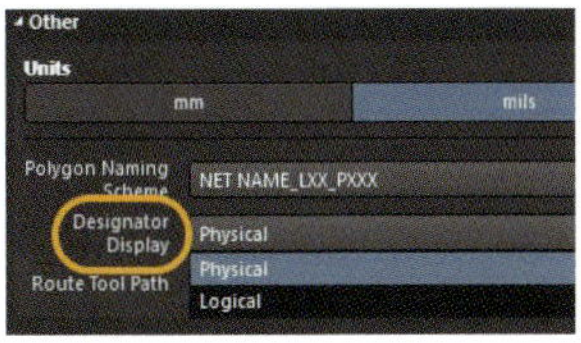

Welche Bauteilebezeichner angezeigt werden stellen Sie in den Optionen der Leiterplatte ein. Wenn keine Objekte selektiert sind, scrollen Sie im Properties Panel ganz nach unten. Dort finden Sie die Einstellung im Bereich „Other“.

PCB Replikation ohne Multi-Channel Design

Ab der Version 24 ist es möglich die identische Platzierung von Bauteilen und das zugehörige Routing auch ohne Multi-Channel Design zu realisieren. Dazu müssen die Blöcke im Schaltplan absolut identisch sein. Das heißt die Bauteile müssen alle aus der gleichen Bibliothek kommen, die Orientierung der Bauteile (Rotation) muss identisch sein und die Verbindungen in den Blöcken müssen gleich sein. Speziell muss man auf die Rotation von passiven, nicht gepolten Bauteilen achten, da man diese im Schaltplan nicht unmittelbar sieht. Falls die Fehlermeldung „No target blocks detected“ kommt, dann sollten Sie als erstes mit dem PCB List Panel die Orientierungen der Bauteile prüfen.

- Im Bild sehen Sie ein einfaches Beispiel mit 4 Blöcken. Übertragen Sie das Design wie gewohnt mit „Update PCB Document <Dateiname>.PcbDoc“ auf die Leiterplatte.

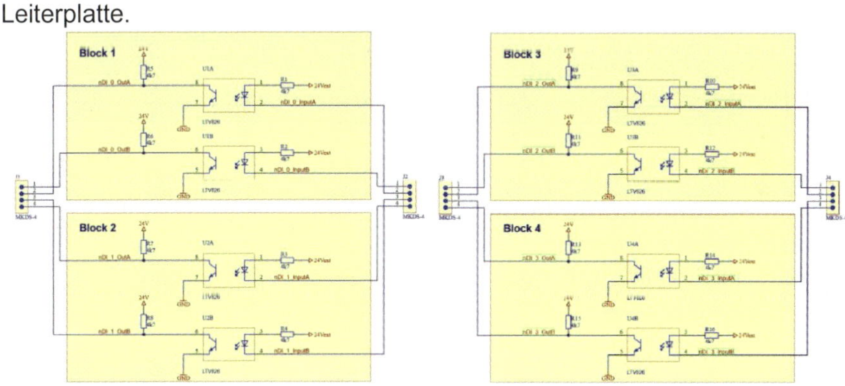

- Auf der Leiterplatte platzieren und routen Sie den ersten Block.

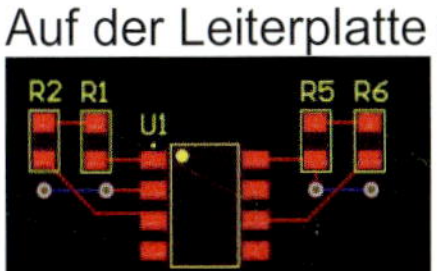

- Dann selektieren Sie alle Objekte, die Sie replizieren wollen.
- Starten Sie die Replikation mit „Tools – PCB Layout Replication…“

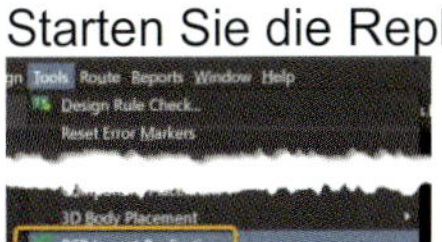

- Es wird jetzt analysiert, welche anderen Bauteile auf der Leiterplatte für die Replikation verwendet werden können. Werden mehrere Bauteile gefunden, die für die Replikation in Frage kommen dann wird der Target Block im zugeklappten Zustand mit  gekennzeichnet. Wenn man den Target Block aufklappt, dann werden alle in Frage kommenden Bauteile mit gekennzeichnet. Über die Auswahlliste in der Spalte „Designator“ können dann die passenden Bauteile ausgewählt werden.

- Sollten keine Bauteile gefunden werden kommt die Fehlermeldung: „No target blocks detected“. In diesem Fall überprüfen Sie Ihren Schaltplan ob wirklich alle Bauteile aus der gleichen Bibliothek kommen und ob die Orientierung aller Bauteile gleich ist.
- Es öffnet sich der „PCB Layout Replication“ Dialog.

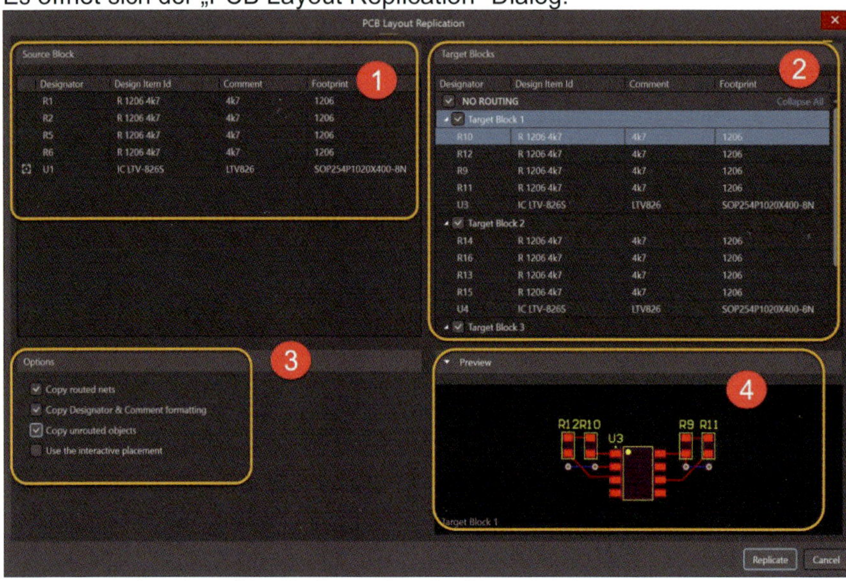

- Im Bereich ① sehen Sie die Bauteile, die Sie selektiert haben.
- Im Bereich ② finden Sie alle möglichen Zielblöcke für die Replikation. Zielblöcke die noch kein Routing enthalten werden im Bereich „No Routing“ aufgelistet. Sollte ein Zielblock schon Routing enthalten, dann erscheint der Block unter „Routing Detected“ und wird nicht automatisch in die Replikation aufgenommen. Setzt man doch ein Häkchen, dann wird das bestehende Routing entfernt und falls „Copy routed nets“ aktiv ist, neu geroutet. Die Option „Use interactive placement“ ist standardmäßig deaktiviert. Die Bauteile werden dann relativ zur Hauptkomponente platziert. Dies ist die Komponente mit den meisten Pins. Gibt es mehrere Komponenten mit gleicher Pinzahl, dann wird die mit der größen Fläche verwendet. Die Hauptkomponente ist mit dem Symbol im Bereich „Source Block“ gekennzeichnet. Ein Klick in die Spalte bei einer anderen Komponente macht diese dann zur Hauptkomponente. Wenn Sie „Use interactive placement“ aktivieren, dann müssen Sie die Komponenten jedes Zielblocks manuell platzieren.
  Ein Häkchen bei „Target Block <n>“ wählt den Block für die Replikation aus.
- Im Bereich ③ können Sie verschiedene Optionen einstellen. Falls Sie Leiterbahnen und Durchkontaktierungen duplizieren wollen, die nicht Bauteile des Blocks verbinden (z.B. Stichleitungen), dann aktivieren Sie „Copy unrouted objects“.
- Im Bereich ④ sehen Sie eine Vorschau auf das Ergebnis.
- Schließen Sie den Dialog mit „Replicate“ unten rechts.

- Die erzeugten Blöcke befinden sich zunächst außerhalb der Leiterplatte.

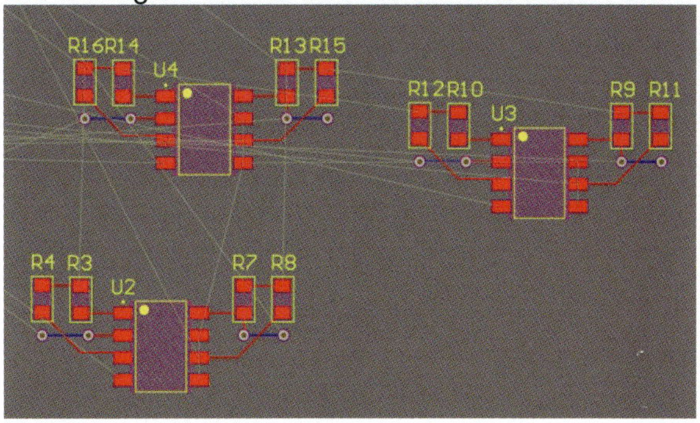

- Selektieren Sie den jeweiligen Block und verschieben Sie ihn an die gewünschte Position auf der Leiterplatte.

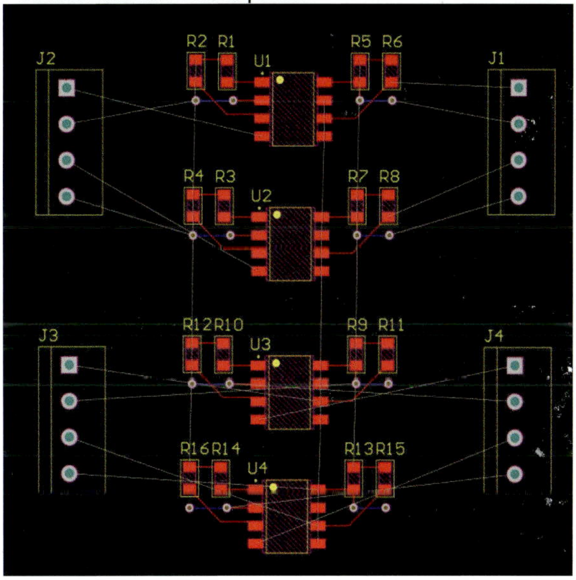

Schaltplanausgabe im Multi-Channel Design

Beim Ausdrucken des Schaltplans können Sie wählen zwischen den logischen und physikalischen Schaltplanseiten. Wenn Sie in der Schaltplanausgabe für jeden Kanal eine eigene Schaltplanseite wollen, dann müssen Sie die physikalischen Schaltplanseiten auswählen. Dazu müssen Sie beim Hinzufügen der Schaltplanausgabe „[Project Physical Documents]“ auswählen.

- Öffnen Sie eine OutputJob Datei.
- Klicken Sie unter „Documentation Outputs“ auf „[Add New ...]“

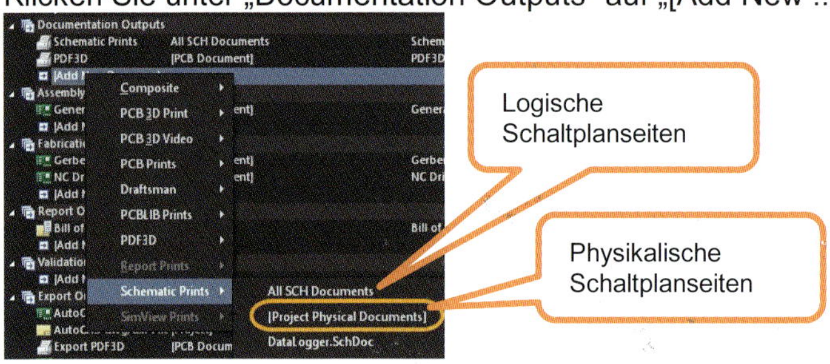

- Wählen Sie „Schematic Prints“ und im Untermenü „[Project Physical Documents“.
- Ein Doppelklick auf den neuen Eintrag öffnet die Eigenschaften.
- In der unteren Hälfte können Sie unter „Physical Name Expansion“ einstellen was mit seinem physikalischen Namen ausgegeben werden soll. In der Voreinstellung ist nur „Designators“ aktiv. Wollen Sie auch die physikalischen Seitennummern sehen, dann setzen Sie einen Haken bei „Sheet Number Parameters“. Die physikalische Seitennummer besteht aus der logischen Seitennummer mit angehängter Kanalnummer, z.B. „7.1“ für den ersten Kanal.

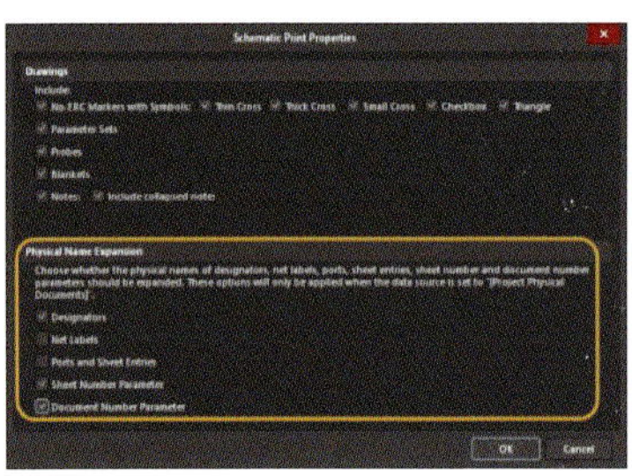

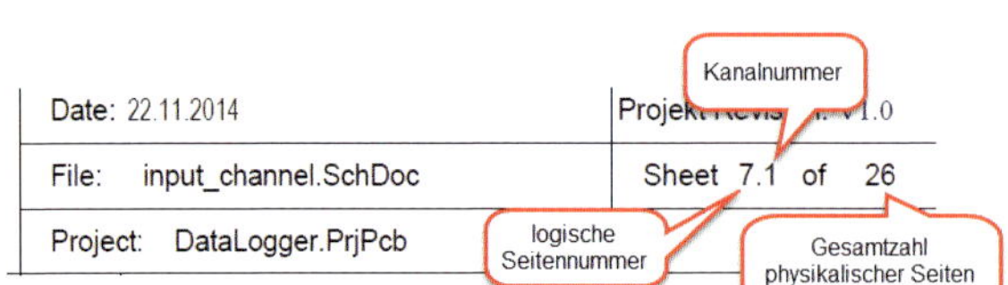

ALTIUM DESIGNER®

VERSIONS-VERWALTUNG MIT SUBVERSION

Der Altium Designer® unterstützt die Versionsverwaltung der Projektdaten. Damit ist es möglich die Projektdaten innerhalb eines Entwicklungsteams konsistent zu halten. Ein weiterer Vorteil ist die Nachvollziehbarkeit von Änderungen. Es ist jederzeit möglich die aktuelle Revision einer Datei mit einer älteren Version zu vergleichen. Ursprünglich kommen Versionsverwaltungssysteme aus der Softwareentwicklung. Dort werden meist nur Textdateien miteinander verglichen. Die Schaltplan- und Leiterplattendateien im Altium Designer® sind aber binäre Dateien. Die Unterschiede lassen sich hier mit einem Versionsverwaltungssystem allein nicht darstellen. Hier spielt der Altium Designer® eine große Stärke aus in dem er Änderungen grafisch darstellen kann.
Aktuell werden die Versionsverwaltungssysteme Subversion (SVN) und Git unterstützt. Die Subversion Unterstützung ist komplett im Altium Designer® integriert. Es ist nicht zwingend notwendig Subversion als eigenes Programmpaket zu installieren. Soll direkt auf das Projektarchiv (Repository) zugegriffen werden, ist es sinnvoll eine grafische Benutzeroberfläche zu installieren. Sehr gut eignet sich hier TortoiseSVN, das frei verfügbar ist.
Mit Einführung der cloudbasierten Infrastrukturplattform Altium 365® werden die dort abgelegten Projekte mit Git versionsverwaltet, ohne dass man weitere Einstellungen im Altium Designer® vornehmen muss.

Eine Versionsverwaltung bietet folgende Vorteile:

- Änderungen in den Dateien lassen sich leicht rückgängig machen.
- Ältere Stände können reaktiviert werden.
- Parallel zum Hauptentwicklungszweig können weitere Alternativen (z.B. alternative Bauteile) ausprobiert werden. Entscheidet man sich dann für eine Alternative kann diese mit dem Hauptzweig zusammengeführt werden.
- Mehrere Entwickler können gleichzeitig an der gleichen Datei arbeiten.
- Änderungen an den Dateien können über das Versionsverwaltungssystem nachvollzogen werden.
- Ein Versionsverwaltungssystem ist eine Art „Zeitmaschine“. Man kann sich den Projektstand zu jedem Zeitpunkt in der Vergangenheit ansehen.

Dieser Abschnitt gibt Ihnen eine grundlegende Einführung in die Versionsverwaltung mit Subversion (SVN). Sollten Sie bisher noch keine Erfahrungen mit SVN haben, sollten Sie sich zunächst in die Materie einlesen. Dazu gibt es im Internet viele Tutorials. Aus meiner eigenen Erfahrung kann ich das Buch „Pragmatic Version Control“ von Mike Mason (Mason, 2005) empfehlen.

Grundlagen der Versionsverwaltung mit SVN

Das Projektarchiv

Ein Versionsverwaltungssystem speichert die Originalversion einer Datei und alle Informationen die notwendig sind um einen bestimmten Stand wieder herzustellen in einem Projektarchiv. Dieses Projektarchiv nennt man „Repository“ . Das Projektarchiv kann auf einem PC lokal liegen oder auf einem Netzwerklaufwerk. Ein solches Projektarchiv kann beliebig viele unterschiedliche Projekte enthalten.
Subversion speichert im Projektarchiv immer die aktuellste Version einer Datei, bestimmte komplette Zwischenstände und alle Informationen um beliebige Stände schnell wieder herzustellen. Diese Informationen verwaltet Subversion in einer Datenbank und Verzeichnisstruktur. Ein direkter Zugriff auf die Informationen mit dem Windows Explorer ist nicht möglich.

Für den Zugriff und die Verwaltung gibt es folgende Möglichkeiten:

- Basisfunktionen direkt aus dem Altium Designer®.
- Grafische Benutzeroberfläche wie z.B. TortoiseSVN
- Kommandozeilen-Werkzeuge einer Subversion Installation.

Nummerierung von Revisionen

Im Unterschied zu anderen Versionsverwaltungssystemen, wie z.B. CVS (das vom Altium Designer® vor Version 18 auch unterstützt wurde), bekommen die einzelnen Dateien von Subversion keine eigenen Revisionsnummern. Stattdessen bekommt das ganze Projektarchiv eine Revisionsnummer. Bei jeder Änderung des Projektarchivs wird die Revisionsnummer erhöht. Eine Datei bekommt die Revisionsnummer des Projektarchivs als sie zuletzt im Projektarchiv (commited) speichert wurde. Eine Revisionsnummer bezieht sich also immer auf den Zustand des Projektarchivs zu einem bestimmten Zeitpunkt.

Versionen und Verzweigungen

Subversion unterstützt das Anlegen von Versionen und Verzweigungen. Bei einer Version werden alle Dateien eines Projekts mit einer Kennzeichnung versehen und separat im Projektarchiv verwaltet. Diese Kennzeichnung, englisch „Tag“, ist eine Art Etikett, das man an die Dateien anheftet. Mit einem „Tag“ kann man z.B. eine Freigabeversion der Projektdaten kennzeichnen bevor man sie für die Produktion freigibt. Technisch handelt es sich bei einem „Tag“ um ein Unterverzeichnis im Projektarchiv. Solch ein Unterverzeichnis kann später jederzeit wieder aus dem Projektarchiv in eine lokale Arbeitskopie übertragen werden.
Bei einer Verzweigung handelt es sich um einen von der Hauptentwicklungslinie ge-

trennten Entwicklungszweig. Im Englischen bezeichnet man diesen Entwicklungszweig als „Branch“. Technisch handelt es sich auch bei einem „Branch“ um ein Unterverzeichnis im Projektarchiv. Nützlich ist dies, wenn man im Projekt auf andere Komponenten, z.B. einen anderen Mikrocontroller umsteigen will. In diesem Entwicklungszweig kann man dann bis zum Prototypen die Entwicklung durchführen. Die Hauptentwicklungslinie bleibt davon unberührt. Entscheidet man sich später, dass der neue Entwicklungspfad zur Hauptentwicklungslinie werden soll, kann man beide zusammenführen.
Versionen und Verzweigungen können nicht direkt aus dem Altium Designer® heraus angelegt werden. Sie brauchen dazu die Kommandozeilen-Werkzeuge einer SVN Installation oder die grafische Oberfläche TortoiseSVN.

Arbeiten mit Subversion

Das Arbeiten mit Subversion vollzieht sich in folgenden Schritten:

- Entwickler A erstellt mit dem Altium Designer® ein neues Projekt und fügt alle benötigten Schaltplan-, Leiterplatten-, Bibliotheks- und sonstigen Dokumente hinzu.
- Im Altium Designer® wird über die „Data Management“ Präferenzen ein neues Projektarchiv angelegt oder es wird eine Verbindung zu einem bestehenden hergestellt.
- Das Projekt wird mit allen Dokumenten zur Versionsverwaltung hinzugefügt. Dieser Schritt entspricht einer Anmeldung beim Projektarchiv. Zu diesem Zeitpunkt befinden sich die Dateien noch nicht in der Versionsverwaltung.
- Mit einem sogenannten „Commit“ werden die Dateien in das Projektarchiv übertragen.
- Entwickler A teilt seinen Kollegen mit, dass sich das Projekt im Projektarchiv befindet.
- Die Kollegen holen sich jetzt aus dem Projektarchiv eine Arbeitskopie. Dieser Vorgang wird als „Check-Out“ bezeichnet.
- Alle Entwickler arbeiten jetzt mit ihrer jeweiligen lokalen Arbeitskopie.
- Geänderte Dateien werden jeweils mit einem „Commit“ und einem entsprechenden Änderungskommentar in das Projektarchiv übertragen.
- Die anderen Entwickler sehen im Altium Designer®, wenn sich Dateien im Projektarchiv geändert haben.
- Wenn sich die Änderungen nicht überschneiden, können alle eine Aktualisierung, „Update“ genannt, durchführen.
- Nach dem „Update“ sind alle wieder auf dem aktuellen Stand.
- Bei Änderungen die sich überschneiden kommt es zu einem Konflikt, der nicht automatisch aufgelöst werden kann. In diesem Fall müssen sich die Entwickler untereinander absprechen und eine Lösung finden.

Versionsverwaltung mit Subversion einrichten

Verbinden mit einem existierenden Projektarchiv

- Öffnen Sie die Präferenzen über das Zahnrad oben rechts

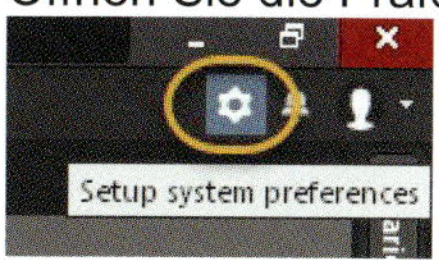

- In den Präferenzen gehen Sie in den Bereich „Data Management" und klicken dort auf „Version Control". Stellen Sie sicher, dass bei „SVN Subversion" bei „Enabled" ein Häkchen sitzt. Im unteren Bereich können Sie die SVN Version auswählen.

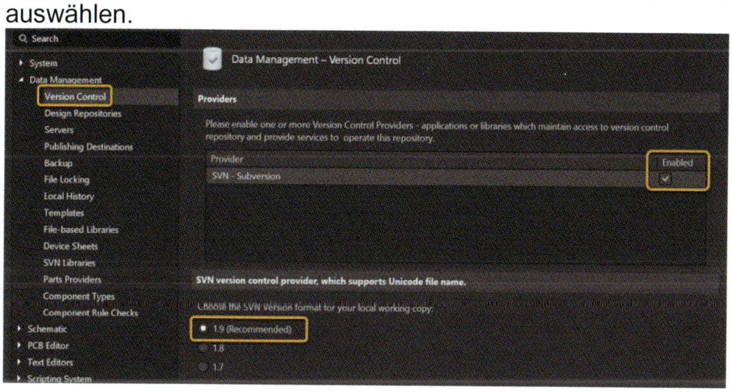

- Gehen klicken Sie dann auf „Design Repositories".

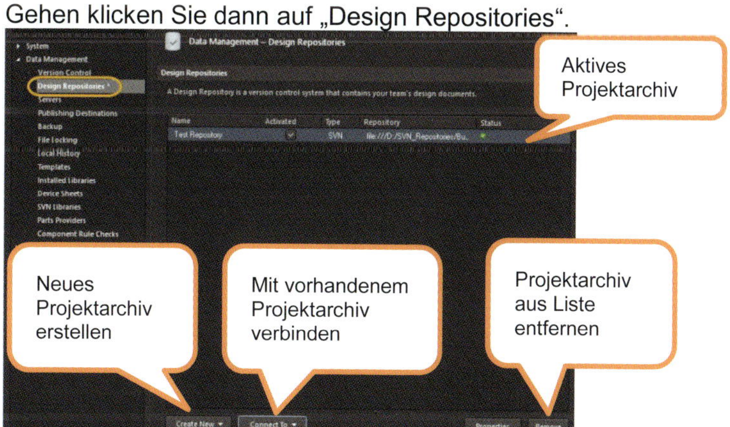

- Die Einstellungsseite zeigt eine Liste der verbundenen Projektarchive an.
- Klicken Sie auf die Schaltfläche „Connect To" und wählen Sie dann „SVN" aus um sich mit einem **bestehenden** SVN Projektarchiv zu verbinden

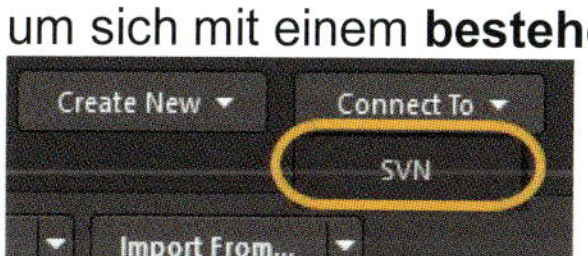

- Es öffnet sich der „SVN Design Repository“ Dialog.

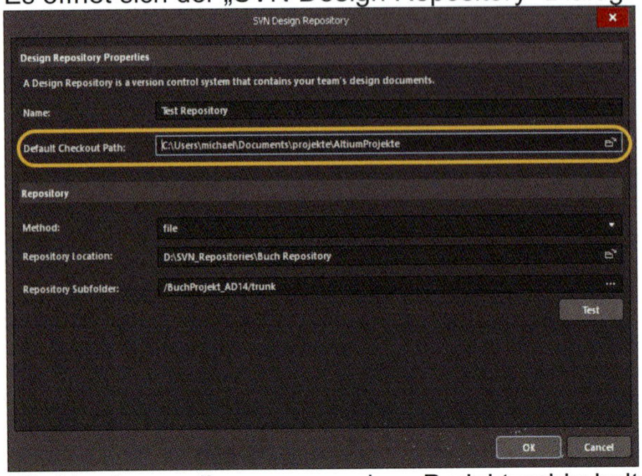

  Für Versionen die man aus dem Projektarchiv holt (check-out) kann direkt ein Standardpfad (Default Checkout Path) angegeben werden.
- Im oberen Bereich können Sie einen Namen vergeben, der im Altium Designer® angezeigt wird.
- Im unteren Bereich können Sie unter „Method“ die Zugriffsmethode auf das Projektarchiv einstellen.
  - **file**
    Das Projektarchiv befindet sich auf einem lokalen oder Netzwerk-Laufwerk.
  - **http und https**
    Zugriff im Netzwerk über einen Apache Web Server
  - **svn**
    Zugriff im Netzwerk über den Subversion eigenen Server svnserve.
  - **svn + ssh**
    Zugriff im Netzwerk über eine Secure Shell (SSH). Unter Windows muss hierzu ein SSH Klient, wie z.B. PuTTY, installiert werden.
- Klicken Sie hinter „Repository Location“ auf das Ordnersymbol um den Ort des Projektarchivs auszuwählen.

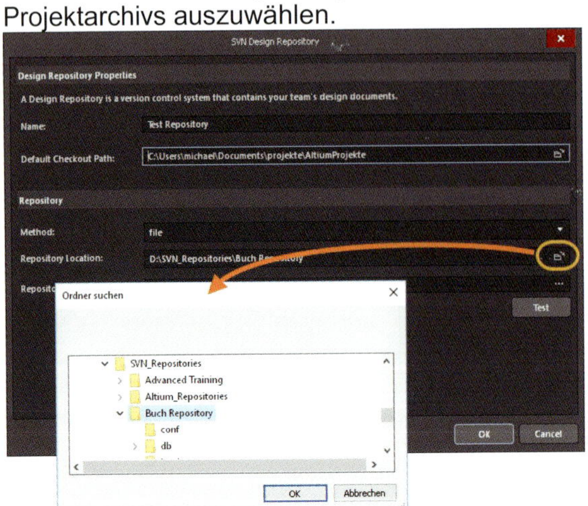

- Navigieren Sie zum Projektarchiv und wählen Sie diesen über die Schaltfläche „OK" aus.
- Wenn das Projektarchiv Unterverzeichnisse enthält (z.B. trunk für die Hauptentwicklungslinie), können Sie diese im Feld „Repository Subfolder" auswählen.
- Schließen Sie den Dialog über die Schaltfläche „OK".
- Im Bereich „Design Repositories" sehen Sie jetzt das verbundene Repository.
- In der Spalte „Status" muss ein grüner Haken.
- Sollte dort ein rotes Kreuz sein, kann die Verbindung nicht hergestellt werden. Dies ist meist der Fall, wenn im entsprechenden Ordner schon ein anderes Projektarchiv existiert oder Sie keine ausreichenden Windows-Rechte haben um auf das Projektarchiv zuzugreifen.

Neues Projektarchiv erstellen

- Öffnen Sie die Präferenzen über das Zahnrad oben rechts oder vor Version 18 über DXP - Preferences

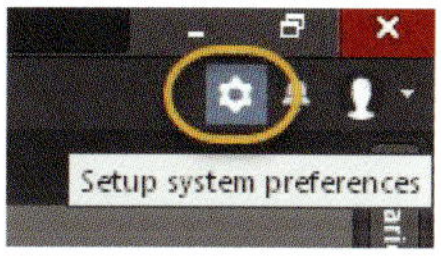

- In den Präferenzen gehen Sie in den Bereich „Data Management" und klicken dort auf „Design Repositories".

- Klicken Sie auf die Schaltfläche „Create New" und wählen Sie dann „SVN" aus um ein neues SVN Projektarchiv zu erzeugen.

- Es öffnet sich der Dialog zum Erzeugen des Projektarchivs

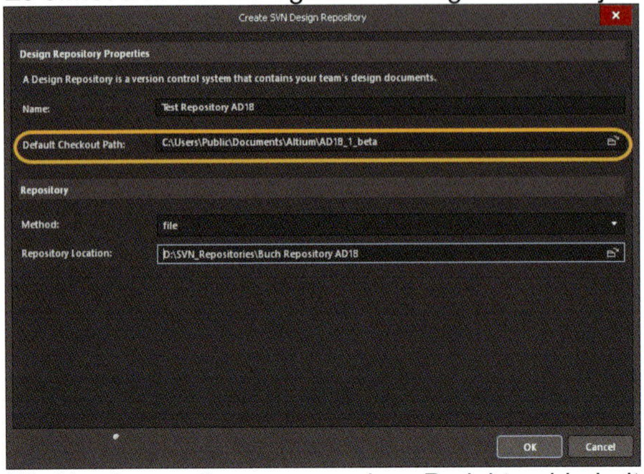

  Für Versionen die man aus dem Projektarchiv holt (check-out) kann direkt ein Standardpfad (Default Checkout Path) angegeben werden.
- Geben Sie im oberen Bereich einen Namen für das Projektarchiv ein.
- Im unteren Bereich können Sie unter „Method“ die Zugriffsmethode auf das Projektarchiv einstellen.
  - **file**
    Das Projektarchiv befindet sich auf einem lokalen oder Netzwerk-Laufwerk.
  - **http und https**
    Zugriff im Netzwerk über einen Apache Web Server
  - **svn**
    Zugriff im Netzwerk über den Subversion eigenen Server svnserve.
  - **svn + ssh**
    Zugriff im Netzwerk über eine Secure Shell (SSH). Unter Windows muss hierzu ein SSH Klient, wie z.B. PuTTY, installiert werden.
- Klicken Sie hinter „Repository Location“ auf das Ordnersymbol um den Ort des Projektarchivs auszuwählen.
- Navigieren Sie zum gewünschten Ort.
- Es sollte immer zunächst über die Schaltfläche „Neuen Ordner erstellen“ ein neues Unterverzeichnis erstellt werden. Subversion kann kein Projektarchiv erstellen, wenn sich in dem Ordner schon ein anderes Projektarchiv befindet.

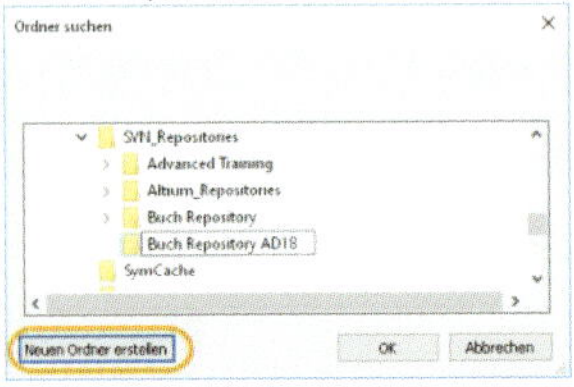

- Schließen Sie diesen Dialog über die Schaltfläche „OK“.

Das neue Projektarchiv befindet sich jetzt in der Liste der verbundenen Projektarchive und in der Spalte „Status“ muss ein grüner Haken sein. Falls dort ein rotes Kreuz ist, hat das Erzeugen des Projektarchivs nicht funktioniert. Dies ist meist der Fall, wenn im entsprechenden Ordner schon ein anderes Projektarchiv existiert oder

Sie keine ausreichenden Windows-Rechte haben um auf das Projektarchiv zuzugreifen.

Projekt zur Versionsverwaltung hinzufügen

ACHTUNG: In der Version 21.0.8 scheitert das Hinzufügen eines Projekts, bei dem sich Dateien in Unterordnern (z.B. Bibliotheken) befinden!
Solche Projekte müssen manuell zu Subversion hinzugefügt werden.

- Klicken Sie mit der rechten Maustaste auf den Projektnamen.
- Im sich öffnenden Menü klicken Sie auf „History & Version Control“ und dann auf „Add Project Folder to Version Control...“

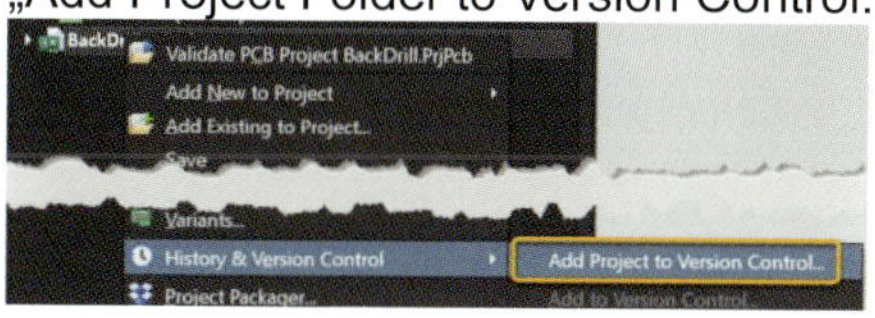

- Es öffnet sich der „Add to Version Control“ Dialog.
  Wählen Sie oben aus der Liste ein Projektarchiv aus.

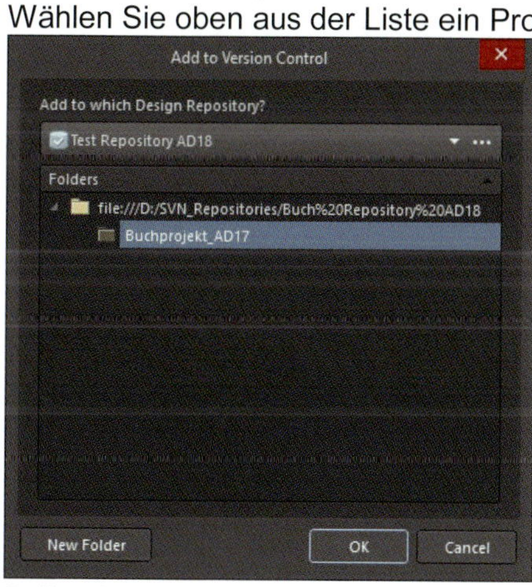

- Sollte die Liste leer sein, dann klicken Sie auf die Schaltfläche mit den drei Punkten '...'.
- Diese öffnet die „Data Management“ Seite in den Präferenzen. Hier können Sie sich zu einem existierenden Projektarchiv verbinden oder ein neues erstellen.
- Nach der Auswahl des Projektarchivs klicken Sie im Bereich „Folders“ auf die Zeile mit dem Pfad.
- Über die Schaltfläche „New Folder“ erzeugen Sie innerhalb des Projektarchivs einen neuen Unterordner. Der Unterordner hat zunächst den Namen des aktuellen Projektordners.
- Schließen Sie den Dialog über die Schaltfläche „OK“.
- Der Altium Designer® analysiert jetzt das Projektverzeichnis und zeigt im „Add to Version Control“ Dialog die gefundenen Dateien an.

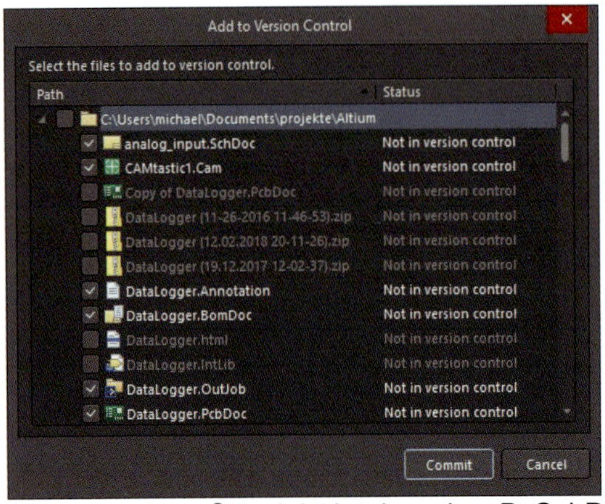

Altium Designer® Projektdateien wie z.B. SchDoc, PcbDoc, PrjPcb usw. erhalten automatisch einen Haken um in die Versionsverwaltung aufgenommen zu werden. Wollen Sie bestimmte Dateien nicht aufnehmen entfernen Sie einfach den Haken. Gibt es weitere Dokumente, wie z.B. PDFs, Office Dokumente o.ä., dann setzen Sie dort einen Haken, wenn diese auch die Versionsverwaltung sollen.

- Ein Klick auf die Schaltfläche „Commit" meldet die Dateien in der Versionsverwaltung an. Vor der Version 24 sind zu diesem Zeitpunkt die Dateien noch nicht im Projektarchiv. Dieser Zustand wird im Projekt Panel mit einem blauen Kreuz gekennzeichnet.

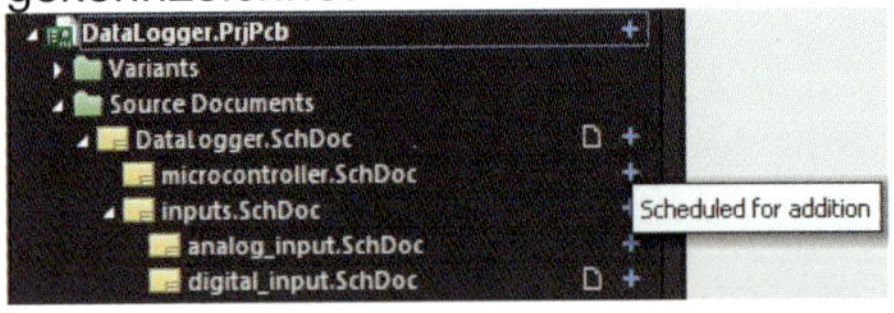

- Um die Dateien tatsächlich im Projektarchiv zu speichern, müssen Sie ein „Commit" durchführen. Klicken Sie mit der rechten Maustaste auf den Projektnamen. Im sich öffnenden Menü klicken Sie auf „History & Version Control" und dann auf „Commit Whole Project..."

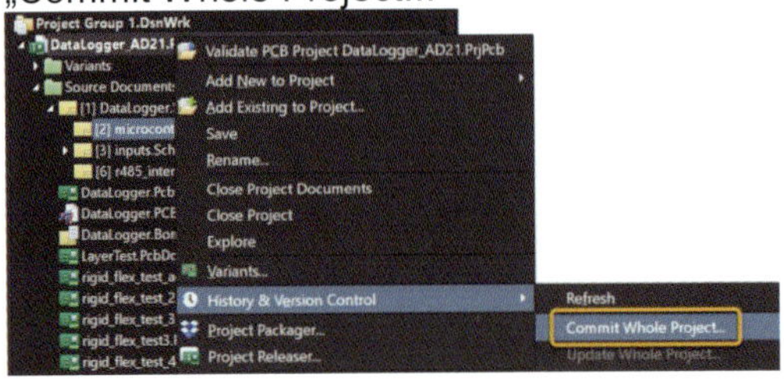

- Es öffnet sich der „Commit to Version Control" Dialog.
  Der Altium Designer® analysiert die vorgemerkten Dateien und zeigt diese dann in einer Liste an. Sollen Dateien vom „Commit" ausgeschlossen werden, können Sie einfach den Haken vor der Datei entfernen. Im unteren Bereich „Comment" sollten Sie immer einen aussagekräftigen Kommentar eintragen. Dieser erleichtert es Ihnen sich später in den verschiedenen Revisionen zurecht zu finden.

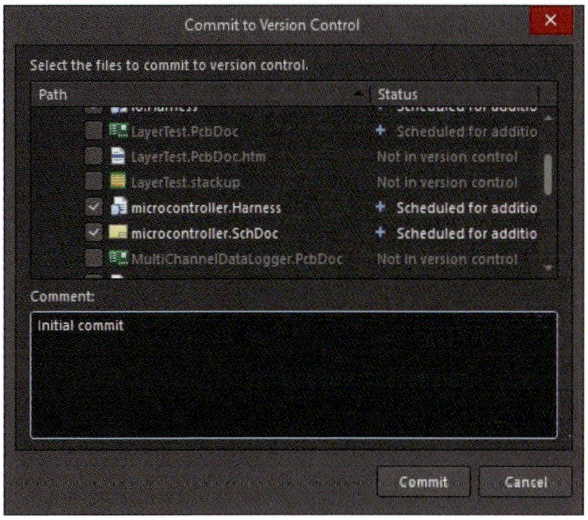

- Ein Klick auf die Schaltfläche „OK" speichert die Dateien im Projektverzeichnis und schließt den Dialog.
- Im Projekt Panel sind die Dateien jetzt mit einem grünen Haken gekennzeichnet.

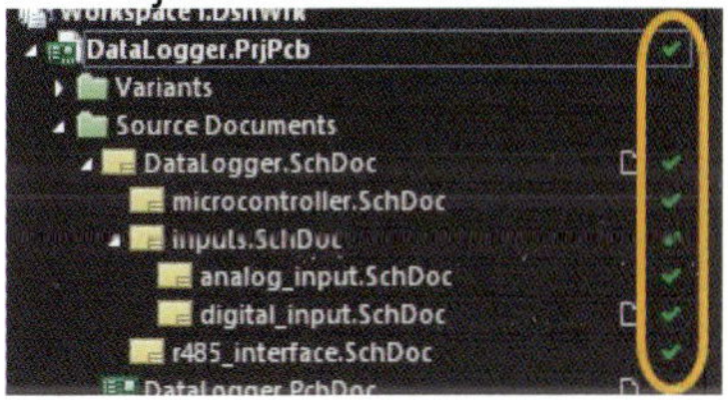

Lokale Arbeitskopie aus dem Projektarchiv holen

- Klicken Sie im Menü „File" auf den Eintrag „Check Out..."

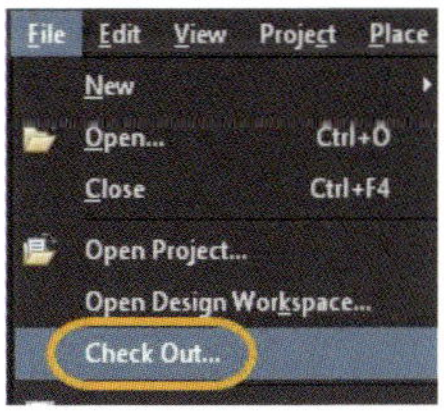

- Es öffnet sich der Der „Check Out" Dialog.

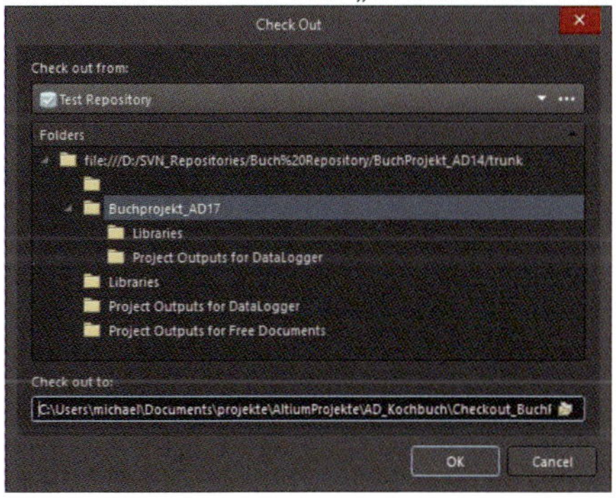

Wählen Sie ganz oben das Projektarchiv.

- Im mittleren Bereich legen Sie fest aus welchem internen Verzeichnis des Projektarchivs die Arbeitskopie geholt werden soll.
- Klicken Sie in der untersten Zeile auf das Ordner Symbol und navigieren Sie zu dem Ort an dem Sie die Arbeitskopie speichern wollen. Wenn Sie hier einen Ordner angeben den es nicht gibt, dann legt ihn der Altium Designer® automatisch an.

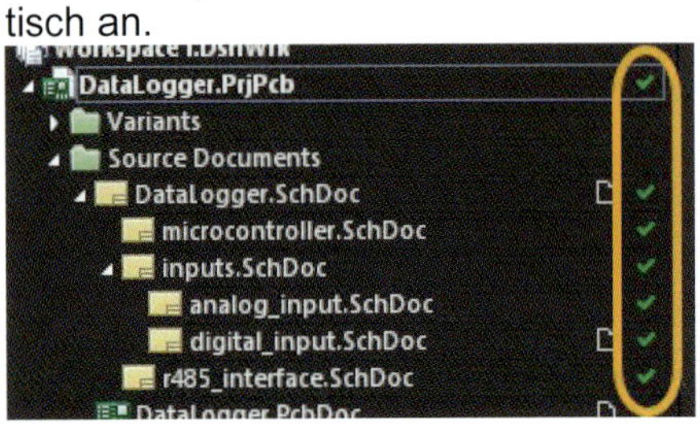

- Die lokale Arbeitskopie des Projekts befindet sich jetzt im gewählten Ordner.

Geänderte Datei in Projektarchiv einpflegen

- Eine geänderte und abgespeicherte Datei wird im Projekt Panel mit einem roten Kreis gekennzeichnet.

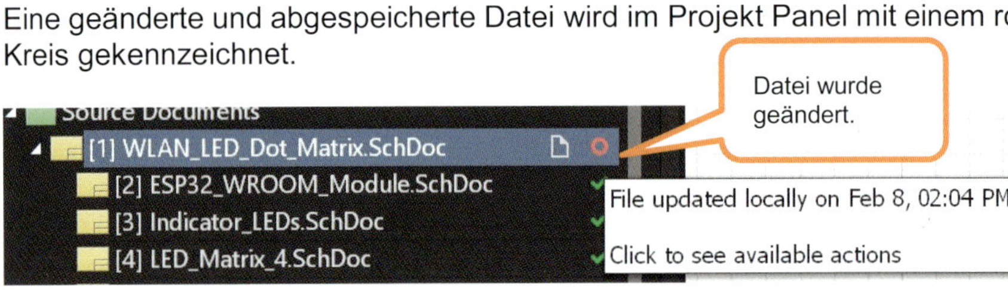

- Ab der Version 22 öffnet ein Klick auf das Symbol ein Menü. Hier können Sie direkt auswählen, ob Sie die Änderungen ins Projektarchiv übertragen oder sie rückgängig machen wollen.

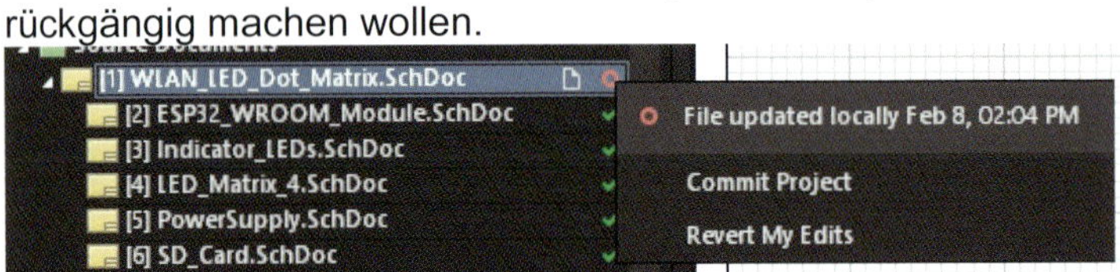

- Vor der Version 22 klicken Sie zum Einpflegen in das Projektarchiv mit der rechten Maustaste im Projekt Panel auf den Projektnamen.
- Im sich öffnenden Menü klicken Sie auf „History & Version Control“ und dann auf „Commit Whole Project...“

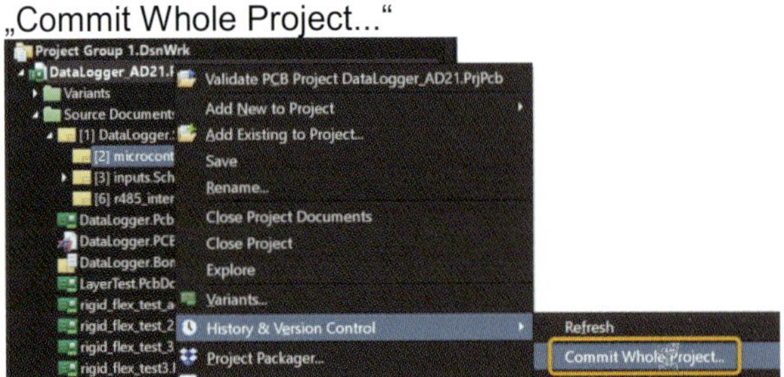

- Es öffnet sich der „Commit to Version Control“ Dialog. Im oberen Bereich werden die geänderten Dateien angezeigt. Im unteren Bereich können Sie einen Änderungskommentar eintragen.

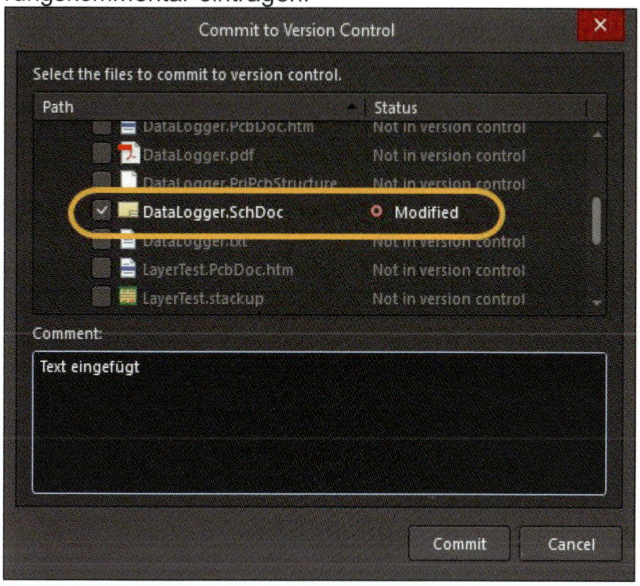

- Alternativ können Sie den Rechtsklick auch auf eine einzelne Datei machen. Dann können Sie gezielt diese Datei mit einem eigenen Kommentar einpflegen.

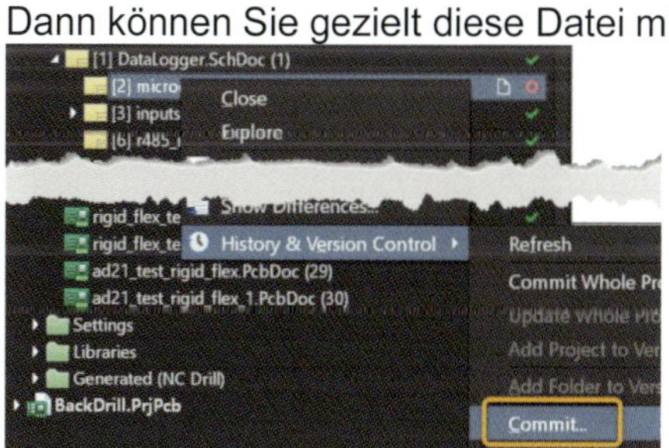

- Es öffnet sich der „Edit Comment“ Dialog.

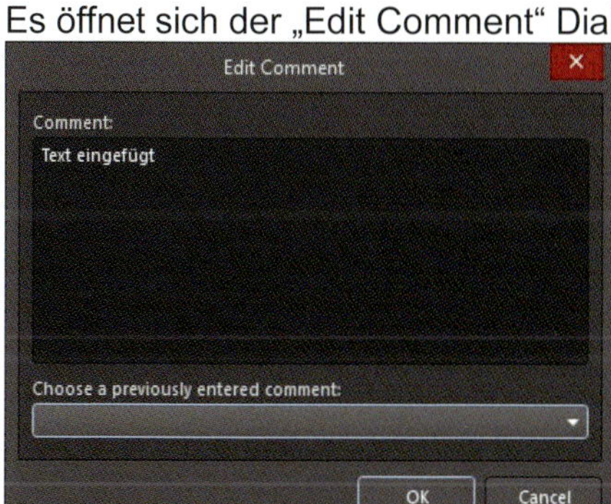

- Hier können Sie speziell für diese Datei einen Änderungskommentar eintragen.
- Ein Klick auf die Schaltfläche „OK“ schließt den Dialog und pflegt die Datei in

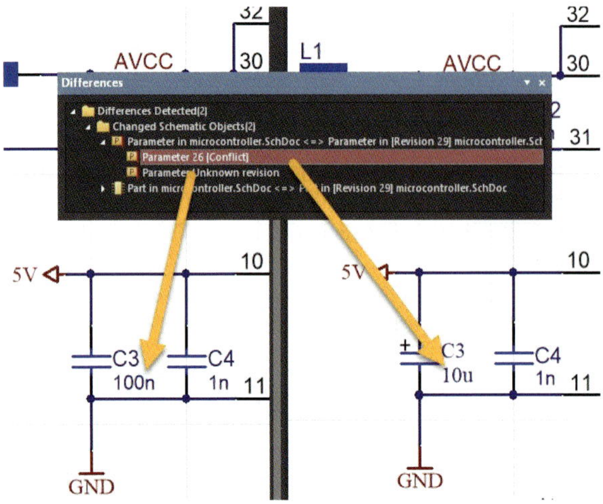

- Im Beispiel unterscheidet sich der Wert eines Bauteils. In diesem Fall sollte man sich mit dem betroffenen Kollegen zusammensetzen und eine Lösung suchen.
- Ein Rechtsklick auf die betroffene Datei öffnet das bekannte Menü.
  Unter „History & Version Control" finden Sie den Eintrag „Resolve Conflicts"

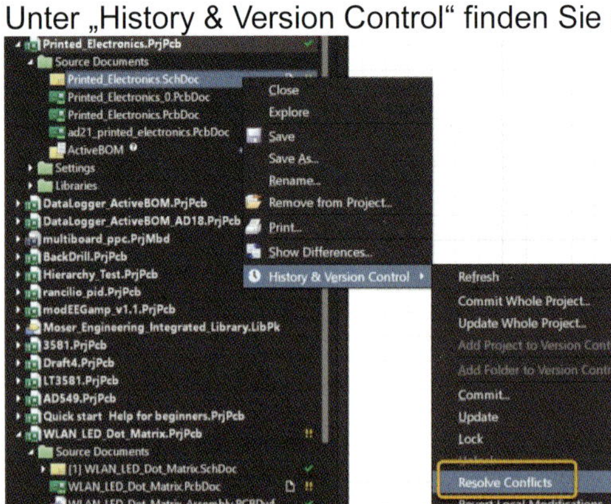

- Ein Klick auf diesen Eintrag öffnet ein Bestätigungsfenster

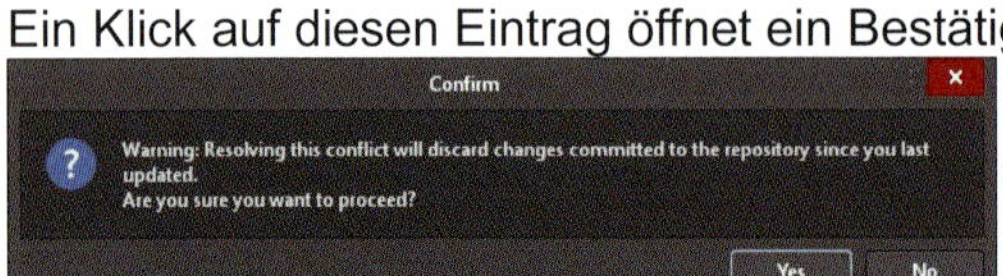

  Wenn Sie hier auf „Yes" klicken, dann verwerfen Sie alle Änderungen an dieser Datei **im Projektarchiv** seit **Ihrer** letzten Aktualisierung. Das sollten Sie niemals ohne Absprache mit Ihren Kollegen tun!
- Wenn Sie nach Absprache mit Ihren Kollegen sich entscheiden Ihre Änderungen zurück zunehmen, dann wählen Sie den Menüeintrag „Revert Local Modifications". Ihre lokale Arbeitskopie der Datei befindet sich danach im Zustand des Projektarchivs.

Konflikte auf der Leiterplatte

Die Auflösung von Konflikten auf der Leiterplatte funktioniert ab der Version 24 nur noch für Projekte, die im Altium 365® Workspace unter Versionsverwaltung stehen. Zusätzlich ist mindestens eine Profi Subskription notwendig. Sind diese Bedingungen erfüllt, dann können Konflikte mit dem PCB CoDesign Panel gelöst werden. In den Versionen 22 und 23 wurde das unten beschriebene „Collaborate, Compare and Merge" Panel entfernt. In diesen Versionen ist deshalb eine Konfliktauflösung nicht möglich.

Konflikte auf der Leiterplatte vor der Version 22

- Nach dem Aktualisieren des Status zeigt der Altium Designer® im Projekt Panel Konflikte an, die nicht automatisch behoben werden kann.

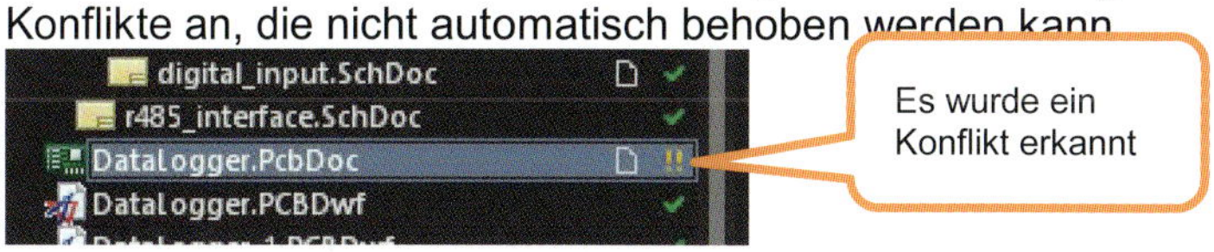

- Die Unterschiede können Sie über das „Collaborate, Compare and Merge" Panel anzeigen. Öffnen Sie dieses Panel in dem Sie rechts unten auf die Schaltfläche „Panels" bzw. „PCB" und dann auf „Collaborate, Compare and Merge" klicken.
- Es öffnet sich das „Collaborate, Compare and Merge" Panel.
- Im Bereich „Actions" sehen Sie den Status der Versionsverwaltung. „Merge required" bedeutet, dass die Änderungen der lokalen Leiterplatte mit den Änderungen im Projektarchiv zusammengeführt werden müssen.
- Klicken Sie im Bereich „Actions" auf „Click to show merge resolution view".

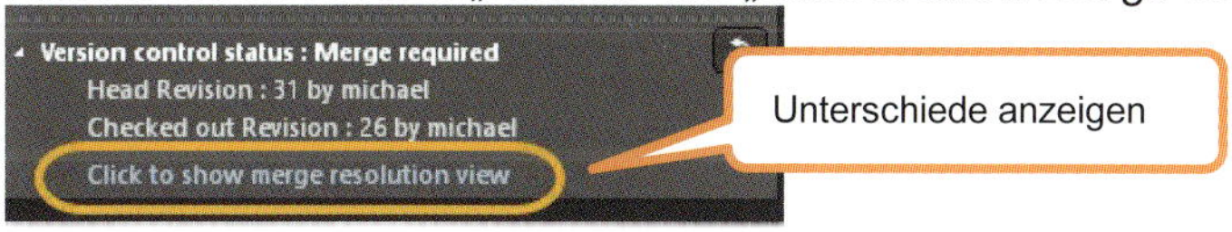

- Im Bereich „Difference Map" und auf der Leiterplatte sehen Sie dann die Unterschiede.

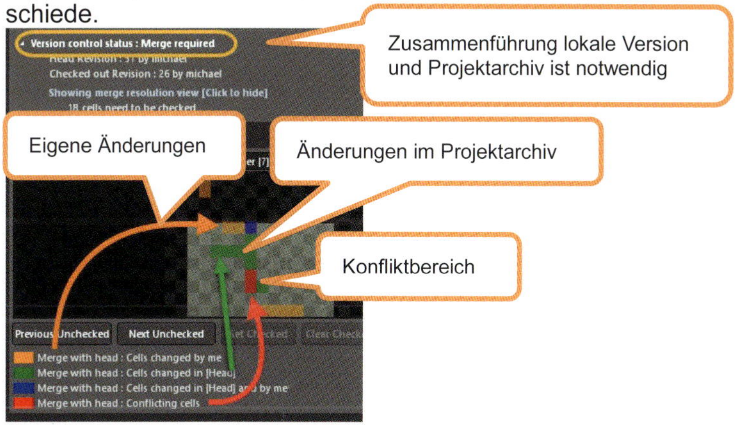

- Die Leiterplatte wird dazu in einzelne Zellen aufgeteilt. Die Zellengröße kann im oberen Bereich „Settings“ über „Cell Size“ eingestellt werden.

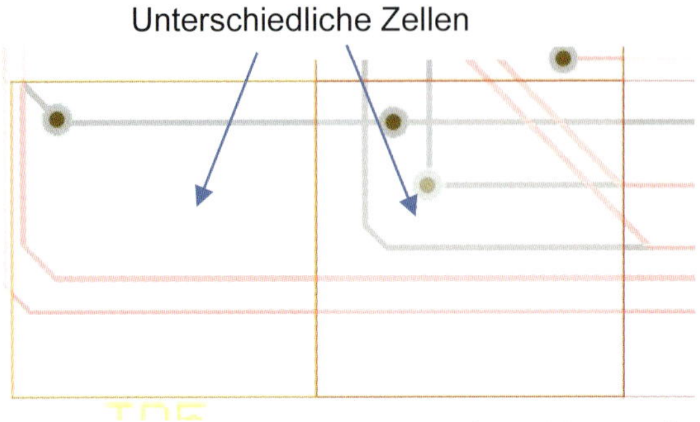

Vergrößert man die Darstellung, erkennt man wie sich die lokale Leiterplatte (dunkle Objekte vor Version 18 „Head -“) vom Stand im Projektarchiv (farbige Objekte vor Version 18 „Head +“) unterscheidet.

- Ein Rechtsklick auf eine Zelle im „Collaborate, Compare and Merge“ Panel erlaubt die Änderungen aus dem Projektarchiv für die gesamte Zelle zu übernehmen.

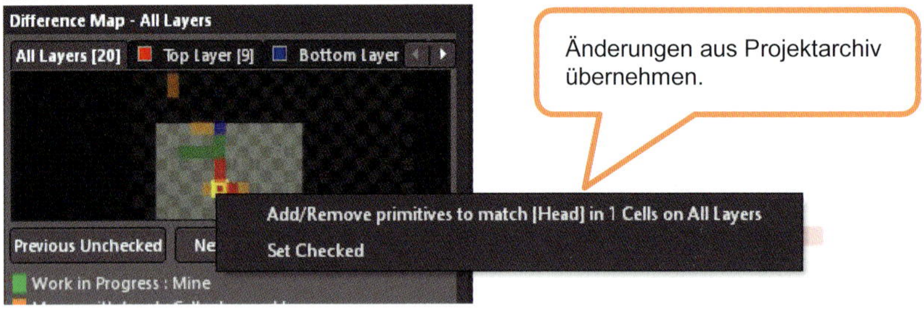

- Klickt man die direkt auf der Leiterplatte mit der rechten Maustaste auf eines der Objekte die sich unterscheiden, kann man im Kontextmenü über „Merge“ festlegen was passieren soll. Es gibt immer die Möglichkeit eine Änderung aus dem Projektarchiv zu übernehmen oder eine lokale Änderung zu verwerfen.

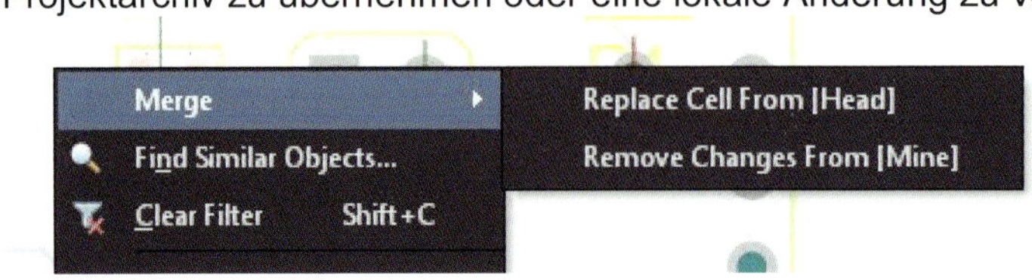

- Auf diese Weise lassen sich die Änderungen im Projektarchiv, die andere Kollegen vorgenommen haben, mit den eigenen Änderungen zusammenführen.
- Anschließend wird die Arbeitskopie über ein „Commit“ in das Projektarchiv eingepflegt und steht allen zur Verfügung.

Versionsverwaltungs-Terminologie

- **Repository**
  Das Repository ist der Speicherort und die Verwaltungsstrukturen auf denen die Versionsverwaltung aufbaut. In diesem Text wird der deutsche Begriff „Projektarchiv“ verwendet.
- **Revision des Projektarchivs**
  Die Revision des Projektarchivs ist eine Zahl, die bei jeder Änderung am Projektarchiv erhöht wird. Solch eine Änderung kann das Hinzufügen eines neuen Projekts, das Hinzufügen von Dateien, das Speichern von geänderten Dateien und auch das Entfernen von Dateien sein. Die aktuellste Revision des Projektarchivs wird als „Head“ Revision bezeichnet. Über die Kommandozeilentools bzw. TortoiseSVN kann auf jede beliebige Revision zugegriffen werden.
- **Revision eines Projekts**
  Die Revision eines Projekts ist die Summe aller Dateien, deren Revisionsnummer kleiner oder gleich der angeforderten Revision des Projektarchivs ist.
- **Arbeitskopie**
  Die Arbeitskopie eines Projekts ist die Gesamtheit der Projektdateien aus dem Projektarchiv. Änderungen werden in der Arbeitskopie vorgenommen.
- **Commit**
  Commit, manchmal auch als „Check-In“ bezeichnet, ist der Vorgang, mit dem man Dateien im Projektarchiv speichert. Jeder Commit erhöht die Revisionsnummer des gesamten Projektarchivs.
- **Check-Out**
  Wird aus dem Projektarchiv eine Arbeitskopie geholt, dann wird dies mit „Check-Out“ bezeichnet.
- **Update**
  Wenn es zwischen dem Projektarchiv und der Arbeitskopie Unterschiede gibt, dann muss jeder Entwickler eine Aktualisierung (Update) auf die eigene Arbeitskopie durchführen.
- **Konflikt**
  Ein Konflikt bezeichnet eine Situation, in der eine Aktualisierung nicht automatisch möglich ist. Dies kann der Fall sein, wenn zwei Entwickler eine Änderung an der gleichen Stelle vorgenommen haben.
- **Merge**
  Der Begriff „Merge“ bezeichnet das Zusammenführen von unterschiedlichen Projektständen und auch die Auflösung von Konflikten.

ALTIUM DESIGNER®

SKRIPTE INSTALLIEREN UND AUSFÜHREN

Viele Aufgaben im Altium Designer® lassen sich über Skripte automatisieren. Skripte können verwendet werden, um den Altium Designer® um Funktionen zu erweitern, die sonst nicht zur Verfügung stehen. Die Skripte können in folgenden Skriptsprachen geschrieben werden:

- Delphi Script
- Visual Basic Script
- Java Script
- TCL Script
- Enable Basic Script

In diesem Kapitel werden Sie erfahren, wie Sie nützliche Skripte finden, installieren und ausführen können.

Wo findet man Skripte?

Altium® Webseite

> Hinweis:
> Es ist möglich, dass die verfügbaren Skripte nicht mit den aktuellsten Versionen des Altium Designer®s funktionieren.

- Öffnen Sie die Internetseite „https://www.altium.com/documentation/other_installers“
- Wählen Sie im Inhaltsverzeichnis „Altium Designer – Examples & Reference Designs“

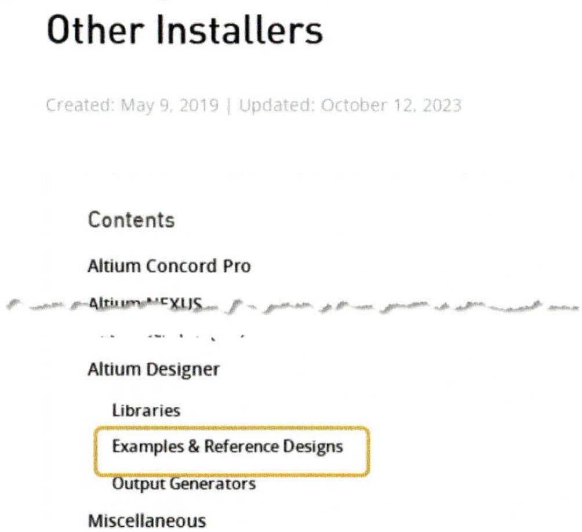

- Im Bereich „Examples & Reference Designs“ können Sie die Examples.zip Datei herunterladen.

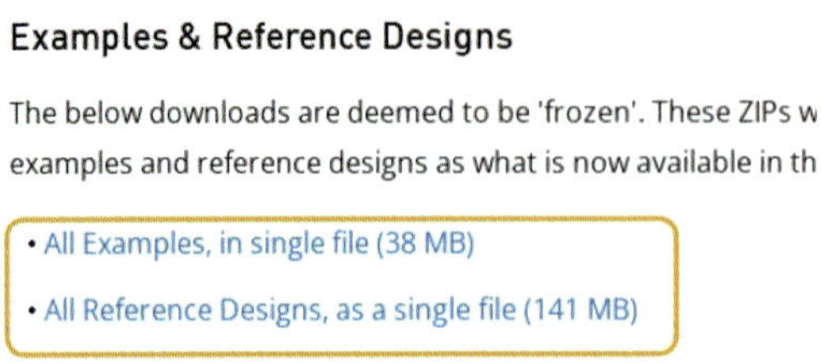

- Öffnen Sie die Examples.zip Datei.
- Die Beispielskripte befinden sich im Ordner „Scripts“.
- Legen Sie im Altium Designer® Installationsverzeichnis, z.B. „c:\users\Public\Documents\Altium\“, einen Ordner „Skripte“ an.
- Entpacken Sie die Beispielskripte in diesen Ordner.

Altium Designer® Add-ons

Es gibt im Internet eine Community von Anwendern, die Altium Designer® Skripte kostenlos zur Verfügung stellt. Neben den Skripten gibt es dort auch verschiedene Beispielbibliotheken und Vorlagen.

> Hinweis:
> Es ist möglich, dass die verfügbaren Skripte nicht mit den aktuellsten Versionen des Altium Designer®s funktionieren.

- Öffnen Sie die Internetseite „https://github.com/altium-designer-addons/scripts-libraries/“
- Auf der Startseite finden Sie eine Übersicht über die verfügbaren Skriptkategorien.

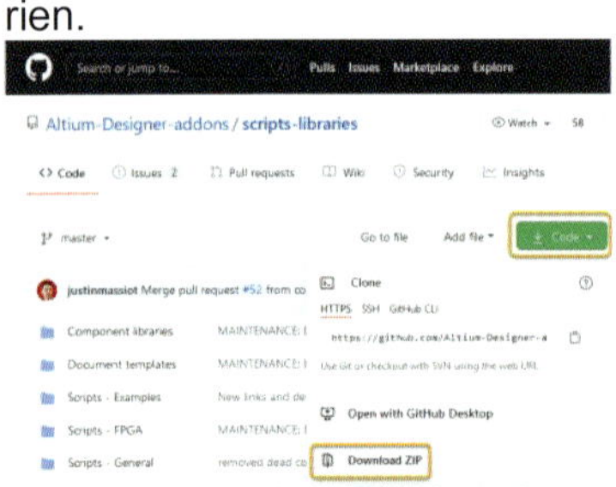

- Um alle Skripte herunterzuladen klicken Sie auf „Code“.
- Es öffnet sich ein Kontextmenü.
- Wählen Sie dort „Download ZIP“ und geben Sie im folgenden Dialog einen Speicherort an.
- Legen Sie im Altium Designer® Installationsverzeichnis, z.B. „c:\users\Public\Documents\Altium\“, einen Ordner „Skripte“ an.
- Legen Sie in diesem Ordner für jedes heruntergeladene Skript einen Ordner an.
- Entpacken Sie die Skripte in der ZIP Datei in die jeweiligen Ordner.

Neben dem Herunterladen aller Skripte, können Sie auch die Einzelskripte als ZIP Datei herunterladen.

- Klicken Sie auf die gewünschte Kategorie, z.B. „Scripts – PCB“, um diese zu öffnen.

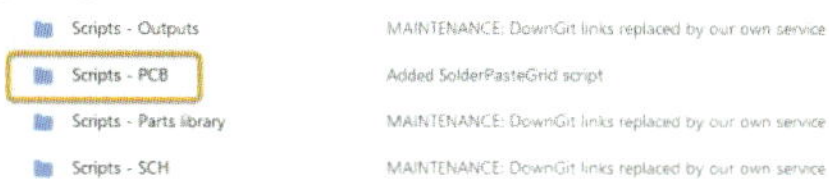

- Es öffnet sich eine Seite mit allen Skripten für die Leiterplatte.
  Gehen Sie dort ganz nach unten in den Bereich „README.md“.
  Wählen Sie dort ein Skript aus.

- Ein Klick auf den Skriptnamen öffnet den Download Dialog.

- Wählen Sie dort „Datei speichern“ und geben Sie im folgenden Dialog einen Speicherort an.
- Legen Sie im Altium Designer® Installationsverzeichnis, z.B. „c:\users\Public\Documents\Altium\“, einen Ordner „Skripte“ an.
- Legen Sie in diesem Ordner für jedes heruntergeladene Skript einen Ordner an.
- Entpacken Sie die Skripte in der ZIP Datei in die jeweiligen Ordner.

Skripte installieren

Wenn Sie Skripte häufiger benötigen, dann sollten Sie diese im Altium Designer® installieren.

- Öffnen Sie die Präferenzen über das Zahnrad oben rechts oder vor Version 18 über DXP - Preferences

- Öffnen Sie im linken Bereich den Eintrag „Scripting System“

- Es öffnet sich der Dialog zum kundenspezifischen Anpassen des Altium Designer®s. Wählen Sie hier im linken Bereich den Eintrag „[Scripts]“. Im rechten Bereich werden dann alle verfügbaren Skripte angezeigt

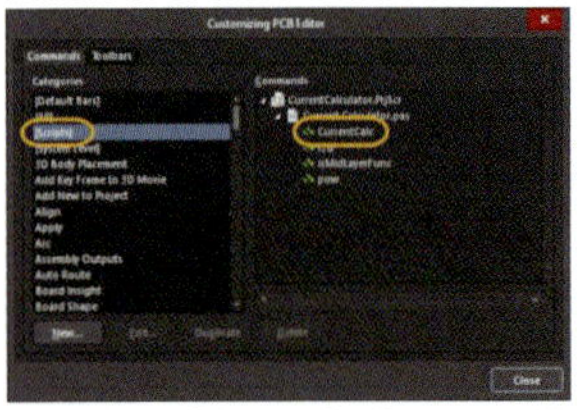

- Klicken Sie auf „CurrentCalc“, halten Sie die linke Maustaste die ganze Zeit gedrückt und ziehen diesen Eintrag auf den gewünschten Menüleisteneintrag (z.B. „Tools“).
- Das Tools Menü öffnet sich.
- Wählen Sie jetzt die Position an welcher der neue Eintrag erscheinen soll und lassen dort die linke Maustaste los.

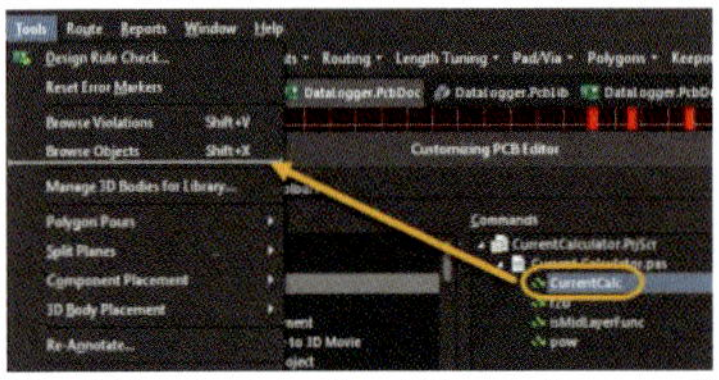

- Es öffnet sich der Einstellungsdialog für den neuen Menüeintrag.

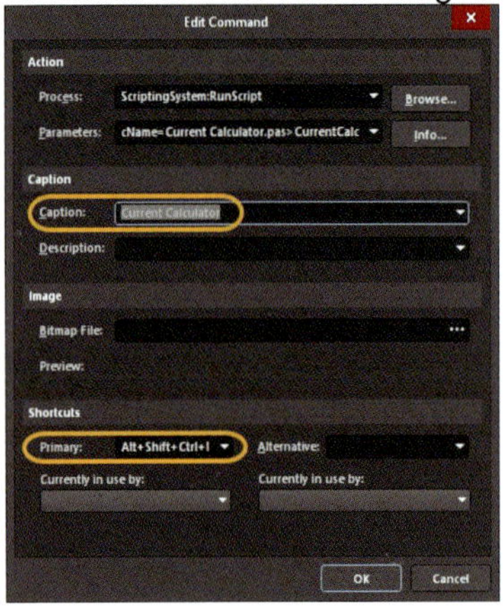

- Passen Sie den Eintrag im Bereich „Caption“ an, z.B. „Current Calculator“.
- Klicken Sie im Bereich „Shortcuts“ in das Feld „Primary“ und drücken Sie dann die gewünschte Tastenkombination. Wenn diese schon belegt ist, dann erscheint die aktuelle Belegung im Feld „Currently in use by:“. Wählen Sie dann eine andere.
- Schließen Sie über „OK“ den Einstellungsdialog und über „Close“ den „Customizing PCB Editor“ Dialog.

- Wenn Sie jetzt den Menüpunkt „Tools“ öffnen, erscheint dort der neue Eintrag inklusive Tastenkürzel.

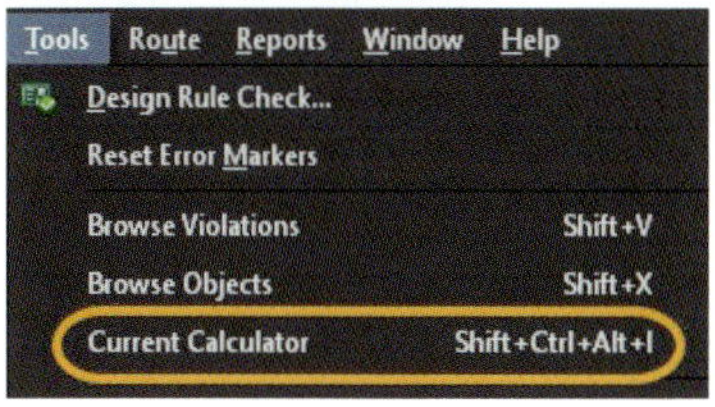

Ausführen über die Werkzeugleiste

Zum Ausführen eines Skripts über die Werkzeugleiste müssen Sie das Skript zu einer Werkzeugleiste hinzufügen.

- Starten Sie hierzu den Befehl „Customize…“ in dem Sie mit der rechten Maustaste auf die Menüliste klicken.

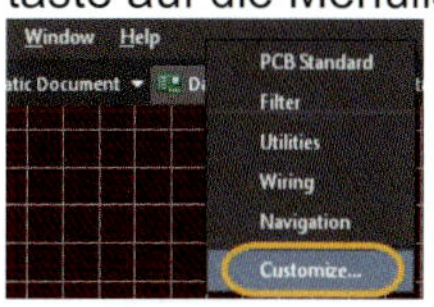

- Es öffnet sich der Dialog zum kundenspezifischen Anpassen des Altium Designer®s. Wechseln Sie zum Reiter „Toolbars“

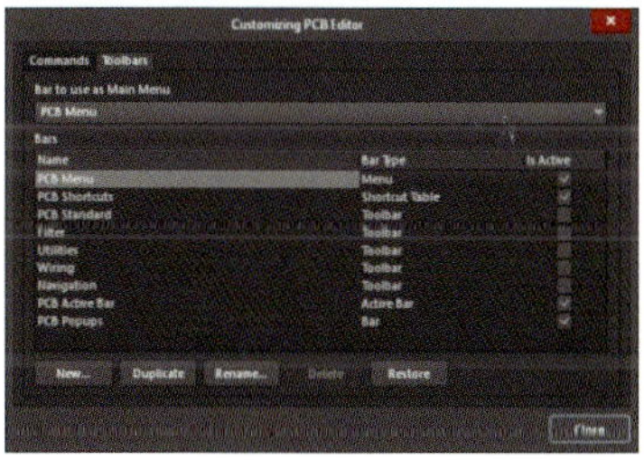

- Erzeugen Sie über „New…“ eine neue Werkzeugleiste. Ändern Sie über „Rename…“ den Namen dieser Leiste. In der Spalte „Is Active“ muss ein Haken sitzen damit, die neue Werkzeugleiste angezeigt wird.

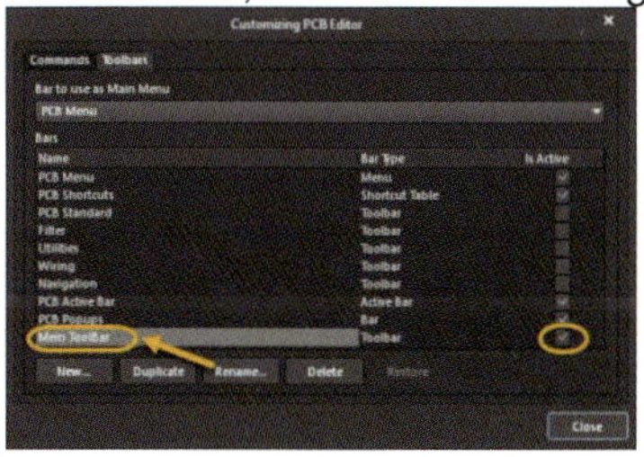

- Die neue Leiste wird im Altium Designer® direkt angezeigt.

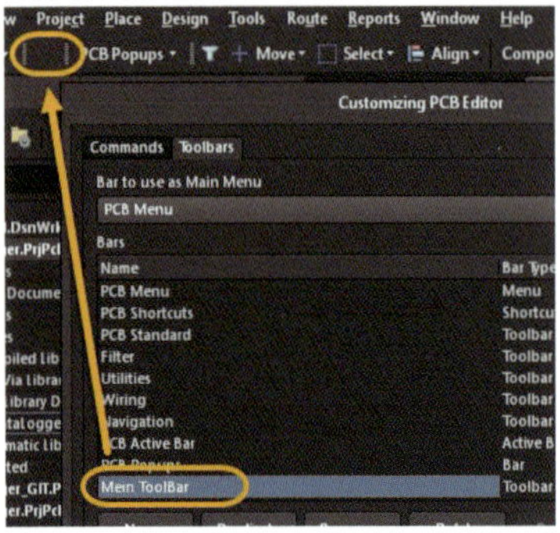

- Wechseln Sie im „Customizing PCB Editor“ Dialog auf den Reiter „Commands“.
- Wählen Sie hier im linken Bereich den Eintrag „[Scripts]“. Im rechten Bereich werden dann alle verfügbaren Skripte angezeigt

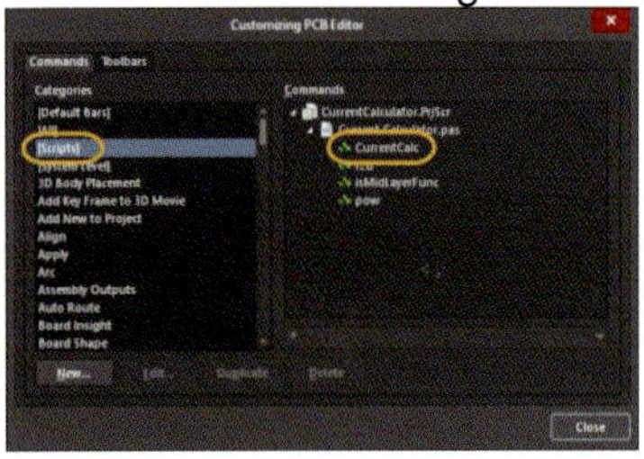

- Klicken Sie auf „CurrentCalc“, halten Sie die linke Maustaste die ganze Zeit gedrückt und ziehen diesen Eintrag auf den die neue Werkzeugleiste.

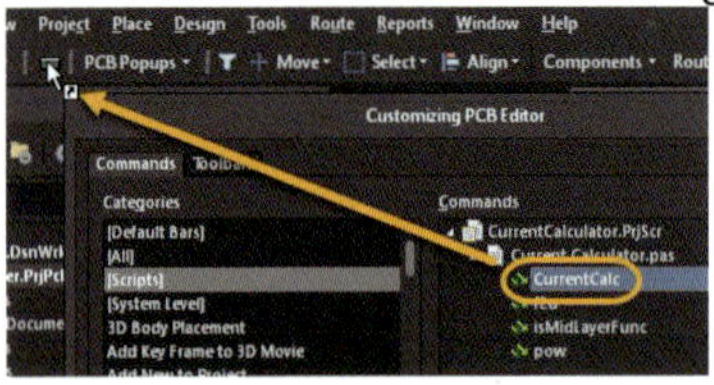

- Es öffnet sich der Einstellungsdialog für den neuen Menüeintrag.

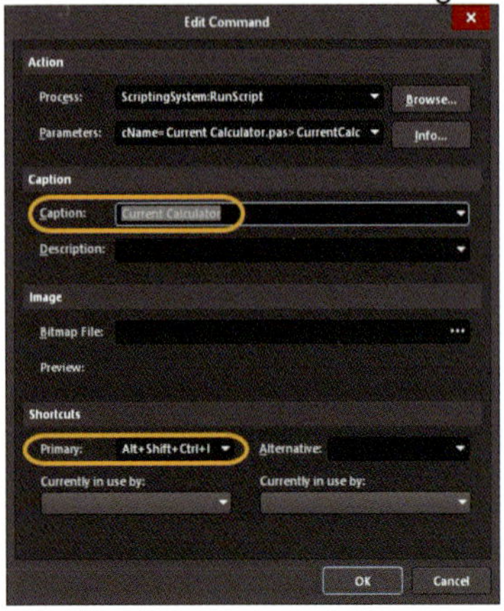

- Passen Sie den Eintrag im Bereich „Caption“ an, z.B. „Current Calculator“.
- Klicken Sie im Bereich „Shortcuts“ in das Feld „Primary“ und drücken Sie dann

die gewünschte Tastenkombination. Wenn diese schon belegt ist, dann erscheint die aktuelle Belegung im Feld „Currently in use by:". Wählen Sie dann eine andere.

- Schließen Sie über „OK" den Einstellungsdialog und über „Close" den „Customizing PCB Editor" Dialog.
- Der neue Eintrag steht jetzt in der Werkzeugleiste zur Verfügung.

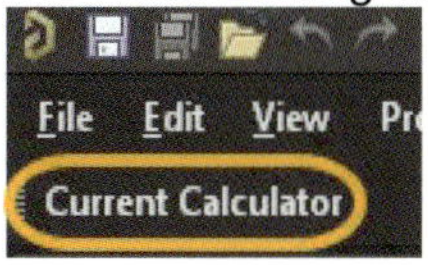

Ausführen über Rechtsklick-Menüeintrag

Zum Ausführen eines Skripts über einen Rechtsklick-Menüeintrag müssen Sie das Skript zu einem Rechtsklick-Menü hinzufügen.

- Starten Sie hierzu den Befehl „Customize…" in dem Sie mit der rechten Maustaste auf die Menüliste klicken.

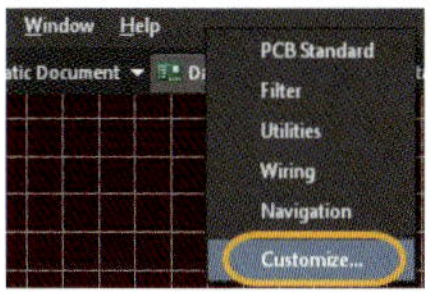

- Es öffnet sich der Dialog zum kundenspezifischen Anpassen des Altium Designer®s. Wählen Sie hier im linken Bereich den Eintrag „[Scripts]". Im rechten Bereich werden dann alle verfügbaren Skripte angezeigt

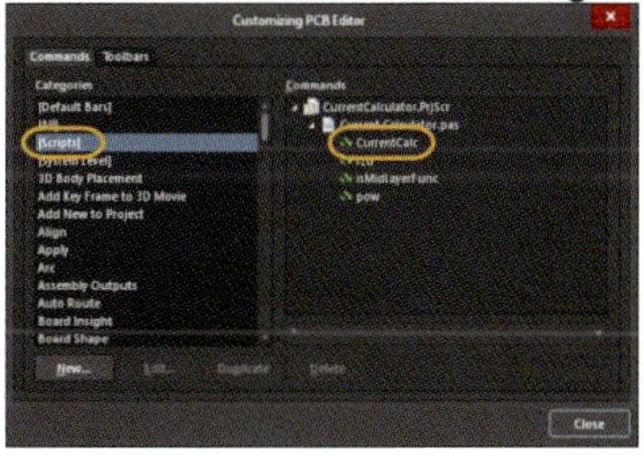

- Klicken Sie auf „CurrentCalc“, halten Sie die linke Maustaste die ganze Zeit gedrückt und ziehen diesen Eintrag zunächst auf den Menüleisteneintrag „PCB Popups“ ①, dann auf „Right Mouse Click Free Space“ oder „Right Mouse Click Primitive“ ②. Vor der Version 18 müssen Sie zunächst unter „Help“ den Eintrag „Popups“ auswählen.

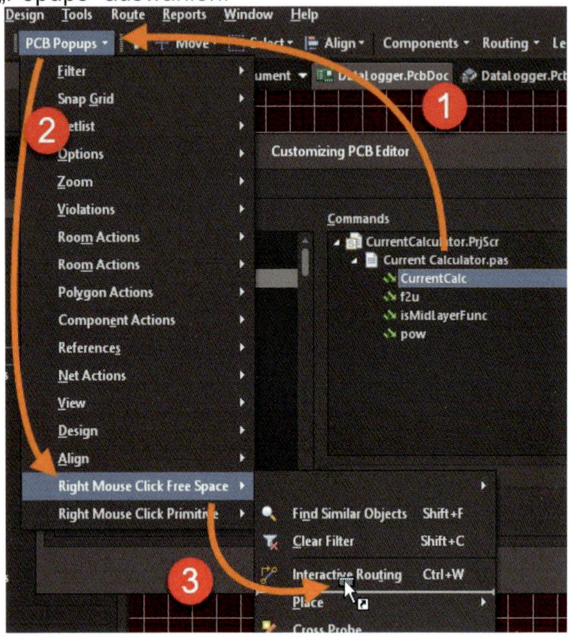

- Wählen Sie jetzt die Position ③ an welcher der neue Eintrag erscheinen soll und lassen dort die linke Maustaste los.
- Es öffnet sich der Einstellungsdialog für den neuen Menüeintrag.

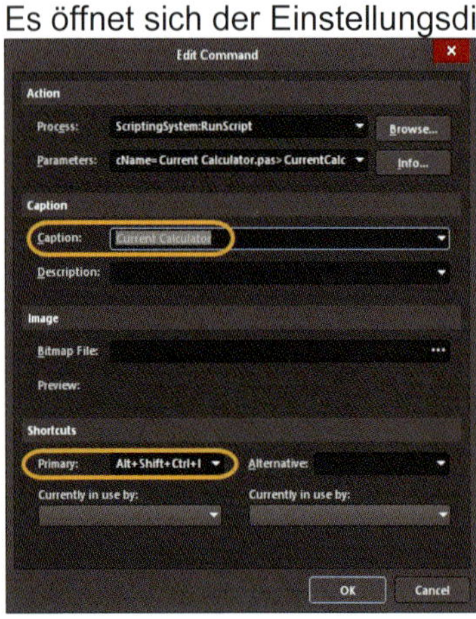

- Passen Sie den Eintrag im Bereich „Caption“ an, z.B. „Current Calculator“.
- Klicken Sie im Bereich „Shortcuts“ in das Feld „Primary“ und drücken Sie dann die gewünschte Tastenkombination. Wenn diese schon belegt ist, dann erscheint die aktuelle Belegung im Feld „Currently in use by:“. Wählen Sie dann eine andere.

- Schließen Sie über „OK“ den Einstellungsdialog und über „Close“ den „Customizing PCB Editor“ Dialog.
- Klicken Sie mit der rechten Maustaste in einen leeren Bereich der Leiterplatte. Im Kontextmenü finden Sie jetzt den neuen Eintrag.

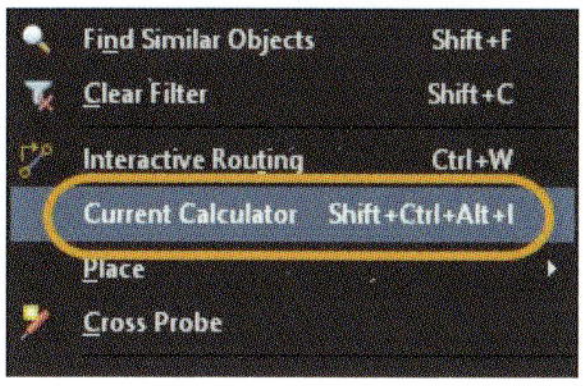

ALTIUM DESIGNER®

ANPASSUNG DER BENUTZEROBERFLÄCHE

Die Benutzeroberfläche des Altium Designers® lässt sich weitgehend an die eigenen Bedürfnisse anpassen. Sie können die Toolbars, die Menüs und die Tastenkürzel ändern.

Toolbars

Toolbars ein-/ausblenden

Ab der Version 18 sind die Toolbars nach der Installation ausgeblendet.

- Um die Toolbars einzublenden, klicken Sie mit der rechten Maustaste in die Menüzeile.
- Es öffnet sich ein Kontextmenü mit der Liste der verfügbaren Toolbars.

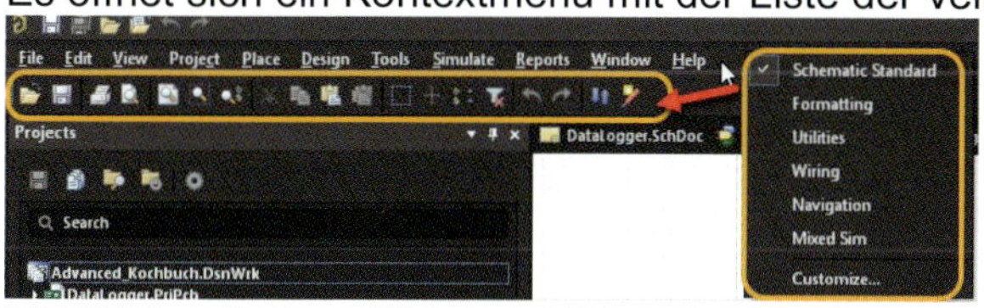

- Ein Klick auf einen Eintrag aktiviert den Toolbar.
- Aktive Toolbars sind im Kontextmenü mit einem Häkchen markiert. Ein Klick auf einen aktiven Eintrag blendet den Toolbar wieder aus.
- Die Toolbars können durch Ziehen mit der Maus nach Bedarf angeordnet werden.

Toolbar Aktion anpassen

Die Aktionen der Toolbars lassen sich anpassen. Damit kann man diese Elemente mit einem eigenen Tastenkürzel versehen oder deren Verhalten ändern. Eine nützliche Anwendung ist die Anpassung der Elemente für das Hinzufügen von Power Ports im Toolbar „Wiring". Hier können Sie die Aktion so anpassen, dass direkt das gewünschte Power Port Symbol verwendet wird.

- Falls nicht vorhanden, blenden Sie zunächst den Toolbar „Wiring" ein.
- Zur Vorbereitung platzieren einen GND Power Port im Schaltplan.
- Ein Doppelklick auf den GND Power Port zeigt Ihnen die Eigenschaften im Properties Panel an.

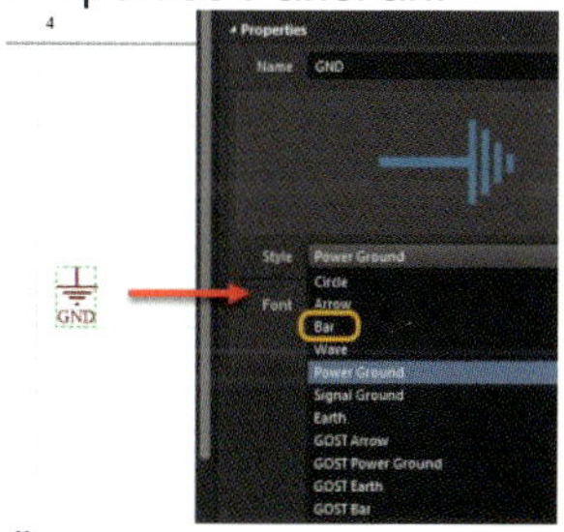

- Öffnen Sie die Style Liste. Wenn Sie das Symbol ändern wollen, dann müssen Sie den Index des Symbols in dieser Liste bestimmen. Falls Sie das Symbol „Bar" verwenden wollen, dann zählen Sie einfach die Listeneinträge beginnend mit Null durch. Das Symbol „Bar“ hat den Index 2.

- Klicken Sie jetzt mit gedrückter Strg Taste im „Wiring“ Toolbar auf die Aktion „GND Power Port“.

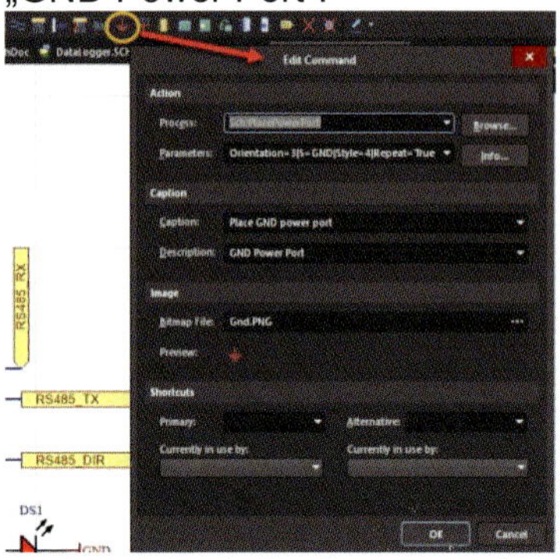

- Im Bereich „Action“ müssen Sie den Eintrag „Parameters“ anpassen.
- Um in Zukunft das Symbol „Bar“ zu verwenden, müssen Sie den Wert von „Style=4“ auf „Style=2“ ändern. Falls Sie sich vertippen können Sie mit Strg – Z die Eingabe rückgängig machen. Neben dem „Style“ können Sie auch den Netznamen ändern. Dies ist beim VCC Power Port sinnvoll. Hierzu ändern Sie einfach den Wert von „S=VCC“ auf z.B. „S=3V3“.

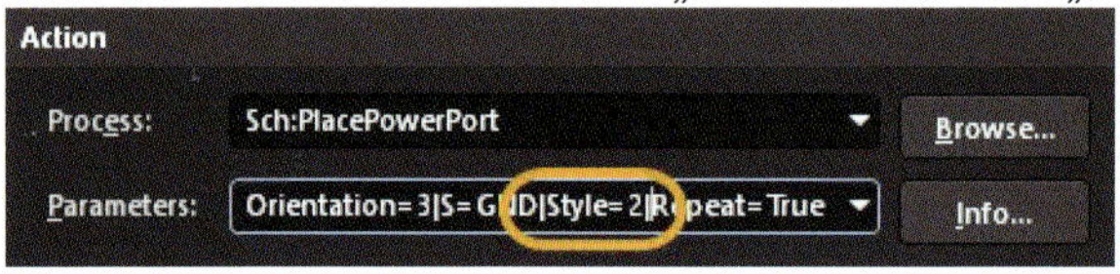

- Wenn Sie auch das Symbol auf der Toolbar Schaltfläche ändern wollen, dann müssen Sie eine Grafik mit 16x16 Pixeln erstellen. Das Standardformat ist „PNG“. Vor der Version 18 befinden sich die Standardgrafiken im Programmunterordner „System“. Ab der Version 18 befinden sich die Grafiken im Unterordner „System\Buttons“ und werden im „SVG“ Vektorformat gespeichert.
- Klicken Sie im Bereich „Image“ auf die drei Punkte im Feld „Bitmap File“. Navigieren Sie zur gewünschten Grafik und wählen diese aus.

- Schließen Sie den Dialog mit „OK“.
- Die geänderte Grafik wird auf dem „Wiring“ Toolbar angezeigt. Ein Klick auf „GND Power Port“ erzeugt jetzt das Symbol „Bar“.

Eigenen Toolbar anlegen

- Klicken Sie im Leiterplattendokument mit der rechten Maustaste in die Menüzeile.
- Wählen Sie im Kontextmenü „Customize…“

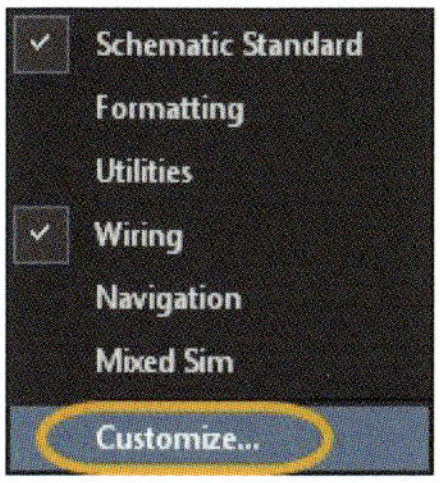

- Es öffnet sich „Customizing PCB Editor“.
- Gehen Sie auf den Reiter „Toolbars“.

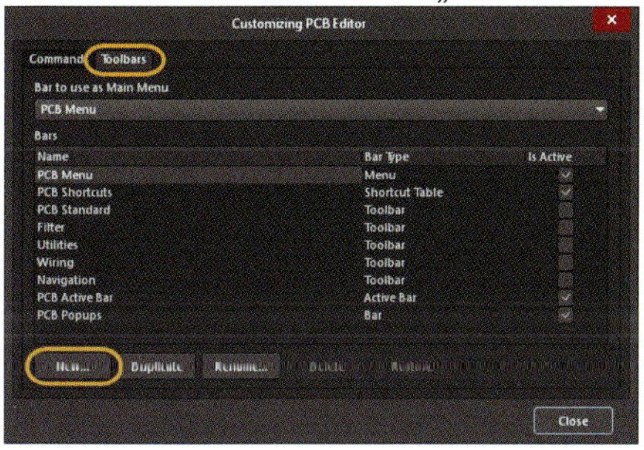

- Fügen Sie mit der Schaltfläche „New…“ einen neuen Toolbar hinzu.
- Der neue Toolbar wird an das Ende der Liste angefügt. Scrollen Sie in der Liste nach unten und benennen Sie den neuen Toolbar um. Dies können Sie über die Schaltfläche „Rename…“ oder durch zweimal Klicken (kein Doppelklick) in das Namensfeld. Ein Häkchen in der Spalte „IsActive“ zeigt den leeren Toolbar an.

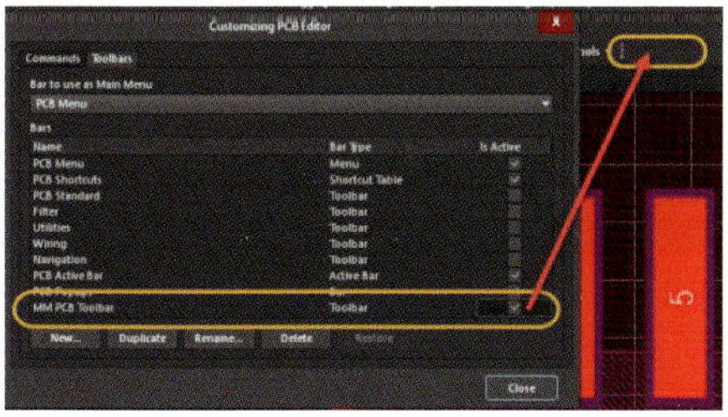

- Sie können nun Altium Designer® Standardaktionen aus dem „Customizing PCB Editor“ oder installierte Skripte auf den Toolbar platzieren.
- Wechseln Sie im „Customizing PCB Editor“ auf den Reiter „Commands“.
- Wählen im Bereich „Categories“ den Eintrag „[Scripts]“. Im rechten Bereich „Commands“ werden alle installierten Skripte angezeigt. Ein Beschreibung wie Sie Skripte installieren können finden Sie im Kapitel „Skripte installieren und ausführen“ (S.626).
- Ziehen Sie jetzt mit der linken Maustaste die gewünschte Skriptfunktion auf den Toolbar. Meist werden mehrere Funktionen angezeigt. Im Zweifel ver-

wenden Sie den Befehl „File – Run Script“, der Ihnen die notwendige Funktion anzeigt.

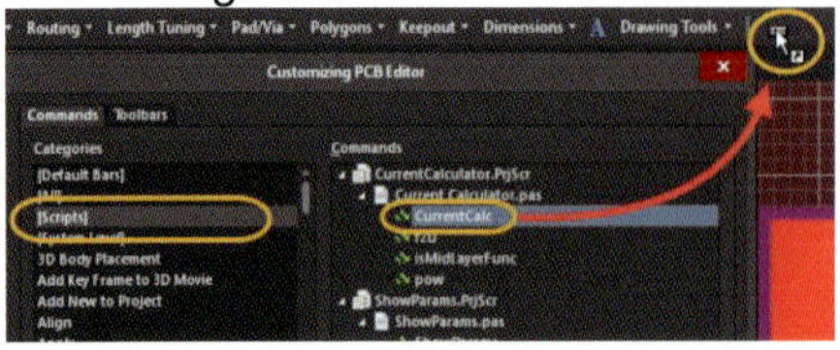

- Es öffnet sich der „Edit Command“ Dialog.
- Ändern Sie hier die „Caption“, die in der Toolbar angezeigt werden soll. Alternativ können Sie im Bereich „Image“ auch eine Grafikdatei mit eigenem Symbol auswählen. Im Bereich „Shortcuts“ können Sie ein Tastenkürzel definieren.

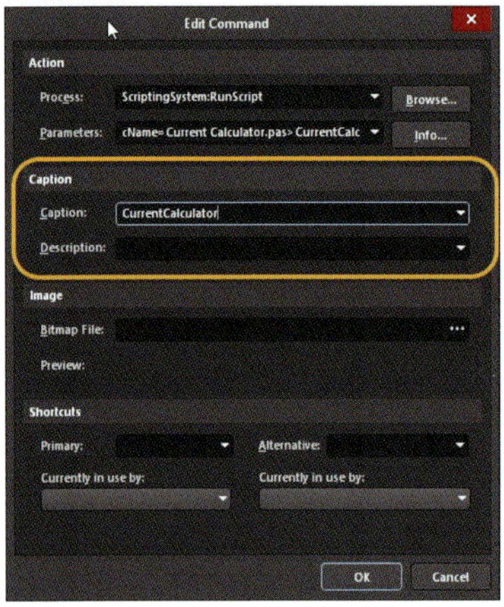

- Schließen Sie den „Edit Command“ Dialog und den „Customizing PCB Editor“ jeweils mit „OK“.
- Das Skript steht jetzt auf Ihrem Toolbar zur Verfügung.

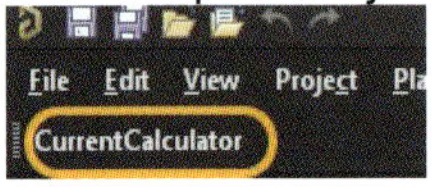

- Falls Sie etwas ändern wollen, dann klicken Sie mit gedrückter Strg – Taste auf den Toolbareintrag. Damit öffnet sich wieder der „Edit Command“ Dialog.

Menüeintrag auf Toolbar legen

- Klicken Sie auf mit der rechten Maustaste in die Menüzeile.
- Wählen Sie im Kontextmenü „Customize…"

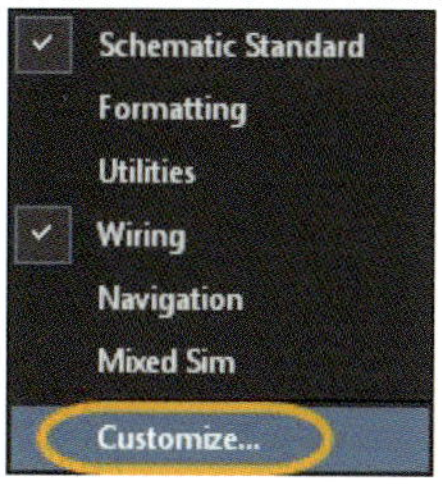

- Sie können jetzt einen beliebigen Menüeintrag auf einen Toolbar legen.
- Öffnen Sie z.B. mit der Taste „E" das „Edit" Menü.
- Ziehen Sie „Find Next" mit der Maus auf den gewünschten Toolbar.

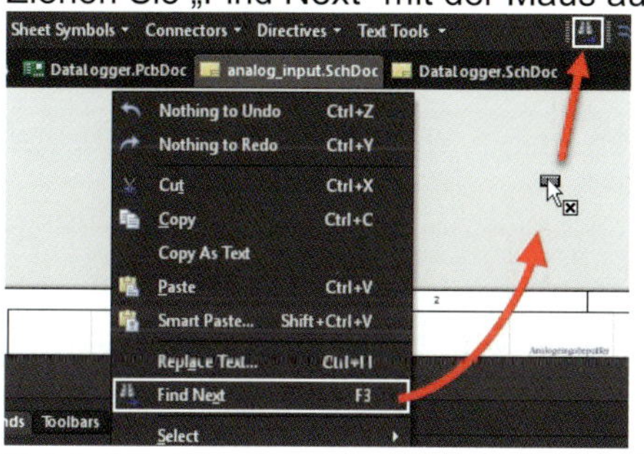

- Schließen Sie den „Customizing xxx Editor" mit „Close".

Tastenkürzel

Für die meisten Befehle im Altium Designer® sind Tastenkürzel definiert. Sie können diese an Ihre eigenen Bedürfnisse anpassen und Befehlen, die noch kein Tastenkürzel haben eines zuweisen. Die Zuweisung erfolgt entweder über den „Customizing xxx Editor" (xxx steht für „SCH" oder „PCB") oder in dem Sie mit gedrückter Strg – Taste auf einen Menü- oder Toolbareintrag klicken.

Tastenkürzel zuweisen und ändern

- Klicken Sie mit gedrückter Strg – Taste auf den gewünschten Menü- oder Toolbareintrag.
  Als Beispiel soll hier „Annotate Schematics Quietly" dienen.

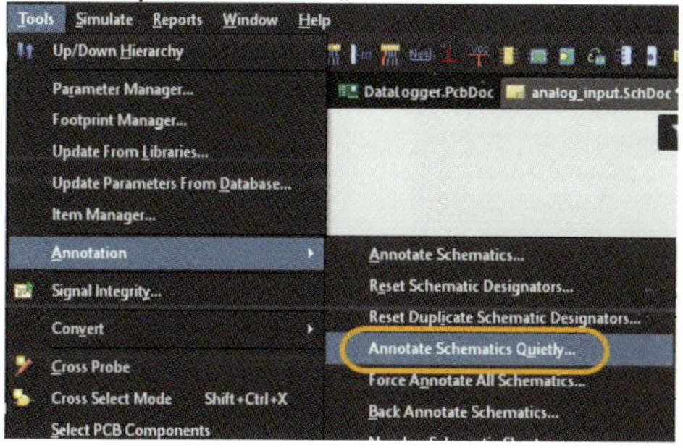

- Es öffnet sich der „Edit Command“ Dialog.

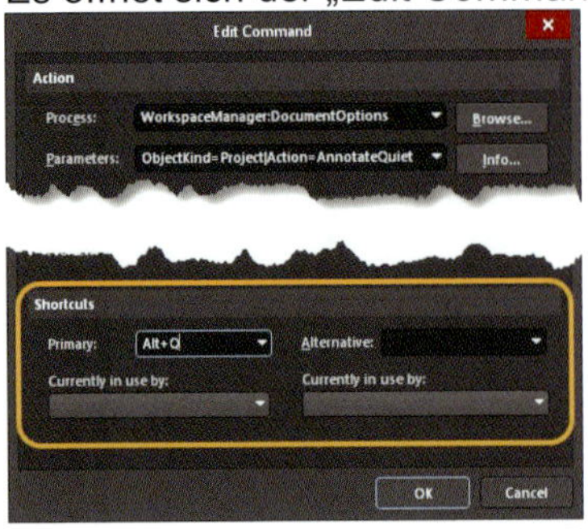

- Im Bereich „Shortcuts“ klicken Sie in das Feld „Primary“.
- Geben Sie das gewünschte Tastenkürzel, z.B. Alt – Q, ein. Falls dieses schon vergeben ist, wird es im Feld „Currently in use by:“ angezeigt.
- Sie können zusätzlich im Feld „Alternative:“ ein alternatives Tastenkürzel festlegen.
- Falls Sie ein Tastenkürzel löschen wollen, wählen Sie aus der Auswahlliste im entsprechenden Feld „<None>“.
- Schließen Sie den Dialog mit „OK“ und den „Customizing SCH/PCB Editor“ mit „Close“.

Falls der Befehl oder das Skript noch nicht in einem Menü oder auf einer Toolbar existiert müssen Sie folgenden Weg gehen.

- Klicken Sie im Leiterplattendokument mit der rechten Maustaste in die Menüzeile.
- Wählen Sie im Kontextmenü „Customize…“

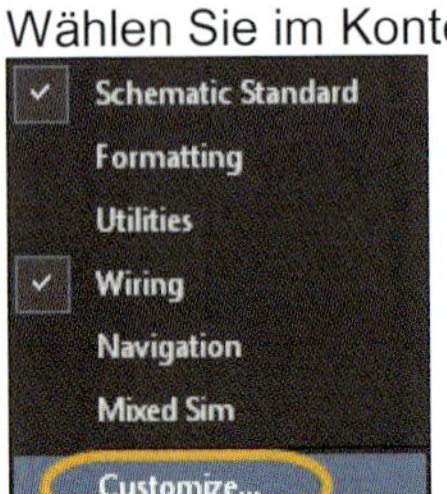

- Es öffnet sich der „Customizing SCH/PCB Editor“.

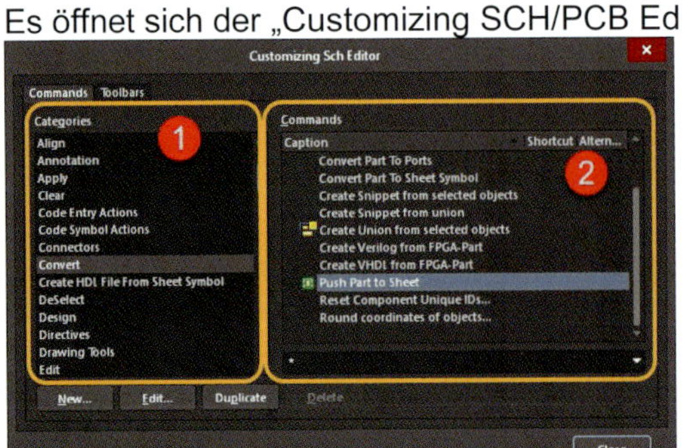

- Aktivieren Sie den „Commands“ Reiter.

- Wählen Sie im Bereich ① die gewünschte Kategorie aus.
- Die Befehle dieser Kategorie werden im Bereich ② angezeigt.
- Mit einem Doppelklick auf den gewünschten Befehl öffnen Sie den „Edit Command“ Dialog.

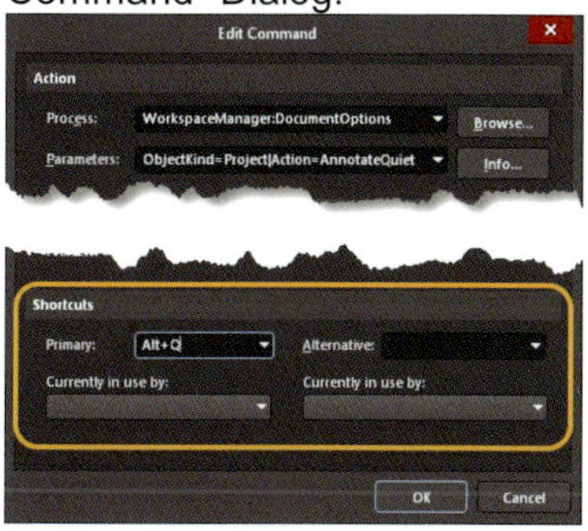

- Im Bereich „Shortcuts“ klicken Sie in das Feld „Primary“.
- Geben Sie das gewünschte Tastenkürzel, z.B. Alt – Q, ein. Falls dieses schon vergeben ist, wird es im Feld „Currently in use by:“ angezeigt.
- Sie können zusätzlich im Feld „Alternative:“ ein alternatives Tastenkürzel festlegen.
- Falls Sie ein Tastenkürzel löschen wollen, wählen Sie aus der Auswahlliste im entsprechenden Feld „<None>“.
- Schließen Sie den Dialog mit „OK“ und den „Customizing SCH/PCB Editor“ mit „Close“.

Menüs

Standardmenüs anpassen

Die Standardmenüs im Altium Designer® können an die eigenen Bedürfnisse angepasst werden. Sie können sowohl neue Einträge hinzufügen als auch bestehende entfernen. Letzteres kann dazu dienen die Menüs übersichtlicher zu gestalten. Bevor Sie Menüs verändern sollten Sie von der Datei DXP.RCS eine Sicherungskopie anlegen. Diese Datei finden Sie im Ordner %USERPROFILE%\AppData\Roaming\Altium\Altium Designer {Installation GUID}\. Mit dieser Sicherungskopie können Sie den ursprünglichen Zustand wieder herstellen.

Einträge entfernen

- Klicken Sie mit der rechten Maustaste in die Menüzeile und wählen Sie im Kontextmenü „Customize…“

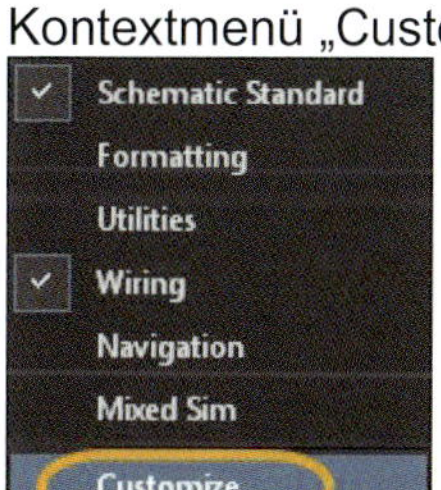

- Im oberen Bereich werden alle anpassbaren Elemente angezeigt.
- Öffnen Sie das gewünschte Menü.
- Klicken Sie auf den Eintrag, den Sie entfernen wollen und ziehen Sie diesen aus dem Menü.

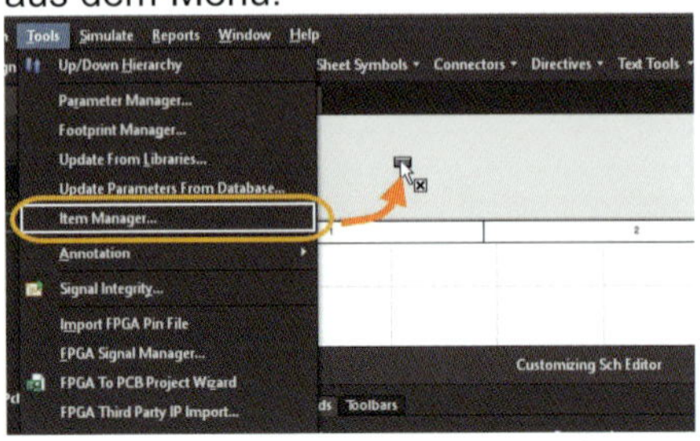

- Beenden Sie die Aktion in dem Sie den „Customizing SCH/PCB Editor" mit „Close" schließen.

Einträge hinzufügen

- Klicken Sie mit der rechten Maustaste in die Menüzeile und wählen Sie im Kontextmenü „Customize..."

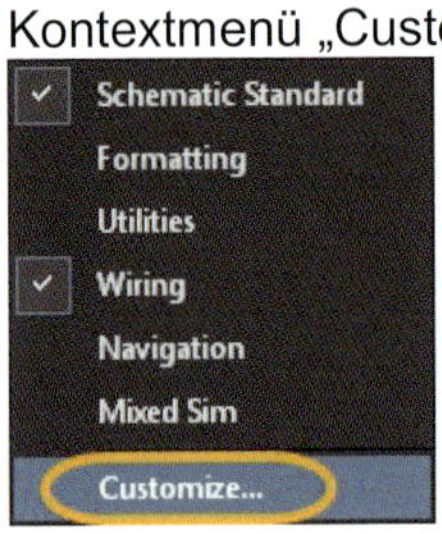

- Im oberen Bereich werden alle anpassbaren Elemente angezeigt.
- Wählen Sie im „Customizing SCH/PCB Editor" den gewünschten Befehl ① und ziehen Sie diesen auf den gewünschten Eintrag in der Menüleiste. Während Sie die linke Maustaste weiter gedrückt halten, öffnet sich das Menü. Falls es ein Untermenü gibt, dann öffnet sich dieses, wenn Sie mit der Maus über den Eintrag gehen. Wählen Sie jetzt die Position innerhalb des Menüs ②.

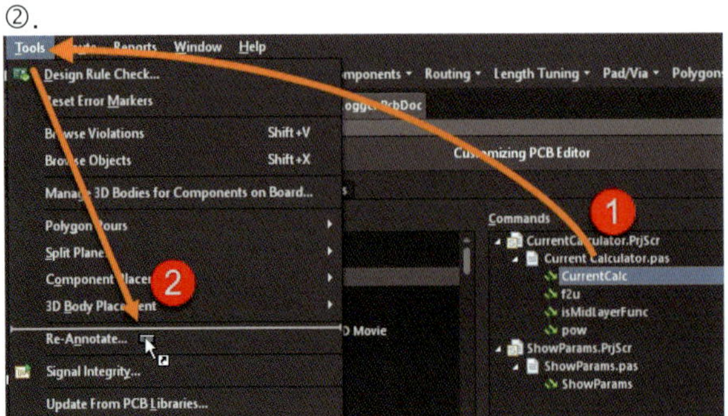

- Wenn Sie die Maustaste loslassen, öffnet sich der „Edit Command" Dialog.

- Ändern Sie hier die „Caption", die im Menü angezeigt werden soll. Im Bereich „Shortcuts" können Sie ein Tastenkürzel definieren.

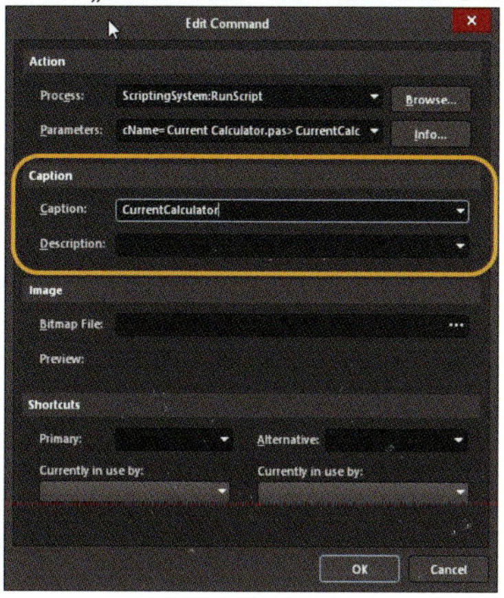

- Schließen Sie den Dialog mit „OK" und den „Customizing SCH/PCB Editor" mit „Close".

Kontextmenüs anpassen

Die Kontextmenüs im Altium Designer®, die Sie mit der rechten Maustaste öffnen, können an die eigenen Bedürfnisse angepasst werden. Sie können sowohl neue Einträge hinzufügen als auch bestehende entfernen. Letzteres kann dazu dienen die Menüs übersichtlicher zu gestalten. Bevor Sie Menüs verändern sollten Sie von der Datei DXP.RCS eine Sicherungskopie anlegen. Diese Datei finden Sie im Ordner %USERPROFILE%\AppData\Roaming\Altium\Altium Designer {Installation GUID}\. Mit dieser Sicherungskopie können Sie den ursprünglichen Zustand wieder herstellen.

Einträge hinzufügen

- Klicken Sie mit der rechten Maustaste in die Menüzeile und wählen Sie im Kontextmenü „Customize..."

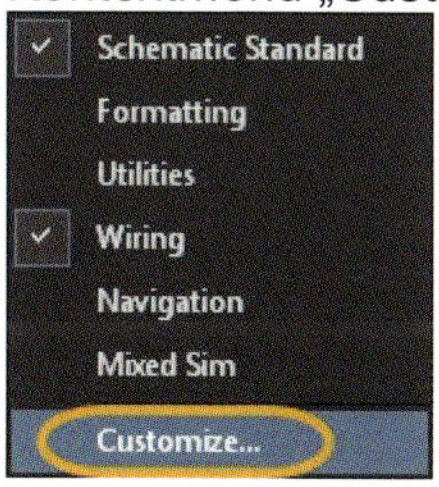

- Im oberen Bereich finden Sie jetzt den Eintrag „PCB Popups" bzw. „Schematic Popups".

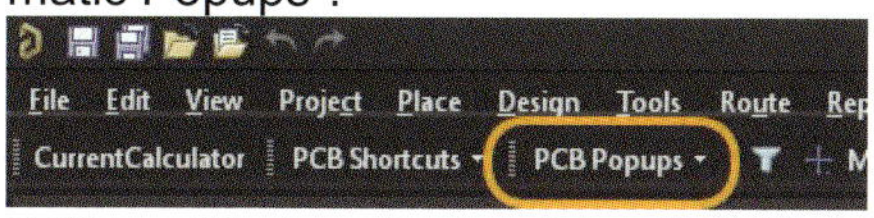

- Wählen Sie im „Customizing SCH/PCB Editor" den gewünschten Befehl ① und ziehen Sie diesen auf den Eintrag „PCB Popups“ bzw. „Schematic Popups“ in der Menüleiste. Während Sie die linke Maustaste weiter gedrückt halten, öffnet sich das Menü. Es werden hier alle verfügbaren Kontextmenüs angezeigt. Zusätzlich gibt es ganz unten zwei Einträge für den Rechtsklick in den leeren Bereich oder auf ein Element. Wenn Sie einen Eintrag in das Kontextmenü für den leeren Bereich hinzufügen wollen, dann bewegen Sie die Maus auf den Eintrag „Right Mouse Click Free Space“ ②. Es öffnet sich das Untermenü. Wählen Sie jetzt die Position innerhalb des Menüs ③.

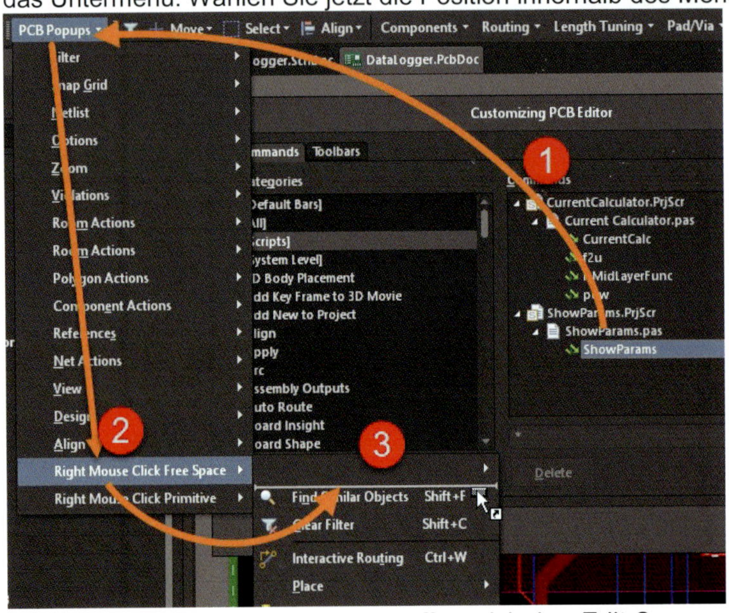

- Wenn Sie die Maustaste loslassen, öffnet sich der „Edit Command“ Dialog.
- Ändern Sie hier die „Caption“, die im Menü angezeigt werden soll. Im Bereich „Shortcuts“ können Sie ein Tastenkürzel definieren.

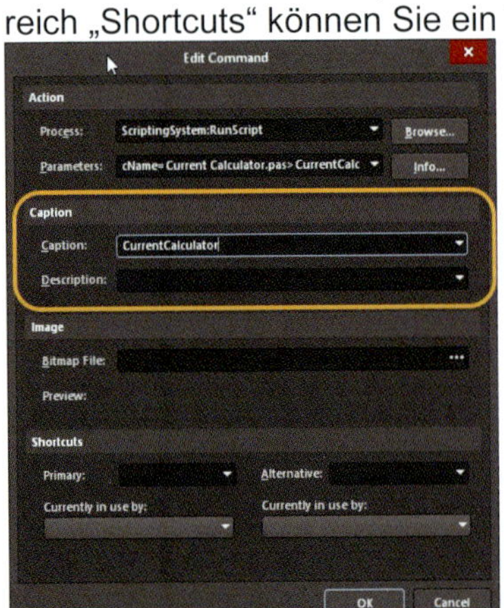

- Schließen Sie den Dialog mit „OK“ und den „Customizing SCH/PCB Editor“ mit „Close“.

Einträge ändern

Sie können die Einträge in Kontextmenüs auch anpassen und ändern. Eine Anwendung ist das Hinzufügen von Einträgen im Kontextmenü für das Snap Grid.

- Klicken Sie im Leiterplattendokument mit der rechten Maustaste in die Menüzeile und wählen Sie im Kontextmenü „Customize…“

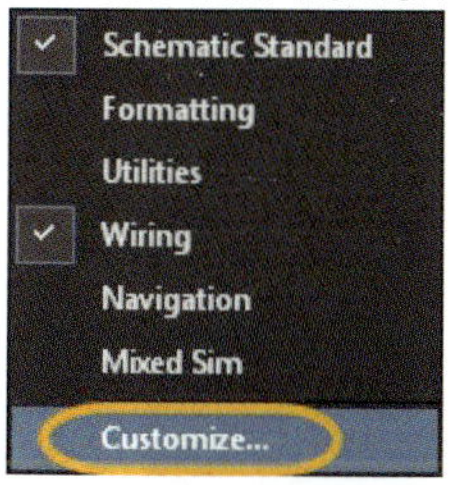

- Im oberen Bereich klicken Sie jetzt auf den Eintrag „PCB Popups“.

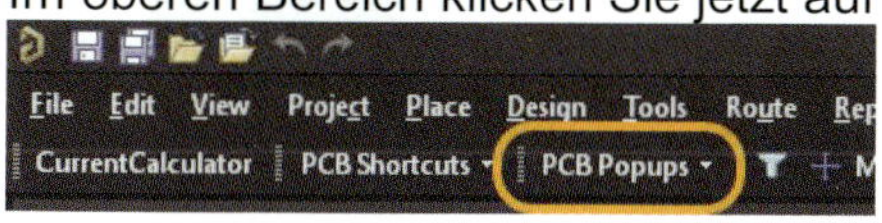

- Im „Snap Grid“ Untermenü wird Ihnen der aktuelle Inhalt dieses Kontextmenüs (Tastenkürzel G) angezeigt. Klicken Sie mit der rechten Maustaste auf einen Eintrag, den Sie ändern wollen und wählen Sie dann „Edit…“. Wenn Sie einen zusätzlichen Eintrag brauchen wählen Sie zunächst „Insert Duplicate“. Das „PCB Popups“ Menü schließt sich danach.

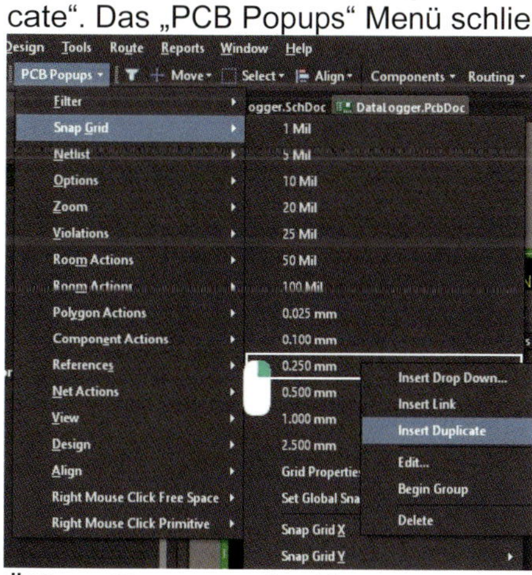

- Öffnen Sie erneut das Untermenü „Snap Grid“.
  Klicken Sie mit der rechten Maustaste auf den doppelten Eintrag und wählen Sie dann „Edit…“

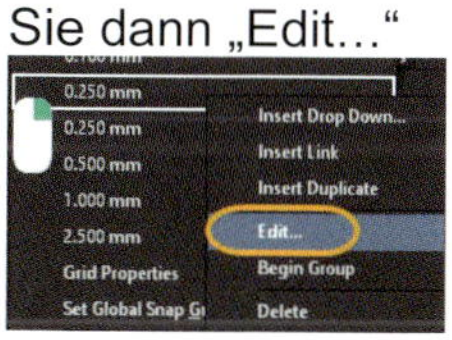

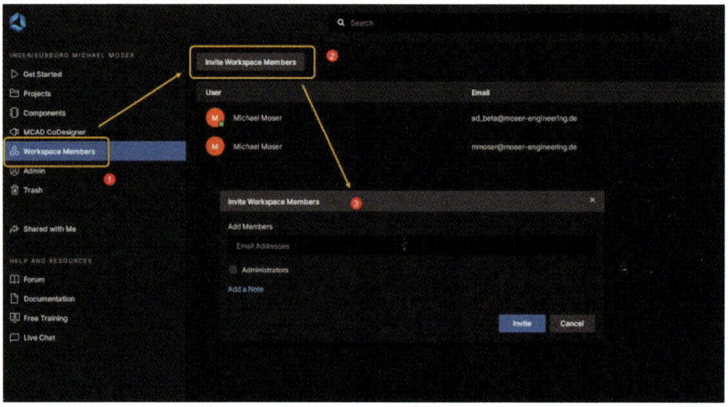

- Geben Sie im Feld „Add Members“ die E-Mail Adressen Ihrer Kollegen ein. Drücken Sie nach jeder Adresse die Eingabetaste. In der Zeile „Add Roles“ können Sie Rollen zuweisen. In Altium 365® Standard gibt es dort nur die Rolle „Administrators“. Sie können dieses Feld leer lassen, wenn die neuen Teammitlieder keine Administratoren sein sollen. Ein Klick auf „Add a Note“ öffnet ein Eingabefeld, in welches Sie einen Einladungstext schreiben können. Klicken Sie auf „Invite“ um den Vorgang abzuschließen.

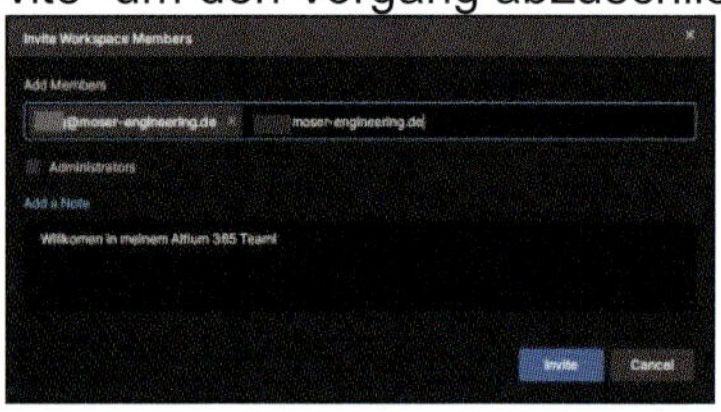

- Falls die neuen Teammitglieder nicht zu Ihrer Firma gehören erscheint ein Hinweis. Klicken Sie auf „Invite“ falls Sie die Teilnehmer trotzdem einladen wollen.

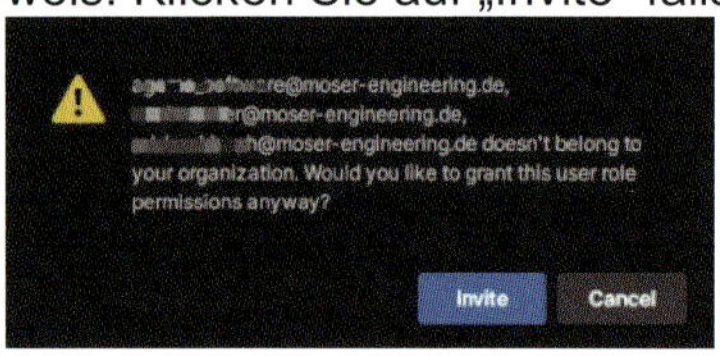

- Neue Teammitglieder, die nicht zu Ihrer Firma gehören, erhalten nun eine Einladungsnachricht.

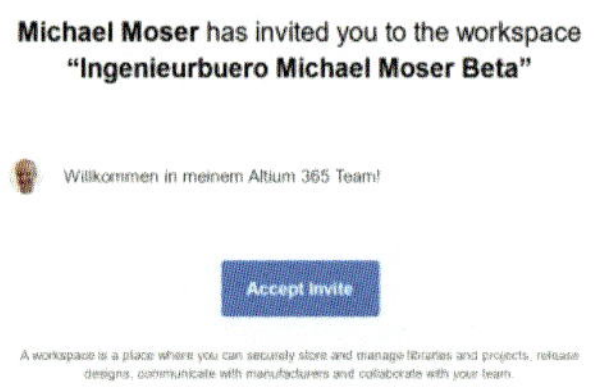

- Ein Klick auf „Accept Invite“ öffnet ein Registrierungsformular.

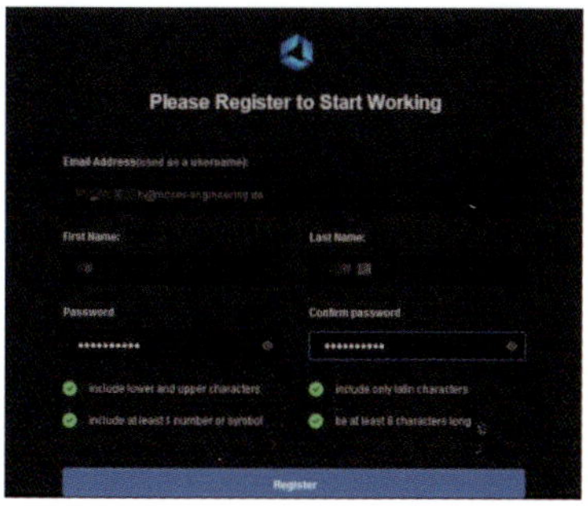

- Hier werden Felder „First Name" und „Last Name" ausgefüllt und ein Passwort vergeben. Ein Klick auf „Register" schließt den Vorgang ab und die neuen Teammitglieder erscheinen im eigenen Team.

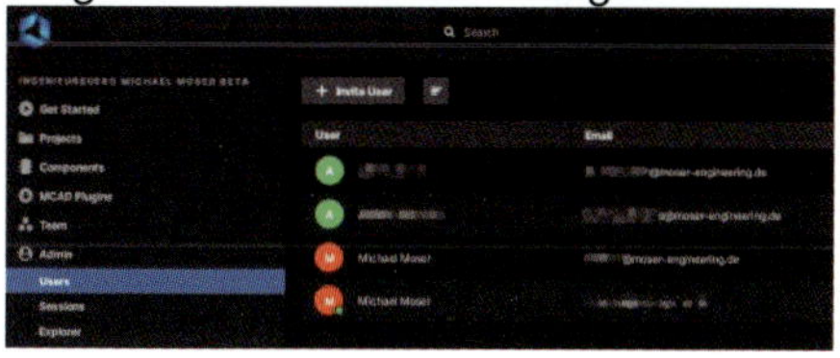

Verwaltung von Designdaten

Der Altium Designer® in Verbindung mit einem Altium 365® Workspace unterstützt die Verwaltung von Designdaten. Es können Projekte und Bauteile als Managed Projects und Managed Components verwaltet werden. Daneben können auch verschiedene Vorlagen (z.B. Schaltplan, Output Job etc.) und wiederverwendbare Schaltplanseite als Managed Sheets verwaltet werden. Die Designdaten innerhalb eines Workspaces können von den zugehörigen Teammitgliedern gemeinsam verwendet werden. Damit ist eine einfache Zusammenarbeit, auch über mehrere Firmenstandorte, möglich.

Ordnerstruktur im Workspace anlegen

Falls Sie beim Aktivieren des Workspace das bei „Include sample data" entfernt haben müssen Sie die Ordnerstruktur selbst anlegen. Es ist aber auch möglich nachträglich noch weitere Ordner anzulegen.

Folgende Ordner sollten minimal angelegt werden:

- Generischer Unterordner „Templates"
- Managed Content – Altium Designer Preferences
- Managed Content – Templates – Layerstacks
- Managed Content – Templates – BOM Templates
- Managed Content – Templates – Schematic Templates
- Managed Content – Templates – Draftsman Templates
- Managed Content – Managed Schematic Sheets
- Managed Content – Templates – Project Templates

- Öffnen Sie über „View – Panels – Explorer" das Explorer Panel.
- Falls der Ordner „Templates" im Bereich „Server Folders" nocht nicht existiert,

klicken Sie mit der rechten Maustaste auf „Managed Content“ und wählen im Kontextmenü „Add Subfolder – Generic Folder“.

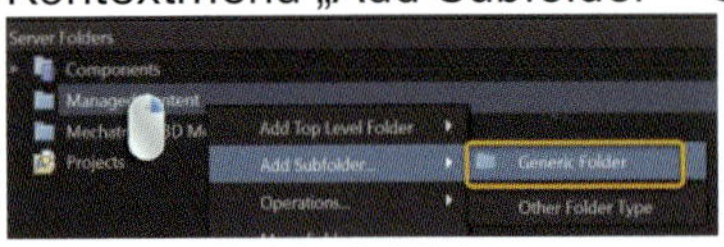

- Im „Add Folder“ Dialog tragen Sie als Name „Templates“ und unter „Description“ eine Beschreibung ein. Schließen Sie dann den Dialog mit „Add“.

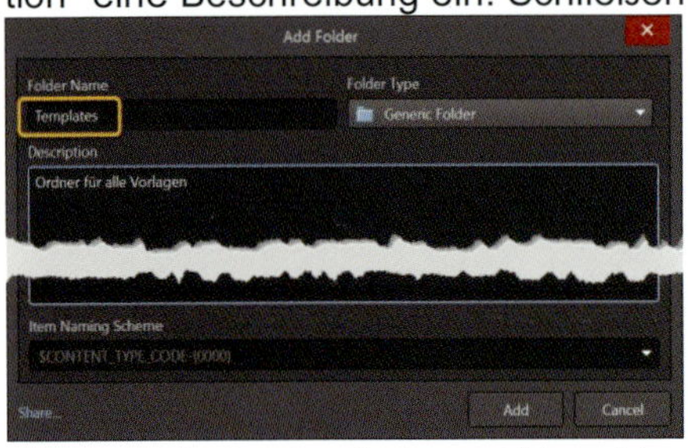

- Klicken Sie jetzt mit der rechten Maustaste auf den neuen Ordner „Templates“ und wählen im Kontextmenü „Add Subfolder – Other Folder Type“.

- Im „Add Folder“ Dialog Sie einen Namen und eine Beschreibung ein. Aus der Auswahlliste unter „Folder Type“ wählen Sie den gewünschten Ordnertyp. Schließen Sie dann den Dialog mit „Add“.

- Wiederholen Sie diesen Vorgang für alle gewünschten Ordnertypen.
- Die gesamte Ordnerstruktur könnte dann so aussehen.

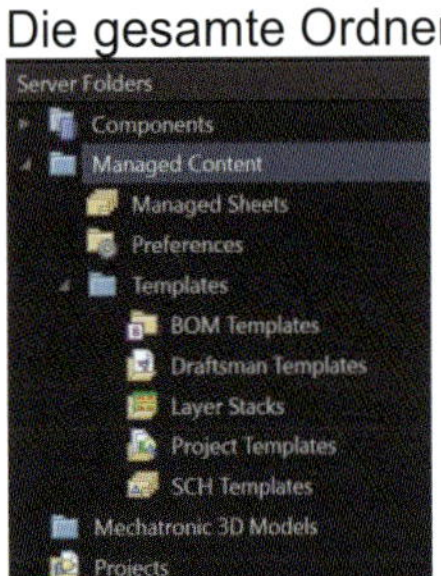

Verwaltete Projekte

Verwaltete Projekte (Managed Projects) bieten folgende Vorteile:

- Speicherung in der Cloud (was gleichzeitig auch als Nachteil gesehen werden kann) und damit verbundene automatische Backups.
- Grundlage für die Zusammenarbeit in einem Team.
- Versionsverwaltung wird erzwungen.
- Design Review über das Kommentierungssystem
- Benachrichtigungen und Status bezüglich der Design Dokumente ist für alle Teammitglieder verfügbar.

Manage Projects können im Web Interface des Workspace oder direkt im Altium Designer® erstellte werden. Bereits bestehende Projekte können nachträglich in Manage Projects umgewandelt werden.

Managed Project erstellen

- Starten Sie mit „File – New – Project“ den „Create Project“ Dialog.

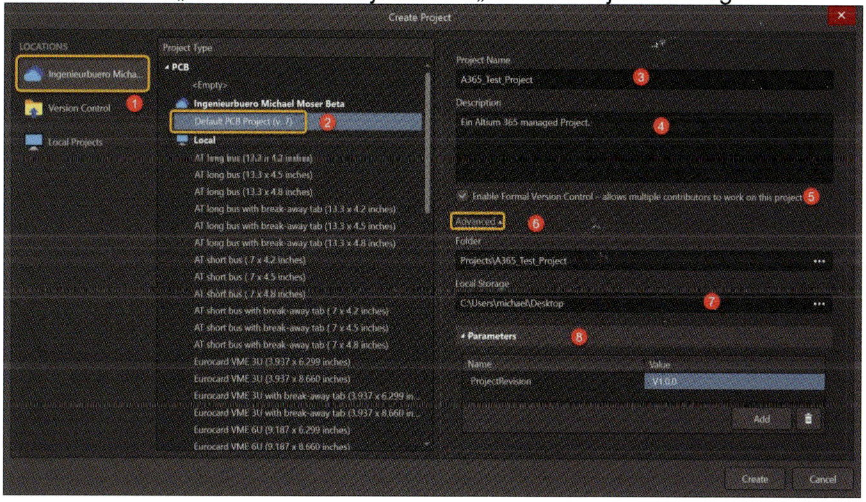

- Wählen Sie links unter „LOCATIONS“ Ihren Altium 365® Workspace aus ①.
- Im mittleren Bereich „Project Type“ wählen Sie unterhalb des Workspace eine Vorlage aus ②.
- Unter „Project Name“ ③ tragen Sie einen Projektnamen ein. Die folgenden Wörter können dafür nicht benutzt werden: AUX, COM1-COM9, LPT1-LPT9, CON, NUL und PRN. Die folgenden Zeichen können nicht im Namen verwendet werden: \ . / ? % * : | „ < >
- Im Feld „Description“ ④ können Sie eine ausführliche Beschreibung eintragen.
- Standardmäßig ist die Versionsverwaltung aktiviert. Wenn Sie dies nicht wünschen, dann entfernen Sie bei „Enable Formal Version Control“ ⑤ das Häkchen. Als Versionsverwaltung wird intern Git verwendet.
- Ein Klick auf „Advanced“ ⑥ öffnet weitere Einstellmöglichkeiten.
- Den Ordner auf dem Server (Feld „Folder“) sollten Sie nicht ändern.
- Im Feld „Local Storage“ legen Sie fest, wo die Arbeitskopie des Projekts liegen soll.

- Im Bereich „Parameters“ ⑧ können Sie wie gewohnt Parameter zum Projekt hinzufügen.
- Ein Klick auf „Create“ erzeugt das Projekt im Workspace.
- Im Projects Panel erscheint der Workspace mit dem neuen managed Project oberhalb der lokalen Projekte.

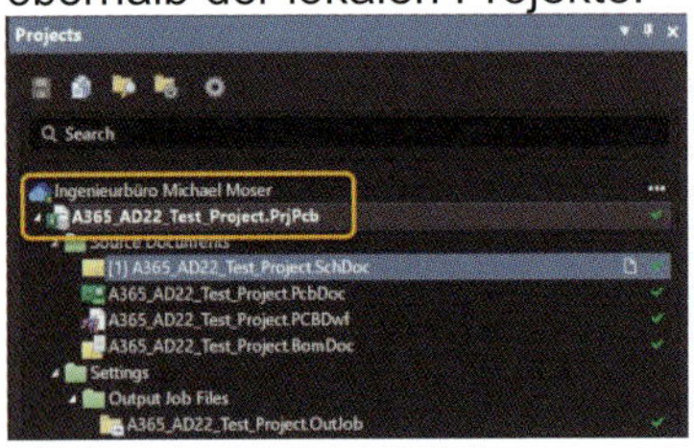

- Klicken Sie dann mit der rechten Maustaste auf den Projektnamen und speichern Sie das Projekt mit „Save“.
- Neben dem Projektnamen erscheint der Hinweis „Save to Server“. Klicken Sie daraur um das Projekt auch im Workspace zu speichern.

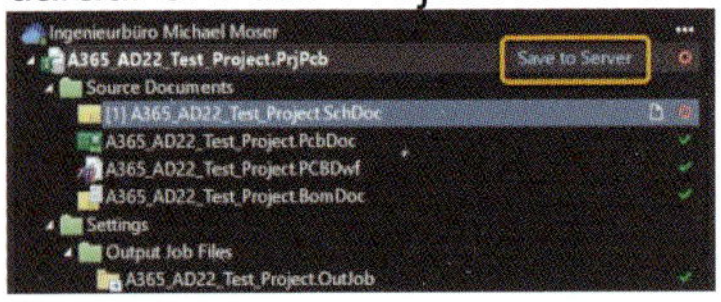

- Es öffnet sich der „Save <Projekname> to Server“ Dialog. Tragen Sie in das Feld „Comment“ einen Kommentar ein und klicken Sie dann auf „OK“.

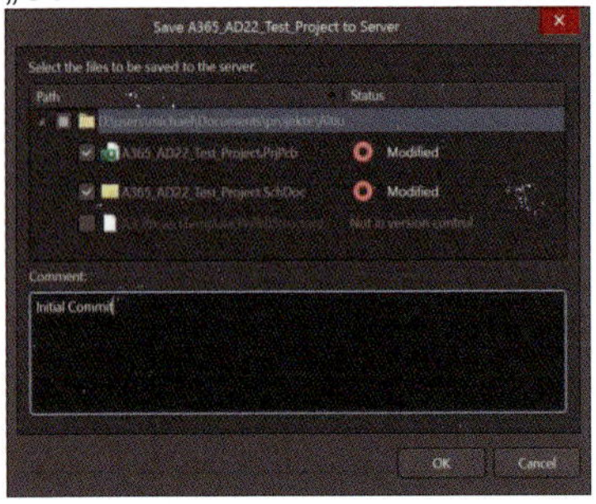

- Das Projekt befindet sich jetzt unter Versionsverwaltung und wurde auf den Altium 365® Server übertragen. Die Dateien sind im Projects Panel mit einem grünen Häkchen markiert.
- Bei Änderungen im Projekt muss dieses immer auch mit „Save to Server“ im Workspace gespeichert werden.
- Das Projekt ist jetzt auch im Web Interface sichtbar und kann dort verwaltet werden.

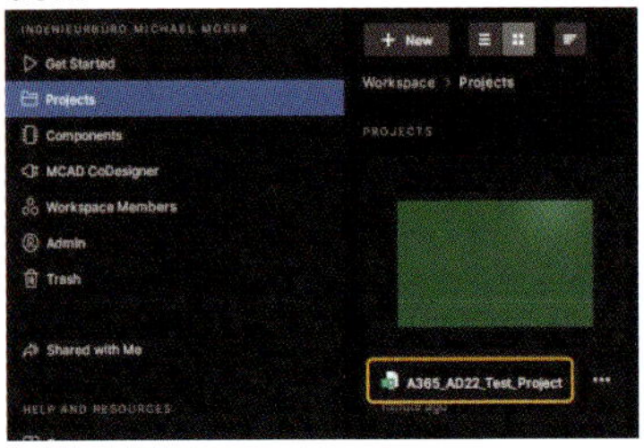

Verwaltete Vorlagen

Folgende Vorlagen können im Altium 365® Workspace verwaltet werden:

- Vorlagen für verwaltete Projekte
- Excel-basierte Stücklistenvorlagen
- Draftsman Vorlagen
- Vorlagen für den Lagenaufbau
- Output Job Vorlagen
- Schaltplanvorlagen
- Komponentenvorlagen (ab Altium 365® Pro Lizenz)

Die Erstellung einer verwalteten Vorlage geschiet immer in folgenden Schritten:

1. Im Explorer Panel mit „Add Template“ eine geplante Revision anlegen.
2. Die Vorlage im Altium Designer® öffnen.
3. Mit „File – Save to Server…“ in der geplanten Revision speichern.

Verwaltete Schaltplanvorlage erstellen

- Öffnen Sie über „View – Panels – Explorer“ das Explorer Panel.
- Klicken Sie im Bereich „Server Folders“ unter „Managed Content – Templates“ auf den Eintrag „SCH Templates“. Im rechten Bereich finden Sie die vorhandenen Schaltplanvorlagen.

- Klicken Sie oben rechts auf „Add Template“ um eine neue Vorlage zu erstellen.
- Es öffnet sich der „Create New Item“ Dialog.
- Tragen Sie einen Namen und eine Beschreibung ein. Da wir hier eine leere Vorlage erstellen, in die wir danach eine bestehende Vorlage speichern wollen, entfernen Sie unten links bei „Open for editing after creation“ das Häkchen.

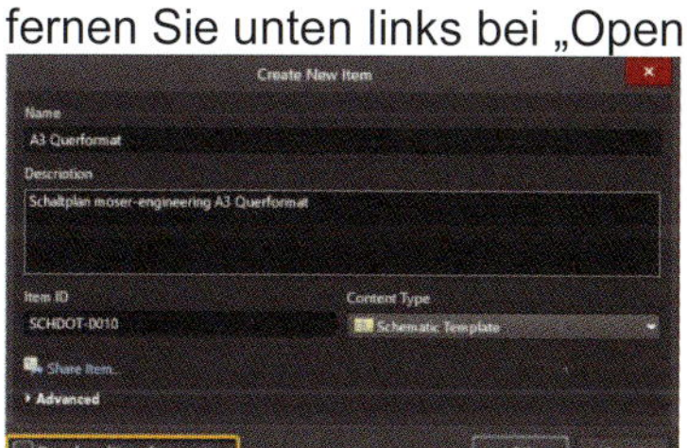

- Ein Klick auf „OK“ schließt den Dialog und erstellt im Workspace eine leere Schaltplanvorlage.
- Öffnen Sie jetzt im Altium Designer® die gewünschte Schaltplanvorlage, die Sie im Workspace speichern wollen.

- Öffnen Sie mit „File – Save to Server…“ den „Choose Planned Item Revision“ Dialog.

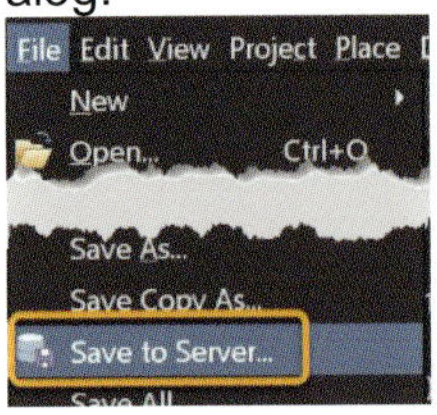

- Wählen Sie die zuvor erzeugte leere Schaltplanvorlage und schließen Sie dann den Dialog mit „OK“.

- Es öffnet sich der „Edit Revision“ Dialog. Tragen Sie unter „Release Notes“ einen Kommentar ein.
- Im Bereich „Advanced“ sehen Sie den Namen und die aktuelle Revision der Schaltplanvorlage.

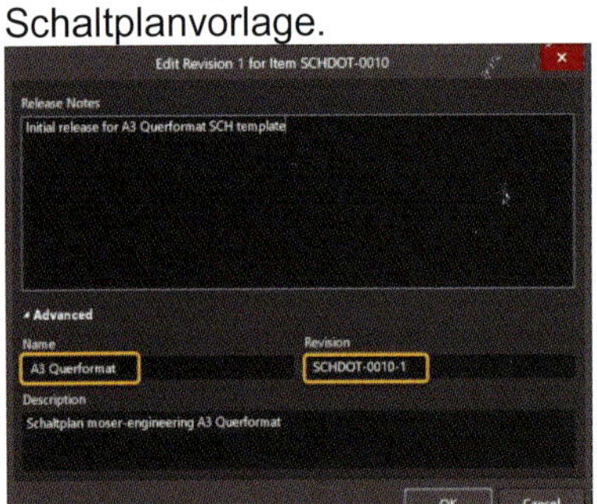

- Schließen Sie den Dialog mit „OK“.
- Die Vorlage kann jetzt einer beliebigen Schaltplanseite zugewiesen werden.

Verwaltete Projektvorlage erstellen

- Öffnen Sie im Altium Designer® das Projekt, welches Sie im Workspace speichern wollen. Wenn die Dateinamen das Muster „[ProjectName]“ enthalten wird dieses später durch den echten Projektnamen ersetzt.
- Speichern Sie mit „File – Save Project as Template to Server …“ das Projekt als Vorlage im Workspace.

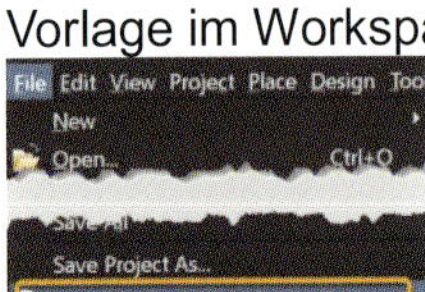

- Bestätigen Sie den folgenden Dialog.

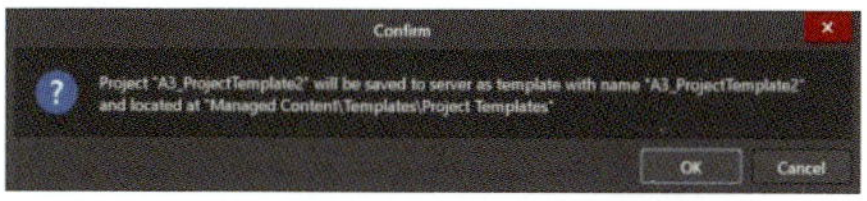

- Nach kurzer Zeit erscheint eine Erfolgsmeldung.

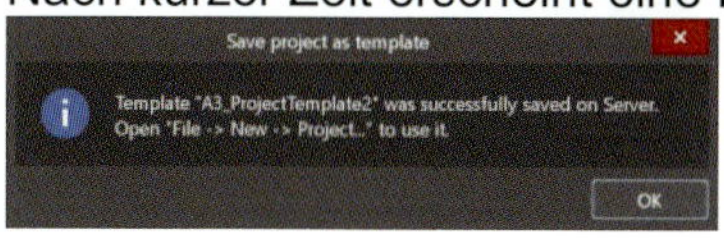

- Die Vorlage kann nun über „File – New – Project“ verwendet werden.

Verwaltete Excel Vorlage erstellen

- Öffnen Sie über „View – Panels – Explorer“ das Explorer Panel.
- Klicken Sie im Bereich „Server Folders“ unter „Managed Content – Templates“ auf den Eintrag „BOM Templates“. Im rechten Bereich finden Sie die vorhandenen Excel Vorlagen.

- Ein Rechtsklick in den leeren Bereich der Vorlagen öffnet ein Kontextmenü. Wählen Sie dort „Create Item…“ und „BOM Template“.
- Es öffnet sich der „Create New Item“ Dialog.
- Tragen Sie einen Namen und eine Beschreibung ein.

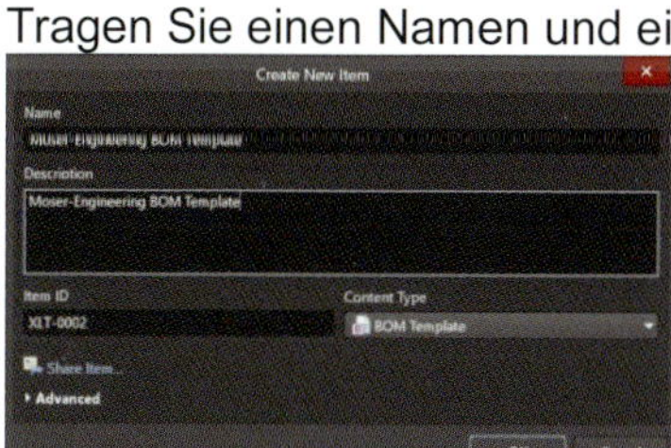

- Ein Klick auf „OK“ schließt den Dialog.
- Ein Rechtsklick auf die leere Vorlage öffnet ein Kontextmenü. Wählen Sie dort „Upload…“

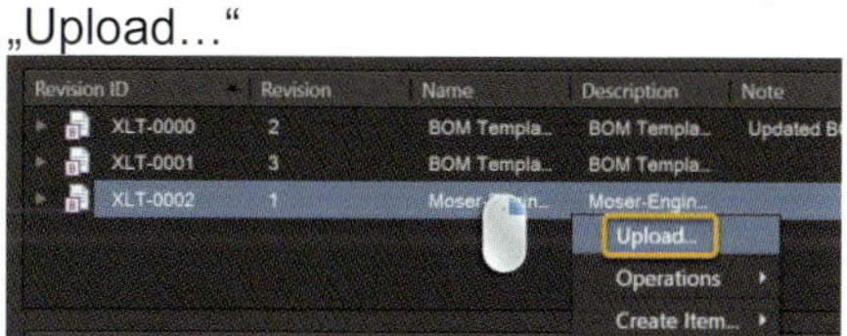

- Es öffnet sich der „Create new revision“ Dialog.

- Sie können direkt aus dem Windows Explorer eine Datei auf diesen Dialog ziehen. Alternativ können Sie über die Schaltfläche „Add“ die Datei einfügen.
- Die Datei befindet sich im Bereich „Sources“. Ein Klick auf „OK“ schließt den Dialog und speichert die Datei im Workspace.

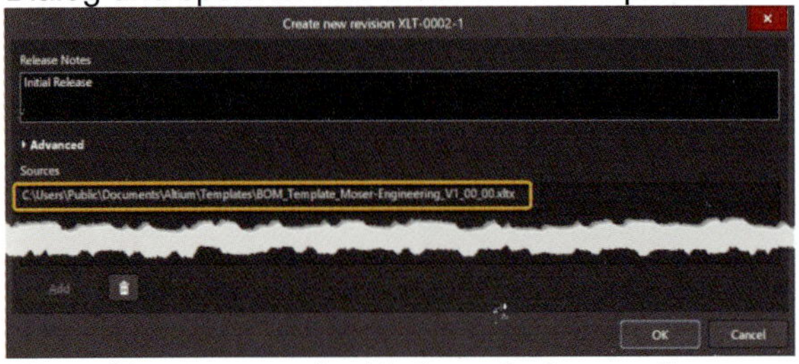

- Wenn Sie etwas an der Vorlage ändern wollen, passen Sie die Excel Vorlage an und wiederholen Sie die beschriebenen Schritte. Mit dem „Upload“ Befehl wird automatisch eine neue Revision erzeugt.

Verwaltete Komponentenvorlage erstellen

(ab Altium 365® Pro Lizenz)
Komponentenvorlagen können als generische Bauteile[7] eingesetzt werden. Dazu genügt es, wenn die Komponentenvorlage ein Schaltplansymbol hat. Darüberhinaus können aber auch Vorlagen mit einem vollständigen Parametersatz und Footprints erstellt werden.

Im folgenden Beispiel soll eine Vorlage für spannungsabhängige Widerstände (VDR) angelegt werden.

- Öffnen Sie die Präferenzen über **T**ools – **P**references oder über das Zahnradsymbol rechts oben.

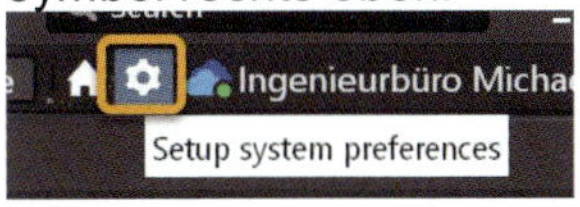

- Gehen Sie zum Bereich „Data Management – Component Types“.
- Hier können Sie die vordefinierten Typen um eigene erweitern. Im Beispiel wird der Typ „Resistor“ um den Untertyp „VDR“ erweitert.
- Selektieren Sie im rechten Bereich den Eintrag „Resistors“.
- Klicken Sie auf das Dreieck neben der Schaltfläche „Add“ und wählen Sie dann „Add SubType“

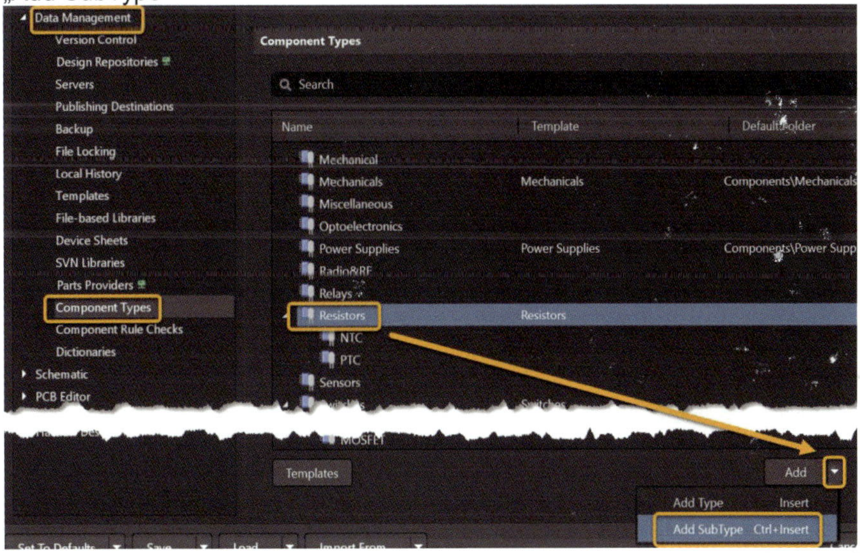

- Es wird ein neuer Eintrag mit dem Standardtext „New Type“ erzeugt. Tragen Sie hier „VDR“ ein und löschen Sie „New Type“.

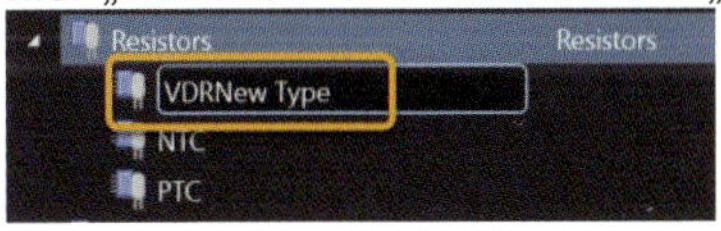

- Schließen Sie die Präferenzen mit „OK“.

[7] Siehe (Moser, Altium Designer® Praxis-Handbuch Teil 2, 2024)

- Öffnen Sie über „View – Panels – Explorer“ das Explorer Panel.
- Wählen Sie im Bereich „Server Folders“ den Eintrag „Managed Content – Templates – Component Templates“. Mit einem Klick auf „Add Template“ oben rechts fügen Sie eine neue Vorlage hinzu.

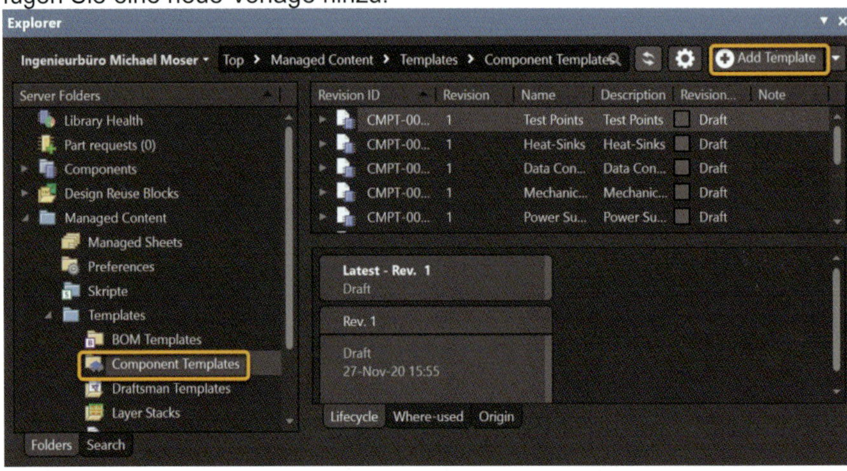

- Es erscheint der der „Create New Item“ Dialog. Vergeben Sie hier den gewünschten Namen und eine Beschreibung. Standardmäßig sitzt unten links bei „Open for editing after creation“ ein Häkchen.

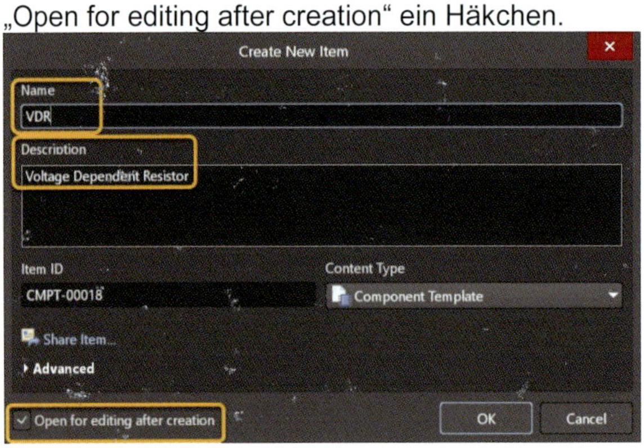

- Schließen Sie den Dialog mit OK.
- Wenn die Vorlage erstellt wurde, erscheint sie im Altium Designer® Arbeitsbereich. Den Explorer können Sie schließen oder auf einen anderen Monitor verschieben.
- Im Bereich Parameters können Sie mit „Add“ beliebige Parameter hinzufügen.

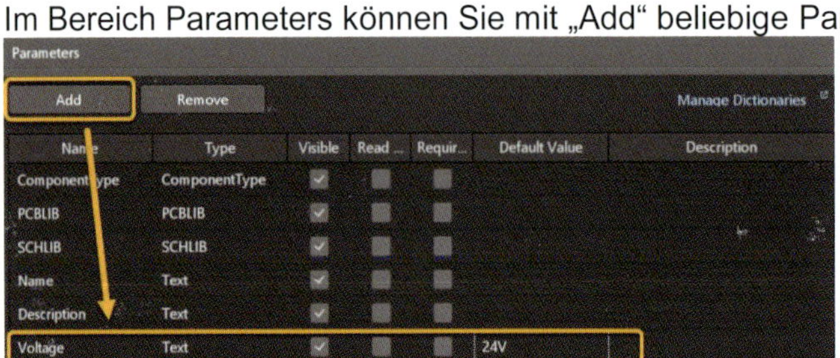

- Es erscheint eine neue Zeile mit dem Standardnamen „Parameter“. Ändern Sie diesen Namen z.B. in „Voltage“ und tragen Sie im Feld „Default Value“ z.B. „24V“ ein.
- Als nächstes müssen Sie den Komponententyp festlegen.
- Klicken Sie in der Parameterzeile „ComponentType“ im Feld „Default Value“ auf die drei Punkte.
- Es öffnet sich der „Choose component type“ Dialog.

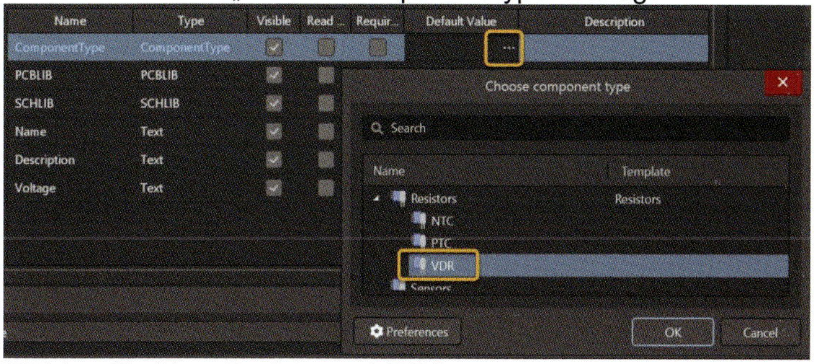

- Wählen Sie hier „Resistors – VDR“.
- Falls Sie den gewünschten Komponententyp noch nicht angelegt haben, können Sie dies über die Schaltfläche „Preferences“ nachholen.
- Schließen Sie den Dialog mit OK.
- Tragen Sie dann im Feld „Description“ eine Beschreibung ein.

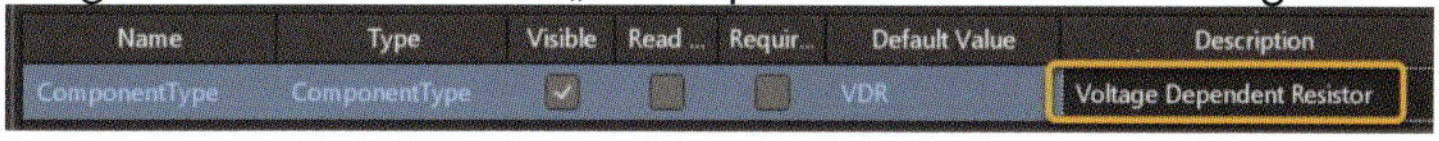

- Im nächsten Schritt müssen Sie ein Schaltplansymbol zuweisen.
- Klicken Sie beim Parameter „SCHLIB“ im Feld „Default Value“ auf die drei Punkte.
- Es öffnet sich das Explorer Panel als Auswahldialog.
- Wenn das Schaltplansymbol schon existiert, dann gehen Sie in den Bereich „Components – Models – Symbols“.
- Im rechten Bereich erscheinen dann alle definierten Schaltplansymbole.
- Wählen Sie ein Symbol aus und schließen Sie den Dialog mit OK.

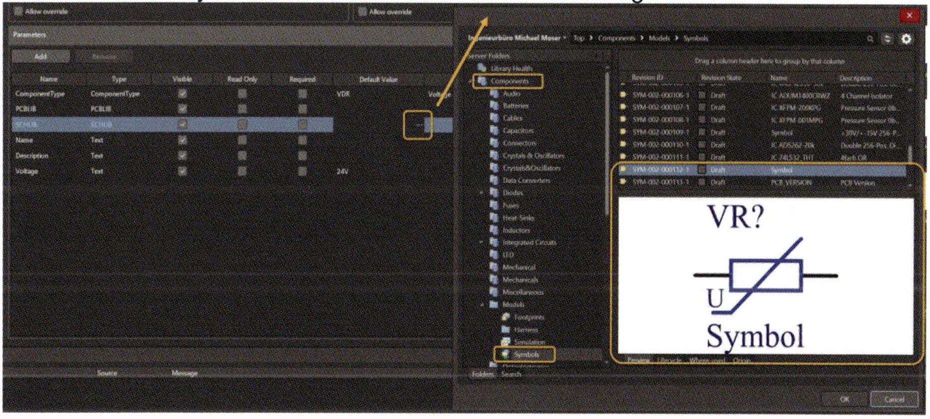

- Falls kein Symbol vorhanden ist, dann müssen Sie ein neues erstellen.
- Klicken Sie beim Parameter „SCHLIB“ im Feld „Default Value“ auf die drei Punkte.
- Es öffnet sich das Explorer Panel als Auswahldialog.
- Wählen Sie im linken Bereich „Components – Resistors“.
- Klicken Sie im rechten Bereich auf „+ Create Other Item Type“

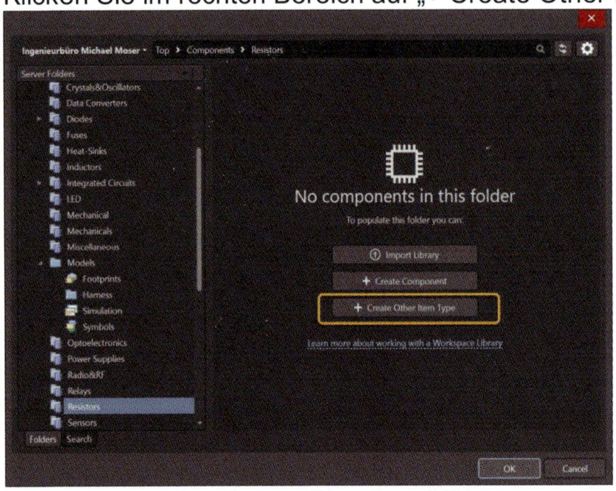

- Es öffnet sich der „Create New Item“ Dialog.
- Tragen Sie einen Namen ein und ändern Sie den „Content Type“ auf „Symbol“

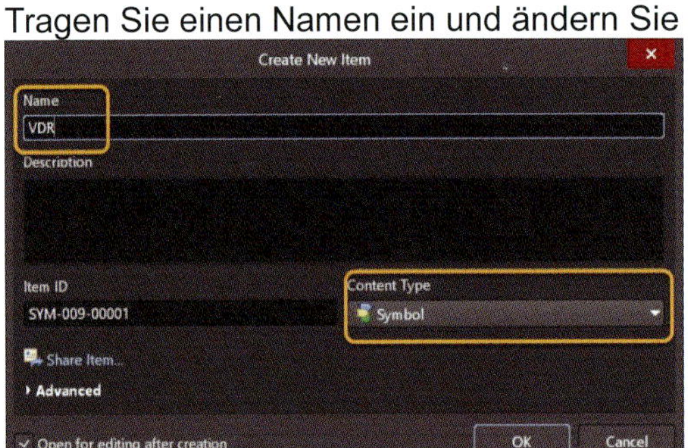

- Schließen Sie den „Create New Item“ Dialog und den Auswahldialog mit OK.
- Altium Designer® Arbeitsbereich ist jetzt der Schematic Library Editor aktiv.
- Zeichnen Sie hier das Schaltplansymbol.
- Dann klicken Sie im Projects Panel mit der rechten Maustaste auf den Eintrag für das Symbol. Im Auswahlmenü wählen Sie „Save to Server…“

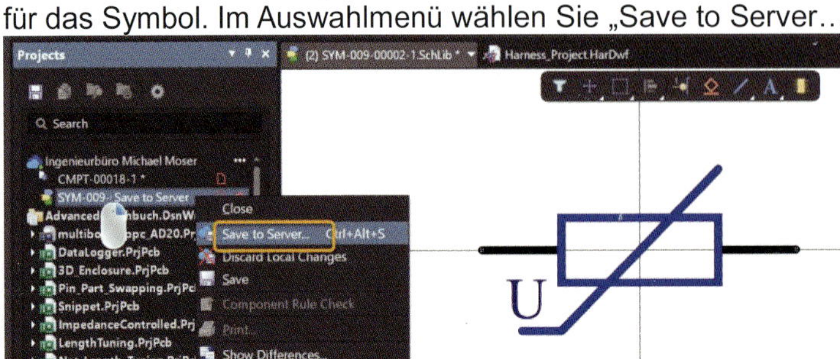

- Im nächsten Dialog tragen Sie noch einen Release Kommentar ein.
- Gehen Sie zurück zur Komponentenvorlage.
- Weisen Sie wie oben beschrieben das neue Symbol zu. Das erstellte Symbol befindet sich im Beispiel im Bereich „Components – Resistors“.
- Mit einem Klick beim Parameter „PCBLIB“ im Feld „Default Value“ auf die drei Punkte können Sie einen Footprint hinzufügen.
- Dann klicken Sie abschließend im Projects Panel mit der rechten Maustaste auf den Eintrag für die Komponentenvorlage. Im Auswahlmenü wählen Sie „Save to Server…“.
- Im nächsten Dialog tragen Sie noch einen Release Kommentar ein.
- Im Components Panel erscheint die neue Komponentenvorlage als generische Komponente.

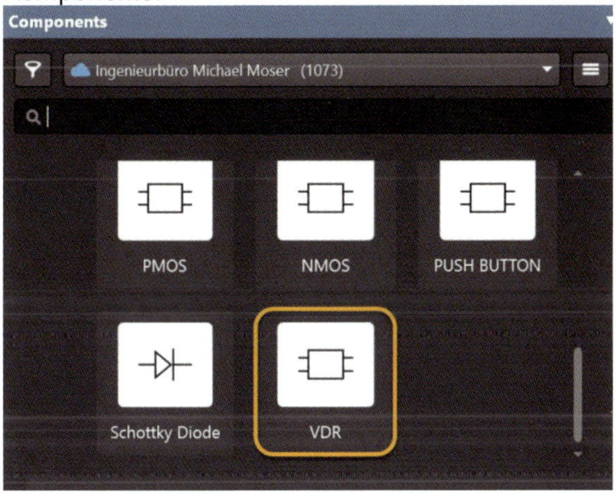

Verwaltete Vorlage ändern

- Öffnen Sie über „View – Panels – Explorer“ das Explorer Panel.
- Wählen Sie links wie oben beschrieben den gewünschten Vorlagenbereich.
- Klicken Sie mit der rechten Maustaste auf die Vorlage und wählen Sie aus dem Kontextmenü „Edit“ .

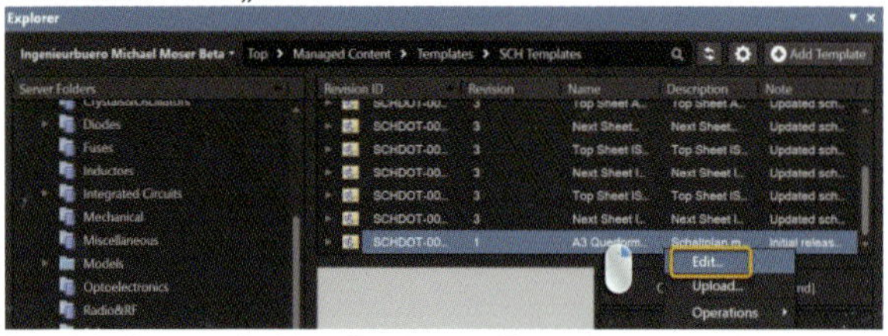

- Die Vorlage wird im Projects Panel angezeigt.
- Öffnen und bearbeiten Sie die Vorlage.
- Öffnen Sie mit „File – Save to Server…“ den „Create Revision“ Dialog.

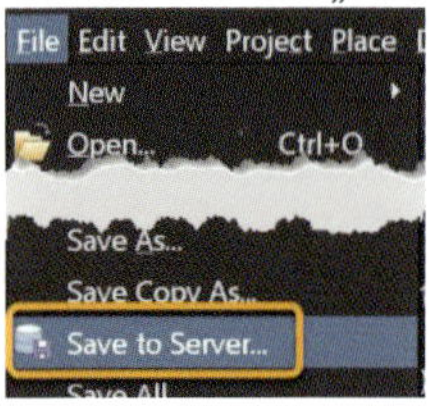

- Tragen Sie oben einen Kommentar ein. Unter „Advanced“ sehen Sie die neue Revisionsnummer.

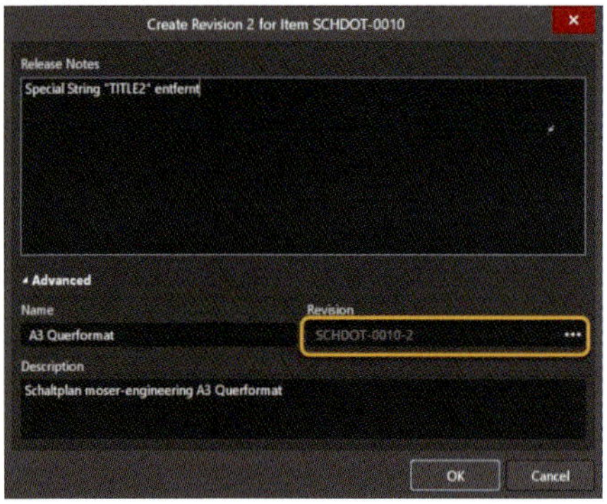

- Schließen Sie den Dialog mit „OK“.
- Auf die gleiche Weise können Sie auch andere Vorlagen im Altium 365® Workspace ändern und eine neue Revision erzeugen.

Verwaltete Bauteile

Im Altium 365® Workspace können Bauteile gespeichert werden, auf die alle Workspacemitglieder zugreifen können. Man kann damit eine Bibliothek in der Cloud realisieren. Altium 365® Standard stellt hier nur grundlegende Verwaltungsmöglichkeiten bereit. Mit Altium 365® Pro stehen erweiterte Funktion, wie z.B. ein Live Cycle Management, zur Verfügung.
Die Bauteile können über „File – New – Component“, das Components Panel oder über das Manufacturer Search Panel erzeugt werden. Es ist ebenso möglich eine

bestehende Bibliothek in den Workspace zu migrieren.

Neues Bauteil erzeugen

- Starten Sie die Erzeugung entweder über „File – New – Component“ oder im Components Panel über „Create Component“ ganz am Ende der Bauteilliste.

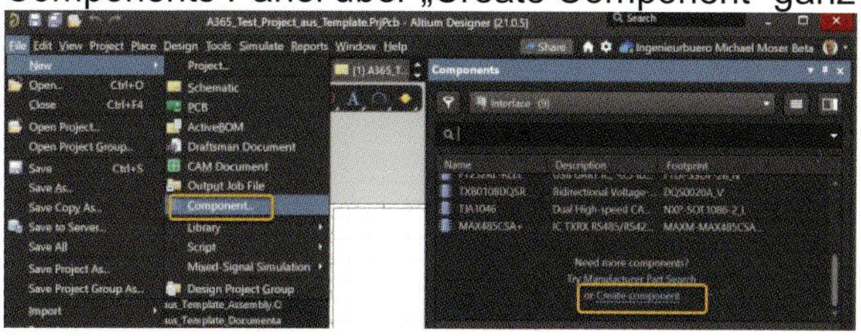

- Im „Create new component“ Dialog wählen Sie eine Kategorie aus und schließen diesen dann mit „OK“.

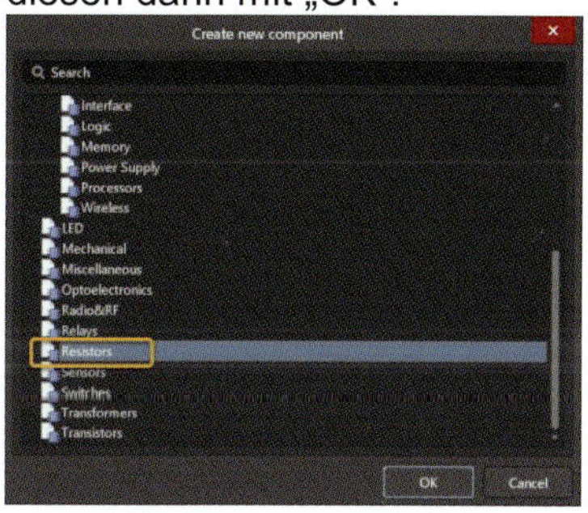

- Das neue Bauteil wird im Component Editor des Altium Designers® angezeigt.

- Fügen Sie bei „Add Symbol“ über die Auswahl von „New“ ein neues Symbol hinzu. Falls man schon ein passendes Symbol hat, kann man hier auch „Existing“ auswählen oder für IC Symbole den „Wizard“ aufrufen.

- Es öffnet sich der Arbeitsbereich des Schaltplansymbol Editors. Zeichnen Sie das Symbol wie im Kapitel „Erstellen eines neuen Schaltplansymbols“ beschreiben. Speichern Sie im Editor das Symbol mit „Strg – S“.
- Wechseln Sie zurück zum Component Editor.

- Fügen Sie bei „Add Footprint“ über die Auswahl „Existing“ einen Footprint hinzu.

Falls es keinen passen Footprint gibt kann über „New“ manuell oder über „Wizard“ mit dem „IPC Compliant Footprint Wizard“ ein Footprint hinzugefügt werden.

- Es öffnet sich der „Model Search“ Dialog.

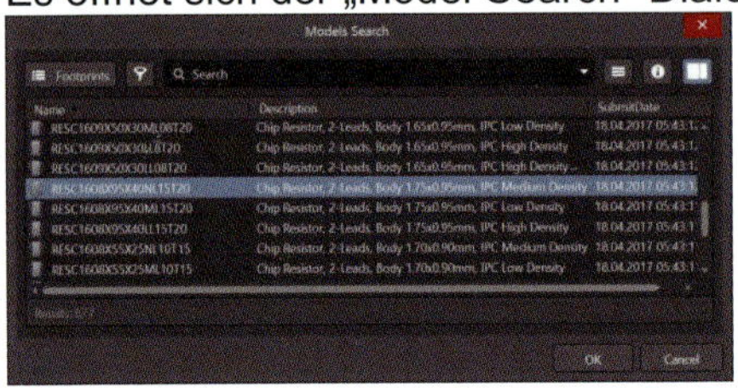

- Wählen Sie hier einen passenden Footprint aus und bestätigen Sie mit „OK“.
- Falls Sie weitere Footprints für die verschiedenen Bestückungsdichten nach IPC brauchen, wiederholen Sie diesen Schritt.
- Mit „File – Save to Server...“ öffnet sich der „Edit Revision“ Dialog. Geben Sie

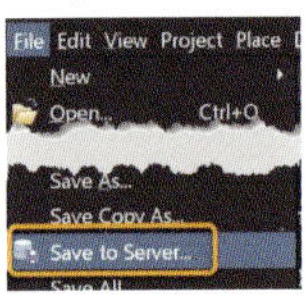

hier einen Kommentar ein und beenden Sie den Dialog mit „OK“.

- Das Bauteil steht jetzt unter der gewählten Kategorie im Components Panel zur Verfügung.

Bauteil aus dem Manufacturer Part Search übernehmen

- Öffnen Sie über „View – Panels – Manufacturer Part Search“ das Panel.
- Geben Sie einen Suchbegriff in das Suchfeld ein.
- Wählen Sie einen Eintrag aus der Ergebnisliste.
- Im Panel werden jetzt alle gefundenen Bauteile angezeigt.
- Klicken Sie mit der rechten Maustaste auf ein Bauteil, das ein Schaltplansymbol und einen Footprint hat. Zu erkennen ist dies einem grünen Symbol.

- Wählen Sie im Kontextmenü „Acquire...“
- Es öffnet sich der „Create new component“ Dialog.
- Wählen Sie hier eine geeignete Bauteilekategorie aus. Im Bild für den MAX485 wird die Kategorie „Integrated Circuits – Interface“ gewählt.

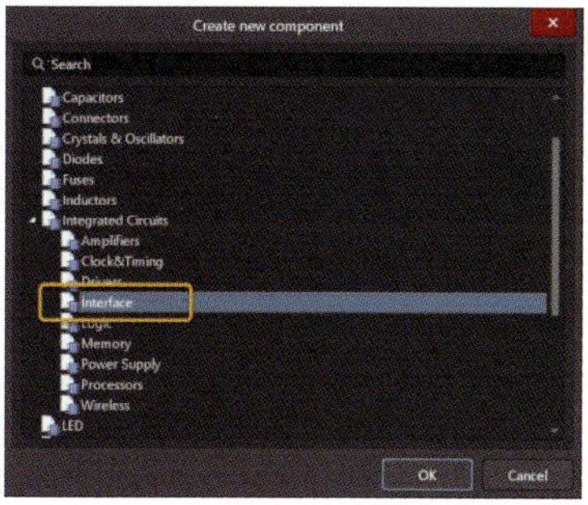

- Schließen Sie den Dialog mit „OK“.
- Es öffnet sich der „Use component data“ Dialog. Hier legen Sie fest, welche Parameter übernommen werden sollen.

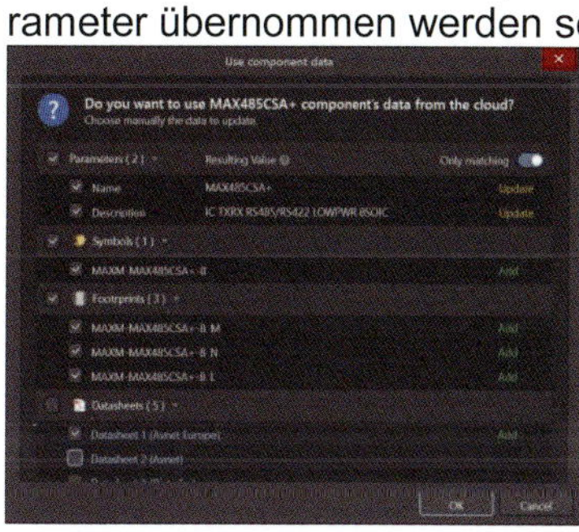

- Ein Klick auf „OK“ schließt den Dialog und zeigt das Bauteil im Component Editor des Altium Designers® an. Hier kann das Schaltplansymbol bearbeitet werden und Sie können weitere Footprints, Parameter und Part Choices hinzugefügt werden..

- Mit „File – Save to Server...“ öffnet sich der „Edit Revision“ Dialog. Geben Sie hier einen Kommentar ein und beenden Sie den Dialog mit „OK“.

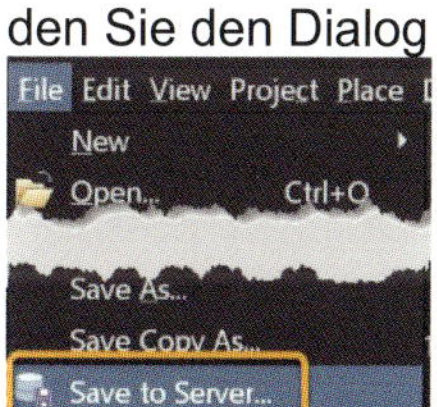

- Das Bauteil steht jetzt unter der gewählten Kategorie im Components Panel zur Verfügung.

Bestehende Bibliothek migrieren

- Starten Sie den Library Migrator mit „File – Library Migrator“ .

- Fügen Sie über „Add Library“ die gewünschten Bibliotheken hinzu.

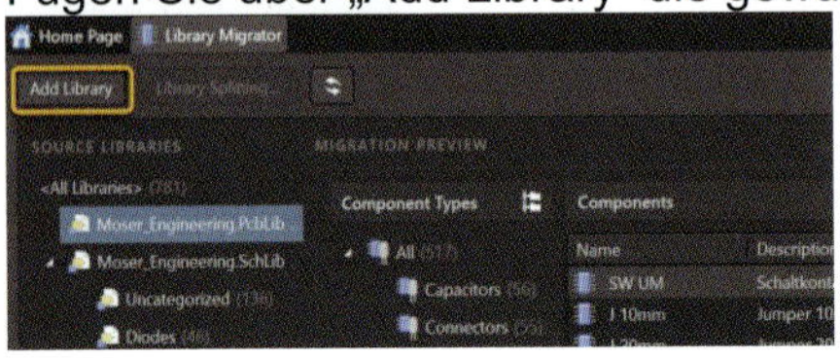

- Die Bibliotheken werden geladen und Sie sehen welche Bauteile automatisch einer Kategorie zugeordnet werden konnten. Sie sollten alle Bauteile, die unter „Uncategorized“ aufgeführt werden zuordnen.
- Wählen Sie zunächst die Kategorie „Uncategorized“ aus. Die entsprechenden Bauteile erscheinen jetzt in der „Components“ Liste.
- Sortieren Sie die Liste z.B. nach dem Namen. Hier zahlt sich aus, wenn man seinen Bauteilen sinnvolle Namen gegeben hat.
- Selektieren Sie die einer Kategorie gehörenden Bauteile in der Spalte „Component Type“.
- Klicken Sie in der Spalte „Component Type“ auf einen Eintrag. Es öffnet sich eine Liste mit Kategorien. Wählen Sie die passende Kategorie aus.

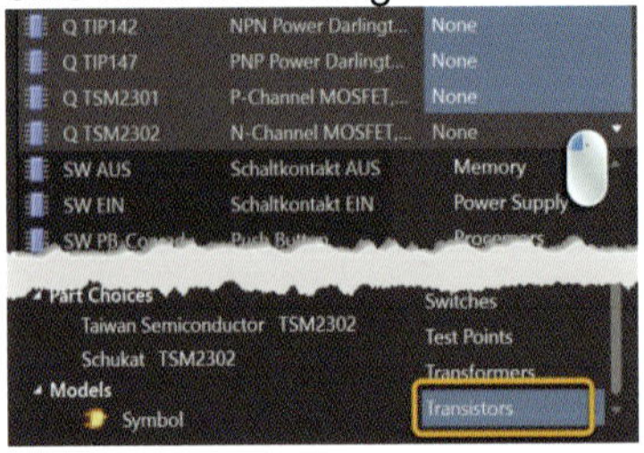

HINWEIS: In den Präferenzen kann man eigene Componententypen anlegen und dann zuweisen. Dies erzeugt aber bei der Migration in einen Altium 365® Standard Workspace einen kryptischen Fehler und die Aktion scheitert!

- Wenn Sie alles zugeordnet haben, klicken Sie oben rechts auf „Validate“

- In der „Components“ Liste gibt es jetzt eine Spalte „Status“, in der evtl. Probleme aufgelistet werden.
- Ein Klick auf „Migrate“ startet die Migration.

- Falls beim „Validate“ Fehler oder Warnungen festgestellt wurden, erscheint ein Hinweis.

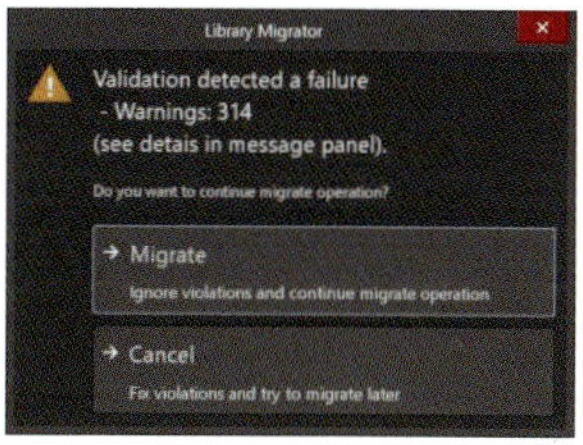

- Hier kann man abbrechen und die Fehler beheben oder mit der Migration fortfahren.
- Der Migrationsprozess kann, je nach Anzahl der Bauteile, ein Weile dauern.

Designdaten teilen

Ein zentraler Aspekt von Altium 365® ist die Möglichkeit Designdaten für eine globale Zusammenarbeit zu teilen. Dies kann mit anderen Entwicklern, mit dem Einkauf, mit externen Dienstleistern oder mit Leiterplattenherstellern und EMS Dienstleistern geschehen. Das Teilen der Designdaten erfolgt aus dem Altium Designer® heraus. Um ein Design ausserhalb des eigenen Workspace Teams zu teilen wird mindestens Version 20.1.14 benötigt. Soll solch ein Design auch bearbeitet werden, muss mindestens Version 20.2 installiert sein.

Dafür stehen folgende Möglichkeiten zur Verfügung:

1. Mit dem kostenlosen Altium 365® Viewer können die Daten über einen Interbrowser geteilt werden. Eine Kommentierung oder Änderungen sind nicht möglich.
2. Designs können mit Leuten außerhalb des eigenen Workspace Teams geteilt werden ohne, dass man diese in sein Team einladen muss. Die Designdaten können angesehen und kommentiert werden. Änderungen im Design sind immer sichtbar.
3. Es kann ein Schnappschuss des Designs auf die Altium 365® Plattform hochgeladen und permanent geteilt werden. Auch diese Designdaten können angesehen und kommentiert werden. Änderungen im Design sind nicht sichtbar.
4. Designdaten können mit Mitgliedern des eigenen Workspace Teams geteilt werden. Darüber ist eine Zusammenarbeit am Projekt möglich.
5. Mit einem „Manufacturing Package“ können die Produktionsdaten mit dem Leiterplattenhersteller und dem EMS Dienstleister geteilt werden. Dazu gibt es einen eigenen „Manufacturing Package Viewer“. Die Daten können dann als „Build Package“ heruntergeladen werden.

Projekt teilen

- Um ein Projekt zu teilen, klicken Sie oben rechts auf die Schaltfläche „Share“ .

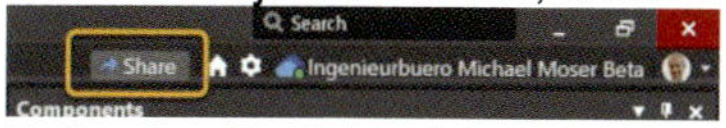

- Falls das Projekt nicht gespeichert ist, werden Sie gefragt, ob das Projekt zunächst gespeichert werden soll. Klicken Sie im Dialog auf „Yes“.

- Es öffnet sich der „Share“ Dialog.

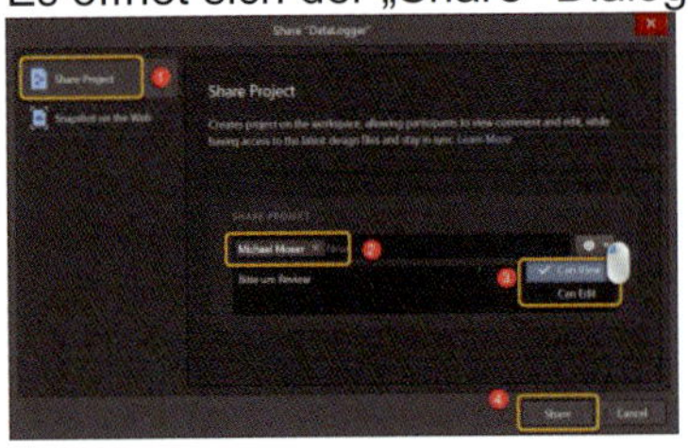

Wählen Sie links „Share Project“ ①. In das Feld „Share Project“ rechts ② tragen Sie eine oder mehrere E-Mail Adressen ein. Mit einem Klick neben das Augensymbol öffnet sich ein Untermenü ③. Wählen Sie dort „Can View“ oder „Can Edit“ und klicken Sie abschließend auf „Share“ ④.

- Falls in der E-Mail Liste Adressen sind, die nicht zum Workspace Team gehören. Erscheint ein weiterer Dialog, in dem gefragt wird, welche Rechte der Adressat bekommen soll. Klicken Sie hier auf die gewünschte Schaltfläche.

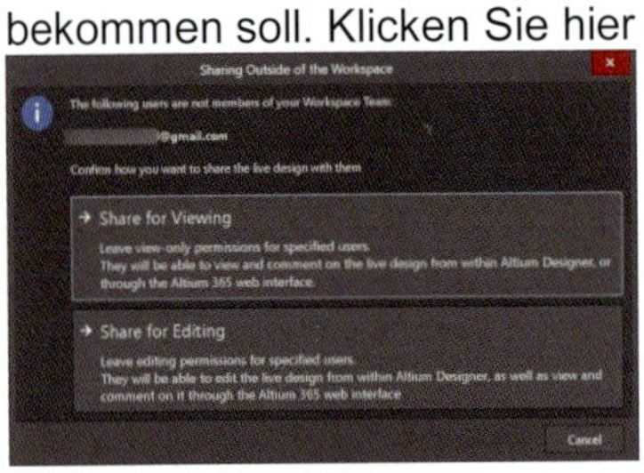

- Wenn alles funktioniert kommt die Erfolgsmeldung.

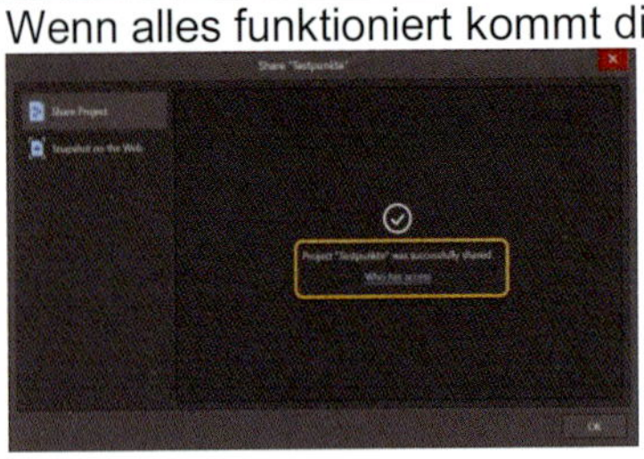

- Ein Klick auf „Who has access“ zeigt an, wer Zugriff auf die Daten hat.

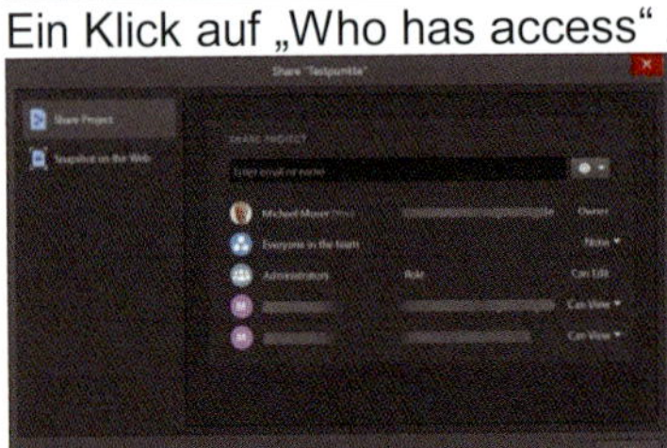

- Das Design ist jetzt in allen Altium 365® Konten verfügbar.

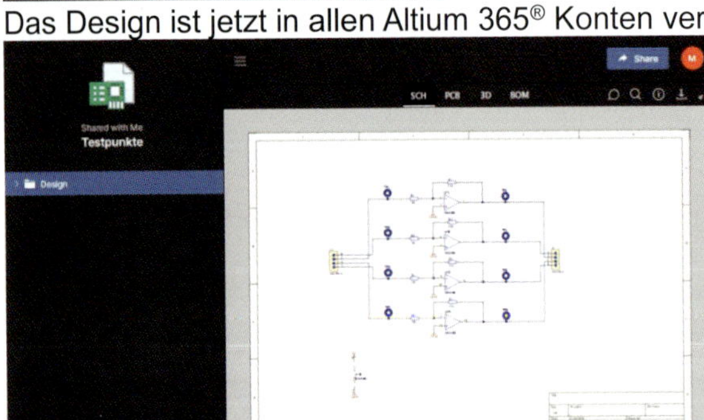

- Adressate ausserhalb des eigenen Teams erhalten eine E-Mail Benachrichtigung.

- Falls noch kein Altium 365® Konto existiert öffnet sich ein Registrierungsformular.

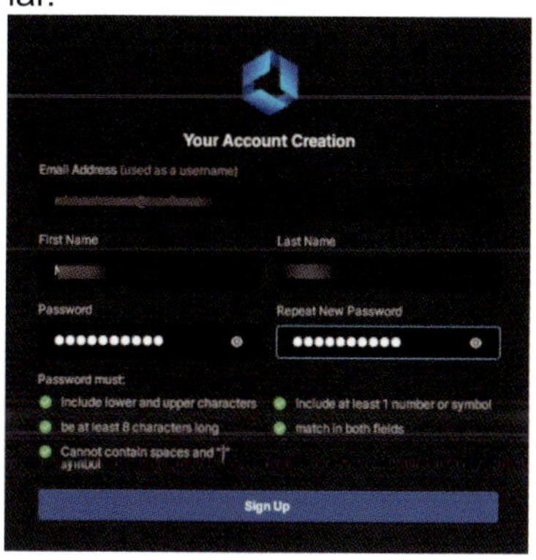

- Hier werden Felder „First Name“ und „Last Name“ ausgefüllt und ein Passwort vergeben. Ein Klick auf „Sign Up“ schließt den Vorgang ab und das Altium 365® Konto ist angelegt.
- Das Projekt ist nun auch hier verfügbar.

Projekt als Schnappschuss teilen

- Um ein Projekt zu teilen, klicken Sie oben rechts auf die Schaltfläche „Share“ .

- Es öffnet sich der „Share“ Dialog.

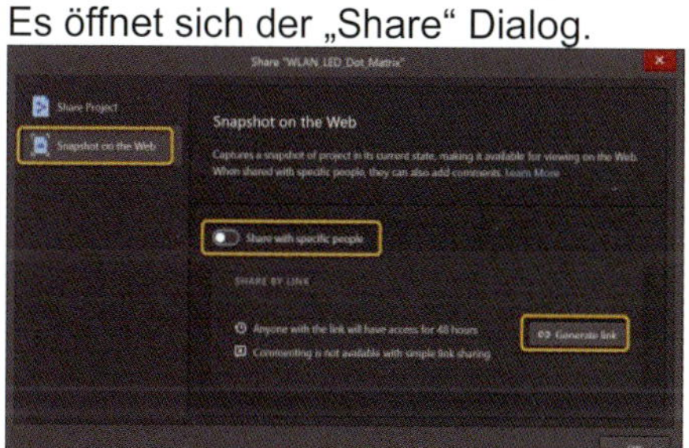

- Wählen Sie links die Option „Snapshot on the Web“.
- Im rechten Bereich können Sie wählen, ob Sie den Schnappschuss nur mit bestimmten Leuten teilen wollen. In diesem Fall müssen Sie die entsprechenden

E-Mail Adressen eingeben. Wenn Sie den Schnappschuss generell teilen wollen, dann klicken Sie auf „Generate link“.

- Es wird jetzt ein Link erzeugt.
- Mit „Copy link“ können Sie den Link kopieren und z.B. per E-Mail verschicken. Dieser Link bleibt 48 Stunden gültig. Das Projekt kann nicht kommentiert werden.

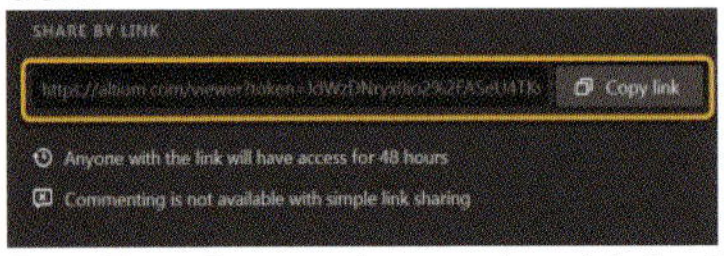

- Der Empfänger kann den Link direkt in den Internetbrowser kopieren.

Manufacturer Package teilen

Um ein Manufacturer Package mit dem Leiterplattenhersteller oder einem EMS Dienstleister zu teilen, müssen die Produktionsdaten als Release im Workspace abgelegt werden.

- Starten Sie den Project Releaser mit „Project – Project Releaser…“

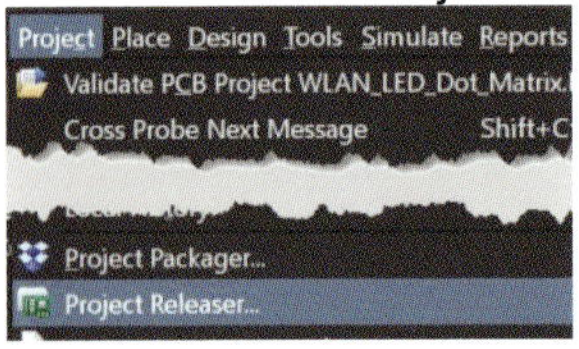

- Klicken Sie unten links auf „Options…“

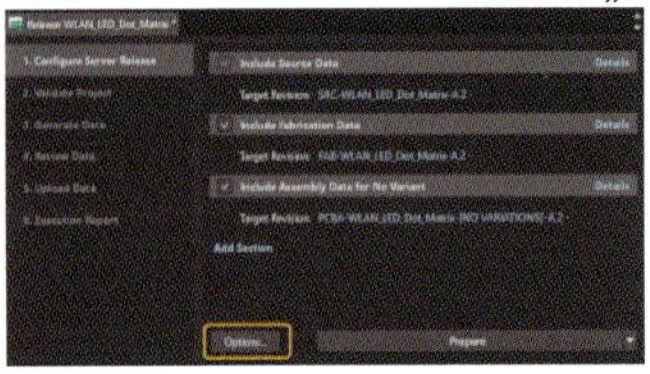

- Wählen aus der „Release Target“ Liste Ihren Workspace und schließen Sie den Dialog mit „OK“.

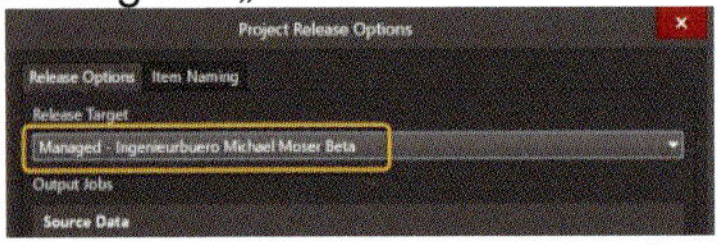

- Starten Sie den Release Lauf mit einem Klick auf „Prepare“ unten rechts.
- Nach dem Erzeugen der Daten klicken Sie unten rechts auf „Release“.

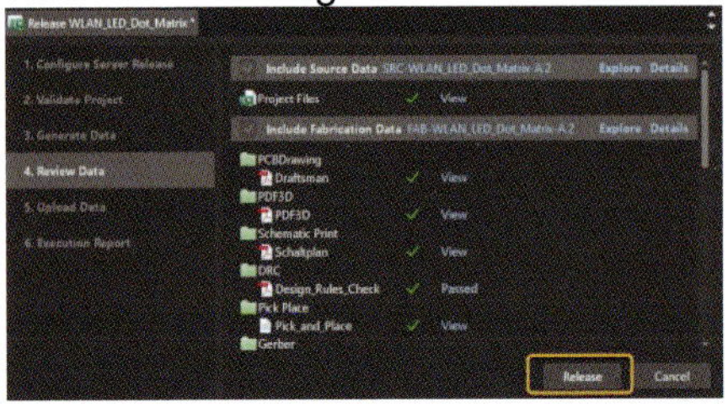

- Es öffnet sich der „Confirm Release“ Dialog. Tragen Sie hier unter „Release Note:“ eine Beschreibung ein und schließen Sie den Dialog mit „OK“.

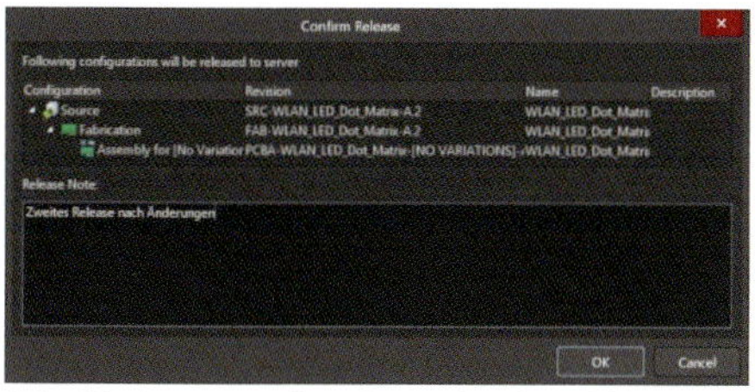

- Die Daten werden jetzt in den Workspace übertragen.
- Das Ergebnis wird abschließend angezeigt. Ein Klick auf die „Navigation Links“ oben, öffnet die Daten im Explorer Panel.
- Im Explorer Panel können Sie nun ein Release auswählen.

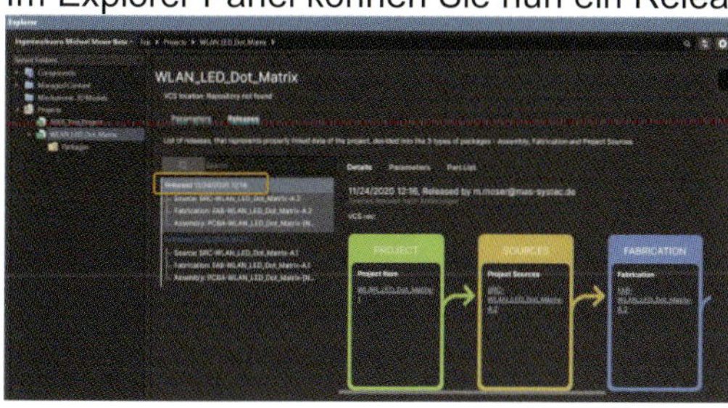

- Wechseln Sie jetzt mit einem Klick auf „Open in web“ in das Web Interface Ihres Altium 365® Workspace.
- Wählen Sie im linken Bereich „Manufacture“.
- Im rechten Bereich sehen Sie jetzt die Releases.
- Klicken Sie beim gewünschten Release auf „Send to Manufacturer“.

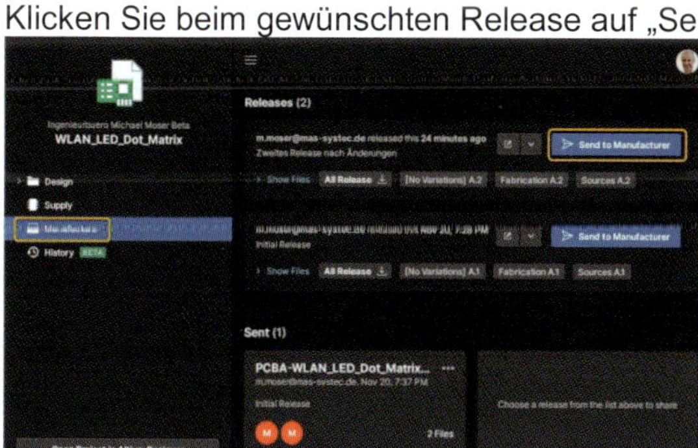

- Es öffnet sich der „Sending to Manufacturer“ Dialog.
- Tragen Sie die E-Mail Adressen der Empfänger ein und klicken Sie dann auf „Send“.

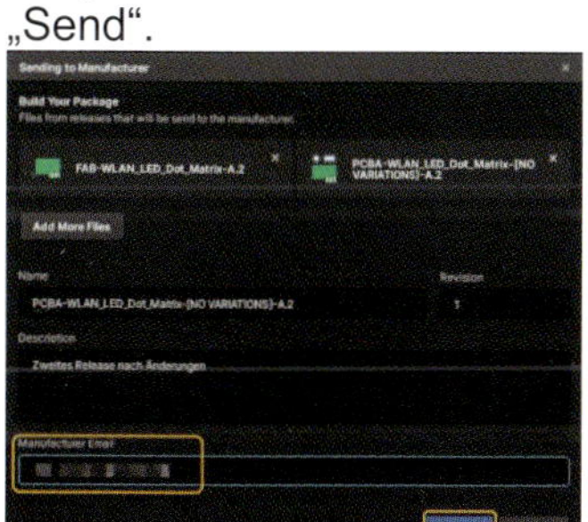

Kommentar an beliebigem Punkt

- Starten Sie z.B. den Befehl „Place – Comment…“.

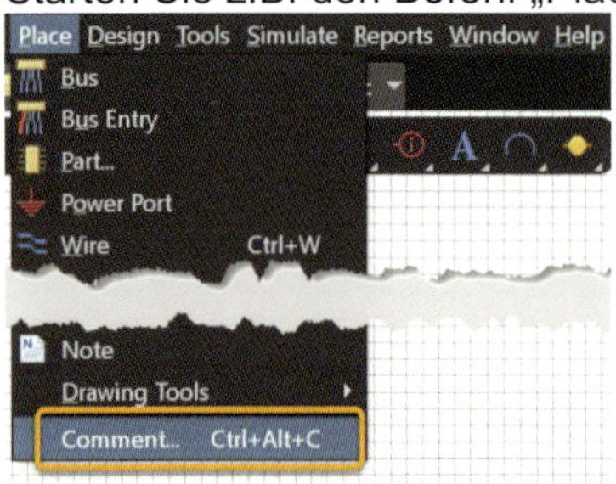

- Klicken Sie in einen freien Bereich.
- An diesem Punkt erscheint der Kommentar Dialog.

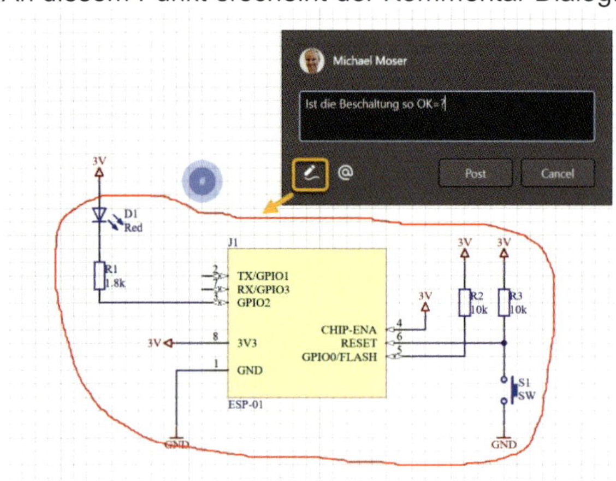

- Tragen Sie einen Text ein. Mit dem Stiftsymbol können Sie beliebige Linien hinzufügen.
- Klicken Sie auf „Post“ um den Dialog zu schließen und den Kommentar zu veröffentlichen.

Kommentar für Bereich

- Starten Sie z.B. den Befehl „Place – Comment…“.

- Ziehen Sie mit der Maus einen Rahmen über den Bereich, den Sie kommentieren möchten.

- Mit einem Linksklick erscheint der Kommentar Dialog.

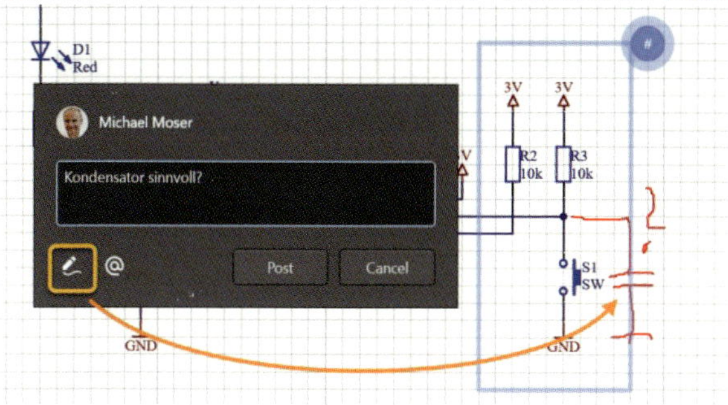

- Tragen Sie einen Text ein. Mit dem Stiftsymbol können Sie beliebige Linien hinzufügen.
- Klicken Sie auf „Post“ um den Dialog zu schließen und den Kommentar zu veröffentlichen.

Kommentare im Viewer hinzufügen

- Über die Sprechblase oben rechts im Altium 365® Viewer und einem Klick auf die Schaltfläche „+ Place a Comment“ kann ein Kommentar eingefügt werden. Über das Stiftsymbol können beliebige Freihandlinien gezeichnet werden.

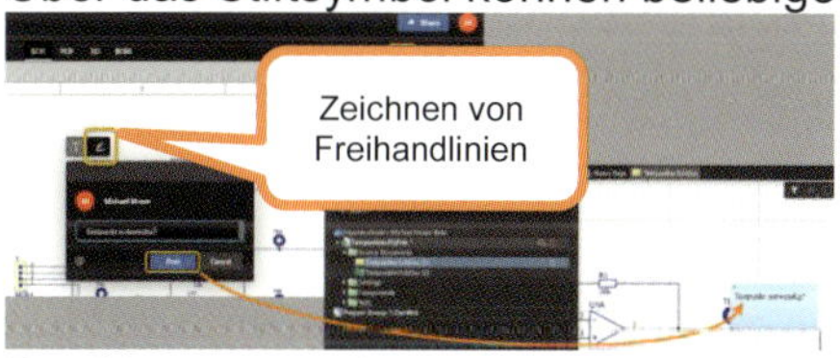

- Der Kommentar ist danach im Altium Designer® sichtbar.
- Mit einem Klick auf den Kommentar im Altium Designer® kann eine Antwort verfasst werden.

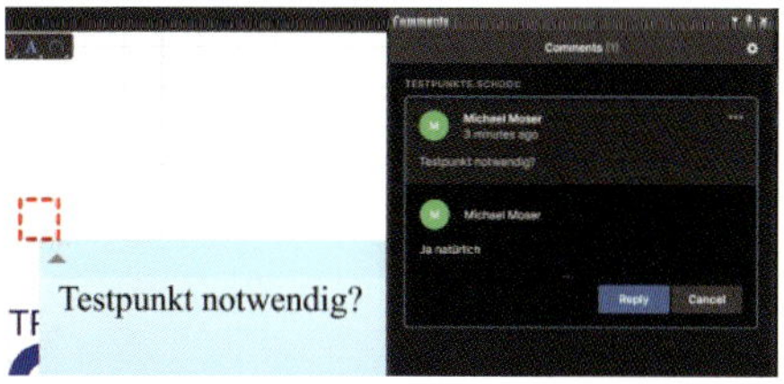

- Im Viewer kann wiederum darauf geantwortet werden.

ALTIUM DESIGNER®
TASTENKÜRZEL

Arbeitsbereich

Tastenkürzel	Beschreibung
F1	Technische Dokumentation für das Objekt unter dem Mauszeiger anzeigen.
Umschalten+F1	Hilfe für den aktuellen Befehl
Eingabetaste	Aktion bestätigen
Esc	Aktion beenden/abbrechen
Strg+O	Dokument öffnen
Strg+F4	Aktives Dokument schließen
Strg+S	Aktives Dokument speichern
Strg+P	Aktives Dokument drucken
Alt+F4	Altium Designer® schließen
Strg+Tab	Vorwärts durch die Dokumentenreiter wechseln.
Umschalten+Strg+Tab	Rückwärts durch die Dokumentenreiter wechseln.
F4	Freischwebende Panels ein-/ausblenden
Umschalten+F4	Alle offenen Dokumente in eigenem Fenster anzeigen
Umschalten+F5	Fokus zwischen dem letzten aktiven Panel und dem letzten aktiven Dokument hin- und herschalten.
F5	Web-basierte Dokumente aktualisieren.
Strg Taste drücken während ein Panel bewegt wird.	Das automatische andocken und gruppieren wird verhindert.
Umschalten+Strg+F3	Im Message Panel zur nächsten Meldung (nach unten) gehen und Cross Probing im zugehörigen Dokument (falls unterstützt).
Umschalten+Strg+F4	Im Message Panel zur vorhergehenden Meldung (nach oben) gehen und Cross Probing im zugehörigen Dokument (falls unterstützt).

SCH und SCHLib

Tastenkürzel	Beschreibung
Umschalten+Strg+V	„Smart Paste“ Befehl starten
Strg+F	Text suchen
Strg+H	Text suchen und ersetzen
F3	Nächste Fundstelle
Strg+A	Alles selektieren
Strg+R	„Rubber Stamp“ Befehl starten. Wiederholtes einfügen auf dem Schaltplan.
Leertaste	Selektion im Uhrzeigersinn um 90° drehen
Umschalten+Leertaste	Selektion gegen den Uhrzeigersinn um 90° drehen
Umschalten+Strg+L	Selektierte Objekte an linker Kante ausrichten
Umschalten+Strg+R	Selektierte Objekte an rechter Kante ausrichten
Umschalten+Strg+H	Horizontalen Abstand der selektierten Objekte angleichen.
Umschalten+Strg+T	Selektierte Objekte an oberer Kante ausrichten
Umschalten+Strg+B	Selektierte Objekte an unterer Kante ausrichten
Umschalten+Strg+D	Selektierte Objekte auf den nächsten Rasterpunkt bewegen.
Strg+Pos1	Mauszeiger auf die Position (0,0) bewegen.
Strg+Q	„Selection Memory“ Dialog anzeigen.
Strg+n (n = 1 to 8)	Aktuelle Auswahl in Speicherplatz n speichern.
Alt+n (n = 1 to 8)	Auswahl aus Speicherplatz n einfügen
Umschalten+n (n = 1 to 8)	Aktuelle Auswahl zu Auswahl in Speicherplatz n hinzufügen.
Alt+Umschalten+n (n = 1 to 8)	Auswahl aus Speicherplatz n zur Auswahl im Arbeitsbereich hinzufügen.

Umschalten+Strg+n (n = 1 to 8)	Filter Einstellungen aus dem „Selection Memory“ Dialog auf die Auswahl aus Speicherplatz n anwenden.
Umschalten+F	„Find Similar Objects“ aufrufen
Strg+Bild ↓	Zoomen damit alle platzierten Objekte angezeigt werden. Entspricht „View – Fit“
Bild ↑	Hineinzoomen relativ zur Mausposition
Bild ↓	Herauszoomen relativ zur Mausposition
Pos1	Verschiebt den Punkt auf dem die Maus steht in die Bildmitte.
Ende	Ansicht wird neu erzeugt um Artefakte zu entfernen.
Alt+F5	Wechselt die Ansicht des aktiven Dokuments zwischen maximiert und nicht maximiert.
G	Wechselt vorwärts durch die vordefinierten Rastereinstellungen.
Umschalten+G	Wechselt rückwärts durch die vordefinierten Rastereinstellungen.
Umschalten+Strg+G	Schaltet das sichtbare Raster ein und aus.
Umschalten+E	Automatisches Fangen ein- und ausschalten.
Strg+L	„Board Level Annotation“ aufrufen
Strg+M	Abstand zwischen zwei Punkten messen
←	Bewegt den Mauszeiger um 1 Rastereinheit nach links.
Umschalten+←	Bewegt den Mauszeiger um 10 Rastereinheiten nach links.
→	Bewegt den Mauszeiger um 1 Rastereinheit nach rechts.
Umschalten+→	Bewegt den Mauszeiger um 10 Rastereinheiten nach rechts.
↑	Bewegt den Mauszeiger um 1 Rastereinheit nach oben.

Umschalten+↑	Bewegt den Mauszeiger um 10 Rastereinheiten nach oben.
↓	Bewegt den Mauszeiger um 1 Rastereinheit nach unten.
Umschalten+↓	Bewegt den Mauszeiger um 10 Rastereinheiten nach unten.
Strg+←	Bewegt eine Selektion um 1 Rastereinheit nach links.
Umschalten+Strg+←	Bewegt eine Selektion um 10 Rastereinheiten nach links.
Strg+→	Bewegt eine Selektion um 1 Rastereinheit nach rechts.
Umschalten+Strg+→	Bewegt eine Selektion um 10 Rastereinheiten nach rechts.
Strg+↑	Bewegt eine Selektion um 1 Rastereinheit nach oben.
Umschalten+Strg+↑	Bewegt eine Selektion um 10 Rastereinheiten nach oben.
Strg+↓	Bewegt eine Selektion um 1 Rastereinheit nach unten.
Umschalten+Strg+↓	Bewegt eine Selektion um 10 Rastereinheiten nach unten.
Linksklick	Objekt selektieren/deselektieren
Umschalten+ Linksklick	Weitere Objekte selektieren/deselektieren
Doppelklick	Properties Panel öffnen
Rechte Maustaste halten und Maus bewegen	Arbeitsbereich verschieben.
Rechtsklick	Kontextmenüs öffnen sich
F12	SCH Filter Panel ein-/ausblenden
Umschalten+F12	SCH List Panel ein-/ausblenden
Umschalten+C	Alle Filter und Selektionen im aktiven Dokument löschen.
F2	Textobjekte direkt editieren
F5	Sichtbarkeit der Netzfarben ein-/ausschalten.

F11	Properties Panel ein-/ausblenden

SCH und SCHLib Interaktiv

Wirksam wenn ein Befehl aktiv ist oder ein Objekt an der Maus hängt.

Tastenkürzel	Beschreibung
Tab	Wechsel in den Pause Modus
X	Spiegeln entlang der X-Achse
Y	Spiegeln entlang der Y-Achse
Alt	Bewegung auf vertikale oder horizontale Achse beschränken
Leertaste	Selektion im Uhrzeigersinn um 90° drehen
Umschalten+Leertaste	Selektion gegen den Uhrzeigersinn um 90° drehen
Strg+Leertaste	Bauteile, die schon platziert waren, im Uhrzeigersinn um 90° drehen
Strg+Umschalten+Leertaste	Bauteile, die schon platziert waren, gegen den Uhrzeigersinn um 90° drehen
Umschalten	Auto-Panning mit erhöhter Geschwindigkeit
Einfügen	Texte übernehmen. Z.B. Net Label über Port → der Text im Port wird in das Net Label übertragen.
Linksklick +Halten+Entfernen	Auf einem Eckpunkt einer Wire, Line, Bus, Signal Harness oder Polygon entfernt diesen Eckpunkt.
Backspace oder Entfernen	Entfernt während dem Platzieren von Wire, Line, Bus, Signal Harness oder Polygon den zuletzt platzierten Eckpunkt.
Alt+Linksklick	Auf ein Netz hebt dieses Netz auf allen Schaltplanseiten des Projekts hervor.
Strg+Doppelklick	**Sheet Entry**: wechselt zum Port auf der darunterliegenden Schaltplanseite **Port**: wechselt zum Sheet Entry des zugehörigen Sheet Symbols. **Sheet Symbol**: wechselt zur darunterliegenden Schaltplanseite
S	Selektiertes Sheet Entry wechselt zur anderen Seite des Sheet Symbols
T	Beim Bewegen eines Sheet Entries wechselt der IO Typ zwischen Input und Output

SCH und SCHLib Untermenü

Tastenkürzel	Öffnet...
A	das Align Untermenü
B	das Toolbars Untermenü
J	das Jump Untermenü
K	das Panels Untermenü
M	das Move Untermenü
O	das Rechtsklick Options Untermenü
S	das Select Untermenü
X	das DeSelect Untermenü
Y	das Rechtsklick Filter Untermenü
Z	Zoom Untermenü

PCB und PCBLib

Tastenkürzel	Beschreibung
Pos1	Verschiebt den Punkt auf dem die Maus steht in die Bildmitte.
Ende	Ansicht wird neu erzeugt um Artefakte zu entfernen.
1	Board Planning Mode
2	2D Layout Mode
3	3D Layout Mode
Strg+Bild ↓	Zoomen damit alle platzierten Objekte angezeigt werden. Entspricht „View – Fit“
Bild ↑	Hineinzoomen relativ zur Mausposition
Bild ↓	Herauszoomen relativ zur Mausposition
Umschalten+Bild ↑	Progressives hineinzoomen relativ zur Mausposition
Umschalten+Bild ↓	Progressives herauszoomen relativ zur Mausposition
Strg+Bild ↑	Auf 400% hineinzoomen

Tab	Erweitert die Selektion zu den nächst höheren Objekten in der logischen Hierarchie.
Umschalten+Tab	Selektiert bei überlappenden Objekten das nächste. (nur falls „Display popup selection dialog“ in den Präferenzen deaktiviert ist.)
Umschalten+Strg+X	„Cross Select Mode“ aktivieren/deaktivieren
Strg+A	Alles selektieren.
Strg+B	Alles innerhalb der PCB Kontur selektieren
Strg+H	Alle Objekte die mit dem gleichen Kupfer verbunden sind selektieren.
Strg+R	„Rubber Stamp“ Befehl starten. Wiederholtes einfügen auf dem PCB.
Alt+Einfügen	Objekt auf der aktuellen Lage einfügen, egal von welcher Lage es kommt.
Umschalten+Strg+L	Selektierte Objekte an linker Kante ausrichten
Umschalten+Strg+R	Selektierte Objekte an rechter Kante ausrichten
Alt+Umschalten+L	Selektierte Objekte an linker Kante ausrichten. Dabei werden die Abstandsregeln eingehalten.
Alt+Umschalten+R	Selektierte Objekte an rechter Kante ausrichten Dabei werden die Abstandsregeln eingehalten.
Umschalten+Strg+H	Horizontalen Abstand der selektierten Objekte angleichen.
Umschalten+Strg+T	Selektierte Objekte an oberer Kante ausrichten
Umschalten+Strg+B	Selektierte Objekte an unterer Kante ausrichten
Alt+Umschalten+I	Selektierte Objekte an oberer Kante ausrichten Dabei werden die Abstandsregeln eingehalten.

Umschalten+→	Bewegt den Mauszeiger um 10 Rastereinheiten nach rechts.
↑	Bewegt den Mauszeiger um 1 Rastereinheit nach oben.
Umschalten+↑	Bewegt den Mauszeiger um 10 Rastereinheiten nach oben.
↓	Bewegt den Mauszeiger um 1 Rastereinheit nach unten.
Umschalten+↓	Bewegt den Mauszeiger um 10 Rastereinheiten nach unten.
Strg+←	Bewegt eine Selektion um 1 Rastereinheit nach links.
Umschalten+Strg+←	Bewegt eine Selektion um 10 Rastereinheiten nach links.
Strg+→	Bewegt eine Selektion um 1 Rastereinheit nach rechts.
Umschalten+Strg+→	Bewegt eine Selektion um 10 Rastereinheiten nach rechts.
Strg+↑	Bewegt eine Selektion um 1 Rastereinheit nach oben.
Umschalten+Strg+↑	Bewegt eine Selektion um 10 Rastereinheiten nach oben.
Strg+↓	Bewegt eine Selektion um 1 Rastereinheit nach unten.
Umschalten+Strg+↓	Bewegt eine Selektion um 10 Rastereinheiten nach unten.
Linksklick	Selektieren/Deselektieren des Objekts
Strg+Klick	Netzobjekt: geroutetes Netz hervorheben Lagenreiter: alles auf der Lage hervorheben Freier Bereich: Hervorhebungen aufheben
Umschalten+Strg+Click	Fügt weitere Hervorhebungen hinzu
Alt+Click	Eine Verbindung (Gummiband) selektieren
Alt+Umschalten+Click	Weitere Verbindung (Gummiband) zur Selektion hinzufügen
Alt+Strg	Hervorheben einer Lage während die Maus über dem Lagenreiter ist.

F11	Properties Panel ein-/ausblenden
F12	PCB Filter Panel ein-/ausblenden
Umschalten+F12	PCB List Panel ein-/ausblenden
Umschalten+C	Alle Filter und Selektionen im aktiven Dokument löschen.
Umschalten+S	„Single Layer Mode“ umschalten
+ (Zehnertastatur)	Nächste Lage
- (Zehnertastatur)	Vorherige Lage
* (Zehnertastatur)	Nächste Signallage
Umschalten+* (Zehnertastatur)	Vorherige Signallage
Backspace	Nach der Selektion eines Trackendes wird der gesamte Track sukzessive gelöscht.
Strg+Entfernen	Nach der Selektion eines Tracks wird der gesamte Track sukzessive gelöscht.
N	Während eine Komponente bewegt wird: Schaltet die Gummibänder um zwischen Verbindung zwischen den Pads und Verbindung zum gerouteten Track
R	Während eine Komponente bewegt wird: Konfliktmodus umschalten (Ignore, Avoid, Push)
L	Während eine Komponente bewegt wird: Lagenwechsel mit der Komponente
Strg	Während eine Komponente bewegt wird: Blendet Hilfslinien bezogen auf den Umriss ein.
Umschalten	Während eine Komponente bewegt wird: Blendet Hilfslinien bezogen auf die Pads ein.
Klicken und Ziehen	In einem Via Stapel wird der ganze Stapel bewegt.
Strg+ Klicken und Ziehen	In einem Via Stapel wird ein Via aus dem Stapel bewegt.

Interaktive Tastenkürzel für polygonale Object

Die folgenden Tastenkürzel finden Verwendung beim Platzieren und Bearbeiten von polygonalen Objekten. Dies sind Polygon Pours, Regions, Coverlay Polygone, polygonale Rooms, extrudierte 3D Körper und die Leiterplattenkontur.

Tastenkürzel	Beschreibung
Umschalten+Leertaste	Ändern des Eckenmodus: 45°, 45° mit Kreisbogen, 90°, 90° mit Kreisbogen und Freiwinkel.
Leertaste	Umschalten des Ellbow Modes
, (Komma)	Eckenradius um 1mil/0,0254mm verringern.
Umschalten+, (Komma)	Eckenradius um 10mil/0,254mm verringern.
. (Punkt)	Eckenradius um 1mil/0,0254mm vergrößern.
Umschalten+. (Punkt)	Eckenradius um 10mil/0,254mm vergrößern.
Strg+Klick und Ziehen	An einer Kante einen neuen Endpunkt einfügen
Klicken, Halten+Entfernen	Löscht einen Endpunkt
Backspace	Zuletzt platzierten Eckpunkt entfernen

Interactive Sliding

Tastenkürzel	Beschreibung
Umschalten – R	Sliding Mode umschalten: Konfliktauflösungsmodus umschalten: Walkaround Obstacles Push Obstacles Hug and Push Obstacles Ignore obstacles Stop at First Obstacle
Umschalten – Leertaste	Hugging Style: 45°, Mixed, Rounded
Leertaste	Vertex Action: Deform, Scale, Smooth

Interactive Routing

Tastenkürzel	Beschreibung
Tab	Aktiviert den Pausen Modus.

Umschalten+Leertaste	Ändern des Eckenmodus: 45°, 45° mit Kreisbogen, 90°, 90° mit Kreisbogen und Freiwinkel.
Leertaste	Umschalten des Ellbow Modes
, (Komma)	Eckenradius um 1mil/0,0254mm verringern.
Umschalten+, (Komma)	Eckenradius um 10mil/0,254mm verringern.
. (Punkt)	Eckenradius um 1mil/0,0254mm vergrößern.
Umschalten+. (Punkt)	Eckenradius um 10mil/0,254mm vergrößern.
Klick oder Enter	Platziert das aktuelle Leiterbahnsegment
Strg+Klick	Leiterbahn bis zum Ziel vervollständigen (falls möglich)
Backspace	Löscht das zuletzt platzierte Leiterbahnsegment
Esc	Beendet das Routing
Umschalten+R	Konfliktauflösungsmodus umschalten: Walkaround Obstacles Push Obstacles Hug and Push Obstacles Ignore obstacles Stop at First Obstacle
Umschalten+D	„Loop removal" ein/aus
Strg+W	Abstände grafisch anzeigen ein/aus
Umschalten+W	„User Choice" Leiterbahnbreite wählen
Umschalten+V	„User Choice" Via Größe wählen
+ (Zehnertastatur)	Nächste freigegebene und erlaubte Signallage
- (Zehnertastatur)	Vorherige freigegebene und erlaubte Signallage
* (Zehnertastatur)	Nächste freigegebene und erlaubte Signallage
L	An Via oder THT Pad die Lage wechseln.
/	Fanout Via platzieren ohne Lagenwechsel
1	„Look Ahead" Segment ein/aus

2	Via platzieren ohne Lagenwechsel
3	Quelle für die Leiterbahnbreite ändern (User Choice --> Rule Minimum -> Rule Preferred --> Rule Maximum)
4	Quelle für die Via Größe ändern (User Choice --> Rule Minimum -> Rule Preferred --> Rule Maximum)
5	„Follow Mouse Trail“ ein/aus (vor Version 20)
6	Viaskonfiguration (normale und µVias) umschalten
7	Wechselt durch alle Gummibänder an einem Pad oder Via
8	Viaskonfiguration aus Liste auswählen
9	Wechselt zum anderen Ende des Gummibands
Strg+L	Direkt auf bestimmte Lage wechseln
Umschalten+Strg+G	Glossing Effort mode umschalten (Weak ➔ Strong ➔ Off)
Strg+Alt+G	Glossing anwenden

Interactive Differential Pair Routing

Tastenkürzel	Beschreibung
Tab	Aktiviert den Pausen Modus.
Umschalten+Leertaste	Ändern des Eckenmodus: 45°, 45° mit Kreisbogen, 90°, 90° mit Kreisbogen und Freiwinkel.
Leertaste	Umschalten des Ellbow Modes
, (Komma)	Eckenradius um 1mil/0,025mm verringern.
Umschalten+, (Komma)	Eckenradius um 10mil/0,25mm verringern.
. (Punkt)	Eckenradius um 1mil/0,025mm vergrößern.
Umschalten+. (Punkt)	Eckenradius um 10mil/0,25mm vergrößern.
Klick oder Enter	Platziert das aktuelle Leiterbahnsegment

Strg+Klick	Leiterbahn bis zum Ziel vervollständigen
Backspace	Löscht das zuletzt platzierte Leiterbahnsegment
Esc	Beendet das Routing
Umschalten+R	Konfliktauflösungsmodus umschalten: Walkaround Obstacles Push Obstacles Hug and Push Obstacles Ignore obstacles Stop at First Obstacle
Umschalten+D	„Loop removal" ein/aus
Strg+W	Abstände grafisch anzeigen ein/aus
Umschalten+W	„User Choice" Leiterbahnbreite wählen
Umschalten+V	„User Choice" Via Größe wählen
+ (Zehnertastatur)	Nächste freigegebene und erlaubte Signallage
- (Zehnertastatur)	Vorherige freigegebene und erlaubte Signallage
* (Zehnertastatur)	Nächste freigegebene und erlaubte Signallage
L	An Via oder THT Pad die Lage wechseln.
/	Fanout Via platzieren ohne Lagenwechsel
1	„Look Ahead" Segment ein/aus
2	Via platzieren ohne Lagenwechsel
3	Quelle für die Leiterbahnbreite ändern (User Choice --> Rule Minimum -> Rule Preferred --> Rule Maximum)
4	Quelle für die Via Größe ändern (User Choice --> Rule Minimum -> Rule Preferred --> Rule Maximum)
5	Via Muster wählen
6	Viaskonfiguration (normale und µVias) umschalten
Umschalten – 6	Durch die Gap Quellen wechseln (Min Gap ➔ Preferred Gap ➔ Max Gap) (ab Version 19.1)

7	Wechselt durch alle Gummibänder an einem Pad oder Via
8	Viaskonfiguration aus Liste auswählen
9	Wechselt zum anderen Ende des Gummibands
Strg+L	Direkt auf bestimmte Lage wechseln
Umschalten+Strg+G	Glossing Effort mode umschalten (Weak ➔ Strong ➔ Off)
Umschalten+B	Quelle für Leiterbahnbreite und Gap ändern (Min Width-Min Gap ➔ Preferred Width-Preferred Gap ➔ Max Width-Max Gap)

Interactive Multi-Routing

Tastenkürzel	Beschreibung
Tab	Aktiviert den Pausen Modus.
Umschalten+Leertaste	Ändern des Eckenmodus: 45°, 45° mit Kreisbogen, 90°, 90° mit Kreisbogen und Freiwinkel.
Leertaste	Umschalten des Ellbow Modes
, (Komma)	Eckenradius um 1mil/0,0254mm verringern.
Umschalten+, (Komma)	Eckenradius um 10mil/0,254mm verringern.
. (Punkt)	Eckenradius um 1mil/0,0254mm vergrößern.
Umschalten+. (Punkt)	Eckenradius um 10mil/0,254mm vergrößern.
Klick oder Enter	Platziert das aktuelle Leiterbahnsegment
Strg+Klick	Leiterbahn bis zum Ziel vervollständigen
Backspace	Löscht das zuletzt platzierte Leiterbahnsegment
Esc	Beendet das Routing
Umschalten+R	Konfliktauflösungsmodus umschalten: Walkaround Obstacles Push Obstacles Hug and Push Obstacles Ignore obstacles

	Stop at First Obstacle
Umschalten+D	„Loop removal“ ein/aus
Strg+W	Abstände grafisch anzeigen ein/aus
Umschalten+W	„User Choice“ Leiterbahnbreite wählen
Umschalten+V	„User Choice“ Via Größe wählen
+ (Zehnertastatur)	Nächste freigegebene und erlaubte Signallage
- (Zehnertastatur)	Vorherige freigegebene und erlaubte Signallage
* (Zehnertastatur)	Nächste freigegebene und erlaubte Signallage
L	An Via oder THT Pad die Lage wechseln.
/	Fanout Via platzieren ohne Lagenwechsel
1	„Look Ahead“ Segment ein/aus
2	Via platzieren ohne Lagenwechsel
3	Quelle für die Leiterbahnbreite ändern (User Choice --> Rule Minimum -> Rule Preferred --> Rule Maximum)
4	Quelle für die Via Größe ändern (User Choice --> Rule Minimum -> Rule Preferred --> Rule Maximum)
5	Via Muster wählen
6	Viaskonfiguration (normale und µVias) umschalten
7	Wechselt durch alle Gummibänder an einem Pad oder Via
8	Viaskonfiguration aus Liste auswählen
9	Wechselt zum anderen Ende des Gummibands
B	Abstand zwischen den Leitungen verkleinern
Umschalten+B	Abstand zwischen den Leitungen vergrößern
C	Abstand auf Track-Track Abstandsregel setzen

Strg+L	Direkt auf bestimmte Lage wechseln
Umschalten+Strg+G	Glossing Effort mode umschalten (Weak ➔ Strong ➔ Off)

Interactive Length Tuning

Tastenkürzel	Beschreibung
Leertaste	Vorwärts durch die Tuning Muster wechseln: Mitered with Lines, Mitered with Arcs, and Rounded
Umschalten+Leertaste	Rückwärts durch die Tuning Muster wechseln: Mitered with Lines, Mitered with Arcs, and Rounded
Umschalten+G	Längenindikator ein/aus
Tab	Pausen Mode und Properties Panel aktivieren.
, (Komma)	Mäanderamplitude um den Wert im Properties Panel verkleinern
. (Punkt)	Mäanderamplitude um den Wert im Properties Panel vergrößern.
1	Eckenradius verkleinern bei „Mitered with Lines“ und „Mitered with Arcs“
2	Eckenradius vergrößern bei „Mitered with Lines“ und „Mitered with Arcs“
3	Mäanderabstand um den Wert im Properties Panel verkleinern
4	Mäanderabstand um den Wert im Properties Panel vergrößern.
Y	Startrichtung der Mäander umschalten

3D Body Placement

Tastenkürzel	Beschreibung

Tab	Pausen Mode und Properties Panel aktivieren.
L	3D Body auf die andere PCB Seite spiegeln.
N	Während eine Komponente bewegt wird: Schaltet die Gummibänder um zwischen Verbindung zwischen den Pads und Verbindung zum gerouteten Track
X	Spiegeln des 3D Bodys entlang der X-Achse
Y	Spiegeln des 3D Bodys entlang der Y-Achse
8 (Zehnertastatur)	3D Body um 90° um die X-Achse gegen den Uhrzeigersinn rotieren. (Nur bei Generic 3D und Zylinder)
2 (Zehnertastatur)	3D Body um 90° um die X-Achse im Uhrzeigersinn rotieren. (Nur bei Generic 3D und Zylinder)
4 (Zehnertastatur)	3D Body um 90° um die Y-Achse gegen den Uhrzeigersinn rotieren. (Nur bei Generic 3D und Zylinder)
6 (Zehnertastatur)	3D Body um 90° um die Y-Achse im Uhrzeigersinn rotieren. (Nur bei Generic 3D und Zylinder)
Leertaste	3D Body um 90° um die Z-Achse gegen den Uhrzeigersinn rotieren. (Nur bei Generic 3D und Zylinder)
Umschalten+Leertaste	3D Body um 90° um die Z-Achse im Uhrzeigersinn rotieren. (Nur bei Generic 3D und Zylinder)
9 (Zehnertastatur)	Standoff Height erhöhen. (nur bei Extruded)
3 (on numeric keypad)	Standoff Height verringern. (nur bei Extruded)

3D Visualization

Diese Tastenkürzel sind wirksam, wenn ein PCB oder eine Komponenten im PCB oder PCB Library Editor angezeigt wird.

Tastenkürzel	Beschreibung
0	Ansicht senkrecht von oben ohne Rotation.

9	Ansicht senkrecht von oben mit 90° Rotation im Uhrzeigersinn in der X-Ebene.
8	Perspektivische Ansicht.
5	Starr-Flex PCB zusammenfalten
Umschalten	3D Rotationskugel einblenden um dann mit der rechten Maustaste die Ansicht zu drehen
Strg+C	Aktuelle Ansicht im Bitmap (*.bmp) Format in die Windows Zwischenablage kopieren.
L	„View Configuration“ Panel im 3D Modus öffnen.
1 (Zehnertastatur)	Ansicht Oberseite der Leiterplatte
Strg+1 (Zehnertastatur)	Ansicht Unterseite der Leiterplatte
7 (Zehnertastatur)	Ansicht Frontseite der Leiterplatte
Strg+7 (Zehnertastatur)	Ansicht Rückseite der Leiterplatte
3 (Zehnertastatur)	Ansicht linke Seite der Leiterplatte
Strg+3 (Zehnertastatur)	Ansicht rechte Seite der Leiterplatte
4 (Zehnertastatur)	Ansicht um 30° nach links rotieren
6 (Zehnertastatur)	Ansicht um 30° nach rechts rotieren
8 (Zehnertastatur)	Ansicht um 30° nach oben rotieren
2 (Zehnertastatur)	Ansicht um 30° nach unten rotieren
Strg+4 (Zehnertastatur)	Ansicht um 500mil nach links verschieben
Strg+6 (Zehnertastatur)	Ansicht um 500mil nach rechts verschieben
Strg+8 (Zehnertastatur)	Ansicht um 500mil nach oben verschieben
Strg+2 (Zehnertastatur)	Ansicht um 500mil nach unten verschieben
0 (Zehnertastatur)	Perspektivische Ansicht.

3D Measurements

Diese Tastenkürzel sind wirksam, wenn im PCB in der 3D Ansicht der Befehl „Report – Measure 3D Objects“ aktiv ist.

Tastenkürzel	Beschreibung
Q	Maßeinheiten zwischen mil und Millimeter umschalten.
Strg halten	Wenn man die Maus über ein 3D Objekt bewegt, kann man eine Fläche auswählen.

Umschalten+C	Alle aktuellen Messungen löschen.

PCB und PCBLib Untermenü

Tastenkürzel	Öffnet...
A	das Align Untermenü
B	das Toolbars Untermenü
G	a pop-up menu with Snap Grid commands
I	das Component Placement Untermenü
J	das Jump Untermenü
K	das Panels Untermenü
M	das Move Untermenü
N	Ein Popup Menü zum ein-/ausblenden von Gummibändern und Jumpern.
O	das Rechtsklick Options Untermenü
S	das Select Untermenü
U	das Route Untermenü
X	das DeSelect Untermenü
Y	das Rechtsklick Filter Untermenü
Z	Zoom Untermenü

Output Job Editor

Tastenkürzel	Beschreibung
Strg+X	**Outputs:** Selektierte Ausgaben löschen und in die OutputJob Editor Zwischenablage kopieren. **Output Container:** Selektierte Container löschen und in die OutputJob Editor Zwischenablage kopieren.
Strg+C	**Outputs:** Selektierte Ausgaben in die OutputJob Editor Zwischenablage kopieren. **Output Container:**

	Selektierte Container in die OutputJob Editor Zwischenablage kopieren.
Strg+V	**Outputs:** Ausgaben aus der OutputJob Editor Zwischenablage einfügen. **Output Container:** Container aus der OutputJob Editor Zwischenablage einfügen.
Strg+D	Duplikat der selektierten Ausgabe erstellen.
Entfernen	**Outputs:** Selektierte Ausgaben löschen. **Output Container:** Selektierte Container oder Print Job löschen.
Drag and Drop	Selektierte Ausgaben in den Container bzw. Hard Copy Bereich ziehen erstellt den entsprechenden Container.
Alt+Eingabe	Einstellungsdialog für die selektierte Ausgabe starten (falls vorhanden)
Strg++ (Zehnertastur)	Alle selektierten Ausgaben mit dem selektierten Container verbinden.
Strg+- (Zehnertastur)	Alle selektierten Ausgaben vom selektierten Container lösen.
Umschalten+Strg+O	Einstellungsdialog des selektierten Containers öffnen
F9	Ausgaben für den selektierten Container erzeugen.

Draftsman Editor

Tastenkürzel	Beschreibung
Strg+P	Aktives Draftsman Dokument drucken
Strg+Z	Letzte Änderung im aktiven Draftsman Dokument rückgängig machen.
Strg+Y	Änderungen durch Strg+Z rückgängig machen.

Strg+X	Selektierte Objekte löschen und in die Draftsman Editor Zwischenablage kopieren
Strg+C	Selektierte Objekte in die Draftsman Editor Zwischenablage kopieren
Strg+V	Inhalt Draftsman Editor Zwischenablage in das aktuelle Draftsman Dokument einfügen.
Entfernen	Selektierte Objekte löschen
Strg+A	Alle Objekte im aktiven Draftsman Dokument selektieren.
Strg+Bild ↓	Zoomen damit alle platzierten Objekte angezeigt werden. Entspricht „View – Fit“
Q	Maßeinheiten zwischen mil und Millimeter umschalten.
Umschalten+E	Fangfunktionen im aktiven Draftsman Dokument ein/aus
F11	Properties Panel ein-/ausblenden.

Multi-board Editor

Tastenkürzel	Beschreibung
Strg+P	Aktives Multiboard Schaltplan Dokument drucken
Strg+Z	Letzte Änderung im aktiven Multiboard Dokument rückgängig machen.
Strg+Y	Änderungen durch Strg+Z rückgängig machen.
Strg+X	Selektierte Objekte löschen und in die Multiboard Editor Zwischenablage kopieren
Strg+C	Selektierte Objekte in die Multiboard Editor Zwischenablage kopieren
Strg+V	Inhalt Multiboard Editor Zwischenablage in das aktuelle Multiboard Dokument einfügen.
Strg+E	Editiermodus für das selektierte Objekt (PCB) im aktiven Multiboard Assembly Dokument starten.

Strg+K	Kollisionen im aktiven Multiboard Assembly Dokument prüfen.
Strg+M	Abstände zwischen 3D Bodies im aktiven Multiboard Assembly Dokument messen.
Umschalten+Strg+A	Zwei 3D Bodies an den Achsen ausrichten
Umschalten+Strg+P	Zwei 3D Bodies an einer Ebene ausrichten
Entfernen	Selektierte Objekte im aktiven Multiboard Dokument löschen
Strg+A	Alle Objekte im aktiven Multiboard Dokument selektieren.
Strg+Bild ↓	Zoomen damit alle platzierten Objekte angezeigt werden (wenn möglich). Entspricht „View – Fit“
Umschalten+Strg+Bild ↓	Zoomen damit alle selektierten Objekte angezeigt werden (wenn möglich).
Q	Maßeinheiten zwischen mil und Millimeter umschalten.
Umschalten+E	Fangfunktionen im aktiven Multiboard Dokument ein/aus
Umschalten+Strg+U	Alle PCBs im aktiven Multiboard Assembly Dokument aktualisieren
Strg+U	Alle selektierten PCBs im aktiven Multiboard Assembly Dokument aktualisieren
Umschalten+Strg+V	Schnittansicht im aktiven Multiboard Assembly Dokument ein/aus
Umschalten+Strg+E	Schnittebenen in der Schnittansicht im aktiven Multiboard Assembly Dokument ein/aus
1	Schnittebene X im aktiven Multiboard Assembly Dokument ein/aus
2	Schnittebene Y im aktiven Multiboard Assembly Dokument ein/aus
3	Schnittebene Z im aktiven Multiboard Assembly Dokument ein/aus
Strg+1	Schnittebene X im aktiven Multiboard Assembly Dokument spiegeln ein/aus

Strg+2	Schnittebene Y im aktiven Multiboard Assembly Dokument spiegeln ein/aus
Strg+3	Schnittebene Z im aktiven Multiboard Assembly Dokument spiegeln ein/aus
F11	Properties Panel ein-/ausblenden.

Footprints sind die Anschlussflächen und -elemente eines Bauteils auf der Leiterplatte. Diese werden in einer PcbLib gespeichert.

Heterogene Bauteile
Heterogene Bauteile sind in Bauteile, die aus mehreren Einzelelementen bestehen. Diese Einzelelemente bekommen jeweils ein eigenes Schaltplansymbol. Typische Beispiele sind Logikgatter, Widerstands-Arrays und mehrfach Operationsverstärker. Ein 4-fach NAND Gatter 7400 kann dann dargestellt werden als 4 einzelne NAND Gatter Symbole und ein zusätzliches Symbol für die Spannungsversorgungspins.

Homogene Bauteile
Im Gegensatz zu heterogenen Bauteilen, werden homogene Bauteile als ein einziges Schaltplansymbol dargestellt.

Integrated Library
Eine integrierte Bibliothek ist die Zusammenfassung der Schaltplan- und Leiterplattensymbole in einer Datei mit der Endung „IntLib“.

Leiterplattenkonfiguration
Eine Leiterplattenkonfiguration bezeichnet einen Satz von Produktionsdaten, welche über ein oder mehrere OutputJob Dateien definiert sind. Eine Konfiguration kann die unbestückte Leiterplatte sein, die bestückte Leiterplatte und verschiedene Bestückungsvarianten.

Libaries Panel
System Panel zum Suchen, Auswählen und Platzieren von Bauteilen. Dieses Panel ist normalerweise ein Pop-Out Panel am rechten Rand des Arbeitsbereichs. Geht man mit der Maus über die Schaltfläche „Libraries“ erscheint das Panel automatisch. Bewegt man die Maus wieder weg vom Panel verschwindet das Panel automatisch. Falls es nicht sichtbar ist, kann es über die Tastenkürzel „**V**iew - **W**orkspace Panels - **S**ystem - **L**ibraries“ eingeblendet werden.

Message Panel
System Panel zur Anzeige von System Meldungen, wie z.B. Fehler und Warnungen beim Compilieren. Dieses wird normalerweise nicht angezeigt.
Falls es nicht sichtbar ist, kann es über die Tastenkürzel „**V**iew - **W**orkspace Panels - **S**ystem - **M**essages“ eingeblendet werden.

Multi-Channel Design
Bei einem Projekt mit z.B. 16 I/O Kanälen die alle identisch sind bzw. sich nur in Bauteilewerten unterscheiden, ist es nicht notwendig diese Kanäle einzeln im Schaltplan zu zeichnen. Es reicht aus einen Kanal zu zeichnen und diesen dann im Projekt mehrfach zu instanziieren. Bei der Erzeugung der Netzliste erzeugt der Altium Designer® die einzelnen Kanäle und sorgt dafür, dass jedes Bauteil einen eindeutigen Designator bekommt.

Navigator Panel
Panel zum Navigieren durch Ihr Design. Dieses befindet normalerweise auf der lin-

ken Seite des Arbeitsbereichs. Falls es nicht sichtbar ist, kann es über die Tastenkürzel „**V**iew - **W**orkspace Panels - **D**esign Compiler - **N**avigator" eingeblendet werden.

Parameter
Ein Parameter ist ein Name - Wert Paar. Sie können viele Altium Designer® Objekte, wie Schaltplanseiten, ganze Projekte, Bauteile bis hin zu einzelnen Anschlusspins mit Parametern versehen. Parameter die mit Bauteilen verbunden sind können Sie in der Stückliste ausgeben.

PCB
PCB ist die Abkürzung und für „Printed Circuit Board" und bezeichnet die Leiterplatte.

Projects Panel
System Panel zum Arbeiten mit Projekten. Dieses befindet sich normalerweise auf der linken Seite des Arbeitsbereichs. Falls es nicht sichtbar ist, kann es über die Tastenkürzel „**V**iew - **W**orkspace Panels - **S**ystem - **P**rojects" eingeblendet werden.

Routing
Unter „Routing" versteht man das Verlegen der Kupferbahnen auf der Leiterplatte.

Special Strings
Special Strings sind Texte, die auf Parameter verweisen. Special Strings können im Schaltplan und im PCB verwendet werden. Im Schaltplan platziert man einen Text mit dem Inhalt: „=<Parametername>" und im PCB „.<Parametername>". Wenn die entsprechenden „Convert Special Strings" Präferenzen eingestellt sind ersetzt der Altium Designer® den Parameternamen automatisch mit seinem Inhalt.

Team Configuration Center
Werkzeug für die unternehmensweite Definition von Vorgaben für die Entwicklung mit dem Altium Designer®. Es basiert auf der Vault Technologie und ist als separates Produkt erhältlich.

Template
Ein „Template" ist eine Vorlage, die der Altium Designer® beim Erzeugen neuer Dokumente benutzt. Im Template können Sie Einstellungen festlegen, Zeichnungsrahmen und -köpfe definieren, Ihr Firmenlogo einfügen, Design Regeln und den Lagenaufbau in der Leiterplatte festlegen.

Vault
„Vault" bedeutet übersetzt so viel wie Tresor oder Schatzkammer. Sie ist ein Ort an dem Objekte, sogenannte Items, abgelegt werden können. Diese Objekte haben eine Revision und einen Lebenszyklusstatus. Ein Objekt kann ein Schaltplansymbol, ein Leiterplattensymbol, ein Bauteil, ein ganzer Schaltplan, ein Satz von Produktionsdaten für eine bestimmte Leiterplattenkonfiguration usw. sein. Technisch handelt es sich um eine relationale Datenbank, einen Web-Server, der entsprechende Web-Services zur Verfügung stellt und Speicherplatz. Dies alles befindet sich im lokalen Netzwerk des Kunden.

Literaturverzeichnis

Mason, M. (2005). *Pragmatic Version Control.* Dallas, Texas: The Pragmatic Bookshelf.

Moser, M. (2024). *Altium Designer® Praxis-Handbuch Teil 1: Grundlagen.*

Moser, M. (2024). *Altium Designer® Praxis-Handbuch Teil 2.*

Stichwortverzeichnis

MORE
THAN
YOU
EXPECT